BILINGUAL

(हिन्दी और अंग्रेजी के साथ)

CTET

PAPER-2

SCIENCE & MATHS

विज्ञान और गणित

(NEW NCERT पर आधारित)

GET IT ON Google Play

YOUTUBE

SACHIN ACADEMY

INVINCIBLE
Publication Private Limited

Published by

Invincible Publication Pvt. Ltd.

1103-A, 11th Floor SAS Tower, Sector 38, Gurugram - 12200

www.invinciblepublishers.com

Second Edition 2025

Book Name: CTET SCIENCE & MATHS

Author: SACHIN CHOUDHARY

ISBN: 978-93-5886-775-6

Invincible Publication Pvt. Ltd.

Sales Office: 4760-61/23, Basement, Pratap Street, Ansari Road,

Daryaganj, New Delhi- 110002

Email: invinciblepublishers@gmail.com

Acknowledgement

This book owes its existence to the unwavering guidance and mentorship of Sachin Choudhary. Your wisdom and insight have shaped every page and inspired every word.

A heartfelt appreciation to those whose support and expertise played a crucial role in the making of this book.

Sachin Sir spent months meticulously crafting and compiling the content, ensuring its depth and accuracy. As a result of this dedicated effort, we proudly present the best book for CTET SCIENCE & MATHS (PAPER-2) in the market.

SCIENCE
विज्ञान

1. __(A)__ hormone regulater Carbohydrate protein and fat metabolism in our body. It is secreted by ___(B) __ gland and ___(C)___ in our diet impacts the functioning of this gland.

(A), (B), (C) respectively are:

(1) Thyroxine, Thyroid, Iodine
(2) Growth hormone, Pitutary, Proteins
(3) Insulin, Pancreas, Sugar
(4) Adrenaline, Adrenal, Salts

___(A)___ हार्मोन हमारे शरीर में कार्बोहाइड्रेट, प्रोटीन तथा वसा उपापचय को नियंत्रित करता है। यह __(B)__ ग्रंथि द्वारा स्रावित होता है तथा हमारे आहार में ___(C)___ इस ग्रंथि के कामकाज को प्रभावित करता है।

(A), (B), (C) क्रमशः हैं :

(1) थायरॉक्सिन, थाइरॉइड, आयोडीन
(2) वृद्धिकर हार्मोन, पीयूष, प्रोटीन
(3) इन्सुलिन, अग्नाशय, शर्करा
(4) ऐड्रिनीलन, एड्रिनल (अधिवृक्क), लवण

Ans (1)

थायरॉक्सिन हार्मोन हमारे शरीर में कार्बोहाइड्रेट, प्रोटीन तथा वसा उपापचय [fat metabolism] को नियंत्रित करता है। यह थाइरॉइड ग्रंथि [thyroid gland] द्वारा स्रावित होता है तथा हमारे आहार में आयोडीन इस ग्रंथि के कामकाज को प्रभावित करता है।

2. Which of the following statements is/are true regarding the function of bile juice in human digestive system?

(A) It makes the partly digested food coming from stomach alkaline.

(B) It helps in digestion of fats.

(1) Both (A) and (B) are true
(2) Both (A) and (B) are false
(3) (A) is true and (B) is false
(4) (A) is false and (B) is true

मानव पाचकतंत्र में पित्त रस के कार्य के संबंध में निम्नलिखित में से कौन सा/से कथन सही है/हैं?

(A) यह आमाशय से आते हुए आंशिक रूप से पचे भोजन को क्षारीय बना देता है।

(B) यह वसा के पाचन में सहायता करता है।

(1) (A) और (B) दोनों सही हैं
(2) (A) और (B) दोनों गलत
(3) (A) सही है तथा (B) गलत है
(4) (A) गलत है तथा (B) सही है

Ans (1)

(A) यह आमाशय से आते हुए आंशिक रूप से पचे भोजन को क्षारीय बना देता है: यह सच है क्योंकि पित्त रस में बाइकार्बोनेट होते हैं, जो पेट से आने वाले अम्लीय काइम (आंशिक रूप [partly] से पचने वाले भोजन) को बेअसर करने में मदद करते हैं, जिससे यह क्षारीय [alkaline] हो जाता है।

(B) यह वसा के पाचन में सहायता करता है: यह सच है क्योंकि पित्त रस में पित्त लवण [bile juice] होते हैं, जो वसा को पायसीकृत [emulsify] करते हैं और उनके पाचन और अवशोषण [digestion and absorption] में सहायता करते हैं।

3. The density of medium A is more than medium B but less than medium C. In which medium c the sound travels fastest?

(1) C
(2) Can't be inferred from this information
(3) A
(4) B

माध्यम A का घनत्व B के घनत्व से अधिक है किन्तु माध्यम C के घनत्व से कम है। किस माध्यम मे ध्वनि सबसे तेजा करेगी?

(1) C
(2) इस सूचना से निष्कर्ष नहीं निकाला जा सकता
(3) A
(4) B

Ans (1)

माध्यम A का घनत्व > माध्यम B का घनत्व

माध्यम A का घनत्व < माध्यम C का घनत्व

माध्यम B का घनत्व < माध्यम A का घनत्व < माध्यम C का घनत्व।

SCIENCE

यहाँ माध्यम C का घनत्व (density) सबसे अधिक है, इसलिए ध्वनि माध्यम C में सबसे तेज़ गति से यात्रा करती है।

4. Which of the following statements is correct?

S1: The normal temperature of the human body is 37°C.

S2: Heat flows from a body at a higher temperature to a body at lower temperature.

(1) S1 is observation and S2 is inference
(2) S1 is inference and S2 is observation
(3) Both S1 and S2 are observation
(4) Both S1 and S2 are inferences

निम्नलिखित में से कौन-सा कथन सही है?

S1: मानव शरीर का सामान्य तापमान 37°C है।

S2: ऊष्मा उच्च तापमान वाले शरीर से निम्न तापमान वाले शरीर की ओर प्रवाहित होती है।

(1) S1 अवलोकन (प्रेक्षण) है तथा S2 अनुमान है।
(2) S1 अनुमान है तथा S2 अवलोकन (प्रेक्षण) है।
(3) S1 और S2 दोनों अवलोकन (प्रेक्षण) हैं।
(4) S1 और S2 दोनों अनुमान हैं।

Ans (4)

S1 अनुमान [inference] है क्योंकि सामान्य मानव शरीर का तापमान शरीर के तापमान के कई अवलोकनों से निकाला गया निष्कर्ष है। यह एक एकल, प्रत्यक्ष अवलोकन [observation] नहीं है। तापमान की एक सीमा होती है जिसे सामान्य माना जाता है, और एक व्यक्ति का तापमान पूरे दिन में उतार-चढ़ाव करता रहता है।

S2 अनुमान है क्योंकि यह ऊष्मागतिकी के सिद्धांतों [principles of thermodynamics] (विशेष रूप से ऊष्मागतिकी के दूसरे नियम) की समझ और अनुप्रयोग पर आधारित है।

5. While ice melts at 0°C, its temperature:

(1) remains same
(2) first decreases and then remains same
(3) increases
(4) decreases

जब बर्फ (हिम) 0°C पर पिघलती है तो उसका तापमान

(1) समान रहता है
(2) पहले घटता है और फिर समान रहता है
(3) बढ़ता है
(4) घटता है

Ans (1)

जब बर्फ 0°C पर पिघलती है, तो यह ऊष्मा ऊर्जा को अवशोषित [absorbs] करती है। इस ऊर्जा का उपयोग ठोस

बर्फ में पानी के अणुओं [molecules] के बीच के बंधनों को तोड़ने के लिए किया जाता है, जिससे यह तरल पानी

में बदल जाता है। हालाँकि, ठोस से तरल में इस चरण संक्रमण के दौरान, बर्फ-पानी के मिश्रण का तापमान 0°C पर स्थिर रहता है जब तक कि सारी बर्फ पिघल न जाए।

6. Read the statements given below and choose the correct option:

Assertion (A): The rate of breathing in aquatic animals is slower than land animals.

Reason (R): Presence of large amounts of dissolved oxygen affects rate of breathing of aquatic animals.

(1) Both (A) and (R) are true and (R) is correct explanation of (A)
(2) Both (A) and (R) are true but (R) is not correct explanation of (A).
(3) (A) is true but (R) is false.
(4) Both (A) and (R) are false.

निम्नलिखित कथनों को पढ़िए और सही उत्तर का चुनाव करें

अभिकथन (A): जल प्राणियों की तुलना में स्थलीय प्राणियों की श्वसन दर धीमी होती है।

तर्क (R): जात में पुत्ती हुई ऑक्सीजन की उन्नंमोश जलीय प्राणियों की श्वसन दर को प्रभावित करती है।

(1) (A) और (R) दोनों सहीं हैं तथा (R), (A) की सही व्याख्या है।

(2) (A) और (R) दोनों सही हैं परन्तु (R). (A) की सही व्याख्या नहीं है।
(3) (A) सही है परन्तु (R) गलत है।
(4) (A) और (R) दोनों गलत हैं।

Ans : (4)

(A) और (R) दोनों गलत हैं। जलीय जानवरों (aquatic animals) में सांस लेने की दर आम तौर पर तेज़ होती है, ज़मीन के जानवरों (terrestrial animals) की तुलना में धीमी नहीं, क्योंकि पानी में हवा की तुलना में कम घुली (dissolved) हुई ऑक्सीजन होती है। इसलिए जलीय जानवरों (aquatic animals) को अपनी ज़रूरत के हिसाब से ऑक्सीजन प्राप्त करने के लिए ज़्यादा बार सांस लेने की ज़रूरत होती है।

7. Three identical holes are punched at different levels (heights) in a plastic bottle. The bottle is filled with water. Which of the following statements is true regarding the flow of water from the holes?

(a) Water from lowest hole comes out with greatest force
(b) Water from highest hole comes out with greatest force
(c) Water from all holes comes out with equal force
(d) Water from lowest hole falls at maximum distance
(e) Water from highest hole falls at maximum distance
(f) Water from all holes falls at same distance

(1) (c) and (f)
(2) (a) and (e)
(3) (b) and (e)
(4) (a) and (d)

एक प्लास्टिक की बोतल में भिन्न-भिन्न स्तरों (ऊँचाईयों) पर. समरूप (एकरूप) तीन छेद किए गए। बोतल को पानी से भर दिया गया। निम्नलिखित में से कौन सा कथन छेदों से पानी के प्रवाह) बहाव के बारे में सही है?

(a) निम्नतम छेद से पानी अधिकतम बल के साथ बाहर आएगा
(b) उच्चतम छेद से पानी अधिकतम बल के साथ बाहर आएगा
(c) सभी छेदों से पानी समान रूप से बाहर आएगा
(d) निम्नतम छेद से पानी अधिकतम दूरी पर गिरेगा
(e) उच्चतम छेद से पानी अधिकतम दूरी पर गिरेगा
(f) सभी छेदों से पानी समान दूरी पर गिरेगा

(1) (c) और (f)
(2) (a) और (e)
(3) (b) और (e)
(4) (a) और (d)

Ans : (4)

(a) निम्नतम छेद (lowest hole) से पानी अधिकतम बल के साथ बाहर आएगा: यह सत्य है क्योंकि सबसे निचले छेद पर दबाव (pressure) सबसे अधिक होता है, क्योंकि गहराई के साथ दबाव बढ़ता है।

(d) निम्नतम छेद (lowest hole) से पानी अधिकतम दूरी (maximum distance) पर गिरेगा: यह सत्य है क्योंकि सबसे निचले छेद पर अधिक बल और दबाव पानी को अधिक क्षैतिज वेग (Horizontal Velocity) देता है, जिससे वह सबसे दूर तक यात्रा (travel) कर सकता है।

8. An odometer in a car measures:

(1) distance travelled by the car
(2) instantaneous speed of the car
(3) average speed of the car
(4) acceleration of the car

एक कार में ओडोमीटर मापता है:

(1) कार द्वारा तय की गई दूरी
(2) कार की तात्कालिक चाल (गति)
(3) कार की औसत चाल (गति)
(4) कार का त्वरण (गतिवर्धन)

Ans : (1)

ओडोमीटर (odometer) कार में लगा एक उपकरण (instrument) है जिसका उपयोग कार द्वारा तय की गई दूरी मापने (measure) के लिए किया जाता है।

9. Discussion on socio-scientific issues in class helps in:
(a) developing argumentative skills in learners
(b) developing multiple perspectives on an issue
(c) encouraging citizen science activities
(d) appreciating the role of society in development of science
(1) (b) and (c)
(2) (a), (b) and (c)
(3) (c) and (d)
(4) (b), (c) and (d)

कक्षा में सामाजिक वैज्ञानिक मामलों की परिचर्चा सहायता करती है:
(a) अधिगमकर्ताओं में तर्कसंगत कौशल का विकास करने में
(b) किसी मामले पर बहु-परिप्रेक्ष्यों का विकास करने में
(c) नागरिक विज्ञान संबंधी गतिविधियों को प्रेरित करने में
(d) विज्ञान के विकास में समाज की भूमिका के महत्व को स्वीकार करने में
(1) (b) और (c)
(2) (a), (b) और (c)
(3) (c) और (d)
(4) (b), (c) और (d)

Ans : (2)

(a) अधिगमकर्ताओं में तर्कसंगत कौशल का विकास करने में (developing argumentative skills in learners): सच है, सामाजिक-वैज्ञानिक मुद्दों पर चर्चा छात्रों को अपने दृष्टिकोण को स्पष्ट करने और साक्ष्य (evidence) के साथ अपने तर्कों का समर्थन करने के लिए प्रोत्साहित (encouraged) करती है।

(b) किसी मामले पर बहु-परिप्रेक्ष्यों का विकास करने में (developing multiple perspectives on an issue): सच है, ऐसी चर्चाएँ छात्रों को अलग-अलग दृष्टिकोणों से अवगत कराती हैं, आलोचनात्मक सोच (Critical Thinking) को बढ़ावा देती हैं।

(c) नागरिक विज्ञान संबंधी गतिविधियों को प्रेरित करने में (encouraging citizen science activities): सच है, सामाजिक-वैज्ञानिक मुद्दों पर चर्चा छात्रों को समुदाय-आधारित वैज्ञानिक परियोजनाओं में शामिल होने के लिए प्रेरित कर सकती है।

10. Read the following statements and choose the correct option:
S1-Photosynthesis is endothermic reaction.
S2- Respiration is exothermic reaction.
(1) Both S1 and S2 are true.
(2) Both S1 and S2 are false.
(3) S1 is true and S2 is false.
(4) S1 is false and S2 is true.

नीचे दिए कथनों को पढ़िए और सही उत्तर का चुनाव कीजिए:
S1 - प्रकाश संश्लेषण ऊष्माशोषी अभिक्रिया है।
S2 - श्वसन ऊष्माक्षेपी अभिक्रिया है।
(1) S1 और S2 दोनों सही हैं।
(2) S1 और S2 दोनों गलत हैं।
(3) S1 सही है और S2 गलत है।
(4) S1 गलत है और S2 सही है।

Ans : (1)

S1: प्रकाश संश्लेषण ऊष्माशोषी अभिक्रिया है (Photosynthesis is endothermic reaction.)। यह सच है क्योंकि प्रकाश संश्लेषण को कार्बन डाइऑक्साइड (CO_2) और पानी को ग्लूकोज़ और ऑक्सीजन में बदलने के लिए ऊर्जा (energy) (सूर्य के प्रकाश से) की आवश्यकता होती है।

S2: श्वसन ऊष्माक्षेपी अभिक्रिया है। (Respiration is exothermic reaction.) यह भी सच है क्योंकि कोशिकीय श्वसन ऊर्जा (cellular respiration energy) जारी करता है क्योंकि यह ग्लूकोज और ऑक्सीजन को कार्बन डाइऑक्साइड (CO_2) और पानी में परिवर्तित करता है।

11. The atomic number of A is 13 and the atomic number of B is The chemical formula of the compound formed from A and B could be:
(1) A_3B
(2) AB_3

(3) AB_2
(4) AB

A का परमाणु क्रमांक 13 है तथा B का परमाणु क्रमांक 17 है। A और B से निर्मित यौगिक का रसायनिक सूत्र हो सकता है:

(1) A_3B
(2) AB_3
(3) AB_2
(4) AB

Ans : (2)

A की परमाणु क्रमांक (atomic number of A) = 13

A का इलेक्ट्रॉनिक विन्यास (electronic configuration) = 2, 8, 3

A की संयोजकता (valency) = +3

B की परमाणु क्रमांक (atomic number of B) = 17

B का इलेक्ट्रॉनिक विन्यास (electronic configuration) = 2, 8, 7

A की संयोजकता(valency) = -1

	A	B
संयोजकता:	3	1

इस प्रकार, A और B से बनने वाला रासायनिक सूत्र (chemical formula) AB_3 है।

12. Choose the correct statement from the following regarding plastics -

(1) Thermoplastics can be molded again and again.
(2) Thermosetting plastics can be softened by heating.
(3) Bakelite is an example of thermoplastic.
(4) Polythene and PVC are examples of thermosetting plastics.

प्लास्टिक के सन्दर्भ में निम्न में से सही कथन का चुनाव करिये –

(1) ताप सुनम्य बारंबार साँचों में ढाले जा सकते हैं।
(2) ऊष्मास्थैतिक प्लास्टिक गर्म करने पर पिघलाए जा सकते हैं।
(3) बैकेलाईट ताप सुनम्य का उदाहरण है।
(4) पॉलिथीन और PVC ऊष्मस्थैतिक प्लास्टिक के उदाहरण है।

Ans : (1)

ऊष्मास्थैतिक प्लास्टिक (Thermosetting plastics) अणुओं की लंबी श्रृंखलाओं (long chain of molecules) से बने होते हैं जो क्रॉस-लिंक्ड होते हैं। उनके पास एक बहुत ही कठोर संरचना (rigid structure) है। एक बार सेट होने के बाद उन्हें फिर से गरम नहीं किया जा सकता क्योंकि वे स्थायी रूप से सेट हो जाते हैं। उदाहरण – बैकेलाइट (Bakelite), यूरिया-फॉर्मलाडेहाइड रेजिन (urea-formaldehyde resins)।

थर्माप्लास्टिक पदार्थों को पुनर्नवीनीकरण (recycled) या पुनः उपयोग किया जा सकता है। उदाहरण हैं: पॉलिएस्टर (polyester), पॉलीप्रोपाइलीन (Polypropylene), पॉलीस्टाइनिन (polystyrene), टेफ्लॉन (Teflon), ऐक्रेलिक (acrylic) आदि।

13. Select correct statement from the following:

(1) Zinc is more reactive than aluminum.
(2) Copper can displace iron from ferrous sulphate solution.
(3) Iron can displace copper from copper sulphate solution but cannot displace aluminum from aluminum sulphate solution.
(4) Aluminum cannot displace iron from ferrous sulphate solution.

निम्नलिखित में से सही कथन चुनिए –

(1) जिंक एलुमिनियम से अधिक सक्रिय है।
(2) कॉपर फेरस सल्फेट विलयन से आयरन को विस्थापित कर सकता है।
(3) आयरन कॉपर सल्फेट विलयन से कॉपर को विस्थापित कर सकता है परन्तु एलुमिनियम सल्फेट से एलुमिनियम को विस्थापित नहीं कर सकता है।
(4) एलुमिनियम फेरस सल्फेट विलयन से आयरन को विस्थापित नहीं कर सकता है।

SCIENCE

Ans : (3)

एक अधिक प्रतिक्रियाशील धातु (reactive metals) कम प्रतिक्रियाशील धातु को (less reactive Metals) विस्थापित (displaced) कर सकती है। प्रतिक्रियाशीलता का क्रम (reactivity series) Na>Mg>Al>Zn>Fe>Cu है। Cu Fe को विस्थापित (displace) नहीं कर सकता।

14. When a bar magnet is brought near it the iron dust sticks

(1) mostly at the middle
(2) only at the middle
(3) equally everywhere
(4) mostly near two ends

जब एक छड़-चुंबक, लोहे के बुरादे के समीप लाई जाती है तो लोहे का बुरादा उसके अधिकांशतः किस भाग पर चिपकता है?

(1) अधिकांशतः मध्य में
(2) केवल मध्य में
(3) सभी जगह समान रूप से
(4) अधिकांशतः दोनों किनारों पर

Ans : (4)

जब किसी छड़ चुम्बक (bar magnet) को इसके पास लाया जाता है तो सबसे अधिक लोहे की धूल चुम्बक के दोनों सिरों पर चिपकती है क्योंकि चुम्बक के ध्रुवों (poles of magnet) के सिरे पर चुंबकीय शक्ति (magnetic force) अधिकतम होती है।

15. Alisha is suffering from high fever. Her friend checked her temperature with a clinical thermometer and found that it is 101°c and two divisions more on the right-hand side. (Five divisions between two big lines). Her temperature is

(1) 101.4°C
(2) 101.2°C
(3) 100.8°C
(4) 100.6°C

एलीशा बुखार से पीड़ित है। उसकी सहेली से उसका ताप रोग-विषयक तापमापी से देखा और पाया की वह 101° C और दॉई ओर दो भाग अधिक है। (दो बड़ी रेखाओं के बीच पाँच भाग हैं। उसका तापमान है -

(1) 101.4°C
(2) 101.2°C
(3) 100.8°C
(4) 100.6°C

Ans : (1)

यदि दो लगातार बड़े निशानों के बीच 5 डिवीजन (division) हैं, तो एक छोटा डिवीजन 0.2ºC के बराबर होगा। इसलिए, प्रश्न के अनुसार, जहां यह दाईं ओर दो-डिवीजन अधिक है, तापमान (temperature) 101.4 डिग्री है।

16. Why are the soles of the shoes treading ?

(1) To decrease friction
(2) To increase friction
(3) To increase life of the shoes
(4) To give the shoes more protection

जूते के सोल असमतल क्यों किए जाते हैं?

(1) घर्षण घटाने के लिए
(2) घर्षण बढ़ाने के लिए
(3) जूते का जीवन बढ़ाने के लिए
(4) जूते को अधिक मजबूती देने के लिए

Ans : (2)

घर्षण (friction) बढ़ाने के उद्देश्य से जूते के सोल (Soles) असमतल बनाए जाते हैं।

17. Which one is weak acid?

(1) Citric acid
(2) Nitric acid
(3) Sulfuric acid
(4) Hydrochloric acid

इनमें से दुर्बल अम्ल है।

(1) सिट्रिक एसिड
(2) नाइट्रिक एसिड
(3) सल्फ्यूरिक एसिड
(4) हाइड्रोक्लोरिक एसिड

Ans : (1)

ऐसे अम्ल जो जलीय विलयन में आंशिक रूप से आयनीकृत होते हैं (Acids that partially ionize in aqueous solution), अर्थात कम मात्रा में H^+ आयन देते हैं, दुर्बल अम्ल (weak acid) कहलाते हैं। प्रश्नगत विकल्पों में सिट्रिक अम्ल (citric acid) एक दुर्बल अम्ल (weak acid) है।

18. Red Data Book contains a record of

(1) extinct species
(2) flora
(3) fauna
(4) endangered species

रेड डेटा बुक...............का रिकॉर्ड रखती है।

(1) विलुप्त प्रजातियों
(2) वनस्पति
(3) पशु वर्ग
(4) संकटापन्न प्रजातियों

Ans : (4)

रेड डाटा बुक संकटापन्न प्रजातियों (Endangered species) का रिकॉर्ड रखती है। इसका प्रकाशन आई.यू.सी.एन. (International Union for Conservation of Nature) द्वारा किया जाता है।

19. The pH value of any solution that converts red litmus to blue in colour will be

(1) 1
(2) 4
(3) 7
(4) 10

कोई विलयन लाल लिटमस को नीला कर देता है। इसका pH मान सम्भवतः होगा

(1) 1
(2) 4
(3) 7
(4) 10

Ans : (4)

क्षारों के जलीय विलयन (aqueous solutions of bases) में लाल लिटमस को नीला करने का गुण पाया जाता है और क्षारों का pH मान सदैव 7 से अधिक होता है। अतः विकल्प (d) सही उत्तर होगा क्योंकि यहां pH मान 10 दिया गया है।

20. Riya is standing in front of a plane mirror. The distance between Riya and her image is 10 m. If she moves 2 m towards the mirror, then the distance between Riya and her image is

(1) 10 m
(2) 8 m
(3) 12 m
(4) 6 m

रिया एक समतल दर्पण के सामने खड़ी है। रिया और उसके प्रतिबिम्ब के बीच की दूरी 10 मी है। यदि वह दर्पण की 2 मी चले, तो रेनू और उसके प्रतिबिम्ब के बीच की दूरी होगी

(1) 10 मी
(2) 8 मी
(3) 12 मी
(4) 6 मी

Ans : (4)

समतल दर्पण (plane mirror) द्वारा बना वस्तु का प्रतिबिंब (image) दर्पण के पीछे उतनी ही दूरी पर बनता है, जितनी दूरी पर वस्तु (object) दर्पण के सामने रखी होती है। प्रश्नानुसार, रिया और उसके प्रतिबिंब के बीच की दूरी 10 मीटर है। अर्थात रिया और दर्पण के बीच की दूरी 5 मीटर है। यदि वह दर्पण की ओर 2 मीटर चलती है, तो उसके और दर्पण के बीच की दूरी 3 मीटर होगी। अर्थात उसके और प्रतिबिंब के बीच की दूरी 6 मीटर होगी।

21. Read the statements given below and choose the correct option:

Assertion (A): Stomach produces hydrochloric acid that helps in breakdown of food.

Reason (R): Digestive juices need an acidic medium to act.

(1) (A) is true, but (R) is false.

SCIENCE

(2) Both (A) and (R) are true, but (R) is not the correct explanation of (A).
(3) (A) is false, but (R) is true.
(4) Both (A) and (R) are true and (R) is the correct explanation of (A).

निम्नलिखित कथनों को पढ़िए तथा सही विकल्प का चयन कीजिए :

अभिकथन (A) : आमाशय हाइड्रोक्लोरिक अम्ल उत्पन्न करता है जो भोजन के भंजन में सहायता करता है।

तर्क (R) : पाचक रसों को क्रिया करने के लिए अम्लीय माध्यम की आवश्यकता होती है।

(1) (A) सही है, परन्तु (R) गलत है।
(2) (A) और (R) दोनों सही हैं, परन्तु (R), (A) की सही व्याख्या नहीं है।
(3) (A) ग़लत है, परन्तु (R) सही है।
(4) (A) और (R) दोनों सही हैं तथा (R), (A) की सही व्याख्या है।

Ans : (4)

विकल्प 4 सही है क्योंकि दावा (A) और कारण (R) दोनों सत्य हैं, और (R) तार्किक रूप से बताता है कि क्यों (A) सत्य है। भोजन को तोड़ने के लिए पेट में हाइड्रोक्लोरिक अम्ल (hydrochloric acid) का उत्पादन महत्वपूर्ण है, जो भोजन के घटकों (components of food) को तोड़ने के लिए पाचक रसों (digestive juices) की प्रभावी क्रिया को सुविधाजनक बनाता है।

22. Identify the set comprising cold blooded organisms.
(1) Lizard, Parrot, Dolphin
(2) Pigeon, Humans, Lizard
(3) Snake, Frog, Cockroach
(4) Whale, Frog, Earthworm

उस समुच्चय की पहचान कीजिए जिसमें अनियततापी जीवों को समाविष्ट किया गया है।
(1) छिपकली, तोता, डॉल्फिन
(2) कबूतर, मानव, छिपकली
(3) सर्प, मेंढक, कॉकरोच
(4) ह्वेल, मेंढक, केंचुआ

Ans : (3)

ठंडे खून वाले जीवों का समूह साँप, मेंढक, कॉकरोच है। ठंडे खून वाले जीव, जिन्हें एक्टोथर्म भी कहा जाता है, अपने शरीर के तापमान (body temperature) को आंतरिक रूप (internally) से नियंत्रित नहीं कर सकते हैं और इसे नियंत्रित करने के लिए बाहरी स्रोतों (External Sources) पर निर्भर रहते हैं।

23. Which of the following represents a set of cell organelles found in animal cell?
(1) Cell membrane, cytoplasm, nucleus, vacuole
(2) Cell membrane, cell wall, cytoplasm, nucleus
(3) Cell membrane, chloroplast, cytoplasm, nucleus
(4) Cell membrane, cell wall, cytoplasm, vacuole

निम्नलिखित में से कौन-से जंतु कोशिका के चार संघटक है –
(1) कोशिका झिल्ली, कोशिका द्रव्य, केन्द्रक, रिक्तिका
(2) कोशिका झिल्ली, कोशिका भित्ति, कोशिका द्रव्य, केन्द्रक
(3) कोशिका झिल्ली, हरित लवक, कोशिका द्रव्य, केन्द्रक
(4) कोशिका झिल्ली, कोशिका भित्ति, हरित लवक, रिक्तिका

Ans : (1)

कोशिका झिल्ली (Cell membrane), कोशिका द्रव्य (cytoplasm), केन्द्रक (nucleus), रिक्तिका (vacuole) जंतु कोशिका के चार संघटक है। कोशिका भित्ति और हरित लवक केवल पादप कोशिका में मौजूद होते हैं, जंतु कोशिका में नहीं।

24. The type of joint in elbow of our forelimb undergoes similar movement as of the door joint of the house. Which joint is this?
(1) Ball and socket joint
(2) Pivotal joint
(3) Hinge joint
(4) Fixed joint

हमारे प्रबाहु में कोहनी का जोड़ घर के दरवाजे के कब्जे की भांति चलता है। यह कौन-सा जोड़ (संधि) है?

(1) कंदुल खल्लिका संधि
(2) कीलक / धुराग्रीय संधि
(3) हिन्ज संधि
(4) स्थिर संधि

Ans : (3)

हिन्ज संधि (Hinge joint) एक प्रकार के जोड़ होते हैं जो एक दरवाजे को खोलने और बंद करने के समान गति की अनुमति देते हैं।

25. Which of the following is true regarding the water content in the process of conversion of nectars to honey by honeybees?

(1) It is increased
(2) It is reduced
(3) It remains unchanged
(4) It may increase or reduce.

मकरंद को मधु / शहद में बदलने की प्रक्रिया में पानी की मात्रा के संदर्भ में निम्न में से कौन-सा विकल्प सही है?

(1) यह बढ़ जाती है
(2) यह घट जाती है
(3) इसमें बदलाव नहीं होता
(4) यह बढ़ सकती है या घट सकती है

Ans : (2)

हम कह सकते हैं कि मधुमक्खियों (honeybees) द्वारा मकरंद (nectar) को शहद (honey) में बदलने की प्रकिया में पानी की मात्रा कम हो जाती है।

26. Consider the statements given below and choose the correct option.

Assertion: Larger the amplitude of vibrations, louder is the sound.

Reason: Higher the frequency of vibration, higher is the pitch.

(1) Both assertion and reason are correct, and reason is the correct explanation of the assertion
(2) Both assertion and reason are correct, and reason is not the correct explanation of the assertion
(3) Assertion is true, but reason is false
(4) Assertion is false, but reason is true

निम्नलिखित कथनों पर विचार कीजिए तथा सही विकल्प का चयन कीजिए।

अभिकथन: कंपन का आयाम जितना अधिक होगा, उतनी ही ध्वनि उच्च होगी।

कारण : कंपन की आवृत्ति जितनी ऊँची होगी, तारत्व भी उतना ऊँचा होगा।

(1) अभिकथन और कारण दोनों सही हैं तथा कारण, अभिकथन की सही व्याख्या है।
(2) अभिकथन और कारण दोनों सही हैं परन्तु कारण, अभिकथन की सही व्याख्या नहीं है।
(3) अभिकथन सही है परन्तु कारण गलत है।
(4) अभिकथन गलत है परन्तु कारण सही है।

Ans : (2)

दोनों कथन सत्य हैं, लेकिन आवृत्ति और तारत्व (Frequency and pitch) के बारे में कारण सीधे तौर पर आयाम (amplitude) और प्रबलता (loudness) के बारे में दावे की व्याख्या नहीं करता है।

27. Which of the following sets comprises only Chemical changes?

(1) Boiling of oil, breaking of mug, burning of paper
(2) Dissolving copper sulphate in water, digestion of food, cutting of paper
(3) Breaking of egg, boiling salt water, mixing ink in water
(4) Rusting of iron, burning of paper, cooking of food

निम्नलिखित में से कौनसे समुच्चय केवल रासायनिक परिवर्तनों से समाविष्ट हैं?

(1) तेल का उबलना, मग का टूटना, कागज का जलना
(2) पानी (जल) में कॉपर सल्फेट घोलना, भोजन पचाना, कागज को काटना
(3) अण्डे को तोड़ना, लवणयुक्त जल को उबालना, जल में स्याही को मिलाना

SCIENCE

(4) लोहे को जंग लगना, कागज़ का जलना (को जलाना), भोजन पकाना

Ans : (4)

लोहे में जंग लगना (Rusting of iron), कागज का जलना (burning of paper) और भोजन पकाने (cooking of food) में केवल रासायनिक परिवर्तन (Chemical changes) हैं। इन सभी में रासायनिक प्रतिक्रियाएँ होती हैं जिससे नए पदार्थ बनते हैं।

28. Identify the following in the context of digestion.

A Gets broken into simple sugars

B Gets broken into glycerol

C Breaks into simpler amino acids

A B & C respectively are

(1) A-Fats, B-Urea, C-Proteins
(2) A-Urea, B-Fats, Proteins
(3) A-Carbohydrates, B-Fats, C-Proteins
(4) A-Proteins B-Urea, C-Fats

पाचन के संदर्भ में निम्नलिखित को पहचानिए :

A सरल शर्करा में विघटित होता है

B ग्लिसरॉल में विघटित होता है

C सरल अमिनो अम्ल में विघटित होता है

A, B और C क्रमशः हैं:

(1) A वसा, B- यूरिया, C-प्रोटीन
(2) A- यूरिया, B- वसा, C-प्रोटीन
(3) A कार्बोहाइड्रेट, B-वसा, C-प्रोटीन
(4) A प्रोटीन B- यूरिया, C-वसा

Ans : (3)

A कार्बोहाइड्रेट (carbohydrate) को सरल शर्करा में तोड़ने का प्रतिनिधित्व करता है, B वसा (fat) को ग्लिसरॉल (glycerol) में तोड़ने का प्रतिनिधित्व करता है, और C में प्रोटीन को सरल अमीनो अम्ल (ammino acid - N) में तोड़ना शामिल है।

29. Which of the following pairs is an example of tap root?

(1) Maize, onion
(2) Carrot, potato
(3) Turnip, tapioca
(4) Potato, ginger

निम्नलिखित जोड़ो में से कौन सा मूसला जड़ का उदाहरण है?

(1) मक्का, प्याज
(2) गाजर, आलू
(3) शलजम, टैपियोका
(4) आलू, अदरक

Ans : (3)

शलजम (Turnip) और टैपियोका (tapioca) मूसला जड़ों (tap roots) के उदाहरण हैं। दोनों पौधों में एक मुख्य, मोटी जड़ (टैपरूट) होती है जो लंबवत नीचे की ओर बढ़ती है और छोटी पार्श्व जड़ों को जन्म देती है।

30. Read the following paragraph carefully and select the option which would correctly fill the blanks in the given order.

Sound is produced by vibration and different musical instruments have specific vibrating parts. In a _X_ the sound is produced by stretched strings, in a _Y _ it is the stretched membrane that vibrates and in a _Z _ the vibrating part that produces sound is the air column.

X, Y and Z can respectively be :

(1) sitar, harmonium, dholak
(2) dholak, ektara, mouth organ
(3) guitar, tabla, shehnai
(4) ektara, violin, piano

निम्नलिखित अनुच्छेद को ध्यानपूर्वक पढ़िए तथा उस विकल्प का चयन कीजिए जोकि सही प्रकार से दिए गए क्रम में रिक्त स्थानों को भरें।

ध्वनि कंपन द्वारा उत्पन्न होती है तथा भिन्न-भिन्न वाद्य यंत्रों के विशिष्ट कम्पन्न भाग होते हैं। _X_ में ध्वनि तानित तारों द्वारा उत्पन्न होती है, _Y_ में तानित झिल्ली है जो कम्पन्न करती है तथा _Z_ में ध्वनि उत्पन्न करने वाला कम्पन्न भाग, वायु-स्तंभ (कॉलम) है।

X, Y और Z क्रमशः हो सकते हैं :

(1) सितार, हार्मोनियम, ढोलक
(2) ढोलक, इकतारा, मुख - आर्गन
(3) गिटार, तबला, शहनाई
(4) इकतारा, वायलिन, पियानो

Ans : (3)

गिटार, तबला, शहनाई।

गिटार (X): खिंचे हुए तारों से निकलने वाली ध्वनि (sound)।

तबला (Y): फैली हुई झिल्ली (stretched membrane) से निकलने वाली ध्वनि।

शहनाई (Z): कंपनशील वायु स्तंभ (vibrating air column) से ध्वनि।

31. Read the statements given below.

Which of the following is the correct option?

Assertion (A): Petroleum is called black gold.

Reason (R): Deposits of Petroleum are found in black soil.

(1) Both (A) & (R) are true and (R) is the correct explanation of (A)
(2) Both (A) & (R) are true but (R) is not the correct explanation of (A)
(3) (A) is true but (R) is not true
(4) Both (A) and (R) are false

निम्नलिखित कथनों को पढ़िए तथा सही विकल्प का चयन कीजिए:

अभिकथन (A): पेट्रोलियम को काला सोना कहा जाता है।

विवेचन (R): पेट्रोलियम के भंडार काली मिट्टी (मृदा) में पाए जाते है।

(1) (A) और (R) दोनों सही हैं तथा (R), (A) की सही व्याख्या है
(2) (A) और (R) दोनों सही हैं परन्तु (R), (A) की सही व्याख्या नहीं है।
(3) (A) सही है परन्तु (R) सही नहीं है
(4) (A) और (R) दोनों गलत हैं

Ans : (3)

पेट्रोलियम, जिसे कच्चा तेल और काला सोना (black gold) भी कहा जाता है, पृथ्वी की सतह के नीचे पाया जाने वाला एक प्राकृतिक तरल (natural Liquid) है जिसे ईंधन में परिष्कृत (refined) किया जा सकता है। एक जीवाश्म ईंधन (Fossil fuels), पेट्रोलियम समय के साथ कार्बनिक पदार्थों के अपघटन (decomposition) से बनता है और बिजली वाहनों, हीटिंग इकाइयों और मशीनों के लिए ईंधन (fuel) के रूप में उपयोग किया जाता है, और इसे प्लास्टिक में परिवर्तित किया जा सकता है।

32. Match the mixture in column I with the method that can be used to separate it.

Column I	Column II
(A) Powdered naphthalene balls and salt	(i) Crystallization
(B) Sugar and water	(ii) Evaporation
(C) Vegetable oil and water	(iii) Sublimation
(D) Salt and water	(iv) Pouring through separating

(1) (A)-(iv), (B)-(iii), (C)-(ii), (D)-(i)
(2) (A)-(ii), (B)-(i), (C)-(iv), (D)-(ii)
(3) (A)-(ii), (B)-(i), (C)-(iv), (D)-(iii)
(4) (A)-(ii), (B)-(iii), (C)-(iv), (D)-(i)

स्तंभ-1 में दिए गए मिश्रण को स्तंभ II में दिए गए उस प्रक्रम से सुमेलित कीजिए जो उसके लिए उपयोग में लाया जा सकता है।

स्तंभ-1	स्तंभ-II
(A) नेफ्थलीन का पाउडर और लवण	(i) क्रिस्टलीकरण
(B) चीनी और जल	(ii) वाष्पन
(C) वनस्पति तेल और जल	(iii) ऊर्ध्वपातन
(D) लवण और जल	(iv) पृथक्करण कीप में से डालना

SCIENCE

(1) (A) (iv) (B)-(iii). (C)-(ii), (D)-(i)
(2) (A)- (iii), (B)- (i), (C)-(iv). (D)- (ii)
(3) (A)- (i), (B)-(i), (C)-(iv), (D)-(iii)
(4) (A) (ii), (B)- (iii), (C)-(iv), (D)-(i)

Ans : (2)

नेफ़थलीन उर्ध्वपातक (naphthalene sublimer) है, चीनी को क्रिस्टलीकृत (crystallized) किया जा सकता है, वनस्पति तेल (Vegetable oil) को पानी में डालकर तथा नमक को वाष्पीकरण (evaporation) द्वारा अलग किया जा सकता है।

33. Read the following statements and select the correct option.

Assertion (A): Phosphorus is stored in Kerosene.

Reasoning (R): Phosphorus catches fire if exposed to air.

(1) Both (A) and (R) are true and (R) is the correct explanation of (A).
(2) Both (A) and (R) are true but (R) is not the correct explanation of (A).
(3) (A) is false but (R) is true.
(4) (A) is true but (R) is false.

निम्नलिखित कथनों को पढ़िए और सही विकल्प का चयन कीजिए।

अभिकथन (A): फॉस्फोरस को किरोसिन में भंडारित किया जाता है।

कारण (R): वायु के संपर्क में फॉस्फोरस आग पकड़ लेता है।

(1) (A) और (R) दोनों सत्य हैं और (A) की (R) सही व्याख्या है।
(2) (A) और (R) दोनों सत्य हैं किन्तु (A) की (R) सही व्याख्या नहीं है।
(3) (A) असत्य है किन्तु (R) सत्य है।
(4) (A) सत्य है किन्तु (R) असत्य है।

Ans : (3)

फॉस्फोरस (Phosphorus) को मिट्टी के तेल में नहीं बल्कि पानी में रखा जाता है। यह हवा में आग पकड़ (catches fire) लेता है।

34. Which of the following are characteristic features of trees in mountain range?

(A) sloping branches
(B) needle like leaves
(C) waxy, thick stem
(D) long penetrating roots

(1) A & B
(2) B & C
(3) C & D
(4) A & C

निम्नलिखित में से कौन-से विशिष्ट लक्षण पर्वतीय क्षेत्र के वृक्षों के हैं?

(A) तिरछी शाखाएँ
(B) सुईनुमा पत्तियाँ
(C) मोम जैसा मोटा तना
(D) लम्बी गहरी जड़ें

(1) A तथा B
(2) B तथा C
(3) C तथा D
(4) A तथा C

Ans : (1)

तिरछी शाखाएँ (sloping branches) और सुईनुमा पत्तियाँ (needle like leaves) लक्षण पर्वतीय क्षेत्र के वृक्षों की विशेषता हैं।

35. Which of the following represents set of contact forces?

(1) electrostatic force, force of friction, magnetic force
(2) muscular force, force of friction, gravitational force
(3) drag, muscular force, force of friction
(4) gravitational force, electrostatic force, drag

निम्न में से कौन-सा, संपर्क बलों के समुच्चय का द्योतक है?

(1) स्थिर वैद्युत बल, घर्षण बल, चुंबकीय बल
(2) मांसपेशीय बल, घर्षण बल, गुरूत्वीय बल
(3) कर्षण, मांसपेशीय बल, घर्षण बल
(4) गुरूत्वीय बल, स्थिर वैद्युत बल, कर्षण

Ans : (3)

कर्षण (drag), मांसपेशीय बल (muscular force), घर्षण बल (force of friction) संपर्क बलों के समुच्चय का प्रतिनिधित्व करते हैं।

36. Which of the following statement (s) are correct regarding scientific theories?

A. They explain the observations based on given information

B. They can make predictions about results of future observations

C. They are generalizations of empirical observations

D. Once proven, a theory cannot be disapproved

(1) A, B
(2) B, C
(3) C, D
(4) A, D

विज्ञान के सिद्धांतों के सन्दर्भ में निम्न में से कौन सा /से कथन सही हैं?

A. वे दी गई सूचना के आधार पर अवलोकनों की व्याख्या करते हैं।

B. वे भविष्य के अवलोकनों के निष्कर्षों के सन्दर्भ में पूर्वानुमान लगा सकते हैं।

C. वे प्रयोगाश्रित अवलोकनों के व्यापकीकरण हैं।

D. एक बार सिद्ध होने पर, सिद्धांत का अनुमोदन नहीं किया जा सकता।

(1) A, B
(2) B, C
(3) C, D
(4) A, D

Ans : (1)

विज्ञान के सिद्धांत [principles of science] के संदर्भ में कथन:-

- विज्ञान के सिद्धांत [principle of science] से तात्पर्य प्राकृतिक दुनिया के किसी पहलू की एक अच्छी तरह से प्रमाणित [authentic] व्यख्या से है। [अर्थात छात्र दी गई जानकारी के आधार पर अवलोकन (Observation) करते हैं तथा उसको Explain करते हैं।]
- छात्र भविष्य के अवलोकनों [observations] के निष्कर्षो [results] के बारे में पूर्वानुमान [forecast] लगा सकते हैं।
- एक बार सिध्द होने पर सिध्दांत को [disapproved] अस्वीकृत किया जा सकता है; क्योंकि विज्ञान अस्थायी है।

37. Which of the following should not be the purpose of open book assessment in Science ?

(1) To score more marks in tests
(2) To give opportunity to explore the book
(3) To reduce the fear of assessment in learners
(4) To gauge conceptual understanding of learners

निम्नलिखित में से कौन सा विज्ञान में खुली पुस्तक आकलन का उद्देश्य नहीं होना चाहिए?

(1) परीक्षाओं में अधिक अंक लाना
(2) पुस्तक के अन्वेषण के अवसर प्रदान करना
(3) अधिगमकर्ताओं में आकलन के भय को कम करना
(4) अधिगमकर्ताओं की अवधारणात्मक समझ को मापना

Ans (1)

विज्ञान में खुली पुस्तक आकलन का उद्देश्य गहन समझ [deeper understanding] को बढ़ावा देना, परीक्षा की चिंता को कम करना और अन्वेषण [exploration] को प्रोत्साहित करना है। उनका उद्देश्य परीक्षाओं में अधिक अंक प्राप्त करना आसान बनाना नहीं है।

38. Which of the following statements is/ are true regarding nature of science ?

(A) Scientific ideas are not affected by cultural context.

(B) There is no single scientific method.

(1) (A) is false and (B) is true
(2) Both (A) and (B) are false

(3) Both (A) and (B) are true
(4) (A) is true and (B) is false

निम्नलिखित में से कौन सा/से कथन विज्ञान की प्रकृति के बारे में सही है/हैं?

(A) वैज्ञानिक विचार सांस्कृतिक संदर्भ द्वारा प्रभावित नहीं हैं।

(B) कोई एकल वैज्ञानिक विधि (पद्धति) नहीं है।

(1) (A) गलत है और (B) सही है
(2) (A) और (B) दोनों गलत हैं
(3) (A) और (B) दोनों सही हैं
(4) (A) सही है और (B) गलत है

Ans (1)

(A) गलत है। वैज्ञानिक विचार [Scientific ideas] उस सांस्कृतिक संदर्भ [cultural context] से प्रभावित हो सकते हैं जिसमें वे विकसित होते हैं। विभिन्न संस्कृतियों में विज्ञान के प्रति अलग-अलग दृष्टिकोण, प्राथमिकताएँ और दृष्टिकोण हो सकते हैं।

(B) सही है। जबकि वैज्ञानिक जांच [scientific inquiry] का मार्गदर्शन करने वाले सामान्य सिद्धांत और चरण हैं, कोई एकल, कठोर वैज्ञानिक पद्धति नहीं है। वैज्ञानिक अपने शोध के संदर्भ और प्रकृति के आधार पर विभिन्न दृष्टिकोणों और पद्धतियों का उपयोग कर सकते हैं।

39. A girl makes a hole near the bottom of a plastic bottle. She puts her thumb over the hole to cover it, fills the bottle with water up to half of its capacity. She then closes the cap of the bottle tightly. What will happen when she removes her thumb from the hole?

(1) The water will spurt out of the hole because the pressure inside the bottle is less than the outside pressure.
(2) The water will not spurt out of the hole because the pressure inside the bottle is than the outside pressure. more
(3) The water will spurt out of the hole because the pressure inside the bottle is more than the outside pressure.
(4) The water will not spurt out of the hole because the pressure inside the bottle is less than the outside pressure.

एक लड़की ने प्लास्टिक की एक बोतल में तल के निकट एक छेद किया। उसने छेद को बंद करने के लिए उस पर अपना अँगूठा रखा, बोतल को उसकी क्षमता से आधा पानी से भरा फिर उसने बोतल का ढक्कन कसकर बंद कर दिया। क्या होगा जब वह अपना अँगूठा छेद से हटाएगी?

(1) छेद में से पानी का फुहारा छूटेगा क्योंकि बोतल के अंदर का दाब बाहरी दाब से कम है।
(2) छेद से पानी बाहर नहीं आएगा क्योंकि बोतल के अंदर का दाब बाहरी दाब से अधिक है।
(3) छेद से पानी का फुहारा छूटेगा क्योंकि बोतल के अंदर का दाब बाहरी दाब से अधिक है।
(4) छेद से पानी बाहर नहीं छूटेगा क्योंकि बोतल के अंदर का दांब बाहरी दाब से कम है।

Ans (4)

जब ढक्कन को कसकर बंद [closed tightly] किया जाता है, तो बोतल के अंदर का दबाव बाहर के वायुमंडलीय दबाव [atmospheric pressure] से कम हो जाता है। नतीजतन, हवा बोतल में प्रवेश नहीं कर पाती है और पानी की जगह ले लेती है जो अन्यथा बाहर निकल जाता है। दबाव में यह अंतर अँगूठे को हटाने पर पानी को छेद [hole] से बाहर निकलने से रोकता है।

40. A teacher gives the following materials to two groups of students:

Group A: Three rectangular glass strips, a circular plane glass plate, some pieces bangles and cardboard tube and disk

Group B: Two plane mirrors and a hard cardboard/box

Which of the following gadgets can be prepared by the groups A and B using the above sets of materials?

	Group A	Group B
(1)	Periscope	Kaleidoscope
(2)	Kaleidoscope	Newton's disk

(3) Kaleidoscope	Periscope
(4) Periscope	Pinhole camera

एक शिक्षक विद्यार्थियों के दो समूहों को निम्नलिखित सामग्रियाँ देता है:

समूह A: तीन आयताकार काँच की पट्टियाँ, काँच की एक वृत्ताकार समतल प्लेट, चूड़ियों के कुछ टुकड़े तथा गत्ते की बनी एक ट्यूब एवं डिस्क.

समूह B: दो समतल दर्पण और एक कठोर गत्ता/बॉक्स.

उपर्युक्त सामग्रियों (पदार्थों) के समुच्चय के उपयोग से समूह A और B द्वारा निम्नलिखित में से कौन-से उपकरण बनाए जा सकते हैं?

समूह A	समूह B
(1) पेरिस्कोप	कैलाइडोस्कोप
(2) कैलाइडोस्कोप	न्यूटन की डिस्क
(3) कैलाइडोस्कोप	पेरिस्कोप
(4) पेरिस्कोप	पिनहोल कैमरा

Ans (3)

समूह A: सामग्री (तीन आयताकार काँच की पट्टियाँ, काँच की एक वृत्ताकार समतल प्लेट, चूड़ियों के कुछ टुकड़े, और गत्ते की बनी एक ट्यूब एवं डिस्क) एक कैलाइडोस्कोप (Kaleidoscope) बनाने के लिए उपयुक्त हैं। एक कैलाइडोस्कोप प्रकाश को परावर्तित करके पैटर्न बनाने के लिए दर्पण या कांच की पट्टियों का उपयोग करता है।

समूह B: सामग्री (दो समतल दर्पण और एक कठोर कार्डबोर्ड/बॉक्स) एक पेरिस्कोप (Periscope) बनाने के लिए उपयुक्त हैं। एक पेरिस्कोप एक छोर से दूसरे छोर तक छवियों को प्रतिबिंबित करने के लिए दर्पणों का उपयोग करता है, जिससे दर्शक बाधाओं के ऊपर या आसपास देख सकता है।

41. Children of all age groups have various ideas which may be different from science concepts. Which of the following statements are true regarding these ideas?

(A) These ideas are usually stable

(B) They are formed due to observable phenomenon

(C) They tend to follow similar developmental pattern.

(D) They are easy to modify

(E) They are often domain specific

सभी आयु वर्ग के बच्चों की विभिन्न धारणाएँ होती हैं जोकि विज्ञान अवधारणाओं से भिन्न हो सकती हैं। निम्नलिखित में से इन धारणाओं के संबंध में कौन से कथन सही हैं?

(A) ये धारणाएँ सामान्यतः स्थिर होती हैं।

(B) ये प्रेक्षित (अनुपालनीय) परिघटनाओं के कारण बनती हैं।

(C) ये समान विकासात्मक प्रतिरूप का पालन करती हैं।

(D) उन्हें सरलता से परिवर्तित किया जा सकता है।

(E) वे प्रायः प्रभाव-क्षेत्र (डोमेन) विशिष्ट होती हैं।

(1) (A), (B), (C), (D)
(2) (A), (B), (C), (E)
(3) (A), (B), (C)
(4) (B), (C), (D)

Ans (2)

(A) सत्य है क्योंकि दुनिया के बारे में बच्चों की पूर्वधारणाएँ [preconceptions] और विचार [ideas] अक्सर बदलाव के प्रति प्रतिरोधी होते हैं।

(B) सत्य है क्योंकि बच्चों के विचार अक्सर उनके अवलोकन और अनुभवों [observations and experiences] से उत्पन्न होते हैं।

(C) सत्य है क्योंकि बच्चों का संज्ञानात्मक विकास [cognitive development] पूर्वानुमानित चरणों का पालन करता है।

(D) सत्य नहीं है क्योंकि इन पूर्वधारणाओं को संशोधित करने के लिए आमतौर पर लक्षित निर्देश और पर्याप्त प्रयास की आवश्यकता होती है।

(E) सत्य है क्योंकि बच्चों के विचार अक्सर विशेष क्षेत्रों या विषयों के लिए विशिष्ट होते हैं।

SCIENCE

42. Which of the following is not an expository activity of teaching science?

(1) A teacher shows videos on habitat of various animals

(2) A teacher demonstrates an experiment to show that a current carrying coil has a magnetic field around it

(3) A teacher provides a concept map to show the relationship between higher and lower order concepts

(4) A teacher asks open ended questions and seeks explanations

विज्ञान के शिक्षण में निम्न में से कौन-सी प्रक्रिया एक व्याख्यात्मक प्रक्रिया नहीं है?

(1) एक शिक्षिका विभिन्न पशुओं के प्राकृतिक वास के वीडियो दिखाती हैं।

(2) एक शिक्षिका प्रयोग द्वारा दर्शाती है कि एक धाराप्रवाही कुंडली के चारों ओर एक चुम्बकीय क्षेत्र होता है।

(3) उच्च तथा निम्न श्रेणी की संकल्पनाओं के बीच संबंध-दर्शाने के लिए एक शिक्षिका संकल्पनात्मक चित्रण प्रस्तुत करती है।

(4) एक शिक्षिका वृतांत प्रश्न पूछती हैं और उनकी व्याख्या ढूँढती हैं।

Ans : (4)

व्याख्यात्मक प्रक्रिया [Explanation process] में शिक्षिक सूचनाओं को प्रस्तुत करता है। इस प्रक्रिया में छात्र की भूमिका निष्क्रिय [Passive] होती है।

व्याख्यात्मक शिक्षण [Explanation teaching] में छात्रों को सूचनाएं [Information] अवधारणाएं [Concepts] विचार [Ideas] और सिद्धांत [Principles] को प्रदर्शन [display] या अन्य तरीको से सीधे बताया जाता है।

एक शिक्षिका विवृतांत प्रश्न [open ended questions] पूछती है और उनकी व्याख्या ढूंढती है, यह प्रश्न व्याख्यात्मक प्रश्न के अंतर्गत नहीं आएगा क्योंकि ऐसे प्रश्नों में छात्र खोजबीन [inquiry] के द्वारा सक्रिय [active] रुप से सीखते हैं। ऐसे शिक्षण में छात्र की भूमिका सक्रिय रूप में होती है।]

43. Teaching science through discovery:

(1) focusses on the products of learning

(2) focusses on the process of learning

(3) is a teacher - centered approach

(4) is a memory - based approach

खोज द्वारा विज्ञान शिक्षण –

(1) अधिगम के उत्पादों पर ध्यान देता है।

(2) अधिगम की प्रक्रियाओं पर ध्यान देता है।

(3) शिक्षक-केंद्रित उपागम है।

(4) स्मृति-केंद्रित उपागम है।

Ans : (2)

खोज द्वारा विज्ञान शिक्षण [discovery based since teaching] एक शिक्षार्थी केंद्रित [child centered] अधिगम प्रक्रिया [learning process] है।

इस विधि द्वारा छात्र अपने व्यवहारिक जीवन [practical life] में खोजबीन करके तथा पूछताछ के माध्यम से विज्ञान सीखते हैं। इस प्रकार का शिक्षण बालकों को अवधारणाओं (Concepts) को याद करने बजाय करके सीखने पर बल देता है।

आधिगम के उत्पादो [Products] पर ध्यान देने के बजाय छात्र अधिगम की प्रक्रियाओं [Process] पर ध्यान देता है।

[विज्ञान शिक्षण की यह विधि उत्कृष्ट [excellent] मानी जाती है।]

44. Which of the following is an example of a question to assess divergent thinking in learners on the topic of Fossil fuels?

(1) Write five advantages of solar energy over fossil fuels.

(2) List the steps involved in formation of coal.

(3) Draw the labelled diagram of fractional distillation of petroleum.

(4) What would happen if all the petroleum reserves were finished up?

जीवाश्मी ईंधनों के विषय पर विद्यार्थियों की अपसारी सोच का आकलन करने के उदाहरण का प्रश्न निम्न में से कौन-सा है?

(1) जीवाश्मी ईंधनों की अपेक्षा सौर ऊर्जा के कोई पाँच लाभ लिखिये।

(2) कोयले के निर्माण में निहित चरणों की सूची बनाइये।
(3) पेट्रोलियम के प्रभाजी आसवन का एक नामांकित चित्र बनाइये।
(4) क्या होगा यदि पेट्रोलियम के सभी भण्डार समाप्त हो जाएँ?

Ans : (4)

अपसारी चिंतन [Divergent thinking] वह प्रक्रिया है, जिसमें व्यक्ति एक प्रश्न के लिए कई विचार रख सकता है। इससे छात्रों के विचारों में मौलिकता [originality] तथा रचनात्मकता [creativity] आती है।

अपसारी सोच का आकलन करने का उदाहरण :

क्या होगा यदि पेट्रोलियम के सभी भण्डार सीमित [limit] हो जाए. इस तरह के प्रश्नों से प्रत्येक छात्र अपने अनुभव [experience] के आधार पर अलग- अलग उत्तर देंगे।

इस प्रकार के प्रश्नों से छात्रों को अपने विचारों को प्रस्तुत करने का पर्याप्त अवसर मिलेगा।

45. According to the National Curriculum Framework (NCF)-2005, which of the following is not an objective of science teaching at the upper-primary stage?
(1) Using systematic experimentation as a tool to discover/verify theoretical principles.
(2) Learning concepts of science through familiar experience.
(3) Working with hands to design simple technological units and modules.
(4) Doing activities and experiments to arrive at scientific concepts.

राष्ट्रीय पाठ्यचर्या रूपरेखा (2005) के अनुसार, निम्न में से कौन-सा उच्च प्राथमिक स्तर की विज्ञान शिक्षा का उद्देश्य नहीं है?
(1) सैद्धांतिक सिद्धांतों की खोज सत्यापन के लिए योजनाबद्ध प्रयोगों का उपकरण के तौर पर उपयोग।
(2) सुपरिचित अनुभवों के आधार पर विज्ञान की अवधारणाओं को सीखना।
(3) सरल प्रौद्योगिकी इकाइयाँ और मॉड्यूल हाथों द्वारा तैयार करना।
(4) विज्ञान की अवधारणाओं को जानने के लिये क्रियाकलापों और प्रयोगों को करना।

Ans : (1)

NCF 2005 के अनुसार उच्च प्राथमिक स्तर [Upper primary level] पर विज्ञान शिक्षा के उद्देश्य:-

- विद्यार्थियों के बीच वैज्ञानिक स्वभाव (वस्तुनिष्ठता) Objectivity विकसित करना।
- आलोचनात्मक सोच [Critical thinking] कौशल अधिग्रहण [Acquisition of skills] तथा विधियों एवं प्रक्रियाओं की समझ विकसित करना।
- विज्ञान की अवधारणाओं [Concept of science] को बालक के रोजमर्रा के अनुभव [Experience of daily life] से जोड़ा जाना चाहिए।
- अवधारणाओं [concept] को सीखने के साथ-साथ बालक उसे अपने वास्तविक जीवन प्रयोग कर सके।
- सुपरिचित अनुभवों के आधार पर विज्ञान की अवधारणाओं को सीखना। जिससे बालक आसानी से रीख राबे।
- सरल प्रौद्योगिकी इकाइयां [simple technology unit] और माड्यूल हाथों द्वारा तैयार करना है जिससे छात्र सक्रिय रुप से स्वयं करके सीखते हैं तो उनका ज्ञान स्थायी हो जाता है।
- विज्ञान की अवधारणाओं को जानने के लिए क्रिया कलाप [activity] और प्रयोगों [experiments] का प्रयोग करना।

[अतः सत्यापन [verification] के लिए योजनाबद्ध प्रयोगों [planned experiments] का उपकरण के तौर पर उपयोग, विज्ञान शिक्षा का उद्देश्य नहीं है।]

46. Which of the following is the most accurate description of scientific laws?
(1) Scientific laws are descriptions of the relationships between observable phenomena.
(2) Scientific laws are products of strong scientific theories.
(3) Scientific laws have a higher status than scientific theories.
(4) Scientific theories are more legitimate products of science than scientific laws.

SCIENCE

निम्न में से कौन-सा कथन विज्ञान के नियमों की सटीक व्याख्या करता है?

(1) विज्ञान के नियम दर्शनीय परिघटनाओं में आपसी संबंधों की व्याख्या हैं।

(2) विज्ञान के नियम विज्ञान के प्रबल सिद्धांतों का निष्कर्ष हैं।

(3) विज्ञान के नियमों का स्तर वैज्ञानिक सिद्धांतों के स्तर से ऊँचा होता है।

(4) विज्ञान के नियमों की तुलना में विज्ञान के सिद्धांत, विज्ञान के अधिक तर्कसंगत निष्कर्ष हैं।

Ans : (1)

- नियम प्राकृतिक घटनाओं [natural phenomena] का वर्णन [description] करते हैं।
- नियम बार-बार किए गए प्रयोगों और अवलोकनों [experiments and observations] पर आधारित होते हैं।
- विज्ञान के नियम प्रत्यक्ष [Direct] या अप्रत्यक्ष [Indirect] रुप से अनुभवजन्य साक्ष्य [empirical evidence] पर आधारित होते हैं।

[अतः नियम दर्शनीय परिघटनाओं [visible phenomena] में आपसी संबंधों की व्याख्या है।]

47. Adapting the science curriculum as per the understanding level of students ensures its

(1) Content validating

(2) Historical validating

(3) Cognitive validating

(4) Environmental validating

छात्रों की समझ के स्तर के अनुसार विज्ञान की पाठ्यचर्या अपनाना उसकी ______ को सुनिश्चित करता है।

(1) विषय-वस्तु वैधता

(2) ऐतिहासिक वैधता

(3) संज्ञानात्मक वैधता

(4) पर्यावरणीय वैधता

Ans : (3)

संज्ञानात्मक [Cognitive] शब्द से तात्पर्य बालक के 'मानसिक स्तर' से है। अर्थात् जिसके माध्यम से बालक में सोचने समझने, तर्क करने की क्षमता का विकास होता है।

[अतः छात्रों की 'समझ स्तर, [Understanding Level] के अनुसार विज्ञान की पाठ्यचर्या अपनाना उसकी (छात्रों की) संज्ञानात्मक वैधता [Cognitive validity] को सुनिश्चित करता है।]

48. A class VII teacher plans a task for students of classifying 25 plants. Which of the following strategies best support inquiry teaching?

(1) Teacher explains scientific classification system and demonstrate it.

(2) Teacher gives rules for classification and asks students to classify the plants

(3) Teacher allows each student to classify in their own way and discuss them.

(4) Teacher conducts a field trip to show plants.

कक्षा VII के शिक्षक ने विद्यार्थियों को कार्य देने के लिए 25 पौधों को वर्गीकृत करने की योजना बनाई। निम्न में से कौन-सी योजना जांच-आधारित शिक्षण को सार्वाधिक प्रोत्साहित करती है?

(1) शिक्षक ने वैज्ञानिक वर्गीकरण प्रणाली को समझाया और दर्शाया।

(2) शिक्षक ने छात्रों को वर्गीकरण के नियम समझाए और उन्हें पौधों का वर्गीकरण करने को कहा।

(3) शिक्षक ने प्रत्येक छात्र को अपने हिसाब से वर्गीकृत करने की और विचार-विमर्श करने की अनुमति दी।

(4) शिक्षक पौधे दिखाने के लिए विद्यार्थियों को एक क्षेत्रीय दौरे पर ले गए।

Ans : (3)

जब शिक्षक प्रत्येक छात्र को अपने हिसाब से वर्गीकरण [classify] और विचार-विमर्श [discussion] करने के लिए कहेगा तो यह योजना जाच आधारित शिक्षण [inquiry teaching] को प्रोसाहित करोगी। क्योंकि इस योजना के माध्यम से प्रत्येक छात्र अपनी बुध्दि तथा तर्कशक्ति [reasoning ability] का प्रयोग करेंगे, जिससे छात्रों में सृजनात्मकता [creativity] का विकास होगा तथा प्रत्येक छात्र सक्रिय [active] रुप से संलग्न [engage] होकर सीख सकेंगे।

इसके माध्यम से शिक्षक को प्रत्येक छात्र की बुध्दि तथा विचार को जानने का मौका मिलेगा।]

49. Which of the following statements describe the nature of science?

a) Scientific knowledge is tentative
b) Scientific explanations are falsifiable
c) It is a process of describing the world around us
d) It is a body of ultimate knowledge

(1) a, b, c
(2) b, c, d
(3) c, d, a
(4) d, a, b

निम्नलिखित में से कौन-से कथन विज्ञान की प्रकृति का वर्णन करते हैं?

(a) वैज्ञानिक ज्ञान अस्थायी है।
(b) वैज्ञानिक व्याख्याएँ खंडन योग्य होती हैं।
(c) यह अपने आसपास की दुनिया की व्याख्या करने का एक प्रयास है।
(d) यह ज्ञान का परम भंडार है।

(1) a, b और c
(2) b, c और d
(3) c, d और a
(4) d, a और b

Ans : (1)

विज्ञान की प्रकृति [Nature of Science]

- वैज्ञानिक ज्ञान [scientific knowledge] अस्थायी [temporary] है। अर्थात नए-नए सुबूतों के सामने आने पर वैज्ञानिक ज्ञान से बदलाव होते रहते हैं।
- वैज्ञानिक व्याख्याएं [Scientific explanations] खण्डन योग्य होती हैं। अर्थात् नए प्रमाणों तथा पूर्व प्रमाणों के आधार पर वैज्ञानिक व्याख्याओं का खण्डन [denial] किया जा सकता है। तथा उनमें संशोधन [Amendment] किया जा सकता है।
- विज्ञान अपने आस-पास की दुनिया की व्याख्या करने का एक प्रयास है। अर्थात इस बात की समझ कि प्राकृतिक दुनिया कैसे काम करती है।

[यह ज्ञान का परम भण्डार है यह कथन विज्ञान की प्राकृति के बारे में असत्य है।]

50. Which of the following is a micro-level intervention aimed at improving the teaching-learning of science in middle schools initiated during the late 1970s

(1) Hoshangabad Science Teaching Program [HSTP]
(2) Lok Jumbish [LJ]
(3) District Primary Education Program [DPEP]
(4) Atal Tinkering Lab [ATL]

माध्यमिक विद्यालयों में विज्ञान की शिक्षण-अधिगम प्रक्रिया को बेहतर बनाने के उद्देश्य से 1970 के पूर्वार्द्ध में निम्न में से किसे सूक्ष्मतर स्तर पर सम्मिलित किया गया?

(1) होशंगाबाद विज्ञान शिक्षण कार्यक्रम [HSTP]
(2) लोक जँबिश [LJ]
(3) जिला प्राथमिक शिक्षा कार्यक्रम [DPEP]
(4) अटल टिंकरिंग लैब [ATL]

Ans : (1)

होशंगाबाद विज्ञान शिक्षण कार्यक्रम [H.S.T.P]

[Hoshangabad science teaching program] विज्ञान शिक्षण को बेहतर बनाने के लिए शुरु किया गया एक कार्यक्रम है।

यह कार्यक्रम 1970 के दशक में 'मध्य प्रदेश के ग्रामीण इलाको के माध्यमिक विद्यालयों [secondary school] में शुरु किया गया।

51. A teacher puts a leaf in a test tube and puts sprit (alcohol) in it. Now he heats the test tube till all the green colour comes out. Then he takes out the leaf and pours some iodine solution on it.

The students write the following statements in their notebooks.

A) The leaf turns blue black in colour
B) The leaf contains starch

SCIENCE

SCIENCE

Which of the following statements is correct.

(1) A is observation, B is inference
(2) A is inference, B is observation
(3) Both A and B are observation
(4) Both A and B are inference

किसी शिक्षक ने एक पत्ती को परखनली में रखा और उसमें स्पिरिट (एल्कोहल) डाला। अब उन्होंने परखनली को तब तक गर्म किया जब तक उसमें से सारा हरा रंग बाहर नहीं निकल गया। फिर उन्होंने पत्ती को बाहर निकाला और उसपर आयोडीन विलयन डाला।

छात्रों ने निम्न कथन अपनी कॉपी में लिखे –

(A) पत्ती का रंग नीला-काला हो गया।
(B) पत्ती में स्टार्च है।

निम्न में से कौन-सा कथन सही है?

(1) A प्रेक्षण है, B निष्कर्ष है
(2) A निष्कर्ष है, B प्रेक्षण है।
(3) A और B दोनों प्रेक्षण हैं
(4) A और B दोनों निष्कर्ष हैं

Ans : (1)

प्रेक्षण [observation] से तात्पर्य है किसी चीज के बारे में जानकारी [information] एकत्रित करना। अर्थात् प्रार्थमिक स्रोत [primary resource] से सूचना एकत्रित करना। ''प्रेक्षण एक अवलोकन [observation] या प्रयोग [experiment] है जो किसी वैज्ञानिक विचार की [scientific Idea] सटीकता के बारे में सुबूत प्रदान करता है।

निष्कर्ष [Inference] से तात्पर्य किये गये प्रेक्षण से प्राप्त परिणाम [Result] ।

अतः A प्रेक्षण है तथा B निष्कर्ष है।

52. Which of the following is an appropriate objective for organizing a science fair in school?

(1) Getting good publicity for the school in society.
(2) Increasing the students' interests in science.
(3) Helping the school to meet administrative requirements.
(4) Developing a feeling of competition among students.

निम्न में से क्या विद्यालय में विज्ञान मेला आयोजित करने का उपयुक्त उद्देश्य है?

(1) समाज में विद्यालय का अच्छा प्रचार करना।
(2) विज्ञान में विद्यार्थियों की रूचि बढ़ाना।
(3) प्रशासनिक आवश्यकताओं को पूरा करने में विद्यालय की सहायता करना।
(4) विद्यार्थियों में प्रतिस्पर्धा की भावना का विकास करना।

Ans : (2)

विज्ञान मेला का उद्देश्य [Purpose of science fair]:-

- विद्यार्थियों के दैनिक जीवन में विज्ञान के प्रति जिज्ञासा [curiosity] व रुचि [interest] बढ़ाना। शिक्षार्थियों को अपनी आसपास की चीजों तथा विज्ञान के विभिन पहलुओं [aspects] का निरीक्षण करने [observation] उन्हें समझने उन्हें प्रयोग करने [Experiment] और चर्चा करने [discussion] का अवसर और सुविधा प्रदान करना।
- छात्रों को व्यावहारिक प्रयोगों और परियोजनाओं [Projects] के माध्यम से विभिन्न विज्ञान से संबंधित अवधारणाओं [Concepts] का पता लगाने के लिए प्रोत्साहित करना।

[अतः विज्ञान में मेला आयोजित करने का उपयुक्त उद्देश्य छात्रों में विज्ञान के प्रति रूचि [Interest] बढ़ाना।

53. Which of the following strategies can provide the most meaningful clarification on the concept of scattering of light?

(1) Chart showing a scattering of light
(2) Animated video showing scattering of light
(3) Observing scattering of light on a colloidal solution by the learners
(4) Focus group discussion

निम्नलिखित में से कौन-सी रणनीति प्रकाश के प्रकीर्णन की अवधारणा पर सार्थक स्पष्टीकरण प्रदान कर सकती है?

(1) प्रकाश के प्रकीर्णन को दर्शाने वाला चार्ट।

(2) प्रकाश के प्रकीर्णन को दर्शाने वाला एनिमेटेड चलचित्र।

(3) शिक्षार्थियों द्वारा कोलाइडल विलयन पर प्रकाश के प्रकीर्णन का अवलोकन।

(4) प्रकाश के प्रकीर्णन पर फोकस समूह चर्चा।

Ans : (3)

प्रकाश का प्रकीर्णन [scattering of light]

जब प्रकाश की किरण किसी बाधा [जैसे गैस या धूल के अणु जलवाष्प [water paper] आदि से टकराने पर अपने सीधे पथ से विचलित [deviation] हो जाती है। 'प्रकाश का प्रकीर्णन [Scattering of light] कहलाता है।

[अर्थात् प्रकाश का कुछ हिस्सा घटना की दिशा के अलावा अन्य दिशाओं में दिखाई देता है।

अतः विद्यार्थियों द्वारा कोलाइड विलयन पर प्रकाश के प्रकीर्णन का आकलन [observation] करने पर छात्र प्रत्यक्ष रूप से अवधारणा [Concept] को आसानी से सीख सकते है।

54. Which of the following is NOT a characteristic of a constructivist science classroom?

(1) Students discussing various ways of solving a numerical problem

(2) Teacher ignoring students' erroneous responses

(3) Teacher listening to students' conversations during a field trip

(4) Students planning for an investigation

निम्नलिखित में से कौन-सा एक रचनावादी विज्ञान कक्षाओं का लक्षण नहीं है?

(1) छात्र एक आंकिक प्रश्न को हल करने के विभिन्न तरीकों पर चर्चा कर रहे हैं।

(2) शिक्षिका छात्रों के त्रुटिपूर्ण उत्तरों को अनदेखा कर रही है।

(3) क्षेत्रीय भ्रमण के दौरान शिक्षिका बच्चों की बातचीत को ध्यानपूर्वक सुन रही है।

(4) बच्चे अन्वेषण की योजना बना रहे हैं।

Ans : (2)

रचनावादी विज्ञान कक्षा [Constructivist science classroom] के लक्षण :

- रचनावाद के अनुसार छात्र सक्रिय रुप से खोजबीन [enquiry] के माध्यम अपने ज्ञान का निर्माण स्वयं करते हैं।
- जहाँ छात्र प्रश्नों को Solve करने के लिए विभिन्न तरीकों पर चर्चा [discussion] करते हैं: उस कक्षा को रचनावादी कक्षा [Constructivist Classroom] कहा जाता है।
- क्योंकि इससे छात्र विभिन्न दिशाओं में सोचते हैं, जिससे उनमें 'सृजनात्मक चिंतन [Creative thinking] अपसारी चिंतन [Divergent thinking] का विकास होता है।
- क्षेत्रीय भृमण [field trip] के दौरान छात्रों से बातचीत करना उनकी बातों को सुनना, बच्चों द्वारा अन्वेषण की गोजना बनाना, [planning for investigation] रचनावादी कक्षा का उदाहरण है।

[शिक्षिका द्वारा (शिक्षार्थी की त्रुटियो [errors] को अनदेखा [ignore] रचनावादी कक्षा का उदाहरण नहीं है।]

क्योंकि शिक्षिका को बालक की त्रुटियों पर ध्यान देना चाहिए।

55. Ms. Shilpa wanted to introduce the concept of 'lateral inversion' through an activity.

Which of the following activities will be MOST suitable for the purpose?

(1) Writing a word on a paper rotating it by 180 degrees.

(2) Reading a textbook using a mirror:

(3) Observing yourself in the mirror

(4) Showing the letter A on a mirror.

सुश्री शिल्पा एक गतिविधि के माध्यम से पार्श्व परिवर्तन की अवधारणा पेश करना चाहती हैं। निम्नलिखित में से कौन-सी गतिविधि इस प्रयोजन के लिए सबसे उपयुक्त है?

SCIENCE

(1) एक कागज़ पर एक शब्द लिखना और फिर उस कागज़ को 180 डिग्री घुमाना।
(2) शीशे में देखते हुए एक पाठ्यपुस्तक पढ़ना।
(3) खुद को शीशे में ध्यान से देखना।
(4) अक्षर A को शीशे में दिखाना।

Ans : (1)

पार्श्व परिवर्तन [lexical inversion] का अर्थ है 'किसी वस्तु के प्रतिबिंब [image] में उसकी दिशा [Direction] बदल जाना।

- प्रतिबिंब [image] में दिशा-परिवर्तन [Change Direction] को पार्श्व परिवर्तन [lexical inversion] कहते हैं।"
- इस अवधारणा [Concept] को समझाने के लिए सबसे उपयुक्त गतिविधि 'एक कागज पर एक शब्द लिखना और फिर कागज को 180° घुमाना। अर्थात इस तरह छात्र इस [Concept] को आसानी से समझ जाएंगे।

56. Deficiency of which vitamin leads to excessive bleeding from a wound?

(1) C
(2) B complex
(3) D
(4) K

किसी घाव से अत्यधिक रक्तस्राव निम्न में से किस विटामिन की कमी से हो सकता है?

(1) C
(2) B समूह
(3) D
(4) K

Ans : (4)

विटामिन K हड्डियों (bones), दिल (heart) और दिमाग (brain) को स्वस्थ रखने में अहम भूमिका निभाता है। यह सामान्य रक्त के थक्के (normal blood clotting) के लिए भी आवश्यक है, जिसे जमावट के रूप में जाना जाता है; विटामिन K का निम्न स्तर व्यक्ति को अत्यधिक रक्तस्राव (bleeding) का कारण बन सकता है। इस कारण से, इसे कभी-कभी "रक्त का थक्का जमाने वाला विटामिन" कहा जाता है।

57. What is the correct answer to explain the mechanism of inhalation during breathing in human beings?

(1) Air moves in, Ribs move in and Diaphragm moves down
(2) Air moves out, Ribs move out and Diaphragm moves up
(3) Air moves out, Ribs move out and Diaphragm moves down
(4) Air moves in, Ribs move out and Diaphragm moves down

मानवों में साँस लेते समय अंतःश्वसन की प्रक्रिया को स्पष्ट करने के लिए सही उत्तर क्या होगा?

(1) वायु अंदर जाती है, पसलियाँ अंदर को आती हैं तथा डायफ्राम नीचे जाता है।
(2) वायु बाहर निकलती है, पसलियाँ बाहर को आती हैं तथा डायफ्राम ऊपर होता है।
(3) वायु बाहर निकलती है, पसलियाँ बाहर को आती हैं तथा डायफ्राम नीचे जाता है।
(4) वायु अंदर जाती है, पसलियाँ बाहर को आती हैं तथा डायफ्राम नीचे जाता है।

Ans : (4)

मानवों में साँस लेते समय अंतःश्वसन की प्रक्रिया वायु अंदर जाती है, पसलियाँ (ribs) बाहर को आती हैं तथा डायफ्राम (diaphragm) नीचे जाता है।

58. Which of the following is not a form of Calcium Carbonate?

(1) Limestone
(2) Chalk
(3) Marble
(4) Quick lime

निम्नलिखित में से कौन, कैल्शियम कार्बोनेट का एक स्वरूप नहीं है ?

(1) चूना पत्थर
(2) चाक
(3) संगमरमर
(4) बिना बुझा चूना

Ans : (4)

चूना पत्थर (Limestone), चाक (chalk) और

संगमरमर (marble)-कैल्शियम कार्बोनेट ($CaCO_3$) बिना बुझा हुआ चूना (quick lime) कैल्शियम ऑक्साइड (CaO) है।

59. Which of the following is the strongest natural fiber?

(1) Wool
(2) Silk
(3) Fleece
(4) Jute

निम्न में से कौन-सा सबसे मजबूत प्राकृतिक तंतु है?

(1) ऊन
(2) रेशम
(3) फ़्लीस
(4) जूट

Ans : (2)

रेशम (Silk) प्रकृति में सबसे मजबूत प्राकृतिक रेशों (natural fibers) में से एक है।

60. Which of the following is purest form of carbon?

(1) Coke
(2) Coal tar
(3) Coal gas
(4) Charcoal

निम्नलिखित में से कौन-सा कार्बन का सार्वधिक शुद्ध रूप है?

(1) कोक
(2) कोल तार
(3) कोयला-गैस
(4) चारकोल (काठकोयला)

Ans : (1)

कोक (Coke) कुछ अशुद्धियों और उच्च कार्बन सामग्री वाला ईंधन है, जिसे आमतौर पर कोयले से बनाया जाता है। यह कार्बन का लगभग शुद्ध रूप (pure form) है। इसमें लगभग 98% कार्बन है।

61. Complete the following table:

Atomic Number	Mass Number	No. of election	No. of protons	No. of neutrons
9	A	B	C	10
D	24	E	12	F

A, B, C, D, E, F respectively are:

निम्नलिखित सारणी को पूरा कीजिए :

परमाणु क्रमांक	द्रव्यमान संख्या	इलेक्ट्रॉन की संख्या	प्रोटॉन की संख्या	न्यूट्रॉन की संख्या
9	A	B	C	10
D	24	E	12	F

A, B, C, D, E, F क्रमश: हैं:

(1) 9, 10, 9, 24, 12, 12
(2) 9, 9, 10, 24, 12, 12
(3) 19, 10, 9, 12, 12, 12
(4) 19, 9, 9, 12, 12, 12

Ans (4)

परमाणु संख्या [Atomic number] = 9

द्रव्यमान संख्या [Mass number] = A = 19

इलेक्ट्रॉनों की संख्या [No. of electrons] = B = परमाणु संख्या = 9

प्रोटॉनों की संख्या [No. of protons] = C = परमाणु संख्या = 9

न्यूट्रॉनों की संख्या [No. of neutrons] = द्रव्यमान संख्या - परमाणु संख्या = 19 – 9 = 10

इसी प्रकार,

परमाणु संख्या = D = 12

द्रव्यमान संख्या = 24

इलेक्ट्रॉनों की संख्या = E = परमाणु संख्या = 12

प्रोटॉनों की संख्या = परमाणु संख्या = 12

न्यूट्रॉनों की संख्या = F = द्रव्यमान संख्या - परमाणु संख्या = 24 – 12 = 12

62. Which of the following statements are not true regarding compounds?

(A) Compounds show the properties of constituent substances.

(B) Only elements can react to form compounds.

(C) The composition of each compound is always fixed.

(D) Compounds can be separated by physical and chemical methods.

निम्नलिखित में से कौन से कथन यौगिक के संबंध में सही नहीं हैं?

(A) यौगिक संघटक पदार्थों के गुणों को दर्शाते हैं।

(B) केवल तत्व ही यौगिक बनाने के लिए अभिक्रिया कर सकते हैं।

(C) प्रत्येक यौगिक का संयोजन सदैव स्थिर (निश्चित) होता है।

(D) यौगिकों को भौतिक एवं रासायनिक विधियों द्वारा ही पृथक किया जा सकता है।

(1) (A), (B), (D)

(2) (A), (C), (D)

3) (A), (B), (C)

(B), (C), (D)

1)

यौगिक संघटक पदार्थों के गुणों को दर्शाते हैं: नहीं है क्योंकि यौगिकों के गुण उन तत्वों से हैं जो उन्हें बनाते हैं।

- (B) केवल तत्व ही यौगिक बनाने के लिए अभिक्रिया कर सकते हैं: यह सत्य नहीं है। यौगिक भी नए यौगिक बनाने के लिए प्रतिक्रिया [react] कर सकते हैं।
- (C) प्रत्येक यौगिक का संयोजन सदैव स्थिर (निश्चित) होता है: यह सत्य है क्योंकि यौगिकों की स्थिर संरचना के नियम के अनुसार एक निश्चित और निश्चित संरचना [definite and fixed composition] होती है।
- (D) यौगिकों को भौतिक एवं रासायनिक विधियों द्वारा ही पृथक किया जा सकता है: यह सत्य नहीं है। यौगिकों को केवल रासायनिक विधियों [chemical methods] द्वारा अलग किया जा सकता है, भौतिक विधियों द्वारा नहीं।

63. Assertion (A): Convex mirrors are used as rearview-mirrors in vehicles.

Reason (R1): They form erect and enlarged image.

Reason (R2): They have wider field of view.

(1) (A) is true and only (R2) is correct explanation for (A).

(2) (A) is true but neither (R1) nor (R2) are correct explanation for (A).

(3) (A) is true and both (R1) and (R2) are correct explanations for (A).

(4) (A) is true and only (R1) is correct explanation for (A).

अभिकथन (A) : अवमुख (उत्तल) दर्पणों का उपयोग वाहनों में पश्चदर्शन-दर्पणों (रियरव्यू-मिरर) के रूप में होता है।

तर्क (R1) : वे ऊर्ध्वशीर्ष एवं विवर्द्धित प्रतिबिम्ब बनाते हैं।

तर्क (R2) : उनका व्यापक दृष्टिक्षेत्र होता है।

(1) (A) सही है तथा केवल (R2) ही (A) की सही व्याख्या है।

(2) (A) सही है परन्तु (R1) और (R2) दोनों ही (A) की सही व्याख्याएँ नहीं है।

(3) (A) सही है तथा (R1) और (R2) दोनों (A) के लिए सही व्याख्याएँ हैं।

(4) (A) सही है तथा केवल (R1) ही (A) की सही व्याख्या है।

Ans (1)

अभिकथन (A) सत्य है क्योंकि उत्तल दर्पण [convex mirror] वास्तव में वाहनों [vehicles] में पश्चदर्शन-दर्पणों (रियरव्यू-मिरर) के रूप में उपयोग किए जाते हैं।

कारण (R1) सही नहीं है क्योंकि उत्तल दर्पण सीधा और छोटा प्रतिबिंब बनाते हैं, बड़ा प्रतिबिंब नहीं।

कारण (R2) सही है क्योंकि उत्तल दर्पणों का दृश्य क्षेत्र व्यापक [wider field of view] होता है, जो ड्राइवरों को उनके पीछे एक बड़ा क्षेत्र देखने की अनुमति देता है, जिससे वे पश्च-दृश्य दर्पण के रूप में उपयोग के लिए आदर्श बन जाते हैं।

64. Assertion (A): Nichrome is used as a heating element in devices like electric toaster and electric geyser.

Reason (R): Nichrome has high melting point and low resistivity.

(1) (A) is true and (R) is false

(2) Both (A) and (R) are false

(3) Both (A) and (R) are true and (R) is correct explanation for (A)

(4) Both (A) and (R) are true but (R) is not correct explanation for (A)

अभिकथन (A): निक्रोम का प्रयोग विद्युत-टोस्टर और विद्युत गीजर जैसे यंत्रों में तापन तत्व के रूप में होता है।

तर्क (R) : निक्रोम का उच्च गलनांक और निम्न प्रतिरोधकता होती है।

(1) (A) सही है तथा (R) गलत है।

(2) (A) और (R) दोनों गलत हैं।

(3) (A) और (R) दोनों सही हैं तथा (R), (A) की सही व्याख्या है।

(4) (A) और (R) दोनों सही हैं परन्तु (R), (A) की सही व्याख्या नहीं है।

Ans (1)

अभिकथन (A) सत्य है क्योंकि निक्रोम [nichrome] का उपयोग वास्तव में विद्युत [electric] टोस्टर और विद्युत गीजर जैसे यंत्रों में तापन तत्व के रूप में किया जाता है।

कारण (R) गलत है: निक्रोम का गलनांक [melting point] उच्च होता है, लेकिन वास्तव में इसकी प्रतिरोधकता उच्च होती है, कम प्रतिरोधकता [resisitivity] नहीं।

65. S1- Self pollination can take place only in bisexual flowers.

S2 Cross pollination can take place only in Unisexual flowers.

(1) S1 is true and S2 is false

(2) S1 is false and S2 is true

(3) Both S1 and S2 are true

(4) Both S1 and S2 are false

S1 - स्वपरागण केवल द्विलिंगी पुष्पों (फूलों) में हो सकता है।

S2 - पर-परागण केवल एकलिंगी पुष्पों (फूलों) में हो सकता है।

(1) S1 सही है तथा S2 गलत है

(2) S1 गलत है तथा S2 सही है

(3) S1 और S2 दोनों सही हैं

(4) S1 और S2 दोनों गलत हैं

Ans (1)

S1 सत्य है। द्विलिंगी फूलों [Bisexual flowers] में नर और मादा दोनों प्रजनन अंग [reproductive organs] होते हैं, जिससे स्व-परागण संभव होता है।

S2 असत्य है। एकलिंगी और द्विलिंगी दोनों फूलों में पर-परागण [Cross-pollination] हो सकता है। एकलिंगी फूलों में, पर-परागण आवश्यक है क्योंकि उनमें या तो नर या मादा प्रजनन अंग होते हैं, लेकिन द्विलिंगी फूलों में, विभिन्न पौधों के बीच पर-परागण अभी भी हो सकता है।

66. Sunita wants to buy a container to store mango pickles. She should buy a:

(1) steel container as steel does not rust

(2) plastic container as it is inexpensive

(3) glass container as it does not react
(4) tin container as it does not react

सुनिता आम के आचार के भंडारण के लिए एक पात्र खरीदना चाहती है। उसे खरीदना चाहिए :

(1) स्टील का पात्र क्योंकि स्टील पर जंग नही लगता
(2) प्लास्टिक का पात्र क्योंकि यह सस्ता है
(3) काँच का पात्र क्योंकि यह अभिक्रिया नही करता
(4) टिन का पात्र क्योंकि यह अभिक्रिया नही करता

Ans : (3)

आम के अचार को कांच के बर्तन (glass container) में रखना चाहिए क्योंकि यह स्टील, टिन के साथ प्रतिक्रिया करता है।

67. What does the term 'nitrogen fixation' mean?

(1) Conversion of nitrogen compounds into gaseous nitrogen
(2) Conversion of ammonia into nitrates by the bacteria present in soil
(3) Release of nitrogen present in dead organic matter back into soil
(4) Conversion of atmospheric nitrogen to a more usable form for living organisms

'नाइट्रोजन यौगिकीकरण' शब्द का क्या अर्थ है ?

(1) नाइट्रोजन यौगिकों का गैसीय नाइट्रोजन में रूपांतरण
(2) मृदा में उपस्थित (विद्यमान) जीवाणुओं द्वारा अमोनिया का नाइट्रेट में रूपांतरण
(3) मृत जैव पदार्थ में उपस्थित (विद्यमान) नाइट्रोजन का वापस मृदा में अभिमुक्त करना (वापस छोड़ना)
(4) जीवित प्राणियों के लिए अधिक प्रयोगलायक (प्रयोज्य) रूप हेतु वायुमंडलीय नाइट्रोजन का रूपांतरण

Ans : (4)

नाइट्रोजन यौगिकीकरण (Nitrogen fixation) एक जैविक प्रक्रिया है जिसमें नाइट्रोजन गैस को पौधों और अन्य रोगाणुओं (Microbes) के लिए उपयोगी रूप में परिवर्तित किया जाता है। इस प्रक्रिया में, वायुमंडल (atmosphere) में मौजूद नाइट्रोजन गैस अमोनिया (ammonia-N) और अन्य संबंधित नाइट्रोजन यौगिकों में परिवर्तित हो जाती है।

68. Which of the following can be used to observe the complete length of a distant tall tower clearly?

(1) Convex mirror
(2) Concave mirror
(3) Plane mirror
(4) Convex lens

एक सुदूर लंबी (ऊँची) मीनार की संपूर्ण लम्बाई का अवलोकन करने के लिए निम्नलिखित में से किस का प्रयोग किया जा सकता है?

(1) उत्तल दर्पण
(2) अवतल दर्पण
(3) समतल दर्पण
(4) उत्तल लेंस

Ans : (1)

एक उत्तल दर्पण (Convex mirror) वस्तु की स्थिति के बावजूद एक आभासी (virtual) और छोटी छवि (image) बनाता है। तो, उत्तल दर्पण का उपयोग करके दूर की ऊंची इमारत की एक पूर्ण लंबाई वाली छवि निश्चित रूप से देखी जा सकती है।

69. Given below are some substances and their mode of storage in a laboratory. Match the correct answer.

A	B
(a) Sodium metal	(i) in a glass bottle
(b) Phosphorus	(ii) in a plastic bottle
(c) Sodium hydroxide pellets	(iii) under water
(d) Mercury	(iv) in kerosene

(1) (a) – (iii), (b) – (ii), (c)-(iv), (d) - (i)
(2) (a) - (iv), (b) – (iii), (c) - (ii), (d) - (i)
(3) (a) –(i), (b) – (iv), (c) – (ii), (d) - (iii)
(4) (a) - (ii), (b) – (i), (c) - (iii), (d) – (iv)

नीचे कुछ पदार्थ एवं प्रयोगशाला में उनके भंडारण की विधियाँ दी गई हैं। सही उत्तर का मिलान करिये।

A	B
(a) सोडियम धातु	(i) एक काँच की शीशी में
(b) फ़ॉसफ़ोरस	(ii) एक प्लास्टिक की शीशी में
(c) सोडियम हाइड्रॉक्साइड की गुटिकाएँ	(iii) जल में
(d) पारा	(iv) केरोसिन (मिट्टी का तेल)

(1) (a) – (iii), (b) – (ii), (c)-(iv), (d) - (i)
(2) (a) - (iv), (b) – (iii), (c) - (ii), (d) - (i)
(3) (a) –(i), (b) – (iv), (c) – (ii), (d) - (iii)
(4) (a) - (ii), (b) – (i), (c) - (iii), (d) – (iv)

Ans : (2)

सोडियम धातु (Sodium metal)	केरोसिन (मिट्टी का तेल)
फ़ॉसफ़ोरस (Phosphorus)	जल में
सोडियम हाइड्रॉक्साइड की गुटिकाएँ (Sodium hydroxide pellets)	एक प्लास्टिक की बोतल में
पारा (mercury)	एक काँच की शीशी में

70. Which of the following statements most accurately describes the property of clayey soil?

(1) It allows water to pass through it rapidly
(2) It contains very little amount of humus
(3) It permits only a certain amount of water to enter
(4) It holds a large amount of water

निम्नलिखित कथनों में से कौन सा कथन मृण्मय (मटियार) मृदा के गुण का सर्वाधिक सटीक रूप से वर्णन करता है?

(1) इसमें से जल शीघ्रता से निकल जाता है
(2) इसमें बहुत कम मात्रा में खाद-मिट्टी होती है / (पाई जाती हैं)
(3) यह केवल निश्चित मात्रा में जल को प्रवेश करने देती हैं।
(4) यह बड़ी मात्रा में जल रोके रखती हैं

Ans : (4)

मृण्मय (मटियार) मृदा (clayey soil) में मिट्टी के बहुत महीन कण (fine particles) होते हैं और इसमें पानी रखने की उच्च क्षमता होती है। गीली मिट्टी बहुत चिपचिपी होती है और इसमें बहुत कम हवा होती है। इसका मतलब है कि चिकनी मिट्टी में बहुत अधिक पानी हो सकता है।

71. Which of the following cell organelles contain their own DNA?

A. Plastids
B. Mitochondria
C. Nucleus
D. Vacuole

Choose the correct option:

(1) C and D
(2) B and C
(3) A, B and C
(4) A, B and D

निम्नलिखित में से किन कोशिका अंग में स्वयं का डीएनए अंतर्विष्ट है ?

A. लवक (प्लैस्टिड)
B. सूत्रकणिका (माइटोकॉन्ड्रिया)
C. नाभिक (न्यूक्लियस)
D. रिक्तिका

सही विकल्प का चयन कीजिए:

(1) C और D
(2) B और C
(3) A, B और C
(4) A, B और D

Ans : (3)

लवक (प्लैस्टिड) (plastids), सूत्रकणिका (माइटोकॉन्ड्रिया) (mitochondria) और नाभिक (न्यूक्लियस) (nucleus) तीन कोशिका अंग (cell organelle) हैं जिनमें अपना स्वयं का डीएनए (DNA) होता है।

72. Select the set that correctly matches the type of waste given in Column A with the approximate time taken by it to decompose which is given in Column B.

Column A	Column B
a. Plastic bottle	i. 2 - 5 months
b. Silk scarf	ii. 1-2 weeks
c. Cotton shirt	iii. 10 - 30 days
d. Banana peel	iv. 4 years
e. Paper	v. Several years

Choose the correct option:

(1) a-iv, b-v, c-iii, d-i, e-ii
(2) a-v, b-iv, c-i, d-ii, e-iii
(3) a-iv, b-v, c-ii, d-i, e-iii
(4) a-v, b—i, c-ii, d-iii, e-iv

उस समुच्चय का चयन कीजिए जो कॉलम A में दिए गए अपशिष्ट (कचरे) के प्रकार का कॉलम B में दिए गए इसके द्वारा अपघटन में लगने वाले लगभग समय के साथ सही प्रकार से सुमेलित हो।

कॉलम A	कॉलम B
a. प्लास्टिक की बोतल	i. 2-5 माह
b. रेशमी रूमाल (स्कार्फ)	ii. 1- 2 सप्ताह
c. सूती कमीज़ (शर्ट)	iii. 10 - 30 दिन
d. केले का छिलका	iv. 4 वर्ष
e. कागज़	v. अनेक वर्ष

सही विकल्प का चयन कीजिए :

(1) a - iv, b - v, c - iii, d - i, e - ii
(2) a - v, b - iv, c - i, d - ii, e - iii
(3) a - iv, b - v, c - ii, d - i, e - iii
(4) a - v, b - i, c - ii, d - iii, e - iv

Ans : (2)

प्लास्टिक की बोतलों को कई साल लगते हैं, रेशम के स्कार्फ (silk scarf) को लगभग 4 साल लगते हैं, सूती शर्ट (cotton shirt) को 1-2 सप्ताह लगते हैं, केले के छिलके (banana peel) को 2-5 महीने लगते हैं, और कागज को विघटित होने में कई साल लगते हैं।

73. Which of the following set represents natural indicators for acids-bases?

(1) Phenolphthalein, litmus
(2) Litmus, turmeric
(3) Chinarose, methyl orange
(4) Turmeric, phenolphthalein

निम्नलिखित में से कौन सा समुच्चय अम्लों-क्षारकों के प्राकृतिक सूचकों को दर्शाता है ?

(1) फेनॉफ्थलीन, लिट्मस
(2) लिट्मस, हल्दी
(3) गुड़हल, मैथिल ऑरेंज
(4) हल्दी, फेनॉफ्थलीन

Ans : (2)

लिट्मस (Litmus), गुड़हल (China rose) और हल्दी (turmeric) प्राकृतिक सूचक (natural indicator) हैं, फेनॉफ्थलीन (phenolphthalein) और मिथाइल ऑरेंज (methyl orange) कृत्रिम सूचक हैं।

74. Metal A displaces metal B from its salt solution but is not able to displace C from its salt solution. Metal B displaces metal D from its salt solution. Which is the second most reactive metal?

(1) A
(2) B
(3) C
(4) D

धातु B को धातु A उसके लवणीय विलयन से विस्थापित करती है किन्तु C को उसके लवणीय विलयन से विस्थापित नहीं कर पाती धातु D को धातु B उसके लवणीय विलयन से विस्थापित करती है। कौन सी धातु द्वितीयक अभिक्रियाशील है?

(1) A
(2) B
(3) C
(4) D

Ans : (1)

A, B से अधिक प्रतिक्रियाशील है लेकिन C से कम प्रतिक्रियाशील है। प्रतिक्रियाशीलता क्रम होगा - C>A>B>D.

75. Yeast is used for the production of

(1) curd
(2) sugar
(3) common salt
(4) alcohol

यीस्ट का उपयोग उत्पादन में किया जाता है

(1) दही
(2) चीनी
(3) साधारण नमक
(4) ऐल्कोहॉल

Ans : (4)

यीस्ट (Yeast) या खमीर एककोशिकीय अतिसूक्ष्म कवक (Fungi) है। इनका उपयोग एल्कोहॉल के उत्पादन में किया जाता है।

76. A bus travels at a speed of 50 km/h for 12 min and then at a speed of 40 km/h for the next 18 min. Total distance covered by the bus during this time is

(1) 28 km
(2) 20 km
(3) 22 km
(4) 24 km

कोई बस अपनी यात्रा के पहले 12 मिनट 50 किमी/घण्टा की चाल से और अगले 18 मिनट 40 किमी/घण्टा की चाल से चलती है। इस समय की अवधि में बस कुल कितनी दूरी तय करती है?

(1) 28 किमी
(2) 20 किमी
(3) 22 किमी
(4) 24 किमी

Ans : (3)

पहले 50 किमी./घंटा की चाल से तय की गई दूरी (distance) = चाल (speed) × समय (time)

$= 50 \times \frac{12}{60} = 10$ km

अगले 40 किमी./घंटा की चाल से तय की गई दूरी =

$40 \times \frac{18}{60} = 12$ km

कुल दूरी (Total distance) = 10 + 12 = 22 km

77. Polio is caused by a

(1) Protozoa
(2) Fungi
(3) Virus
(4) Bacteria

पोलियो का कारण है

(1) प्रोटोजोआ
(2) फफूंद
(3) विषाणु (वायरस)
(4) बैक्टीरिया

Ans : (3)

पोलियो (Polio) एक विषाणु जनित रोग (viral disease) है। यह रोग तंत्रिका तंत्र (nervous system) को प्रभावित करता है, जिससे शरीर में पक्षाघात (Paralysis) होता है तथा बहुधा यह पैरों को प्रभावित करता है। शरीर के अन्य अंगों पर भी इसका प्रभाव पड़ सकता है।

78. Human Nutrition includes nutrient requirement, mode of intake of food and its utilization in the body occurring in various steps which are

1. Absorption
2. Egestion
3. Assimilation
4. Ingestion
5. Digestion

Arrange these steps in sequence as they occur inside the body

(1) 5, 4, 3, 1, 2 (2) 4, 1, 2, 3, 5
(3) 1, 2, 3, 4, 5 (4) 4, 5, 1, 3, 2

मानव पोषण में पोषक तत्वों की आवश्यकता, भोजन ग्रहण करने की विधि और शरीर में इसका उपयोग विभिन्न चरणों में होता है, जो हैं

I. अवशोषण
II. निष्कासन
III. स्वांगीकरण
IV. अन्तर्ग्रहण
V. पाचन

SCIENCE

इन चरणों को उस क्रम में लगाइए जिस क्रम में ये शरीर में होते हैं।

(1) V, IV, III, I, II
(2) IV, I, II, III, V
(3) I, II, III, IV, V
(4) IV, V, I, III, II

Ans : (4)

मनुष्यों में भोजन से पोषक तत्वों (Nutrients) को ग्रहण करने की क्रिया पाचन (digestion) कहलाती है, जो विभिन्न चरणों (Steps) से होकर गुजरती है, जो इस प्रकार है अंतर्ग्रहण (ingestion) → पाचन (digestion) → अवशोषण (absorption) → स्वांगीकरण (assimilation) → निष्कासन (egestion)

अंतर्ग्रहण (भोजन को शरीर में ले जाने की प्रक्रिया)

↓

पाचन (वह प्रक्रिया जिसमें बड़े अणुओं (Molecules) वाला भोजन छोटे अणुओं में टूट जाता है)

↓

अवशोषण (वह प्रक्रिया जिसमें पचा हुआ भोजन रक्तप्रवाह (blood vessels) में चला जाता है)

↓

स्वांगीकरण (वह प्रक्रिया जिसमें अवशोषित भोजन (absorbed food) शरीर द्वारा अपनी वृद्धि (growth) और ऊर्जा (energy) के लिए ग्रहण किया जाता है)

↓

निष्कासन (वह प्रक्रिया जिसमें अपचित भोजन (undigested food) शरीर से बाहर निकाला जाता है)

79. A copper vessel, when exposed to humid air for a long time acquires a dull green coating on its outer surface. The green material is

(1) copper carbonate + copper hydroxide
(2) copper carbonate + copper sulphate
(3) copper hydroxide + copper sulphate
(4) copper sulphate + copper oxide

आई (नमी) वायु में लंबे समय तक रखे जाने पर कॉपर के बर्तनों के बाहरी पृष्ठ पर फीकी हरी परत बन जाती है। यह हरा पदार्थ है -

(1) कॉपर कार्बोनेट + कॉपर हाइड्रॉक्साइड
(2) कॉपर कार्बोनेट + कॉपर सल्फेट
(3) कॉपर हाइड्रॉक्साइड + कॉपर सल्फेट
(4) कॉपर सल्फेट + कॉपर ऑक्साइड

Ans : (1)

तांबे (Copper) की धातु जब हवा के संपर्क में आती है तो जंग (rust) के कारण हरे रंग की हो जाती है। इस प्रकार, जब तांबे के बर्तन कुछ समय के लिए बरसात के मौसम में हवा के संपर्क में आते हैं, तो धातु गैसों और हवा में मौजूद नमी के साथ प्रतिक्रिया (reaction) करके कॉपर कार्बोनेट (copper carbonate) और कॉपर हाइड्रॉक्साइड (copper hydroxide) का मिश्रण बनाती है।

80. Which of the following represents the correct matching set?

Fibre	Part of origin
(a) Flax	(i) Husk
(b) Cotton	(ii) Cocoon
(c) Silk	(iii) Flower
(d) Coconut fibre	(iv) Stem

(1) (a) - (iii), (b)- (ii), (c)- (i), (d) - (iv)
(2) (a) - (iv), (b) – (iii), (c) - (ii), (d) - (i)
(3) (a) - (ii), (b) - (iv), (c)- (iii), (d) - (i)
(4) (a) - (i), (b)- (iii), (c) - (iv), (d) - (ii)

निम्न में से कौन-सा समुच्चय सही मिलान निरूपित करता है?

रेशा	उत्पत्ति का भाग
(a) सन	(i) छिलका
(b) कपास	(ii) कृमिकोष
(c) रेशम	(iii) पुष्प
(d) नारियल का रेशा	(iv) तना

(1) (a) - (iii), (b)- (ii), (c)- (i), (d) - (iv)
(2) (a) - (iv), (b) – (iii), (c) - (ii), (d) - (i)
(3) (a) - (ii), (b) - (iv), (c)- (iii), (d) - (i)
(4) (a) - (i), (b)- (iii), (c) - (iv), (d) - (ii)

Ans : (2)

कोकून से प्राप्त रेशम (silk), तने से सन (flax from stem), फूल से कपास (cotton from flower) और भूसी से नारियल रेशे (coconut fiber)।

81. A pendulum oscillates 30 times in 3 s. Choose the correct statement from among the following

(1) Its time period is 0.3 s and frequency is 0.3 Hz.
(2) Its time period is 10 s and frequency is 3Hz.
(3) Its time period is 0.1 s and frequency is 10 Hz.
(4) Its time period is 10 s and frequency is 0.3 Hz.

कोई लोलक 3 सेकण्ड में 30 दोलन करता है। नीचे दिए गए कथनों में से सही कथन को चुनिए।

(1) इसका आवर्तकाल 0.3 सेकण्ड तथा आवृत्ति 0.3 हर्ट्ज है।
(2) इसका आवर्तकाल 10 सेकण्ड तथा आवृत्ति 3 हर्ट्ज है।
(3) इसका आवर्तकाल 0.1 सेकण्ड तथा आवृत्ति 10 हर्ट्ज है।
(4) इसका आवर्तकाल 10 सेकण्ड तथा आवृत्ति 0.3 हर्ट्ज है।

Ans : (3)

1 हर्ट्ज (Hz) = 1 दोलन प्रति सेकंड = $1s^{-1}$

प्रश्नानुसार

लोलक 3 सेकंड में 30 दोलन (oscillates) करता है।

1 सेकंड में दोलनों की संख्या (Number of oscillations in 1 second) = 10s

आवृत्ति (frequency) = 10 हर्ट्ज

आवर्तकाल (time period) = 1/10 = 0.1 सेकंड

82. Which of the following statements is/are correct regarding image formation in plane mirror?

A. Image is erect
B. Image is real
C. Image is laterally inverted
D. The image size is same that of object

(1) A, B, D
(2) A, B, C
(3) A, C, D
(4) B, C, D

समतल दर्पणों में बनने वाले प्रतिबिम्बों के सम्बन्ध में नीचे दिए गए कौन-से कथन सत्य हैं?

A प्रतिबिम्ब सीधा बनता है।
B. प्रतिबिम्ब वास्तविक होता है।
C. प्रतिबिम्ब पार्श्व परिवर्तित होता है।
D. प्रतिबिम्ब का आकार वस्तु के आकार के बराबर होता है।

(1) A, B, D
(2) A, B, C
(3) A, C, D
(4) B, C, D

Ans : (3)

समतल दर्पण (plane mirror) द्वारा बने प्रतिबिंब की प्रकृति (nature of image) आभासी एवं सीधी (virtual and erect) होती है तथा इसका आकार वस्तु के आकार के बराबर होता है। समतल दर्पण में बना प्रतिबिंब पार्श्व परिवर्तित (Laterally inverted) होता है।

83. Study the following statements

A. Chromosomes are located in the nucleolus.
B. Genes are located in the chromosomes.
C. Unicellular organisms respire and reproduce.
D. The most important function of cell membrane is to control the entry and exit of materials from cells.

The correct statements are

(1) A, C and D
(2) A. B and D.
(3) A, B and C
(4) B, C and D

SCIENCE

नीचे दिए गए कथनों का अध्ययन कीजिए।

A. गुणसूत्र, केन्द्रिक में स्थित होते हैं।
B. बीज, गुणसूत्रों में स्थित होते हैं।
C. एककोशिक जीव श्वसन और जनन करते हैं।
D. कोशिका झिल्ली का सबसे महत्त्वपूर्ण कार्य कोशिका में पदार्थों के आवागमन को नियन्त्रित करना है।

इनमें सही कथन हैं

(1) A, C और D
(2) A, B और D
(3) A, B और C
(4) B, C और D

Ans : (4)

सही कथन हैं

II. बीज, गुणसूत्रों में स्थित होते हैं। (Genes are located in the chromosomes.)

III. एककोशिक जीव श्वसन और जनन करते हैं। (Unicellular organisms respire and reproduce.)

IV. कोशिका झिल्ली का सबसे महत्त्वपूर्ण कार्य कोशिका में पदार्थों के आवागमन को नियन्त्रित करना है। (The most important function of cell membrane is to control the entry and exit of materials from cells.)

84. The ultrasound equipment used for investigating medical problems work at frequency

(1) between 2000 Hz and 20000 Hz
(2) above 20000 Hz
(3) below 20 Hz
(4) between 20 Hz and 200000 Hz

चिकित्सा के क्षेत्र में समस्याओं के अनुसन्धान के लिए उपयोग किए जाने वाले पराश्रव्य ध्वनि उपकरणों के कार्य करने की आवृत्ति होती है

(1) 2000 हर्ट्ज और 20000 हर्ट्स के बीच
(2) 20000 हर्ट्स से अधिक
(3) 20 हर्ट्स से कम
(4) 20 हर्ट्ज और 200000 हर्ट्स के बीच

Ans : (2)

चिकित्सा के क्षेत्र में समस्याओं के अनुसन्धान (investigate) के लिए उपयोग किए जाने वाले पराश्रव्य ध्वनि उपकरणों (ultrasound equipment) के कार्य करने की आवृत्ति (frequency) 20000 हर्ट्स से अधिक होती है।

85. Identify the following

A **A non-metallic lubricant**
B **A metal which does not react with water but reacts with steam**
C **A metal which is constituent of baking powder**
D **a non-metal used in firecrackers**

A, B, C, D respectively are

(1) Phosphorus, Zinc, Sodium, Sulphur
(2) Carbon, Copper, Sodium, Phosphorus
(3) Carbon, Copper, Calcium, Sulphur
(4) Phosphorus, Copper, Calcium, Sulphur

निम्न की पहचान करिये-

A **एक अधात्विक स्नेहक**
B **एक धातु जो जल से अभिक्रिया नहीं करती किन्तु भाप से अभिक्रिया करती है।**
C **एक धातु जो बेकिंग पाउडर की संघटक है।**
D **एक अधातु जो पटाखों में प्रयुक्त होती है।**

A, B, C, D क्रमशः हैं-

(1) फास्फोरस, जिंक, सोडियम, सल्फर
(2) कार्बन, कॉपर, सोडियम, फॉस्फोरस
(3) कार्बन, कॉपर, कैल्सियम, सल्फर
(4) फास्फोरस, कॉपर, कैल्सियम, सल्फर

Ans : (1)

स्नेहक में प्रयुक्त फास्फोरस (Phosphorus used in lubricants), जस्ता भाप (Zinc Steam) के साथ प्रतिक्रिया (reaction) करता है, बेकिंग सोडा सोडियम द्वि कार्बोनेट ($NaHCO_3$) है इसलिए इसमें सोडियम (sodium-Na) और सल्फर (Sulphur-S) का उपयोग पटाखों (crackers) में किया जाता है।

86. The joint between head and upper jaw is an example of

(1) pelvic joint
(2) fixed joint
(3) ball and socket joint
(4) hinged joint

सिर और ऊपरी जबड़े के बीच का जोड़ एक उदारण हैं

(1) श्रोणि सन्धि (पेल्विक जॉइण्ट) का
(2) बद्ध सन्धि (फिक्सड जॉइण्ट) का
(3) कन्दुक खल्लिका सन्धि (बॉल एण्ड सॉकेट जॉइण्ट) का
(4) हिंज सन्धि (हिंज जॉइण्ट) का

Ans : (2)

सिर (Head) और ऊपरी-जबड़े (Upper jaw) के बीच का जोड़ बद्ध संधि (fixed joint) का उदाहरण है। इनके बीच किसी भी प्रकार की गति नहीं होती है।

87. 'Y' is a plant which does not have Chlorophyll. What could 'Y' be?

(1) Pitcher plant
(2) Maple tree
(3) Cusseta
(4) Algae

'Y' कोई ऐसा पौधा है जिसमें क्लोरोफिल (हरितलवक) नहीं होता है। 'Y' क्या हो सकता है?

(1) घटपर्णी (पिचर पादप)
(2) मेपल वृक्ष
(3) कसकुटा (अमरबेल)
(4) शैवाल

Ans : (3)

कसकुटा (अमरबेल) (cusseta) में क्लोरोफिल (chlorophyll) नहीं होता है।

88. Which of the following acids is also a vitamin?

(1) Formic acid
(2) Ascorbic acid
(3) Maleic acid
(4) Palmitic acid

निम्नलिखित में से कौन-सा अम्ल विटामिन भी है?

(1) फॉर्मिक अम्ल
(2) ऐस्कॉर्बिक अम्ल
(3) मैलिक अम्ल
(4) पामिटिक अम्ल

Ans : (3)

विटामिन 'C' का रासायनिक नाम एस्कॉर्बिक अम्ल (ascorbic acid) है। इसकी कमी (deficiency) से स्कर्वी रोग (scurvy disease) हो जाता है। यह आंवला तथा नींबू वंशीय फलों (citrus fruits) में प्रचुर मात्रा में पाया जाता है।

89. Taking Milk of magnesia is an effective remedy for acidity. The chemical reaction that takes place in the process is an example of

(1) double displacement reaction only
(2) single displacement reaction only
(3) both double displacement and neutralization reaction
(4) neither double displacement nor neutralization reaction

दूधिया मैग्नीशियम लेना अतिअम्लता का एक प्रभावशाली उपचार है। इस अभिक्रिया में होने वाली रासायनिक अभिक्रिया उदाहरण है

(1) केवल द्वि-विस्थापन अभिक्रिया का
(2) केवल एकल विस्थापन अभिक्रिया का
(3) द्वि-विस्थापन और उदासीनीकरण अभिक्रिया का
(4) न द्वि-विस्थापन और न ही उदासीनीकरण अभिक्रिया का

Ans : (3)

दूधिया मैग्नीशियम (milk of magnesia) एक क्षार (base) है और यह द्वि-विस्थापन प्रतिक्रिया (double displacement reaction) द्वारा अम्ल (acid) के साथ प्रतिक्रिया करता है जिसे उदासीनीकरण अभिक्रिया (neutralization reaction) कहा जाता है।

90. The projectors which are used to show opaque figures and pages of books are called

SCIENCE

(1) Epidiascope
(2) Telescope
(3) Bioscope
(4) Radioscope

जिन प्रोजेक्टर में अपारदर्शी चित्रों तथा पुस्तकों के पृष्ठों को दिखाया जाता है, उसे कहते हैं

(1) एपिडायास्कोप
(2) टेलीस्कोप
(3) बाइस्कोप
(4) रेडियोस्कोप

Ans : (1)

अपारदर्शी (Opaque) वस्तुओं के चित्र को स्क्रीन पर या दीवार पर प्रस्तुत करने में प्रयुक्त उपकरण को ओपेक प्रोजेक्टर (Opaque Projector) या एपिडायस्कोप (Epidiascope) कहते हैं। एपिडायस्कोप का प्रयोग मुख्यतया किताब के पृष्ठों, कागज पर बने चित्रों एवं ग्राफ आदि को स्क्रीन (पर्दे) पर दिखाने के लिए किया जाता है।

91. Which of the following best describes an open-ended question?

(1) Which type of bones is a human wrist made up of?
(2) Do all animals have bones?
(3) How do different animals move from one place to another?
(4) How is a pivot joint different from a hinge joint?

निम्नलिखित में से कौन-सा विकल्प एक खुले सिरे वाले प्रश्न का सबसे अच्छा वर्णन करता है?

(1) मानवों की कलाई किस प्रकार की हड्डियों से बनी हुई है?
(2) क्या सभी पशुओं में हड्डियाँ होती हैं?
(3) भिन्न प्रकार के पशु किस प्रकार एक स्थान से दूसरे स्थान तक स्थानांतरण करते हैं?
(4) चूल जोड़ किस प्रकार हिन्ज जोड़ से भिन्न है?

Ans : (3)

खुले सिरे वाले प्रश्नों [open ended questions] के उत्तर एक से अधिक होते हैं। यह छात्रों को विभिन्न दिशाओं में सोचने का अवसर देता है। यह छात्रों को एक ही उत्तर' में सीमित नहीं करता है। इससे छात्रों के विचारों में रचनात्मकता [Creativity] मौलिकता [originality] तथा नवाचारिता [innovativeness] का विकास होता है।

अतः खुले सिरे वाले प्रश्न [open-ended questions] का सबसे अच्छा उदा० भिन्न प्रकार के पशु किस प्रकार एक स्थान से दूसरे तक स्थानांतरण [move] करते हैं? क्योकि इस प्रकार के प्रश्नों में छात्र अपने अनुभव [experience] के अनुसार अलग-अलग जवाब देंगे।

92. Assertion (A): Arteries have thick and elastic walls as compared to veins.

Reason (R): The pressure of blood flow in arteries is low as compared to veins.

(1) (A) is true and (R) is false.
(2) Both (A) and (R) are false.
(3) Both (A) and (R) are true and (R) is correct explanation for (A).
(4) Both (A) and (R) are true but (R) is not correct explanation for (A).

अभिकथन (A) : शिराओं की तुलना में धमनियों की मोटी और प्रत्यास्थ भित्तियाँ होती हैं।

तर्क (R) : शिराओं की तुलना में धमनियों में रक्त प्रवाह का दाब कम (निम्न) होता है।

(1) (A) सही है तथा (R) गलत है।
(2) (A) और (R) दोनों गलत हैं।
(3) (A) और (R) दोनों सही हैं तथा (R), (A) की सही व्याख्या है।
(4) (A) और (R) दोनों सही हैं परन्तु (R), (A) की सही व्याख्या नहीं है।

Ans (1)

अभिकथन (A) सत्य है क्योंकि धमनियों की दीवारें शिराओं की तुलना में मोटी और प्रत्यास्थ भित्तियाँ होती हैं।

कारण (R) गलत है क्योंकि धमनियों में रक्त प्रवाह का दबाव [pressure of blood flow] वास्तव में शिराओं की तुलना में अधिक होता है। धमनियाँ उच्च दबाव में रक्त को हृदय से दूर ले जाती हैं, जबकि शिराएँ कम दबाव में रक्त को हृदय में वापस ले जाती हैं।

93. Which of the following statements are true in the context of respiration in whales and dolphins ?

(A) They cannot use dissolved Oxygen.

(B) They have gills.

(C) They have large nostrils.

(D) They often come up to the water surface to breathe.

निम्नलिखित में से कौन से कथन व्हेल और डॉल्फिन में श्वसन के संदर्भ में सही हैं?

(A) वे विलीन ऑक्सीजन का उपयोग नहीं कर सकती हैं

(B) उनके पास गिल (क्लोम) होते हैं।

(C) उनके पास बृहत् नासाद्वार होते हैं।

(D) वे प्राय: जल-पृष्ठ पर श्वास लेने के लिए आती हैं।

(1) (B), (C), (D)

(2) (A), (B), (D)

(3) (A), (B), (C)

(4) (A), (C), (D)

Ans (4)

(A) व्हेल और डॉल्फ़िन मछली की तरह पानी में घुली हुई ऑक्सीजन [dissolved oxygen] का इस्तेमाल नहीं कर सकतीं। इसके बजाय, वे अपने फेफड़ों से हवा में सांस लेती हैं।

(B) उनके पास गिल (क्लोम) नहीं होते। वे स्तनधारी हैं और अपने फेफड़ों से सांस लेते हैं।

(C) उनके सिर के ऊपर सांस लेने के लिए ब्लोहोल (नासिका) होते हैं।

(D) वे अक्सर श्वास [breathe] लेने के लिए जल-पृष्ठ पर आते है।

94. Which of the following questions is a divergent question?

(1) How does gravity vary with the altitude

(2) What would happen to gravity if the size of earth is reduced to half?

(3) Why does a ball thrown up comes down?

(4) What if there was no gravity on the earth?

निम्न में से कौन से प्रश्न अपसारी हैं?

(1) कैसे ऊँचाई के साथ गुरुत्व (गुरुत्वाकर्षण) बदल जाता है?

(2) अगर पृथ्वी को आकार में आधा कर दिया जाए तो गुरुत्व (गुरुत्वाकर्षण) कैसे प्रभावित होगा?

(3) क्यों ऊपर की ओर फेंकी गई गेंद नीचे आती है?

(4) क्या होता अगर पृथ्वी पर कोई गुरुत्व (गुरुत्वाकर्षण) नहीं होता?

Ans (4)

क्या होगा अगर पृथ्वी पर गुरुत्वाकर्षण न हो? यह एक अपसारी प्रश्न [divergent question] है। यह एक विशिष्ट तथ्यात्मक उत्तर की तलाश करने के बजाय, काल्पनिक परिदृश्य [hypothetical scenario] और उसके निहितार्थों के बारे में कल्पनाशील और विविध प्रतिक्रियाओं को आमंत्रित करता है। अन्य प्रश्न अधिक अभिसारी [convergent] हैं, जो विशिष्ट वैज्ञानिक स्पष्टीकरण या परिणामों पर ध्यान केंद्रित करते हैं।

95. Which of the following have the most scope for promoting Art integrated learning in Science ?

(1) Anecdotal records, Journal writing

(2) Journal writing, Field trips

(3) Portfolios, Anecdotal records

(4) Projects, Portfolios

विज्ञान में कला एकीकृत अधिगम को बढ़ावा देने की संभावना निम्न में से किस में सबसे अधिक है?.

(1) उपाख्यानात्मक प्रलेखों, जर्नल लेखन द्वारा

(2) जर्नल लेखन, क्षेत्र भ्रमणों द्वारा

(3) पोर्टफोलियों, उपाख्यानात्मक प्रलेखों द्वारा

(4) प्रायोजनाओं (परियोजनाओं), पोर्टफोलियों द्वारा

Ans (4)

प्रायोजनाओं (परियोजनाओं): छात्रों को रचनात्मक [creative], व्यावहारिक गतिविधियों में संलग्न होने की अनुमति दें जो कला को वैज्ञानिक अवधारणाओं [scientific phenomena] के साथ एकीकृत करती हैं। वे कलात्मक माध्यमों जैसे ड्राइंग, पेंटिंग, मॉडल-मेकिंग और मल्टीमीडिया प्रस्तुतियों के माध्यम से वैज्ञानिक घटनाओं का पता लगा सकते हैं।

पोर्टफोलियो: छात्रों को उनके सीखने के अनुभवों को दस्तावेज करने और प्रतिबिंबित करने में सक्षम

बनाता है, उनकी कलात्मक अभिव्यक्तियाँ [artistic expressions] और वैज्ञानिक समझ [scientific understanding] प्रदर्शित करता है। यह विधि छात्रों को अपने कलात्मक कौशल को वैज्ञानिक अवधारणाओं से जोड़ने और अपने काम को रचनात्मक रूप से प्रस्तुत करने के लिए प्रोत्साहित करती है।

96. Read the following statements in the context of Laws and theories in Science :

S1: Laws are generalisation statement whereas theories are explanations.

S2: Laws are very old and theories are contemporary.

S3: Laws can't be changed whereas theories are subject to change.

(1) S1 and S3 are true whereas S2 is false
(2) S3 is true whereas S1 and S2 are false
(3) S1 is true; S2 and S3 are false
(4) S1 and S2 are true whereas S3 is false

विज्ञान में नियमों एवं सिध्दांतों के संदर्भ में निम्नलिखित कथनों को पढ़िए:

S1: नियम सामान्यीकरण कथन हैं जबकि सिध्दांत व्याख्याएँ हैं।

S2: नियम बहुत पुराने हैं और सिध्दांत समकालीन हैं।

S3: नियम बदले नहीं जा सकते हैं जबकि सिध्दांत परिवर्तन के आधीन हैं।

(1) S1 और S3 सही हैं जबकि S2 गलत है
(2) S3 सही है जबकि S1 और S2 गलत हैं
(3) S1 सही है; S2 और S3 गलत हैं
(4) S1 और S2 सही हैं जबकि S3 गलत है

Ans (3)

S1 सत्य है। वैज्ञानिक नियम [Scientific laws] प्रकृति में पैटर्न या नियमितताओं का वर्णन करते हैं, जबकि सिद्धांत उन पैटर्न के लिए व्याख्याएँ प्रदान करते हैं।

S2 असत्य है। वैज्ञानिक नियम और सिद्धांत दोनों पुराने या समकालीन हो सकते हैं। किसी अवधारणा की आयु यह निर्धारित नहीं करती है कि वह नियम है या सिद्धांत।

S3 असत्य है। यदि नए साक्ष्य सामने आते हैं तो वैज्ञानिक नियमों को चुनौती दी जा सकती है और संशोधित किया जा सकता है।

97. A teacher can inculcate the essence of the scientific enterprise among students by all of the following practices, EXCEPT:

(1) Students should be made conversant with multiple methods of science.
(2) Nature of science to be made an integral part of teaching-learning.
(3) Students must be required to memorize facts and reproduce when needed.
(4) Historical aspects of the development of scientific concepts should be emphasized.

एक शिक्षक छात्रों में वैज्ञानिक उद्यम के सार को निम्नलिखित कार्य-नीतियों द्वारा विकसित (मन में बैठाना) कर सकता है इसके सिवाय -

(1) विद्यार्थियों छात्रों को विभिन्न वैज्ञानिक तरीकों से परिचित कराना चाहिए
(2) विज्ञान की प्रकृति को शिक्षण- अधिगम का एक अभिन्न अंग बनाया जाए।
(3) छात्रों से आपेक्षित हो कि वे तथ्यों को याद रखें और आवश्यकता के समय में उन्हें प्रस्तुत करें।
(4) वैज्ञानिक अवधारणाओं के विकास के लिए ऐतिहासिक पहलुओं पर जोर दिया जाना चाहिए।

Ans : (3)

छात्रों में वैज्ञानिक उद्यम [scientific enterprise] के सार को निम्नलिखित कार्यनीतियों [Activities] के माध्यम से विकसित किया जा सकता है :

- विद्यार्थियों को विभिन्न वैज्ञानिक तरीकों [Multiple science of methods] से परिचित करवाना, जिससे छात्र [interesting] तरीके से अपनी जरूरत के अनुसार सीख सके।
- विज्ञान की प्रकृति [Nature of science] को शिक्षण अधिगम का एक अभिन्न अंग बनाया जाना चाहिए
- अर्थात् विज्ञान को छात्र के daily life से Connect करके सिखाना चाहिए।

• वैज्ञानिक अवधारणाओ [scientific concepts] के लिए, (Historical aspects) ऐतिहासिक पहलुओं को शामिल करना चाहिए

• छात्रों को Concepts को समझने पर जोर देना चाहिए न कि रटवाने [Memorize] पर ?

अतः छात्रों से अपेक्षित हो कि वे तथ्यों [facts] को याद रखे तथा आवश्यकता पड़ने पर reproduce करे वैज्ञानिक उद्यम सार के संबंध में सही नहीं है।

98. Which among the following is the most important consideration for organizing remedial teaching?

(1) Paying attention to individual rate of progress
(2) Inclusion of several group activities
(3) Completion of entire syllabus
(4) Paying attention to the examination pattern

उपचारात्मक शिक्षण आयोजित करने में निम्नलिखित में से क्या सबसे महत्वपूर्ण विचार बिंदू है?

(1) प्रगति की व्यक्तिगत (वैयक्तिक) दर पर ध्यान देना
(2) कई सामूहिक गतिविधियों का समावेश
(3) संपूर्ण पाठ्यक्रम का समापन
(4) परीक्षा के पैटर्न पर ध्यान देना

Ans : (1)

उपचारात्मक शिक्षण [Remedial teaching] से तात्पर्य बालक की संबंधी कमियों को दूर करना। Remedial teaching में शिक्षक को प्रत्येक बालक की व्यक्तिगत रूप से सीखने की बिधियो पर ध्यान देना। चाहिए। जिससे प्रत्येक बालक की कमी का पता लगाया जा सके तथा उसके अनुसार उसमें सुधार किया जा सके

अतः प्रगति की व्याक्तिगत दर [Individual rate] पर ध्यान देना।

99. 'A burning candle gets put out after some time of being covered with a glass jar.' Which of the following inference can be drawn from the above observation?

A. Air is required for the burning of candles.

B. Oxygen is required for the burning of candles.

(1) Only A
(2) Only B
(3) Both A & B
(4) Neither A nor B

एक जलती हुई मोमबत्ती एक काँच के जार से ढकने पर कुछ समय पश्चात बुझ जाती है। उपरोक्त अवलोकन से निम्न में से कौन-से निष्कर्ष निकाले जा सकते हैं?

A. मोमबत्ती के जलने के लिए वायु की आवश्यकता होती है।

B. मोमबत्ती के जलने के लिए ऑक्सीजन की आवश्यकता होती है।

(1) केवल A
(2) केवल B
(3) A और B दोनों
(4) ना A ना ही B

Ans : (1)

मोमबत्ती [candle] को जलने के लिए वायु (air) की आवश्यकता होती है। जब जलती हुई मोमबत्ती को कांच के जार से ढक दिया जाता है तो वायु जार में प्रवेश नहीं हो पाती है, जिसके कारण मोमबत्ती बुझ जाती है।

100. While teaching the topic 'Electricity' in class VIII, the teacher commented, "Thomas Edison experimented thousands of times before he successfully found a material suitable to be used as a filament of a light bulb".

Which of the following aspects is the teacher highlighting above?

(1) Subjectivity in Science
(2) Tentativeness of Science
(3) Empirical nature of Science
(4) Cultural embeddedness of Science

कक्षा VII में विद्युत' विषय पढ़ाते हुए शिक्षक ने कहा, "थॉमस एडिसन ने प्रकाश बल्ब के तंतु के निर्माण के लिए हजारों बार प्रयोग किए।"

निम्न में से कौन से पहलू पर शिक्षक उपरोक्त कथन में अधिक बल दे रहा है?

(1) विज्ञान में आत्मपरक्ता
(2) विज्ञान में अंतरिमता
(3) विज्ञान की अनुभवसिद्ध प्रकृति
(4) विज्ञान का संस्कृति में अंतः स्थापन

Ans : (3)

अनुभव [experience]: किसी भी कार्य या वस्तु के बारे में ज्ञान "अनुभव" (Experience) कहलाता है।

[अतः जब हम किसी कार्य को बार-बार करते हैं तो हमें उस चीज के बारे में अनुभव हो जाता है। किसी भी चीज के बारे में वास्तविक समझ [real understanding] अनुभव से पैदा होती है।

एडिसन ने बल्ब के निर्माण में हजारों निर्माण किए जिससे उन्हें अनुभव मिला और अनुभव [experience] के आधार पर ही उन्होंने बल्ब का आविष्कार [Invention] किया।

उपरोक्त कथन विज्ञान के अनुभव सिद्ध [Empirical naturel] प्रकृति पर बल दे रहा है।

101. A teacher along with her class VII students is trying to understand how plants grow. They planted a number of tomato seeds at various depths and at various places in their school garden and took care of them. After some time, they observed that a few seeds began to develop as plants while others died out. The teacher asked the students to use their observations and think of the factors to due to which some seeds could not develop. Which process skill is likely to be developed through this exercise?

(1) Hypothesizing
(2) Predicting
(3) Classifying
(4) Measuring

अपनी कक्षा VII के विद्यार्थियों के साथ एक शिक्षिका समझने का प्रयास कर रही है कि पौधे कैसे उगते हैं। उन्होंने अपने स्कूल के बगीचे में टमाटर के बहुत से बीज विभिन्न स्थानों और विभिन्न गहराइयों पर बोए और उनकी देखभाल की। कुछ समय बाद उन्होंने पाया कि कुछ बीजों ने तो पौधों के रूप में वृद्धि करना आरम्भ कर दिया जबकि अन्य मर गए। शिक्षिका ने विद्यार्थियों से कहा कि वे अपने अवलोकनों का प्रयोग करके सोचें कि वे क्या कारक हो सकते हैं जिनके कारण कुछ बीज विकसित नहीं हो पाए। इस गतिविधि के द्वारा कौन-से प्रक्रिया कौशल के विकसित होने की संभावना है?

(1) परिकल्पना करना
(2) पूर्वानुमान लगाना
(3) वर्गीकरण करना
(4) मापना

Ans : (1)

परिकल्पना करना [Hypothesizing] से तात्पर्य किसी चीज के बारे में अपने तर्कपूर्ण सुझाव [logical suggestion] देना।

[जैसे : उपर्युक्त प्रश्न में जब छात्रों से कहा जाएगा कि वे अपने अवलोकनों [observation] का प्रयोग करके सोचें कि वे क्या कारक [factors] हो सकते हैं, जिनके कारण कुछ बीज विकसित [develop] नहीं हो पाए तो छात्र ऐसे प्रश्नों, के जवाब अपने अनुभवों के आधार पर तर्कपूर्ण सुझाव [logical suggestion] से देंगे।] जिससे छात्रों में 'Hypothessising' प्रक्रिया कौशल के विकसित होने की ' संभावना है।

102. Which of the following is NOT a desirable practice in the context of teaching & learning of science?

(1) Examples and insights from other subjects are liberally used wherever required.
(2) Focus should be on getting the right answers from students and not on their incorrect responses.

(3) Free - play and open – investigations should be given due importance.

(4) Local context should be used for enhancing conceptual clarity.

विज्ञान के शिक्षण और अधिगम के संदर्भ में निम्नलिखित में से कौन-सी एक वांछनीय प्रक्रिया नहीं है?

(1) जहाँ भी आवश्यकता हो, वहाँ अन्य विषयों से प्रचुर मात्र में उदाहरण और अंतर्दृष्टियाँ प्रयोग करनी चाहिए।

(2) ध्यान छात्रों से सही उत्तर प्राप्त करने पर होने चाहिए, गलत उत्तरों पर नहीं।

(3) मुक्त-क्रीड़ा और खुले अन्वेषणों को महत्व देना चाहिए।

(4) संकल्पनात्मक स्पष्टता को बढ़ाने के लिए स्थानीय सन्दर्भो का प्रयोग करना चाहिए।

Ans : (2)

विज्ञान के शिक्षण अधिगम के संदर्भ में वांछनीय प्रक्रिया [desirable process]:-

- विज्ञान की संकल्पना [Concepts] समझाते समय जहां आवश्यकता हो वहां अन्य विषयों [other subjects] से उदाहरण [Examples] और अंतर्दृष्टियां [insights] प्रयोग करनी चाहिए।
- छात्रों को अपने आस- पास के वातावरण से मुक्त [free] रुप से खेल-2 के माध्यम से खोजबीन के द्वारा सीखने के अवसर [opportunities to learn through exploration] देने चाहिए।
- संकल्पनात्मक [Conceptual] स्पष्टता (clarity) को बढ़ाने के लिए स्थानीय संदर्भो [local context] का प्रयोग करना चाहिए।
- अर्थात् छात्रों को स्थानीय उदा० के द्वारा Concepts को समझाना चाहिए।
- छात्रों द्वारा दिए गए सही तथा गलत दोनों उत्तरों को स्वीकार [accept] करना चाहिए क्योंकि गलत उत्तर के माध्यम से सीखने में रह गयी कमियों का पता चलता है।

[अतः ध्यान छात्रों से सही उत्तर प्राप्त करने पर होना चाहिए गलत उत्तर पर नहीं। यह एक वांछनीय प्रक्रिया नहीं हैं।]

103. Read the following statements and choose the correct option.

Assertion (A): Demonstration of discrepant events helps in addressing misconceptions.

Reasoning (R): Discrepant events create cognitive conflict for conceptual change

(1) Both A and R are correct, and R gives explanation for A

(2) A is correct, but R is not correct

(3) Both A & R are correct, but R is not explanation for A

(4) Both A & R are incorrect

नीचे लिखे कथनों को पढ़िए और सही विकल्प का चुनाव कीजिए।

(A) भ्रांत धारणाओं को संबोधित करने में असंगत घटनाओं का प्रदर्शन सहायता करता है।

(R) असंगत घटनाएं संकल्पनात्मक बदलाव के लिए संज्ञानात्मक द्वंद्व को उत्पन्न करती है।

(1) A और R दोनों सही है और R, सही व्याख्या करता है A की।

(2) A सही है परन्तु R सही नहीं है।

(3) A और R दोनों सही है परन्तु R की सही व्याख्या नहीं करता है A की।

(4) A और R दोनों गलत हैं।

Ans : (1)

असंगत घटनाओं का प्रदर्शन [Demonstration of discrepant events] का अर्थ है कि किसी अवधारणा [Concepts] के विपरीत घटना का प्रदर्शन करना। जब किसी अवधारणा [Concepts] के विपरीत घटना को प्रस्तुत किया जाता है तो छात्रों में संज्ञानात्मक द्वंद्व [Cognitive Conflict] उत्पन्न होता है, जिससे छात्र अपनी अवधारणाओं [Concepts] को बदलने पर मजबूर होते हैं, या चिंतन करते हैं। अत: भ्रांत अवधारणाओं [Misconceptions] को संबोधित करने के लिए असंगत घटनाओं का प्रदर्शन [Discrepant events] सहायता [help] करता हैं। क्योंकि [Discrepant events] संकल्पनात्मक बदलाव [Conceptual change] के लिए संज्ञानात्मक द्रंद [Cognitive Conflict] को [create] उत्पन्न करती हैं।

104. Which of the following statements are correct regarding assessment in science?

A- Continuous assessment dilutes teaching - learning

B- It is impractical to record each task of each student

C- Qualitative criteria help in meaningful assessment

D- Every concept need not be tested

(1) A, B
(2) C, D
(3) B, C
(4) A, D

निम्नलिखित में से कौन-सा वक्तव्य विज्ञान में आकलन करने के संदर्भ में सही है?

A- निरंतर आकलन पढ़ाने-सीखने को हीन बनाता है।

B- हर छात्र के हर नियत कार्य की अभिलिखित करना अव्यावहारिक है।

C- गुणात्मक मापदण्ड अर्थपूर्ण आकलन में सहायता करते हैं।

D- हर अवधारणा को परखना आवश्यक नही है।

(1) A, B
(2) C, D
(3) B, C
(4) A, D

Ans : (2)

विज्ञान के आकलन [Assessment of science] के संदर्भ में सही वक्तव्य [statement]

- छात्रों का आकलन निरंतर [continue] तथा प्रत्येक बालक का नियमित [Regular] किया जाना चाहिए।
- छात्र के शैक्षिक तथा सह-शैक्षिक [curricular and co-curricular] अर्थात् प्रत्येक कार्य का आकलन [assessment] करना चाहिए
- गुणात्मक मापदण्ड [Qualitative Criterial] अर्थपूर्ण आकलन को बढ़ावा देता है गुणात्मक मापदण्ड से तात्पर्य बालक के अनुभवों [Experiences] तथा बच्चे की पृष्ठभूमि को महत्व देना।
- छात्रों की प्रत्येक अवधारणाओं [Every Concepts] को परखना [test] आवश्यक नहीं होता है।

105. Which of the following strategies will NOT be helpful in bridging the rural – urban divide in Science Education?

(1) Reflecting rural lifestyles in curriculum
(2) Dealing with issues like 'food' in the context of an agrarian economy.
(3) Organizing science camps and exhibitions at cluster and block level.
(4) Basing rural school curriculum on relatively simpler concepts.

निम्नलिखित में से कौन-सी रणनीति विज्ञान शिक्षा में शहर-गाँव के बीच की खाई को समाप्त करने में मददगार सिद्ध नहीं होगी?

(1) पाठ्यचर्या में ग्रामीण जीवन शैलियों को प्रतिबिम्बित करना।
(2) 'भोजन' जैसे मुद्दों को कृषि अर्थव्यवस्था के संदर्भ में पढ़ना।
(3) क्लस्टर और ब्लॉक स्तर पर विज्ञान कैम्पों और प्रदर्शनियों का आयोजन करना।
(4) ग्रामीण स्कूली पाठ्यचर्या को अपेक्षाकृत सरल संकल्पनाओं पर आधारित करना।

Ans : (4)

विज्ञान शिक्षा में गांव शहर के बीच खाई [bridging] को समाप्त करने में मददगार [helpful] रणनीति-

- पाठ्यचर्या [curriculum] में ग्रामीण जीवन शैलियों [real life style] को शामिल करना चाहिए जिससे ग्रामीण बच्चे भी पाठ्यचर्या [curriculum] से [engage] हो सकें, तथा आसानी से सीख सकें।
- भोजन जैसे विषयों को "कृषि अर्थव्यवस्था" [agriculture economics] से जोड़कर पढ़ाना, ग्रामीण क्षेत्र में कृषि [agriculture] पर अधिक बल दिया जाता है जिससे छात्र कृषि से relate करके Concepts को आसानी से समझ सकते हैं।
- क्लस्टर को और ब्लॉक स्तर पर विज्ञान केम्पों [science camps] और विज्ञान प्रदर्शनियों [science exhibitions] का आयोजन करना, जिससे प्रत्येक छात्रों

की विज्ञान के प्रति रुचि [interest] उपन्न की जा सके।

ग्रामीण स्कूली पाठ्यचर्या को अपेक्षाकृत सरल संकल्पना [Simpler concepts] को व्यख्या पर आधारित करना - यह रणनीति उपयुक्त नहीं है।]

क्योंकि प्रत्येक विद्यालयों में 'समान संकल्पना' [Equal Concepts] समझाना चाहिए। जिससे वे समान हो सके।

106. A class IV teacher finds that a few students in her class are not able to read and hence are unable to express their understanding of science concept. Teacher should

(1) instruct students to learn how to read
(2) inform parents about the problem
(3) use stories and science literature
(4) inform a special educator

कक्षा 6 की एक अध्यापिका को पता चलता है कि उनकी कक्षा में कुछ छात्र पढ़ पाने में समर्थ नहीं हैं और इसलिए वे विज्ञान की अवधारणाओं की अपनी समझ को अभिव्यक्त करने में असमर्थ हैं। अध्यापिका को:

(1) छात्रों को निर्देश देना चाहिए कि कैसे पढ़ना है वह सीखें।
(2) अभिवावकों को समस्या के बारे में सूचित करना चाहिए।
(3) कहानियों और विज्ञान के साहित्य का प्रयोग करना चाहिए।
(4) विशेष शिक्षक को सूचित करना चाहिए।

Ans : (3)

शिक्षिका को इन छात्रों को विज्ञान की अवधारणाओं [concepts of science] को समझाने के लिए उनके दैनिक जीवन [daily life] से Connect करके सिखाना चाहिए।

उनकी रुचियों [interest] तथा आवश्यकता [Needs] के अनुसार शिक्षण विधियाँ [teaching methods] का प्रयोग [use] करना चाहिए।

शिक्षक को निर्देशक [instructor] की भांति नहीं बल्कि मार्गदर्शक [Guider/Facilitator] की भांति व्यवहार करना चाहिए।

वैज्ञानिक अवधारणाओं [scientific concepts] को कहानियों से जोड़कर सिखाना चाहिए

विज्ञान के साहित्य [literature of science] का प्रयोग करना चाहिए।

[अतः कहानियों और विज्ञान के साहित्य का प्रयोग करना चाहिए यह कथन सत्य है] क्योंकि छात्रों की रुचि [interest] कहानियों तथा साहित्य [literature] में अधिक होती है, जिससे वे किसी भी [Concepts] को आसानी से सीख सकते हैं।

107. Which of the following questions should a teacher consider while planning science activities for students? Does the activity:

A. help in arriving at the answer to textbook problems?
B. appeal to students from all cultural backgrounds?
C. provide an opportunity to apply science concepts?
D. help students to perform well in formative assessment?

(1) A & B
(2) B & C
(3) A & D
(4) B & D

विद्यार्थियों के लिए विज्ञान के क्रियाकलापों की योजना बनाते हुए किसी शिक्षक को निम्न में से किन प्रश्नों का ध्यान रखना चाहिए? क्या क्रियाकलाप:

A. पाठ्यपुस्तक के प्रश्नों के उत्तर देने में मदद कर रहा है?
B. सभी सांस्कृतिक पृष्ठभूमियों के विद्यार्थियों को आकर्षित कर रहा है?
C. विज्ञान की संकल्पनाओं को लागू करने का अवसर प्रदान कर रहा है?
D. रचनात्मक मूल्यांकन में अच्छा प्रदर्शन करने में विद्यार्थियों की सहायता कर रहा है?

(1) A और B
(2) B और C

(3) A और D
(4) B और D

Ans : (2)

विज्ञान के क्रियाकलाप की योजना [science activity plan] बनाते समय शिक्षक को इस बात का ध्यान रखाना चाहिए कि क्रियाकलाप सभी शिक्षार्थियों के पृष्ठभूमि [background] से संबंधित हो, अर्थात किसी एक पृष्ठभूमि के तरफ शिक्षक का झुकाव नहीं होना चाहिए, जिससे सभी विद्यार्थी को उस क्रियाकलाप से जोड़ सके।

छात्रों में अवधारणाओं [concept] को समझने के साथ-साथ उन्हें लागु करने [apply] के अवसर देना चाहिए। क्योंकि जब छात्र करके सीखते [learning by doing] हैं तो उनका ज्ञान अधिक स्थायी [permanent] होता है।

108. A teacher and her group of students, while carrying out an activity on seed germination, planted seeds in different conditions and found that dry seeds did not grow. The teacher posed the following questions to students:

- **Why do you think these seeds are not growing?**
- **What can be done to make them grow?**

Which of the following skills is the teacher trying to develop among the students through these questions?

(1) Observing
(2) Hypothesizing
(3) Predicting
(4) Question - raising

विभिन्न परिस्थितियों में बोए गए बीजों के अंकुरण पर आधारित गतिविधि के दौरान एक शिक्षिका और उनके छात्रों का एक समूह पाता है कि सूखे बीजों में वृद्धि नहीं की। शिक्षिका छात्रों के समक्ष निम्नलिखित प्रश्न प्रस्तुत करती -

(i) आपके विचार से ये बीज वृद्धि क्यों नहीं कर पा रहे हैं?

(ii) इनकी वृद्धि करने के लिए क्या किया जा सकता है?

इन प्रश्न द्वारा शिक्षिका छात्रों में निम्न में से किस प्रक्रिया कौशल का विकास करने का प्रयास कर रही है?

(1) प्रेक्षण करना
(2) परिकल्पना करना
(3) पूर्वानुमान लगाना
(4) प्रश्न करना

Ans : (2)

परिकल्पना बनाने [Hypothesizing] से तात्पर्य किसी घटना या चीज को समझाने के लिए अपने तर्कपूर्ण विचार [logical Ideas] प्रस्तुत करने के लिए कहना।

अर्थात् किसी प्रश्न में ऐसा क्यों हुआ है उसके बारे में उन्हें अपने अनुभव [self-experience] के आधार पर तर्क देने के लिए कहना।

उपर्युक्त प्रश्न में शिक्षिका छात्रों से 'ये बीज वृद्धि [growth] क्यों नहीं कर पा रहे है?

इनकी वृद्धि करने के लिए क्या किया जा सकता है?

इन प्रश्नों के माध्यम से छात्रों के विचार जाने जा सकते है।

अतः शिक्षिका इन प्रश्नों के माध्यम से परिकल्पना बनाना [hypothesizing] प्रक्रिया कौशल [skill] का विकास करने का प्रयास कर रही है।

109. Which of the following is the MOST appropriate instructional aid for a teacher to INTRODUCE the concept of sedimentation?

(1) A filter paper
(2) Mixture of oil and water
(3) Dropping a stone in a glass of water
(4) A glass of muddy water

अवसादन की अवधारणा को पेश करने के लिए निम्नलिखित में से कौन-सा सबसे उपयुक्त संसाधन है?

(1) फिल्टर पेपर
(2) तेल और पानी का मिश्रण
(3) पानी से भरे गिलास में एक पत्थर डालना
(4) मटमैले पानी का एक गिलास

Ans : (4)

अवसादन [sedimentation] :- पानी के किसी पिंड के तल पर कणों के जमने की प्रक्रिया को अवसादन [sedimentation] कहते हैं।

अर्थात किसी तरल में उपस्थित कणों का जमीन पर आकर बैठ जाना।

[अर्थात इस अवधारणा [Concept] को समझाने के लिए सबसे उपयुक्त संसाधन [aid] 'मटमैले पानी का एक गिलास' हैं।

110. One of the students in the class said that the soil does not contain any moisture.

Which of the following remedial actions would be BEST suited to clarify this misconception?

(1) Placing a soil sample on a wooden plank.
(2) Comparing the weights of a soil sample before and after drying under sunlight.
(3) Collecting and examining a soil sample after rain.
(4) Mixing water and soil in a beaker followed by drying under sunlight.

एक छात्र ने कहा कि मिट्टी में नमी बिलकुल नहीं होती है।

निम्नलिखित में से कौन-सी सुधारात्मक क्रिया इस गलत धारणा को दूर करने के लिए सबसे उपयुक्त है?

(1) लकड़ी के एक फट्टे पर मिट्टी का नमूना रखना।
(2) मिट्टी के नमूने के वज़न की धूप मे सुखाने से पहले और सुखाने के बाद तुलना करना।
(3) वर्षा होने के बाद मिट्टी का नमूना एकत्र करके उसकी जाँच करना।
(4) एक बीकर में मिट्टी और पानी को मिलाने के बाद इस मिश्रण को धूप में सुखाना।

Ans : (2)

छात्रों को मिट्टी में नमी [Moisture] की अवधारणा [Concept] समझाने के लिए में छात्रों को गीली तथा सूखी मिट्टी के वजन की तुलना करने के लिए कहना।

इस प्रकार जब छात्र मिट्टी के नमूने के वजन धुप में सुखाने से पहले करेंगे तो उसका वजन अधिक होगा। अतः इस प्रकार छात्रों को समझाया जा सकता है कि सुखाने से पहले वाले मिट्टी के नमूने में नमी [Moisture] थी, जिससे उसका वजन [weight] अधिक था।

[अतः इस प्रकार छात्र को मिट्टी में नमी [Moisture] की अवधारणा [concept] को समझाया जा सकता है।]

111. Various petroleum products and their uses are given below in column A and column B respectively. Choose the correct matching set.

Column A	Column B
(a) Coke	(i) Used on perfume, explosives
(b) Coal tar	(ii) Used as fuel in industries
(c) Coal gas	(iii) Metaling of the roads
(d) Bitumen	(iv) Manufacturing of steel

(1) (a) - (iv), (b) - (i), (c) - (ii), (d) - (iii)
(2) (a) - (iii), (b) - (ii), (c) - (iv), (d) - (i)
(3) (a) - (ii), (b) - (iii), (c) - (ii), (d) - (iv)
(4) (a) - (i), (b)- (iii), (c) - (iv), (d) - (ii)

पेट्रोलियम के उत्पाद और उनके उपयोग नीचे स्तम्भ A और B में क्रमशः दिए गए हैं। एक सही मिलान समुच्चय का चुनाव करिये।

स्तम्भ A	स्तम्भ B
a) कोक	(i) खुशबू /इत्र /विस्फोटक में प्रयोग
b) कोल तार	(ii) उद्योगों में ईंधन के रूप में प्रयोग
c) कोल गैस	(iii) सड़कों पर परत बिछाना
d) बिटुमिन	(iv) स्टील का निर्माण

(1) (a) - (iv), (b) - (i), (c) - (ii), (d) - (iii)
(2) (a) - (iii), (b) - (ii), (c) - (iv), (d) - (i)
(3) (a) - (ii), (b) - (iii), (c) - (ii), (d) - (iv)
(4) (a) - (i), (b)- (iii), (c) - (iv), (d) - (ii)

SCIENCE

SCIENCE

Ans : (1)

समुच्चय के रूप में किया जाता है। वॉटरप्रूफिंग उत्पाद बनाने के लिए उपयोग किया जाता है। कोक का उपयोग धातुकर्म प्रक्रियाओं (metallurgical processes) में एक कम करने वाले एजेंट के रूप में किया जाता है। कोक (coke) का उपयोग स्टोव, भट्टियों और लोहार के लिए ईंधन (fuel) के रूप में किया जाता है। कभी-कभी इसे कोयले से अधिक पसंद किया जाता है क्योंकि कोक जलाने से बहुत कम धुआं निकलता है। इसका उपयोग ब्लास्ट फर्नेस (blast furnaces) में लोहे (iron) के उत्पादन के लिए भी किया जाता है। कोक का उपयोग स्टील और कई अन्य सामग्रियों के निर्माण के लिए किया जाता है।

गैस का उपयोग हीटिंग के लिए भी किया जाता है। अक्सर बहुत से लोग खाना पकाने के लिए इस गैस का उपयोग नहीं करते हैं। इसका उपयोग ईंधन के रूप में किया जाता है

कोलतार (Coal tar) का व्यापक रूप से पेंट (paint), इत्र (pefume), सिंथेटिक रंग (synthetic colours), फोटोग्राफिक सामग्री (Photographic Materials), ड्रग्स (drugs) और विस्फोटक (Explosives) बनाने के लिए उपयोग किया जाता है। इसका उपयोग कीटनाशक बनाने के लिए किया जा सकता है। नेफ़थलीन बॉल्स जो आमतौर पर पतंगों को दूर रखने के लिए उपयोग किए जाते हैं, तार से बनाए जाते हैं।

112. On the basis of the following information identify the substances which give flame on burning :

Substance	State	Vapourises on burning
A	Solid	No
B	Liquid	Yes
C	Solid	Yes
D	Liquid	No

निम्नलिखित सूचना के आधार पर उन पदार्थों की पहचान कीजिए जो जलने पर ज्वाला देते हैं :

पदार्थ	अवस्था	जलने पर वाष्प बनता है
A	ठोस	नहीं
B	द्रव (तरल)	हाँ
C	ठोस	हाँ
D	द्रव (तरल)	नहीं

(1) B और C
(2) C और D
(3) A और D
(4) A और B

Ans (1)

जो पदार्थ जलने पर वाष्पीकृत [vapourise] हो जाते हैं, वे ज्वाला उत्पन्न करते हैं।

दी गई तालिका में पदार्थ B और C जलने पर वाष्पीकृत हो जाते हैं, फिर वे ज्वाला उत्पन्न करते हैं।

113. (A) Sunita takes 0.5 g of Sodium Carbonate in a test-tube and adds 5 ml of Dilute Hydrochloric acid.

(B) She passes the gas produced in the above reaction through Lime water. Which of the following represents the chemical reactions taking place in (A) and (B)?

(A) सुनीता परख-नली (टेस्ट-ट्यूब) में 0.5 ग्राम सोडियम (कार्बोनेट लेती है फिर उसमें 5 मि.ली. तनु हाइड्रोक्लोरिक आम् डालती है।

(B) वह उपरोक्त अभिक्रिया से उत्पन्न गैस को चूने के पानी के माध्यम से गुजारती है। निम्नलिखित में से कौन (A) और (B) में हो रही रासायनिक अभिक्रियाओं को निरूपित करता है?

(1) (A)-$NaHCO_3 + HCl \rightarrow NaCl + H_2O + CO_2$
(B)-$Ca(OH)_2 + CO_2 \rightarrow CaCO_3 + H_2O$
(2) (A)-$NaHCO_3 + HCl \rightarrow NaCl + H_2O + CO_2$
(B)-$CaCO_3 + H_2O + CO_2 \rightarrow Ca(HCO_3)_2$
(3) (A)-$Na_2CO_3 + 2HC1 \rightarrow 2NaCl + H_2O + CO_2$
(B)-$CaCO_3 + H_2O + CO_2 \rightarrow Ca(HCO_3)_2$
(4) (A)-$Na_2CO_3 + 2HCl \rightarrow 2NaCl + H_2O + CO_2$
(B)-$Ca(OH)_2 + CO_2 \rightarrow CaCO_3 + H_2O$

Ans (4)

(A)-$Na_2CO_3 + 2HCl \rightarrow 2NaCl + H_2O + CO_2$

(B)-$Ca(OH)_2 + CO_2 \rightarrow CaCO_3 + H_2O$

114. Which of the following statements is true?

(1) Soil with low water holding capacity has poor aeration and low percolation rate.
(2) Soil with low water holding capacity has good aeration and high percolation rate.
(3) Soil with low water holding capacity has poor aeration and high percolation rate.
(4) Soil with low water holding capacity has good aeration and low percolation rate.

निम्नलिखित में से कौन सा कथन सही है?

(1) निम्न जल-धारक क्षमता वाली मृदा का कमजोर वातन होता है तथा निम्न अंतःस्रवण दर होती है।
(2) निम्न जल-धारक क्षमता वाली मृदा का उत्तम वातन होता है तथा उच्च्च अंतःस्रवण दर होती है।
(3) निम्न जल-धारक क्षमता वाली मृदा का कमजोर वातन होता है तथा उच्च अंतःस्रवण दर होती है।
(4) निम्न जल-धारक क्षमता वाली मृदा का उत्तम वातन होता है तथा निम्न अंतःस्रवण दर होती है।

Ans (2)

निम्न जल-धारक क्षमता [water holding capacity] वाली मृदा का उत्तम वातन [good aeration] होता है तथा उच्च्च अंतःस्रवण दर [percolation rate] होती है, कथन सही है।

वातन (वायु संचार): कम जल धारण क्षमता वाली मिट्टी में आमतौर पर वायु संचार अच्छा होता है क्योंकि कणों के बीच ज़्यादा जगह होती है, जिससे हवा आसानी से प्रसारित हो पाती है।

अंतःस्रवण दर (निगलन दर): ऐसी मिट्टी में जल रिसाव दर भी अधिक होती है, जिसका मतलब है कि पानी जल्दी से निकल जाता है।

115. Fill in the blanks:

Bakelite is a __A__ and it is used for making __B__. On the other hand, PVC is a __C__ which is used for making __D__.

(1) A-thermosetting plastic; B-electrical switches; C-thermoplastic; D-containers
(2) A-thermosetting plastic; B-containers; C-thermoplastic; D-utensils
(3) A-thermoplastic; B-utensil handles -thermosetting plastic; D-electrical switches
(4) A-thermoplastic; B-electrical switches; C-thermosetting plastic; D-containers

रिक्त स्थानों की पूर्ति कीजिए:

बेकेलाइट एक __A__ है और __B__ के निर्माण में प्रयुक्त होता है। वहीं दूसरी ओर पी० वी० सी० एक __C__ है जो __D__ के निर्माण में प्रयुक्त होता है।

(1) A-थर्मोसेटिंग (ताप-दृढ़) प्लास्टिक; B-वैद्युत स्विच; C- थर्मोप्लास्टिक (ताप-सुघट्य); D-पात्र
(2) A-थर्मोसेटिंग (ताप-दृढ़) प्लास्टिक; B-पात्र; C-थर्मोप्लास्टिक (ताप-सुघट्य); D-बर्तन
(3) A-थर्मोप्लास्टिक (ताप-सुघट्य); B-बर्तन के हैंडल; C-धर्मोसेटिंग (ताप-दृढ़) प्लास्टिक; D-वैद्युत स्विच
(4) A-धर्मोप्लास्टिक (ताप-सुघट्य); B-वैद्युत स्विच; C- धर्मोसेटिंग (ताप-दृढ़) प्लास्टिक; D-पात्र

Ans (1)

बेकेलाइट एक थर्मोसेटिंग (ताप-दृढ़) प्लास्टिक है और वैद्युत स्विच के निर्माण में प्रयुक्त होता है। वहीं दूसरी ओर पी० वी० सी० एक प्लास्टिक (ताप-सुघट्य) है जो पात्र के निर्माण में प्रयुक्त होता है।

116. An oxide of a substance X reacts with water to produce another substance Y. Y reacts with oxygen to form Z. It is observed that Y turns blue litmus red. Which of the following can be concluded about X, Y and Z?

(1) X is a metal, Y is acidic and Z is basic in nature.
(2) X is a metal, Y is basic and Z is acidic in nature.
(3) X is a non-metal, Y is acidic and Z is basic in nature.
(4) X is a non-metal, Y is acidic and Z is acidic in nature.

SCIENCE

पदार्थ X का एक ऑक्साइड जल से अभिक्रिया कर एक अन्य पदार्थ ४ उत्पन्न करता है। Y ऑक्सीजन से अभिक्रिया कर 2 बनाता है। यह प्रेक्षण किया गया कि Y नीला लिटमस को लाल कर देता है। X, Y और Z के विषय में निम्नलिखित में से क्या निष्कर्ष निकाला जा सकता है?

(1) X एक धातु है, Y प्रकृति में अम्लीय और 2 क्षारकीय है।

(2) X एक धातु है, प्रकृति में क्षारकीय और 2 अम्लीय है।

(3) X एक अधातु है, Y प्रकृति में अम्लीय और Z क्षारकीय है।

(4) X एक अधातु है, Y प्रकृति में अम्लीय और Z अम्लीय है।

Ans (4)

X एक अधातु है, Y प्रकृति में अम्लीय और Z अम्लीय है।

Y नीले लिटमस को लाल कर देता है, जो दर्शाता है कि Y अम्लीय [acidic] है।

अधातु का ऑक्साइड आमतौर पर पानी के साथ प्रतिक्रिया [reaction] करके अम्लीय घोल बनाता है।

चूँकि Y ऑक्सीजन के साथ प्रतिक्रिया करके Z बनाता है और Y अम्लीय है, इसलिए Z भी संभवतः अम्लीय होगा।

117. Which of the following is likely to happen when chlorine gas is added to the solution of sodium bromide?

(1) Sodium chloride is formed through displacement reaction

(2) Pure sodium is obtained through sublimation

(3) Sodium chloride is formed through decomposition

(4) No reaction will take place

निम्नलिखित में से क्या होने की संभावना है जब सोडियम ब्रोमाइडे के विलयन में क्लोरीन गैस को प्रवाहित किया जाए?

(1) विस्थापन अभिक्रिया से सोडियम क्लोराइड का बनना

(2) ऊर्ध्वपातन से शुद्ध सोडियम प्राप्त करना

(3) अपघटन द्वारा सोडियम क्लोराइड का निर्माण

(4) कोई अभिक्रिया नहीं होगी

Ans (1)

जब सोडियम ब्रोमाइड [sodium bromide] के घोल में क्लोरीन गैस डाली जाती है, तो विस्थापन अभिक्रिया [displacement reaction] होती है क्योंकि क्लोरीन ब्रोमीन से अधिक अभिक्रियाशील [reactive] होता है। क्लोरीन सोडियम ब्रोमाइड से ब्रोमीन को विस्थापित कर देता है, जिससे सोडियम क्लोराइड और ब्रोमीन गैस बनती है।

$Cl_2 + 2NaBr \rightarrow 2NaCl + Br_2$

118. Which of the following statements about zones of a candle flame is not true?

(1) The non-luminous part of the flame is the zone of complete combustion.

(2) The temperature of middle zone and the non-luminous part of the flame is same.

(3) The yellow part of the flame is the region of partial combustion.

(4) The innermost zone does not support burning and comprises unburnt wax vapours.

निम्नलिखित में से कौन-सा कथन मोमबत्ती की ज्वाला के क्षेत्रों के विषय में सत्य नहीं है?

(1) ज्वाला का ज्योतिहीन भाग पूर्ण दहन का क्षेत्र है।

(2) ज्वाला के मध्य क्षेत्र का तापमान और ज्योतिहीन भाग का तापमान एकसमान है।

(3) ज्वाला का पीला भाग आंशिक दहन का क्षेत्र है।

(4) अन्तरतम क्षेत्र जलने का समर्थन नहीं करता और उसमें बिना जले मोम का वाष्प होता है।

Ans (2)

ज्वाला के मध्य क्षेत्र [middle zone] और ज्योतिहीन भाग [non-luminous part] का तापमान समान नहीं होता। ज्योतिहीन भाग, जिसे बाहरी क्षेत्र भी कहा जाता है, ज्वाला का सबसे गर्म हिस्सा होता है और यहीं पर पूर्ण दहन [complete combustion] होता है, जबकि मध्य क्षेत्र या चमकदार क्षेत्र ठंडा होता है और यहीं पर आंशिक दहन [partial combustion] होता है।

119. Which of the following 'medium' is present between the inner and outer layers of a thermos flask and why?

(1) Air, because it prevents loss of heat due to conduction

(2) Steel, because it prevents loss of heat due to radiation and convection

(3) Vacuum, because it prevents loss of heat due to conduction and convection

(4) Air, because it prevents loss of heat due to radiation and conduction

एक थर्मस फ्लास्क की अंदरूनी और बाहरी परतों के बीच निम्नलिखित में से कौन-सा 'माध्यम' उपस्थित होता है और क्यों?

(1) वायु, क्योंकि यह चालन के कारण होने वाली ऊष्मा की हानि को रोकती है

(2) स्टील, क्योंकि यह विकिरण और संवहन के कारण होने वाली ऊष्मा की हानि को रोकता है

(3) निर्वात, क्योंकि यह चालन और संवहन के कारण होने वाली ऊष्मा

(4) वायु, क्योंकि यह विकिरण और चालन के कारण होने वाली ऊष्मा की हानि को रोकती है

Ans (3)

थर्मस फ्लास्क की आंतरिक और बाहरी परतों के बीच का स्थान निर्वात (वैक्यूम) होता है। निर्वात एक बेहतरीन इन्सुलेटर होता है क्योंकि इसमें चालन और संवहन [conduction and convection] के माध्यम से ऊष्मा को स्थानांतरित करने के लिए पदार्थ नहीं होता है। यह थर्मस फ्लास्क के अंदर की सामग्री के तापमान को लंबे समय तक बनाए रखने में मदद करता है।

120. The focal length of a concave mirror is 20cm. At what distance from the concave mirror could the object placed to produce a virtual image of the object?

(1) 10 cm

(2) 20 cm

(3) 40 cm

(4) 80 cm

एक अवतल दर्पण की फ़ोकस दूरी 20 से.मी. है। आभासी प्रतिबिंब बनाने के लिए वस्तु को अवतल दर्पण से कितनी दूरी पर रखा जा सकता है?

(1) 10 से.मी.

(2) 20 से.मी.

(3) 40 से.मी.

(4) 80 से.मी

Ans : (1)

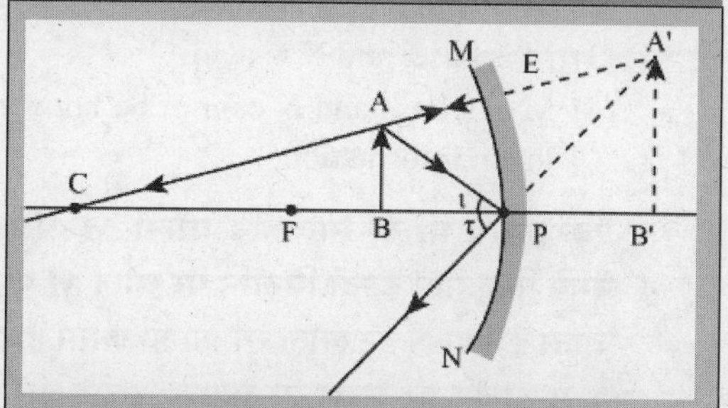

जब किसी वस्तु को ध्रुव तथा फोकस (pole and focus) के बीच रखा जाता है तब उसका सदैव आभासी (Virtual) एवं वस्तु से बड़ा प्रतिबिंब (image) बनता है। इसलिए वस्तु को 20cm से कम दूरी पर रखना होगा।

121. Which of the following sources of carbohydrate contains gluten, a component which can cause allergy to some people?

(1) Rice

(2) Wheat

(3) Raggi

(4) Jowar

निम्न में से शर्करा के किन स्रोतों मे ग्लूटेन नामक घटक होता है जिसके कारण कुछ व्यक्तियों को एलर्जी हो सकती है?

(1) चावल

(2) गेंहूँ

(3) रागी

(4) ज्वार

Ans : (2)

गेहूं में ग्लूटेन (gluten) नामक घटक होता है जिसके कारण कुछ व्यक्तियों को एलर्जी (allergy) हो सकती है।

SCIENCE

SCIENCE

122. In an experiment, samples of two colourless solutions M and N were taken. On adding turmeric solution, M turns yellow in colour and N turns brick red. On adding M to N, the red colour gradually fades. What can you conclude about the nature of M and N?

(1) Mand N are both salts
(2) M is acid and N is base
(3) M is base, and N is acid
(4) M is a base and N cannot be known with given information

एक प्रयोग में, दो रंगविहीन घोलों M और N के नमूने लिए गए। हल्दी मिलाने पर घोल M पीला हो जाता है तथा N ईंट लाल रंग का हो जाता है। M को N में डालने पर लाल रंग क्रमशः (धीरे-धीरे क्षीण) हो जाता है।

आप M और N की प्रकृति के संबंध में क्या निष्कर्ष निकालेंगे ?

(1) M और N दोनों लवण हैं
(2) M अम्ल है और N क्षार है
(3) M क्षार है और N अम्ल है
(4) M क्षार है और N की सीमित जानकारी के साथ पहचान नहीं हो सकती है।

Ans : (2)

M एक अम्ल (acid) है क्योंकि यह हल्दी के साथ पीला हो जाता है (एसिड प्रतिक्रियाओं की तरह) जबकि N एक क्षार (base) है, जो हल्दी (turmeric) के साथ इसके ईंट जैसे लाल रंग (brick red colour) (आधार प्रतिक्रियाओं की तरह) से प्रमाणित होता है। उनका मिश्रण (mixture) संभवतः निष्प्रभावी (ineffective) हो जाता है, जिससे लाल रंग फीका पड़ जाता है।

123. Sound waves will not be able to travel through which of the following?

(1) Wooden scale
(2) Metallic wire
(3) Cloth string
(4) Vacuum

निम्नलिखित में से किनमें ध्वनि तरंगें गति नहीं कर पाएंगी?

(1) लकड़ी के स्केल से
(2) धातु की तार से
(3) कपड़े के धागे से
(4) निर्वात से

Ans : (4)

ध्वनि (Sound) निर्वात (vacuum) के माध्यम से यात्रा नहीं कर सकती क्योंकि ध्वनि को अपने प्रसार के लिए परमाणुओं (atoms), कणों (particles) और अणुओं (molecules) के कंपन (Vibrations) की आवश्यकता होती है जबकि निर्वात एक खाली स्थान है जिसमें कोई परमाणु, कण और अणु नहीं होते हैं जो ध्वनि तरंगों (sound waves) को प्रसारित कर सकें।

124. Zinc powder is added to dilute hydrochloric acid in a test tube. What is expected to happen?

(A) Hydrogen gas is released
(B) No reaction takes place
(C) Test tube becomes cold
(D) Rapid reaction takes place

(1) (A) and (B)
(2) (B) and (C)
(3) (C) and (D)
(4) (A) and (D)

जिंक (जस्ता) पाउडर को परखनली में तनु हाईड्रोक्लोरिक अम्ल में डाला गया। क्या होना अपेक्षित हैं?

(A) हाईड्रोजन गैस उत्सर्जित होगी।
(B) कोई अभिक्रिया नहीं होगी।
(C) परखनली ठण्डी हो गई (पड़ गई)।
(D) तीव्र अभिक्रिया हुई।

(1) (A) और (B)
(2) (B) और (C)
(3) (C) और (D)
(4) (A) और (D)

Ans : (4)

जब जिंक पाउडर (Zinc powder) को तनु हाइड्रोक्लोरिक अम्ल (dilute hydrochloric acid)

में मिलाया जाता है, तो हाइड्रोजन गैस का निकलना और तेजी से होने वाली प्रतिक्रिया (reaction) दोनों अपेक्षित परिणाम हैं। जिंक और हाइड्रोक्लोरिक अम्ल के बीच यह प्रतिक्रिया तेजी से हाइड्रोजन गैस पैदा करती है।

के दौरान बनने वाली ऑक्सीजन वायुमंडल (atmosphere) में छोड़ी जाती है, स्टार्च में परिवर्तित नहीं होती। स्टार्च ग्लूकोज (glucose) से बनता है, ऑक्सीजन से नहीं।

125. Read the statements given below and choose the correct option:

Assertion (A): Presence of starch in leaves indicates the occurrence of photosynthesis.

Reason (R): Oxygen formed during photosynthesis ultimately gets converted to starch.

(1) Both (A) and (R) are correct and (R) is the correct explanation of the (A)
(2) Both (A) and (R) are correct but (R) is not the correct explanation of the (A)
(3) (A) is true but (R) is false
(4) (A) is false but (R) is true

निम्नलिखित कथनों को पढ़िए तथा सही विकल्प का चयन कीजिए।

अभिकथन (A) : पत्तियों में स्टार्च (मंड) की उपस्थिति प्रकाश संश्लेषण की घटना को दर्शाती है।

कारण (R) : प्रकाश संश्लेषण के समय बनी ऑक्सीजन अंततः स्टार्च (मंड) में परिवर्तित हो जाती है।

(1) (A) और (R) दोनों सही हैं तथा (R), (A) की सही व्याख्या है।
(2) (A) और (R) दोनों सही हैं परन्तु (R), (A) की सही व्याख्या नहीं है।
(3) (A) सही है परन्तु (R) गलत है।
(4) (A) गलत है परन्तु (R) सही है।

Ans : (3)

अभिकथन (A): पत्तियों में स्टार्च (Starch) की उपस्थिति प्रकाश संश्लेषण (photosynthesis) की घटना को दर्शाती है - यह सत्य है क्योंकि स्टार्च प्रकाश संश्लेषण का एक उत्पाद (product) है। पौधे स्टार्च के रूप में ग्लूकोज को संग्रहीत करते हैं।

कारण (R): प्रकाश संश्लेषण के दौरान बनने वाली ऑक्सीजन अंततः स्टार्च में परिवर्तित हो जाती है - यह असत्य है क्योंकि प्रकाश संश्लेषण (photosynthesis)

126. Match the following:

Human & plant disease		Causative microorganism	
(A)	Citrus canker	(i)	Virus
(B)	Polio	(ii)	Bacteria
(C)	Malaria	(iii)	Fungi
(D)	Rust of wheat	(iv)	Protozoa

(1) (A)-(ii), (B)-(i), (C)-(iv), (D)-(iii)
(2) (A)-(i), (B)-(ii), (C)-(iv), (D)-(iii)
(3) (A)-(iii), (B)-(iv), (C)-(i), (D)-(ii)
(4) (A)-(iv), (B)-(ii), (C)-(iii), (D)-(i)

निम्नलिखित का सुमेल कीजिए:

मानव और पौधों की बीमारी	रोगकारक सूक्ष्मजीव
(A) सिट्रस विकार	(i) विषाणु
(B) पोलियो	(ii) जीवाणु
(C) मलेरिया	(iii) कवक
(D) गेहूँ की रस्ट (Rust)	(iv) प्रजीवाणु

(1) (A)-(ii), (B)-(i), (C)-(iv), (D)-(iii)
(2) (A)-(i), (B)-(ii), (C)-(iv), (D)-(iii)
(3) (A)-(iii), (B)-(iv), (C)-(i), (D)-(ii)
(4) (A)-(iv). (B)-(ii), (C)-(iii), (D)-(i)

Ans : (1)

- (A) सिट्रस विकार जीवाणु (bacteria) के कारण होता है।
- (B) पोलियो (Polio) एक विषाणु (virus) के कारण होता है।
- (C) मलेरिया प्रजीवाणु (protozoa) के कारण होता है।
- (D) गेहूं में रस्ट (Rust of wheat) कवक (fungi) के कारण लगता है।

SCIENCE

127. Out of eight planets six planets of the solar system rotate on their axis from west to east. The other two which rotate on their axes from east to west are

(1) Mercury, Uranus
(2) Mercury, Neptune
(3) Venus, Neptune
(4) Venus, Uranus

सौर परिवार के आठ ग्रहों में से छः ग्रह अपने अक्षों पर पश्चिम से पूर्व की ओर घूर्णन करते हैं। अन्य दो ग्रह, जो अपने घूर्णन अक्षों पर पूर्व से पश्चिम की ओर घूर्णन करते है, कौन-से है–

(1) बुध, युरेनस
(2) बुध, नेपट्यून
(3) शुक्र, नेपट्यून
(4) शुक्र, युरेनस

Ans : (4)

हमारे सौर मंडल (Solar System) में शुक्र और यूरेनस (Venus and Uranus) को छोड़कर सभी ग्रह (planets) वामावर्त यानी पश्चिम से पूर्व (West to East) की ओर घूमते हैं। हमारे सौर मंडल में दो ग्रह शुक्र और यूरेनस पूर्व से पश्चिम की ओर घूम रहे हैं। शुक्र और यूरेनस सूर्य के विपरीत दिशा (opposite direction) में (घड़ी की दिशा में) (clockwise) घूम रहे हैं, इसे प्रतिगामी घूर्णन के रूप में भी जाना जाता है।

128. Identify the following on the basis of given information:

A are vascular tissues for the transportation of water and nutrients in plants

B are vascular tissues that transport food in plants

C are tiny pores present on surface of leaves

A, B, C respectively are:

(1) A-Phloem, B-Xylem, C-Stomata
(2) A-Xylem, B-Phloem, C-Stomata
(3) A-Stomata, B-Xylem, C-Tracheae
(4) A-Xylem, B-Phloem, C-Tracheae

दी गई सूचना के आधार पर निम्नलिखित की पहचान कीजिए:

A पौधों में जल एवं पोषकों के परिवहन के लिए संवहन ऊतक हैं।

B ऐसे संवहन ऊतक होते हैं जोकि पौधों में भोजन पहुँचाते हैं।

C पत्तों की सतह पर उपस्थित सूक्ष्म छिद्र होते हैं।

A, B, C क्रमशः हैं

(1) A पोषवाह (फ्लोएम), B- दारु (जाइलम), C- रंध्र
(2) A- दारु (जाइलम), B-पोषवाह (फ्लोएम), C-रंध्र
(3) A रंध्र, B- दारु (जाइलम), C- श्वासनली
(4) A दारु (जाइलम), B-पोषवाह (फ्लोएम), C-श्वासनली

Ans : (2)

A दारु (जाइलम) (xylem) का प्रतिनिधित्व करता है, जो पौधों में पानी और पोषक तत्वों (water and nutrients) का परिवहन करता है।

B पोषवाह (फ्लोएम) (phloem) का प्रतिनिधित्व करता है, जो पौधों में भोजन (food) के परिवहन के लिए जिम्मेदार है।

C रंध्र का प्रतिनिधित्व करता है, पत्तियों की सतह पर पाए जाने वाले छोटे छिद्र (small pores) जिनके माध्यम से जल वाष्प (water vapour) सहित गैस विनिमय (gas exchange) होता है।

129. Which of the following statements is incorrect with respect to plant and animal cells?

(1) Cell membrane is present in both animal and plants cells
(2) Cell wall is absent in plant cell while present in animal cell
(3) Plastids are present in plant cells only
(4) Cytoplasm is present in both animal and plant cells

निम्नलिखित कथनों में से पौधों एवं पशुओं की कोशिकाओं के संबंध में सही नहीं है?

(1) कोशिका झिल्ली पशुओं और पौधों दोनों में उपस्थित होती है।

(2) कोशिका भित्ति पौधों की कोशिका में अनुपस्थित होती है जबकि पशु कोशिका में उपस्थित होती हैं।
(3) लवक केवल पौधों की कोशिकाओं में उपस्थित होते हैं।
(4) कोशिका द्रव्य पशु एवं पौधों दोनों की कोशिकाओं में उपस्थित होती हैं।

Ans : (2)

कोशिका भित्ति (Cell membrane) पौधों की कोशिका में अनुपस्थित होती है जबकि पशु कोशिकाओं (animal cell) में अनुपस्थित (absent) होती है। पशु कोशिकाओं में एक कोशिका झिल्ली (cell membrane) होती है, जबकि पौधों की कोशिकाओं में कोशिका झिल्ली और झिल्ली के चारों ओर एक कठोर कोशिका दीवार दोनों होती है।

130. A student wants to change a feeble sound to a loud so und. For this he should increase the

(1) amplitude of sound
(2) frequency of sound
(3) speed of sound
(4) wavelength of sound

कोई छात्र क्षीण ध्वनि का प्रबल ध्वनि में परिवर्तन करना चाहता है। इसके लिए उसे निम्नलिखित में से किस एक की वृद्धि करनी चाहिए?

(1) ध्वनि का आयाम
(2) ध्वनि का आवृत्ति
(3) ध्वनि की चाल
(4) ध्वनि की तरंगदैर्घ्य

Ans : (1)

ध्वनि की तीव्रता केवल कंपन के आयाम पर निर्भर करती है। (The intensity of sound depends only on the amplitude of the vibration.)

तीव्रता (intensity) $\propto$ आयाम^2 ध्वनि तरंगों का आयाम (Amplitude of sound waves) बढ़ाकर ही कमजोर ध्वनि को तीव्र ध्वनि में बदला जा सकता है।

131. The part of human alimentary canal where complete digestion of fats takes place is

(1) large intestine
(2) small intestine
(3) Mouth
(4) Stomach

मानव की आहार नाल के जिस भाग में वसा का पूर्णरूपेण पाचन होता है, वह भाग है –

(1) वृहदांत्र
(2) क्षुद्रांत्र
(3) मुख
(4) आमाशय

Ans : (2)

मानव की आहार नाल (Human alimentary canal) के जिस भाग में वसा (fat) का पूर्णरूपेण पाचन (complete digestion) होता है वह भाग क्षुद्रांत्र (small intestine) है।

132. Which of the following statements regarding rusting of iron are true?

(a) It involves a chemical reaction between iron and oxygen.
(b) It is an exothermic reaction.
(c) It can take place at room temperature.
(d) It is reversible reaction.

(1) (a), (b), (d)
(2) (b) and (c)
(3) (a) and (d)
(4) (a), (b) and (c)

निम्नलिखित में से कौन से कथन लोहे में जंग लगने के संबंध में सही हैं ?

(a) यह लौह (लोहे) और ऑक्सीजन के बीच रासायनिक अभिक्रिया को शामिल करता है।
(b) यह एक ऊष्माक्षेपी अभिक्रिया है।
(c) यह सामान्य ताप (कोष्ठ - ताप) पर हो सकता है।
(d) यह उत्क्रमणीय अभिक्रिया है।

(1) (a), (b), (d)
(2) (b) और (c)
(3) (a) और (d)
(4) (a), (b) और (c)

Ans : (4)

SCIENCE

लोहे में जंग लगना (Rusting of iron):

(a) लोहे (Iron) और ऑक्सीजन के बीच रासायनिक प्रतिक्रिया (chemical reaction)।

(b) ऊष्माक्षेपी प्रतिक्रिया (exothermic reaction)।

(c) कमरे के तापमान (Room temperature) पर होता है।

(d) गलत: उलटा नहीं जा सकता।

133. Match the substances in column A with their chemical names in column B.

(A)	(B)
(a) Slaked lime	(i) Calcium oxide
(b) Table salt	(ii) Sodium bicarbonate
(c) Limestone	(iii) Calcium carbonate
(d) Caustic soda	(iv) Calcium hydroxide
(e) Quick lime	(v) Sodium hydroxide
(f) Baking soda	(vi) Sodium chloride

(1) (a)- (iv), (b)-(vi), (c)-(iii), (d)-(v), (e)-(i), (f)-(ii)
(2) (a)- (vi), (b)-(ii), (c)-(v), (d)-(i), (e)-(iii), (f)-(iv)
(3) (a)-(i), (b)-(vi), (c)-(iii), (d)-(v), (e)-(ii), (f)-(iv)
(4) (a)-(iv), (b)-(v), (c)-(iii), (d)-(ii), (e)-(i), (f)-(vi)

कॉलम A में दिए गए पदार्थों का कॉलम B में दिए गए उनके रासायनिक नामों के साथ सुमेल कीजिए :

(A)	(B)
(a) बुझा चूना	(i) कैल्सियम ऑक्साइड
(b) सादा नमक	(ii) सोडियम बाइकार्बोनेट
(c) चूना पत्थर	(iii) कैल्सियम कार्बोनेट
(d) कॉस्टिक सोडा	(iv) कैल्सियम हाइड्रोक्साइड
(e) बिना बुझा चूना	(v) सोडियम हाइड्रोक्साइड
(f) बेकिंग सोडा (खाना)	(vi) सोडियम क्लोराइड

(1) (a)- (iv), (b)-(vi), (c)-(iii), (d)-(v), (e)-(i), (f)-(ii)
(2) (a)-(vi), (b)-(i), (c)-(v), (d)-(i), (e)-(iii), (f)-(iv)
(3) (a)-(i), (b)-(vi), (c)-(iii), (d)-(v), (e)-(ii), (f)-(iv)
(4) (a)-(iv), (b)-(v), (c)-(iii), (d)-(ii), (e)-(i), (f)-(vi)

Ans : (1)

(a) बुझा चूना - (iv) कैल्शियमहाइड्रॉक्साइड (CaOH)

(b) सादा नमक - (vi) सोडियम क्लोराइड (NaCl)

(c) चूना पत्थर - (iii) कैल्शियम कार्बोनेट ($CaCO_3$)

(d) कॉस्टिक सोडा - (v) सोडियम हाइड्रॉक्साइड (NaOH)

(e) बिना बुझा हुआ चूना - (i) कैल्शियम ऑक्साइड (CaO)

(f) बेकिंग सोडा - (ii) सोडियम बाइकार्बोनेट ($NaHCO_3$)

134. Identify the correct statement (s) :

(a): A fact is an observation that has repeatedly been found to be true over the time.

(b): A law is a theory that has repeatedly been found to be true over the time.

(1) Only (a)
(2) (a) and (b)
(3) Only (b)
(4) Neither (a) nor (b)

सही कथन / कथनों की पहचान कीजिए :

(a) : तथ्य एक अवलोकन है जिसे समयोपरि बारंबार सही पाया गया है।

(b) : नियम एक सिद्धांत 'जिसे समयोपरि बारंबार सही पाया गया है।

(1) केवल (a)
(2) (a) और (b)
(3) केवल (b)
(4) (a) और (b) में कोई भी नहीं

Ans : (1)

(a) सही: तथ्य (Fact) एक वह अवलोकन (observation) है जिसकी पुष्टि समय के साथ बार-बार सत्य के रूप में की जाती है।

(b) गलत: एक कानून एक सुसंगत प्राकृतिक घटना का वर्णन करता है, जबकि एक सिद्धांत इसकी व्याख्या करता है। कोई सिद्धांत कानून नहीं बनता।

135. A body has a linear momentum of p and a mass of m. The kinetic energy of the body is :

(1) p^2m
(2) $2p^2m$
(3) p2/2m
(4) pm

एक पिंड का रैखिक संवेग p तथा द्रव्यमान (संहति) m है। गतिज ऊर्जा क्या है ?

(1) p^2m
(2) $2p^2m$
(3) p2/2m
(4) pm

Ans : (3)

p रैखिक संवेग (linear momentum) है और m पिंड का द्रव्यमान (mass of body) है।

p = mv
v = p/m
गतिज ऊर्जा (Kinetic energy),

$$KE = \frac{1}{2}mv^2 = \frac{1}{2}m\left(\frac{p}{m}\right)^2 = \frac{p2}{2m}$$

136. Caterpillars (silkworms) secrete fiber made of :

(1) Proteins
(2) Carbohydrates
(3) Fats
(4) Cellulose

कैटरपिलर (इल्ली /रेशमकीट) जिस पदार्थ के बने रेशे का स्रावण करते हैं, वह है--

(1) प्रोटीन
(2) कार्बोहाइड्रेट
(3) वसा
(4) सेल्युलोस

Ans : (1)

कैटरपिलर (इल्ली /रेशमकीट) (silkworms) जिस पदार्थ के बने रेशे का स्रावण करते हैं, वह प्रोटीन है।

137. Which of the following is a set of animals in which all show external fertilization?

(1) Hens, lizards, butterflies
(2) Lizards, butterflies, frogs
(3) Butterflies, frogs, fish
(4) Frogs, fish, starfish

निम्नलिखित में से उन जंतुओं का समुच्चय कौन सा है जो सभी बाह्य निषेचन को दर्शाते हैं ?

(1) मुर्गी, छिपकली, तितली
(2) छिपकली, तितली, मेंढ़क
(3) तितली, मेंढक, मछली
(4) मेंढ़क, मछली, स्टॉरफिश

Ans : (4)

मेंढक (Frog), मछली (fish) और स्टॉरफिश (starfish) सभी बाहरी निषेचन (external fertilization) प्रदर्शित करते हैं, जहां निषेचन मूल जीवों के शरीर के बाहर होता है।

138. Read the following statements and choose correct response.

Assertion (A): A horse shoe magnet is a very strong magnet.

Reason (R): The poles of horse shoe magnet are very close to each other.

(1) Both A and Rare correct but R is not correct explanation for A.
(2) Both A and Rare correct but R is correct explanation for A.
(3) A is correct but R is incorrect.
(4) Both A and R are incorrect.

SCIENCE

निम्न कथनों को पढ़िये और सही उत्तर का चुनाव करिये –

अभिकथन (A): अश्वनाल चुंबक एक अति प्रबल चुंबक है।

कारण (R): अश्वनाल चुंबक के ध्रुव एक दूसरे के अति निकट हैं।

(1) A एंव R दोनों सही हैं लेकिन A का सही स्पष्टीकरण R नही है।
(2) A एंव R दोनों सही हैं और A का सही स्पष्टीकरण R है।
(3) A सही है, किन्तु R गलत है।
(4) A एंव R दोनों गलत हैं।

Ans : (2)

अश्वनाल चुंबक (Horse shoe magnet) स्थायी चुंबक होता है। चुम्बक का आकार उसके अनुप्रयोग के आधार पर भिन्न होता है, और चुम्बक का नाम उसके आकार के आधार पर दिया जाता है। क्योंकि अश्वनाल चुंबक (Horse shoe magnet) के दोनों ध्रुव (both poles) एक ही दिशा में इंगित करते हैं, यह ध्रुवों के बीच एक मजबूत चुंबकीय क्षेत्र (Magnetic Field) उत्पन्न करता है। अश्वनाल के आकार में चुंबक बनाने का यही कारण है, क्योंकि एक मजबूत चुंबकीय क्षेत्र बनाने के लिए ध्रुवों को काफी करीब लाया जाता है।

139. _X_ is a device which is used to see around corners and is based on the principle of _Y_. X and Y respectively are:

(1) Telescope, reflection
(2) Kaleidoscope, refraction
(3) Periscope, reflection
(4) Periscope, dispersion

_x_ एक यन्त्र है जिसका प्रयोग कोनों के इर्दगिर्द देखने के लिए किया जाता है और यह. _Y_ के सिद्धांत पर आधारित है। X और Y क्रमश: है :

(1) दूरदर्शक (टेलीस्कोप), परावर्तन
(2) बहुरूपदर्शी, अपवर्तन
(3) परिदर्शी, परावर्तन
(4) परिदर्शी, प्रकीर्णन

Ans : (3)

परिदर्शी (Periscope), परावर्तन (reflection)

परिदर्शी एक उपकरण (instrument) है जिसका उपयोग कोनों के चारों ओर देखने के लिए किया जाता है, और यह परावर्तन के सिद्धांत (Principles of Reflection) के आधार पर काम करता है।

140. In human beings ___(A)___is an exocrine as well as endocrine gland and produces ___(B)___hormone, deficiency of which causes___(C)___ disease. (A), (B) and (C) are

(1) Thyroid gland, Thyroxine, Dwarfism
(2) Pancreas, Insulin, Diabetes mellitus
(3) Ovary, Estrogen, Menopause
(4) Ovary, Progesterone, Menopause

मानवों में A एक अंत: स्रावी ग्रंथि भी है और यह B हार्मोन उत्पन्न करती है जिसकी कमी से C रोग होता है। A, B व C हैं।

(1) थायरोइड ग्रंथि, थायारोक्सिन, बौनापन
(2) अग्नयाशय, इन्सुलिन, डायबीटीज़ (मधुमेह) मेलिटस
(3) अंडाशय, एस्ट्रोजन, रजोनिवृत्ति
(4) अंडाशय, प्रोजेस्ट्रोन, रजोनिवृत्ति

Ans : (2)

मानवों में अग्नयाशय (Pancreas) एक अंत: स्रावी ग्रंथि (exocrine gland) भी है और यह इन्सुलिन हार्मोन (insulin hormone) उत्पन्न करती है जिसकी कमी (deficiency) से डायबीटीज़ (मधुमेह) मेलिटस रोग होता है।

141. Find the set that correctly matches the plants in column A with the mode of asexual reproduction which they exhibit :

Column A	Column B
(a) Rose	(i) Budding
(b) Yeast	(ii) Spore formation
(c) Ferns	(iii) Fragmentation
(d) Spirogyra	(iv) Pollination
	(v) Vegetative propagation

(1) (a)- (v), (b)-(i), (c)-(ii), (d)-(iii)
(2) (a)-(iv), (b)- (i), (c)-(v), (d)-(iii)
(3) (a)- (v), (b)-(iii), (c)-(ii), (d)-(i)
(4) (a)-(iv), (b)-(iii), (c)-(i), (d)-(ii)

उस समुच्चय को ढूँढ़िए जोकि कॉलम A में पादपों का उनके द्वारा प्रदर्शित अलैंगिक जनन की विधि के साथ सही प्रकार से सुमेल करता है :

कॉलम A	कॉलम B
(a) गुलाब	(i) मुकुलन
(b) यीस्ट (खमीर)	(ii) बीजाणु रचना
(c) फर्न (पर्णांग)	(iii) खंडन
(d) स्पाइरोगाइरा	(iv) परागण
	(v) कायिक प्रवर्धन

(1) (a)-(v), (b)-(i), (c)-(ii), (d)-(iii)
(2) (a)-(iv), (b)-(i), (c)-(v), (d)-(iii)
(3) (a)-(v), (b)-(iii), (c)-(ii), (d)-(i)
(4) (a)- (iv), (b)-(iii), (c)-(i), (d)-(ii)

Ans : (1)

(A) गुलाब (Rose)	(v) कायिक प्रवर्धन (vegetative propagation)
(B) यीस्ट (Yeast)	(i) मुकुलन (budding)
(C) फ़र्न (Fern)	(ii) बीजाणु रचना (Spore formation)
(D) स्पाइरोगाइरा (Spirogyra)	(iii) खंडन (fragmentation)

142. Read the following statements carefully and select the correct option.
S1 : Rayon is a synthetic fiber.
S2 : Rayon is made without using any natural raw material.
(1) Both S1 and S2 are true
(2) S1 is true and S2 is false
(3) S1 is false and S2 is true
(4) Both S1 and S2 are false

निम्नलिखित कथनों को ध्यानपूर्वक पढ़िए तथा सही विकल्प का चयन कीजिए:
S1 : रेयॉन एक संश्लिष्ट तंतु है।
S2 : रेयान को बिना किसी प्राकृतिक कच्चे माल के प्रयोग के बनाया जाता है।
(1) S1 व S2 दोनों सही हैं
(2) S1 सही है और S2 गलत है
(3) S1 गलत है और S2 सही है
(4) S1 व S2 दोनों गलत हैं

Ans : (2)

रेयॉन एक संश्लिष्ट तंतु (synthetic fiber) है, लेकिन यह प्राकृतिक कच्चे माल (natural raw material) जैसे लकड़ी के गूदे या बांस से सेलूलोज़ से बनाया जाता है। इसलिए, S1 सत्य है, लेकिन S2 गलत है।

143. X is a non-flowering and seedless plant that grows on land. Which of the following could be X?
(1) Pine tree
(2) Algae
(3) Orchids
(4) Fern

X एक पुष्प विहीन और बीज विहीन पौधा है जो ज़मीन पर उगता है। निम्न में से कौन-सा X हो सकता है?
(1) चीड़ का पेड़
(2) शैवाल
(3) आर्किड
(4) पर्णांग

Ans : (4)

पर्णांग (Fern) गैर-फूल वाले, सदाबहार पौधे हैं जो बीज के बजाय बीजाणुओं (Spores) से उगते हैं। बीजाणु एक छोटी कोशिका होती है जो पौधे द्वारा बनाई जाती है।

144. The purpose of streamlining the body of a ship is to
(1) reduce fluid drag
(2) increase up thrust
(3) increase displaced water
(4) reduce density of ship

किसी पानी के जहाज के ढाँचे को धारा रेखीय बनाने का उद्देश्य है-
(1) तरलकर्षण को निम्न करना

SCIENCE

(2) उत्प्लावन में वृद्धि करना
(3) विस्थापित जल की मात्रा में वृद्धि करना
(4) जहाज का घनत्व कम करना

Ans : (1)

सुव्यवस्थित पिंड एक ऐसा आकार है जो हवा या पानी जैसे तरल पदार्थ (fluids) और इसके बीच से गुजरने वाली वस्तु के बीच घर्षण (friction) को कम करता है। ढाँचें वह बल है जो गति को धीमा कर देता है।

145. Why does a metal doorknob feel cooler than a similar plastic knob on a cold day?

(1) Metal is better absorber of heat than plastic
(2) Metal is a better conductor of heat than plastic
(3) Plastic is a better radiator of heat than metal
(4) Plastic is better absorber of heat than metal

सर्दी के दिनों में दरवाजे का धातु का हैंडल, उसी जैसे प्लास्टिक के हैंडल से अधिक ठंडा क्यों महसूस होता है?

(1) प्लास्टिक की अपेक्षा धातु ऊष्मा की बेहतर अवशोषक है।
(2) प्लास्टिक की अपेक्षा धातु ऊष्मा की बेहतर संवाहक है।
(3) धातु की अपेक्षा प्लास्टिक ऊष्मा की बेहतर विकरक है।
(4) धातु की अपेक्षा प्लास्टिक ऊष्मा की बेहतर अवशोषक है।

Ans : (2)

प्लास्टिक खराब ऊष्मा संवाहक (Heat conductor) हैं, क्योंकि उनके पास धातुओं जैसे चालन तंत्र (conduction system) के लिए वस्तुतः कोई मुक्त इलेक्ट्रॉन उपलब्ध नहीं है।

146. Magnesium burns in air to form A.

A is dissolved in water to form B.

A is ________ and B is ________ in nature.

(1) A= Magnesium oxide, B=Acidic
(2) A= Magnesium Dioxide, B=Acidic
(3) A= Magnesium oxide, B=Basic
(4) A= Magnesium Dioxide, B=Basic

मैग्नीशियम वायु में जलकर A बनाता है। A को जल में घोलकर विलयन B बनाया जाता है। A________है और B की प्रकृति________ है।

(1) A- मैग्नीशियम ऑक्साइड B- अम्लीय
(2) A- मैग्नीशियम डाइऑक्साइड B- अम्लीय
(3) A- मैग्नीशियम ऑक्साइड B- क्षारीय
(4) A- मैग्नीशियम डाइऑक्साइड B- क्षारीय

Ans : (3)

A मैग्नीशियम ऑक्साइड (MgO) है और B की प्रकृति क्षारीय (basic) है।

मैग्नीशियम वायु में जलकर A बनाता है।

$2Mg + O_2 \rightarrow 2MgO$

जब मैग्नीशियम ऑक्साइड जल में घुलता (dissolve) है, तो मैग्नीशियम हाइड्रॉक्साइड (Mg) बनता है जो कि क्षारीय प्रकृति (basic nature) का होता है।

$MgO + H_2O \rightarrow Mg(OH)_2$

147. In human circulatory system, X are blood vessels which carry deoxygenated blood and have Y walls. Z carries blood from lungs to heart. X, Y, Z are:

(1) arteries, thick, pulmonary vein
(2) veins, thin, pulmonary vein
(3) veins, thick, pulmonary artery
(4) arteries, thin, pulmonary artery

मानव परिसंचरण तन्त्र में X वे रक्त कोशिकाएं हैं जो ऑक्सीजन रहित रक्त ले जाती हैं और उनकी भित्तियां Y होती हैं। Z रक्त को फेफड़ों से हृदय तक ले जाती है। X, Y, Z हैं:

(1) धमनियां, मोटी, फुफ्फुस शिरा
(2) शिराएं, पतली, फुफ्फुस शिरा
(3) शिराएं, मोटी, फुफ्फुस धमनी
(4) धमनियां, पतली, फुफ्फुस धमनी

Ans : (2)

मानव परिसंचरण तन्त्र (human circulatory system) में शिराएं (veins) वे रक्त कोशिकाएं हैं जो ऑक्सीजन रहित रक्त ले जाती हैं और उनकी भित्तियां पतली (thin walls) होती हैं। फुफ्फुस शिरा (pulmonary vein) रक्त को फेफड़ों से हृदय तक (from lungs to heart) ले जाती है।

148. Which of the following represents correct matching set of part of human eye and its function?

(a) Cornea	(i) Controls the amount of light entering eye
(b) Iris	(ii) Acts as screen for the image
(c) Pupil	(iii) Holds the lens in positions
(d) Retina	(iv) Helps in focusing light and protects eye
(e) Ciliary Muscle	(v) Light enters eye through it

(1) a-(v), b-(iv), c-(i), d- (ii), e-(iii)
(2) a-(iv), b-(i), c-(v), d-(ii), e-(iii)
(3) a-(ii), b-(iii), c-(v), d-(i), e-(iv)
(4) a-(iii), b-(iv), c-(v), d-(ii), e-(i)

मानव नेत्र के भाग एवं उसके प्रकार्य को निम्न में से कौन सा मिलान सेट सही रूप से दर्शा रहा है:

(a) कॉर्निया	(i) नेत्र में प्रवेश करने वाले प्रकाश की मात्रा को नियंत्रित करता है।
(b) परितारिका	(ii) प्रतिबिंब के लिए स्क्रीन का कार्य करता है।
(c) पुतली	(iii) लेंस को सही स्थिति में रखता है।
(d) दृष्टि पटल	(iv) इससे प्रकाश नेत्र में प्रवेश करता है।
(e) पक्ष्माभी पेशी	(v) इससे प्रकाश नेत्र में प्रवेश करता है।

(1) a -(v), b-(iv), c -(i), d -(ii), e -(iii)
(2) a -(iv), b -(i), c -(v), d -(ii), e-(iii)
(3) a-(ii), b -(iii), c -(v), d -(i), e -(iv)
(4) a -(iii), b -(iv), c -(v), d -(ii), e-(i)

Ans : (2)

(a) कॉर्निया (Cornea) प्रकाश को केन्द्रित करने में मदद करता है और आँख की रक्षा करता है।

(b) परितारिका (Iris) - आँख में प्रवेश करने वाले प्रकाश की मात्रा को नियंत्रित करता है।

(c) पुतली (Pupil) - इसके माध्यम से प्रकाश नेत्र (eyes) में प्रवेश करता है।

(d) दृष्टि पटल (Retina) प्रतिबिंब के लिए स्क्रीन का कार्य करता है।

(e) पक्ष्माभी पेशी (Ciliary muscles) लेंस को स्थिति में रखती हैं।

149. Mr. Rakesh has taught the concept of chemical changes in his class. Which one of the following is the BEST example of an 'authentic task' which he can use to assess students?

(1) Asking students to burn a magnesium ribbon and observe the changes.
(2) Create a set up to pass gas through lime water.
(3) Make a protective solution that prevents rusting of iron.
(4) Create a cooling chamber that can maintain low temperatures for chemical changes.

श्री राकेश ने अपनी कक्षा में रासायनिक परिवर्तन की अवधारणा समझाई है। छात्रों का आंकलन करने के लिए वह निम्नलिखित में से किस विकल्प को 'प्रमाणिक (वास्तविक) कार्य' के सर्वश्रेष्ठ उदाहरण के रूप में उपयोग कर सकते हैं?

(1) छात्रों को एक मैग्नीशियम पट्टी (रिबन) जला कर उसमें होने वाले परिवर्तनों को देखने के लिए कहना।
(2) चूने के पानी में गैस प्रवाहित करने की व्यवस्था स्थापित कीजिए।
(3) लोहे को जंग से बचाने के लिए उस पर सुरक्षात्मक परत लगाने के लिए घोल तैयार कीजिए।
(4) रासायनिक परिवर्तन करने के लिए कम तापमान बनाए रखने के लिए शीतलन कक्ष तैयार कीजिए।

SCIENCE

Ans : (3)

रासायनिक परिवर्तन [Chemical changes]:- जब कोई पदार्थ अपना रूप बदलकर नया पदार्थ बनाते हैं। तथा पुनः उन्हें उसी रूप में परिवर्तित [Change] नहीं किया जा सकता है 'रासायनिक परिवर्तन' [Chemical changes]' कहलाते हैं। जैसे: लोहे पर जंग [rusting] लगना इस अवधारणा (Concept) को पढ़ाने के बाद छात्रों का मूल्यांकन करने का सबसे उपयुक्त उदहारण है।

छात्रों से लोहे को जंग से बचाने के लिए उस पर सुराक्षात्मक परत लगाने के लिए घोल तैयार करने के लिए कहना।

150. Assertion (A): Achievement in STEM related courses is influenced by gender.

Reason (R): Problem solving strategies used by boys and girls are different.

(1) (A) is true and (R) is false.
(2) Both (A) and (R) are false.
(3) Both (A) and (R) are true and (R) is correct explanation of (A).
(4) Both (A) and (R) are true but (R) is not correct explanation of (A).

अभिकथन (A): STEM (स्टेम) संबंधी पाठ्यक्रमों में उपलब्धि लिंग (जेंडर) द्वारा प्रभावित होती है।

तर्क (R) : लड़के एवं लड़कियों द्वारा प्रयोग की गई समस्या समाधान रणनीतियाँ भिन्न होती हैं।

(1) (A) सही है तथा (R) गलत है
(2) (A) और (R) दोनों गलत हैं
(3) (A) और (R) दोनों सही हैं तथा (R), (A) की सही व्याख्या है
(4) (A) और (R) दोनों सही हैं परन्तु (R), (A) की सही व्याख्या नहीं है

Ans (2)

(A) और (R) दोनों गलत हैं।

151. The following activity is done in the class VII:

Students are given four iron bars out of which two are bar magnets. They are asked to bar magnets. Which of the following process skills can be promoted through this activity? identify the

(1) Observation, Classification, Communication, Measurement
(2) Observation, Estimation, Experimentation, Controlling variables.
(3) Observation, Formulating hypothesis, Measuring
(4) Observation, Classification, Inferring

कक्षा VII में निम्नलिखित गतिविधि की गई:

विद्यार्थियों को चार लोह दंड दिए गए जिनमें से दो दंड चुंबक हैं। उन्हें दंड चुंबक की पहचान करने के लिए कहा गया। इस गतिविधि के माध्यम से निम्नलिखित में से कौन से प्रक्रिया कौशलों को प्रोत्साहित किया जा सकता है?

(1) प्रेक्षण (अवलोकन), वर्गीकरण, संप्रेषण (संचारण), माप
(2) प्रेक्षण (अवलोकन), अनुमान, प्रयोग, चरों को नियन्त्रित करना
(3) प्रेक्षण (अवलोकन), परिकल्पना बनाना, मापना
(4) प्रेक्षण (अवलोकन), वर्गीकरण, निष्कर्ष निकालना

Ans (4)

इस गतिविधि में, विद्यार्थियों को चार लोहे की छड़ों में से चुंबक [magnet] की पहचान करने के लिए कहा जाता है, जो कई प्रक्रिया कौशल को बढ़ावा देता है।

अवलोकन [Observation]: छात्र चुंबक की पहचान करने के लिए छड़ों के गुणों का निरीक्षण करते हैं।

वर्गीकरण [Classification]: वे छड़ों को चुंबक या गैर-चुंबक [non-magnets] के रूप में वर्गीकृत करते हैं।

निष्कर्ष निकालना [Inferring]: छात्र अपने अवलोकन के आधार पर अनुमान लगाते हैं कि कौन सी छड़ें चुंबक हैं।

152. A teacher, while teaching a topic in chemistry, identifies the following conceptions of learners.

Which of the following is not an alternative conception?

(1) Carbon atom is black in colour.

(2) A chemical bond is a line between two atoms.
(3) Adding oxygen in a reaction is oxidation.
(4) Allotropes of carbon have same atomic number.

एक शिक्षक रसायन-विज्ञान में एक विषय के शिक्षण के समय, विद्यार्थियों की निम्नलिखित धारणाओं की पहचान करता है। निम्नलिखित में से कौन-सा वैकल्पिक धारणा नहीं है?

(1) कार्बन परमाणु काला है।
(2) एक रासायनिक आबंध दो परमाणुओं के बीच एक रेखा है।
(3) अभिक्रिया में ऑक्सीजन डालना, उपचयन (ऑक्सीकरण) है।
(4) कार्बन के अपररूपों का समान परमाणु क्रमांक होता है।

Ans (4)

कार्बन के अपररूप [Allotropes of carbon], जैसे हीरा, ग्रेफाइट और ग्रेफीन, की परमाणु संख्या (जो नाभिक में प्रोटॉन की संख्या है) समान होती है, भले ही वे संरचना और गुणों [structure and properties] में भिन्न हों।

153. A teacher organizes a debate on nuclear energy in class. What could be her objectives?

(A) To make understand connection between science, technology and society
(B) To familiarize learners with issues of global concern
(C) To promote students' conceptual understanding about nuclear reactor
(D) To make understand about responsible use of science for benefit of society

Choose the correct option.

एक शिक्षिका कक्षा में परमाणु ऊर्जा पर वाद-विवाद का आयोजन करती है। उसके क्या उद्देश्य हो सकते हैं?

(A) विज्ञान, प्रौद्योगिकी एवं समाज के बीच के संबंधों को समझाना
(B) विद्यार्थियों को वैश्विक सरोकारों के से अवगत कराना
(C) परमाणु रिएक्टर के संबंध में विद्यार्थियों की अवधारणात्मक समझ (बोध) को प्रोत्साहित करना
(D) समाज के हित-लाभ के लिए विज्ञान के दायित्वपूर्ण उपयोग के बारे में समझाना (अवबोधन)

सही विकल्प का चयन कीजिए।

(1) (B), (C) और (D)
(2) (A), (C) और (D)
(3) (A), (B) और (D)
(4) (A), (B) और (C)

Ans (3)

कक्षा में परमाणु ऊर्जा पर वाद-विवाद आयोजित करने के उद्देश्य (A), (B), and (D) हैं। इन उद्देश्यों का उद्देश्य छात्रों को विज्ञान, प्रौद्योगिकी और समाज के बीच संबंध को समझने में मदद करना है; उन्हें वैश्विक मुद्दों [global issues] से परिचित कराना है; और सामाजिक लाभ के लिए विज्ञान के जिम्मेदार उपयोग पर जोर देना है।

154. Which of the following is not consistent with the contemporary understanding of science?

(1) Following one scientific method is surely and the only way to scientific discovery.
(2) The scientific method does not help to make any aesthetic or value judgement about a phenomenon.
(3) Investigations in science may involve repeated action on any one or all steps of scientific method in any order.
(4) Scientific method offers a logical approach to problem solving.

निम्नलिखित में से कौन-सा विज्ञान के समकालीन बोध के साथ सुसंगत नहीं है?

(1) एक वैज्ञानिक विधि (पद्धति) का अनुपालन करना निश्चित और एकमात्र मार्ग है वैज्ञानिक अन्वेषण (खोज) का।

(2) वैज्ञानिक विधि (पद्धति) परिघटना के संबंध में सौंदर्यपरक अथवा मूल्य-संबंधित निर्णय लेने में कोई सहायता नहीं करती है।
(3) विज्ञान में जाँच आवर्ती क्रिया को वैज्ञानिक विधि के किसी भी अथवा सभी चरणों में, किसी भी क्रम में शामिल कर सकती है।
(4) वैज्ञानिक विधि (पद्धति) समस्या समाधान का तर्कसंगत उपागम प्रदान करती है।

Ans (1)

विज्ञान की समकालीन समझ [contemporary understanding] के साथ जो विकल्प सुसंगत नहीं है, वह है एक वैज्ञानिक पद्धति का अनुपालन करना, जो निश्चित रूप से वैज्ञानिक खोज का एकमात्र तरीका है। समकालीन विज्ञान यह मानता है कि खोज के लिए कई वैज्ञानिक पद्धतियाँ [scientific methods] और दृष्टिकोण हैं।

155. Which of the following best explains the concept of cognitive validity of a science curriculum

(1) Focus on hands-on activities in curriculum
(2) Age - appropriateness of curricular materials
(3) Focus on continuous assessment
(4) Respect for constitutional value in curriculum

निम्नलिखित में से क्या विज्ञान पाठ्यचर्या की संज्ञानात्मक वैधता' की संकल्पना की सबसे बेहतर व्याख्या करता है?

(1) पाठ्यचर्या में हस्त-गतिविधिओं पर केन्द्रीकरण
(2) पाठ्यचर्या सामग्री की आयु-उपयुक्तता
(3) सतत् आकलन पर ध्यान
(4) पाठ्यचर्या में संवैधानिक मूल्यों के प्रति सम्मान

Ans : (2)

पाठ्यचर्या [curriculum] की संज्ञानात्मक वैद्यता [Cognitive validity]

- पाठ्यचर्या छात्रों के मानसिक स्तर [Mental ability] के अनुरुप हो।
- पाठ्यचर्या मनोवैज्ञानिक [psychological] हो।
- पाठ्यचर्चा वास्तविक दुनिया [real life] से जुडी हुई होनी चाहिए।
- जिस कक्षा के लिए है उसकी 'पठन पाठ्यचर्या' लक्ष्य से संबंधित होनी चाहिए।
- छात्रों की रुचियों [interest] एवं आवश्यकताओं [Needs] के अनुरुप [according] होनी चाहिए।

[अत : पाठ्यचर्या [curriculum] सामग्री की आयु उपयुक्तता [age-appropriateness] पाठ्यचर्या की संज्ञानात्मक वैद्यता [Cognitive Validity] की सबसे Appropriate व्याख्या है।

156. Which of the following should be the hallmarks of a science curriculum at upper primary stage as per NCF 2005

(1) Science should be introduced as separate disciplines like physics, chemistry and biology.
(2) Science content should be regarded as a diluted version of a secondary stage science.
(3) There should be a strict separation between academic and vocational streams.
(4) Scientific concepts should be arrived at mainly from activities and experiments.

NCF 2005 के अनुसार निम्नलिखित में से कौन-सा उच्च प्राथमिक स्तर पर विज्ञान पाठ्यचर्या का विशिष्ट लक्षण होना चाहिए?

(1) विज्ञान को भौतिकी, रासायनिक विज्ञान और जीव विज्ञान जैसे विभिन्न विषयों के रूप में पढ़ाना शुरू करना चाहिए।
(2) विज्ञान की विषयवस्तु को माध्यमिक स्तर के विज्ञान के तनुकृत रूप में स्वीकार करना चाहिए।
(3) अकादमिक और व्यवसायिक धाराओं के बीच में कड़ा पृथक्करण होना चाहिए।
(4) वैज्ञानिक संकल्पनाओं तक मुख्यतः गतिविधियों और प्रयोगों द्वारा पहुंचा जाना चाहिए।

Ans : (4)

NCF 2005 के अनुसार उच्च प्राथमिक स्तर [upper primary level] पर विज्ञान पाठ्यचर्या [science curriculum] का विशिष्ट लक्षण, बालक को पाठ्यचर्या

[Curriculum] उनके वास्तविक जीवन [Real life] से जोड़कर बताना चाहिए।

[अर्थात् पाठ्यचर्या बालक के वास्तविक जीवन / दैनिक जीवन [daily life] से जुड़ी हुई होनी चाहिए । जिससे प्रत्येक छात्र अपने आस-पास के वातावरण [environment] से देखकर, और प्रयोग करके [experiment] तथा गतिविधियों [activities] के माध्यम से वैज्ञानिक संकल्पनाओं [scientific concepts] को आसामी से सीख सकें।

अर्थात NCF 2005 के आनुसार वैज्ञानिक संकल्पनाओं [scientific concepts] तक मुख्यत: गतिविधि [Activities] तथा प्रयोगों [Experiment] द्वारा पहुंचा जाना चाहिए।

157. Which of the following is the MOST appropriate instructional aid for a teacher to INTRODUCE the concept of 'circular motion'?

(1) Blades of a fan
(2) Door knob
(3) A rope-pulley system
(4) A toy car

'घूर्णन गति' की अवधारणा का परिचय देने के लिए, निम्नलिखित में से कौन सा सबसे उपयुक्त निर्देशात्मक साधन होगा?

(1) पंखे के ब्लेड
(2) दरवाज़े का मूठ
(3) रस्सी चरखी प्रणाली
(4) खिलौना गाड़ी

Ans : (1)

घूर्णन गति [circular motion] जब कोई वस्तु अपने निश्चित बिंदु के चारो ओर गति करती है। तो इस प्रकार की गति को घुर्णन गति [circular motion] कहते हैं। घूर्णन गति के दौरान जिस तल पर वस्तु घूम रही है उसके लंबवत् [vertical] एक रेखा एक इस निश्चित बिंदु से होकर गुजरती है, जिसे घूर्णन की धुरी [axis] कहते हैं।

'पंखे के ब्लेड' का घूमना घूर्णन गति [circular motion] का सबसे उपयुक्त [appropriate] उदाहरण है।

158. A Hook' activity is the one which makes use of students' existing knowledge and generates interest. Which of the following would be the BEST "hook' activity for Ms. Sowmya to use while starting an introductory lesson on 'heart'?

(1) Ask students to draw the heart in detail by looking at a diagram and compare it with the simple heart diagram they made as kids.
(2) Ask students if they would be more interested in learning about the heart first or about the kidney first.
(3) Show a movie clip with heart rate on the monitor and ask what a straight line shows.
(4) Ask students to vote on which of four given organs is most important and ask a few students to explain why.

'हुक Hook' वह गतिविधि होती है जो विद्यार्थियों के वर्तमान ज्ञान का उपयोग करती है और रूचि पैदा करती है । हृदय' पर एक परिचयात्मक पाठ शुरू करते समय सुश्री सौम्या के लिए उपयोग करने के लिए निम्नलिखित में से कौन सी सबसे अच्छी 'हुक Hook' गतिविधि होगी?

(1) छात्रों से आरेख को देखते हुए हृदय का विस्तार से चित्र बनाने के लिए कहें और बचपन में उनके द्वारा बनाए गए साधारण हृदय आरेख के साथ इसकी तुलना करें।
(2) छात्रों से पूछे कि क्या वे पहले हृदय के बारे में जानने में अधिक रुचि लेंगे या पहले गुर्दे के बारे में जानना चाहेंगे।
(3) मॉनिटर पर हृदय गति के साथ एक चलचित्र दिखाएँ और पूछे कि एक सीधी रेखा क्या दिखाती है।
(4) छात्रों को मत देने के लिए कहें कि दिए गए चार अंगों में से कौन सा सबसे अधिक महत्वपूर्ण है और कुछ छात्रों से यह समझाने के लिए कहें कि ऐसा क्यों है।

Ans : (4)

हृदय पर परिचयात्मक पाठ [Introductory lesson] शुरु करते समय सबसे अच्छी (Hook) गतिविधि:-

छात्रों को मत देने के लिए कहना कि दिए गए चार अंगों में कौन सबसे महत्वपूर्ण है? इस प्रकार के प्रश्नों के माध्यम से छात्र अपनी - अपनी बुध्दि के अनुसार अलग - अलग जवाब देंगे इससे छात्रों के ज्ञान का मूल्यांकन [evaluation] किया जा सकता है और उसके अनुसार छात्रों के अनुरुप [according] कक्षायी पाठ्यचर्या [Classroom Curriculum] बनाया जा सकता है। कुछ छात्रो को यह समझाने के लिए कहें ऐसा क्यों है? इस प्रकार प्रत्येक छात्र आलोचनात्मक तरीकों से अपने विचार प्रकट कर सकेंगे जिससे छात्रों में आलोचनात्मक शक्ति का [Critical thinking] का विकास होगा।

[अतः छात्रों को मत देने के लिए कहना और कुछ छात्रों को यह समझाने के लिए कहना ऐसा क्यों है? यह सबसे उपयुक्त Hook गतिविधि होगी।]

159. Which of the following does NOT match with the equitable use of ICT in science pedagogy?

(1) Encouraging the use of free and open source software for creating digital teaching-learning environment like the Virtual Labs

(2) Ensuring the availability of appropriate multimedia software in English and other Indian languages

(3) Encouraging teachers to be users rather than developers of technology

(4) Ensuring digital access for all sections of society

निम्नलिखित में से क्या विज्ञान शिक्षण में ICT के साम्यिक (न्यायसंगत) इस्तेमाल के साथ मेल नहीं खाता?

(1) आभासी प्रयोगशालाओं जैसे डिजिटल शिक्षण-अधिगम वातावरणों के सृजन के लिए नि:शुल्क व मुक्त स्रोत सॉफ्टवेयर के इस्तेमाल को बढ़ावा देना।

(2) अंग्रेजी व अन्य भारतीय भाषाओं में यथोचित मल्टीमीडिया सॉफ्टवेयर की उपलब्धता को सुनिश्चित करना।

(3) टेक्नोलॉजी के निर्माणकर्ता बनने की अपेक्षा प्रयोगकर्ता बनने के लिए शिक्षकों को प्रोत्साहित करना।

(4) समाज के सभी वर्गों के लिए डिजिटल पहुँच को सुनिशित करना।

Ans : (3)

विज्ञान शिक्षण में [ICT] सूचना और संचार प्रौद्योगिकी [Information and Communication Technology] का इस्तेमाल करना।

ICT से शिक्षार्थियों को मीडिया [Media] के जरिए ज्ञान की खोज करने में मदद मिलती है। [जैसे : टैबलेट, लेपटॉप, इंटरनेट आदि का प्रयोग।]

यह शिक्षकों और छात्रों दोनों के लिए शैक्षिक अनुभव [educational experience] प्रदान करता है। आभासी प्रयोगशालाओं [virtual laboratories] जैसे : डिजिटल शिक्षण अधिगम वातावरणों के सृजन [creation] के लिए निःशुल्क (free) व मुक्त स्रोत सॉफ्टवेयर [Software] के इस्तेमाल को बढ़ावा देना।

[अतः टेक्नोलॉजी [Technology] के निर्माणकर्ता [builder] बनने की अपेक्षा प्रयोगकर्ता [User] बनने लिए शिक्षकों को प्रोत्साहित करना ICT के संबंध में सही नहीं है।

160. Which of the following best describes the meaning of process validity of a science curriculum?

(1) Students should be given the opportunity to engage with the ways in which scientific knowledge gets constructed

(2) Students must be made familiar with the role of various bodies in the process of development of science curriculum

(3) The school science curriculum must pass through a specified sequence of steps in order to be valid

(4) Curriculum content must be correct and free from errors

निम्नलिखित में से क्या विज्ञान पाठ्यचर्या की प्रक्रिया वैधता के अर्थ की सबसे अच्छी व्याख्या करता है?

(1) छात्रों को उन तरीकों में संलग्न होने का अवसर देना चाहिए जिनसे वैज्ञानिक विषयवस्तु सृजित होती है।

(2) छात्रों को विज्ञान की पाठ्यचर्या के विकास में विभिन्न संस्थाओ की भूमिका से परिचित करवाना चाहिए।
(3) वैध होने के लिए स्कूली विज्ञान की पाठ्यचर्या को निर्धारित चरण-क्रम से गुजरना चाहिए।
(4) पाठ्यचर्या की विषय वस्तु को सही और त्रुटि-मुक्त होना चाहिए।

Ans : (1)

[Curriculum] पाठ्यचर्या शिक्षा का आधार है। इसके द्वारा शिक्षा के उद्देश्यों की प्राप्ति होती है। पाठ्यचर्या एक ऐसा साधन है जो अध्यापक और विद्यार्थी को जोड़ता है।

विज्ञान की पाठ्यचर्या की वैधता [validity of science curriculum] से तात्पर्य ऐसी पाठ्यचर्या है, जो छात्रों को उन तरीकों से संलग्न [engage] होने का अवसर देती है जिनसे वैज्ञानिक विषयवस्तु सृजित [constructure] होती है।

[अर्थात् जिसके माध्यम से छात्र सक्रिय रुप से खोजबीन करके सीख [learning by exploring] सकें ।]

161. Creativity in science can be best assessed by
(1) Olympiads
(2) Exhibitions
(3) Annual exams
(4) Slogan competitions

विज्ञान में रचनात्मकता को _______ के द्वारा सर्वोत्तम तरह से मूल्यांकित किया जा सकता है।
(1) ओलिंपियाड
(2) विज्ञान प्रदर्शनी
(3) वार्षिक परीक्षाओं
(4) नारा लेखन प्रतियोगिताओं

Ans : (2)

विज्ञान प्रदर्शनी [Exhibitions] एक ऐसा आयोजन या प्रदर्शन [event or demonstration] है, जो वैज्ञानिक अवधारणाओ [scientific concepts] खोजों, प्रयोगों [Experiments] और नवाचारों [Innovations] को प्रदर्शित करता है, जिससे छात्रों को उनके अपने रचनात्मक विचारों [Creative] को प्रदर्शित करने का अवसर प्राप्त होता है। यह छात्रों को रुचि के साथ नए तथ्यों और आविष्कारों [invention] को सीखने में संलग्न [engage] करता है।

[अत: विज्ञान में रचनात्मकता [Creativity] को 'विज्ञान प्रदर्शनी [Exhibitions] के द्वारा सर्वोत्तम तरीके से मूल्यांकित किया जा सकता है।]

162. Read the following statements and choose the correct option

Assertion (A): A science teacher should use differentiated assessment strategies in an inclusive classroom

Reason (R1): Yes, as it gives opportunities to all students to express their understanding of concepts as per their abilities

Reason (R2): No, as it gives rise to issues of parity and subjectivity
(1) (A) is correct and (R1) is correct explanation of (A)
(2) (A) is incorrect and (R2) is correct
(3) (A) is correct but (R1) is not correct explanation for (A)
(4) (A) is incorrect but (R2) is not correct

निम्नलिखित कथनों को पढ़िए और सही विकल्प का चयन कीजिए।

अभिकथन (A) : एक विज्ञान के शिक्षक को समावेशी कक्षा में विभेदित आकलन रणनीतियों का उपयोग करना चाहिए।

कारण (R1) : हाँ, इससे सभी छात्रों को उनकी क्षमताओं के अनुसार अपनी संकल्पनाओं की समझ को व्यक्त करने के अवसर मिलते हैं।

कारण (R2) : नहीं, इससे समानता एवं आत्मपरकता की समस्याओं में वृद्धि होती है।
(1) A सही है तथा R1 सही व्याख्या है A के लिए।
(2) A गलत है तथा R2 सही है ।
(3) A सही है परन्तु R1 सही नहीं है ।
(4) A गलत है और R2 सही नहीं है ।

SCIENCE

Ans : (1)

समावेशी कक्षा [Inclusive Classroom] से तात्पर्य ऐसी कक्षा से है, जिसमें प्रत्येक बच्चे को एक साथ एक छत के नीचे शिक्षा दी जाती है।

विभेदित आकलन [differentiated assessment] का अर्थ है कि प्रत्येक छात्र का अलग - अलग आकलन करना I

प्रयेक छात्र में रुचि [interest], आवश्यकता [need] तथा मानसिक स्तर [Mental ability] के अनुसार व्यक्तिगत भिन्नता [individual differences] होती है।

अत: शिक्षक को प्रत्येक बालक के मानसिक स्तर को ध्यान में रखकर शिक्षा प्रदान करनी चाहिए।

अर्थात् छात्रों का आकलन अलग - अलग करना चाहिए।

आकलन का मानक [standard] नहीं तय करना चाहिए।

इस प्रकार के शिक्षण कार्य से प्रत्येक छात्र को अपने अनुभवों संकल्पनात्मक समझ [Conceptual understanding] को व्यक्त करने का अवसर मिलता है।

[A सही है तथा R1 सही व्याख्या है A के लिए।]

163. Which of the following best describes an open-ended question?

(1) Do you think that the root of a neem tree is edible?

(2) What are the characteristics of a sprouted seed?

(3) Name an organism that is both a carnivore and a herbivore.

(4) Which of the given food items are derived from animals?

निम्नलिखित में से कौन एक खुले सिरे वाले प्रश्न का सबसे अच्छा वर्णन करता है?

(1) क्या आपको लगता है कि नीम के पेड़ की जड़ खाने योग्य होती है?

(2) अंकुरित बीज की विशेषताएँ क्या होती हैं?

(3) एक ऐसे जीव का नाम बताइए जो मांसाहारी और शाकाहारी दोनों होता है।

(4) दिए गए खाद्य पदार्थों में से कौन सा जानवरों से प्राप्त होता है?

Ans : (2)

खुले सिरे वाले प्रश्न [open ended questions] ऐसे प्रश्नो को कहा जाता है जिनके एक से अधिक उत्तर होते हैं। इन प्रश्नो के माध्यम से छात्रों को कई दिशाओं में सोचने का अवसर मिलता है। जिससे उनमे अपसारी चिंतन [Divergent thinking] सृजनात्मकता [Creativity] विचारी नवाचारिता [thoughtful innovation] आदि का विकास होता है।

[germinated seeds] अंकुरित बीज की विशेषताएं [quality] क्या होती है?

इस प्रश्न के अनेक उत्तर हो सकते हैं अतः यह 'खुले सिरे वाले प्रश्न' का अच्छा उदहारण है।

164. Mr. Ashwin wants his students to develop 'deductive reasoning' while teaching the concept of different types of cells. Which of the following activities is MOST appropriate for the purpose?

(1) Asking students to observe various plant and animal cells under a microscope and derive the typical features of each type.

(2) Explaining features of animal and plant cells to students and then ask them to identify a given cell as an animal or plant cell.

(3) Asking students to explain the differences in features between plant cells and animal cells.

(4) Showing different types of animal cells under the microscope and asking students to list features of animal cells.

विभिन्न प्रकार की कोशिकाओं की अवधारणा को पढ़ाते समय श्री अश्विन चाहते हैं कि उनके छात्र निगमनात्मक तर्क विकसित करें। निम्नलिखित में से कौन सी गतिविधि इस उद्देश्य के लिए सबसे उपयुक्त है?

(1) छात्रों को सूक्ष्मदर्शी के नीचे विभिन्न पौधों और पशुओं की कोशिकाओं का निरीक्षण करने और प्रत्येक प्रकार की विशिष्ट विशेषताओं को प्राप्त करने के लिए कहना।

(2) छात्रों को पशुओं और पौधों की कोशिकाओं की विशेषताओं के बारे में समझाना और फिर उन्हें किसी दी गयी कोशिका को पशु या पौधे की कोशिका के रूप में पहचानने के लिए कहना।
(3) छात्रों से पौधों की और पशुओं की कोशिकाओं की विशेषताओं में अंतर स्पष्ट करने के लिए कहना।
(4) विभिन्न प्रकार की पशु कोशिकाओं को सूक्ष्मदर्शी के नीचे दिखाना और छात्रों से पशु कोशिकाओं की विशेषताओं को सूचीबद्ध करने के लिए कहना।

Ans : (2)

निगमनात्मक तर्क [Deductive reasoning] से तात्पर्य यह है कि छात्र पढ़ायी गई अवधारणा [concepts] से निष्कर्ष [conclusion] निकाल सके।

'अर्थात् पढ़ाए गए / बताए गए तथ्यों के आधार पर 'स्वयं उसकी पहचान कर पाना।'

शिक्षिका द्वारा छात्रों को पशुओं और पौधों की कोशिकाओं [cells] की विशेषताओं के बारे में समझाकर पुनः उनसे यह पूंछना कि दी हुई कोशिका [cell] पशु की यह या पौधे की है। बच्चों में निगमनात्मक तर्क [Deductive reasoning] विकसित करने की सबसे उपयुक्त [Activity] है।

165. Which of the following is NOT in consonance with the recommendations of NEP 2020 in respect of science pedagogy?

(1) Bilingual textbooks and teaching-learning material to be used
(2) Experience of vocational crafts to be first introduced at Sr. Secondary level
(3) Curriculum to be rooted in local context
(4) Scientific temper & evidence-based thinking to be encouraged

निम्नलिखित में से कौन सा विज्ञान-शिक्षण के संदर्भ में NEP 2020 की संस्तुतियों के साथ मेल नहीं खाता है?

(1) द्विभाषीय पाठ्य पुस्तकों और शिक्षण अधिगम सामग्री का प्रयोग किया जाना चाहिए।
(2) व्यावसायिक हस्त कौशलों के अनुभवों को उच्च माध्यमिक स्तर से आरम्भ करना चाहिए।
(3) पाठ्यचर्या को स्थानीय संदर्भो पर आधारित होना चाहिए।
(4) वैज्ञानिक प्रवृत्ति और प्रमाण-आधारित सोच को बढ़ावा मिलना चाहिए।

Ans : (2)

NEP 2020 के अनुसार : 'विज्ञान शिक्षा' का तात्पर्य छात्र अपने आस पास के वातावरण से जोड़कर अपने ज्ञान का निर्माण कर सके।

छात्रों की रुचियों और संज्ञानात्मक क्षमता [Cognitive ability] को ध्यान में रखकर शिक्षा प्रदान करना।

शिक्षण कार्य में लचीलापन [flexibility] तथा रचनात्मकता [creativity] पर ध्यान देना।

पाठ्यचर्या को स्थानीय [वास्तविक जीवन से जोड़कर] संदर्भो पर आधारित होनी चाहिए।

वैज्ञानिक प्रवृत्ति [scientific temper] और प्रमाण-आधारित सोच [evidence-based thinking] को बढ़ावा देना।

[अर्थात् छात्रों को उनके व्यवहारिक जीवन से जोड़कर विज्ञान सिखाना ।]

166. Which of the following episodes best illustrates the tentative nature of science

(1) A teacher asking students to share their experiences with different kinds of materials which they come across in their daily lives
(2) A teacher holding a classroom discussion about the limitations of various conceptualizations of structure of atom like Thompson's plum pudding model Rutherford's atomic model
(3) Teacher drawing a diagram to explain the structure of atom and also highlighting its various features
(4) Teacher asking open-ended questions to probe student's alternative conceptions regarding the nature of matter

निम्नलिखित प्रसंगों में से कौन सा, विज्ञान की अस्थायी (अनिश्चित) प्रकृति को उजागर करने के लिए सर्वोत्तम है?

(1) एक शिक्षक छात्रों से उन विभिन्न तरह के पदार्थों के अनुभवों को साझा करने को कहता है जिससे वे रोजमर्रा संपर्क में आते हैं।
(2) थॉमसन के 'प्लम पुडिंग' मॉडल और रदरफोर्ड के परमाणु मॉडल जैसी परमाणु की संरचना की विभिन्न अवधारणाओं की सीमाओं पर शिक्षक कक्षा में चर्चा कर रहा है।
(3) एक शिक्षक परमाणु की संरचना की व्याख्या करने के लिए आरेख बना रहा है और साथ ही उसकी विभिन्न विशिष्टताओं को भी उजागर कर रहा है।
(4) पदार्थों की प्रकृति संबंधी छात्रों की वैकल्पिक अवधारणाओं का पता लगाने के लिए शिक्षक मुक्त सिरे के प्रश्न पूछ रहा है।

Ans : (2)

विज्ञान की प्रकृति अस्थायी [tentative] है। इसका अर्थ है कि विज्ञान का ज्ञान ठोस नहीं है। विज्ञान की अस्थायी प्रकृति [tentative nature] के कारण किसी भी वैज्ञनिक तथा scientific fact के पूर्ण सत्य का दावा नहीं किया जा सकता।

[उपर्युक्त प्रश्न में शिक्षक थॉमसन के 'फ्लम पुडिंग मॉडल और रदरफोर्ड के परमाणु मॉडल जैसी परमाणु संरचना [atomic structure] की विभिन्न अवधारणाओं [Concepts] सीमाओं (कामियों) पर चर्चा कर रहा है –

यह विज्ञानं की अस्थायी [tentative] प्रकृति को उजागर करने का सर्वाधिक उपयुक्त उदहारण [examples] है।

167. A teacher gives the example of human circulatory system to explain the concept of closed electric circuit to her students. She compares the heart to battery and flow of blood to flow of electric current. Which pedagogic device is she using?
(1) Argumentation
(2) Analogy
(3) Real artefact
(4) Open-ended questioning

बंद विद्युत परिपथ की संकल्पना समझाने के लिए एक शिक्षिका मानव परिसंचरण तन्त्र का उदहारण देती है। वह मानव हृदय की तुलना बैटरी से और रक्त के प्रवाह की तुलना विद्युत धारा के प्रवाह से करती है। वह किस अनुदेशात्मक युक्ति का प्रयोग कर रही है-
(1) तर्क देना
(2) तुल्यरूपता
(3) वास्तविक वस्तुएँ
(4) खुले सिरे के सवाल पूछना

Ans : (2)

तुल्यरूपता [Analogy] का उपयोग दो असंबंधित चीजों के बीच तुलना करने के लिए किया जाता है। जिसके माध्यम से बालक को किसी भी अवधारणा [concept] को बेहतर ढंग से समझाया जा सकता है।

[उपर्युक्त प्रश्न में शिक्षक बंद विद्युत परिपथ [close electric circuit] समझाने के लिए मानव परिसंचरण तंत्र [Human circulatory system] का उदाहरण देते हैं जहां मानव की हृदय की तुलना बैटरी [cell] से तथा विद्युत धारा की तुलना रक्त प्रवाह [blood flaw] से करते हैं। अतः शिक्षक द्वारा प्रयोग की अनुदेशात्मक युक्ति 'तुल्यरूपता' [Analogy] हैं।

168. Your students have just entered grade 8. If students have largely mastered the concepts taught till grade 7 as per NCERT, which of the following will they most likely NOT be able to describe?
(1) The functioning of an electric bell.
(2) The effect of current on a compass needle.
(3) The role of current in inducing chemical changes.
(4) The role of insulators in thermos flasks.

आपके छात्र अभी-अभी कक्षा 8 में प्रवेश किए हैं। अगर NCERT के अनुसार कक्षा 7 तक पढ़ाएं गए सिद्धांतों में छात्रों ने लगभग निपुणता हासिल कर ली है तो निम्नलिखित में से क्या है जो संभवतः रूप से वे नहीं वर्णन कर पाएंगे?
(1) बिजली से चलने वाली घंटी की कार्य-पद्धति
(2) कम्पास की सुई पर विद्युत धारा का प्रभाव
(3) रासायनिक परिवर्तन प्रेरित करने में विद्युत धारा की भूमिका।
(4) थर्मस फ्लास्क में ऊष्मारोधी की भूमिका

Ans : (3)

बिजली से चलने वाली घंटी की कार्य पध्दति
कम्पास की सुई पर विद्युत धारा का प्रभाव
थर्मस फ्लास्क में ऊष्मारोधी (insulator] की भूमिका। कक्षा 7 की NCERT के अनुसार पढ़ाया जा सकता है।
किंतु रासायनिक परिवर्तन प्रेरित करने में विद्युत धारा की भूमिका कक्षा 7 की NCERT का सिद्धांत नहीं है, अतः छात्र इस सिद्धांत [principle] का वर्णन नहीं कर सकेंगे।

169. Which of the following activities should be avoided during thunderstorm to safeguard oneself?

(1) Talking through wired phone
(2) Squatting low on the ground
(3) Using a mobile phone
(4) Taking shelter under short trees.

अपनी सुरक्षा सुनिश्चित करने के लिए तड़ित झंझा (बादलों का गर्जन) के दौरान कौन-सा मानव क्रियाकलाप नहीं करना चाहिए?

(1) तार वाले फोन से बातचीत करना।
(2) ज़मीन पर उकड़ू बैठना।
(3) मोबाइल का उपयोग करना।
(4) छोटे पेड़ों के नीचे शरण लेना।

Ans : (1)

अपनी सुरक्षा सुनिश्चित (safeguard oneself) करने के लिए तड़ित झंझा (बादलों का गर्जन) के दौरान तार वाले फोन (wired phone) से बातचीत करना। मानव क्रियाकलाप नहीं करना चाहिए।

170. Reading the following statements carefully and choose the correct option.

Assertion (A): Mercury is used in thermometers.

Reasoning 1 (R1): Mercury is a good conductor of heat.

Reasoning 2 (R2): Mercury expands uniformly when heated.

(1) Both R1 and R2 are correct and together provide the correct explanation for A.
(2) R1 is correct explanation for A.
(3) R2 is correct explanation for A.
(4) Both R1 and R2 are incorrect.

नीचे लिखे कथनों को ध्यानपूर्वक पढ़िए और सही विकल्प का चयन कीजिए।

अभिकथन (A): थर्मामीटर में पारे का उपयोग होता है।

कारण (R1): पारा ऊष्मा का सुचालक है।

कारण (R2): गर्म किए जाने पर पारे का एक रूप प्रसार होता है।

(1) R1 व R2 दोनों सही हैं और मिलकर A की सही व्याख्या करते हैं।
(2) R1 A की सही व्याख्या करता है।
(3) R2 A की सही व्याख्या करता है।
(4) R1 और R2 दोनों गलत हैं।

Ans : (3)

पारा (Mercury) एक धातु (metal) है जो कमरे के तापमान पर तरल (liquid) हो जाती है। पारा गर्मी का एक अच्छा संवाहक (a good conductor of heat) है और यह अधिकतम फैलता है इसलिए इसका उपयोग किसी वस्तु की गर्मी को मापने के लिए थर्मामीटर में किया जाता है।

171. Which of the following is a pair of Kharif crops?

(1) Wheat, Mustard
(2) Mustard, Paddy
(3) Paddy, Maize
(4) Maize, Peas

निम्नलिखित में से कौन सा ख़रीफ़ फ़सल का युग्म है?

(1) गेंहू, सरसों
(2) सरसों, धान
(3) धान, मक्का
(4) मक्का, मटर

Ans : (3)

- वर्षा ऋतु (Rainy season) में बोई जाने वाली फसलें खरीफ फसल (kharif crops) कहलाती हैं।
- धान (Rice), मक्का, सोयाबीन, मूंगफली (peanut) और कपास (Cotton) खरीफ फसलें हैं।
- धान को पानी की बहुत आवश्यकता होती है। इसलिए इसे बरसात के मौसम में ही उगाया जाता है।

172. Which equation shows the reaction of photosynthesis?

(1) $CO_2 + H_2O \rightarrow CH_2O + O_2$
(2) $6CO_2 + 12H_2O \rightarrow C_6H_{12}O_6 + 6O_2 + 6H_2O$
(3) $6CO_2 + 6H_2O \rightarrow C_6H_{12}O_6 + 6O_2$
(4) $C_6H_{12}O_6 + 6O_2 \rightarrow 6CO_2 + 6H_2O$

प्रकाश-संश्लेषण की क्रिया को किस समीकरण द्वारा दर्शाते हैं?

(1) $CO_2 + H_2O \rightarrow CH_2O + O_2$
(2) $6CO_2 + 12H_2O \rightarrow C_6H_{12}O_6 + 6O_2 + 6H_2O$
(3) $6CO_2 + 6H_2O \rightarrow C_6H_{12}O_6 + 6O_2$
(4) $C_6H_{12}O_6 + 6O_2 \rightarrow 6CO_2 + 6H_2O$

ANS : 2

पौधों में जल (water), प्रकाश (light), पर्णहरित (chlorophyll) तथा कार्बन डाइऑक्साइड (C) की उपस्थिति में कार्बोहाइड्रेट के निर्माण को प्रकाश-संश्लेषण (photosynthesis) कहते हैं। इस प्रक्रिया में ऑक्सीजन उप उत्पाद (by Product) के रूप में प्राप्त होता है।

$6CO_2 + 12H_2O \rightarrow C_6H_{12}O_6 + 6O_2 + 6H_2O$

173. The change in temperature of a body is 50°C. The change in temperature on the Kelvin scale is

(1) 50K
(2) 323K
(3) 122K
(4) 70K

निकाय के ताप में परिवर्तन 50°C है। केल्विन स्केल पर ताप में परिवर्तन है

(1) 50K
(2) 323K
(3) 122K
(4) 70K

ANS : 2

50°C ताप का मान केल्विन स्केल (Kelvin scale) पर 323K होगा।

K = °C + 273

K = 50 + 273

K = 323

174. Bujho wants to set up a circuit for the purification of copper. Which of the following electrodes and solutions should he opt for?

(1) Anode Impure copper; Cathode-Pure copper; Solution-Water
(2) Anode Carbon; Cathode-Pure copper; Solution-Copper sulphate
(3) Anode-Impure copper; Cathode-Pure copper, Solution-Copper sulphate
(4) Anode-Pure copper; Cathode-Impure copper, Solution-Copper sulphate

बूझो, ताँबे/कॉपर को परिशुद्ध करने के लिए एक परिपथ बनाना चाहता है। निम्नलिखित में से उसे किस इलेक्ट्रोड और विलयन को चुनना चाहिए? 2

(1) एनोड-अशुद्ध ताँबा/कॉपर; कैथोड शुद्ध ताँबा / कॉपर; विलयन जल
(2) एनोड कार्बन; कैथोड शुद्ध ताँबा / कॉपर; विलयन कॉपर सल्फेट
(3) एनोड-अशुद्ध ताँबा / कॉपर; कैथोड शुद्ध ताँबा / कॉपर; विलयन कॉपर सल्फेट
(4) एनोड शुद्ध ताँबा/कॉपर; कैथोड अशुद्ध ताँबा / कॉपर; विलयन कॉपर सल्फेट

Ans (3)

एनोड-अशुद्ध ताँबा / कॉपर; कैथोड शुद्ध ताँबा / कॉपर; विलयन कॉपर सल्फेट-

इस इलेक्ट्रोलाइटिक रिफाइनिंग प्रक्रिया [electrolytic refining process] में, अशुद्ध ताँबा [impure copper] एनोड के रूप में कार्य करता है, शुद्ध ताँबा कैथोड के रूप में कार्य करता है, और कॉपर सल्फेट [copper sulphate] का विलयन [solution] इस्तेमाल किया जाता है। जब विलयन के माध्यम से विद्युत धारा प्रवाहित की जाती है, तो अशुद्ध एनोड से ताँबा घोल में घुल जाता है और शुद्ध तांबे के कैथोड पर जमा हो जाता है, जिसके परिणामस्वरूप तांबे का शुद्धिकरण [purification of copper] होता है।

175. A ray of light enters two media X and Y having different optical densities. Refer to the table given below and identify A, B, C and D:

Medium	Change in speed of light	Change in frequency of light	Change in wavelength of light
X	Increases	A	B
Y	C	D	Decreases

(1) A-Increases; B-Decreases; C-Increases; D-Decreases
(2) A-No change; B-Decreases; C-Decreases; D-No change
(3) A-No change; B-Increases; C-Decreases; D-No change
(4) A-Decreases; B-No change; C-No change; D-Increases

प्रकाश की एक किरण विभिन्न प्रकाशिक घनत्व के दो माध्यमों X और Y में प्रवेश करती है। नीचे दी गई तालिका के संदर्भ A, B, C तथा D की पहचान कीजिए :

माध्यम	प्रकाश की गति में परिवर्तन	प्रकाश की आवृत्ति में परिवर्तन	प्रकाश की तरंगदैर्घ्य में परिवर्तन
X	वृद्धि होती है	A	B
Y	C	D	घटती है

(1) A-वृद्धि होती है; B-घटती है; C-वृद्धि होती है: घटती है
(2) A-कोई परिवर्तन नहीं; B घटती है; C घटती है, कोई परिवर्तन नहीं
(3) A-कोई परिवर्तन नहीं; B-वृद्धि होती है; C-घटती है; D कोई परिवर्तन नहीं
(4) A-घटती है; B-कोई परिवर्तन नहीं; C कोई परिवर्तन नहीं; वृद्धि होती है

Ans (3)

A-No change; B-Increases; C-Decreases; D-No change.

A-कोई परिवर्तन नहीं; B-वृद्धि होती है; C-घटती है; D-कोई परिवर्तन नहीं।

176. Fill in the blanks:

The process by which dead vegetation is converted to fossil fuel __A__ at __B__ pressure and __C__ temperature is called as __D__.

(1) A-coal; B-high; C-low; D-oxidation
(2) A-petroleum; B-low; C-high; D-carbonization
(3) A-natural gas; B-high; C-high; D-oxidation
(4) A-coal; B-high; C-high; D-carbonization

रिक्त स्थानों की पूर्ति कीजिए:

वह प्रक्रम जिसके द्वारा मृत वनस्पति, जीवाश्म ईंधन __A__ में दाब __B__ और तापमान __C__ पर परिवर्तित हो जाती है, तो __D__ कहलाता है।

(1) A-कोयला; B उच्च; C-निम्न; D उपचयन
(2) A-पेट्रोलियम; B-निम्न; C-उच्च; D कार्बनीकरण
(3) A-प्राकृतिक गैस; B-उच्च; C-उच्च; D-उपचयन
(4) A-कोयला; B-उच्च; C-उच्च; D-कार्बनीकरण

Ans (4)

वह प्रक्रम जिसके द्वारा मृत वनस्पति, जीवाश्म ईंधन कोयला में दाब उच्च और तापमान उच्च पर परिवर्तित हो जाती है, तो कार्बनीकरण कहलाता है।

177. A sample of soil mixed with water turns the pH paper yellowish orange. Which of the following would now change the colour of the pH paper to bluish?

(1) Milk of magnesia
(2) Lemon juice
(3) Vinegar
(4) Common salt

मृदा के एक नमूने को जल के साथ मिलाया गया जिसने pH पत्र को पीला-नारंगी कर दिया। निम्नलिखित में से कौन-सा अब pH पत्र का रंग नीला कर देगा?

(1) मिल्क ऑफ मैग्रीशिया
(2) नींबू का रस
(3) सिरका
(4) साधारण नमक

Ans (1)

SCIENCE

मिल्क ऑफ मैग्नीशिया एक क्षार पदार्थ [basic substance] है, और जब इसे अम्लीय मिट्टी-पानी के मिश्रण में मिलाया जाता है, तो यह अम्लता को बेअसर कर देगा और pH पेपर का रंग नीला कर देगा, जो अधिक बुनियादी या क्षारीय वातावरण [basic or alkaline environment] का संकेत देता है।

नींबू का रस [Lemon juice] और सिरका दोनों अम्लीय होते हैं, इसलिए वे रंग को नीला नहीं करेंगे। साधारण नमक (सोडियम क्लोराइड) तटस्थ है और यह pH को महत्वपूर्ण रूप से प्रभावित नहीं करेगा।

178. Microorganisms can be both useful as well as harmful to us. Which of the following beneficial processes is not carried out by microorganisms?

(1) Breaking down of organic wastes
(2) Increasing soil fertility
(3) Preservation of food items in homes
(4) Preparation of medicines

सूक्ष्मजीव हमारे लिए लाभदायी और हानिकारक दोनों हो सकते हैं। निम्नलिखित में से कौन-सा लाभदायी व्यवहार सूक्ष्मजीवों द्वारा नहीं किया जाता ?

(1) जैविक अपशिष्टों का अपघटन
(2) मृदा की उर्वरता बढ़ाना/में वृद्धि करना
(3) घरों में भोज्य पदार्थों का परिरक्षण
(4) औषधियाँ बनाना

Ans (3)

घरों में भोज्य पदार्थों को संरक्षित करने में आमतौर पर प्रशीतन, सुखाने या परिरक्षकों को जोड़ने जैसी विधियां शामिल होती हैं, जो सूक्ष्मजीवों [microorganisms] पर निर्भर नहीं होती हैं।

179. Which of the following is not likely to increase the fertility of soil?

(1) Substitute fertilizers by organic manure
(2) Leave the field uncultivated between two crops
(3) Grow different crops alternately every season
(4) Maintain minimum distance between the crops while sowing

निम्नलिखित में से किसकी मृदा की उर्वरता को बढ़ाने की संभावना सबसे कम है?

(1) उर्वरकों को जैविक खाद द्वारा बदलना
(2) दो फसलों के बीच खेत को बिना बोए छोड़ देना
(3) प्रत्येक ऋतु में एकान्तरत विभिन्न फसलें उगाना
(4) फसलों को बोते समय उनमें न्यूनतम दूरी बनाए रखना

Ans (4)

फसलों के बीच न्यूनतम दूरी [minimum distance] बनाए रखना उचित वृद्धि और पोषक तत्वों [nutrients] के लिए प्रतिस्पर्धा को रोकने के लिए महत्वपूर्ण है, लेकिन यह सीधे मिट्टी की उर्वरता [fertility of the soil] को प्रभावित नहीं करता है। अन्य विकल्प, जैसे कि उर्वरकों को जैविक खाद से बदलना, खेत को बिना जोते छोड़ना (उसे आराम करने और पोषक तत्वों को पुनः प्राप्त करने की अनुमति देना), और अलग-अलग फसलों को बारी-बारी से उगाना (फसल चक्रण) (crop rotation), ये सभी अभ्यास हैं जो मिट्टी की उर्वरता को बढ़ा सकते हैं।

180. Which hormone is responsible for the process of metamorphosis in frogs?

(1) Adrenaline
(2) Growth hormone
(3) Thyroxine
(4) Insulin

मेंढकों में कायांतरण के प्रक्रम के लिए कौन-सा हॉर्मोन उत्तरदायी है?

(1) एड्रीनलीन
(2) वृद्धि हॉर्मोन
(3) थायरॉक्सिन
(4) इंसुलिन

Ans (3)

थायरॉइड ग्रंथि [thyroid gland] द्वारा उत्पादित थायरॉक्सिन, टैडपोल से वयस्क मेंढक में मेंढकों के कायापलट [metamorphosis of frogs] को विनियमित करने में महत्वपूर्ण भूमिका निभाता है। यह परिवर्तन प्रक्रिया [transformation process] के दौरान विभिन्न ऊतकों और अंगों [various tissues and organs] के विकास में मदद करता है।

181. The table below matches three human diseases with their causative microorganisms and mode of transmission. Some entries in the table have been marked as X, Y and Z.

Human Disease	Causative Microorganism	Mode of transmission
Typhoid	Bacteria	X
Measles	Y	Air
Dengue	Z	Mosquito

Replacing X, Y, Z respectively with which of the following terms would correctly fill the table?

(1) Water, Virus, Protozoa
(2) Air, Bacteria, Virus
(3) Water, Virus, Virus
(4) Contact, Virus, Bacteria

नीचे दी गई तालिका तीन मानवीय रोगों का मिलान उनके रोगकारक सूक्ष्मजीवों और संचरण के तरीकों से करती है। तालिका में कुछ प्रविष्टियाँ X, Y और Z के रूप में चिन्हित की गई है:

मानव रोग	सूक्ष्म जीव	संचरण का तरीका
टाईफायड	जीवाणु	X
खसरा	Y	वायु
डेंगू	Z	मच्छर

X, Y, Z को क्रमशः नीचे लिखे किन पदों से प्रतिस्थापित करने से तालिका सही तरीके से पूरी हो जाएगी?

(1) जल, वायरस, प्रोटोज़ोआ
(2) वायु, बैक्टीरिया, वायरस
(3) जल, वायरस, वायरस
(4) सीधा संपर्क, वायरस, बैक्टीरिया

Ans : (3)

X	-	जल (water)
Y	-	वायरस (virus)
Z	-	वायरस

182. The common characteristic properties of plastics are

(1) durable, good conductor of electricity, non-reactive
(2) durable, good conductor of heat, non-reactive
(3) good conductor of heat, light in weight, good conductor of electricity
(4) durable, light in weight, non-reactive

प्लास्टिक के सामान्य विशिष्ट गुण हैं।

(1) टिकाऊ, विद्युत के सुचालक, अन-अभिक्रियाशील
(2) टिकाऊ, ऊष्मा के सुचालक, अन-अभिक्रियाशील
(3) ऊष्मा के सुचालक, वजन में हल्के, विद्युत के सुचालक
(4) टिकाऊ, वजन में हल्के, अन-अभिक्रियाशील

Ans : (4)

प्लास्टिक सामान्यतया सहसंयोजक कार्बनिक यौगिकों के बहुलीकरण से बने पदार्थ हैं (Plastics are generally substances made from the polymerization of covalent organic compounds), जो सामान्यतया टिकाऊ, वजन में हल्के और अन अभिक्रियाशील (Unreactive) होते हैं।

183. By which of the following strategy meaningful clarification on the concept of reflection of light can be given?

(1) Asking closed ended questions related to the concept
(2) Animated video on the concept
(3) Chart showing the reflection of light
(4) Observing reflection of light on white paper screen by the learners and drawing conclusions

निम्नलिखित में से किस युक्ति के द्वारा प्रकाश के परावर्तन की संकल्पना का अर्थवान स्पष्टीकरण दिया जा सकता है?

(1) संकल्पना आधारित बन्द उत्तर वाले प्रश्नों को पूछ
(2) संकल्पना आधारित ऐनिमेटिड वीडियो
(3) प्रकाश के परावर्तन को दिखाता हुआ चार्ट
(4) सीखने वालों के द्वारा सफेद कागज के

प्रकाश के परावर्तन का अवलोकन करना और उसका निष्कर्ष निकालना

Ans : (4)

प्रकाश का परावर्तन (reflection of light) एक वैज्ञानिक घटना है, जिसमें प्रकाश किरणें किसी परावर्तक तल (Reflective surface) जैसे समतल दर्पण (plane mirror) से परावर्तित होकर किसी अन्य वस्तु पर आपतित (Incident) होती हैं। अतः विद्यार्थी इस घटना का अर्थवान स्पष्टीकरण, एक सफेद कागज के परदे (paper screen) पर प्रकाश के परावर्तन का अवकोलन करके दे सकते हैं।

184. Which property of Aluminum makes it suitable for making foils for wrapping food?

(1) It is a good conductor of heat.
(2) It does not react with oxygen.
(3) It is highly malleable.
(4) It forms useful alloys.

अल्युमीनियम का कौन सा गुणधर्म उसे खाद्य सामग्री लपेटने के लिए फॉयल (पन्नी) बनाने के लिय उपयुक्त बनाता है?

(1) यह ऊष्मा का सुचालक है
(2) यह ऑक्सीजन के साथ अमिक्रिया नहीं करता
(3) यह बहुत आघातवर्ध्य है
(4) यह लाभकारी मिश्रितधातु बनाता है

Ans : (3)

अल्युमीनियम (Aluminum) आघातवर्ध्य (malleable) होता है और खाद्य पदार्थों (food items) के साथ प्रतिक्रिया (reaction) नहीं करता है, इसलिए इसका उपयोग खाद्य पदार्थों को लपेटने (wrap) के लिए किया जाता है।

...d the statements below:

...l protozoans are unicellular

...acteria are unicellular

...i are unicellular

...above statement (s) is / are

(2) A & B
(3) B & C
(4) A & C

नीचे दिए गए कथनों को पढ़िए –

A सभी प्रोटोज़ोआ एक कोशिकीय होते हैं।

B सभी बैक्टीरिया एक कोशिकीय होते हैं।

C सभी कवक एक कोशिकीय होते हैं।

ऊपर लिखित कौन से कथन सही हैं?

(1) केवल B
(2) A व B
(3) B व C
(4) A व C

Ans : (2)

सभी प्रोटोज़ोआ और सभी बैक्टीरिया एक कोशिकीय (unicellular) होते हैं।

186. After fertilization, a zygote will develop into a human male if

(1) the egg had one Y chromosome
(2) the sperm had one Y chromosome
(3) the sperm had one X chromosome
(4) the egg has two Y chromosomes

निषेचन के पश्चात युग्मनज नर प्राणी में विकसित होगा यदि

(1) अंडे में एक y गुणसूत्र हो
(2) शुक्राणु में एक y गुणसूत्र हो
(3) शुक्राणु में एक x गुणसूत्र हो
(4) अंडे में दो y गुणसूत्र हो

Ans : (2)

शुक्राणु (sperm) में X या Y गुणसूत्र (chromosome) की उपस्थिति युग्मनज (zygote) के लिंग का निर्धारण करती है। निषेचन (fertilization) के दौरान, यदि युग्मनज को पिता से X गुणसूत्र विरासत में मिलता है तो युग्मनज मादा (zygote female) होगा। यदि युग्मनज को पिता से Y गुणसूत्र विरासत में मिलता है, तो युग्मनज नर (zygote male) होगा।

187. Which fat-soluble vitamin is necessary for good skin?

(1) Vitamin A
(2) Vitamin C
(3) Vitamin B
(4) Vitamin K

अच्छी त्वचा के लिए वसा में घुलनशील कौन-सा विटामिन आवश्यक है?

(1) विटामिन A
(2) विटामिन C
(3) विटामिन B
(4) विटामिन K

Ans : (1)

विटामिन A एक एंटीऑक्सीडेंट (antioxidant) है जो त्वचा और आंखों (skin and eyes) की रक्षा करता है। इस प्रकार, अच्छी त्वचा के लिए विटामिन A आवश्यक है।

188. Study the following statements.

A. Prokaryotes do not have nucleus.

B. A single cell can perform all the functions in a unicellular organism.

C. Blue-green algae are the examples of prokaryotes.

D. Eukaryotes do not have well organized nucleus with a nuclear membrane.

The correct statements are

(1) A, C and D
(2) B, C and D
(3) A, B and C
(4) A, B and D

नीचे दिए गए कथनों का अध्ययन कीजिए।

I. प्रोकैरियोट में केन्द्रक नहीं होते हैं।

II. एक कोशिक जीव में एकल कोशिका सभी कार्य करती है।

III. नीले-हरे शैवाल प्रोकैरियोट के उदाहरण हैं।

IV. यूकैरियोट में केन्द्रक झिल्ली सहित सुसंगठित केन्द्रक नहीं होता है।

इनमें से सही कथन है

(1) I, III और IV
(2) II, III और IV
(3) I, II और III
(4) I, II और IV

Ans : (3)

प्रोकैरियोटिक कोशिका आरंभिक कोशिका (Prokaryotic) है। इन कोशिकाओं में केंद्रक कला का अभाव होता है। एक कोशिकीय जीव (unicellular organisms) में सभी कार्य एकल कोशिका के अंदर ही संपन्न होते हैं। प्रोकैरियोटिक जीव के अंतर्गत नीले-हरे शैवाल (blue green algae) एवं जीवाणु सम्मिलित हैं। यूकैरियोटिक प्राणी की कोशिका में केंद्रक कला (झिल्ली) सहित सुसंगठित केंद्रक पाया जाता है।

189. Match the following organisms with their mode of nutrition

Mode of Nutrition	Organism
(a) Autotrophic	(i) Mushroom
(b) Holozoic	(ii) Amoeba
(c) Parasite	(iii) Algae
(d) Saprophytes	(iv) Cuscuta

(1) (a)-(iii), (b)-(ii), (c)-(iv), (d)-(i)
(2) (a)-(ii), (b)-(iii), (c)-(i), (d)-(iv)
(3) (a)-(iii), (b)-(iv), (c)-(i), (d)-(ii)
(4) (a)-(iv), (b)-(ii), (c)-(i), (d)-(iii)

निम्न जीवों का उनकी पोषण की पद्धति से मिलान करिए -

पोषण की पद्धति	जीव
a. स्वपोषी	(i) छत्रक (मशरूम)
b. प्राणिसमभोजी	(ii) अमीबा।
c. परजीवी	(iii) शैवाल
d. मृतजीवी	(iv) अमरबेल

(1) (a)-(iii), (b)-(ii), (c)-(iv), (d)-(i)
(2) (a)-(ii), (b)-(iii), (c)-(i), (d)-(iv)
(3) (a)-(iii), (b)-(iv), (c)-(i), (d)-(ii)
(4) (a)-(iv), (b)-(ii), (c)-(i), (d)-(iii)

Ans : (1)

पोषण की पद्धति	जीव
स्वपोषी (Autotrophic)	शैवाल (algae)

SCIENCE

प्राणिसमभोजी (holozoic)	अमीबा (amoeba)
परजीवी (Parasite)	अमरबेल (cuscuta)
मृतजीवी (saprophytes)	मशरूम (Mushroom)

190. Which of the following statements is true regarding sound waves?

(1) Sound waves travel fastest in gases

(2) Human beings can hear sound whose frequency is 15000 Hz

(3) Sound waves cannot be reflected

(4) The loudness of sound depends on the frequency of sound wave

ध्वनि तरंगों के संदर्भ में निम्न में से कौन-सा कथन सत्य है?

(1) ध्वनि तरंगें गैसों में द्रुतगामी होती हैं।

(2) मानव वह ध्वनि सुन सकते हैं जिसकी आवृत्ति 15000 Hz है।

(3) ध्वनि तरंगें परावर्तित नहीं हो सकतीं।

(4) ध्वनि की प्रबलता ध्वनि तरंगों की आवृत्ति पर निर्भर करती हैं।

Ans : (2)

एक स्वस्थ कान बहुत कम (20 Hz) से लेकर बहुत अधिक (20,000 Hz) तक की आवृत्तियों (frequencies) की एक विस्तृत श्रृंखला (range) को सुन सकता है।

191. Which of the following glands occur in pairs in human beings?

(1) Adrenal, thyroid

(2) Pancreas, ovaries

(3) Pituitary, thyroid

(4) Pituitary, pancreas

निम्न में से कौन-सी ग्रंथियाँ मानवों में युग्मों में पाई जाती हैं?

(1) अधिवृक्क, अवटुग्रंथि (थायराइड)

(2) अग्न्याशय, अण्डाशय

(3) पीयूष ग्रंथि, अवटुग्रंथि (थायराइड)

(4) पीयूष ग्रंथि, अग्न्याशय

Ans : (1)

मानव में पाई जाने वाली युग्म ग्रंथि अधिवृक्क (adrenal gland), एव अवटुग्रंथि (थायराइड) है।

192. If observation is represented by O and inference by I, which of the following statements is correct?

(A) Metal oxides are basic in nature.

(B) Air expands on heating.

(C) Lime water turns milky on passing carbon dioxide.

(D) Sodium hydroxide and hydrochloric acid, neutralise each other.

(1) O - C, D; I - A, B

(2) O - B, C; I - A, D

(3) O - C; I - A, B, D

(4) O - A, B; I - B, C

अगर अवलोकन द्वारा निरूपित है एवं द्वारा अध्याहार (निष्कर्ष) है तो निम्नलिखित में से कौन-सा कथन सही है?

(A) धातु-ऑक्साइड प्रकृति में क्षारकीय होते हैं।

(B) वायु गर्म होने पर फैलती है।

(C) कार्बन डाइऑक्साइड प्रवेश (डालने पर) कराने पर चूने का पानी दुधिया हो जाता है।

(D) सोडियम हाइड्रोक्साइड एवं हाइड्रोक्लोरिक अम्ल एक दूसरे को उदासीन कर देते हैं।

(1) O - C, D; I - A, B

(2) O - B, C; I - A, D

(3) O - C; I - A, B, D

(4) O - A, B; I - B, C

Ans : (3)

A. धातु ऑक्साइड प्रकृति में क्षारकीय होते हैं (Metal oxides are basic in nature): यह रासायनिक गुणों (Chemical Properties) से प्राप्त निष्कर्ष है, इसलिए यह एक अनुमान है।

B. वायु गर्म होने पर फैलती है (Air expands on heating): यह तापीय विस्तार के सिद्धांत पर आधारित है, इसलिए यह एक अनुमान है।

C. कार्बन डाइऑक्साइड प्रवेश (डालने पर) कराने पर चूने का पानी दुधिया हो जाता है (Lime water turns milky on passing carbon dioxide): यह एक अवलोकनीय घटना है, इसलिए यह एक अवलोकन है।

D. सोडियम हाइड्रोक्साइड (NaOH) एवं हाइड्रोक्लोरिक अम्ल (HCl) एक दूसरे को उदासीन (neutralize) कर देते हैं: यह एसिड-बेस प्रतिक्रियाओं के सिद्धांत पर आधारित है, इसलिए यह एक अनुमान है।

193. Read the statements given below and choose the correct option

Assertion (A): It is recommended that acid should be added to water for diluting the acid and not vice-versa.

Reason (R): Dilution of acid is a highly exothermic reaction.

(1) Both (A) and (R) are true and (R) is correct explanation of (A)
(2) Both (A) and (R) are true but (R) is not correct explanation of (A).
(3) (A) is true but (R) is false.
(4) Both (A) and (R) are false.

निम्नलिखित कथनों को पढ़िए और सही उत्तर का चुनाव कीजिए:

अभिकथन (A): यह अनुशंसित है कि अम्ल को तनु चुनाव के लिए जल में अम्ल डाला जाना चाहिए न कि अम्ल में जल।

तर्क (R): अम्ल का मंदन (तनुकरण) करना उक्त रूप से ऊष्माक्षेपी अभिक्रिया है।

(1) (A) और (R) दोनों सही हैं तथा (R), (A) की सही, व्याख्या है।
(2) (A) और (R) दोनों सही हैं परन्तु (R), (A) की सही व्याख्या नहीं है।
(3) (A) सही है परन्तु (R) गलत है।
(4) (A) और (R) दोनों गलत हैं।

Ans : (1)

अम्ल को तनु चुनाव करते समय (While diluting acid), अम्ल को पानी में मिलाना महत्वपूर्ण है, न कि पानी को अम्ल में, क्योंकि अम्ल का पतला होना अत्यधिक ऊष्माक्षेपी अभिक्रिया (exothermic reaction) है (इससे गर्मी निकलती है)। यदि अम्ल में पानी मिलाया जाता है, तो उत्पन्न गर्मी के कारण मिश्रण बिखर सकता है, जिससे संभावित रूप से खतरनाक स्थितियाँ पैदा हो सकती हैं।

194. Read the statements given below and choose the correct options:

Assertion (A): The filament of an incandescent bulb is made up of tungsten.

Reason (R): Tungsten has low resistance and high melting point.

(1) Both (A) and (R) are true and (R) is correct explanation of (A).
(2) Both (A) and (R) are true bat (R) is not correct explanation of (A).
(3) (A) is true and (R) is false.
(4) Both (A) and (R) are false.

नीचे दिए गए कथनों को पढ़ें और सही विकल्प चुनें:

अभिकथन (A): गरमागरम बल्ब का फिलामेंट टंगस्टन से बना होता है।

कारण (R): टंगस्टन में कम प्रतिरोध और उच्च गलनांक होता है।

(1) (A) और (R) दोनों सत्य हैं और (R) (A) का सही स्पष्टीकरण है।
(2) (A) और (R) दोनों सच्चे हैं जबकि (R) (A) की सही व्याख्या नहीं है।
(3) (A) सच है और (R) गलत है।
(4) (A) और (R) दोनों झूठे हैं।

Ans : (3)

(A) सत्य है और (R) गलत है।

दावा (A): गरमागरम बल्ब (incandescent bulb) का फिलामेंट टंगस्टन से बना होता है, यह सच है। कारण (R): टंगस्टन में कम प्रतिरोध (low resistance) और उच्च गलनांक (high melting point) होता है, यह गलत है क्योंकि टंगस्टन में वास्तव में उच्च प्रतिरोध और उच्च गलनांक होता है, जो इसे प्रकाश बल्बों में उपयोग के लिए उपयुक्त बनाता है।

195. Two sperms of a man fuse with two eggs of a woman. The twins formed are

(1) identical

SCIENCE

(2) fraternal
(3) may be identical or fraternal
(4) always conjoint

पुरुष के दो शुक्राणु स्त्री के दो अंडों (अंड) के साथ मिलते हैं। बनने वाले जुड़वाँ होते हैं।

(1) समरूप
(2) भ्रात्रीय
(3) समरूप अथवा भ्रात्रीय हो सकते हैं.
(4) सदैव संयुक्त

Ans : (2)

पुरुष के दो शुक्राणु (sperms) स्त्री के दो अंडों (eggs) के साथ मिलते हैं। बनने वाले जुड़वाँ बच्चे भ्रात्रीय जुड़वां (fraternal twins) होते हैं। भ्रात्रीय जुड़वां तब बनते हैं जब दो अलग-अलग अंडों को दो अलग-अलग शुक्राणुओं द्वारा निषेचित (fertilize) किया जाता है। प्रत्येक अंडा स्वतंत्र रूप से निषेचित होता है और भ्रात्रीय बन जाता है।

196. The colour of flame depends on:

(a) Nature of combustible substance
(b) Oxygen supply
(c) Temperature of the surroundings

(1) (a) only
(2) (b) only
(3) (a) and (b)
(4) (a) and (c)

ज्वाला का रंग निर्भर करता है:

(a) दाह्य पदार्थ की प्रकृति पर
(b) ऑक्सीजन आपूर्ति पर
(c) आस-पास के तापमान पर

(1) केवल (a)
(2) केवल (b)
(3) (a) और (b)
(4) (a) और (c)

Ans : (3)

ज्वाला का रंग (Colour of flame) दाह्य पदार्थ (combustible substance) की प्रकृति और ऑक्सीजन की आपूर्ति पर निर्भर करता है।

(a) दाह्य पदार्थ की प्रकृति (Nature of combustible substance): सच है, अलग-अलग पदार्थ अपने तत्वों के कारण अलग-अलग रंगों से जलते हैं।

(b) ऑक्सीजन की आपूर्ति (Oxygen supply): सच है, ऑक्सीजन की मात्रा इस बात को प्रभावित करती है कि पदार्थ पूरी तरह से जलता है, जो ज्वाला के रंग को प्रभावित करता है (उदाहरण के लिए, एक नीली लौ पर्याप्त ऑक्सीजन के साथ पूर्ण दहन (complete combustion) को इंगित करती है)।

197. X and Y are thick, black liquids which can be used for metaling the roads. X is derived from petroleum and Y is derived from coal. Which of the following can X and Y respectively be?

(1) Bitumen, Coal Tar
(2) Coal Tar, Charcoal
(3) Charcoal, Bitumen
(4) Coal Tar, Bitumen

X और Y गाढ़े काले द्रव हैं जिनका प्रयोग सड़कों को पक्का करने के लिए किया जा सकता है। X पेट्रोलियम से व्युत्पन्न है तथा Y कोयले से व्युत्पन्न है। निम्नलिखित में से कौन सा क्रमशः X और Y हो सकता है ?

(1) बिटुमेन, कोलतार
(2) कोलतार, चारकोल (काष्ठ-कोयला)
(3) चारकोल (काष्ठ - कोयला), बिटुमेन
(4) कोलतार, बिटुमेन

Ans : (1)

X बिटुमेन (Bitumen) है, जो पेट्रोलियम से प्राप्त होता है, और Y कोलतार (Coal tar) है, जो कोयले से प्राप्त होता है।

198. Which of the following plant disease (s) are caused by bacteria ?

(a) Rust of wheat
(b) Citrus tanker
(c) Yellow vein mosaic of bhindi

(1) (a) and (b)
(2) Only (b)
(3) (b) and (c)
(4) Only (c)

निम्नलिखित में से कौन से पादप रोग (व्याधि/बीमारी) जीवाणु द्वारा होते हैं ?

(a) गेहूँ में घुन लगना (गेहूँ का किट्ट)

(b) सिट्रस टैंकर

(c) भिंडी की पीत शिरा किर्मीर

(1) (a) और (b)

(2) केवल (b)

(3) (b) और (c)

(4) केवल (c)

Ans : (2)

गेहूँ में घुन लगने (गेहूँ का किट्ट) (Rust of wheat) का कारण फफूंद (fungus) होता है, बैक्टीरिया नहीं।

सिट्रस टैंकर बैक्टीरिया (विशेष रूप से ज़ैंथोमोनस एक्सोनोपोडिस) के कारण होता है।

भिंडी का पीत शिरा (yellow vein of ladyfinger) किर्मीर बैक्टीरिया नहीं, बल्कि वायरस के कारण होता है।

199. What are the characteristics of a rocket fuel?

(A) Light in weight

(B) High calorific value

(C) Burns slowly in absence of air

Options:

(1) Only (B)

(2) Only (A)

(3) (A) and (B)

(4) (B) and (D)

रॉकेट ईंधन की विशिष्ताएँ क्या है?

(A) हल्का होता है

(B) उच्च कैलोरीजनन मान

(C) वायु (हवा) के अभाव में धीरे जलता है

(1) केवल (B)

(2) केवल (A)

(3) (A) और (B)

(4) (B) और (D)

Ans : (3)

रॉकेट ईधन (Rocket fuel) को तेजी से जलना चाहिए, इसका कैलोरी मान (calorific value) उच्च होना चाहिए और यह हल्का होना चाहिए।

200. Which of the following statements is NOT correct?

(1) Metals react with acids to produce metal salts and hydrogen gas

(2) Generally, metals are good conductors of heat and electricity

(3) Metallic oxides are acidic in nature

(4) Some metals react with water to produce metal hydroxide and hydrogen gas

निम्नलिखित में से कौन-सा कथन सही नहीं है ?

(1) धातुएँ अम्लों से अभिक्रिया कर के धात्विक लवण एवं हाइड्रोजन गैस बनाती हैं।

(2) सामान्यतया, धातुएँ ऊष्मा और विद्युत की सुचालक हैं।

(3) धात्विक ऑक्साइड प्रकृति में अम्लीय होते हैं।

(4) कुछ धातुएँ जल से अभिक्रिया कर धातु हाइड्राक्साइड और हाइड्रोजन गैस उत्पन्न करती हैं।

Ans : (3)

उत्तर- धात्विक ऑक्साइड क्षारीय प्रकृति के होते हैं (Metallic oxides are alkaline in nature) जबकि अधात्विक ऑक्साइड (Non - metallic oxides) अम्लीय (acidic) प्रकृति के होते हैं।

201. Tartaric acid is found in

A. Lemons

B. Amla

C. Unripe mangoes

D. Grapes

(1) A and B

(2) B and C

(3) C and D

(4) A and C

टार्टरिक अम्ल पाया जाता है

A. नींबूओं में

B. आँवला में

C. कच्चे आमों में

D. अंगुरों में

(1) A और B

(2) B और C

(3) C और D

(4) A और C

Ans : (3)

टार्टरिक अम्ल (Tartaric acid) विशेषतया कच्चे आमों तथा अंगूरों में पाया जाता है। खट्टे फलों (sour fruits) जैसे- नींबू, आंवला आदि में एस्कार्बिक अम्ल की प्रचुरता होती है।

202. Identify the correct statement.

(1) A convex mirror forms erect as well as inverted image.

(2) A concave mirror always forms an erect image.

(3) A concave mirror forms an erect as well as inverted image.

(4) A convex mirror always forms an inverted image.

सही कथन को पहचानिए

(1) उत्तल दर्पण सीधा प्रतिबिम्ब भी बनाता है और उल्टा प्रतिबिम्ब भी बनाता है

(2) अवतल दर्पण सदैव सीधा प्रतिबिम्ब बनाता है

(3) अवतल दर्पण सीधा प्रतिबिम्ब भी बनाता है और उल्टा प्रतिबिम्ब भी बनाता है।

(4) उत्तल दर्पण सदैव ही उल्टा प्रतिबिम्ब बनाता है

Ans : (3)

अवतल दर्पण (concave mirror) द्वारा किसी वस्तु का दोनों प्रकार का प्रतिबिंब, अर्थात वास्तविक (या उल्टा) (inverted) तथा आभासी (या सीधा) (erect) प्रतिबिंब बन सकता है।

203. Read the following statements and select the correct option.

Assertion (A) : Polyester clothes dry faster than cotton clothes .

Reasoning (R) : Synthetic fibres absorb very less water.

(1) Both (A) and (R) are true and (R) is the correct explanation of (A).

(2) Both (A) and (R) are true but (R) is not the correct explanation of (A)

(3) (A) is true but (R) is false.

(4) (A) is false but (R) is true.

निम्नलिखित कथनों को पढ़िये और सही विकल्प का चयन कीजिए।

अभिकथन (A): पॉलिएस्टर कपड़े सूती कपड़ों से अधिक शीघ्रता से सूखते हैं।

कारण (R) : संश्लेषित रेशे बहुत कम जल अवशोषित करते हैं।

(1) (A) और (R) दोनों सत्य हैं और (A) की (R) सही व्याख्या है।

(2) (A) और (R) दोनों सत्य हैं और (A) की (R) सही व्याख्या नहीं है ।

(3) (A) सत्य है किन्तु (R) असत्य है।

(4) (A) असत्य है किन्तु (R) सत्य है।

Ans : (1)

संश्लेषित रेशे मानव निर्मित फाइबर हैं (Synthetic fibers are human made fibers), इनमें से अधिकांश कच्चे माल पेट्रोलियम से तैयार होते हैं जिन्हें पेट्रोकेमिकल्स (petrochemicals) कहा जाता है। पॉलिएस्टर (Polyesters), सबसे लोकप्रिय मानव निर्मित फाइबर में से एक है जो बहुत कम पानी सोखता है।

204. The vaccine for smallpox was discovered by

(1) Robert Koch

(2) Edward Jenner

(3) Alexander Fleming

(4) Ronald Ross

चेचक के टीके का आविष्कार किया

(1) रॉबर्ट कोच ने

(2) एडवर्ड जेनर ने

(3) अलेक्जेंडर फ्लेमिंग ने

(4) रोनाल्ड रॉस ने

Ans : (2)

चेचक (Smallpox) एक विषाणुजनित घातक रोग (viral disease) है, जो वैरियोला वायरस के संक्रमण से होता है। चेचक के टीके (vaccine for smallpox) का आविष्कार एडवर्ड जेनर (Edward Jenner) ने किया था।

205. Given below are some food items.

A. Boiled and mashed potato

B. Boiled and chewed rice

C. A slice of bread

D. Sugar solution

E. Coconut oil

Which of the above will give blue-black colour when tested with iodine solution?

(1) A, B and C

(2) A, C and E

(3) A and C

(4) B and D

नीचे कुछ खाद्य पदार्थ दिए गए हैं

I. उबले और पिसे आलू

II. उबले और चबाए हुए चावल

III. रोटी (ब्रेड) का एक टुकड़ा

IV. चीनी (शर्करा) का घोल

V. नारियल का तेल

आयोडीन घोल के साथ परीक्षण करने पर उपरोक्त में से कौन नीला-काला रंग प्रदान करेंगे?

(1) I, II और III

(2) I, III और V

(3) I और III

(4) II और IV

Ans : (3)

स्टॉर्च का प्रमुख स्रोत (Main source of starch) अनाज, फल, कंद, फलियां आदि हैं। प्रश्नगत विकल्पों में उबले और पिसे आलू (Boiled and mashed potato) तथा रोटी के टुकड़े (A slice of bread) में स्टॉर्च उपस्थित है, जिसको आयोडीन घोल (Iodine solution) के साथ परीक्षण करने पर काला नीला रंग प्राप्त होता है।

206. Ms. Anjali wanted to introduce the 'water cycle' by asking students to first conduct an activity at home and then relate that to the concept.

Which of the following activities will be MOST suitable for the purpose?

(1) Keeping utensils filled with water in sunlight for a couple of hours and then observing them.

(2) Collecting the steam of boiling water on a plate with an ice cube over it.

(3) Boiling water, cooling and putting it in a filter, drinking from the filter regularly and then boiling water again to fill it.

(4) Walking in the garden bare feet early in the morning and feeling dew.

सुश्री अंजलि छात्रों को 'जल चक्र' का परिचय देने के लिए, चाहती हैं कि छात्र पहले घर पर एक क्रिया करें और फिर अवधारणा और क्रिया के बीच संबंध को समझें।

निम्नलिखित में से कौन सी क्रियाएं इस प्रयोजन के लिए सबसे उपयुक्त हैं?

(1) पानी से भरे बर्तनों को कुछ घंटों के लिए धूप में रख दें और फिर उन पर गौर करें।

(2) उबलते पानी से निकलती भाप को एक थाली पर बर्फ का डला रख कर इकट्ठा करें।

(3) पानी को उबालना, ठंडा करने के बाद फिल्टर में उसे डालना, नियमित रूप से फिल्टर का पानी पीना और फिर पानी उबालना और फिर से फिल्टर भरना।

(4) सुबह नंगे पांव बगीचे में टहलना और ओस को पांव से महसूस करना।

Ans : (2)

प्रयोग करना [Experiment] से तात्पर्य छात्र किसी Concept को अवलोकन [observation] तथा क्रियाविधि के माध्यम से प्रत्यक्ष अनुभव द्वारा सीख सके।

'उबलते पानी से निकलती भाप को एक थाली पर बर्फ का डला रखकर इकट्ठा करें।' जल चक्र का परिचय देने के लिए सर्वाधिक उपयुक्त उदहारण है इससे छात्र प्रयोग करके प्रत्यक्ष [direct] रूप से क्रिया और अवधारणा [concept] के बीच संबंध बना सकेंगे।

207. Mr. Mahesh taught the concept of 'factors affecting combustion'.

Which one of the following is the BEST example of an 'authentic task' to assess students on their understanding of factors affecting combustion?

(1) Design an alarm system which can set off before a substance reaches the ignition temperature.
(2) Describe how water and air affect combustion.
(3) List the substances around you that are inflammable in nature.
(4) Create a fire extinguisher using commonly available items.

छात्रों में 'दहन को प्रभावित करने वाले कारक' की अवधारणा समझ का आंकलन करने के लिए है।

निम्नलिखित में से कौन सा 'वास्तविक कार्य' का सर्वश्रेष्ठ उदाहरण होगा?

(1) एक अलार्म प्रणाली तैयार करें जो किसी पदार्थ के प्रज्वलन तापमान तक गर्म होने से पहले बजने लगे।
(2) समझाएं कि पानी और वायु किस प्रकार दहन को प्रभावित करते हैं।
(3) अपने आस - पास प्रकृति में मौजूद उन पदार्थों की सूची बनाएं जो ज्वलनशील हैं।
(4) आसानी से उपलब्ध चीज़ों का प्रयोग करके अग्निशामक यंत्र तैयार करें।

Ans : (4)

छात्रों में 'दहन को प्रभावित करने वाले कारक [factors affecting combustion] की अवधारणा समझ [Concept Understanding] का आकलन [assessment] करने के लिए सबसे उपयुक्त गतिविधि है कि छात्रों से आसानी से उपलब्ध होने वाली चीजों से अग्निशामक यंत्र [fire extinguisher] बनाने के लिए कहना इस प्रकार छात्र अपनी बुद्धि तर्क शक्ति का प्रयोग करेंगे जिससे शिक्षिका छात्रों ने 'दहन' की अवधारणा को कितना सीखा है का पता लगा सकती है।

208. A teacher finds that her class VIII students have difficulty in comprehending that non-living objects like a table can exert a force on other objects. She realizes that this would cause a difficulty for them in understanding the concept of normal reaction (force). Engaging her students in which of the following activities would be helpful in making them understand this concept?

(1) Playing tug of war
(2) Pressing on a spring kept on ground
(3) Weighing different objects on a pan balance
(4) Pulling a wheeled chair towards oneself.

एक कक्षा VIII की शिक्षिका पाती है कि उसके छात्रों को यह समझने में मुश्किल हो रही है कि मेज़ जैसी निर्जीव वस्तुएँ अन्य वस्तुओं पर बल आरोपित कर सकती है। वह भाँप जाती है कि यह मुश्किल बाद में उन्हें नार्मल रिएक्शन फोर्स (अभिलंबीय) प्रतिक्रिया (बल) की संकल्पना को समझने में दिक्कत पैदा करेगी। निम्नलिखित में से किन गतिविधियों में छात्रों को संलग्न करना इस संकल्पना को समझने में मदद करेगा।

(1) रस्साकशी का खेल खेलना
(2) ज़मीन पर रखे स्प्रिंग को दबाना
(3) पटल-तुला (पैन बैलेन्स) में चीज़ों को तोलना
(4) एक पहिए लगी कुर्सी को अपनी ओर खींचना

Ans : (2)

जब किसी स्प्रिंग को दबाया जाता है तो आरंभिक स्थिति में वापस आने के लिए स्प्रिंग बल विस्थापन [displacement] के विपरीत कार्य करता है

निर्जीव वस्तुए [Non-living things] अन्य वस्तुओं पर बल आरोपित करती है। इस गतिविधि के माध्यम से संकल्पना [concept] को समझाया जा सकता है।"

209. Read the following statements:

Assertion (A): Science undergoes paradigm shifts.

Reasoning (R): Existing scientific theories and laws may be discarded in light of new evidence.

Choose the correct option.

(1) Both (A) and (R) are true and (R) is the correct reasoning for (A).
(2) Both (A) and (R) are true but (R) is not the correct reasoning for (A).
(3) (A) is true but (R) is false.
(4) (A) is false but (R) is true.

निम्नलिखित कथनों को पढ़िए:

अभिकथन (A): विज्ञान को आमूल परिवर्तनों का अनुभव करना पड़ता है।

तर्क (R): नए साक्ष्य के प्रकाश में विद्यमान वैज्ञानिक सिद्धांतों एवं नियमों को रद्द किया (फेंका) जा सकता है।

सही विकल्प का चयन कीजिए।

(1) (A) और (R) दोनों सत्य है तथा (R) (A) का सही तर्क है।
(2) (A) और (R) दोनों सत्य है किन्तु (R) (A) का सही तर्क नहीं है।
(3) (A) सत्य है किन्तु (R) असत्य है।
(4) (A) असत्य है किन्तु (R) सत्य है।

Ans (1)

यह दावा कि विज्ञान में प्रतिमान परिवर्तन होता है, सत्य है। इसका तात्पर्य वैज्ञानिक सिद्धांतों और प्रथाओं [scientific theories and practices] में होने वाले मौलिक परिवर्तनों से है जो नए साक्ष्य सामने आने पर होते हैं। यह तर्क कि नए साक्ष्य के प्रकाश में मौजूदा वैज्ञानिक सिद्धांतों और नियमों को त्याग दिया जा सकता है, भी सत्य है और यह सही ढंग से बताता है कि विज्ञान में प्रतिमान परिवर्तन क्यों होते हैं।

210. Which of the following should be emphasized by the teacher for nurturing creativity?

(A) Engaging students in inquiry and discovery oriented tasks
(B) Highlighting right or wrong responses while evaluating students' tasks
(C) Encouraging students to do tasks without any fear of evaluation
(D) Encouraging learners to find right answers to all textbook questions

Choose the correct option.

सृजनात्मकता को विकसित करने के लिए शिक्षक द्वारा निम्नलिखित में से किन पर बल दिया जाना चाहिए?

(A) पूछताछ (परिप्रश्न) एवं अन्वेषण (खोज) कार्यों में विद्यार्थियों को संलग्न रखना
(B) विद्यार्थियों के कार्यों के मूल्यांकन के समय सही अथवा गलत उत्तरों को उजागर करना/पर प्रकाश डालना
(C) विद्यार्थियों को मूल्यांकन से भय मुक्त होकर कार्य करने के लिए प्रेरित करना
(D) विद्यार्थियों को सभी पाठ्यपुस्तक प्रश्नों के सही उत्तर ज्ञात करने के लिए प्रेरित करना

सही विकल्प का चयन कीजिए।

(1) (A) और (B)
(2) (B) और (C)
(3) (A) और (C)
(4) (A) और (D)

Ans (3)

विद्यार्थियों को पूछताछ और खोज-उन्मुख कार्यों [inquiry and discovery-oriented tasks] में शामिल करने से अन्वेषण और आलोचनात्मक सोच [exploration and critical thinking] को बढ़ावा देकर रचनात्मकता को बढ़ावा मिलता है। विद्यार्थियों को मूल्यांकन [evaluation] के किसी भी डर के बिना कार्य करने के लिए प्रोत्साहित करना रचनात्मक अभिव्यक्ति के लिए एक सुरक्षित वातावरण को बढ़ावा देता है, जहाँ छात्र गलतियाँ करने के डर के बिना जोखिम उठा सकते हैं और प्रयोग कर सकते हैं।

211. During a science class, a teacher shared with her learners that the credit for the invention of electric bulb is usually given to Thomas Alva Edison. Several others before him worked on it but failed. What does the above remark by the teacher indicate about science?

(A) Science is an interdisciplinary area of learning.
(B) Science is dynamic.
(C) Science is a collective enterprise.
(D) Science promotes scepticism.

Choose the correct option.

विज्ञान कक्षा के दौरान शिक्षिका अपने विद्यार्थियों के साथ साझा करती है कि विद्युत् बल्ब के आविष्कार का श्रेय सामान्यत: थॉमस अल्वा एडिसन को दिया जाता है। उससे पहले भी कई अन्यों ने इस पर काम किया परन्तु असफल रहे। शिक्षिका का उपर्युक्त उद्धरण विज्ञान के विषय में क्या सूचित करता है?

(A) विज्ञान अधिगम का अंत:विषयक क्षेत्र है।

(B) विज्ञान परिवर्तनशील है।

(C) विज्ञान एक सामूहिक उद्यम है।

(D) विज्ञान संशयवाद (स्केप्टिसिज्म) को बढ़ावा देता है।

सही विकल्प का चयन कीजिए।

(1) (B) और (C)
(2) (C) और (D)
(3) (A) और (C)
(4) (B) और (D)

Ans (1)

यह टिप्पणी इस बात पर प्रकाश डालती है कि विज्ञान परिवर्तनशील [dynamic] है और लगातार विकसित हो रहा है (B) और यह एक सामूहिक उद्यम है जहाँ कई व्यक्ति वैज्ञानिक प्रगति में योगदान करते हैं (C)। बिजली के बल्ब के आविष्कार [invention] में विभिन्न आविष्कारकों का योगदान शामिल था, जो वैज्ञानिक खोज की सहयोगी प्रकृति पर जोर देता है।

212. Why do scientists use scientific modelling to analyze the behaviour of systems?

(1) Modelling does not need instruments.
(2) Modelling does not require any computer calculation.
(3) Models are simpler to analyze than real system.
(4) Models cannot test hypothesis.

क्यों वैज्ञानिक, प्रणालियों के व्यवहार का विश्लेषण करने के लिए वैज्ञानिक प्रतिरूपण का उपयोग करते हैं?

(1) प्रतिरूपण के लिए किसी यंत्र की आवश्यकता नहीं होती है।
(2) प्रतिरूपण को किसी कम्प्यूटर परिकलन की आवश्यकता नहीं होती है।
(3) वास्तविक प्रणाली की तुलना में प्रतिरूप विश्लेषण करने के लिए सरल होते हैं।
(4) प्रतिरूप परिकल्पना को नहीं परख सकता है।

Ans (3)

वैज्ञानिक जटिल प्रणालियों को सरल बनाने के लिए वैज्ञानिक प्रतिरूपण [scientific modeling] का उपयोग करते हैं, जिससे उनके व्यवहार का विश्लेषण और समझना आसान हो जाता है। मॉडल वास्तविक दुनिया के परिदृश्य की जटिलताओं के बिना किसी प्रणाली की आवश्यक विशेषताओं का प्रतिनिधित्व कर सकते हैं, जिससे बेहतर विश्लेषण और भविष्यवाणियां [analysis and predictions] संभव हो पाती हैं।

213. A teacher performed an experiment in the class and students recorded the following statements S_1 and S_2:

S_1: Oxygen is a supporter of combustion.

S_2: Oxygen is a non-combustible gas.

Which of the following is true?

(1) S_1-Observation; S_2-Observation
(2) S_1-Inference; S_2-Inference
(3) S_1-Inference; S_2-Observation
(4) S_1-Observation; S_2-Inference

शिक्षक ने कक्षा में एक प्रयोग किया और विद्यार्थियों ने निम्नलिखित कथनों S_1 एवं S_2 को रिकॉर्ड (अंकित) किया।

S_1: ऑक्सीजन, ज्वलनशीलता का समर्थक है।

S_2: ऑक्सीजन एक गैर-ज्वलनशील गैस है।

निम्नलिखित में से कौन-सा सत्य है?

(1) S_1-अवलोकन; S_2-अवलोकन
(2) S_1-निष्कर्ष; S_2-निष्कर्ष
(3) S_1-निष्कर्ष; S_2-अवलोकन
(4) S_1-अबलोकन; S_2-निष्कर्ष

Ans (2)

S_1: " ऑक्सीजन, ज्वलनशीलता का समर्थक है" एक अनुमान है क्योंकि यह दहन प्रक्रियाओं [combustion processes] में ऑक्सीजन के व्यवहार को देखने से निकाला गया निष्कर्ष है।

S_2-: " ऑक्सीजन एक गैर-ज्वलनशील गैस है" एक अनुमान है क्योंकि यह इस तथ्य से निकाला गया निष्कर्ष है कि ऑक्सीजन स्वयं नहीं जलती है बल्कि अन्य पदार्थों के जलने का समर्थन करती है।

214. Which of the following strategies would support inquiry oriented science teaching?

(1) Engaging students in floating and sinking activities
(2) Explaining the difference between real arid apparent weight ob
(3) Define and explain Archimede's principle
(4) Demonstrating the loss in weight of an object when immersed in water

निम्नलिखित में से कौन सी रणनीति जाँच-पड़ताल उन्मुख विज्ञान शिक्षण का समर्थन करेगी ?

(1) विद्यार्थियों को तैरने एवं डूबने से संबंधित गतिविधियों में संलिप्त (लगाना) रखना
(2) वास्तविक एवं आभासी भार के बीच के भेद समझाना
(3) आर्किमिडीज सिध्दांत को परिभाषित एवं व्याख्या करना
(4) जल में डुबाने पर किसी वस्तु के भार घटने को प्रदर्शित करना

Ans (1)

जाँच-पड़ताल विज्ञान शिक्षण [Inquiry-oriented science teaching] विद्यार्थियों को व्यावहारिक, खोजपूर्ण गतिविधियों में संलग्न [engage] करने पर केंद्रित है जो उन्हें प्रश्न पूछने, घटनाओं की जाँच [investigate phenomena] करने और अनुभव के माध्यम से अपनी समझ बनाने के लिए प्रोत्साहित करते हैं। विद्यार्थियों को तैरने और डूबने वाली गतिविधियों में शामिल करना इस दृष्टिकोण के साथ पूरी तरह से मेल खाता है, क्योंकि इसमें सक्रिय भागीदारी और अन्वेषण [active participation and exploration] शामिल है, जिससे छात्रों को अपनी स्वयं की परिकल्पना और निष्कर्ष [hypotheses and conclusions] विकसित करने की अनुमति मिलती है।

215. Which of the following is NOT a difficulty you would specifically associate with the interpretation of a textbook diagram of solar eclipse formation?

(1) Depiction of three - dimensional phenomenon is two - dimensions
(2) Understanding of the relative distances between the sun, the earth and the moon
(3) Identification of the direction of gravitational force between the sun, the earth and the moon
(4) Understanding of the relative sizes of the sun, the earth and the moon.

निम्न में से कौन-सी एक कठिनाई नहीं है जिसे आप विशेष रूप से पाठ्य-पुस्तक में दिए गए सूर्य ग्रहण के बनने की प्रक्रिया के आरेख की व्याख्या से संबद्ध करेंगे?

(1) त्रिविमीय परिघटना का द्विविमीय में चित्रण
(2) सूर्य, पृथ्वी और चन्द्रमा के मध्य सापेक्ष दूरियों की समझ
(3) सूर्य, पृथ्वी और चन्द्रमा के मध्य गुरुत्वाकर्षण बल की दिशा की पहचान
(4) सूर्य, पृथ्वी और चन्द्रमा के सापेक्ष आकारों की समझ

Ans : (3)

सूर्य ग्रहण [Solar eclipse]:- जब पृथ्वी तथा सूर्य के बीच चंद्रमा आ जाता है। जिससे सूर्य का प्रकाश पृथ्वी तक नहीं पहुंच पाता है। इसे सूर्य ग्रहण कहते हैं। अत: सूर्य पृथ्वी तथा चन्द्रमा के माध्यम से गुरुत्वाकर्षण [gravitational] बल की दिशा की पहचान, सूर्यग्रहण बनने की प्रक्रिया के संबंध्द में कर सकते हैं।।

216. In the beginning of the chapter 'motion and time' a teacher wishes her students to appreciate the need for standard units of distance. Which of the following activities would be most suitable for the purpose?

(1) Students measure the length of their classroom in footsteps and share their results
(2) Students use a meter scale to find out the length of their classroom

SCIENCE

(3) Students compare a meter scale with a 12-inch scale and note their observations
(4) Students estimate the height of the door of their classroom in inches

पाठ 'गति और समय' के आरंभ में शिक्षिका अपनी छात्राओं को दूरी की मानक इकाईयों के महत्त्व की आवश्यकता समझाना चाहती है। इस उद्देश्य के लिए निम्न में से कौन-से क्रियाकलाप सर्वाधिक उपयुक्त हैं?

(1) विद्यार्थी कदमों से अपनी कक्षा की लंबाई मापते हैं और अपने निष्कर्ष साझा करते हैं।
(2) विद्यार्थी अपनी कक्षा की लंबाई ज्ञात करने के लिए मीटर के पैमाने का उपयोग करते हैं।
(3) विद्यार्थी मीटर के पैमाने की तुलना एक 12 इंच के पैमाने से करते हैं और अपने अवलोकनों को नोट करते हैं।
(4) विद्यार्थी अपनी कक्षा के दरवाज़े की ऊँचाई का इंच में आकलन करते हैं।

Ans : (1)

छात्रों को दूरी की मानक इकाइयों [standard unit] से परिचित करवाने से पहले अमानक इकाइयों [non-standard units] से परिचित करवाना चाहिए।

उनके दैनिक जीवन [Daily life] से जोड़कर सिखाना चाहिए, जिससे शिक्षार्थी [Students] उपयुक्त तरीके से तथा आसानी से सीख सकते हैं।

अतः जब विद्यार्थी कदमों से अपनी कक्षा की लं० मापते हैं और अपने निष्कर्ष [result] साझा करते हैं तो इस प्रकार की गतिविधियों [Activities] के माध्यम से छात्र 'स्वयं करके सीखते' [learning by doing] हैं तथा दूरी के मानक इकाइयों के महत्व को समझते हैं क्योंकि अमानक इकाई (अर्थात् कदमों द्वारा दूरी ज्ञात करने) से प्रत्येक छात्र की दूरी अलग - अलग होगी।

अतः इस प्रकार छात्र यह समझ सकेंगे कि 'सटीक दूरी' ज्ञात करने के लिए मानक इकाई [standard unit] आवश्यक है।

217. Which of the following statements best describes the relationship between science and technology?

(1) Scientific principles are discovered first, and technological application happen later.
(2) Science is an open-ended exploration whereas technology is usually goal oriented.
(3) Technology implies the use of advanced equipment whereas science is largely theoretical.
(4) Science was part of ancient human civilization, but technology is relatively recent

निम्नलिखित में से कौन-सा कथन विज्ञान एवं प्रौद्योगिकी के मध्य संबंध की अच्छी व्याख्या करता है?

(1) विज्ञान के नियमों की खोज पहले हुई और उनके प्रौद्योगिक अनुप्रयोग बाद में हुए।
(2) विज्ञान एक विवृतांत (खुले-सिरे का) अनुसंधान है जबकि प्रौद्योगिकी सामान्यत: लक्ष्य अभिमुख है।
(3) प्रौद्योगिकी उन्नत उपकरणों के उपयोग की ओर इंगित करता है जबकि विज्ञान अधिकांशत: सैद्धान्तिक है।
(4) विज्ञान प्राचीन मानव सभ्यता का भाग है, जबकि प्रौद्योगिकी अपेक्षाकृत आधुनिक है।

Ans : (2)

विज्ञान [science] एक विवृतांत [open ended] अनुसंधान [exploration] है जो नई- वस्तुओं की खोज करता है।

प्रौद्योगिकी [technology] विज्ञान का उपयोग करके बनाया गया उपकरण [tool] है, जिसका प्रयोग समस्याओं को हल [solve] करने के लिए किया जाता है।

अतः विज्ञान एक विवृतांत [open ended] अनुसंधान है जबकि प्रौद्योगिकी सामान्यत: 'लक्ष्य अभिमुख्य' [Goal Oriented] है। विज्ञान और प्रौद्योगिकी के सबंध में उचित व्याख्या है।

218. A teacher along with his students is carrying out a study on germination of seeds. They take some dry seeds of different kinds and plant them in different physical conditions. They observe, measure and discuss the growth over a period. During the activity, the teacher asks questions

which require various process skills. The questions asked by the teacher are given in column I

Match these with the appropriate process skills

Column I	Column II
(A) What are the differences between seeds of different type	(i) communication
(B) Why do you think some seeds are growing more quickly than others?	(ii) predicting
(C) Draw a diagram to depict the changes in the seeds	(iii) observing
(D) Based on your observation what do you think would happen if we double the amount of water	(iv) hypothesizing

(1) (A)-(ii), (B)-(i), (C)-(iv), (D)-(iii)
(2) (A)-(iii), (B)-(iv), (C)-(i), (D)-(ii)
(3) (A)-(iii), (B)-(iv), (C)-(ii), (D)-(1)
(4) (A)-(ii), (B)-(iii), (C)-(i), (D)-(iv)

एक शिक्षक अपने विद्यार्थियों के साथ बीजों के अंकुरण पर अध्ययन कर रहे हैं। उन्होंने विभिन्न प्रकार के कुछ सूखे बीज लिए और उन्हें भिन्न-भिन्न भौतिक अवस्थाओं में रोपा। उन्होंने पौधों को देखा, मापा और कुछ समय तक उनकी वृद्धि पर चर्चा की। इस क्रियाकलाप के दौरान, शिक्षक ने कुछ ऐसे प्रश्न पूछे जिनमें कई प्रक्रिया कौशलों की आवश्यकता है। शिक्षक द्वारा पूछे गए प्रश्न स्तंभ 1 में दिए गए हैं।

उनका उपयुक्त प्रक्रिया कौशलों से मिलान करिए।

स्तंभ-1	स्तंभ - II
A. विभिन्न प्रकार के बीजों में क्या अन्तर है?	(i) संप्रेषण करना
B. तुम क्या सोचते हो कि कुछ बीज अन्य की अपेक्षा जल्दी क्यों वृद्धि करते हैं?	(ii) पूर्वानुमान
C. बीजों के परिवर्तन दर्शाने के लिए एक चित्र बनाइए।	(iii) अवलोकन करना
D. अपने प्रेक्षणों के आधार पर आप क्या सोचते हैं कि क्या होगा यदि हम जल की मात्रा दुगुनी कर दें?	(iv) परिकल्पना

(1) (A)-(ii), (B)-(i), (C)-(iv), (D)-(iii)
(2) (A)-(iii), (B)-(iv), (C)-(i), (D)-(ii)
(3) (A)-(iii), (B)-(iv), (C)-(ii), (D)-(1)
(4) (A)-(ii), (B)-(iii), (C)-(i), (D)-(iv)

Ans : (2)

अवलोकन [Observing] का अर्थ है, किसी वस्तु को प्रत्यक्ष [direct] देखकर निष्कर्ष [conclusion] निकालना। विभिन्न प्रकार के बीजो में क्या अंतर है इस प्रकार की क्रिया विधियों से निष्कर्ष निकालने के लिए छात्र प्रत्यक्ष रुप से observe करके बीज को अलग करेंगे।

परिकल्पना [Hypothesis] का मतलब [mean] है किसी चीज घटना के बारे में आपने तर्कपूर्ण सुझाव [logical suggestion] देना। जैसे [तुम क्या सोचते हो कि कुछ बीज [seeds] अन्य की अपेक्षा जल्दी क्यों वृद्धि [growth] करते हैं- ऐसे प्रश्नो मे बालक अपने अनुभव [experience] के आधार पर अपना तर्क रखेगा]

संप्रेषण करना [Communication] से तात्पर्य बातचीत के माध्यम से [solution] निकालना जैसे - बीजों के परिवर्तन दर्शाने के लिए चित्र [picture] बनाना।

पूर्वानुमान (predicting] से तात्पर्य किसी स्थिति घटना का अनुमान अपने पूर्व अनुभव [pre experience] के माध्यम से लगाना। जैसे - आप क्या सोचते हैं? कि क्या होगा यदि हम जल की मात्रा दुगुनी कर दें इस प्रकार के प्रश्नों में बालक अपने तर्क तथा (pre-experiences) के माध्यम से पूर्वानुमान लगाएगा।

SCIENCE

SCIENCE

219. In an inquiry-oriented class in which a class VII teacher is introducing the concepts of physical and chemical change, which of the following steps would precede the rest?

(1) Teacher defines and explains the meaning of a physical and chemical change

(2) Teacher explains and give examples of various reversible and irreversible changes

(3) Teacher exposes the students to various physical and chemical changes and asks them to reflect on the similarities and differences

(4) Teacher writes a chemical equation and asks students to identify the reactants and products

एक जाँच अभिमुख कक्षा में, जिसमें कक्षा VII का एक शिक्षक भौतिक एवं रासायनिक परिवर्तन का परिचय दे रहा है, निम्न में से कौन-सा चरण अन्यों से पूर्व आएगा?

(1) शिक्षक भौतिक एवं रासायनिक परिवर्तन की परिभाषा देता है और उसका अर्थ समझाता है।

(2) शिक्षक विभिन्न उत्क्रमणीय एवं अनुत्क्रमणीय परिवर्तनों को समझाते हैं और उनके उदाहरण देते हैं।

(3) शिक्षक छात्रों को विभिन्न भौतिक एवं रासायनिक परिवर्तनों से रू-ब-रू कराते हैं और उन्हें उनकी समानताओं एवं विभेदों पर विचार करने के लिए कहते हैं।

(4) शिक्षक एक रासायनिक समीकरण लिखते हैं और छात्रों को अभिकारकों एवं उत्पादों की पहचान करने के लिए कहते हैं।

Ans : (3)

शिक्षक छात्रों को विभिन्न भौतिक एवं रासायनिक विद्यार्थियों को भौतिक [Physical] और रासायनिक [Chemical] परिचय देने के लिए सर्वप्रथम उन्हें भौतिक एवं रासायनिक परिवर्तनों के बारे में बताना उसके बाद उन दोनों में क्या समानता [equality] तथा क्या अंतर [different] है इससे अवगत कराना चाहिए। अत: यह चरण अन्य चरणों से पहले आएगा

220. Which of the following is desirable features/ of the textbook development process?

(1) We should strictly follow the one nation, one textbook' norm.

(2) Actual process of writing of the textbooks should only involve practicing scientists.

(3) Intensive and wide - spread field trials of textbooks must be carried out.

(4) Textbook writing by individuals & NGOs must be discouraged.

पाठ्य-पुस्तकों के विकास की प्रक्रिया का निम्नलिखित में से कौन-सा एक वांछनीय लक्षण है?

(1) हमें सख़्ती से एक देश एक पाठ्य-पुस्तक' नियम का पालन करना चाहिए।

(2) पाठ्य-पुस्तकों को लिखने की वास्तविक प्रक्रिया में केवल कार्यशील वैज्ञानिकों को सम्मिलित करना चाहिए।

(3) पाठ्य-पुस्तकों को गहन तथा व्यापक रूप में पूर्वकार्यान्वित किया जाना चाहिए।

(4) व्यक्तियों तथा NGO से पाठ्य-पुस्तकों को लिखवाना निरुत्साहित करना चाहिए।

Ans : (3)

शिक्षा में तीन केंद्र बिंदु होते है. शिक्षक [teacher] शिक्षार्थी [students] पाठ्यपुस्तक [textbook]

पाठ्यपुस्तक [textbook] शिक्षक एवं शिक्षार्थी [teacher & students] को जोड़ने का कार्य करती है।

पाठ्यपुस्तकों के विकास की प्रक्रिया के वांछनीय लक्षण [Desirable features of the process of textbook development] :

- पाठ्यपुस्त के शिक्षक एवं शिक्षार्थियों का मार्गदर्शन [guidance] करने वाली होनी चाहिए।
- पाठ्यपुस्तक बालक के आयु [age] और मानसिक स्तर [Mental ability] के अनुरुप [according] होनी चाहिए।
- भाषा सरल और स्पष्ट होनी चाहिए।
- जानकारी [Information] प्रमाणिक [authentic] होनी चाहिए।

- हमे एक देश एक पुस्तक नियम का पालन नहीं करना चाहिए, बल्कि शिक्षण अधिगम प्रक्रिया में भिन्न - भिन्न पुस्तकों का प्रयोग करना चाहिए।

[अत: पाठ्यपुस्तकों को गहन [Intensive] तथा व्यापक रुप में पूर्व क्रियान्वित [Pre-executed) किया जाना चाहिए।]

पाठ्यपुस्त के विकास की प्रक्रिया का वांछनीय लक्षण है।

221. According to NCF 2005, the pedagogic practices recommended at the upper primary stage are

(a) group discussion

(b) designing simple investigations

(c) verification of the theoretical principles

(1) (a) and (c)

(2) (b) and (c)

(3) (a) and (b)

(4) only (c)

NCF 2005 के अनुसार, उच्च प्राथमिक स्तर पर अनुशंसित शिक्षण शास्त्रीय अभ्यास हैं -

(a) सामूहिक चर्चा करना।

(b) सरल जाँच की रूपरेखा तैयार करना।

(c) सैद्धांतिक नियमों का सत्यापन करना।

(1) a और c

(2) b और c

(3) a और b

(4) केवल c

Ans : (3)

- NCF 2005 के अनुसार छात्रों को कोई भी संकल्पना [Concept] उनके दैनिक जीवन [daily life] से जोड़कर सिखाना।
- छात्रों को गतिविधि [Activity] के माध्यम से सिखाना।
- शिक्षा को रटंत प्रणाली [rote system] से मुक्त करना।
- सामूहिक चर्चा [Group discussion] करवाना जिससे छात्र अपनी शंकाओं [doubts] का समाधान कर सके।
- छात्रों के मस्तिष्क स्तर [Mental ability] तथा आयु के अनुरुप [according] सरल रुपरेखा तैयार करना।

222. From the following statements about science, identify the one that is false.

(1) Scientific ideas are tentative.

(2) Technology has preceded science in the history of civilization.

(3) The scientific method is the only guide for conducting research.

(4) In science self-examination and skepticism is important.

विज्ञान के बारे में निम्नलिखित कथनों में से वे पहचाने जो गलत है।

(1) वैज्ञानिक विचार अस्थायी होते हैं।

(2) प्रोद्योगिकी सभ्यता के इतिहास में विज्ञान से पहले आई है।

(3) वैज्ञानिक विधि अनुसंधान करने के लिए एकमात्र मार्गदर्शिका है।

(4) विज्ञान में आत्म-परीक्षा और संशयवाद महत्वपूर्ण है।

Ans : (3)

- विज्ञान की प्रकृति अस्थायी [tentative] है अर्थात् वैज्ञानिक विचार [scientific Ideas] में परिवर्तन होते रहते है।

  विज्ञान में आत्म-परीक्षा [self-examination] से तात्पर्य छात्र अपने तर्क तथा विचारों को [assessment] करे।

  अतः विज्ञान में आत्म परीक्षा महत्वपूर्ण [self-examination] है तथा संशयवाद [skepticism] महत्वपूर्ण है।
- विज्ञान में अनुसंधान [research] करने के अनेक तरीके [methods] हो सकते है।

  अतः वैज्ञानिक विधि [scientific method] अनुसंधान करने के लिए एकमात्र [only] नहीं बल्कि एक महत्वपूर्ण मार्गदर्शिका [guide] है।

SCIENCE

223. Asking questions such as "Can you think of a different and better way of trying out your ideas?" after an investigatory project helps student to-

(1) reflect critically
(2) communicate
(3) observe
(4) hypothesize

एक अनुसंधानात्मक परियोजना के बाद ऐसे प्रश्नों का पूछा जाना कि क्या आप अपनी धारणाओं के पूर्व परीक्षण के लिये एक भिन्न एवम् बेहतर मार्ग सोच सकते हो?: विद्यार्थियों की मदद कर सकता है-

(1) आलोचनात्मक अनुचिंतन में
(2) संवाद बनाने में
(3) प्रेक्षण करने में
(4) परिकल्पना करने में

Ans : (1)

आलोचनात्मक सोच [Critical thinking] एक तरह की सोच है, जिसके अंतर्गत छात्र ने जो कुछ भी सीखा है, उसके बारे में सवाल करता है, विश्लेषण [analysis] करता है व्याख्या करता है, मूल्यांकन [Evaluation] करता है तथा अपने तर्क के आधार पर निर्णय [decision] लेते हैं।

[अतः अनुसंधानात्मक परियोजना [inquiry project] के बाद ऐसे प्रश्नों का पूछा जाना कि आप अपनी धारणाओं के पूर्व परीक्षण [pretest] के लिए भिन्न एवं बेहतर मार्ग से सोच सकते हैं? विद्यार्थियों में आलोचनात्मक अनुचिंतन [critical reflection] में मदद कर सकता है।]

224. A teacher introduced the topic of cyclones in class by asking the following questions (without mentioning the topic to be taught):

Have you heard about heavy rains in West Bengal and Odissa in 2021? Has anyone of you heard the term "Yaas"?

What could be the objective of the teacher behind asking these questions to students?

(1) To check general knowledge of students
(2) To make the class attentive.
(3) To contextualize the topic.
(4) To break the monotony of the class.

शिक्षक ने कक्षा में निम्नलिखित प्रश्न पूछते हुए (क्या विषय पढ़ाना है यह बताये बिना) चक्रवात के विषय का परिचय दिया:

क्या तुमने समाचारों में 2021 में पश्चिमी बंगाल और ओडिशा की भारी वर्षा के विषय में सुना है? क्या आप में से किसी ने 'यास' के बारे में सुना है? शिक्षक का विद्यार्थियों से यह प्रश्न पूछने का क्या उद्देश्य हो सकता है?

(1) विद्यार्थियों के सामान्य ज्ञान की जाँच करना
(2) कक्षा को सतर्क करना
(3) विषय को प्रासांगिक बनाना
(4) कक्षा की एकरसता दूर करना

Ans : (3)

उपर्युक्त प्रश्न में शिक्षिका छात्रों को पाठ उनके दैनिक जीवन [daily life] से जोड़कर सिखा रही है। इससे छात्र पाठ को आसानी से सीख सकते हैं।

शिक्षक का विद्यार्थियों से यह प्रश्न पूंछने का उद्देश्य विषय को प्रासंगिक बनाना। [to contextualize the topic] अर्थात पाठ को छात्र के [real life] से Connect करना है।]

225. A teacher wishes to apply the problem-solving strategy to help students understand various ways to conserve energy in a school. The first step in the problem-solving strategy will be-

(1) Collecting data about energy-usage
(2) Identifying wasteful practices
(3) Evaluating the effectiveness of steps taken
(4) Taking remedial measures like awareness campaigns

विद्यालय में उर्जा संरक्षण के विभिन्न तरीकों को समझने में अपने विद्यार्थियों की मदद करने के लिए एक शिक्षिका समस्या-समाधान रणनीति का प्रयोग

करना चाहती है। समस्या समाधान विधि का पहला चरण होगा –

(1) ऊर्जा उपयोग संबंधित आँकड़े एकत्रित करना
(2) अपव्ययी व्यवहारों की पहचान करना
(3) उठाए गए कदमों की प्रभावशीलता का मूल्यांकन करना
(4) जागरुकता अभियान जैसे उपचारात्मक तरीके अपनाना

Ans : (1)

आंकड़ा एकत्रीकरण [Data Collecting] से तात्पर्य किसी [Concept] संबंधित सर्वेक्षण [survey] प्रयोग [Experiment] अवलोकन [observation] तथा मौजूदा ज्ञान के आधार पर जानकारी एकत्र [Collect] करना।

अतः ऊर्जा संरक्षण [Conserve energy] पढ़ाने के लिए समस्या समाधान [problem solving] की प्रथम रणनीति [strategy] ऊर्जा-उपयोग संबंधित आंकड़े एकत्रित [Data Collect] करना।

226. Consider the statements given below and choose the correct option:

Assertion (A): A teacher should teach each science concept assuming students know nothing.

Reasoning (R): Science is an abstract subject with no clear interconnectedness between scientific concepts.

(1) Both Assertion and Reasoning are true, and Reasoning is its correct explanation.
(2) Both Assertion and Reasoning are true, but Reasoning is not its correct explanation.
(3) Assertion is true, but Reasoning is false.
(4) Both Assertion and Reasoning are false.

नीचे दिए गए कथनों पर विचार करिये और सही विकल्प का चुनाव करिये-

अभिकथन (A) : शिक्षक को प्रत्येक वैज्ञानिक संकल्पना यह मानते हुए पढ़ानी चाहिए कि विद्यार्थी कुछ नहीं जानते।

कारण (R) : विज्ञान एक अमूर्त विषय है जिसमें वैज्ञानिक संकल्पनाओं के बीच कोई स्पष्ट अंतर्संबंध नहीं है।

(1) अभिकथन और कारण दोनों सही हैं और कारण अभिकथन की सही व्याख्या है।
(2) अभिकथन और कारण दोनों सही हैं लेकिन कारण अभिकथन की सही व्याख्या नहीं है।
(3) अभिकथन सत्य है लेकिन कारण असत्य है।
(4) अभिकथन और कारण दोनों असत्य हैं।

Ans : (4)

छात्र जब विद्यालय आते हैं। तो अपने आस-पास के वातावरण से अनुभव [Experience] लेकर आते हैं अर्थात् छात्र कोरी स्लेट [Blank Paper] की भांति नहीं होते हैं। ["अर्थात शिक्षक को प्रत्येक वैज्ञानिक संकल्पना [scientific concepts] यह समझकर पढ़ाना चाहिए कि छात्रों को कुछ नही आता, यह कथन गलत है।"

विज्ञान में प्राकृतिक घटनाओं [natural phenomena] का अध्ययन किया जाता है तथा उन घटनाओं का अवलोकन [observation] के आधार पर [analysis] विश्लेषण किया जा सकता है (अर्थात् विज्ञान एक मूर्त विषय है। वैज्ञानिक संकल्पनाएं [scientific concepts] आपस में जुड़ी हुई होती है।

[अर्थात् कथन और कारण दोनों असत्य है।]

227. Match the following.

Column A.	Column B
(A) A metal that is not ductile at room temperature.	(I) graphite
(B) A non-metal that is a good conductor of electricity	(II) phosphorus
(C) A metal that is soft and can be cut with a knife	(III) zinc
(D) A nonmetal that catches fire when exposed to air.	(IV) iodine
(E) A lustrous non-metal	(V) sodium

(1) (A) (V), (B) (IV), (C) (III), (D) (I) (E) (II)
(2) (A) (III), (B) (I) (C) (V), (D) (II) (E) (IV)

SCIENCE

(3) (A) (II), (B) (IV), (C) - (I), (D) - (V), (E) - (III)
(4) (A) (I), (B) (V), (C) - (II), (D) - (III), (E) (IV)

मिलान कीजिए:

स्तम्भ A	स्तम्भ B
(A) एक धातु जो कमरे के तापमान पर तन्य नहीं है	(I) ग्रेफाइट
(B) एक अधातु जो विद्युत का सुचालक है।	(II) फॉस्फोरस
(C) एक धातु जो मुलायम है तथा चाकू द्वारा काटी जा सकती है।	(III) जिंक
(D) एक धातु जो वायु के संपर्क में आने पर प्रज्वलित हो जाती है।	(IV) आयोडीन
(E) एक चमकने वाली अधातु	(V) सोडियम

(1) (A)- (V), (B) - (IV) (C) (III). (D) (I). (E) (II)
(2) (A) (III) (B) (I) (C) (V). (D) (II), (E) (IV)
(3) (A) (II) (B) (IV), (C) (I), (D) (V). (E) (III)
(4) (A) (I), (B) - (V). (C) - (II), (D) - (III) (E) (IV)

Ans : (2)

कमरे के तापमान पर जिंक एक तन्य धातु (zinc metal) नहीं है। ग्रेफाइट (Graphite) एक अधातु है जो विद्युत का सुचालक (conductor of electricity) है। फास्फोरस (Phosphorus) हवा में आग पकड़ लेता है इसलिए इसे पानी में रखा जाता है। सोडियम धातु को चाकू से काटा जा सकता है। आयोडीन एक चमकदार अधातु है।

228. Which one of the following is not a conductor of electricity?
(1) Salt water
(2) Distilled water
(3) Vinegar
(4) Lime juice

निम्नलिखित में से कौन-सा विद्युत का चालक नहीं है?
(1) लवण जल
(2) आसवित जल
(3) सिरका
(4) नींबू का रस

Ans : (2)

सिरका (Vinegar), नींबू का रस (Lime juice) तथा लवण जल (Salt water) इन सभी द्रवों (Liquids) में आवेशित कण (आयन) पाए जाते हैं। अतः ये विद्युत के चालक होते हैं, लेकिन आसवित जल (Distilled water) जल का पूर्ण शुद्ध रूप है, जिसमें कोई आयनिक अशुद्धि नहीं पाई जाती है। इसलिए यह विद्युत का चालक नहीं है।

229. Which of the following do not contain any enzymes?
(1) Bile juice
(2) Pancreatic juice
(3) Gastric juice
(4) Salivary juice

निम्नलिखित में से किसमें कोई एन्जाइम नहीं होते हैं?
(1) पित्त रस
(2) अग्नाशय रस
(3) आमाशय रस
(4) लसीका रस

Ans : (1)

पित्त रस (Bile juice) में एंजाइम नहीं होते हैं। पित्त में पित्त लवण होते हैं जो वसा के पायसीकरण (emulsification) में मदद करते हैं, अर्थात वसा के बड़े अणु (large fat molecules) छोटे कणों में परिवर्तित हो जाते हैं।

230. Consider the following statements and choose the correct option
Assertion (A): Lions do not eat grass
Reason (R): Many animals cannot digest cellulose
What can you say about these?
(1) Both A and R are true and R is the correct explanation of A

(2) Both A and R are true and R is not the correct explanation of A
(3) A is true but R is false
(4) A is false but R is true

नीचे दिए गए कथनों को पढ़िए और सही विकल्प का चयन कीजिए।

अभिकथन (A) : शेर घास नहीं खाता।

कारण (R) : बहुत से पशु सेल्यूलोज़ का पाचन नहीं कर पाते हैं।

(1) A और R दोनों सही हैं और R, A का सही स्पष्टीकरण है।
(2) A और R दोनों सही हैं और R, A का सही स्पष्टीकरण नहीं है।
(3) A सही है लेकिन R गलत है।
(4) A गलत है लेकिन R सही है।

Ans : (1)

अभिकथन (A): शेर घास नहीं खाते। यह सत्य है क्योंकि शेर मांसाहारी (carnivorous) होते हैं और मुख्य रूप से मांस खाते हैं।

कारण (R): कई जानवर सेल्यूलोज़ (cellulose) को पचा नहीं पाते। यह भी सत्य है; सेल्यूलोज़ के पाचन के लिए विशेष एंजाइम की आवश्यकता होती है, और कई जानवरों में इनकी कमी होती है।

231. Which of the following represents correct matching of the different vitamins in column A with their functions in column B?

Column A	Column B
(a) Vitamin A	(i) Helps body to use calcium for bones and teeth
(b) Vitamin C	(ii) Keeps our skin and eyes healthy
(c) Vitamin D	(iii) Helps body to fight many diseases
(d) Vitamin B	(iv) Proper functioning of body cells and maintaining health

(1) (a)- (ii), (b)- (i), (c)-(iv), (d)-(iii)
(2) (a)- (iv), (b)- (ii), (c)-(iii), (d)-(i)
(3) (a)- (ii), (b)- (iii), (c)-(i), (d)-(iv)
(4) (a)- (iii), (b)- (iv), (c)-(i), (d)-(ii)

निम्न में से कौन कॉलम A में दिए गए विभिन्न विटामिनों का कॉलम B में दिए गए उनके प्रकार्यों के साथ सही मिलान दर्शा रहा है?

कॉलम A	कॉलम B
(a) विटामिन A	(i) हड्डियों और दांतों के लिए कैल्सियम के उपयोग में शरीर की मदद करता है।
(b) विटामिन C	(ii) हमारी त्वचा और आँखों को स्वस्थ रखता है।
(c) विटामिन D	(iii) कई रोगों से लड़ने में शरीर की मदद करता है।
(d) विटामिन B	(iv) शरीर की कोशिकाओं को उपयुक्त कार्य और स्वास्थ्य को बनाए रखने में मदद करता है।

(1) (a)- (ii), (b)- (i), (c)-(iv), (d)-(iii)
(2) (a)- (iv), (b)- (ii), (c)-(iii), (d)-(i)
(3) (a)- (ii), (b)- (iii), (c)-(i), (d)-(iv)
(4) (a)- (iii), (b)- (iv), (c)-(i), (d)-(ii)

Ans : (3)

विटामिन A	हमारी त्वचा और आंखों को स्वस्थ रखता है
विटामिन C	कई रोगों (diseases) से लड़ने में शरीर की मदद करता है।
विटामिन D	हड्डियों और दांतों के लिए कैल्शियम का उपयोग करने में शरीर की मदद करता है
विटामिन B	शरीर की कोशिकाओं (Body cells) को उपयुक्त कार्य और स्वास्थ्य को बनाए रखने में मदद करता है।

232. Which of the following would you choose for making a fuse wire?

	Resistance	Thickness	Melting point
(1)	High	Thick	Low
(2)	High	Thin	Low
(3)	Low	Thin	High
(4)	Low	Thick	High

फ्यूज़ तार बनाने के लिए निम्नलिखित में से आप किसका चयन करेंगे?

	प्रतिरोध	मोटाई	गलनांक
(1)	उच्च	पतला	निम्न
(2)	उच्च	पतला	निम्न
(3)	निम्न	पतला	उच्च
(4)	निम्न	पतला	उच्च

Ans (2)

फ़्यूज़ तारों [Fuse wires] में उच्च प्रतिरोध [high resistance] और निम्न गलनांक [low melting point] होना चाहिए ताकि सर्किट में बहुत अधिक करंट प्रवाहित होने पर वे जल्दी गर्म हो सकें और पिघल सकें। यह सुनिश्चित करता है कि सर्किट टूटा हुआ है और विद्युत उपकरणों [electrical devices] या संभावित खतरों [potential hazards] को नुकसान से बचाता है। इसके अतिरिक्त, एक पतले तार का उपयोग यह सुनिश्चित करने के लिए किया जाता है कि यह अत्यधिक धारा [excessive current] के तहत आसानी से पिघल जाए।

233. Arrange the following steps of fixation of atmospheric nitrogen in the correct sequence:

(A) Uptake of compounds of nitrogen by plants through the root system

(B) Synthesis of plant proteins and other compounds

(C) Conversion of nitrogenous wastes from dead plants and animals into nitrogenous compounds

(D) Fixation of nitrogen from atmosphere by certain bacteria and blue-green algae

Choose the correct option.

वायुमंडलीय नाइट्रोजन के स्थिरीकरण के निम्नलिखित चरणों को सही क्रम में व्यवस्थित कीजिए:

(A) पौधों द्वारा जड़ तंत्र से नाइट्रोजन के यौगिकों का उद्ग्रहण

(B) पादप प्रोटीन और अन्य यौगिकों का संश्लेषण

(C) मृत पौधों और जीवों से प्राप्त नाइट्रोजनी अपशिष्ट का नाइट्रोजनी यौगिकों में रूपांतरण

(D) कई जीवाणु (बैक्टीरिया) और नीले-हरे शैवाल द्वारा बायुमंडल से नाइट्रोजन का स्थिरीकरण

सही विकल्प का चयन कीजिए।

(1) (D) → (C) → (A) → (B)

(2) (A) → (D) → (C) → (B)

(3) (D) → (A) → (B) → (C)

(4) (D) → (B) → (A) → (C)

Ans (3)

सही क्रम है (D) → (A) → (B) → (C)।

यह क्रम सुनिश्चित करता है कि वायुमंडलीय नाइट्रोजन [atmospheric nitrogen] को पहले एक ऐसे रूप में स्थिर किया जाए जिसे पौधे अवशोषित [absorb] कर सकें, फिर पौधों द्वारा प्रोटीन और अन्य यौगिकों को संश्लेषित [synthesize] करने के लिए उपयोग किया जाता है, और अंत में, नाइट्रोजनयुक्त अपशिष्ट को वापस नाइट्रोजनयुक्त यौगिकों [nitrogenous compounds] में परिवर्तित किया जाता है।

234. Read the following statements:

Assertion (A): Deforestation can lead to floods.

Reasoning (R): The infiltration rate of water is reduced due to deforestation.

Choose the correct option.

(1) Both (A) and (R) are true and (R) is the correct reasoning for (A).

(2) Both (A) and (R) are true but (R) is not the correct reasoning for (A).

(3) (A) is true but (R) is false.

(4) (A) is false but (R) is true.

निम्नलिखित कथनों को पढ़िए:

अधिकथन (A): वननाशन/वन कटाई बाढ़ का कारण हो सकता है।

तर्क (R): वन कटाई से जल की अंत:स्यंदन दर घट जाती है।

सही विकल्प का चयन कीजिए।

(1) (A) और (R) दोनों सत्य हैं और (A) का (R) सही तर्क है।
(2) (A) और (R) दोनों सत्य है किन्तु (A) का (R) सही तर्क नहीं है।
(3) (A) सत्य है किन्तु (R) असत्य है।
(4) (A) असत्य है किन्तु (R) सत्य है।

Ans (1)

वनों की कटाई [Deforestation] से बाढ़ आ सकती है क्योंकि पेड़ों और वनस्पतियों को हटाने से मिट्टी में पानी के प्रवेश की दर [infiltration rate of water] कम हो जाती है। जड़ों और पौधों के आवरण के बिना, ज़्यादा पानी ज़मीन में अवशोषित [absorbed] होने के बजाय सतह से बह जाता है, जिससे बाढ़ का ख़तरा [risk of flooding] बढ़ जाता है।

235. Which of the following statements about the sequence of events in sexual reproduction in a flower is correct?

(1) Seedlings are formed after pollination and before development of embryo.
(2) Embryo is formed before pollination and after fertilization.
(3) Seedlings are formed after pollination and development of embryo.
(4) Embryo is formed after pollination and formation of seedlings.

निम्नलिखित में से कौन-सा कथन किसी पुष्प में लैंगिक जनन की घटनाओं के क्रम के लिए सही है?

(1) परागण के पश्चात् और भ्रूण के विकसित होने के पूर्व नवोद्भिद् बनते हैं।
(2) परागण के पूर्व और निषेचन के पश्चात् भ्रूण बनता है।
(3) परागण और भ्रूण के विकास के पश्चात् नवोद्भिद् बनते हैं।
(4) परागण और नवोद्भिद् के बनने के पश्चात् भ्रूण बनता है।

Ans (3)

एक फूल में लैंगिक प्रजनन में घटनाओं का क्रम:

परागण [Pollination]: परागकोष से वर्तिकाग्र तक पराग का स्थानांतरण।

निषेचन [Fertilization]: नर और मादा युग्मकों का संलयन।

भ्रूण का विकास [Development of Embryo]: निषेचन के बाद भ्रूण का निर्माण।

बीज निर्माण [Seed Formation]: निषेचित बीजांड से बीजों का विकास।

नवोद्भिद् (अंकुर) निर्माण [Seedling Formation]: बीजों का अंकुरण करके अंकुर बनाना।

236. Which of the following statements are true?

(A) Crystallisation is a chemical change.
(B) Photosynthesis is a chemical change.
(C) Ripening of fruit is a physical change.
(D) Formation of curd from milk is a chemical change.

निम्नलिखित में से कौन-से कथन सही हैं ?

(A) क्रिस्टलन (क्रिस्टलीकरण) एक रासायनिक परिवर्तन है।
(B) प्रकाश संश्लेषण एक रासायनिक परिवर्तन है।
(C) फल का पक्वन एक भौतिक परिवर्तन है।
(D) दूध से दही बनना एक रासायनिक परिवर्तन है।

(1) (B) और (C)
(2) (C) और (D)
(3) (A) और (B)
(4) (B) और (D)

Ans (4)

(A) गलत है। क्रिस्टलीकरण एक भौतिक परिवर्तन [physical change] है, क्योंकि इसमें रासायनिक संरचना में बदलाव किए बिना घोल से ठोस क्रिस्टल का निर्माण शामिल है।

(B) सही है। प्रकाश संश्लेषण में कार्बन डाइऑक्साइड और पानी का ग्लूकोज और ऑक्सीजन में रूपांतरण शामिल है, जो एक रासायनिक प्रतिक्रिया [chemical reaction] है।

(C) गलत है। फलों का पकना एक रासायनिक परिवर्तन [chemical change] है, क्योंकि इसमें स्टार्च का शर्करा में रूपांतरण और अन्य जटिल रासायनिक प्रतिक्रियाएँ शामिल हैं।

(D) सही है। दूध से दही के निर्माण में लैक्टोज का लैक्टिक एसिड में किण्वन शामिल है, जो एक रासायनिक प्रतिक्रिया है।

237. Which property of Aluminum makes it suitable for making foils for wrapping food?

(1) It is a good conductor of heat.
(2) It does not react with oxygen.
(3) It is highly malleable.
(4) It forms useful alloys.

अल्युमीनियम का कौन सा गुणधर्म उसे खाद्य सामग्री लपेटने के लिए फॉयल (पन्नी) बनाने के लिय उपयुक्त बनाता है?

(1) यह ऊष्मा का सुचालक है
(2) यह ऑक्सीजन के साथ अमिक्रिया नहीं करता
(3) यह बहुत आघातवर्ध्य है
(4) यह लाभकारी मिश्रितधातु बनाता है

Ans : (3)

वह गुण जिसके द्वारा धातुओं को शीटों में बदला जा सकता है आघातवर्ध्य (malleability) कहा जाता है। एल्युमिनियम, इस प्रकार एक धातु होने के कारण, एल्युमिनियम फॉयल जैसी पतली चादरों में बदला जा सकता है, जिसका उपयोग खाद्य पदार्थों (food items) की पैकेजिंग में किया जाता है।

238. Which among the following statements is / are true regarding the pressure exerted on a certain area by a brick?

A. Pressure is inversely proportional to area
B. Direction of pressure is opposite to that of the applied force
C. Unit of pressure is the same as that of the force

(1) A and B
(2) only A
(3) B and C
(4) only B

किसी ईंट द्वारा नियत क्षेत्रफल पर लगाए जाने वाले दाब के संदर्भ में निम्नलिखित में से कौन सा कथन सही है-

A. दाब क्षेत्रफल के व्युत्क्रमानुपाती होता है।
B. दाब की दिशा आरोपित बल की दिशा के विपरीत होती है।
C. दाब और बल का मात्रक एक ही होता है।

(1) A व B
(2) केवल A
(3) B व C
(4) केवल B

Ans : (2)

दाब क्षेत्रफल के व्युत्क्रमानुपाती होता है (Pressure is inversely proportional to area)। किसी ईंट द्वारा नियत क्षेत्रफल (fixed area) पर लगाए जाने वाले दाब के संदर्भ में कथन सत्य है।

239. Consider the following aspects of substances involved in a chemical reaction:

A. Physical state of all the substances
B. Number of molecules of all substances
C. Number of atoms of each substance
D. Sum of masses of all atoms of substances

Which of the above remain the same before and after a chemical reaction has taken place?

(1) A and B
(2) B and C
(3) C and D
(4) A and D

किसी रासायनिक अभिक्रिया में निहित पदार्थों के निम्न पहलुओं को देखिए-

A. सभी पदार्थों की भौतिक अवस्था
B. सभी पदार्थों के अणुओं की संख्या

C. प्रत्येक पदार्थ के परमाणुओं की संख्या
D. सभी पदार्थों के सभी परमाणुओं के द्रव्यमान का मान

उपरोक्त में से क्या रासायनिक अभिक्रिया होने के पूर्व एवं उपरान्त एक समान रहता है?

(1) A और B
(2) B और C
(3) C और D
(4) A और D

Ans : (3)

प्रत्येक पदार्थ के परमाणुओं की संख्या (Number of atoms) और सभी पदार्थों के सभी परमाणुओं के द्रव्यमान (Mass of atoms) का मान रासायनिक अभिक्रिया (chemical reaction) होने के पूर्व एवं उपरान्त एक समान (remains same) रहता हैं।

240. A teacher asks students to suggest a method to demagnetize a magnet. Some responses are:

(A) "dropping a magnet on floor several times"
(B) "breaking the magnet into 2 halves"
(C) "heating the magnet"
(D) "throwing the magnet in water"
(E) "by hammering it"

Which of the following are correct?

(1) A, B and D
(2) C, D and E
(3) A, C and E
(4) C, D and E

किसी शिक्षक ने विद्यार्थियों से एक चुम्बक को विचुम्बकित करने की विधि का सुझाव देने के लिए कहा। कुछ उत्तर हैं-

A. चुम्बक को कई बार जमीन पर गिराओ।
B. चुम्बक के दो टुकड़े कर दो।
C. चुम्बक को गर्म करो।
D. चुम्बक को जल में फेंको।
E. चुम्बक को हथौड़े से पीटो।

निम्न में से क्या सही है?

(1) A, B और D
(2) C, D और E
(3) A, C और E
(4) C, D और E

Ans : (3)

किसी शिक्षक ने विद्यार्थियों से एक चुम्बक को विचुम्बकित (demagnetize) करने की विधि का सुझाव देने के लिए कहा। कुछ उत्तर हैं-

- चुम्बक को कई बार जमीन पर गिराओ।
- चुम्बक को गर्म करो।
- चुम्बक को हथौड़े से पीटो।

241. Gall bladder of a patient was surgically removed.

Which of the following dietary advice would be helpful to him?

(1) Avoid high protein diet
(2) Avoid high salt content in food
(3) Avoid high fat food
(4) Avoid green leafy vegetables

किसी मरीज़ का पित्ताशय शल्य चिकित्सा द्वारा निकाल दिया गया। निम्न में से कौन-सी आहार संबंधी सलाह उसके लिए मददगार होगी?

(1) उच्च प्रोटीन आहार से बचो
(2) भोजन में नमक की अधिक मात्रा से बचो
(3) उच्च वसायुक्त आहार से बचो
(4) पत्तियों वाली हरी शाक सब्जियों से बचो

Ans : (3)

उच्च वसायुक्त आहार से बचें आहार संबंधी सलाह उनके लिए सहायक होगी।

242. Read the following statements and choose correct option.

Assertion (A): The leaves of some water plants (hydrophytes) have waxy coating
Reason (R): The waxy coating helps the plants to stay afloat in water

(1) A is correct and R is correct explanation for A
(2) A and R are correct but R is not explanation for A
(3) A is correct but R is incorrect
(4) Both A & R are incorrect

नीचे दिए गए कथन पढ़िए और सही विकल्प का चयन कीजिए:

अभिकथन (A) : कुछ जलीय पौधे (जलोदिमिद्) की पत्तियों पर मोम की एक परत होती है।

कारण (R) : मोम की परत पौधों को जल के उपर तैरते रहने में मददगार हैं।

(1) (A) सही है और (A) के लिए (R) सही व्याख्या है।
(2) (A) और (R) दोनों सही हैं लेकिन (R), (A) की सही व्याख्या नहीं करता है।
(3) (A) सही है लेकिन (R) गलत है।
(4) (A) तथा (R) दोनों गलत हैं।

Ans : (3)

अभिकथन (A): कुछ जलीय पौधों (हाइड्रोफाइट्स) की पत्तियों पर मोमी परत (waxy layer) होती है। यह सही है। मोमी परत पत्तियों पर अतिरिक्त पानी को चिपकने से रोकती है और पानी की कमी से बचाती है।

कारण (R): मोमी परत पौधों को पानी में तैरने में मदद करती है। यह गलत है। मोमी परत का प्राथमिक उद्देश्य पौधे को तैरने में मदद करना नहीं है, बल्कि पानी को रंध्रों में (water into the pores) जमने से रोकना और जलभराव (water logging) से बचाना है।

243. Deepa takes a steel spoon and brings the outer side of the spoon near her face and observes her image in it. Which of the following statements correctly explains the kind of image she sees.

(1) The outer surface of spoon acts like a concave mirror and forms a diminished image
(2) The outer surface of spoon acts like a convex mirror and forms a diminished image
(3) The outer surface of spoon acts like a concave mirror and forms an enlarged image
(4) The outer surface of spoon acts like a convex mirror & forms an enlarged image

दीपा ने एक स्टील का चम्मच लिया और चम्मच के बाहरी भाग को अपने चेहरे के नजदीक लाकर अपने प्रतिबिंब का चम्मच में अवलोकन किया। निम्नलिखित में से कौन-सा कथन उसके द्वारा अवलोकित प्रतिबिम्ब की सही व्याख्या करता है?

(1) चम्मच का बाहरी भाग अवतल दर्पण की तरह कार्य करता है और छोटा प्रतिबिम्ब बनाता है।
(2) चम्मच का बाहरी भाग उत्तल दर्पण की तरह कार्य करता है और छोटा प्रतिबिम्ब बनाता है।
(3) चम्मच का बाहरी भाग अवतल दर्पण की तरह कार्य करता है और बड़ा प्रतिबिम्ब बनाता है।
(4) चम्मच का बाहरी भाग उत्तल दर्पण की तरह कार्य करता है और बड़ा प्रतिबिम्ब बनाता है।

Ans : (2)

चम्मच का बाहरी भाग बाहर की ओर मुड़ा हुआ होता है, जो उत्तल दर्पण (convex mirror) की तरह कार्य करता है। उत्तल दर्पण हमेशा आभासी (Virtual), छोटा और सीधा प्रतिबिम्ब (erect image) बनाते हैं, चाहे दर्पण से वस्तु कितनी भी दूर क्यों न हो।

244. HIV mainly infects

(1) Cytotoxic T-lymphocytes
(2) Helper T-lymphocytes
(3) Killer lymphocytes
(4) Cell mediated T-lymphocytes

HIV मुख्यतः संक्रमित करता है

(1) साइटोटॉक्सिक T-लिम्फोसाइट्स
(2) सहायक T-लिम्फोसाइट्स
(3) किलर लिम्फोसाइट्स
(4) कोशिका मध्यस्थ T-लिम्फोसाइट्स

Ans : (2)

HIV (Human Immune Deficiency Virus) एक रेट्रोवायरस है, जो मुख्यतः शरीर की सहायक T-लिम्फोसाइट्स (helper T-lymphocytes) को संक्रमित करता है। इससे ये कोशिकाएं नष्ट हो जाती हैं और शरीर की प्रतिरक्षा प्रणाली भी क्षीण होने लगती है।

245. Read the following paragraph and fill in the blanks with the correct option

Every object is attracted by earth with a force which depends on the _ A _ of the object and acceleration due to gravity.

The _ B _ of the object is equal to the force with which it is attracted towards earth.

However, on the surface of moon C changes but _ D _ remains same.

(1) A - weight, B - mass , C - density, D - mass
(2) A - weight, B - weight, C - density, D - mass
(3) A - mass, B - weight, C - weight, D - mass
(4) A - mass, B - weight, C - mass, D – weight

निम्नलिखित अनुच्छेद को पढ़े और सही विकल्प से रिक्त स्थान भरें –

प्रत्येक वस्तु पृथ्वी से एक बल द्वारा आकर्षित होती है जो वस्तु के A और गुरुत्वाकर्षण द्वारा उत्पन्न त्वरण पर निर्भर करता है ।

वस्तु का B उस बल के बराबर है जिसमे वह पृथ्वी की ओर आकर्षित होती है। तथापि, चंद्रमा की सतह पर C बदलता है जबकि D एकसमान रहता है।

(1) A - भार, B - द्रव्यमान, C - घनत्व, D - द्रव्यमान
(2) A - भार, B - भार, C - घनत्व, D - द्रव्यमान
(3) A - द्रव्यमान, B - भार, C - भार, D - द्रव्यमान
(4) A - द्रव्यमान, B - भार, C - द्रव्यमान, D – भार

Ans : (3)

A – द्रव्यमान (mass), B – भार (weight), C - भार, D - द्रव्यमान

246. Which is vestigial organ in man?

(1) Pinna muscles
(2) Pinna
(3) ileum
(4) Teeth

मनुष्य का कौन-सा अंग अवशेषी अंग होता है?

(1) कर्ण पल्लव पेशियाँ
(2) कर्ण पल्लव
(3) क्षुदान्त्र
(4) दाँत

Ans : (1)

मनुष्य के शरीर में कर्ण पल्लव की पेशियां (Pinna muscles), वर्मीफॉर्म एपेंडिक्स (उण्डुकपुच्छ) आदि अवशेषी अंग (vestigial organ) हैं।

247. Select from the following a group of diseases caused by bacteria.

(1) Malaria, Polio and Typhoid
(2) Chickenpox, Meningitis and Tuberculosis
(3) Tuberculosis, Pneumonia and Typhoid
(4) Chickenpox, Influenza and Polio

निम्नलिखित में से (बैक्टीरिया) द्वारा फैलने वाले रोगों का समूह चुनिए।

(1) मलेरिया, पोलियो और मियादी बुखार (टायफॉइड)
(2) छोटी माता, तानिकाशोथ (मेनिनजाइटिस) और तपेदिक (टूबरकुलोसिस)
(3) तपेदिक (टूबरकुलोसिस), न्यूमोनिया और मियादी बुखार (टायफॉइड)
(4) छोटी माता, इन्फ्लूएंजा और पोलियो

Ans : (3)

तपेदिक (टूबरकुलोसिस) (Tuberculosis), न्यूमोनिया (Pneumonia) और मियादी बुखार (टायफॉइड) (Typhoid) जीवाणु (bacteria) के कारण होता है।

248. All of the following are single-celled, except

(1) embryo
(2) paramecium
(3) hen's egg
(4) zygote

निम्नलिखित सभी एककोशीय हैं, सिवाय

(1) भ्रूण
(2) पैरामीशियम
(3) मुर्गी का अण्डा
(4) युग्मज/युग्मनज

SCIENCE

Ans : (1)

भ्रूण (Embryo) एक बहुकोशिकीय संरचना है, जिसका निर्माण युग्मनज (Zygote) के नियोजित विभाजन द्वारा होता है।

249. Which of the following statement is true when a ray of light travels from air into oil?

(1) The speed of light decreases and the ray bends towards the normal.
(2) The speed of light increases and the ray bends away from the normal.
(3) The speed of light increases and the ray bends towards the normal.
(4) The speed of light decreases and the ray bends away from the normal.

हवा से तेल में गति करने वाली प्रकाश की किरण के लिए निम्न में से कौन-सा कथन सत्य है?

(1) प्रकाश की गति कम हो जाती है और किरण अभिलंब की ओर झुक जाती है।
(2) प्रकाश की गति बढ़ जाती है और किरण अभिलंब से दूर झुक जाती है।
(3) प्रकाश की गति बढ़ जाती है और किरण अभिलंब की ओर झुक जाती है।
(4) प्रकाश की गति कम हो जाती है और किरण अभिलंब से दूर झुक जाती है।

Ans : (1)

जब प्रकाश की किरण हवा से तेल (from air to oil) में जाती है। प्रकाश की गति कम हो जाती है और किरण अभिलंब की ओर (towards the normal) झुक जाती है।

250. 3.7 kg of a fuel is completely burnt to give off 1.665×10^8 J of energy. The calorific value of the fuel in standard unit is

(1) 25000
(2) 45000
(3) 22222
(4) 61605

किसी ईंधन के 3.7 किग्रा को पूर्ण दहन करने पर 1.665×10^8 जूल ऊर्जा प्राप्त होती है। मानक मात्रकों में इस ईंधन का कैलोरी मान (ऊष्मीय मान) है

(1) 25000
(2) 45000
(3) 22222
(4) 61605

Ans : (2)

ईंधन का कुल द्रव्यमान (total mass of fuel)

= 3.7 Kg

कुल उत्पन्न ऊर्जा (Total generated energy)

= 1.665 × 108 J

= 1.665 × 105 KJ

मानक मात्रकों में ईंधन का कैलोरी मान (ऊष्मीय मान) (calorific value of the fuel) =

$$\frac{\text{पूर्ण रूप से दहन हुए ईंधन की ऊष्मा मात्रा (heat content of completely burned fuel)}}{\text{(ईंधन का द्रव्यमान (mass of fuel)}}$$

$= 1.665 \times 10^5 / 3.7$

= 45000 KJ/Kg

251. Which of the following sets contains only the units of measuring distance?

(1) Meter, Hertz, Cubit
(2) Meter, Light year, Hertz
(3) Cubit, year, Light year
(4) Cubit, Metre, Light year

निम्नलिखित में से किस समुच्चय में केवल दूरी मापने के मात्रक हैं?

(1) मीटर, हर्ट्ज, बालिश्त
(2) मीटर, प्रकाशवर्ष, हर्ट्ज
(3) बालिश्त, वर्ष, प्रकाशवर्ष
(4) बालिश्त, मीटर, प्रकाशवर्ष

Ans : (1)

बालिश्त (Cubit), मीटर (meter) तथा प्रकाश वर्ष (light year) दूरी मापने के मात्रक हैं।

252. Which of the following is NOT a by-product of petroleum?

(1) Lubricating oil
(2) Paraffin wax
(3) Coke
(4) Bitumen

निम्नलिखित में से कौन-सा पेट्रोलियम का उपोत्पाद नहीं है?

(1) स्नेहक तेल
(2) पैराफिन मोम
(3) कोक
(4) बिटुमेन

Ans : (3)

स्नेहक तेल (Lubricating oil), पैराफिन मोम तथा बिटुमेन ये सभी पेट्रोलियम के प्रभाजी आसवन (Fractional distillation) से प्राप्त हाइड्रोकार्बन उत्पाद हैं, जबकि कोक, कोयले को वायु की उपस्थिति में उच्च ताप पर गर्म करके तैयार किया जाता है। अर्थात कोक पेट्रोलियम उत्पाद नहीं है।

253. Which of the following nutrients are present in milk?

(1) Protein, Iron, Vitamin D
(2) Protein, Calcium, Vitamin D
(3) Protein, Vitamin C, Vitamin A
(4) Carbohydrates, Vitamin C, Iron

दूध में निम्नलिखित में से कौन-से पोषक तत्व होते हैं?

(1) प्रोटीन, आयरन (लोहा), विटामिन-D
(2) प्रोटीन, कैल्शियम, विटामिन-D
(3) प्रोटीन, विटामिन-C, विटामिन-A
(4) कार्बोहाइड्रेट, विटामिन-C, आयरन (लोहा)

Ans : (2)

दूध (Milk) में विभिन्न प्रकार के पोषक तत्व (Nutrients) पाए जाते हैं। इनमें प्रोटीन, कैल्शियम तथा विटामिन-D प्रमुख हैं। इनके अतिरिक्त दूध में फॉस्फोरस तथा विटामिन B भी पाए जाते हैं।

254. A, B, C & D represent four media as follows

(A) Air,
(B) water,
(C) iron,
(D) vacuum

In which of the above media, the spread sound is least and maximum respectively.

(1) A and D
(2) B and C
(3) A and C
(4) C and D

A, B, C और D निम्न चार माध्यमों को निरूपित करते हैं:

(A) वायु
(B) जल
(C) लोहे की छड़
(D) निर्वात

ऊपर दिए गए किन माध्यमों में ध्वनि की गति क्रमशः न्यूनतम और अधिकतम होगी?

(1) A और D
(2) B और C
(3) A और C
(4) C और D

Ans : (3)

ध्वनि (Sound) गैसों के माध्यम से सबसे धीमी गति से चलती है, तरल के माध्यम (Medium of liquid) से तेज होती है, और ठोस (solid) के माध्यम से सबसे तेज होती है। वायु में ध्वनि सबसे कम और लोहे (iron) में अधिकतम होती है।

255. Which of the following modifications help the cactus to survive in desert conditions?

(a) Leaves are in the form of spines
(b) Stem is succulent and performs the function of leaf
(c) Stem is covered with a thick layer of wax
(d) Roots lie near the surface

The correct set is –

(1) (a), (b), (c)
(2) (b), (c), (d)

(3) (a), (c), (d)
(4) (a), (b), (d)

कैक्टस ने रेगिस्तानी परिस्थितियों में जीवित रहने के लिए अपने आप को कैसे परिवर्तित किया है?

(a) पत्तियाँ काँटों के रूप में होती हैं।
(b) तना रसदार होता है और पत्ती का कार्य करता है।
(c) तने पर एक मोटी परत होती है।
(d) जड़ें सतह के समीप होती हैं।

सही समुच्चय है –

(1) (a), (b), (c)
(2) (b), (c), (d)
(3) (a), (c), (d)
(4) (a), (b), (d)

Ans : (1)

कैक्टस को रेगिस्तानी परिस्थितियों में जीवित रहने में मदद करते हैं-

- पत्तियाँ काँटों (spines) के रूप में होती हैं।
- तना रसदार (succulent) होता है और पत्ती का कार्य करता है।
- तने पर एक मोटी परत (thick layer) होती है।

256. A person shows stunted growth, swelling of face, discoloration of hair and skin diseases. This may be due to the deficiency of

(1) Fats
(2) Proteins
(3) Carbohydrates
(4) Minerals

एक व्यक्ति में रुद्ध विकास, चेहरे पर सूजन, बालों का बदरंग होना और त्वचा की बीमारियाँ दिखें, तो यह निम्न की कमी के कारण हो सकता है –

(1) वसा
(2) प्रोटीन
(3) कार्बोहाइड्रेट
(4) खनिज

Ans : (2)

एक व्यक्ति का विकास (development) रूकना, चेहरे पर सूजन (swelling), बालों का बदरंग होना और त्वचा रोग (skin disease) दिखाई देता है। यह प्रोटीन की कमी (deficiency) के कारण हो सकता है।

257. Select the correct statement regarding rods and cones in the human eye.

(1) Cones are sensitive to dim light
(2) Rods are sensitive to bright light
(3) Cones are sensitive to bright light
(4) Rods can sense colour

मानव नेत्र में शलाकाओं और शंकुओं के विषय में सही कथन का चयन कीजिए।

(1) शंकु मन्द प्रकाश के लिए सुग्राही होते हैं।
(2) शलाकाएँ तीव्र प्रकाश के लिए सुग्राही होती हैं
(3) शंकु तीव्र प्रकाश के लिए सुग्राही होते हैं।
(4) शलाकाएँ वर्णों (रंगों) की अनुभूति कर सकती हैं

Ans : (3)

आंख के भीतर रेटिना की सतह पर विशेष प्रकार की प्रकाश ग्राही कोशिकाएं (light sensitive cells) पाई जाती हैं। ये मुख्य रूप से दो प्रकार की होती हैं- शंकु और शलाका कोशिकाएं (cones and rod cells)। शंकु कोशिकाएं रंग दृष्टि (color vision) प्रदान करने में सहायक होती हैं तथा ये तीव्र प्रकाश में कार्य करती हैं। शलाका कोशिकाएं मंद या रात्रि के कम प्रकाश में कार्य करती हैं।

258. A magnet is broken into two pieces. If these two pieces are brought closer to each other, they will

(1) attract each other.
(2) repel each other.
(3) may attract or repel.
(4) neither attract nor repel.

एक चुम्बक दो टुकड़ों में टूट गया है। अगर इन दोनों टुकड़ों को पास लाया जाए तो दोनों -

(1) एक दूसरे को आकर्षित करेंगे
(2) एक दूसरे को प्रतिकर्षित करेंगे
(3) आकर्षित करेंगे या प्रतिकर्षित करेंगे
(4) न आकर्षित करेंगे न प्रतिकर्षित करेंगे

Ans : (3)

जब दो चुम्बकों को एक दूसरे के पास लाया जाता है तो वे एक दूसरे पर बल (force) लगाते हैं। दो समान ध्रुव (same poles) एक दूसरे को प्रतिकर्षित (repel) करते हैं। दो विपरीत ध्रुव (opposite poles) एक दूसरे को आकर्षित (attract) करते हैं।

259. Rita wanted to store the pickles in a container. The best container for this purpose can be

(1) Aluminum
(2) Glass
(3) Copper
(4) Brass

रीता किसी पात्र में अचार रखना चाहती है। इसके लिए सबसे अच्छा पात्र कौन-सा हो सकता है?

(1) एल्युमीनियम
(2) काँच
(3) ताँबा
(4) पीतल

Ans : (2)

अचार में एसिटिक अम्ल (acetic acid) होता है। एक अम्लीय विलयन लोहे जैसी धातुओं के साथ अभिक्रिया (reaction) करके धातु लवण (metal Salts) और हाइड्रोजन गैस बनाता है। धातु का नमक खाद्य पदार्थों (Food Items) के साथ मिल जाता है जिससे वे खाने के लिए अनुपयुक्त हो जाते हैं। इसलिए, अचार को कांच के पात्र (glass container) में स्टोर करने की सलाह दी जाती है, न कि लोहे के कंटेनर में।

260. Which one of the following shows the correct sequence of the path of urine in the human excretory system?

(1) Kidney ⟶ Urinary bladder ⟶ Ureter ⟶ Urethra
(2) Kidney ⟶ Ureter ⟶ Urinary bladder ⟶ Urethra
(3) Kidney ⟶ Urinary bladder ⟶ Urethra ⟶ Ureter
(4) Kidney ⟶ Urethra ⟶ Urinary bladder ⟶ Ureter

निम्नलिखित में से किसमें मानव उत्सर्जन तन्त्र में मूत्र के मार्ग को सही क्रम में दर्शाया गया है?

(1) वृक्क ⟶ मूत्राशय ⟶ मूत्रवाहिनी ⟶ मूत्रमार्ग
(2) वृक्क ⟶ मूत्रवाहिनी ⟶ मूत्राशय ⟶मूत्रमार्ग
(3) वृक्क ⟶ मूत्राशय ⟶ मूत्रमार्ग ⟶ मूत्रवाहिनी
(4) वृक्क ⟶ मूत्रमार्ग ⟶ मूत्राशय ⟶ मूत्रवाहिनी

Ans : (2)

सही क्रम इस प्रकार है :

वृक्क (Kidney) ⟶ मूत्रवाहिनी (Ureter) ⟶ मूत्राशय (Urinary bladder) ⟶ मूत्र मार्ग (Urethra)

261. In fish, the body surface is protected from decay by micro-organism due to which of the following -

(1) Scales
(2) Mucus layer
(3) Fins
(4) Blubber

मछलियों के शरीर की सतह को सूक्ष्मजीवियों से होने वाले क्षय से किस चीज़ की उपस्थिति रक्षा करती है?

(1) शल्क
(2) श्लेष्म झिल्ली या परत
(3) मीनपक्ष
(4) चर्बी

Ans : (2)

मछलियों के शरीर की सतह को सूक्ष्मजीवियों (Microorganisms) से होने वाले क्षय से श्लेष्म झिल्ली या परत (mucus layer) की उपस्थिति के कारण रक्षा करती है।

262. When a ray of light enters from medium A to medium B, its speed decreases and on further entering into medium C, its speed increases,

Which of the following conclusions can be drawn from this?

(1) Refractive index of A and C are less than B

SCIENCE

(2) Refractive index of A, B, C cannot be compared from above information
(3) Refractive index of A is more than B and C
(4) Refractive index of A is less than B but equal to C

जब प्रकाश की किरण माध्यम A से माध्यम B में प्रवेश करती है तब उसकी चाल (गति) घटती है और आगे माध्यम C में प्रवेश करने पर उसकी चाल (गति) बढ़ती है।

इससे निम्नलिखित में से कौन सा निष्कर्ष निकाला जा सकता है?

(1) A और C के अपवर्तनांक B से कम हैं
(2) A, B, C के अपवर्तनांक की तुलना उपरोक्त सूचना के आधार पर नहीं की जा सकती है
(3) A का अपवर्तनांक B और C से अधिक है
(4) A का अपवर्तनांक B से कम है परन्तु C के समान है

Ans (1)

चूँकि माध्यम A से माध्यम B में प्रवेश करते समय प्रकाश की गति कम हो जाती है, यह दर्शाता है कि B का अपवर्तनांक [Refractive index] A से अधिक है।

जब प्रकाश माध्यम B से माध्यम C में जाता है और इसकी गति बढ़ जाती है, तो यह दर्शाता है कि C का अपवर्तनांक B से कम है।

इसलिए, A और C दोनों का अपवर्तनांक B से कम है।

263. Which of the following statements is/are true regarding relative reactivity of metals ?

(A) Zinc is more reactive than Iron but less reactive than Aluminium.
(B) Sodium is more reactive than Potassium and Calcium.
(C) Aluminium is more reactive than Magnesium.

धातुओं की आपेक्षिक अभिक्रियाशीलता के संबंध में निम्नलिखित में से कौन सा/से कथन सही है/हैं?

(A) जिंक (जस्त), लोह से अधिक अभिक्रियाशील है परन्तु ऐलुमिनियम से कम अभिक्रियाशील है।
(B) सोडियम, पोटैशियम और कैल्सियम से अधिक अभिक्रियाशील है।
(C) ऐलुमिनियम, मैग्नीशियम से अधिक अभिक्रियाशील है।

(1) (B) और (C)
(2) केवल (C)
(3) (A) और (B)
(4) केवल (A)

Ans (4)

अभिक्रियाशीलता श्रृंखला [reactivity series] के अनुसार धातुओं [metals] की व्यवस्था इस प्रकार है: K > Na > Ca > Mg > Al > Zn > Fe > Ni > Sn > Pb > H > Cu > Ag > Au.

जिंक (जस्त), लोह से अधिक अभिक्रियाशील है परन्तु ऐलुमिनियम से कम अभिक्रियाशील है, यह सत्य है।

264. Which of the following represents a correct scientific analogy?

(1) Pure gold is as soft as butter.
(2) Mitochondria is the powerhouse of a cell.
(3) Fuel burns like a fire.
(4) Battery is to flashlight as headlight is to car.

निम्नलिखित में से कौन-सा एक सही वैज्ञानिक सादृश्य (अनुरूपता) को निरूपित करता है?

(1) विशुद्ध सोना मक्खन की तरह कोमल होता है।
(2) सूत्रकणिका (माइटोकॉन्ड्रिया) कोशिका का ऊर्जाकेंद्र होती है।
(3) ईंधन आग की तरह जलता है।
(4) बैटरी फ्लैशलाइट के लिए वैसे ही है जैसे हेडलाइट कार के लिए।

Ans (2)

सूत्रकणिका (माइटोकॉन्ड्रिया) कोशिका का ऊर्जाकें (पावरहाउस) है।

यह सादृश्य जीव विज्ञान में व्यापक रूप से मान्यता प्राप्त है, क्योंकि माइटोकॉन्ड्रिया कोशिका के भीतर ऊर्जा [energy] का उत्पादन करने के लिए जिम्मेदार होते हैं, ठीक उसी तरह जैसे एक ऊर्जाकें किसी सुविधा के लिए ऊर्जा उत्पन्न करता है।

265. Which of the following statements is not true about endocrine glands?

(1) Pancreas and adrenals are endocrine glands.
(2) Endocrine glands secrete hormones through ducts.
(3) Pituitary gland is attached to the brain.
(4) Endocrine glands secrete hormones.

निम्नलिखित में से कौन-सा कथन अंतःस्रावी ग्रंथियों के विषय में सत्य नहीं है?

(1) अग्न्याशय और अधिवृक्क अंतःस्रावी ग्रंथियाँ है।
(2) अंतःस्रावी ग्रंथियाँ वाहिनियों द्वारा हॉमौनों का स्राव करती हैं।
(3) पीयूष ग्रंथि मस्तिष्क से जुड़ी होती है।
(4) अंतःस्रावी ग्रंथियाँ हॉर्मोनों का स्राव करती हैं।

Ans (2)

अंतःस्रावी ग्रंथियाँ [Endocrine glands] नलिका रहित ग्रंथियाँ [ductless glands] होती हैं जो सीधे रक्तप्रवाह [bloodstream] में हार्मोन छोड़ती हैं। अंतः स्रावी ग्रंथियों के उदाहरणों में अग्न्याशय [pancreas], अधिवृक्क ग्रंथियाँ [adrenal glands] और पीयूष ग्रंथि [pituitary gland] शामिल हैं। दिए गए अन्य कथन सत्य हैं।

266. The buoyant force on an object immersed in liquid acts in:

(1) All direction
(2) Parallel to liquid surface
(3) Upward direction
(4) Downward direction

द्रव में डूबे (निमज्जित) बिम्ब पर उत्प्लावन बल कार्य करता है:

(1) सभी दिशाओं में
(2) तरल सतह से समांतर
(3) ऊर्ध्वमुखी दिशा में
(4) अधोमुखी दिशा में

Ans (3)

द्रव में डूबे (निमज्जित) बिम्ब पर उत्प्लावन बल (buoyant force) ऊर्ध्वमुखी दिशा में कार्य करता है।

267. What will be the sequence of your lesson planning using inquiry approach?

(a) Provide plenty of time for discussions before presenting the scientific terms
(b) Stimulate student's interest
(c) Give opportunity for applications of the concepts and principles

(1) a, b, c
(2) c, b, a
(3) c, a, b
(4) b, a, c

जाँच उपागम का उपयोग करके आपके पाठ नियोजन का क्रम क्या होगा?

(a) वैज्ञानिक शब्द प्रस्तुत करने से पहले चर्चा के लिए पर्याप्त समय प्रदान करें।
(b) बच्चों की रूचि को उत्प्रेरित करें।
(c) अवधारणाओं और सिद्धांतों के अनुप्रयोग के लिए अवसर दें

(1) a, b, c
(2) c, b, a
(3) c, a, b
(4) b, a, c

Ans : (4)

- पाठ नियोजन [lesson planning] ने सर्वप्रथम उस पाठ के प्रति छात्रों की रुचि विकसित करना। [जिसके लिए छात्रों को उस पाठ से संबंधित रोचक कहानियां बताना।]
- उसके बाद वैज्ञानिक शब्द [scientific terms] प्रस्तुत करने से पहले छात्रों को आपस में चर्चा [discussion] करने के लिए कहना, जिससे वे शब्दों को आसानी से समझ सकें।
- तथा अंत में छात्रों ने जो भी अवधारणाएं [Concepts] या सिध्दांत [principles] सीखा उसका स्वयं से प्रयोग करने के अवसर देना।

268. For nurturing creativity in science classroom among students, a teacher can do all of the following, except:

(1) Encourage students to frame answers in a prescribed manner.

SCIENCE

(2) Assist students in developing models of inquiry.
(3) Guide students in the use of a multidisciplinary approach.
(4) Provide a rich variety of learning experiences to students.

विद्यार्थियों में सृजनात्मकता के पोषण के लिए एक शिक्षक को निम्न कार्य करने चाहिए, सिवाय इसके,

(1) छात्रों को नियत तरीके से उत्तर गढ़ने के लिए प्रोत्साहित करना
(2) पूछताछ और खोज के मॉडल विकसित करने में छात्रों की सहायता करना
(3) बहु-विषयक दृष्टिकोण के उपयोग में छात्रों का मार्गदर्शन करना
(4) छात्रों को विविध प्रकार के अधिगम अनुभव प्रदान करना

Ans : (1)

छात्रों में सृजनात्मकता [Creativity] के पोषण के लिए पूछताछ तथा खोजबीन [inquiry] द्वारा सीखने के अवसर देने चाहिए। छात्र जब स्वयं खोजबीन के माध्यम से सीखते हैं तो वे नये-नये Concept को सीखते हैं। जिससे उनके विचारों में रचनात्मकता [Creativity] आती है।

छात्रों को सिखाने के लिए विभिन्न शिक्षण अधिगम सामग्री [TLM] का प्रयोग करना चाहिए।

छात्रों को विभिन्न प्रकार [Multiple types] से अधिगम अनुभव [Learning experience] प्रदान करने चाहिए।

बहुविषयक मॉडल [multidisciplinary approach] के उपयोग में छात्रों का मार्गदर्शन करना चाहिए।

[छात्रों को एक ही तरीके से उत्तर देने के लिए प्रोत्साहित [encourage] नहीं करना चाहिए।

269. A science teacher within a constructivist framework would be in agreement to all of the following, except_

(1) Learners' intuitive ideas always correspond with scientific knowledge.
(2) Learners come from diverse backgrounds and their perceptions and beliefs vary.
(3) Learners' ideas that they bring to classrooms are important.
(4) Learners' ideas are resistant to change by conventional teaching-learning.

एक रचनावादी विचारधारा के तहत एक विज्ञान शिक्षक निम्नलिखित को छोड़कर, सभी के लिए सहमत होगा।

(1) शिक्षार्थियों के स्वतः विचार वैज्ञानिक ज्ञान से मेल खाते है।
(2) शिक्षार्थी विविध पृष्ठभूमि से आते हैं और उनकी धारणाएं और विश्वास अलग-अलग होते है।
(3) शिक्षार्थी जो विचार अपने साथ कक्षा में लाते है वे महत्त्वपूर्ण होते है।
(4) शिक्षार्थियों के विचार पारंपरिक शिक्षण-अधिगम द्वारा परिवर्तन के प्रतिरोधी है।

Ans : (1)

- रचनावाद [Constructivism] शिक्षण अधिगम प्रक्रिया में बालक को महत्वपूर्ण केंद्र [Centre] मानता है।
- रचनावादी विचारधारा के तहत एक विज्ञान शिक्षक को प्रत्येक शिक्षार्थी का सम्मान करना चाहिए तथा प्रत्येक बालक की भाषा, संस्कृति [Culture] आदि को कक्षा में स्थान देना चाहिए।
- शिक्षार्थी विविध पृष्ठभूमि [background] से आते है और उनकी धारणाएं [Perceptions] तथा विचार अलग- अलग होते हैं, इसलिए शिक्षक के माध्यम से पढ़ाना चाहिए।

अतः विद्यार्थियों के स्वतः विचार [intuitive ideas] वैज्ञानिक ज्ञान [scientific knowledge] से मेल खाते है। यह रचनावादी विचारधारा के अनुसार सत्य नही है।]

270. The advantages of conducting field trips over using educational software is that

(a) it involves all the senses.
(b) it can cater to large groups.
(c) it can be arranged easily and quickly.
(d) it gives individual attention.

(1) a and b
(2) c and d
(3) a, b and c
(4) a, b and d

शैक्षिक सॉफ्टवेयर के उपयोग की तुलना में क्षेत्र भ्रमण कराने का लाभ यह है कि -

(a) इसमें सभी इन्द्रियां शामिल है।
(b) यह बड़े समूहों को शामिल करता है।
(c) यह जल्दी और आसानी से आयोजित किया जा सकता है।
(d) यह व्यक्तिगत ध्यान देता है।

(1) a और b
(2) c और d
(3) a, b और c
(4) a, b और d

Ans : (1)

क्षेत्र भ्रमण [field trips] से लाभ –

- क्षेत्र भ्रमण के द्वारा छात्र प्रत्यक्ष अवलोकन [direct observation] करता है जिससे उसका ज्ञान अधिक स्थायी हो जाता है।
- छात्र सुनकर, देखकर महसूस करके विभिन्न माध्यमों से सीखता है। अतः इसमें शिक्षार्थी की प्रत्येक इंद्रियां [senses] शामिल होती है।
- यह बडे समूहो [Groups] को शामिल करता है अर्थात् छात्र समूहों में सीखते है जिनसे उनमें सामूहिक भावना [teamwork] का विकास होता है।
- इस प्रकार गतिविधि करके छात्र किसी भी [Concept] को बिना बोझ [without burden] के आसानी से सीख सकते है।
- [अतः शिक्षण अधिगम में यह एक 'उत्कृष्ट विधि है।]

271. Which of the following attributes are essential components of scientific temper?

(a) Open mindedness
(b) Skepticism
(c) Subjectivity
(d) Rigidity

(1) b, c
(2) c, d
(3) a, b
(4) a, d

निम्नलिखित में से कौन सी विशेषताएँ वैज्ञानिक स्वभाव के आवश्यक घटक है?

A. खुली सोच
B. संशयता
C. आत्मनिष्ठता
D. विश्वास

(1) B, C
(2) C, D
(3) A, B
(4) A, D

Ans : (3)

वैज्ञानिक स्वभाव [scientific temper] के आवश्यक घटक :

(1) **खुली सोच (open mindedness):-** वैज्ञानिक स्वभाव वाले व्यक्ति खुली सोच (open mindedness) वाले होते हैं। जिसके आधार पर वे नए - नए प्रयोगो [experiment] के आधार पर ज्ञान प्राप्त करते रहते है।

(2) **संशयता [scepticism]:-** वैज्ञानिक स्वभाव वाले व्यक्ति किसी भी दावों को बिना साक्ष्य के स्वीकार [accept] नहीं करते हैं।

(3) **वस्तुनिष्ठता [objectivity]:-** चीजें जैसी हैं वैसी ही स्वीकारते है।

272. Choose the correct statement:

(1) Science is a blend of logic and imagination.
(2) Science is a process and not a product.
(3) Science is all about experimentation.
(4) Only science can inculcate values among students.

सही वाक्य का चयन करें:

(1) विज्ञान तर्क और कल्पनाओं का मिश्रण है
(2) विज्ञान एक प्रक्रिया है, उत्पाद नहीं
(3) विज्ञान में प्रयोग ही सब कुछ है
(4) सिर्फ विज्ञान विद्यार्थियों में मूल्यों का विकास कर सकता है

Ans : (1)

कल्पना [imagination] जब हम किसी ऐसी चीज के बारे में विचार करते हैं जो हमारे सामने उपस्थित नहीं होती है कल्पना [imagination] कहलाती है।

[अतः कल्पना एक ऐसी क्षमता [ability] होती

है जिसके माध्यम से हम अपने पूर्व अनुभवो [pre experiences] के आधार पर नए विचार बनाते हैं, जिससे रचनात्मक सोच [creative thinking] पैदा होती है।

तर्क [Reasoning] का तात्पर्य किसी विचार के पक्ष और विपक्ष दोनों पहलुओं को ध्यान में रखकर अपने विचार रखना।

[अतः हम कह सकते हैं कि विज्ञान तर्क और कल्पनाओं [imaginations] का मिश्रण है।]

273. Which of the following students is least likely to elicit alternate conception in science.

(1) Drawing
(2) Diagnostic questionnaire
(3) Checklist
(4) Group discussion

शिक्षार्थियों में विज्ञान संबंधित वैकल्पिक अवधारणाओं की पहचान कर पाने में निम्न में से किसकी संभावना सबसे कम है?

(1) चित्र
(2) नैदानिक प्रश्नोत्तर
(3) जाँच सूची
(4) समूह में विचार विमर्श

Ans : (3)

Check list [जांचसूची] आकलन करने का एक उपकरण [tool] है। यह आकलन आधिकांशत: Yes/No में किया जाता है।

अतः विद्यार्थियों में विज्ञान संबंधित वैकल्पिक अवधारणाओं की [alternative conception] पहचान कर पाने में सबसे कम इसकी संभावना है।

274. All of the following are desirable activities in the context of science teaching & learning except:

(1) promoting a cultural of collaboration and consultation.
(2) using a range of activities and tasks for teaching learning.
(3) affirming the superiority of science to all other disciplines.
(4) ensuring equity and access.

विज्ञान शिक्षण-अधिगम के संदर्भ में निम्नलिखित सभी गतिविधियाँ स्वीकार्य हैं, सिवाय इसके –

(1) सहयोग और विमर्श के माहौल को प्रोत्साहित करना
(2) शिक्षण अधिगम के लिए विविध गतिविधियों तथा क्रियाकलापों का उपयोग करना
(3) अन्य सभी विषयों की तुलना में विज्ञान विषय की श्रेष्ठता को स्वीकारना
(4) समता तथा सुगमता को सुनिश्चित करना

Ans : (3)

विज्ञान शिक्षण अधिगम के संदर्भ स्वीकार्य गतिविधियां [activities]

- छात्रों में सहयोग [collaboration] और विचार-विमर्श [discussion] द्वारा सीखने के लिए प्रोत्साहित करना चाहिए क्योंकि इसके माध्यम से छात्र अपनी शंकाओ [doubts] का समाधान [solution] कर सकते हैं।
- छात्रों में व्यक्तिगत विभिन्नताएं [Individual differences] पायी जाती हैं तथा उनकी सीखने में रूचि [interest] भी अलग - अलग होती है, इसलिए शिक्षक को विभिन्न शिक्षण [TLM] अधिगम सामग्री का प्रयोग करना चाहिए।
- विज्ञान को छात्रों के व्यवहारिक ज्ञान [practical knowledge] से जोड़कर सिखाना चाहिए।

गतिविधियों [activities] तथा क्रियाकलापों [tasks] के द्वारा सीखने से छात्रों का ज्ञान स्थायी [permanent] होता हैं।

- समता [equity] तथा सुगमता [accessibility] को प्रोत्साहित करना।

[किंतु अन्य सभी विषयों की तुलना में विज्ञान विषय की श्रेष्ठता को स्वीकारना - विज्ञान शिक्षण अधिगम के संदर्भ में यह कथन गलत है। क्योंकि सभी विषयों का अपना-अपना महत्व है।] [अर्थात् सभी विषय श्रेष्ठ हैं।]

275. Which of the following statements is/are true regarding assessment in science at middle school

A All aspects of learning need to be given due importance

B Ways of assessment need to be flexible as per situation

C Informal observations by teacher cannot be used for assessment

D Assessment should focus on qualitative performance of learners

(1) A, B, C
(2) B, C
(3) A, B, D
(4) A, C

माध्यमिक विद्यालय में विज्ञान के मूल्यांकन के विषय में निम्न में से दिए गए कथनों में से कौन सा/से कथन सत्य हैं?

A. सीखने के सभी पहलुओं को उचित महत्व दिया जाना आवश्यक है।

B. स्थिति के अनुसार आकलन की विधियों का लचीला होना आवश्यक है।

C. शिक्षक द्वारा किए गए अनौपचारिक अवलोकन मूल्यांकन हेतु उपयोग में नहीं लाए जा सकते।

D. मूल्यांकन को सीखने वाले के गुणात्मक प्रदर्शन पर केन्द्रित होना चाहिए।

(1) A, B, C
(2) B, C
(3) A, B, D
(4) A, C

Ans : (3)

मुल्याकन, [Evaluation] इस बात पर केंद्रित होता है कि अधिगमकर्ता [Learner] क्या और कैसे सीख रहा है? यह अधिगमकर्ताओं को सीखने के Process में मदद करता है।

मूल्यांकन के विषय में कथन [statements of evaluations] मूल्यांकन में शैक्षिक एवं सह-शैक्षिक [curricular and co-curricular] दोनों पहलुओं पर ध्यान देना चाहिए।

सीखने के सभी पहलुओं [all aspect] को महत्व देना चाहिए।

आकलन विधि [ways of assessment] का कोई मानक [standard] सेट नहीं करना चाहिए। अर्थात सांख्यिकीय विधियां [statistical methods] लचीली [flexible] होनी चाहिए।

मूल्यांकन अधिगमकर्ता [Learner] के गुणात्मक पहलू [qualitative performance] पर केंद्रित होना चाहिए।

शिक्षक द्वारा किए गए औपचारिक [formal] तथा अनौपचारिक [informal] दोनों प्रकार के अवलोकन [observation] उपयोग में लाए जा सकते हैं।

276. All of the following are acceptable features of inquiry approach to science teaching except:

(1) It places great confidence in children's ability to make sense of their world
(2) It sees direct contact with the natural world as a necessary step
(3) It recognizes that children cannot be expected to argue and reason like scientists
(4) It views children as 'young explorers'

विज्ञान के शिक्षण के जांच-पड़ताल आधारित अधिगम के लिए निम्न में से किस के सिवाय सभी स्वीकृत गुणधर्म हैं-

(1) बच्चों के अपने संसार को समझने में बच्चों की क्षमता में इसका गहरा विश्वास है।
(2) यह प्राकृतिक संसार के साथ सीधे संपर्क-को एक आवश्यक चरण के रूप में देखता है।
(3) यह समझता है कि बच्चों से वैज्ञानिकों की तरह बहस करने और कारण ढूँढ़ने की अपेक्षा नही की जा सकती।
(4) यह बच्चों को 'नूतन अन्वेषकों' के रूप में देखता है।

Ans : (3)

विज्ञान के शिक्षण के जांच-पड़ताल आधारित अधिगम [inquiry-based learning] के गुणधर्म [features] :

- पूंछताछ-आधारित विज्ञान बालक को उनके व्यवहारिक [Practical] जीवन में खोजबीन [inquiry] के द्वारा सीखने पर बल देता है।
- यह बालक को उसके प्राकृतिक संसार [Natural World] के साथ सीखने में मदद करता है।

SCIENCE

SCIENCE

- यह बच्चों को 'नये अन्वेषक' [young explorers] के रूप में देखता है।
- बालक बातचीत [discussion] के माध्यम से वैज्ञानिक अवधारणाओं [scientific concepts] के कारणों का पता लगाते हैं।

अतः शिक्षक यह समझता है कि बच्चों से वैज्ञानिकों की तरह बहस करने और कारण ढूंढने की अपेक्षा नहीं की जा सकती, यह कथन गलत है।

277. While explaining Evaporation, a teacher made the following statement:
water evaporates,
milk evaporates,
oil evaporate,
Therefore, all liquids evaporate.

This is an example of :

(1) Induction
(2) Deduction
(3) Explanation
(4) Justification

मनोरमा कक्षा में वाष्पीकरण को समझाते हए निम्नलिखित उदाहरण देती है:-

जल वाष्पित हो जाता है।

दूध वाष्पित हो जाता है।

तेल वाष्पित हो जाता है।

अत: सभी तरल वाष्पित हो जाते हैं।

यह उदाहरण है:

(1) आगमन का
(2) निगमन का
(3) व्याख्या करने का
(4) तर्क देने का

Ans : (1)

Induction [आगमन]

आगमन विधि [Inductive method] इस विधि के माध्यम से कोई भी सिखाने में छात्रों को सर्वप्रथम उदा० दिया जाता है, उसके पश्चात् उन्हें नियमों की ओर ले जाया जाता है।

[छोटी कक्षाओ में सिखाने के लिये यह विधि श्रेष्ठ मानी जाती है।]

क्योंकि उदाहरण छात्रों के वास्तविक जीवन [Real life] से संबंधित होते हैं, जिसके माध्यम से वह आसानी से कोई भी concept सीख सकते हैं। वाष्पीकरण [evaporation] को समझाने के लिए दिया गया उदाहरण Induction का है।

278. Which of the following statements is true for teaching-learning of science?

(1) Science is meant for a chosen few.
(2) Teachers should set low expectations from students of rural backgrounds.
(3) Science benefits by insights from people with varied background.
(4) Boys are inherently better than girls at science.

विज्ञान के शिक्षण-अधिगम के संदर्भ में निम्न में से कौन-सा कथन सत्य है?

(1) विज्ञान कुछ चुनिंदा लोगों के लिए है।
(2) ग्रामीण पृष्ठभूमि के छात्रों के लिए शिक्षकों को कम अपेक्षाएँ तय करनी चाहिए।
(3) विविध पृष्ठभूमियों के लोगों के विचारों से विज्ञान को लाभ होता है।
(4) लड़कियों की तुलना में लड़के सहज तौर पर विज्ञान में बेहतर होते हैं।

Ans : (3)

विज्ञान को सभी लोग पढ़ सकते हैं। फिर चाहे वह ग्रामीण पृष्ठभूमि [rural background] से हों या शहर से। विज्ञान कोई Credal आधारित विषय नहीं [अर्थात् कोई भी चाहे लड़की हो या लड़का उचित पर्यावरण [Environment] मिलने पर विज्ञान सीख सकता है।

[अतः विविध पृष्ठभूमियों को [varied background] लोगों के विषयो से विज्ञान को लाभ होता है।]

279. What would be the best possible way to make the science classroom more inclusive?

(1) engage students in project work.
(2) conduct more experiments in classroom.

(3) ask more questions to make students attentive in class.
(4) provide variety of learning experiences.

विज्ञान की कक्षा को अधिक समावेशी (Inclusive) बनाने के लिए सबसे उत्तम मार्ग क्या है?
(1) विद्यार्थियों को प्रोजेक्ट कार्य देना।
(2) कक्षा में अधिक प्रयोग करवाना।
(3) विद्यार्थियों को कक्षा में एकाग्र करने के लिए अधिक प्रश्न पूछना।
(4) विविध प्रकार के सीखने के अनुभव देना।

Ans : (4)

समावेशी कक्षा [Inclusive Classroom] से तात्पर्य ऐसी 'कक्षा' से हैं, जिसमें प्रत्येक छात्र चाहे उसकी योग्यता [ability] या पृष्ठभूमि [background] कुछ भी हो उसे गुणवत्तापूर्ण शिक्षा [Quality education] तक समान पहुंच मिले।

समावेशी कक्षा [Inclusive Classroom] बनाने के लिए शिक्षक को चाहिए कि वह प्रत्येक बच्चे की भाषा और संस्कृति [Culture] को कक्षा में स्थान दे।

प्रत्येक बालक की रूचि [interest] और आवश्यकता [Needs] के अनुसार अलग -अलग और शिक्षण विधियों [teaching methods] का प्रयोग करना चाहिए।

अत: शिक्षार्थियों को विविध प्रकार के सीखने के अनुभव देना।

280. "Biological weed control in aquatic vegetation" is a topic to be taught in the class. Which of the following is best suited for teaching this topic?
(1) role play
(2) field visit
(3) group discussion
(4) collecting information from encyclopedia

किसी कक्षा में 'जलीय वनस्पति में जैविक खरपतवार नियंत्रण' विषय पढ़ाया जाना है। निम्न में से क्या इस विषय को पढ़ाने के लिए सबसे उपयुक्त है-
(1) खेल में भूमिका (रोल प्ले)
(2) क्षेत्रीय दौरा
(3) समूह में चर्चा
(4) विश्वकोश से जानकारी एकत्र करना

Ans : (2)

क्षेत्रीय दौरा [field trip] के माध्यम से छात्र कक्षायी ज्ञान को वास्तविक दुनिया [real world] से जोड़कर सीखते हैं। वे चीजों को अपने इन्द्रियों [senses] के आधार पर देखकर क्रिया करके अर्थात् वास्तविक अनुभव द्वारा सीखते हैं।

छात्रों को [field trip] के माध्यम से यह देखने का मौका मिलता है कि कक्षा में प्राप्त ज्ञान वास्तविक दुनिया में कैसे लागू होते हैं।

अतः जलीय वनस्पति [aquatic vegetation] में जैविक खरपतवार [organic weed] नियंत्रण विषय को क्षेत्रीय दौरा [field visit] के माध्यम से पढ़ाना सबसे उपयुक्त है।

281. What does 'inferring' mean in science?
(1) Actively using the senses to make direct descriptions of some aspect of the physical world
(2) Generating explanations for valid observations
(3) The process of minimizing personal biases in observations
(4) The process of gathering facts about the physical world

विज्ञान में निष्कर्ष निकालने का क्या अर्थ है?
(1) भौतिक जगत के कुछ पहलुओं की स्पष्ट व्याख्या करने के लिए इंद्रियों का सक्रिय उपयोग करना
(2) तर्कसंगत अवलोकनों के लिए स्पष्टीकरण करना
(3) अवलोकनों में निजी पूर्वाग्रहों को कम से कम जगह देने की विधि
(4) भौतिक जगत के विषय में प्रमाणों को एकत्र करने की प्रक्रिया

Ans : (2)

निष्कर्ष [conclusion] निकालना : विज्ञान में निष्कर्ष निकालने का मतलब है कि छात्रों ने अपने प्रयोग [experiment] के माध्यम से जो कुछ भी सीखा है उसके आधार पर एक कथन तैयार करना।

'वैज्ञानिक निष्कर्ष [scientific conclusion] प्रयोग [experiment] तथा अवलोकन [observation] पर आधारित होते हैं।

[अर्थात् तर्कसंगत अवलोकनों [valid observation] के लिए स्पष्टीकरण पढ़ना, विज्ञान में निष्कर्ष निकालने का अर्थ है।]

282. Srijon participated in a marathon, although he is not a regular walker. Cramps occurred in his legs due to fast running. This happened because 'A' partially broke down to 'B', in muscles. A hot water bath improved his condition due to the complete breakdown of 'B' into 'C' and 'D'. A, B, C and D respectively are -

(1) Lactose, lactic acid, oxygen, water
(2) Galactose, alcohol, oxygen, water
(3) Glucose, lactic acid, carbon dioxide, water
(4) Glucose, ascorbic acid, carbon dioxide, water

सृजन ने एक मैराथन में भाग लिया यद्यपि वह नियमित रूप से सैर नहीं करता है। तेज़ दौड़ने से उसकी टाँगों में ऐंठन हो गई। ऐसा इसलिए हुआ क्योंकि माँसपेशियों में 'A' आंशिक रूप से 'B' में टूट गया। एक गर्म जल ऊष्मक में पैर रखने से उसकी इस अवस्था में सुधार हुआ क्योंकि 'B' पूर्णतया 'C' तथा 'D' में टूट गया। A, B, C और D क्रमशः हैं –

(1) लैक्टोस, लैक्टिक अम्ल, ऑक्सीजन, जल
(2) गैलेक्टोस, एल्कोहल, ऑक्सीजन, जल
(3) ग्लूकोस, लैक्टिक अम्ल, कार्बन डाइऑक्साइड, जल
(4) ग्लूकोस, एस्कॉर्बिक अम्ल, कार्बन डाइऑक्साइड, जल

Ans : (3)

ऐसा इसलिए हुआ क्योंकि माँसपेशियों में ग्लूकोस आंशिक रूप से 'लैक्टिक अम्ल (lactic acid) में टूट गया। एक गर्म जल ऊष्मक (heater) में पैर रखने से उसकी इस अवस्था में सुधार हुआ क्योंकि 'लैक्टिक अम्ल पूर्णतया कार्बन डाइऑक्साइड (CO_2) तथा जल (water) में टूट गया।

283. Which one of the following statements is incorrect?

(1) Generally, the voice of a man is shriller than that of a woman
(2) A bird makes a high-pitched sound whereas a lion makes a low-pitched roar
(3) A drum vibrates with a low frequency; therefore, it produces a low pitched sound
(4) A whistle has a high frequency and therefore it produces a sound of higher pitch

निम्नलिखित में से कौन-सा कथन गलत है?

(1) सामान्यत: पुरुष की आवाज महिला की तुलना में तीक्ष्ण होती है।
(2) चिड़िया उच्च तारत्व की ध्वनि उत्पन्न करती है, जबकि शेर निम्न तारत्व पर दहाड़ता है
(3) एक ढोल निम्न आवृत्ति पर कम्पित होता है, इसलिए वह निम्न तारत्व की ध्वनि उत्पन्न करता है
(4) एक सीटी की उच्च आवृत्ति है, इसलिए वह उच्च तारत्व की ध्वनि उत्पन्न करती है

Ans : (1)

पुरुष की आवाज को महिला की आवाज की तुलना में तीक्ष्ण (shrill) बताया गया है, गलत है क्योंकि महिलाओं की आवाज में आवृत्ति (frequency) अधिक होने के कारण तारत्व (pitch) अधिक होता है। अर्थात इनकी आवाज पुरुषों की तुलना में अधिक तीक्ष्ण होती है।

284. Select the correct statement from among the following

(1) Plants with green leaves only carry out photosynthesis
(2) Photosynthesis takes place only in leaves
(3) Irrespective of colour, all leaves carry out photosynthesis
(4) Plants can carry out photosynthesis even without chlorophyll

निम्नलिखित में से सही कथन चुनिए।

(1) केवल हरी पत्तियों वाले पौधे ही प्रकाश-संश्लेषण कर सकते हैं
(2) केवल पत्तियों में ही प्रकाश-संश्लेषण होता है
(3) सभी रंगों की पत्तियाँ प्रकाश-संश्लेषण करती हैं
(4) पौधे क्लोरोफिल की अनुपस्थिति में भी प्रकाश-संश्लेषण कर सकते हैं

Ans : (3)

प्रकाश-संश्लेषण (Photosynthesis) के लिए पौधे में क्लोरोफिल (chlorophyll) की उपस्थिति आवश्यक है। सभी रंगों की पत्तियों में भी क्लोरोफिल होता है और सभी रंगों की पत्तियाँ प्रकाश-संश्लेषण करती हैं।

285. Which hormone in our body helps us to adjust to stress when we are angry, embarrassed or worried?

(1) Insulin
(2) Estrogen
(3) Thyroxine
(4) Adrenaline

जब हम क्रोध में, शर्मिंदगी या चिन्ता में होते हैं तब हमारे शरीर का कौन-सा हॉर्मोन तनाव समायोजन में हमारी मदद करता है?

(1) इन्सुलिन
(2) एस्ट्रोजन
(3) थायरॉक्सिन
(4) एड्रिनेलिन

Ans : (4)

जब हम क्रोध में, शर्मिंदगी या चिंता (anxiety) में होते हैं तब हमारे शरीर की एक अंतःस्रावी ग्रंथि (endocrine gland) अर्थात एड्रिनल ग्रंथि (adrenaline gland) सक्रिय होकर एड्रिनेलिन हॉर्मोन स्रावित (secret) करती है।

286. A person is suffering from a disease named 'Goitre'. Which of the following glands of the person is not functioning properly?

(1) Adrenal
(2) Pancreas
(3) Pituitary
(4) Thyroid

कोई व्यक्ति 'गॉयटर' नामक व्याधि से ग्रस्त है। इस व्यक्ति की निम्नलिखित में से कौन-सी ग्रन्थि ठीक तरह से कार्य नहीं कर रही है?

(1) एड्रिनल
(2) अग्न्याशय
(3) पीयूष
(4) थायरॉइड

Ans : (4)

जब मनुष्य के शरीर की थॉयराइड ग्रंथि (thyroid gland) ठीक तरह से कार्य नहीं कर रही होती है, तो व्यक्ति का गला फूल (neck swell) जाता है, जिसे घेघा रोग या गॉयटर (goiter) कहते हैं। यह आयोडीन (iodine) की कमी (deficiency) से होने वाला रोग है।

287. Yoga is done by the people in the world because

(1) it keeps people healthy
(2) it increases hunger
(3) it brings happiness
(4) it is a simple exercise

विश्वभर में लोगों द्वारा योग किया जाता है, क्योंकि

(1) यह लोगों को स्वस्थ रखता है
(2) यह भूख बढ़ाता है
(3) यह खुशियाँ लाता है
(4) यह एक आसान व्यायाम है

Ans : (1)

विश्वभर में लोगों द्वारा योग (yoga) किया जाता है, क्योंकि यह लोगों को स्वस्थ (healthy) रखता है। 'अंतरराष्ट्रीय योग दिवस (International Yoga Day)' प्रतिवर्ष 21 जून को मनाया जाता है।

288. Mitochondria: ATP : : Ribosome?

(1) Fat
(2) Protein
(3) Vitamin
(4) Carbohydrate

माइटोकॉण्ड्रिया : ए. टी. पी. : : राइबोसोम : ?

SCIENCE

(1) वसा
(2) प्रोटीन
(3) विटामिन
(4) कार्बोहाइड्रेट

Ans : (2)

जिस प्रकार माइटोकॉन्ड्रिया (Mitochondria) शरीर में ऊर्जा (energy) या ATP के उत्पादन के लिए उत्तरदायी प्रमुख कोशिकांग है, उसी प्रकार राइबोसोम शरीर में प्रोटीन संश्लेषण (protein synthesis) के लिए उत्तरदायी प्रमुख कोशिकांग (cell organelles) है।

289. Which one of the following metals burns, if kept in air?

(1) Magnesium
(2) Zinc
(3) Aluminum
(4) Sodium

निम्नलिखित में से कौन-सी धातु वायु में रखने पर जल उठती है?

(1) मैग्नीशियम
(2) जस्ता (जिंक)
(3) ऐल्युमीनियम
(4) सोडियम

Ans : (4)

सोडियम धातु (Sodium metal) ऑक्सीजन से बहुत तीव्र अभिक्रिया (fast reaction) करती है तथा खुले (open) में अर्थात वायु में रखने पर जल (burn) उठती है। इसलिए इसे सुरक्षित रखने तथा आकस्मिक आग (Accidental fire) को रोकने के लिए किरोसिन तेल (kerosene oil) में रखा जाता है।

290. Decibel is

(1) A musical note
(2) A measure of sound level
(3) The wavelength of noise
(4) A musical instrument

डेसीबल है

(1) एक वाद्य स्वरक
(2) ध्वनि स्तर की एक माप
(3) शोर का तरंगदैर्ध्य
(4) एक वाद्ययन्त्र

Ans : (2)

ध्वनि की इकाई (Unit of sound) डेसीबल (dB) है। उच्च तीव्रता की ध्वनि या अवांछित शोर जो हमारे वातावरण (environment) में अशांति उत्पन्न करती है, ध्वनि प्रदूषण (noise pollution) कहलाती है।

291. Which of the following is 'total stem parasite"?

(1) Viscum
(2) Santalum
(3) Rafflesia
(4) Cusseta

निम्न में से कौन 'पूर्ण स्तम्भ परजीवी' है?

(1) विस्कम
(2) चन्दन
(3) रैफ्लीसिया
(4) अमरबेल

Ans : (4)

अमरबेल (Cuscuta) पूर्ण स्तंभ परजीवी (Total Stem Parasite) पादप का एक उदाहरण है, जबकि रैफ्लीसिया (Rafflesia) पूर्ण मूल परजीवी (total root parasite) है। विस्कम (Viscum) 'आंशिक स्तंभ परजीवी (partial Stem Parasite) ' तथा चंदन (Santalum) 'आंशिक मूल परजीवी (partial root parasite) ' पादपों के उदाहरण हैं।

292. How many images will be formed if you stand between two plane mirrors positioned parallel to each other in a trail room of a garment shop?

(1) Two
(2) One
(3) Four
(4) Infinite

किसी वस्त्रालय के ट्रॉयल कमरे में यदि आप दो समांतर समतल दर्पणों के बीच में खड़े हों, तो आपके कितने प्रतिबिंब बनेंगे?

(1) दो
(2) एक
(3) चार
(4) असीम

Ans : (4)

यदि आप दो समानांतर समतल दर्पणों (parallel plane mirrors) के बीच खड़े हों, तो अनंत प्रतिबिंब (infinite images) बनेंगी क्योंकि प्रत्येक प्रतिबिंब दूसरे दर्पण (mirror) के लिए एक वस्तु (object) के रूप में कार्य करती है।

293. The major reason for using Bakelite for handles of pressure cooker is that

(1) it is bad conductor of heat.
(2) it is bad conductor of electricity.
(3) it is unbreakable.
(4) it is light in weight.

प्रेशरकुकर के हैंडल के लिए बैकलाइट का उपयोग करने का मुख्य कारण है कि

(1) यह ऊष्मा का कुचालक है।
(2) यह विद्युत का कुचालक है।
(3) यह टूटता नहीं है।
(4) यह वज़न में हल्का है।

Ans : (1)

बैकेलाइट ऊष्मा और विद्युत का कुचालक है (Bakelite is a poor conductor of heat and electricity.)।

294. Read the following statements and choose the correct option.

Assertion (A): A bird like owl can see very well in night but not during day.

Reason (R): Night birds have a few cones and a large number of rods in the retina.

(1) Both A & R are true and Ris correct explanation of A
(2) Both A & R are true but R is not correct explanation of A
(3) A is true but R is false
(4) Both A and R are false

नीचे दिए गए कथनों को पढ़िए और सही विकल्प का चुनाव कीजिए -

(A): उल्लू जैसा रात का पक्षी, रात में बहुत अच्छी तरह देख सकता है लेकिन दिन में नहीं।

(R): रात के पक्षियों के रेटिना में कम शंकु और अधिक छड़े होती हैं।

(1) A और R दोनों सही हैं और कारण कथन की सही व्याख्या करता है।
(2) A और R दोनों सही हैं और कारण कथन की सही व्याख्या नहीं करता है।
(3) A सत्य है परन्तु R सही नहीं है।
(4) A और R दोनों सही नहीं हैं।

Ans : (1)

A और R दोनों सत्य हैं और R, A की सही व्याख्या है। रेटिना (Retina) छड़ और शंकु (cones and rods) से बना होता है, जो क्रमशः प्रकाश की तीव्रता और रंग (intensity and colour of light) का पता लगाता है। चूँकि उल्लू के रेटिना में कम शंकु और अधिक छड़ें होती हैं, इसलिए वह रात में तो अच्छी तरह देख सकता है लेकिन दिन में नहीं।

295. Which of the following is a tissue?

(a) Lung
(b) Kidney
(c) Blood
(d) Ovary

निम्न में से कौन-सा ऊतक है?

(1) फेफड़ा
(2) वृक्क
(3) रक्त
(4) अण्डाशय

Ans : (3)

रक्त (Blood) एक तरल संयोजी ऊतक (fluid connective tissue) है। यह एक क्षारीय विलयन (alkaline solution) है, जिसका pH मान 7.4 होता है। वयस्क मनुष्य (Adult Humans) में सामान्यतः 5-6 लीटर रक्त होता है। पुरुषों की तुलना में महिलाओं में लगभग 1 लीटर रक्त कम होता है।

SCIENCE

SCIENCE

296. Myra cycles to a friend's house 5 km away to deliver a packet. She goes at a speed of 12 km/h and returns at a speed of 8 km/h. Her average speed during the whole trip is

(1) 5 m/s
(2) 20 km/h
(3) 9.6 km/h
(4) 10 km/h

मायरा किसी पैकेट को पहुँचाने के लिए 5 किमी दूरी पर अपनी सहेली के घर साइकिल चलाकर जाती है। वह जाते समय 12 किमी/घण्टा की चाल से जाती है और लौटते समय 8 किमी/घण्टा की चाल से लौटती है। उसकी समस्त यात्रा की औसत चाल है

(1) 5 मी/से
(2) 20 किमी/घण्टा
(3) 9.6 किमी/घण्टा
(4) 10 किमी/घण्टा

Ans : (3)

मायरा एक निश्चित (5 km) तक एक बार जाती है और पुनः उसी दूरी को तय करके लौट भी आती है। दोनों स्थितियों में माना मायरा की चाल (speed of Mayra)

x = 12 km/hr, y = 8 km/hr

यात्रा की औसत चाल (Average speed) $= \frac{2 \times Y}{(X+Y)}$

$$\frac{2 \times 12 \times 8}{12+8} = 9.6 \text{ km/hr}$$

297. Which of the following is true for light as it travels from air into water?

(1) Its velocity increases
(2) Its frequency decreases
(3) Both its wavelength and frequency increases
(4) Both its wavelength and velocity decrease

जब प्रकाश वायु से पानी में गमन करता है तो प्रकाश के लिए नीचे दिया गया कौन सा एक कथन सत्य है?

(1) इसके वेग में वृद्धि होती है।
(2) इसकी आवृत्ति में वृद्धि होती है।
(3) इसकी तरंगदैर्ध्य और आवृति दोनों में वृद्धि होती है।
(4) इसकी तरंगदैर्ध्य और वेग दोनों में वृद्धि होती है।

Ans : (4)

जब प्रकाश विरल से सघन माध्यम (from rarer to denser medium) में जाता है तो प्रकाश (light) का गुण बदल जाता है।

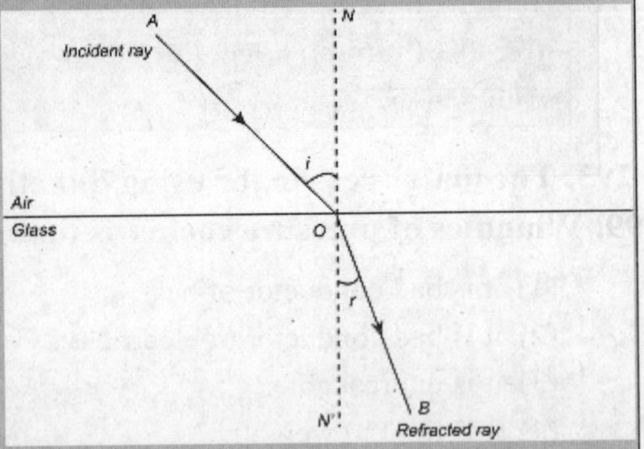

(1) गति (speed) - कमी

(2) तरंगदैर्ध्य (wavelength) - कमी

(3) आवृत्ति और रंग (Frequency and color) - समान

(4) $\mu > 1$

(5) $i > r$

298. Which of the following features help polar bears adapt in extreme cold conditions?

(1) Strong smell, Flat feet, Layers of fur
(2) White fur, Flat feet, Fat under skin
(3) White fur, long curved sharp claws, Fat under skin
(4) White fur, Flat feet, Layers of fur

निम्नलिखित में से कौन-से लक्षण ध्रुवीय भालू को चरम शीत अवस्थाओं के अनुकूल बनाने में सहायता करते हैं?

(1) सूंघने की तीव्र शक्ति, चपटे पैर, बालों की परतें
(2) सफेद बाल (फर), चपटे पैर, त्वचा के नीचे वसा की परत
(3) सफेद बाल (फर), मुड़े हुए लम्बे और पैने नाखून,

त्वचा के नीचे वसा की परत

(4) सफेद बाल (फर), चपटे पैर, बालों की परतें

Ans : (3)

ध्रुवीय भालू (polar bears) अत्यधिक ठंडे ध्रुवीय प्रदेश (Polar region) में पाए जाते हैं। इन इलाकों का तापमान (temperature) शून्य से बहुत नीचे तथा भूमि बर्फीली सतहों (icy surfaces) से ढकी रहती है। अतः इन भालुओं के शरीर पर सफेद बाल (फर), मुड़े हुए लंबे और पैने नाखून (जो इन्हें बर्फ पर चलने में सहायता करते हैं) तथा त्वचा (skin) के नीचे वसा की परत (layer of fat) होती है, जो इन्हें ठंड से बचाती है।

299. Which of the following statements regarding 'Air' is incorrect?

(1) Air occupies space
(2) Air has weight
(3) Air is not present in soil
(4) Air plays important role in water cycle

वायु के सम्बन्ध में नीचे दिया गया कौन-सा कथन सही नहीं है?

(1) वायु स्थान घेरती है
(2) वायु में भार होता है
(3) मृदा में वायु उपस्थित नहीं होती है
(4) जल चक्र में वायु की महत्त्वपूर्ण भूमिका होती है

Ans : (3)

वायु (Air), वायुमंडल (atmosphere) के अतिरिक्त अन्य स्थलों में भी पाई जाती है, क्योंकि वायु अत्यधिक संपीड्य (Compressible) होती है। अतः यह सूक्ष्म से सूक्ष्म स्थानों या छिद्रों (pores) में भी प्रवेश कर सकती है। यही कारण है कि वायु मिट्टी में भी इसके महीन कणों (fine particles) के बीच के स्थान में भी पाई जाती है। प्रश्नगत अन्य विकल्प सही हैं।

300. Which of the following pollutants are responsible for depletion of ozone layer?

(1) Methane and Carbon dioxide
(2) Carbon dioxide and Carbon monoxide
(3) Chlorofluorocarbon
(4) Acid rain

निम्नलिखित में से कौन-सा/से प्रदूषक ओजोन परत के अवक्षय के लिए उत्तरदायी है/हैं?

(1) मीथेन और कार्बन डाइऑक्साइड
(2) कार्बन डाइऑक्साइड और कार्बन मोनोऑक्साइड
(3) क्लोरोफ्लोरोकार्बन
(4) अम्लीय वर्षा

Ans : (3)

ओजोन गैस (Ozone gas) परत को वातानुकूलन उपकरणों (air conditioning equipment) से निकलने वाली फ्रीयॉन (Freon) या क्लोरोफ्लोरोकार्बन गैस (chlorofluorocarbon gas) से क्षति पहुंचती है।

301. Which one of the following gases burn with pop sound?

(1) Hydrogen
(2) Nitrogen dioxide
(3) Sulphur dioxide
(4) Oxygen

निम्नलिखित में से कौन-सी गैस पॉप की ध्वनि के साथ जलती है?

(1) हाइड्रोजन
(2) नाइट्रोजन डाइऑक्साइड
(3) सल्फर डाइऑक्साइड
(4) ऑक्सीजन

Ans : (1)

हाइड्रोजन गैस (Hydrogen gas) से निहित परखनली के पास जब कोई जलती हुई तीली या मोमबत्ती (candle) लाई जाती है, तो यह पॉप की ध्वनि (pop sound) के साथ जलती (burn) है।

302. Medium A is optically denser than Medium B. Which one of the following statements is true?

(1) Speed of light is same in both A and B
(2) Cannot be compared
(3) Speed of light is more in medium A than in medium B
(4) Speed of light is more in medium B than in medium A

SCIENCE

माध्यम A, माध्यम B से प्रकाशीय रूप से (ऑप्टिकली) अधिक सघन है। निम्नलिखित में से कौन-सा कथन सही है?

(1) माध्यम A और B दोनों में प्रकाश की गति समान है
(2) तुलना नहीं की जा सकती
(3) माध्यम B की अपेक्षा माध्यम A में प्रकाश की गति अधिक है
(4) माध्यम A की अपेक्षा माध्यम B में प्रकाश की गति अधिक है

Ans : (4)

सघन प्रकाशिक माध्यम (dense optical medium) में प्रकाश की चाल (speed of light), विरल प्रकाशिक माध्यम (Optically rarer medium) की अपेक्षा कम होती है। प्रश्नानुसार क्योंकि माध्यम A, माध्यम B से अधिक सघन (dense) है। अत : माध्यम A की अपेक्षा माध्यम B में प्रकाश की गति अधिक होगी।

303. If you carefully dig a grass plant and observe its roots and leaves you will find that it has

(1) taproots and parallel venation
(2) taproots and reticulate venation
(3) fibrous roots and reticulate venation
(4) fibrous roots and parallel venation

यदि आप किसी घास के पौधे को सावधानीपूर्वक उखाड़कर उसकी जड़ों और पत्तियों का प्रेक्षण करें, तो आप यह पाएँगे कि इसमें

(1) मूसला जड़ें और समान्तर शिराविन्यास हैं
(2) मूसला जड़ें और जालिकारूपी शिराविन्यास हैं
(3) रेशेदार जड़ें और जालिकारूपी शिराविन्यास हैं
(4) रेशेदार जड़ें और समान्तर शिराविन्यास हैं

Ans : (4)

जब हम घास के पौधे को उखाडकर प्रेक्षण (Observation) करेंगे, तो हमें रेशेदार जड़ें तथा समानांतर शिराविन्यास (fibrous roots and parallel venation) प्रेक्षित होगा।

304. The ratio between the lengths of small intestine and large intestine in the human body is

(1) 8 : 1
(2) 5 : 1
(3) 1 : 5
(4) 1 : 8

मानव शरीर में क्षुद्रान्त्र और वृहदान्त्र की लम्बाइयों का अनुपात है

(1) 8 : 1
(2) 5 : 1
(3) 1 : 5
(4) 1 : 8

Ans : (2)

सामान्यतः मानव शरीर में क्षुद्रांत्र (Small Intestine) या छोटी आंत कि लंबाई लगभग 6.5 से 7.5 मीटर तथा बृहदांत्र (Large Intestine) या बड़ी आंत की लंबाई लगभग 1.5 मीटर होती है। इस प्रकार छोटी आंत तथा बड़ी आंत की लंबाइयों का निकटतम अनुपात (ratio) 1:5 होगा।

305. Select the group of poor conductors of heat from the following

(1) Air, water, plastic
(2) Wool, wood, iron
(3) Water, copper, wood
(4) Air, aluminum, wool

निम्नलिखित में से ऊष्मा के कुचालकों का समूह चुनिए।

(1) वायु, जल, प्लास्टिक
(2) ऊन, लकड़ी, आयरन
(3) जल, कॉपर, लकड़ी
(4) वायु, ऐलुमीनियम, ऊन

Ans : (1)

पदार्थ/वस्तुएं, जिनमें ऊष्मा प्रवाह (Heat flow) आसानी से नहीं होता, कुचालक पदार्थ (bad conductor) कहलाते हैं। जैसे-वायु (air), लकड़ी तथा प्लास्टिक (wood and plastic), रबर (rubber) इत्यादि। वे पदार्थ या वस्तुएं, जिनमें ऊष्मा का संचरण (heat transfer) आसानी से हो जाता है, उसे सुचालक (good conductor) कहते हैं।

306. Cereals such as wheat and gram are grown in an area. The soil of this area must be

(1) loamy and sandy
(2) clayey
(3) sandy and clayey
(4) clayey and loamy

किसी क्षेत्र में गेहूँ तथा चने जैसे अनाजों को उगाया जाता है। इस क्षेत्र की मृदा होनी चाहिए :

(1) दोमट और बलुई
(2) मृण्मय
(3) बलुई औ मृण्मय
(4) मृण्मय और दोमट

Ans : (4)

मृण्मय और दोमट मृदा (clayey and loamy soil) में गेहूँ तथा चने जैसे अनाजों (cereals) को उगाया जाता है।

307. Read the following statements and choose correct option.

A: An empty vessel produces a louder sound than a vessel filled with liquid when striked with a hammer.

R: The density of air is less than the density of liquid contained in the vessel.

(1) Both A and R are true, and R is correct Explanation for A
(2) Both A and R are true but Ris not correct explanation for A
(3) A is true but R is not true
(4) Both A and R are not true

निम्न कथनों को पढ़िए और सही विकल्प का चयन कीजिए

A: हथौड़े से आघात किए जाने पर द्रव से भरे आधे भरे बर्तन की अपेक्षा, एक खाली बर्तन अधिक प्रबल ध्वनि उत्पन्न करता है।

R: बर्तन में भरे द्रव की अपेक्षा हवा का घनत्व कम होता है।

(1) A व R दोनों सही हैं और R, A की सही व्याख्या करता है
(2) A व R दोनों सही हैं लेकिन R, A की सही व्याख्या नहीं करता है
(3) A सही है लेकिन R गलत है
(4) A व R दोनों गलत हैं

Ans : (1)

एक खाली बर्तन (empty vessel) पर प्रहार करने पर भरे हुए बर्तन (filled vessel) की तुलना में अधिक तेज आवाज आती है क्योंकि खाली बर्तन में ध्वनि तरंगों (sound waves) को गूंजने और बढ़ने के लिए अधिक जगह होती है, जिससे तेज आवाज पैदा होती है। जब कोई बर्तन भर जाता है, तो ध्वनि तरंगों के चलने और गूंजने की जगह कम हो जाती है, जिसके परिणामस्वरूप टकराने पर धीमी ध्वनि उत्पन्न होती है।

308. Shyama is standing 1 m away from a plane mirror and is observing her image. She takes two steps backwards. What change would she see in her image?

(1) The image increases in size but remains at the same distance from mirror
(2) The image remains the same size but moves further away from the mirror
(3) The image remains the same size but moves closer to the mirror
(4) The image increases in size and moves further away from the mirror

श्यामा किसी समतल दर्पण के सामने 1m दूरी पर खड़ी होकर अपने प्रतिबिम्ब का प्रेक्षण कर रही हैं। वह दो कदम पीछे हटती है। वह अपने प्रतिबिम्ब में क्या परिवर्तन देखेगी?

(1) प्रतिबिम्ब का साइज़ बढ़ता है, परन्तु वह दर्पण से समान दूरी पर ही रहता है।
(2) प्रतिबिम्ब का साइज़ समान रहता है, परन्तु वह दर्पण से दूर चला जाता है।
(3) प्रतिबिम्ब का साइज़ समान रहता है, परन्तु वह दर्पण के निकट आ जाता है।
(4) प्रतिबिम्ब का साइज़ बढ़ता है और वह दर्पण से दूर चला जाता है।

SCIENCE

SCIENCE

Ans : (2)

जब कोई व्यक्ति दर्पण (mirror) के सामने 1 मीटर की दूरी पर खड़ा होता है, तो उसका प्रतिबिम्ब (image) दर्पण के पीछे उतनी ही दूरी पर दिखाई देता है जितनी दूरी पर व्यक्ति दर्पण के सामने होता है। इसलिए, व्यक्ति अपनी प्रतिबिम्ब से 1 मीटर की दूरी पर खड़ा है जब श्यामा दर्पण से दो कदम पीछे जाती है तो उनका प्रतिबिम्ब भी दो कदम पीछे होती है।

309. Which of the following sets comprises liquids which are good conductors of electricity?

(1) Lemon juice, vegetable oil, tap water
(2) Distilled water, shampoo, vinegar
(3) Lemon juice, vinegar, tap water
(4) Shampoo, vegetable oil, lemon juice

नीचे दिया गया कौन-सा समुच्चय ऐसे द्रवों का समाविष्ट करता है जो विद्युत् के अच्छे चालक हैं?

(1) नींबू का रस, वनस्पति-तेल, टोंटी का जल
(2) आसुत जल, शैम्पू, सिरका
(3) नींबू का रस, सिरका, टोंटी का जल
(4) शैम्पू, वनस्पति तेल, नींबू का रस

Ans : (3)

नल, हैंडपंप, कुओं और तालाबों जैसे स्रोतों (Sources) से हमें जो पानी मिलता है वह शुद्ध (pure) नहीं होता है। इसमें अनेक लवण (salts) घुले हो सकते हैं। इसमें थोड़ी मात्रा में खनिज लवण (Mineral Salts) प्राकृतिक रूप से मौजूद होते हैं। यह पानी बिजली का एक अच्छा संवाहक (good conductor) है। नींबू के रस में साइट्रिक एसिड (citric acid) होता है जिसमें आयन होते हैं जो इसे विद्युत् के अच्छे चालक (good conductor of electricity) बनाते हैं। सिरका और CO आयन देता है जो बिजली के संचालन में मदद करता है। तो, सही उत्तर नींबू का रस (lemon juice), सिरका (vinegar), या नल का पानी (tap water) है।

310. The SI unit of heat is

(1) Joule
(2) Erg
(3) Kilocalorie
(4) Calorie

ऊष्मा की एस.आई. इकाई है

(1) जूल
(2) अर्ग
(3) किलोकैलोरी
(4) कैलोरी

Ans : (1)

ऊष्मा (Heat) एक प्रकार की ऊर्जा (energy) है, ऊष्मा की S.I. इकाई जूल (Joule) है।

311. Enzymes are chemically

(1) lipid
(2) acid
(3) carbohydrate
(4) protein

एन्जाइम रासायनिक रूप से होते हैं।

(1) लिपिड
(2) अम्ल
(3) कार्बोहाइड्रेट
(4) प्रोटीन

Ans : (4)

एन्जाइम (Enzyme) रासायनिक रूप से प्रोटीन (protein) होते हैं।

312. Which of the following would not be helpful in assessing student's conceptual understanding in science?

(1) Analyzing students' performance on concept-based inventories
(2) Listening carefully to students' responses and reacting to their ideas
(3) Giving direct, clear feedback about student performance compared to challenging standards
(4) Ensuring timely submission of assignments by students

विज्ञान में विद्यार्थियों की संकल्पनात्मक समझ का मूल्यांकन करने के लिए निम्न में से क्या सहायक नहीं है?

(1) अवधारणा आधारित परीक्षणों पर विद्यार्थियों की योग्यता का विश्लेषण करना।

(2) विद्यार्थियों के उत्तरों को सावधानीपूर्वक सुनना और उनके विचारों पर प्रतिक्रिया देना।
(3) चुनौतीपूर्ण मानकों से तुलना करते हुए विद्यार्थियों को एक सीधा, स्पष्ट प्रतिपुष्टिकरण देना।
(4) सुनिश्चित करना कि विद्यार्थी प्रदत्त कार्यों को समय पर जमा करें।

Ans : (4)

संकल्पनात्मक समझ [Conceptual understanding] का अर्थ :-

[किसी विषय से संबंधित जानकारियों [information] और विचारों [Ideas] को गहराई से समझना |

Conceptual understanding से छात्र कक्षा में सीखी गयी चीजों को अपनी [Real life] वास्तविक जीवन में प्रयोग कर सकता है।

संकल्पनात्मक समझ का मूल्यांकन करने के लिए-

शिक्षक को अवधारणा आधारित विश्लेषण [conceptual based analysis] पर शिक्षार्थियों की योग्यता का आकलन करना चाहिए।

शिक्षार्थी को उचित प्रतिपुष्टि [feedback] प्रदान करना।

[यह सुनिश्चित करना कि विद्यार्थी प्रदत्त कार्यों [assignments work] को समय पर जमा कर दें, इसके माध्यम छात्रों के संकल्पनात्मक समझ [Conceptual understanding] का आकलन नहीं किया जा सकता है।

313. Group composition which facilitates collaborative learning effectively needs to be
(1) Homogenous and small
(2) Heterogeneous and large
(3) Homogenous and large
(4) Heterogeneous and small

प्रभावपूर्ण सहयोगात्मक (कोलैबोरेटिव) अधिगम को प्रोत्साहित करने के लिए समूह कैसा होना चाहिए?
(1) समरूप और छोटा
(2) विषमरूप और बड़ा
(3) समरूप और बड़ा
(4) विषमरूप और छोटा

Ans : (4)

विषम समूह [heterogeneous Group] 'समावेशी वातावरण [inclusive environment] को बढ़ावा देता है।

विषम समूह के अंतर्गत प्रतिभाशाली छात्र [gifted students] और कम IQ वाले छात्र को एक समूह में रखा जाता है। इससे छात्रों को एक-दूसरे के सहयोग से सीखने का अवसर मिलता है। समूह छोटा होना चाहिए जिससे शिक्षक प्रत्येक छात्र पर ध्यान दे सके।

[अतः प्रभावपूर्ण सहयोगात्मक अधिगम [effectively collaborative learning] को प्रोत्साहित करने के लिए समूह विषमरूप [heterogeneous] और छोटा [small] होना चाहिए।

314. Which of the following would be helpful in making suggestions about remedial teaching to learners?
(1) Prognostic Evaluation
(2) Placement evaluation
(3) Summative evaluation
(4) Diagnostic evaluation

निम्नलिखित में से क्या छात्रों के उपचारात्मक शिक्षण से संबंधित सुझाव देने में मदद करेगा?
(1) भविष्यसूचक मूल्यांकन
(2) प्लेसमेंट मूल्यांकन
(3) योगात्मक मूल्यांकन
(4) निदानात्मक मूल्यांकन

Ans : (4)

निदानात्मक मूल्यांकन [Diagnostic Evaluation] छात्र की अधिगम [learning] संबंधी कमियों का पता लगाने के लिए किया गया मूल्यांकन कहा जाता है।

इसके माध्यम से यह पता लगाया जाता है कि बच्चे के सीखने में कहां कमी रह गयी है।

जिसके आधार पर शिक्षक बच्चे का उपचारात्मक शिक्षण [remedial teaching] करता है।

अर्थात् सीखाने में रह गयी कमियों को दूर करता है।

अतः निदानात्मक परीक्षण [Diagnostic test] उपचारात्मक शिक्षण [Remedial teaching] से संबंधित सुझाव देने में मदद करेगा।

SCIENCE

315. A Student says that died seeds of kidney bean (Rama) are non-living because they seem no more alive than a handful of pebbles. What would be your response to her/his observation?

(1) The seeds are alive because they have the potential for displaying all the properties of life when placed in an appropriate environment

(2) The seeds are not alive because they do not exhibit any properties of life

(3) The seeds were once alive, when they were part of the living plant, but now they are dead

(4) Once a living thing is cut or crushed, it gradually dies out if it fails to heal itself

एक विद्यार्थी का कहना है कि राजमा के सूखे बीज निर्जीव हैं क्योंकि वे एक मुट्ठी भर कंकड़ से अधिक कुछ प्रतीत नहीं होते। उसके इस अवलोकन पर आपकी क्या प्रतिक्रिया होगी?

(1) बीज जीवित होते हैं क्योंकि किसी उपयुक्त वातावरण में रखने पर उनमें जीवन की सभी प्रक्रियाओं को दर्शाने की क्षमता होती है।

(2) बीज जीवित नहीं होते हैं क्योंकि वे जीवन की किसी भी प्रक्रिया को नहीं दर्शा रहे हैं।

(3) बीज जीवित थे, जब वे जीवित पौधे का एक अंग थे, लेकिन अब वे निर्जीव हैं।

(4) एक बार किसी जीवित पदार्थ को काटने या तोड़ने पर यदि वह अपने आप को स्वयं स्वस्थ न कर सके तो वह धीरे-धीरे मर जाता है।

Ans : (1)

सजीवों /जीवितों [Living] में बढ़ने [Growth] उपापचय करने [metabolism] प्रतिक्रिया करने [reflection] की क्षमता होती है।

बीजों [seeds] को सजीवों [Living] की श्रेणी में रखा जाता है क्योंकि बीजों को जब उचित पर्यावरण [environment] मिलता तो वृध्दि करते हैं तथा पेड का रुप ले लेते हैं।

सूखे बीज निर्जीव [non-living] नहीं होते हैं बल्कि वे निष्क्रिय [passive] होते हैं।

[अतः छात्रों को बताना चाहिए कि बीज जीवित [Living] होते हैं। क्योंकि जब उन्हें उपयुक्त वातावरण [suitable environment] मिलता है, तो उनमें सजीवों वाले सारे लक्षण [symptoms] प्रदर्शित करने की क्षमता [ability] होती है।

316. Consider Lifeline the following excerpt from class VII NCERT Science Textbook; Chapter - Forests: Our Lifeline

"The Children learnt about the history of the village. It surprised them that the villages and the agricultural fields of that area were created after clearing the forests about sixty years ago".

Which of the following objectives of science education does the above excerpt indicate?

(A) Nurture the aesthetic sense and creativity in science & technology.

(B) Develop a historical and developmental perspective of science.

(C) Appreciate issues at interface of Science, Society & Technology.

(D) Understand methods of generation of Scientific knowledge.

(1) (B) & (C)
(2) (A) & (B)
(3) (C) & (D)
(4) (A) & (C)

NCERT की कक्षा VII की विज्ञान पाठ्यपुस्तक के पाठ वन- हमारी जीवन रेखा से लिए गए निम्नलिखित उद्धरण पर विचार कीजिए।

"बच्चों ने गाँव के इतिहास के बारे में भी जानकारी प्राप्त की। उन्हें यह जानकर आश्चर्य हुआ कि उस क्षेत्र के गाँव और कृषि के लिए खेत लगभग साठ वर्ष पहले वन को काटकर उपलब्ध किए गए थे" ।

निम्नलिखित में से विज्ञान शिक्षा के किस उद्देश्य

(लक्ष्य) की ओर उपरोक्त उद्धरण दर्शाता है?

(A) विज्ञान और प्रौद्योगिकी में सौंदर्यपरक बोध और सृजनात्मकता को संपोषित करना

(B) विज्ञान का ऐतिहासिक और विकासात्मक परिप्रेक्ष्य विकसित करना

(C) विज्ञान, समाज और प्रौद्योगिकी के अंतरापृष्ठ पर मामलों की सरहाना करना

(D) वैज्ञानिक ज्ञान को उत्पन्न करने के तरीकों को समझना

(1) (B) और (C)
(2) (A) और (B)
(3) (C) और (D)
(4) (A) और (C)

Ans : (1)

विज्ञान के ऐतिहासिक और विकासात्मक परिप्रेक्ष्य [Historical developmental perspective] से तात्पर्य यह है कि विज्ञान किस प्रकार समय के साथ बदलता जाता है, अर्थात् जैसे-जैसे समय बदलता नये नये आविष्कार [invention] तथा खोजे [reaserches] विज्ञान में बदलाव को दर्शाती हैं।

विज्ञान समाज और प्रौद्योगिकी के बीच संबंध [(Relationship of science, Social & technology] - 'विज्ञान प्रौद्योगिकी में नए नवाचार करने में मदद करता जिसके द्वारा समाज विकसित होता है।

317. Which of the following strategies would be best suited to introduce the topic 'Magnets' to grade VI in an inquiry oriented classroom?

(1) Providing scientific definition of 'Magnetic attraction'.
(2) Engaging students in 'play and sort' activities with magnets and objects.
(3) Demonstrating magnetic attraction and repulsion using couple of objects and a magnet.
(4) Listing magnetic and non- magnetic materials on the Black Board.

एक जाँच-उन्मुख कक्षा VI में चुम्बक विषय का परिचय देने के लिए निम्नलिखित में से कौन-सी रणनीति सबसे उपयुक्त होगी?

(1) चुम्बकीय आकर्षण की वैज्ञानिक परिभाषा प्रदान करना।
(2) बच्चो से चुम्बक और वस्तुओं के साथ 'खेलो और छाँटो' आधारित गतिविधियाँ करवाना।
(3) चुम्बक और कुछ वस्तुओं का उपयोग करके चुम्बकीय आकर्षण और प्रतिकर्षण का निर्देशन करना।
(4) श्यामपट्ट पर चुम्बकीय और अचुम्बकीय पदार्थों की सूची बनाना।

Ans : (2)

- बच्चों में खेलने प्रति अधिक रुचि [interest] होती है, अतः शिक्षक को कोई भी अवधारणा [concepts] खेल तथा गतिविधियों [activities] के माध्यम से सिखाना चाहिए।
- क्योंकि इस प्रकार से सीखने से छात्रों का ज्ञान अधिक स्थायी [permanent] हो जाता है। तथा छात्र कोई भी अवधारणा [Concepts] बिना भार [without burden] से सीख जाते हैं।
- शिक्षको को कोई भी नयी अवधारणा [New Concepts] बालक के वास्तविक जीवन [Real life] से जोड़कर सिखानी चाहिए।

अत: चुम्बक [Magnets] विषय पर परिचय देने के लिए शिक्षक को वस्तुओं के साथ 'खेलो और छांटो' [Play & sort] गतिविधियां करवानी चाहिए।]

318. Observations can best be defined as:

(1) Descriptive statements about natural phenomena that are accessible to the senses
(2) Conclusions drawn on the basis of numerical data
(3) Clear and detailed explanations of natural phenomena
(4) Arguments formulated in favour of a particular line of reasoning

प्रेक्षणों की सर्वोतम परिभाषा है –

(1) इन्द्रियों द्वारा अभिगम्य प्राकृतिक परिघटनाओं के विवरणात्मक कथन।

(2) संख्यात्मक आंकड़ों के आधार पर निकाले गए निष्कर्ष।
(3) प्राकृतिक परिघटनाओं के स्पष्ट और विस्तृत वर्णन।
(4) एक विशिष्ट तर्कसंगत सोच के पक्ष में दिए गए तर्क।

Ans : (1)

मनुष्य द्वारा अपने ज्ञानेंद्रियों [senses] के आधार पर किसी के बारे में ज्ञान प्राप्त करना या जानकारी एकत्रित करना 'प्रेक्षण [observation]' कहलाता है। प्रेक्षण वैज्ञानिक विधि [scientific method] का एक प्रमुख अंग है।

[अतः इंद्रिया [senses] द्वारा अभिगम्य [accessible] प्राकृतिक परिघटनाओं [Natural phenomena] के विवरणात्मक कथन प्रेक्षण [observation] की उपयुक्त परिभाषा है।

319. Which of the following is a productive method of formative assessment in science?

(1) Asking children to express their thought-process
(2) Checking children's homework regularly
(3) Asking children to pay attention in laboratory
(4) Testing children's retention of definitions of concepts

विज्ञान में रचनात्मक मूल्यांकन की निम्न में से कौन-सी एक प्रभावकारी प्रक्रिया है:

(1) बच्चों को अपने विचारों को अभिव्यक्त करने के लिए कहना।
(2) बच्चों का गृहकार्य नियमित रूप से जाँचना।
(3) बच्चों को प्रयोगशाला में ध्यान देने के लिए कहना।
(4) बच्चों में अवधारणाओं की परिभाषा को याद रखने की क्षमता की जाँच करना।

Ans : (1)

- रचनात्मक आकलन [formative assessment] Teaching learning Process के दौरान किया जाता है।
- रचनात्मक आकलन अधिगम में हो रहे विकास और सुधार [improvement] से संबंधित है।
- इसके अंतर्गत प्रत्येक बालक का नियमित [regular] तौर पर आकलन [assessment] किया जाता है।
- इस आकलन के अंतर्गत बालक के विचारों को महत्व दिया जाता है।

[अतः बच्चों को अपने विचारों को अभिव्यक्त [Express] करने के लिए कहना रचनात्मक आकलन [formative assessment] की प्रभावी प्रक्रिया है।]

320. Experimentation in science should start from which of the following levels?

(1) Primary
(2) Upper primary
(3) Secondary
(4) Senior secondary

विज्ञान में प्रयोग निम्नलिखित में से किस स्तर से शुरू होने चाहिए ?

(1) प्राथमिक
(2) उच्च प्राथमिक
(3) माध्यमिक
(4) उच्च माध्यमिक

Ans : (1)

प्रयोगात्मक विधि एक खोज आधारित विधि [inquiry-based method] है। जिसके द्वारा छात्र किसी शोध अध्ययन में उससे संबंधित जानकारी [information] एकत्र करता है, उन जानकारियों / डेटा का विश्लेषण [Analysis] करता है तथा अंतर्यामी परिणाम [intermediate results] निकालता है।

इस विधि द्वारा सीखने से छात्रों में सृजनात्मक क्षमता [creative ability] का विकास होता है।

[अतः विज्ञान में प्रयोग [Experiment] प्राथमिक स्तर [Primary stage] से ही शुरु होने चाहिए।

321. Which of the following approaches to science teaching is most suited to replace students' incorrect ideas about the natural world with more scientific explanations?

(1) Integrated approach
(2) Conceptual change approach
(3) Discovery approach

(4) Project method approach

निम्न में से विज्ञान शिक्षा का कौन-सा अधिगम प्राकृतिक जगत के विषय में विद्यार्थियों के गलत विचारों को सही वैज्ञानिक व्याख्याओं से प्रतिस्थापित करने के लिए सर्वाधिक उपयुक्त है?

(1) एकीकृत दृष्टिकोण
(2) संकल्पनात्मक परिवर्तन दृष्टिकोण
(3) खोज दृष्टिकोण
(4) प्रोजेक्ट विधि

Ans : (2)

संकल्पनात्मक परिवर्तन अधिगम [Conceptual change approach] का मतलब है कि व्यक्ति छात्र अपने अनुभव [experience] या ज्ञान के माध्यम से अपने मौजूदा विश्वासों या सिध्दांतों [Principles] में बदलाव करता है।

[अर्थात छात्र नए ज्ञान या अनुभव द्वारा अपने पुराने ज्ञान या अनुभव में बदलाव [Change] करता है।

322. All of the following practices may be helpful in developing rational thinking except

(1) encouraging skepticism
(2) avoiding controversial issues
(3) looking for cause-effect relationships
(4) consulting reliable & literature in science

निम्न में से किसके अतिरिक्त अन्य सभी तर्कसंगत सोच को विकसित करने के लिए उपयुक्त हैं?

(1) संदेहवाद को प्रोत्साहित करना
(2) विवादास्पद मुद्दों से बचना
(3) कारण - परिणाम संबंधों को खोजना
(4) विश्वसनीय वैज्ञानिक साहित्य से परामर्श लेना

Ans : (2)

तर्कसंगत सोच [reasoning thinking] विकसित करने के लिए छात्रों में संदेहवाद [skepticism] को प्रोत्साहित करना चाहिए। छात्रों से कारण परिणाम [cause-effect] संबंधों को खोजने के लिए कहना चाहिए।

विवादात्मक मुद्दा [Controversial issues] ऐसे मुद्दे जो विवादित हो विवादात्मक मुद्दे कहलाते हैं।

छात्र विवादात्मक मुद्दा [Controversial issues] पर वाद-विवाद [Discussion] के माध्यम से मुद्दों पर अपने अलग-अलग तर्क रखते हैं तथा दूसरे के विचारों का खण्डन [refutal] करते हैं जिससे छात्रों में तार्किक क्षमता [logical ability] का विकास होता है।

[अर्थात तर्कसंगत [rational thinking] सोच को विकसित करने के लिए विवादात्मक मुद्दों से बचना नहीं चाहिए बल्कि इनका Use करना चाहिए।]

323. Assertion (A) – Gender plays an important role in achievement in science. Reason (R) – The information processing strategies are different for girls and boys.

Which of the following is correct?

(1) (A) is correct and (R) is the correct explanation for (A).
(2) (A) is correct but (R) is not a correct explanation for (A).
(3) (A) is incorrect but (R) is correct.
(4) Both (A) and (R) are incorrect.

अभिकथन (A) : विज्ञान में उपलब्धि में जेंडर की महत्वपूर्ण भूमिका है।

कारण (R) : लड़के-लड़कियों के लिए सूचना संसाधन रणनीतियाँ भिन्न होती है।

निम्नलिखित में से कौन-सा सही है?

(1) A सही है तथा R सही व्याख्या है A के लिए।
(2) A सही है परन्तु R सही व्याख्या नहीं है A के लिए।
(3) A गलत है परन्तु R सही है।
(4) A और R दोनों गलत हैं।

Ans : (4)

विज्ञान ‘जेंडर आधारित [gender based] विषय नहीं है। [अर्थात् कोई भी जैंडर [लड़की और लड़का] विज्ञान पढ़ तथा सीख सकता है।

लड़के तथा लडकियों के बीच सूचना संसाधन रणनीतियां समान [equal] होती हैं।

[अतः कथन A, R दोनों गलत हैं।]

SCIENCE

324. Which of the following is not a descriptor of inquiry teaching in science?

(1) Teacher encourages children to investigate their own ideas.

(2) Teacher encourages children to challenge each other's conceptualization.

(3) Teacher insists on developing conclusions based on evidence.

(4) Teacher provides the steps for conducting an experiment.

निम्नलिखित में से कौन-सा विज्ञान में जाँच शिक्षण का वृत्तांत नहीं है?

(1) शिक्षक छात्रों को उनके विचारों के अन्वेषण के लिए प्रोत्साहित करता है।

(2) शिक्षक छात्रों को एक-दूसरों के सम्प्रत्ययीकरण को चुनौती देने के लिए प्रोत्साहित करता है।

(3) शिक्षक सबूतों साक्ष्यों के आधार पर निष्कर्षों के विकास पर बल देता है।

(4) शिक्षक एक प्रयोग के संचालन के लिए चरणों का प्रदान करता है।

Ans : (4)

जांच शिक्षण का वृत्तांत [inquiry teaching of science]

- जहां छात्रों को स्वतंत्र रुप से खोजबीन करके सीखने का अवसर मिलता है, वही जांच शिक्षण का उचित वृत्तांत है।
- अतः छात्रों को उनके विचारों को अन्वेषण [investigate] करने के लिए कहना, जिससे छात्र कक्षा में सक्रिय [active] रुप से गतिविधि [activity] के माध्यम से सीखेंगे।
- छात्रों को एक-दूसरे के संप्रत्यय को [Challenge] देने के लिए कहना, जिससे छात्र अपनी तर्क शक्ति के आधार पर [Concepts] पर अपने विचार, अनुभव व्यक्त करेंगे।
- जिससे छात्रों में सृजनात्मक शक्ति [Creative thinking] तथा तर्क शक्ति [logical / reasoning ability] का विकास होगा।
- छात्रों को उनके सबूतों और साक्ष्यों के आधार पर निष्कर्ष [Conclusions] निकालने के लिए कहना।

शिक्षक एक प्रयोग संचालन [Conductive experiment] के लिए चरणों को प्रदान करता है:- विज्ञानं जांच शिक्षण के संबंध में यह कथन अनुचित है क्योंकि इसमें छात्र teacher द्वारा बताए गए चरणो [steps] को follow करेंगें।

[अर्थात् छात्र अपनी तर्कशक्ति का प्रयोग नहीं करेंगे।]

325. In our country, people suffering from common ailments like flu, diarrhea, fever etc. do not consult a doctor but buy or use medicines on their own which may result in health complications. A project is given to the students of class VIII to study the practices of self-medication in their neighbourhood. Which of the following indicators of learning in science can be assessed in their project?

(1) Communication, Analysis, Prediction

(2) Hypothesizing, Communication, Values

(3) Experimentation, Communication, Data collection

(4) Analysis, Communication, Data collection

हमारे देश में जो लोग सामान्य बीमारियों जैसे फ्लू, डायरिया, बुखार इत्यादि से पीड़ित हैं, वे चिकित्सक से मशवरा नहीं करते बल्कि अपने आप ही दवाइयों का उपयोग करते हैं जिससे कि स्वास्थ्य की परेशानियां उत्पन्न हो सकती हैं। कक्षा VIII के विद्यार्थियों को एक प्रोजेक्ट दिया गया जिसमे उन्हें आसपास के लोगों की स्वचिकित्सा प्रणाली का अध्ययन करना है। निम्नलिखित में से विज्ञान को सीखने के कौन-से सूचकों का उनके प्रोजेक्ट के द्वारा मूल्यांकन हो सकता है:

(1) संवाद, विश्लेषण, पूर्वानुमान,

(2) परिकल्पना करना, संवाद करना,

(3) प्रयोग करना, संवाद करना, आंकड़े इकट्ठा करना

(4) विश्लेषण करना, संवाद करना, आंकडे इकट्ठा करना

Ans : (4)

प्रोजेक्ट विधि एक शिक्षार्थी केंद्रित [Learner centered method] विधि होती है।

इस विधि में शिक्षार्थी स्वतंत्र [free] अध्ययन करता है और अपनी समस्याओं का हल विश्लेषण [Analysis] संवाद [Communication] आदि के माध्यम से करता है।

जब शिक्षार्थी बीमारी के बारे में जानने के लिए आस-पास के लोगों की स्व-चिकित्सा [self-medication] प्रणाली का अध्ययन करेंगे:- तो छात्र :

समस्या को जानने के लिए लोगों से संवाद [Communication] बातचीत करेंगे। लोगों से बातचीत के माध्यम से प्राप्त अनुभवों तथा जानकारियों को एकत्रित करेंगे तथा छात्र अंत में उन आंकडों [Deta] का विश्लेषण [Analysis] करेंगे।

अर्थात् संवाद करना [communication], विश्लेषण करना [analysis], आंकडे एकत्रित [deta collection] करना इन सूचकों [indicators] का प्रोजेक्ट के द्वारा मूल्यांकन हो सकता है।

326. Which of the following statements is NOT true about science?

(1) Science does not provide ultimate truths about nature and its phenomena.

(2) Development of scientific knowledge follows a linear path.

(3) Scientific ideas are subjected to revision in the light of new evidence.

(4) Science is not capable of solving all problems of our natural and social world.

निम्न में से विज्ञान के लिए कौन-सा कथन सत्य नहीं है?

(1) विज्ञान प्रकृति और उसकी परिघटनाओं के विषय में अंतिम सत्य नहीं कहता।

(2) विज्ञान संबंधी ज्ञान की प्रगति एक रैखिक पथ का अनुसरण करती है।

(3) विज्ञान के विचार नए प्रमाणों की रोशनी में परिवर्तित किए जाते हैं।

(4) विज्ञान हमारे प्राकृतिक और सामाजिक संसार की सभी समस्याओं का समाधान देने में सक्षम नहीं है।

Ans : (2)

- विज्ञान, प्रकृति [Nature] और उसकी परिघटनाओं [Phenome] के संबंध में अंतिम सत्य नहीं कहता है।
- विज्ञान की प्रकृति अस्थायी [temporary] है अर्थात् विज्ञान के विचार नए प्रमाणों की रोशनी में परिवर्तित किए जा सकते हैं।
- विज्ञान हमारे प्राकृतिक [Natural] और सामाजिक संसार [social world] की सभी समस्याओं का समाधान [solve] करने में सक्षम नहीं है।

अतः विज्ञान संबंधी प्रकृति रेखिक पथ [linear path] का नहीं बल्कि सर्पिल पथ [spiral path] का अनुसरण करती है।

327. Which among the following statements is / are true regarding the pressure exerted on a certain area by a brick?

A. Pressure is inversely proportional to area

B. Direction of pressure is opposite to that of the applied force

C. Unit of pressure is the same as that of the force

(1) A and B

(2) only A

(3) B and C

(4) only B

किसी ईंट द्वारा नियत क्षेत्रफल पर लगाए जाने वाले दाब के संदर्भ में निम्नलिखित में से कौन सा कथन सही है-

A. दाब क्षेत्रफल के व्युत्क्रमानुपाती होता है।

B. दाब की दिशा आरोपित बल की दिशा के विपरीत होती है।

C. दाब और बल का मात्रक एक ही होता है।

(1) A व B

(2) केवल A

(3) B व C

(4) केवल B

Ans : (2)

दबाव सीधे बल के समानुपाती होता है (pressure is directly proportional to force) लेकिन क्षेत्रफल के व्युत्क्रमानुपाती (inversely proportional to area) होता है।

SCIENCE

SCIENCE

328. Read the statements given below and choose the correct option.

Assertion (A): A switch is a source of electric current in a circuit.

Reasoning (R): When the switch is open (off), the air gap between the terminals prevents the flow of current.

(1) Both A and R are true and R is the correct explanation of A.
(2) Both A and R are true but R is not its correct explanation.
(3) A is false but R is true.
(4) Both A and R are false.

नीचे दिए गए कथनों को पढ़िए और सही विकल्प का चयन कीजिए –

अभिकथन (A) : एक विद्युत परिपथ में स्विच विद्युत धारा का स्रोत होता है।

कथन (R) : जब स्विच खुला (ऑफ) होता है तो टर्मिनल के बीच का वायु विच्छेद विद्युत के प्रवाह को रोकता है।

(1) (A) और (R) दोनों सही है और (R), (A) की सही व्याख्या करता है।
(2) (A) और (R) दोनों सही है लेकिन (R), (A) की सही व्याख्या नहीं करता है।
(3) (A) गलत है लेकिन (R) सही हैं।
(4) (A) व (R) दोनों गलत हैं।

Ans : (4)

स्विच एक विद्युत उपकरण (electrical device) है जिसका उपयोग विद्युत परिपथ (electric circuit) को बनाने या तोड़ने के लिए किया जाता है, यह चालू/बंद तंत्र द्वारा परिपथ में धारा के प्रवाह (flow of current) को नियंत्रित करता है इसलिए यह परिपथ में विद्युत धारा का स्रोत नहीं है।

एक विद्युत सेल या बैटरी (electric cell or battery) एक सर्किट में एक स्रोत के रूप में कार्य करती है जब विद्युत स्विच खुली (electrical switch open) स्थिति में होता है, तो दो टर्मिनलों के बीच हवा का अंतर होता है जिससे सर्किट टूट जाता है, यह सही नहीं है।

329. The characteristics of sound that distinguishes between two different sounds of same pitch and loudness.

(1) Intensity
(2) Timbre
(3) Shrillness
(4) Amplitude

ध्वनि का वह अभिलक्षण कौन सा है जिसके कारण समान तारत्व और तीव्रता (प्रबलता) की दो विभिन्न ध्वनियों के बीच विभेदन हो सकता है

(1) तीव्रता
(2) गुणता
(3) तीक्ष्णता
(4) आयाम

Ans : (2)

ध्वनि (Sound) का वह अभिलक्षण गुणता (Timbre or quality) है जिसके कारण समान तारत्व और तीव्रता (प्रबलता) (pitch and loudness) की दो विभिन्न ध्वनियों के बीच विभेदन हो सकता है।

330. Four balls are thrown with same force on four different types of surface. On which surface type would the balls travel the maximum distance?

(1) Skating rink.
(2) Sea beach.
(3) Cemented road.
(4) Wooden tiles.

चार विभिन्न प्रकार की सतहों पर चार गेंदों को एक समान बल से फेंका गया। किस प्रकार की सतह पर गेंदें अधिकतम दूरी तय करेंगी?

(1) स्केटिंग रिंक
(2) समुद्री तट
(3) सीमेंट की सड़क
(4) लकड़ी की टाइल

Ans : (1)

स्केटिंग रिंक (Skating rink) की सतह, सीमेंटेड सड़क (Cemented road) और लकड़ी की टाइलें

(Wooden tiles) स्केटिंग रिंक की तुलना में खुरदरी या अनियमित (rough or irregular) हैं। स्केटिंग रिंक की सतह समुद्री तट, सीमेंट वाली सड़क और लकड़ी की टाइलों की तुलना में चिकनी होती है जो कम घर्षण (less friction) प्रदान करती है जिसके कारण गेंद (ball) अधिकतम दूरी तय करती है।

331. Which of the following pairs of units are used for measuring the same physical quantity?

(1) kg m/s^2, Nm
(2) kg m^2/s^2, Ws
(3) kg m/s^2, Ws
(4) kg m^2/s^2, J/s

निम्नलिखित में से कौन-से मात्रकों के युग्म का समान भौतिक राशि को मापने के लिए प्रयोग किया जाता है ?

(1) kg m/s^2, Nm
(2) kg m^2/s^2, Ws
(3) kg m/s^2, Ws
(4) kg m^2/s^2, J/s

Ans : (1)

समान भौतिक मात्रा (Same physical quantities) को मापने के लिए उपयोग की जाने वाली इकाइयों की जोड़ी 1.kg m/s^2, Nm है। दोनों इकाइयाँ बल (pressure) मापती हैं: kg m/s^2 बल की इकाई है (न्यूटन, N), और Nm कार्य या ऊर्जा का प्रतिनिधित्व करता है, जिसे न्यूटन मीटर में भी मापा जाता है।

332. A man having a blood group A marries a woman with a blood group B. The blood group of their son/daughter could be

(1) Only A
(2) Only B
(3) Either A or B
(4) Either A, B, O or AB

A रूधिर वर्ग वाले एक पुरूष का विवाह B रूधिर वर्ग की महिला से होता है। उनके पुत्र /पुत्री का रूधिर वर्ग क्या हो सकता है?

(1) केवल A
(2) केवल B
(3) A अथवा B
(4) या तो A, B, O अथवा AB

Ans : (4)

A, B, AB, और O संतानों के संभावित रक्त समूह (blood group) हैं जब रक्त समूह 'A' वाला पुरुष रक्त समूह 'B' वाली महिला से शादी करता है।

333. Consider the statements given below and choose the correct option:

Assertion: If an iron blade is put in a blue copper sulphate solution, copper will get deposited over the iron blade.

Reason: The reactivity of iron is greater than that of copper and hence copper is displaced from copper sulphate solution.

(1) Both assertion and reason are correct, and reason is the correct explanation of the assertion
(2) Both assertion and reason are correct, and reason is not the correct explanation of the assertion
(3) Assertion is true, but reason is false
(4) Assertion is false, but reason is true

निम्नलिखित कथनों पर विचार कीजिए तथा सही विकल्प का चयन कीजिए।

अभिकथन : अगर एक लोहे के ब्लेड को नीले कॉपर सल्फेट घोल में डाला जाए तो ताँबा, लोहे के ब्लेड पर जमा हो जाएगा।

कारण : ताँबे की तुलना में लोहे की अभिक्रियाशीलता अधिक होती है तभी कॉपर सल्फेट घोल से ताँबा विस्थापित हो गया।

(1) अभिकथन और कारण दोनों सही हैं तथा कारण, अभिकथन की सही व्याख्या है।
(2) अभिकथन और कारण दोनों सही हैं परन्तु कारण, अभिकथन की सही व्याख्या नहीं है।
(3) अभिकथन सही है परन्तु कारण गलत है।
(4) अभिकथन गलत है परन्तु कारण सही है।

Ans : (1)

अभिकथन और कारण दोनों सही हैं। लोहे (Iron) की प्रति क्रियाशीलता (reactivity) तांबे (copper) की तुलना में अधिक होने के कारण लोहे को कॉपर सल्फेट (copper sulphate - $CuSO_4$) के घोल (solution) से तांबे को विस्थापित (displace) करने की अनुमति मिलती है, जिससे तांबा लोहे के ब्लेड पर जमा हो जाता है।

334. SI unit of pressure is

(1) newton, meter
(2) Newton metre^2
(3) newton / meter
(4) Newton / metre^2

दाब का SI मात्रक है –

(1) न्यूटन, मीटर
(2) न्यूटन मीटर^2
(3) न्यूटन/ मीटर
(4) न्यूटन/ मीटर^2

Ans : (4)

दाब (Pressure) का SI मात्रक न्यूटन/ मीटर^2 (Newton / metre^2) है |

335. Identify the group of constituents of petroleum i.e. the products obtained from the petroleum

(1) Diesel, petrol, Rayon
(2) Lubricating oil, paraffin wax, bitumen
(3) Diesel, bitumen, caustic soda
(4) Petrol, Rayon, paraffin wax

पेट्रोलिम के अवयवों अर्थात पेट्रोलियम से प्राप्त उत्पादों के समूह को पहचानिए।

(1) डीज़ल, पेट्रोल, रेयान
(2) स्नेहक तेल, पेराफिन मोम, बिटुमेन
(3) डीज़ल, बिटुमेन, कास्टिक सोडा
(4) पेट्रोल, रेयान, पेराफिन मोम

Ans : (2)

स्नेहक तेल (Lubricating oil), पेराफिन मोम (paraffin wax), बिटुमेन (bitumen) पेट्रोलियम से प्राप्त उत्पादों (products) का समूह है।

336. A farmer finds that legume seeds which he had stored for sowing next season have been attacked by insects. Which of the following methods would you suggest to him to separate healthy seeds and infected seeds?

(1) Handpicking
(2) Sieving
(3) Putting in water
(4) Threshing

एक किसान ने देखा कि फलियों के बीज जो उसने अगले मौसम में बोए जाने के लिए रखे थे, उनमें कीड़ा लग गया है। आप उसे स्वस्थ बीजों को संक्रमित बीजों से अलग करने के लिए निम्न में से कौन-सी विधि का सुझाव देंगे?

(1) हाथ से चुनना
(2) छानना
(3) पानी में डालना
(4) थ्रेशिंग

Ans : (3)

उपर्युक्त कथन के संदर्भ में हम स्वस्थ बीजों को संक्रमित बीजों (infected seeds) से अलग करने के लिए बीज को पानी में डालने का सुझाव देंगे। पानी में बीजों को डालने पर कुछ बीज जल के ऊपर तैरने (float) लगते है, जो बीज पानी में बैठ जाते हैं वे भारी तथा स्वस्थ (heavy and healthy) होते हैं।

337. Which of the following can be put on wounds as an antiseptic:

(1) iodine
(2) Bromine
(3) Sulphur
(4) Chlorine

निम्नलिखित में से किसे किसी घाव पर एन्टीसेप्टिक (पूतीरोधी या रोगाणुरोधक) के रूप में लगाया जा सकता है?

(1) आयोडीन
(2) ब्रोमिन
(3) सल्फर
(4) क्लोरीन

Ans : (1)

डेटॉल (Dettol), आयोडीन (iodine) और आयोडोफॉर्म (iodoform) सामान्य एंटीसेप्टिक्स (antiseptics) हैं जो घावों (wounds) के इलाज के लिए सीधे घावों पर लगाए जाते हैं।

338. Which of the statement is false in the context of chromium planting?

Chromium is used for electroplating because

(1) It has a dull appearance
(2) It does not corrode
(3) It resists scratches
(4) It is expensive to make the whole object out of it

the false statement in the context of chromium plating is that it has a dull appearance. A thin layer of zinc is applied to prevent the corrosion of iron or steel. Chromium metal has a shiny appearance.

क्रोमियम लेपन के संदर्भ में कौन-सा कथन असत्य है? क्रोमियम विद्युत लेपन के लिए उपयोग में लिया जाता है क्योंकि -

(1) इसका आविर्भाव मंद है।
(2) वह संक्षारित नहीं होता।
(3) इस पर खरोंच नहीं पड़ती।
(4) इससे पूरी वस्तु के निर्माण के हिसाब से यह महँगा है।

Ans (1)

क्रोमियम लेपन (Chromium plating) के संदर्भ में गलत कथन यह है कि इसका आविर्भाव मंद (dull appearance) है। लोहे या स्टील को जंग लगने से बचाने के लिए जिंक (zinc) की एक पतली परत (layer) लगाई जाती है। क्रोमियम धातु (Chromium metal) दिखने में चमकदार (shiny) होती है।

339. Which of the following gases are responsible for acid rain?

(a) Nitrogen
(b) Oxygen
(c) Ozone
(d) Sulphur dioxide
(e) Nitric oxide

(1) (a) and (b)
(2) (b) and (c)
(3) (c) and (d)
(4) (d) and (e)

निम्नलिखित में कौन सी गैसें अम्लीय वर्षा के लिए उत्तरदायी हैं ?

(a) नाइट्रोजन
(b) ऑक्सीजन
(c) ओज़ोन
(d) सल्फर डाइऑक्साइड
(e) नाइट्रिक ऑक्साइड

(1) (a) और (b)
(2) (b) और (c)
(3) (c) और (d)
(4) (d) और (e)

Ans : (4)

सल्फर डाइऑक्साइड (Sulphur dioxide) और नाइट्रिक ऑक्साइड (Nitric oxide) अम्लीय वर्षा (acidic rain) के लिए जिम्मेदार हैं, जो वायुमंडल (atmosphere) में जल वाष्प (Water Vapour) के साथ प्रतिक्रिया (reaction) करके क्रमशः सल्फ्यूरिक एसिड और नाइट्रिक एसिड (Sulphuric acid and nitric acid) बनाते हैं।

340. Which of the following is NOT indicative of the hypothesising skill?

(1) Formulating questions which lead to inquiry
(2) Attempting to explain observations or relationships in terms of some principle
(3) Using the senses to gather information
(4) Identifying variables for an experiment

निम्नलिखित में से कौन सा परिकल्पना करने के कौशल का निर्देशक नहीं है ?

(1) खोजबीन तक ले जाने वाले प्रश्न बनाना
(2) कुछ सिद्धांतों के विषय में अवलोकनों अथवा संबंधों की व्याख्या करने का प्रयास करना

(3) सूचना एकत्र करने के लिए ज्ञानेंद्रियों का उपयोग करना
(4) किसी प्रयोग के लिए चरों की पहचान करना

Ans : (3)

जानकारी इकट्ठा करने के लिए इंद्रियों (senses) का उपयोग करना अवलोकन (observation) का एक पहलू है, न कि परिकल्पना (hypothesising) करना, जिसमें अवलोकन या मौजूदा ज्ञान के आधार पर स्पष्टीकरण या भविष्यवाणियां (predictions) प्रस्तावित करना शामिल है।

341. Milk is rich in many vitamins and minerals, except :

(1) Iron, Vitamin C
(2) Iron, Vitamin A
(3) Phosphorus, Vitamin C
(4) Phosphorus, Vitamin A

दूध कई विटामिनों एवं खनिजों से समृद्ध हैं, सिवाय :

(1) लोहा, विटामिन-C के
(2) लोहा, विटामिन A के
(3) फॉस्फोरस, विटामिन C के
(4) फॉस्फोरस, विटामिन A के

Ans : (1)

दूध लोहा और विटामिन-सी (Iron and vitamin-C) से भरपूर नहीं है। दूध में आयरन महत्वपूर्ण मात्रा में मौजूद नहीं है, और जबकि दूध में कुछ विटामिन-ए होता है, यह विटामिन-सी का समृद्ध स्रोत (rich source) नहीं है।

342. (A) is the largest gland in our body and secretes (B)_which helps in digestion of (C).

(A), (B) and (C) respectively are :

(1) Pancreas, insulin, carbohydrates
(2) Liver, bile juice, fats
(3) Stomach, gastric juice, proteins
(4) Small intestine, bile juice, fats

हमारे शरीर में (A) सबसे बड़ी ग्रंथी है और (B) स्त्रावित करती है जो (C) के पाचन में मदद करती है।

(A), (B) और (C) क्रमशः हैं

(1) अग्न्याशय, इंसुलिन, कार्बोहाइड्रेट
(2) यकृत्, पित्त रस, वसा
(3) आमाशय, आमाशय रस, प्रोटीन
(4) छोटी आँत, पित्त रस, वसा

Ans : (2)

यकृत् (Liver), पित्त रस (bile juice), वसा (fats)। यकृत् (Liver) हमारे शरीर की सबसे बड़ी ग्रंथि (largest gland) है और यह पित्त रस का स्राव (Secretion) करता है, जो वसा के पाचन (digestion of fat) में मदद करता है। अग्न्याशय इंसुलिन को स्रावित करता है (pancreas secretes insulin), जो रक्त शर्करा के स्तर के नियमन (regulation of blood sugar level) में शामिल होता है, और यह कार्बोहाइड्रेट के पाचन (digestion of carbohydrates) में मदद करता है। आमाशय जठर रस स्रावित करता है (stomach secretes gastric juice), जो प्रोटीन के पाचन (digestion of protein) में सहायक होता है। छोटी आंत (small intestine) भी वसा के पाचन में भूमिका निभाती है, लेकिन यह पित्त रस का स्राव नहीं करती है।

343. Which of the following statements is correct?

(1) All arteries carry oxygen rich blood
(2) All veins carry deoxygenated blood
(3) Pulmonary artery carries blood from heart to lungs
(4) Pulmonary vein carries impure blood from heart to lungs

निम्नलिखित में से कौन सा कथन सही है?

(1) सभी धमनियाँ ऑक्सीजन समृद्ध रक्त वहन करती हैं।
(2) सभी शिराएँ विऑक्सीकृत रक्त वहन करती हैं।
(3) फुफ्फुस धमनी हृदय से फुफ्फुस तक रक्त वहन करती है।
(4) फुफ्फुस शिरा हृदय से फुफ्फुस तक अशुद्ध रक्त वहन करती है।

Ans : (3)

फुफ्फुसीय धमनी (Pulmonary artery) रक्त को हृदय से फुफ्फुस (heart to lungs) तक ले जाती है। फुफ्फुसीय धमनी हृदय से फुफ्फुस तक ऑक्सीजन रहित रक्त (deoxygenated blood) ले जाने के लिए जिम्मेदार होती है, जहां यह ऑक्सीजन से गुजरती है।

यह तब फुफ्फुसीय शिराओं (Pulmonary veins) के माध्यम से हृदय में लौटता है, जो ऑक्सीजन युक्त रक्त (oxygenated blood) ले जाते हैं।

344. Which of the following are characteristic or adaptation features of trees in mountains?

(A) long penetrating roots
(B) needle like leaves
(C) sloping branches
(D) waxy, thick stem
(E) leaves with waxy coating
(1) (A), (B), (D)
(2) (B) and (C)
(3) (B), (C), (D)
(4) (A) and (C)

निम्नलिखित में से कौन पर्वतों के पेड़ों/वृक्षों के अभिलक्षण या अनुकूलन लक्षण हैं।

(A) लंबी बेघती जड़े
(B) सुई जैसी पत्तियाँ
(C) टलवाँ टहनियाँ
(D) मोम, मोटा तना
(E) मोम की परत के साथ पत्तियाँ
(1) (A), (B) और (D)
(2) (B) और (C)
(3) (B), (C) और (D)
(4) (A) और (C)

Ans : (2)

पहाड़ों में पेड़ों की विशेषता या अनुकूलन सुविधाओं में सुई जैसी पत्तियाँ (needle like leaves) और टलवाँ टहनियाँ (sloping branches) शामिल हैं। ये विशेषताएं पेड़ों को तेज हवाओं और भारी बर्फबारी (Heavy snowfall) जैसी कठोर पहाड़ी परिस्थितियों का सामना करने में मदद करती हैं।

345. Read the following paragraph and choose the option with the set of words which would fill the blanks correctly in the given order.

During fertilization, the sperm cell from the father and the egg cell of the mother fuse to form a W which divides repeatedly to give rise to a ball of cells. The cells begin to develop into different organs and tissues. This developing structure called X gets embedded in the wall of Y. The stage of X in which all body parts can be identified is called Z.

W, X, Y, Z respectively are :

(1) zygote, fetus, uterus, embryo
(2) zygote, embryo, uterus, fetus
(3) embryo, zygote, fallopian tube, fetus
(4) Zygote, fetus, fallopian tube, embryo

निम्नलिखित अनुच्छेद को पढ़िए तथा उस शब्द समूह वाले विकल्प का चयन कीजिए जो कि सही प्रकार से दिए गए क्रम में रिक्त स्थानों को भरे।

निषेचन के समय पिता के शुक्राणु और माता के अंडाणु संलयित होकर W बनाते हैं जो कि बारंबार विभाजित होकर कोशिकाओं के गोले में बदल जाता है। कोशिकाएँ विभिन्न अंगों और ऊतकों में परिवर्धित होने लगती हैं। इस विकसित होती

संरचना को X कहते हैं जो कि Y की दीवार में रोपित हो जाता है। X की वह अवस्था जिसमें सभी शारीरिक भागों की पहचान हो सके वह Z कहलाता है।

W, X, Y Z क्रमशः हैं :

(1) युग्मनज, गर्भ, गर्भाशय, भ्रूण
(2) युग्मनज, भ्रूण, गर्भाशय, गर्भ
(3) भ्रूण, युग्मनज, डिंबवाहिनी नलिका (अंडवाहिनी), गर्भ
(4) युग्मनज, गर्भ, डिंबवाहिनी नलिका (अंडवाहिनी), भ्रूण

Ans : (2)

W: निषेचन के बाद युग्मनज बनता है। (After fertilization a zygote is formed.)

X: युग्मनज एक भ्रूण में विकसित होता है। (The zygote develops into an embryo.)

SCIENCE

Y: विकासशील संरचना (भ्रूण) गर्भाशय की दीवार में अंतर्निहित होती है। (embryo is embedded in the wall of the uterus)

Z: वह अवस्था जहां शरीर के सभी अंगों की पहचान की जा सकती है, गर्भ अवस्था कहलाती है। (fetus)

346. Which of the following graphs are straight lines?

A. Distance - time graph of a body at rest

B. Velocity - time graph of a body moving with uniform acceleration

C. Distance - time graph of a body moving with uniform acceleration

D. Velocity - time graph of a body at rest

Choose the correct option:

(1) A, B and D

(2) A, B and C

(3) C and D

(4) A and B

निम्नलिखित में से कौन-से ग्राफ़ सीधी रेखाएँ (ऋजु रेखाएँ) हैं ?

A. विराम अवस्था में पिंड / वस्तु का दूरी - समय ग्राफ़

B. एकसमान त्वरण के साथ गतिमान पिंड/वस्तु का वेग - समय ग्राफ़

C. एकसमान त्वरण के साथ गतिमान पिंड/वस्तु का दूरी - समय ग्राफ़

D. विराम अवस्था में पिंड/वस्तु का वेग - समय ग्राफ़

सही विकल्प का चयन कीजिए :

(1) A, B और D

(2) A, B और C

(3) C और D

(4) A और B

Ans : (1)

A. विराम अवस्था (rest position) में किसी पिंड की दूरी-समय ग्राफ़ (Distance - time graph): यह समय के साथ एक स्थिर दूरी (शून्य परिवर्तन) पर एक सीधी रेखा (straight line) दिखाता है।

B. एकसमान त्वरण (uniform acceleration) के साथ गतिमान पिंड/वस्तु का वेग - समय ग्राफ़: यह ग्राफ एक सीधी रेखा नहीं है, क्योंकि एकसमान त्वरण के परिणामस्वरूप समय के साथ वेग में रैखिक रूप से वृद्धि या कमी होती है, जिससे ग्राफ पर एक वक्र बनता है।

D. विराम अवस्था में पिंड/वस्तु का वेग - समय ग्राफ़ (velocity time graph): यह समय के साथ एक स्थिर वेग (शून्य वेग) पर एक सीधी रेखा दिखाता है।

347. An ion X^{3+} is obtained from an element X (atomic mass 27 and atomic number 13). The number of protons, electrons and neutrons in X^{3+} is respectively

(1) 14, 13 and 10

(2) 10, 13 and 14

(3) 13, 13 and 10

(4) 13, 10 and 14

X^{3+} आयन तत्त्व X (परमाणु-द्रव्यमान 27 और परमाणु क्रमांक 13) से प्राप्त हुआ है। X^{3+} में प्रोटॉनों, इलेक्ट्रॉनों और न्यूट्रॉनों की संख्या क्रमशः है :

(1) 14, 13 और 10

(2) 10, 13 और 14

(3) 13, 13 और 10

(4) 13, 10 और 14

Ans : (4)

13 परमाणु क्रमांक (Atomic number) वाले तत्व X में आमतौर पर 13 इलेक्ट्रॉन (electrons) और 13 प्रोटॉन (proton) होते हैं। X^{3+} आयन 3 इलेक्ट्रॉन खो देता है, जिसके परिणामस्वरूप 10 इलेक्ट्रॉन रह जाते हैं।

न्यूट्रॉन की संख्या (Number of neutrons) = परमाणु द्रव्यमान (Atomic mass) - परमाणु क्रमांक (Atomic number) = 27 - 13 = 14

348. A and B secrete their hormones when they receive orders from gland C. Which of the following can A, B and C respectively be?

(1) Pancreas, Adrenal glands, Thyroid
(2) Thyroid, Adrenal glands, Pituitary
(3) Testes, Ovaries, Thyroid
(4) Pituitary, Pancreas, Thyroid

A और B अपने हॉर्मोन तब स्रावित करते हैं जब उन्हें ग्रंथि C से आदेश प्राप्त होता है। निम्नलिखित में से कौन-सा क्रमश: A, B और C हो सकता है ?

(1) अग्न्याशय, अधिवृक्क (ऐड्रिनल) ग्रंथियाँ, थाइरॉइड
(2) थाइरॉइड, अधिवृक्क (ऐड्रिनल) ग्रंथियाँ, पीयूष
(3) वृषण, अंडाशय, थाइरॉइड
(4) पीयूष, अग्न्याशय, थाइरॉइड

Ans : (2)

पीयूष ग्रंथि (pituitary gland) (C), अंतःस्रावी तंत्र में थायरॉइड (thyroid in the endocrine system) (A) और अधिवृक्क ग्रंथियों (adrenal glands) (B) जैसी अन्य ग्रंथियों को उनके हार्मोन जारी करने के लिए नियंत्रित करती है और संकेत भेजती है।

349. The image formed by a pinhole camera is real. Which of the following statements offers a suitable explanation for this fact?

(1) Light diffracts on entering a small opening.
(2) Light travels in a straight line.
(3) Light is a form of energy.
(4) Light changes its path when it travels from one medium to another.

सूचीछिद्र कैमरे द्वारा निर्मित प्रतिबिम्ब वास्तविक होता है। निम्नलिखित में से कौन-सा कथन इस तथ्य की उपयुक्त व्याख्या प्रदान करता है ?

(1) प्रकाश छोटे से मुख (छेद) में प्रवेश करने पर विवर्तित हो जाता है।
(2) प्रकाश सीधी रेखा में गमन करता है।
(3) प्रकाश ऊर्जा का एक स्वरूप (रूप) है।
(4) प्रकाश जब एक माध्यम से दूसरे में गमन करता है तब वह अपना पथ परिवर्तित करता है।

Ans : (2)

प्रकाश (Light) सूचीछिद्र (pinhole) के माध्यम से सीधे यात्रा करता है, अपने सीधे-रेखा (straight-line) पथ के कारण विपरीत दिशा (opposite direction) में एक उलटी वास्तविक छवि बनाता है।

350. The factor on which the shadow formation of an object is not dependent is

(1) shape of an object
(2) distance of the object from source of light
(3) position of the object w.r.t source of light
(4) colour of the object

वह कारक जिस पर किसी वस्तु के प्रतिबिंब का निर्माण निर्भर नहीं है, वह है

(1) वस्तु का आकार
(2) प्रकाश के स्रोत से वस्तु की दूरी
(3) प्रकाश के स्रोत के सापेक्ष वस्तु की स्थिति
(4) वस्तु का रंग

Ans : (4)

वस्तु की छाया केवल प्रकाश के स्रोत (source of light) और उसके घटना कोण (angle of incidence) पर निर्भर करती है और वस्तु कितनी दूरी पर रखी गई है, यह वस्तु के रंग (colour of object) पर निर्भर नहीं करता है।

351. A concave mirror and convex mirror are cut from same spherical glass ball but the aperture of concave mirror is more than the aperture of convex mirror. What can be said about their focal lengths?

(1) Focal length of concave mirror is more than that of convex mirror
(2) Focal length of convex mirror is more than that of concave mirror
(3) Both have same focal length
(4) Focal length cannot be compared with given information

एक अवतल दर्पण और एक उत्तल दर्पण एक ही गोलीय काँच की गेंद से काटे गए लेकिन अवतल दर्पण का द्वारक उत्तल दर्पण के द्वारक से अधिक है। उनकी फ़ोकस दूरी के विषय में क्या कहा जा सकता है?

SCIENCE

(1) अवतल दर्पण की फ़ोकस दूरी उत्तल दर्पण की फ़ोकस दूरी से अधिक है।
(2) उत्तल दर्पण की फ़ोकस दूरी अवतल दर्पण की फ़ोकस दूरी से अधिक है।
(3) दोनों की समान फ़ोकस दूरी है।
(4) दी गई सूचना के आधार पर फ़ोकस दूरी की तुलना नहीं की जा सकती।

Ans : (3)

फोकल लंबाई ध्रुव और मुख्य फोकस (pole and the principal focus) के बीच की दूरी है। तो, गोलाकार दर्पण (spherical mirror) यानी उत्तल और अवतल दर्पण (convex and concave mirror) की फोकल लंबाई गोलाकार दर्पण की वक्रता त्रिज्या (radius of curvature) के आधे के बराबर होती है। इस प्रकार, दोनों दर्पणों की फोकस दूरी समान रहती है।

352. Assertion (A) - Water can be used to extinguish fire caused by short circuit of an electrical appliance.
Reason (R) - Water lowers the ignition temperature of burning material.

(1) (A) is true and (R) is correct explanation of (A).
(2) (A) is true but (R) is not correct explanation of (A).
(3) (A) is false but (R) is true.
(4) Both (A) and (R) are false.

अभिकथन (A) : किसी विद्युत सर्किट के लघुपथन से उत्पन्न आग को जल से बुझाया जा सकता है।
कारण (R) : जल ज्वलनशील सामग्री के ज्वलन ताप को कम कर देता है।

(1) A सत्य है और A की सही व्याख्या R है।
(2) A सत्य है लेकिन A की सही व्याख्या R नहीं है।
(3) A असत्य है और R सत्य है।
(4) A और R दोनों असत्य हैं।

Ans : (3)

कथन 1 असत्य है और कथन 2 सत्य है। यदि बिजली के उपकरणों (electrical equipment) में शॉर्ट-सर्किट (short circuit) के कारण लगी आग को बुझाने के लिए पानी का उपयोग किया जाता है, तो पानी बिजली का संचालन (conduct electricity) कर सकता है और आग बुझाने की कोशिश करने वालों को नुकसान पहुंचा सकता है। अतः कथन 1 ग़लत है)।

जैसे ही किसी जलते हुए पदार्थ पर पानी डाला जाता है, तो वह पदार्थ से गर्मी को अवशोषित (absorbed) कर लेता है। इसके परिणामस्वरूप पदार्थ का तापमान ज्वलन तापमान (combustion temperature) से कम हो जाता है। परिणामस्वरूप, पदार्थ जलना बंद कर देता है।

353. People usually put a round piece of cloth on their head before putting a heavy load. This is helpful because

(1) Pressure is decreased by increasing area of contact
(2) Pressure is decreased by decreasing the area of contact
(3) Force is decreased by increasing the area of contact
(4) Force is increased by decreasing area of contact

लोग प्राय: कपड़े का एक गोल टुकड़ा किसी भारी बोझ को अपने सिर पर उठाने से पहले रखते हैं। इससे मदद होती है क्योंकि –

(1) संपर्क क्षेत्र में वृद्धि करने से दाब घटता है।
(2) संपर्क क्षेत्र के घटने से दाब घटता है।
(3) संपर्क क्षेत्र में वृद्धि करने से बल घटता है।
(4) संपर्क क्षेत्र के घटने से बल में वृद्धि होती है।

Ans : (1)

आमतौर पर लोग भारी बोझ डालने से पहले अपने सिर में कपड़े का एक गोल टुकड़ा डाल लेते हैं, ऐसा करने से वे अपने सिर के साथ बोझ के संपर्क के क्षेत्र (area of contact) को बढ़ा देते हैं। इससे उनके सिर पर दबाव (pressure) कम हो जाता है और उन्हें भार उठाने में आसानी होती है। {$P=F/A$}

354. Identify the set which is NOT a food preservative:

(1) Iron oxide and Potassium permanganate
(2) Sodium benzoate and sodium metabisulphite
(3) Sodium chloride and citric acid
(4) Vit C (ascorbic acid) and sugar

समुच्चय की पहचान (ज्ञात) कीजिए जो कि एक खाद्य संरक्षक (परिरक्षी) नहीं है।

(1) आयरन ऑक्साइड व पोटैशियम परमैंगनेट
(2) सोडियम बेन्ज़ोएट व सोडियम मेटाबाईसल्फाइट
(3) सोडियम क्लोराइड व सिट्रिक अम्ल
(4) विटामिन C (एसकोरबिक अम्ल) व शंकरा

Ans : (1)

आयरन ऑक्साइड और पोटेशियम परमैंगनेट (Iron oxide and Potassium permanganate) का उपयोग आमतौर पर खाद्य परिरक्षकों (food preservative) के रूप में नहीं किया जाता है। वे आमतौर पर अपने गुणों या खाद्य पदार्थों (food items) के साथ संभावित प्रतिक्रिया (reaction) के कारण भोजन को संरक्षित करने के लिए नियोजित नहीं होते हैं।

355. Suppose you are standing in front of plane mirror fixed on the wall of a gallery. You are at a distance of 3m and your friend is at a distance of 4 m from the mirror. What is the distance between you and the image of your friends?

(1) 8 m
(2) 7 m
(3) 6 m
(4) 4m

मान लीजिए आप किसी गैलरी में दीवार पर लगे किसी समतल दर्पण के सामने खड़े हैं। आप दर्पण से 3 m दूरी पर तथा आपका मित्र 4 m दूरी पर खड़ा है। आपके मित्र के प्रतिबिम्ब और आपके बीच की दूरी क्या है?

(1) 8 m
(2) 7 m
(3) 6 m
(4) 4 m

Ans (2)

एक व्यक्ति और समतल दर्पण के बीच की दूरी (Distance between a person and plane mirror) (D1) = 3m

समतल दर्पण और प्रतिबिम्ब के बीच की दूरी (Distance between the plane mirror and image) (D2) = 4m

We know that,

D = D1 + D2

D = 3 + 4

D = 7 m

Therefore, एक व्यक्ति और उसके मित्र की प्रतिबिम्ब के बीच की दूरी (the distance between a person and the image of his friend) is 7m.

356. Consider the following statements

(A) A convex mirror always forms a virtual and diminished image
(B) A concave lens always forms a virtual and diminished image
(C) A concave mirror can form a real diminished as well as virtual diminished image
(D) A convex lens while using as a magnifier makes a real and magnified image

The correct statements are

(1) A, B and C
(2) B, C and D
(3) only A and B
(4) A, B and D

नीचे दिए गए कथनों पर विचार कीजिए:

A. उत्तल दर्पण सदैव आभासी और आकार में छोटा प्रतिबिंब बनाता है।
B. अवतल लेंस सदैव आभासी और आकार में छोटा प्रतिबिंब बनाता है।
C. अवतल दर्पण वास्तविक और आकार में छोटे के साथ-साथ आभासी और आकार में छोटा प्रतिबिंब भी बना सकता है।
D. आवर्धक लेंस की भाँति उपयोग करते समय उत्तल लेंस वास्तविक और आकार में आवर्धित प्रतिबिंब बनाता है।

SCIENCE

सही कथन हैं:

(1) A, B और C
(2) B, C और D
(3) केवल A और B
(4) A, B और D

Ans : (3)

सही कथन हैं:

- उत्तल दर्पण (convex mirror) सदैव आभासी और आकार में छोटा प्रतिबिंब (virtual and diminished image) बनाता है।
- अवतल लेंस (concave lens) सदैव आभासी और आकार में छोटा प्रतिबिंब बनाता है।

357. All of the following are acceptable aims of teaching-learning of science except:

(1) to develop scientific temper
(2) to develop open-mindedness
(3) to encourage value-neutrality
(4) to promote research

इसके अलावा निम्न सभी विज्ञान शिक्षण-अधिगम के स्वीकार्य उद्देश्य हैं:

(1) वैज्ञानिक सोच विकसित करना
(2) खुले विचारों को विकास करना
(3) मूल्य-उदासीनता को प्रोत्साहित करना
(4) अनुसंधान को बढ़ावा देना

Ans : (3)

विज्ञान शिक्षण अधिगम [teaching learning] के स्वीकार्य उद्देश्य [acceptable aim] :

- छात्रों में वैज्ञानिक सोच [Scientific thinking] विकसित करना।
- छात्रों में खुले विचारों [open- mindedness] को विकसित करना, जिससे वे नए- नए प्रयोग [experiment] कर सके।
- अनुसंधान [research] को बढ़ावा देना।
- सृजनात्मकता [Creativity] को बढ़ावा [promote] देना।
- आलोचनात्मक सोच [critical thinking] को बढ़ावा देना |

[मूल्य - उदासीनता [value - indifference] को प्रोत्साहित करना, विज्ञान शिक्षण का उददेश्य नहीं है।।

358. Reena found that during a class test, most of the students had responded incorrectly to a concept-based question.

Which of the following strategies can help in addressing this issue?

(1) Motivate students to read, understand and learn well
(2) Arrange a PTM and ask parents to encourage students to prepare well for next exams
(3) Teach the concept again
(4) Search for conceptual gaps and teach the concept accordingly

कक्षा परख के दौरान रीना पाती है कि अधिकांश विद्यार्थियों ने एक अवधारणा आधारित प्रश्न के लिए गलत उत्तर लिखा है।

निम्नलिखित में से कौन-सी रणनीति इस समस्या को संबोधित करने में सहायता कर सकती है?

(1) विद्यार्थियों को पढ़ने, समझने और अच्छी तरह से याद करने हेतु प्रेरित करें।
(2) अभिभावक शिक्षक बैठक की व्यवस्था कर, अभिभावकों से विद्यार्थियों को अगले परख की तैयारी अच्छी तरह से करने को प्रेरित करने के लिए कहें।
(3) अवधारणा को फिर से पढ़ाएं।
(4) अवधारणात्मक रिक्तताएं खोजकर उनके अनुरूप अवधारणा का शिक्षण करें।

Ans : (4)

शिक्षिका को, बालक के समझने में कहां कमी रह गयी है सर्वप्रथम उसका पता लगना चाहिए तथा उसके अनुसार बालक को पुनः अवधारणा [concept] को समझाना चाहिए।

अर्थात, शिक्षण प्रक्रिया [teaching process] छात्रों के अनुरुप [according] होनी चाहिए।

जिससे प्रत्येक छात्र सहज और आसान तरीके से सीख सके।

[अतः अवधारणात्मक रिक्तिया [Conceptual gaps)

खोजकर उसके अनुरुप [according] अवधारणा [Concepts] का शिक्षण समस्या को संबोधित करने की उपयुक्त रणनीति है।।

359. What does the following excerpt illustrate about science ?

Scottish biologist Alexander Fleming took break from his lab work investigating staphylococci and went on a holiday. When he returned, he found that a Petri dish which had been left uncovered by mistake, had formed a blue-green mold. The mold contained a powerful antibiotic, Penicillin, which could kill harmful bacteria without having a toxic effect on human body.

(1) Laws and theories play a central role in developing scientific knowledge
(2) A general and universal Scientific method exists
(3) Scientific knowledge is long lasting yet tentative
(4) Scientific discovery is not a linear process

निम्नलिखित उद्धरण विज्ञान के बारे में क्या प्रदर्शित करता / दर्शाता है? स्कॉटिश जीववैज्ञानी अलेक्जेंडर फ्लेमिंग ने स्टैफाइलोकोकी की जाँच से जुड़े अपने प्रयोगशाला के काम से छुट्टी ली और वे छुट्टियों (अवकाश) पर चले गए। वापसी पर उन्होंने पाया कि जिस पेट्रीडिश को वे गलती से खुला छोड़ गए थे, उस में नीले- हरे रंग के फफूँद बन गए थे। उस फफूंद में एक शक्तिशाली प्रतिजैविक (एंटीबायोटिक), पेनिसिलिन मौजूद था, जो हानिकारक जीवाणु को नष्ट कर सकता था बिना मानव शरीर पर विषैला प्रभाव डाले

(1) नियम और सिद्धांत वैज्ञानिक ज्ञान के विकास में केंद्रीय भूमिका निभाते हैं
(2) सामान्य और सार्वभौमिक वैज्ञानिक विधि विद्यमान हैं
(3) वैज्ञानिक ज्ञान दीर्घकालीन होते हुए भी अनंतिम है
(4) वैज्ञानिक खोज एक रैखिक प्रक्रिया नहीं है

Ans : (4)

वैज्ञानिक खोज [scientific research] एक रैखिक [liner process] नहीं है। बल्कि यह एक चक्रीय प्रक्रिया [spiral process] है क्योंकि यह पुनरावृत्तीय और लचीली [flexible] है, [अर्थात यह जांच, मूल्यांकन [evaluation] और विश्लेवण [analysis] और पूरी प्रक्रिया को बार बार दौहराने [revise] की एक सतत प्रक्रिया [continue process] हैं।

नियम और सिद्धांत [rules & principles] वैज्ञानिक ज्ञान [scientific knowledge] के विकास में महत्वपूर्ण भूमिका निभाते हैं।

विज्ञान सार्वभौमिक विद्यमान [universally existing] है, से तात्पर्य यह है कि विज्ञान हमारे चारों तरफ है सिर्फ उसे सोचने समझने उस पर चिंतन करने तथा उससे अपने आप को जोड़ने की जरुरत है।

अतः सार्वभौमिक वैज्ञानिक विधि [Universal scientific method] विद्यमान है।

360. A teacher wants to organize a debate for students on 'Wastage of water. Which of the following is

(1) Comprehend various causes of wastage of water not an expected learning outcome for the purpose of assessment?
(2) Communicate logically their viewpoint about wastage of water
(3) Link their day-to-day experiences and observations about wastage
(4) Compete with other classmates by countering their viewpoint on the issue

एक शिक्षक विद्यार्थियों के लिए 'जल की बर्बादी' पर वाद-विवाद का आयोजन करना चाहता है। निम्नलिखित में कौन सा आंकलन के उद्देश्य के लिए अपेक्षित अधिगम प्रतिफल नहीं है ?

(1) जल की बर्बादी के विभिन्न कारणों को समझना
(2) जल की बर्बादी के बारे में अपने मतों (विचारों) को तर्कसंगत रूप से संप्रेषित करना
(3) बर्बादी के बारे में अपने दिन-प्रति-दिन (दैनिक) के अनुभवों और अवलोकनों को जोड़ना
(4) अन्य सहपाठियों के साथ प्रतिस्पर्धा करने हेतु उनके मतों (विचारों) का प्रतिकार करना

Ans : (4)

'वाद-विवाद'' [discussion] सिखाने की एक उत्तम विधि है, क्योंकि छात्र इसके माध्यम से अपने विचारों और भावनाओं को प्रकट करते हैं।

वाद-विवाद के माध्यम से छात्रों का मूल्यांकन [evaluation] करने के लिए शिक्षिका को इस कारण का पता लगाने के लिए कहे कि जल की बर्बादी [wastage of water] क्यों होती है, ऐसा करने से प्रत्येक "अनुभव [experience], विचार [thoughts], तथा तर्क [logic/reason] रखेंगे जिससे छात्रों में तार्किक क्षमता [logical ability] का विकास होगा। छात्रों को अपने daily life से जोड़कर अपने अनुभव बताने के लिए कहना छात्रों में प्रतिस्पर्धा [Compare] की भावना विकसित करना मूल्यांकन का उद्देश नहीं होता है।

वैज्ञानिक साक्षरता के घटक [Component of scientific literacy]: वैज्ञानिक विषयों को समाज से जोड़कर सिखाना। [अर्थात सामाजिक वैज्ञानिक विषयों पर संरचित विकल्प [informed Choicest] देना।

वैज्ञानिक रुचि के विषयों पर मीडिया रिपोर्टों को प्रस्तुत करना। छात्रों को किसी अवधारणा [concept] के कारण- प्रभाव [course effect] खोजने के लिए कहना जिससे छात्रों में सृजनात्मकता [Creativity] तथा तार्किक क्षमता [logical reasoning] का विकास होता है

अतः [शिक्षा के उच्च स्तर [advanced level] पर विज्ञान को विषय के रूप में पढ़ने की योग्यता वैज्ञानिक साक्षरता [scientific Literacy] का घटक नहीं है।

361. Which of the following is NOT a suitable indicator for assessing students' ability to think rationally ?

(1) Students formulate clear arguments to differentiate myths from science
(2) Students recall the relevant formulae and laws.
(3) Students are able to establish a relationship between cause and effect.:
(4) Students can differentiate between valid and invalid evidence

विद्यार्थियों को बुद्धिसंगत चिंतन की योग्यता के आकलन के लिए निम्नलिखित में से क्या एक उपयुक्त सूचक नहीं है ?

(1) विद्यार्थी विज्ञान से मिथकों को पृथक करने के लिए स्पष्ट तर्क प्रतिपादित करते हैं।
(2) विद्यार्थी संदर्भित सूत्रों एवं नियमों की पुनरावृत्ती करते हैं।
(3) विद्यार्थी कारक एवं प्रभाव के बीच संबंध को स्थापित कर पाते हैं।
(4) विद्यार्थी वैध एवं अवैध प्रमाण के बीच विभेदन कर पाते हैं।

Ans : (4)

छात्रों में बुद्धिगत चिंतन, [rationally thinking] से तात्पर्य छात्रों में तर्क के साथ सोचने की क्षमता का विकास करना, तर्कसंगत सोच के अंतर्गत छात्र निर्णय लेने [take decision] या किसी कार्य को करने में उस कार्य से संभावित कारण- प्रभाव [cause effect] पर ध्यान केंद्रित करते हैं।

जब विद्यार्थी विज्ञान से मिथको [myths] को पृथक करने के लिए तर्क देते हैं। उनकें तार्किक क्षमता [Logical ability] का विकास होता है।

[विद्यार्थी संदर्भित सूत्रों एवं नियमों की पुनरावृति [recall] करते हैं।] इसके द्वारा छात्रों के बुद्धिगत चिंतन [rationally thinking] का आकलन [assessment] नहीं किया जा सकता क्योंकि सूत्रों की पुनरावृत्ति करना 'रटंत प्रणाली [rote system]' के अंतर्गत आता है।"

362. Which of the following would be the most appropriate strategy to introduce the concept of buoyant force ?

(1) Stating the definition of buoyant force
(2) Explaining the essence of Archimede's Principle
(3) Engaging students in catch and throw activities
(4) Engaging students in floating and sinking activities

उत्प्लावक बल के संप्रत्यय का परिचय देने के लिए निम्नलिखित में से कौन सी युक्ति सर्वाधिक उपयुक्त होगी ?

(1) उत्प्लावक बल की परिभाषा व्यक्त करना।
(2) आर्कमिडिज़ के सिद्धान्त के सार की व्याख्या करना।
(3) छात्रों को पकड़ने एवं फेंकने के क्रियाकलापों में लगाना।
(4) छात्रों को तैरने तथा डूबने के क्रियाकलापों में लगाना।

Ans : (4)

उत्प्लावक बल [buoyant farce] जब कोई वस्तु किसी तरल पदार्थ में पूरी तरह या आंशिक [partial] रूप से डूबी हुई होती है, तो उस वस्तु पर ऊपर की ओर एक बल [force] लगता है। इस बल को ही उसका उत्प्लावक बल [buoyant force] कहते हैं।

छात्रों को इस [concept] का परिचय देने के लिए सर्वाधिक उपयुक्त युक्ति [most appropriate strategy] छात्रों को उनके दैनिक जीवन [daily life] से जोड़कर सिखाना।

[अर्थात छात्रों के तैरने तथा डूबने [floating sinking] के क्रियाकलापों [activities] में लगाना।

इसके माध्यम से छात्र स्वयं अनुभव [self-experience] / महसू करके सीखेंगे, जिससे Concept को सिखाने में छात्रों को आसानी होगी।

363. A teacher wants to help her students to make a connection between the shapes of beaks of different birds and the type of food they eat which of the following strategies would be the most suitable for this purpose?

(1) Showing the diagrams of the beaks of different birds
(2) Asking students to refer to an encyclopedia on birds
(3) Visiting a bird sanctuary and asking students to make observations
(4) Organizing a guest lecture on birds by an expert

विभिन्न पक्षियों की चोंच के आकार तथा उनके द्वारा खाए जाने वाले खाद्य पदार्थों के प्रकार के बीच संबंध स्थापित करने में एक अध्यापिका अपने छात्रों की मदद करना चाहती है। इस उद्देश्य के लिए निम्नलिखित में से कौन सी सबसे उपयुक्त युक्ति होगी?

(1) विभिन्न पक्षियों की चोंचों के आरेख दिखाना।
(2) छात्रों से कहे कि वे पक्षियों पर विश्वकोष की सहायता लें।
(3) एक पक्षी अभयारण्य का भ्रमण करना तथा छात्रों से अवलोकन करने के लिए कहना।
(4) किसी विशेषज्ञ द्वारा पक्षियों के विषय पर एक अतिथि व्याख्यान का आयोजन करना।

Ans : (3)

- भ्रमण द्वारा सीखने से छात्र पक्षियों को प्रत्यक्ष रूप से देखेंगे, जिससे वे प्रत्येक पक्षी की विशेषताओं और कमियों का विश्लेषण [analysis] अपने अवलोकन [observation] के आधार पर करेंगे।
- इसके माध्यम से प्रत्येक छात्र सक्रिय [Active] रुप से सीखने में रुचि लेंगे।
- क्षेत्र भ्रमण [field trip] द्वारा सीखने से बालक की समस्त इंद्रियां [all senses] क्रियाशील [functional] होती हैं।
- भ्रमण द्वारा छात्रों को दुनिया की नयी - नयी खोजो के बारे में जानने का अवसर मिलता है।

[अर्थात क्षेत्र भ्रमण [field trip] के माध्यम से सिखाने की एक उच्चतम विधि है।]

364. What kind of questions would you recommend for an open-book test?

(1) Statements of important laws and principles
(2) Definitions of significant phenomena
(3) Application of standard formulae to unfamiliar situations
(4) Derivations of significant relationships

एक खुली पुस्तक परीक्षा के लिए आप किस प्रकार के प्रश्नों का परामर्श देंगें ?

(1) महत्वपूर्ण नियमों एवं सिद्धान्तों के कथन
(2) सार्थक परिघटनाओं की परिभाषाएँ
(3) अपरिचित स्थितियों में मानक सूत्रों का अनुप्रयोग
(4) सार्थक संबंधों का व्युत्पन्न

Ans : (3)

SCIENCE

खुली पुस्तक परीक्षा [open book exam] का अर्थ है कि परीक्षा में प्रश्नोत्तर लिखने के लिए पाठ्य पुस्तक [Notebook] का उपयोग कर सकते हैं।

इस परीक्षा में छात्रों की विषय के प्रति समझ कितनी है। इसका मूल्यांकन [evaluation] किया जाता है।

यह परीक्षा रटंत प्रणाली [rote system] से मुक्त होती है।

'ओपन बुक परीक्षा' मे सवाल विश्लेषण [analysis] के आधार पर बनाये जाते हैं, जिसमें नकल की गुंजाईश कम रहती है। [अर्थात छात्र अपनी समझ के आधार पर उत्तर दे सके।]

[अतः "अपरिचित स्थितियों [unfamiliar situations] में मानक सूत्र [standard formula] को इस परीक्षा के लिए उपयुक्त प्रश्न है जो [open book text] के लिए कम useful है।

365. Which of the following statements best explains the meaning of environmental validity of a science curriculum ?

(1) Scientific concepts have to be linked to learner's local and global environment

(2) Science has to be taught with the sole focus on environment conservation:

(3) Validity of Science curriculum has to be assessed by experts from the area of environment education

(4) There should be dedicated chapters on environment education in science textbooks

विज्ञान पाठ्यचर्या में 'पर्यावरणीय वैधता के अर्थ को निम्नलिखित में से कौन-सा कथन उत्तम प्रकार से समझा रहा है?

(1) वैज्ञानिक संप्रत्ययों को शिक्षार्थियों के स्थानिक और सार्वत्रिक पर्यावरण से जोड़ना आवश्यक है।

(2) केवल पर्यावरण संरक्षण पर ध्यान केंद्रित करते हुए विज्ञान का शिक्षण होना चाहिए।

(3) विज्ञान पाठ्यचर्या की वैधता का आकलन, पर्यावरण शिक्षा के क्षेत्र से विशेषज्ञों द्वारा किया जाना चाहिए।

(4) विज्ञान की पाठ्यपुस्तकों में पर्यावरण शिक्षा पर समर्पित पाठ होने चाहिए।

Ans : (1)

विज्ञान पाठ्यचर्या में पर्यावरणीय वैद्यता [environmental validity of science] से अर्थ है, कि छात्र को विज्ञान, उसके स्थानीय [local] और वैश्विक पर्यावरण [Global envieronment] से जोड़कर सिखाया जाए। जिससे छात्र विज्ञान प्रौद्योगिकी [Technology] तथा समाज से जुड़े मुद्दों को आसानी से समझ सके।

पर्यावरणीय वैद्यता [environmental validity] से शिक्षार्थियों मे पर्यावरण जीवन के संरक्षण [Conservation] के प्रति जागरुकता [awareness] पैदा होती है।

[अतः पर्यावरणीय वैद्यता [environmental validity] का अर्थ, वैज्ञानिक अवधारणा [scientific concepts] को शिक्षार्थियो के स्थानिक [Local] और वैश्विक पर्यावरण [global environment] से जोड़ना आवश्यक है।]

366. Which of the following abilities goes beyond indicating mere 'recall' to indicate conceptual comprehension of learners?

(1) State ohm's law

(2) Recall the unit of current

(3) Predict the change in current due to change in voltage

(4) Identify the symbols of various circuit element.

निम्नलिखित में से कौन-सी योग्यताएँ शिक्षार्थियों में मात्र 'पुनः स्मरण से संप्रत्ययी समग्रता से परे की योग्यता को इंगित करती है?

(1) ओम का नियम व्यक्त कीजिए।

(2) धारा के मात्रक का पुनः स्मरण कीजिए।

(3) वोल्टता (बोल्टेज) में परिवर्तन करने से धारा में हुए परिवर्तन का अनुमान लगाइये।

(4) परिपथ के विभिन्न अवयवों के संकेतक पहचानिए।

Ans : (3)

पुनः स्मरण [recall] का अर्थ है रटा हुआ ज्ञान पुनः व्यक्त करना।

पुनः स्मरण [recall] रटाने पर जोर देता है।

पुनः स्मरण [recall] का प्रयोग [factual] प्रश्नों का जवाब देने के लिए किया जाता है।

[वोल्टेज में परिवर्तन से धारा में हुए परिवर्तन का अनुमान लगाना।]

इस प्रश्न का जवाब देने के लिए बालक अपनी बुद्धि [intelligence] तथा अनुभव [experience] का सहारा लेगा। यह प्रश्न पुनः स्मरण [recall] के अंतर्गत नहीं आता है।

367. Which of the following conceptual sequence violates the principle of proceeding from 'concrete to abstract'?

(1) Different kinds of materials are observed before introducing the structure of atom

(2) Observation of chemical changes precedes the introduction to chemical reactions

(3) Various kinds of food items are discussed before teaching the various and nutrients

(4) The concept of electric charge is introduced before introducing electricity

निम्नलिखित में से कौन-सा संप्रत्ययी क्रम 'मूर्त से अमूर्त' की ओर के नियम का उल्लंघन करता है?

(1) परमाणु की संरचना प्रस्तावित करने से पूर्व विभिन्न प्रकार के पदार्थों का प्रेक्षण किया जाता है।

(2) रासायनिक अभिक्रियाओं को प्रस्तावित करने से पूर्व रासायनिक परिवर्तनों का अवलोकन किया जाता है।

(3) विभिन्न पोषकों के अध्यापन से पूर्व विभिन्न प्रकार के भोज्य पदार्थों पर चर्चा होती है।

(4) 'विद्युत' प्रस्तावित करने से पूर्व विद्युत आवेश का संप्रत्यय प्रस्तुत किया जाता है।

Ans : (4)

मूर्त से अमूर्त की ओर Contract to abstract]:- 'मूर्त से अमूर्त' शिक्षण सूत्र से तात्पर्य अनुभव [experience], अवलोकन [observation] के आधार पर प्रदान किया जाता है, सर्वप्रथम तत्पश्चात् उसी के आधार पर बालक को अप्रत्यक्ष ज्ञान [Abstract knowledge] की ओर ले जाया जाता है।

- 'परमाणु की संरचना [structure of the atom]' प्रस्तावित करने से पूर्व विभिन्न प्रकार के अवलोकन [observation] के आधार पर वास्तविक अनुभव [real experience] प्रदान करना
- रासायनिक अभिक्रिया [Chemical reactions] को प्रस्तावित करने के लिए रासायनिक परिवर्तन का अवलोकन [observations] के आधार पर प्रत्यक्ष [Concrete] अनुभव प्रदान करना।

[विद्युत प्रस्तावित करने से पूर्व विद्युत आवेश [electric charge] का संप्रत्यय [Concept] प्रस्तुत करना।]

'मूर्त से अमूर्त' के अंतर्गत नहीं आएगा।

क्योंकि संप्रत्यय से तात्पर्य 'नियमों' को प्रस्तुत करना है तथा 'नियम' अमूर्त [abstract] होते हैं।

368. A Class VI teacher, while teaching the topic 'non-contact forces explains electrostatic force by first introducing the concept of electrostatic charge, electrostatic field and electrostatic potential. Which of the following curricular validities is being violated in this case?

(1) Historical

(2) Cognitive

(3) Ethical

(4) Environmental

कक्षा VI की शिक्षिका, 'असम्पकीय बलों' का अध्यापन करते हुए सबसे पहले स्थिर वैद्युत बल को व्याख्या, फिर स्थिर वैद्युत आवेश, स्थिर वैद्युत क्षेत्र और स्थिर वैद्युत विभव को समझाती इस घटना में निम्नलिखित में से किन पाठ्यचर्या वैधताओं का उल्लंघन हुआ है ?

(1) ऐतिहासिक

(2) संज्ञानात्मक

(3) नैतिक

(4) पर्यावरणीय

Ans : (2)

संज्ञानात्मक वैद्यता [Cognitive validity]:- संज्ञानात्मक वैद्यता का अर्थ है कि पाठ्यचर्या की सामग्री, प्रक्रिया [process], भाषा, [language] और शैक्षणिक अभ्यास [educational exercise] छात्र की आयु के अनुरुप [according to age] तथा संज्ञानात्मक [Cognitive) पहुंच के भीतर हो।

SCIENCE

[अतः उपर्युक्त प्रश्न में छात्रों के संज्ञानात्मक क्षमता [Cognitive ability] को ध्यान में नहीं रखा गया है अतः पाठ्यचर्या के संज्ञानात्मक वैद्यता का उल्लंघन [violation of cognitive validity] हुआ है।

369. Which of the following is a desirable practice to be adopted by a science teacher in her/his class?

(1) Strictly disallowing the use of mother-tongue for formulating scientific explanations.
(2) Encouraging students to consider science teachers as the ultimate authority on knowledge.
(3) Encouraging students to freely describe their erroneous understandings of a given phenomenon.
(4) Discouraging students from consulting each other.

अपनी कक्षा में एक विज्ञान शिक्षिका शिक्षक द्वारा अपनाई गई निम्नलिखित में से एक वांछित प्रथा क्या है?

(1) वैज्ञानिक व्याख्याएँ प्रतिपादित करने के लिए मातृ भाषा का प्रयोग सख्ती से मना किया गया हो।
(2) विज्ञान के शिक्षकों को ज्ञान का अंतिम अधिकारी समझने के लिए विद्यार्थियों को प्रोत्साहित करना।
(3) किसी घटना को भ्रान्तिपूर्ण समझ को मुक्त रूप से व्याख्या करने के लिए विद्यार्थियों को प्रोत्साहित करना।
(4) एक दूसरे से बात करने के लिए विद्यार्थियों को हतोत्साहित करना।

Ans : (3)

- शिक्षिका को किसी घटना की भ्रांतिपूर्ण समझ [misconception] को मुक्त रुप से व्याख्या करने के लिए विद्यार्थियों को प्रोत्साहित करना चाहिए। इससे छात्र अपने बुध्दि [intelligence], तर्क [logic], अनुभव [experience] आदि के आधार पर अपने विचार को प्रस्तुत करेंगें, जिससे शिक्षक को विद्यार्थियों की समझ के बारे में पता चलता है।
- शिक्षार्थियों को एक-दूसरे से बात करने के लिए प्रोत्साहित [encourage] करना चाहिए।
- वैज्ञानिक व्याख्याएं [scientific explanations] समझाने के लिए बालक की मातृभाषा का प्रयोग करना चाहिए, सरल शब्दावली [simple vocabulary] का प्रयोग करना चाहिए, जिससे प्रत्येक बालक आसानी से समझ सके।
- विज्ञान के शिक्षक को ज्ञान का अधिकारी, नहीं बल्कि मार्गदर्शक [facilitator] की भांति व्यवहार करना चाहिए।

370. 'A battery is like a pump in a water circuit. Which of the following does the above statement represent?

(1) Model
(2) Hypothesis
(3) Analogy
(4) Observation

'बैटरी जल परिपथ में एक पंप की तरह हैं। निम्नलिखित में से किस का उपरोक्त कथन निरूपण करता है?

(1) प्रतिमान
(2) परिकल्पना
(3) सादृश्य / अनुरूपता
(4) अवलोकन

Ans : (3)

सादृश्य / अनुरुपता [Analogy] एक 'तुलना' है, जिसका उपयोग किसी बिंदु को स्पष्ट करने के लिए किया जाता है। [अर्थात् किसी एक वस्तु की दूसरी वस्तु के साथ तुलना की जाती है।]

Analogy का संबंध उन वस्तुओं की तुलना से है किसी भी पहलु [aspect] से एक जैसी होती है।

[अतः बैटरी जल परिपथ [Water circuit] में पंप की तरह है, यहां बैटरी की तुलना पंप से की जा रही है, जिससे स्पष्ट है कि यह कथन अनुरुपता Analogy का निरुपण करता है।

371. Which of the following is NOT in agreement with our contemporary understanding of nature of science?

(1) Science is durable but is subject to change

(2) Observations and experimental evidence play an important role in generation of scientific knowledge
(3) Scientific ideas are unaffected by social and historical setting
(4) There is no single way to do Science

विज्ञान की प्रकृति के विषय में हमारी समकालीन समझ से निम्नलिखित में से कौन-सा कथन सहमति नहीं रखता है?

(1) विज्ञान स्थायी है किन्तु परिवर्तनशील है।
(2) वैज्ञानिक ज्ञान को उत्पन्न करने में प्रेक्षण एवं प्रायोगिक प्रमाण एक महत्वपूर्ण भूमिका निभाते हैं।
(3) वैज्ञानिक विचार सामाजिक और ऐतिहासिक पृष्ठभूमि से अप्रभावित है।
(4) विज्ञान का कार्य करने का कोई एकल मार्ग नहीं होता।

Ans : (3)

विज्ञान की प्रकृति [Nature of science]

- नयी-नयी खोजों के आधार पर विज्ञान में परिवर्तन होता रहता है, अतः विज्ञान की प्रकृति 'परिवर्तनशील [changes] है।
- वैज्ञानिक ज्ञान [scientific knowledge] को उत्पन्न करने में प्रेक्षण [observation] तथा प्रायोगिक प्रमाण [experimental evidence] महत्वपूर्ण भूमिका निभाते है।
- विज्ञान के कार्य के अनेक तरीके / मार्ग [multi -way] होते हैं।
- वैज्ञानिक विचार [scientific Ideas] सामाजिक और ऐतिहासिक [scientific & historical] पृष्ठभूमि [background] से प्रभावित होते हैं।

[अतः वैज्ञानिक विचार सामाजिक और ऐतिहासिक पृष्ठभूमि से अप्रभावित है, यह कथन विज्ञान की प्रकृति के संबंध में गलत है।]

372. Match the items in Column-A with their correct description in Column-B.

Column-A	Column-B
(i) Theory	(a) controlled method of testing a conjecture
(ii) Hypothesis	(b) tentative explanation
(iii) Scientific law	(c) well supported explanation of observations
(iv) Scientific experiment	(d) statement summarizing a relationship between variables

(1) (i)-(b), (ii)-(d), (iii)-(C), (iv)-(a)
(2) (i)-(c), (ii)-(d), (iii)-(a), (iv)-(b)
(3) (i)-(d), (ii)-(b), (iii)-(c), (iv)-(a)
(4) (i)-(C), (ii)-(b), (iii) (d), (iv)-(a)

स्तंभ A में दिए गए पदों को स्तंभ B में दी गई उनकी सही व्याख्या से सुमेलित कीजिए।

स्तंभ A	स्तंभ B
(i) सिद्धांत	(a) किसी अनुमान की जाँच की नियंत्रण विधि
(ii) परिकल्पना	(b) अनुमानित व्याख्या
(iii) वैज्ञानिक नियम	(c) अवलोकनों की भली-भांति समर्पित व्याख्या
(iv) वैज्ञानिक प्रयोग	(d) परिवर्तियों के मध्य संबंध का संक्षिप्त कथन

(1) (i)-(b), (ii)-(d), (iii)-(C), (iv)-(a)
(2) (i)-(c), (ii)-(d), (iii)-(a), (iv)-(b)
(3) (i)-(d), (ii)-(b), (iii)-(c), (iv)-(a)
(4) (i)-(C), (ii)-(b), (iii) (d), (iv)-(a)

Ans : (4)

सिद्धांत [Principle] का अर्थ किसी पहलू [aspect] की अवलोकनों [observation] और प्रयोग [experiment] के आधार पर भलीभांति व्याख्या [supported explanation]"

परिकल्पना [Hypothesis] से तात्पर्य किसी घटना को समझाने के लिए छात्रों को अपने अनुभव [experience], आत्म विश्वास [self-confidence] के आधार पर तर्क देने के लिए कहना। [अर्थात छात्र द्वारा अनुमानित व्याख्या।]

SCIENCE

वैज्ञानिक नियम [scientific law] किसी घटना की श्रृंखला का वर्णन या भविष्यवाणी [prediction] करने वाले कथन होते हैं। अर्थात परिवर्तियों [variables] के मध्य संबंध का उत्क्षिप कथन [summarizing statement]

वैज्ञानिक प्रयोग [scientific experiment] के माध्यम से किसी परिकल्पना [Concepts] को सही या गलत साबित किया जाता है।

[अर्थात किसी अनुमान की जांच की नियंत्रण विधि [Controlled method] है।

373. Deficiency of which vitamin lowers the rate of calcium absorption from the food?

(1) Vitamin D
(2) Vitamin C
(3) Vitamin B
(4) Vitamin K

किस विटामिन की हीनता के कारण भोजन से कैल्शियम के अवशोषण की दर कम हो जाती है?

(1) विटामिन D
(2) विटामिन C
(3) विटामिन B
(4) विटामिन K

Ans : (1)

विटामिन D की कमी (deficiency of vitamin D) के कारण भोजन से कैल्शियम के अवशोषण की दर (rate of calcium absorption) कम हो जाती है।

374. Goldsmiths blows the A zone of the flame with a metal blow pipe to melt gold. The colour of this zone is B and it is zone of C combustion.

A, B and C respectively are:

(1) middle zone, blue, partial
(2) outermost, blue, complete
(3) innermost, orange, partial
(4) innermost, orange, complete

सोना गलाने के लिए, सुनार धातु की फूंकनी से ज्वाला के A क्षेत्र पर फूंक मारता है। इस क्षेत्र का रंग B है और यह एक C दहन क्षेत्र है।

A, B और C क्रमशः है :

(1) मध्यम क्षेत्र, नीला, आंशिक
(2) बाह्यतम, नीला, संपूर्ण
(3) अन्तरतम, नारंगी, आंशिक
(4) अन्तरतम, नारंगी, संपूर्ण

Ans : (2)

A, B और C क्रमशः हैं:

A: बाह्यतम क्षेत्र (outermost area), B: नीला (blue), C: संपूर्ण दहन (complete combustion)

375. Metal X displaces metal Y from its salt solution but not able to displace metal Z from its salt solution. Metal Y displaces metal W from its salt solution. Which of the following depicts correct order of reactivity of metals?

(1) X>Y>Z> W
(2) Z> X>Y > W
(3) X>Z>Y> W
(4) W>X>Y> Z

धातु Y को धातु X उसके लवणीय विलयन से विस्थापित करता है किन्तु धातु Z को उसके लवणीय विलयन से विस्थापित नही कर पाता। धातु W को धातु Y उसके लवणीय विलयन से विस्थापित करता है। धातुओं की अभिक्रियाशीलता के सही क्रम का निम्नलिखित में से कौन चित्रण करता है ?

(1) X>Y>Z> W
(2) Z> X>Y> W
(3) X>Z>Y> W
(4) W> X>Y> Z

Ans : (2)

दी गई जानकारी के आधार पर धातुओं की प्रतिक्रियाशीलता (reactivity) का सही क्रम है:

Z > X > Y > W

376. Hormones from A stimulate B to release C in females.

A, B, C respectively are :

(1) thyroid, ovary, estragon
(2) pituitary, ovary, estragon
(3) pituitary, uterus, estragon
(4) thyroid, uterus, estragon

A से स्रावित हार्मोन B को उद्दीपित करके स्त्रियों में C स्रावित करता है।

A, B, C क्रमशः है :

(1) थायरॉइड, अंडाशय, ऐस्ट्रोजन
(2) पीयूष, अंडाशय, ऐस्ट्रोजन
(3) पीयूष, गर्भाशय, ऐस्ट्रोजन
(4) थायरॉइड, गर्भाशय, ऐस्ट्रोजन

Ans : (2)

पीयूष (Pituitary), अंडाशय (ovary), ऐस्ट्रोजन (estragon)। पीयूष ग्रंथि (pituitary gland) से हार्मोन अंडाशय को महिलाओं में एस्ट्रोजेन जारी करने के लिए उत्तेजित करते हैं। थायरॉयड ग्रंथि (thyroid gland) और गर्भाशय (Uterus) एस्ट्रोजेन की रिहाई में सीधे शामिल नहीं होते हैं।

377. Which of the following statement (s) is correct ?

(1) Fertilisers are richer in specific nutrients as compared to manure
(2) Fertilisers enhance the water holding capacity of the soil
(3) Fertilisers provide a lot of humus to the soil
(4) Fertilisers increase the number of friendly microbes in soil

निम्नलिखित में से कौन सा/से कथन सही है/हैं?

(1) खाद की अपेक्षा उर्वरक पोषकों के संबंध में अधिक समृद्ध होते हैं
(2) उर्वरक मृदा की जलधारण क्षमता में वृद्धि करते हैं
(3) उर्वरकों से मृदा को प्रचुर मात्रा में ह्यूमस प्राप्त होती है
(4) उर्वरकों से मृदा में मित्र जीवाणुओं की संख्या में वृद्धि हो जाती है

Ans : (1)

उर्वरक (Fertilisers) आमतौर पर खाद (manure) की तुलना में उच्च सांद्रता में विशिष्ट पोषक तत्व (Specific nutrients in high concentrations) प्रदान करने के लिए तैयार किए जाते हैं।

378. Diver's wear special suits and carry oxygen cylinder when they go for underwater diving. The main reason for this is:

(1) The pressure due to water increases as one goes down
(2) The pressure due to water decreases as one goes down
(3) It is easy to swim with special suits
(4) They do not get wet with special suit

गोताखोर जब अंतर्जलीय डुबकी लगाते हैं तब वे विशिष्ट सूट पहनते हैं और ऑक्सीजन सिलिंडर साथ रखते हैं। इसका मुख्य कारण है :

(1) जब कोई जल के भीतर जाता है तब गहराई के साथ जल के द्वारा दाब में वृद्धि होती है
(2) जब कोई जल के भीतर जाता है तब जल द्वारा दाब में ह्रास होता है।
(3) विशिष्ट सूट के साथ तैरना आसान होता है।
(4) विशिष्ट सूट पहन कर वे भीगते नही हैं।

Ans : (1)

मुख्य कारण यह है कि गोताखोर (diver's) विशेष सूट पहनते हैं और जब वे पानी के नीचे गोताखोरी (diving) के लिए जाते हैं तो ऑक्सीजन सिलिंडर (oxygen cylinder) ले जाते हैं, क्योंकि पानी के नीचे जाने के कारण दबाव (pressure) बढ़ जाता है। जैसे ही गोताखोर पानी में उतरते हैं, उनके शरीर पर दबाव बढ़ जाता है, और उन्हें इन्सुलेशन और सुरक्षा (insulation and safety) प्रदान करने के लिए विशेष सूट (special suit) की आवश्यकता होती है।

379. When ice melts into water, which of the following takes place?

(1) Heat is added to the system
(2) Heat is removed from the system
(3) Heat is neither added nor removed
(4) Heat is first added and then removed

SCIENCE

जब बर्फ पिघल कर जल बनती है, तब निम्नलिखित में से कौन सी प्रक्रिया संपन्न होती हैं ?

(1) निकाय में ऊष्मा का मिलन होता है।
(2) निकाय से ऊष्मा का निष्कासन होता है।
(3) ऊष्मा ना तो योजित होती है ना ही निष्कासित होती है।
(4) ऊष्मा पहले योजित होती है और तत्पश्चात् निष्कासित होती है।

Ans : (2)

जब बर्फ पानी में पिघलती (melt) है, तो बर्फ के अणुओं (Molecules) के बीच के बंधन को तोड़ने और उन्हें तरल अवस्था (liquid state) में बदलने के लिए गर्मी की आवश्यकता होती है। इस प्रक्रिया को संलयन की ऊष्मा (heat of fusion) कहा जाता है, और इसमें सिस्टम में ऊर्जा को जोड़ना शामिल है।

380. An electromagnet is:
(1) strong and permanent
(2) strong and temporary
(3) weak and permanent
(4) weak and temporary

एक वैद्युतचुंबक है :
(1) प्रबल एवं स्थायी
(2) प्रबल एवं अस्थायी
(3) दुर्बल एवं स्थायी
(4) दुर्बल एवं अस्थायी

Ans : (2)

एक वैद्युतचुंबक प्रबल एवं अस्थायी होता है (An electromagnet is strong and temporary.)।

381. Match the following:

(A) Concave mirror	(i) used for rear view in vehicles
(B) Concave lens	(ii) used in microscopes
(C) Convex mirror	(iii) used for near sightedness
(D) Convex lens	(iv) used in torch lights

(1) (A)-(ii), (B)-(iii), (C)-(iv), (D)-(i)
(2) (A)-(i), (B)-(iv), (C)-(ii), (D)-(iii)
(3) (A)-(iv), (B)-(iii), (C)-(i), (D)-(ii)
(4) (A)-(iii), (B)-(iv), (C)-(ii), (D)-(i)

निम्नलिखित को सुमेलित कीजिए

(A) अवतल दर्पण	(i) वाहनों में पश्च दृश्य के लिए प्रयुक्त
(B) अवतल लेंस	(ii) सूक्ष्मदर्शियों में प्रयुक्त
(C) उत्तल दर्पण	(iii) निकट दृष्टिता के लिए प्रयुक्त
(D) उत्तल लेंस	(iv) टार्च प्रकाश में प्रयुक्त

(1) (A)-(ii), (B)-(iii), (C)-(iv), (D)-(i)
(2) (A)-(i), (B)-(iv), (C)-(ii), (D)-(iii)
(3) (A)-(iv), (B)-(iii), (C)-(i), (D)-(ii)
(4) (A)-(iii), (B)-(iv), (C)-(ii), (D)-(i)

Ans : (3)

(A) अवतल दर्पण (Concave mirror)	(iv) टार्च प्रकाश (torch lights) में प्रयुक्त
(B) अवतल लेंस (Concave lens)	(iii) निकट दृष्टिता (near sightedness) के लिए प्रयुक्त
(C) उत्तल दर्पण (Convex mirror)	(i) वाहनों में पश्च दृश्य (rear view in vehicles) के लिए प्रयुक्त
(D) उत्तल लेंस (Convex lens)	(ii) सूक्ष्मदर्शियों (microscopes) में प्रयुक्त

382. In which of the following cases, the line depicting the distance-time graph is parallel to time axis?
(1) Uniform motion
(2) Non-uniform accelerated motion
(3) Uniformly accelerated motion
(4) Object is at rest

निम्नलिखित में से किस परिघटना में दूरी- समय के ग्राफ को निरूपित करती रेखा समय के अक्ष के समानान्तर है।

(1) असमान त्वरित गति

(2) एकसमान गति
(3) एकसमान त्वरित गति
(4) बिंब/वस्तु विरामावस्था में है।

Ans : (4)

जब कोई वस्तु स्थिर (object at rest) होती है, तो इसका मतलब है कि वह गतिमान नहीं है, और वस्तु द्वारा तय की गई दूरी समय के साथ स्थिर रहती है। दूरी-समय ग्राफ (distance-time graph) में, यह समय अक्ष के समानांतर एक क्षैतिज रेखा (horizontal line) से मेल खाती है।

383. Read the following sentence and identify the set of words which would correctly fill the blanks in the given order.

A person suffers from __(i)__ if his/her sufficient __(ii)___do not produce the hormone__(iii)__sufficient quantities.

(1) (i) gall bladder (ii) pituitary gland (iii) adrenalin
(2) (i) gall bladder (ii) pancreas (iii) insulin
(3) (i) diabetes (ii) thyroid gland (iii) thyroxine
(4) (i) diabetes (ii) pancreas (ii) insulin

निम्नलिखित वाक्य को पढ़िए तथा उन शब्दों के समुच्चय की पहचान कीजिए जो रिक्त स्थानों को सही क्रम में भरें।

एक व्यक्ति __(i)__ से पीड़ित है यदि उसका__(ll)__पर्याप्त मात्रा में __(iii)__हॉर्मोन नहीं बना रहा है।

(1) (i) गलकण्ड (ii) पियूष ग्रन्थि (iii) एड्रीनलिन
(2) (i) गलकण्ड (ii) अग्नाशय (iii) इंसुलिन
(3) (i) मधुमेह (ii) थायरायड ग्रन्थि (iii) थायरॉक्सीन
(4) (i) मधुमेह (ii) अग्नाशय (iii) इंसुलिन

Ans : (4)

एक व्यक्ति __मधुमेह (diabetes)__ से पीड़ित है यदि उसका __अग्नाशय (pancreas)__ पर्याप्त मात्रा में __ इंसुलिन (insulin) __ हॉर्मोन नहीं बना रहा है।

384. In our mouth, the arrangement of different types of teeth from front to back is

(1) incisor-canine-premolar-molar
(2) canine-incisor-molar-premolar
(3) canine-incisor-premolar-molar
(4) incisor-canine-molar-premolar

हमारे मुख में विभिन्न प्रकार के दाँतों का आगे से पीछे की ओर क्रम है

(1) कृन्तक -रदनक-अग्रचर्वणक-चर्वणक
(2) रदनक-कृन्तक-चर्वणक-अग्रचर्वणक
(3) रदनक-कृन्तक-अग्रचर्वणक-चर्वणक
(4) कृन्तक-रदनक-चर्वणक-अग्रचर्वणक

Ans : (1)

हमारे मुख में विभिन्न प्रकार के दांतों का आगे से पीछे की ओर का क्रम है : कृन्तक (Incisor), रदनक (Canine), अग्रचर्वणक (Premolar), चर्वणक (Molar)

385. The image of a distant coloured object formed in a pinhole camera is always

(1) virtual, erect, coloured and diminished
(2) real, erect, coloured and diminished
(3) real, inverted, black and white and diminished
(4) real, inverted, coloured and diminished

किसी सूची छिद्र कैमरे में किसी दूरस्थ रंगीन बिम्ब का बनने वाला प्रतिबिम्ब सदैव होता है

(1) आभासी, सीधा, रंगीन और छोटा
(2) पारूापिफ, सीधा, रंगीन और छोटा।
(3) वास्तविक, उल्टा, श्याम एवं श्वेत और छोटा
(4) वास्तविक, उल्टा, रंगीन और छोटा

Ans : (4)

सूची छिद्र कैमरा (pinhole camera) लकड़ी का एक आयताकार बॉक्स (rectangular box) होता है, जिसमें किसी दूरस्थ रंगीन बिंब का प्रतिबिंब सदैव वास्तविक (real), उल्टा (inverted), रंगीन (coloured) और छोटा (diminished) बनता है।

386. Marsh gas is

(1) Methane

SCIENCE

SCIENCE

(2) Ethane
(3) Propane
(4) Butane

मार्श गैस है-

(1) मेथेन
(2) एथेन
(3) प्रोपेन
(4) ब्यूटेन

Ans : (1)

मीथेन (Methane), जो कि संतृप्त हाइड्रोकार्बनों की एल्केन श्रेणी (alkane series of saturated hydrocarbons) का प्रथम सदस्य है, को मार्श गैस (marsh gas) भी कहते हैं, क्योंकि यह दलदली क्षेत्रों (Marshy areas) में निकलती है।

387. An object is vibrating at 5000 Hz. The time period of the sound produced is

(1) 0.005 sec
(2) 0.02 sec
(3) 0.0002 sec
(4) 0.5 sec

कोई वस्तु 5000 Hz पर कम्पन कर रही है। उत्पन्न का आवर्तकाल है

(1) 0.005 सेकण्ड
(2) 0.02 सेकण्ड
(3) 0.0002 सेकण्ड
(4) 0.5 सेकण्ड

Ans : (3)

वस्तु के कंपन की आवृत्ति (frequency of vibration of the object) = 5000 Hz

$$\text{आवर्तकाल (Time period)} = \frac{1}{\text{आवृत्ति (frequency)}}$$

उत्पन्न ध्वनि का आवर्तकाल (time period of the sound produced) $= \frac{1}{5000} = 0.0002$ सेकण्ड

388. Which of the following is not a protein?

(1) Heparin
(2) Keratin
(3) Fibroin
(4) Albumin

निम्नलिखित में से कौन-सा प्रोटीन नहीं है?

(1) हिपैरिन
(2) किरेटिन
(3) फाइब्रॉइन
(4) एल्बुमिन

Ans : (1)

किरेटिन (Keratin), एल्बुमिन (Albumin) तथा फाइब्रॉइन (Fibroin) तीनों, भिन्न-भिन्न प्रकार के प्रोटीन हैं, जबकि हिपैरिन (heparin) सल्फर युक्त पॉलीसैकेराइड (Sulfur-containing polysaccharides) है, जिसे ग्लाइकोसामिनोग्लाइकन (Glycosaminoglycans) के रूप में भी जाना जाता है। हिपैरिन प्राकृतिक रूप से रक्त (Blood) में पाया जाने वाला थक्का रोधी यौगिक (Anticoagulant compounds) है।

389. The change in seasons on the earth occurs because

(1) the axis of rotation of the earth is tilted with respect to the plane of its orbit
(2) the distance between the earth and the sun is not constant
(3) the axis of rotation of the earth is parallel to the plane of its orbit
(4) the axis of rotation of the earth is perpendicular to the plane of its orbit

पृथ्वी पर ऋतुएँ बदलती हैं, क्योंकि

(1) पृथ्वी का घूर्णन अक्ष, इसकी कक्षा के तल के सापेक्ष झुका हुआ है
(2) पृथ्वी, और सूर्य के बीच दूरी नियत नहीं है।
(3) पृथ्वी का घूर्णन अक्ष, इसकी कक्षा के तल के समान्तर है
(4) पृथ्वी का घूर्णन अक्ष, इसकी कक्षा के तल के लम्बवत् है।

Ans : (1)

सूर्य से दूरी के क्रम में पृथ्वी का स्थान तीसरा है। पृथ्वी, सूर्य की परिक्रमा (Orbit) 365.26 दिन में पूरा करती है। उसे अपने अक्ष (axis) पर एक पूर्ण घूर्णन (complete rotation) में 24 घंटे लगते हैं, जिसके कारण दिन और रात होते हैं। पृथ्वी अपने अक्ष पर थोड़ी झुकी (tilted) हुई है, जिसके कारण ऋतु (season) परिवर्तन होते हैं।

390. Person taking rich diet of ascorbic acid will not suffer from

(1) Rickets
(2) Pellagra
(3) Scurvy
(4) Beri-Beri

जो व्यक्ति एस्कॉर्बिक अम्ल वाला अधिक आहार लेते हैं उन्हें कौन-सा रोग नहीं होता?

(1) रिकेट्स
(2) पैलाग्रा
(3) स्कर्वी
(4) बेरी-बेरी

Ans : (3)

एस्कॉर्बिक अम्ल (Ascorbic acid) को विटामिन C कहते हैं। यह जल में घुलनशील (soluble) विटामिन है, यह मनुष्यों को स्कर्वी रोग (scurvy disease) से बचाता है। स्कर्वी रोग से मसूढ़े एवं त्वचा रोगग्रस्त (gum and skin disease) हो जाते हैं। अर्थात व्यक्ति शारीरिक व्याधियों, एनीमिया (Anemia) आदि से ग्रस्त होने लगता है।

391. Impression of an image persists on the retina of human eye for about

(1) $\frac{1}{15}$ s
(2) $\frac{1}{25}$ s
(3) 1 s
(4) $\frac{1}{2}$ s

मानव नेत्र के रेटिना पर बने किसी वस्तु के प्रतिबिम्ब का प्रभाव रेटिना पर लगभग कितने समय तक बना रहता है?

(1) $\frac{1}{15}$ सेकण्ड
(2) $\frac{1}{25}$ सेकण्ड
(3) 1 सेकण्ड
(4) $\frac{1}{2}$ सेकण्ड

Ans : (1)

मानव नेत्र (Human eye) के रेटिना पर बने किसी वस्तु के प्रतिबिम्ब (image) का प्रभाव रेटिना पर लगभग $\frac{1}{15}$ सेकण्ड तक बना रहता है।

392. In plants and trees, water goes up high due to suction pull. Which of the following phenomena causes this suction pull?

(1) Transpiration
(2) Photosynthesis
(3) Respiration
(4) Absorption

पादपों एवं वृक्षों में पानी ऊपर तक चूषण-कर्षण (खिंचाव) के कारण पहुँचता है। निम्नलिखित में से किस परिघटना के कारण यह चूषण-कर्षण होता है?

(1) वाष्पोत्सर्जन
(2) प्रकाश-संश्लेषण
(3) श्वसन
(4) अवशोषण

Ans : (1)

पौधों द्वारा अवशोषित अतिरिक्त जल का वाष्प (vapour) के रूप में निकलना वाष्पोत्सर्जन (Transpiration) कहलाता है। पादपों एवं वृक्षों में पानी ऊपर तक चूषण कर्षण (खिंचाव) के कारण पहुंचता है। तत्पश्चात उनके ऊपरी भाग जैसे तना, पत्ती, फूल आदि से वाष्प के रूप में निकलता है।

393. Which of the following is the reproducing part of ginger?

(1) Root
(2) Leaf
(3) Stem
(4) Seed

निम्नलिखित में से कौन-सा अदरक का जननांग है?

(1) जड़
(2) पत्ती
(3) तना
(4) बीज

Ans : (3)

अदरक (Ginger) में कायिक प्रवर्धन द्वारा अलैगिक जनन (asexual reproduction by vegetative propagation) होता है। अदरक का भूमिगत तना (stem) राइजोम कहलाता है, जो अलैंगिक जनन में सहायक होता है।

394. A plant forms spores, have vascular system, but does not form flower and seed can be placed under

(1) Algae
(2) Bryophyta
(3) Pteridophyte
(4) Gymnosperm

एक ऐसे पौधे को जिसमें बीजाणु बनते हैं, संवहन ऊतक है, परन्तु पुष्प व बीज नहीं हैं, किस समूह में वर्णित करेंगे?

(1) शैवाल
(2) ब्रायोफाइटा
(3) टेरिडोफाइटा
(4) जिम्नोस्पर्म

Ans : (3)

टेरिडोफाइटा (Pteridophyte) समूह के पौधों में प्रजनन बीजाणुओं द्वारा (Reproduction by spores) होता है। इनमें पारंपरिक पुष्पीय निषेचन (conventional floral fertilization) क्रिया द्वारा फल एवं बीज (fruits and seeds) का निर्माण नहीं होता है।

395. The image produced by a concave lens is always

(1) real
(2) virtual
(3) inverted
(4) enlarged

एक अवतल लेन्स से बनने वाला प्रतिबिम्ब होगा

(1) सदैव वास्तविक
(2) सदैव आभासी
(3) सदैव उल्टा
(4) सदैव वस्तु से बड़ा

Ans : (2)

अवतल लेंस-अपसारी (concave lens-diverging) प्रकृति के लेंस होते हैं। अवतल लेंस से बने वस्तुओं के प्रतिबिंब (image) सदैव आभासी (virtual) होते हैं।

396. Ant sting contains acid

(1) Ascorbic acid
(2) Tartaric acid
(3) Lactic acid
(4) Formic acid

चींटी के डंक में अम्ल होता है

(1) एस्कार्बिक अम्ल
(2) टार्टरिक अम्ल
(3) लैक्टिक अम्ल
(4) फॉर्मिक अम्ल

Ans : (4)

चींटी के डंक में फॉर्मिक अम्ल (Formic acid) पाया जाता है। लैक्टिक अम्ल (Lactic acid) दही में तथा एस्कार्बिक अम्ल (Ascorbic acid) (विटामिन C) आंवला व नींबू वंशीय फलों में प्रचुर मात्रा में पाया जाता है। जबकि टार्टरिक अम्ल (Tartaric acid) इमली, अंगूर तथा कच्चे आम आदि में पाया जाता है।

397. An element reacts with oxygen to give a water-soluble compound which turns red litmus blue. This solution was also used to test carbon dioxide gas. The element is -

(1) Calcium
(2) Carbon
(3) Sulphur
(4) Magnesium

कोई तत्व ऑक्सीजन से अभिक्रिया कर जल में घुलनशील यौगिक बनाता है जो लाल लिटमस को नीला कर देता है। इस विलयन को कार्बन डाइऑक्साइड गैस का परीक्षण करने के लिए भी उपयोग में लाया जाता है। यह तत्व है –

(1) कैल्शियम
(2) कार्बन
(3) सल्फर

(4) मैग्नीशियम

Ans : (1)

कैल्शियम तत्व ऑक्सीजन से अभिक्रिया (reaction) कर जल में घुलनशील यौगिक (Soluble compounds) बनाता है जो लाल लिटमस (red litmus) को नीला कर देता है। इस विलयन (solution) को कार्बन डाइऑक्साइड गैस (CO_2 gas) का परीक्षण करने के लिए भी उपयोग में लाया ज ता है।

398. Read the statements below:

A. All protozoans are unicellular

B. All bacteria are unicellular

C. All fungi are unicellular

Which of the above statement (s) is / are correct?

(1) Only B
(2) A & B
(3) B & C
(4) A & C

नीचे दिए गए कथनों को पढ़िए –

(A) सभी प्रोटोज़ोआ एक कोशिकीय होते हैं।

(B) सभी बैक्टीरिया एक कोशिकीय होते हैं।

(C) सभी कवक एक कोशिकीय होते हैं।

ऊपर लिखित कौन से कथन सही हैं?

(1) केवल B
(2) A व B
(3) B व C
(4) A व C

Ans : (2)

सभी प्रोटोज़ोआ और सभी बैक्टीरिया एक कोशिकीय होते हैं (All protozoa and all bacteria are unicellular.)।

399. What would be the effect on the electrical resistance of a wire if its length and the area of cross-section are both doubled?

(1) Resistance will increase four times
(2) Resistance will decrease by four times
(3) Resistance will double
(4) Resistance will remain unchanged

यदि किसी तार की लम्बाई और उसका अनुप्रस्थ परिच्छेद दुगुना कर दिया जाए तो उसका विद्युत प्रतिरोध पर क्या प्रभाव पड़ेगा?

(1) प्रतिरोध चार गुना बढ़ जाएगा
(2) प्रतिरोध चार गुना घट जाएगा
(3) प्रतिरोध दुगुना हो जाएगा
(4) प्रतिरोध अपरिवर्तित रहेगा

Ans : (4)

जब किसी तार की लम्बाई और उसका अनुप्रस्थ परिच्छेद (area of cross-section) दुगुना कर दिया जाए तो उसका विद्युत प्रतिरोध (Electrical Resistance) अपरिवर्तित रहता है।

400. 'X' is a plant which is an autotroph as well as a heterotroph. What could 'X' be

(1) Pitcher plant
(2) Algae
(3) Cuscuta
(4) Fungi

'X' कोई पौधा है जो स्वपोषी के साथ-साथ विषमपोषी भी है। 'X' क्या हो सकता है?

(1) घटपर्णी (पिचर पादप)
(2) शैवाल
(3) अमरबेल (कस्कुटा)
(4) कवक

Ans : (1)

कुछ पौधों में स्वपोषी और विषमपोषी (Autotrophs and Heterotrophs) दोनों प्रकार के पोषण होते हैं, वे . घटपर्णी (पिचर पादप) (Pitcher plant) हैं।

401. 'Z' is a microorganism present in the alimentary canal of human beings and other animals which aids in digestion of food. What is 'Z'?

(1) Bacteria
(2) Virus
(3) Algae
(4) Fungi

'Z' ऐसा सूक्ष्मजीव है जो मानवों तथा अन्य जंतुओं के आहार नाल में होता है और भोजन के पाचन में सहायता करता है। 'Z' क्या है?

(1) जीवाणु (बैक्टीरिया)
(2) विषाणु(वायरस)
(3) शैवाल
(4) कवक

Ans : (1)

जीवाणु (Bacteria) ऐसा सूक्ष्मजीव (microorganisms) है जो मानवों तथा अन्य जंतुओं के आहार नाल (alimentary canal) में होता है और भोजन के पाचन (digestion) में सहायता करता है।

402. There are many steps involved in making wool from sheep. Which of the following represents the correct sequence of the steps?

(1) Shearing, scouring, sorting, dying, rolling into yarn, weaving
(2) Scouring, sorting, shearing, dying, rolling into yarn, weaving,
(3) Sorting, scouring, shearing, rolling into yarn, dying, weaving
(4) Shearing, scouring, dying, rolling into yarn, sorting, weaving

भेड़ से ऊन प्राप्त करने में बहुत से चरण सम्मिलित होते हैं।

निम्नलिखित में से किसमें इन चरणों को सही क्रम में निरूपित किया गया है?

(1) ऊन कटाई, अभिमार्जन, छंटाई, रंगाई, लपेटकर धागा बनाना, बुनाई
(2) अभिमार्जन, छंटाई, ऊन कटाई, रंगाई, लपेटकर धागा बनाना, बुनाई
(3) छंटाई, अभिमार्जन, ऊन कटाई, लपेटकर धागा बनाना, रंगाई, बुनाई
(4) ऊन कटाई, अभिमार्जन, रंगाई, लपेटकर धागा बनाना, छंटाई, बुनाई

Ans : (1)

भेड़ से ऊन प्राप्त करने का सही क्रम:

ऊन कटाई (Shearing), अभिमार्जन (scouring), छंटाई (sorting), रंगाई (dying), लपेटकर धागा बनाना (rolling into yarn), बुनाई (weaving)।

403. Which of the following is the most appropriate objective of organizing visits to various places of scientific interest ?

(1) They help in connecting textbook knowledge with the real world.
(2) These are an enjoyable way to pass time.
(3) These provide an opportunity to carry out group-assessment
(4) These provide an effective strategy to manage large-sized classes.

वैज्ञानिक रूचि के विभिन्न स्थानों की सैर के आयोजन का निम्नलिखित में से क्या सर्वाधिक उपयुक्त उद्देश्य है ?

(1) पाठ्यपुस्तक के ज्ञान को वास्तविक संसार से जोड़ने में सहायता करते हैं।
(2) ये समय व्यतीत करने का एक आनंददायी मार्ग है।
(3) ये समूह आकलन करने के लिए एक अवसर प्रदान करते है।
(4) बड़ी कक्षाओं के संचालन के लिए यह एक प्रभावी युक्ति प्रदान करते हैं।

Ans : (1)

विभिन्न स्थानों की सैर अर्थात् क्षेत्र भ्रमण [field trip] का उद्देश्य बालक के कक्षायी ज्ञान [classroom knowledge] को उसके व्यवहारिक ज्ञान [Practical knowledge] से जोड़ना।

इसके माध्यम से बालक किसी भी ज्ञान को अपने अनुभव [experience] के माध्यम से सीखते हैं, जिससे उनका ज्ञान स्थायी [permanent] हो जाता है। [अतः विज्ञान शिक्षण में यह विधि अत्यधिक उपयुक्त है।

[अर्थात यह क्रियाकलाप पाठ्यपुस्तक के ज्ञान को वास्तविक संसार से जोड़ने में मदद करता है।]

404. Which of the following is NOT an objective of conducting a group discussion on socio-scientific issues in a science class?

(1) To encourage students to evaluate a subject from multiple perspectives
(2) To develop in students the habit of framing evidence-based arguments
(3) To lead all students to the clearly defined correct resolution of the issues
(4) To demonstrate the social context of science

निम्नलिखित में से कौन सा एक विज्ञान की कक्षा में सामाजिक-वैज्ञानिक विषयों पर सामूहिक विचार-विमर्श का संचालन करने का लक्ष्य नहीं है?

(1) किसी विषय का बहु परिप्रेक्षीय मूल्यांकन करने के लिए छात्रों को प्रोत्साहित करना।
(2) छात्रों में प्रमाण आधारित बहस की आदत का विकास करना।
(3) सभी छात्रों को मुददों के स्पष्ट रूप से परिभाषित सही समाधान की ओर ले जाना।
(4) विज्ञान के सामाजिक संदर्भ का प्रदर्शन करना।

Ans : (3)

विज्ञान की कक्षा में सामाजिक- वैज्ञानिक विषयो [socio-scientific issues] सामूहिक विचार संचालन करने का लक्ष्य :

• छात्रों को किसी विषय के सभी पहलुओं [aspects] पर ध्यान देने के लिए कहना, जिससे बालक उस विषय के [गुण एवं दोष] दोनों पहलुओं से परिचित हो सके। [अर्थात छात्रों को बहुपरिप्रेक्ष्य [multiple perspective] मूल्यांकन के लिए प्रोत्साहित करना।

• छात्रों में वाद विवाद के माध्यम से बहस [arguments] की आदत का विकास करना, जिसके माध्यम से प्रत्येक छात्र अपने अनुभव के आधार पर स्थानात्मक विचार [spatial Ideas] प्रस्तुत करेंगे, इससे छात्रों में तार्किक शक्ति [logical reasoning ability] का विकास होगा।

• विज्ञान को बालक के व्यवहारिक ज्ञान [Practical knowledge] से जोड़कर पढ़ाना।

[सभी छात्रों को मुद्दों [issues] के स्पष्ट रूप से परिभाषित सही समाधान [Correct resolution] की ओर ले जाना] सामाजिक वैज्ञानिक विषयों, पर सामूहिक विचार संचालन [collective thought operation] करने का लक्ष्य नहीं है, क्योंकि शिक्षक को चाहिए कि वह छात्रों को स्वयं खोजबीन के माध्यम से समाधाम निकालने का अवसर दे न कि उसे स्वयं बताए।

405. A teacher asks his students to carry out a water audit of their households and find out the approximate quantity of water spent per day in various activities. He then tells them to depict the results in the most appropriate pictorial form. Which of the following process skills is being assessed through this task ?

(1) Predicting
(2) Communicating
(3) Hypothesizing
(4) Question-raising

एक शिक्षक ने अपने विद्यार्थियों को उनके अपने घरों का जल अंकेक्षण (ऑडिट) करने के लिए उन्हें विभिन्न क्रियाकलापों में प्रतिदिन जल की मात्रा को ज्ञात करने के लिए कहा। तत्पश्चात् उसने उन्हें उनके परिणामों को सर्वाधिक उपयुक्त चित्रित रूप में चित्रण करने के लिए कहा। इस कार्य द्वारा किन प्रक्रिया कौशलों का आकलन किया जा रहा है?

(1) अनुमान लगाना
(2) संप्रेषण करना
(3) परिकल्पना करना
(4) प्रश्न पूछना

Ans : (2)

संप्रेषण करना [Communication] का अर्थ है बातचीत करना। संप्रेषण के माध्यम से बालक अपने भावों या विचारों को प्रकट [express] करता है तथा दूसरे व्यक्ति के भावों को ग्रहण [assumption] करता है, तथा जानकारी एकत्र [collect] करता है।

संप्रेषण [Communication] के आकलन [assessment] में शिक्षक यह देखता है कि अपनी बातों को लोगों के समक्ष कितने प्रभावी तरीके से रख सकता है।

[अतः उपर्युक्त प्रश्न के माध्यम से 'सप्रेंषण करना' [Communicating] प्रक्रिया कौशल का आकलन किया जा रहा है।]

SCIENCE

406. Which of the following is the most appropriate strategy to introduce the concept of physical and chemical change to class VI students?

(1) State the difference between a physical and a chemical change

(2) Initiate a discussion on student's everyday observations and experiences of 'change'

(3) Introduce the concept of chemical reactions

(4) Explain the meaning of reversible and irreversible changes

कक्षा VI के विद्यार्थियों को भौतिक एवं रासायनिक परिवर्तन के संप्रत्यय को प्रस्तावित करते हुए निम्नलिखित में से क्या एक सर्वाधिक उपयुक्त योजना है?

(1) एक भौतिक एवं रासायनिक परिवर्तन के बीच विभेदन / अंतर व्यक्त कीजिए।

(2) विद्यार्थियों के परिवर्तन के विषय में प्रतिदिन के अवलोकनों एवं अनुभवों पर एक परिचर्चा प्रारंभ कीजिए।

(3) रासायनिक अभिक्रियाओं का संप्रत्यय प्रस्तुत / प्रस्तावित कीजिए।

(4) उत्क्रमणीय एवं अनुत्क्रमणीय परिवर्तनों का अर्थ समझाइये।

Ans : (2)

भौतिक परिवर्तन [Physical Change] में पदार्थ का रूप बदल जाता है किंत उसे पुन: उसी रूप में लाया जा सकता है।

रासायनिक परिवर्तन [Chemical Change] : जब दो पदार्थ मिलकर कोई नया पदार्थ बनाते हैं किंतु उन्हें पुनः उसी रुप में नहीं लाया जा सकता है। 'रासायनिक परिवर्तन [Chemical Change] कहलाता है।

छात्रों को इस 'परिवर्तन संबंधी अवधारणा [Changes related Concept] को समझाने के लिए उनके दैनिक जीवन [daily life] से जोड़कर सिखाना चाहिए ।[जैसे: छात्रों को उनके दैनिक जीवन से संबंधित 'मोमबत्ती का जलना, पिघलना आदि उदाहरणों के माध्यम से समझाना]

इस प्रकार, छात्र इस [concept] को आसानी और प्रभावी तरीके से सीखते हैं तथा उनका ज्ञान भी स्थायी [permanent] हो जाता है।]

[अतः छात्रों के परिवर्तन के विषय में प्रतिदित के अवलोकनों [observation] और अनुभवों पर एक परिचर्चा [discussion] प्रारंभ करना।]

407. Presenting non examples of a concept in Science :

(1) promotes conceptual understanding

(2) leads to conceptual gaps

(3) leads to confusion

(4) enhances procedural knowledge

विज्ञान में संप्रत्ययों के गैर उदाहरण प्रस्तुत करना:

(1) संप्रत्ययों की समझ को प्रोत्साहित करता है।

(2) सप्रत्ययों की कमियों की और अग्रसारित करता है।

(3) भ्रम पैदा करता है।

(4) विधिवत ज्ञान को बढ़ावा देता है।

Ans : (1)

संप्रत्यय के गैर उदाहरण [Non-examples of Concepts] से तात्पर्य किसी संप्रत्यय / अवधारणा [concept] के विपरीत [opposite] उदाहरण प्रस्तुत करना।

गैर-उदाहरणों [non examples] के माध्यम से छात्रों को यह समझाया जाता है कि क्या संभव [possible] है और क्या असंभव [impossible] है।

गैर- उदाहरण [non- examples] के माध्यम से छात्रों में संप्रत्यय [concepts] से संबंधित भ्रम [confusion] को दूर किया जाता है।

[अर्थात, विज्ञान में संप्रत्ययों [concepts] गैर-उदाहरण [non-example] संप्रत्ययों की समझ [understanding] को प्रोत्साहित करते है।

408. Which of the following statements portrays a constructivist science classroom?

(A) The role of dialogue is given attention

(B) Students' multiple perspectives are acknowledged

(C) Connection between Science and other

subject areas is highlighted

(D) Objectivity in responses is given importance

(E) Assessment focuses on correct and scientific responses:

(1) (C) (D), (E)

(2) (A), (B), (C)

(3) (A), (B). (E)

(4) (B). (D), (E)

निम्न में से कौन-सा कथन एक रचनात्मक विज्ञान कक्षाकक्ष को निरूपित करता है?

(A) संवाद की भूमिका पर ध्यान दिया जाता है।

(B) विद्यार्थियों के बहुत परिप्रेक्ष्यों को संज्ञान में लिया जाता है।

(c) विज्ञान एवं अन्य विषय क्षेत्रों के संबंध पर विशेष बल दिया जाता है।

(D) उत्तरों में वस्तुनिष्ठता को महत्व दिया जाता है।

(E) मूल्यांकन सही एवं वैज्ञानिक उत्तरों पर केंद्रित होता है।

(1) (C), (D), (E)

(2) (A), (B), (C)

(3) (A), (B), (E)

(4) (B), (D) (E)

Ans : (2)

रचनात्मक कक्षाकक्ष [Constructivist Classroom] उस कक्षा को कहा जाता है जहां शिक्षण संबंधी समस्त गतिविधियां छात्र के परिप्रेक्ष्य [perspective] में की जाती है। [अर्थात बालक को खोजबीन तथा गतिविधि के माध्यम से सक्रिय [active] रुप से सीखने का अवसर दिया जाता है।

- विद्यार्थियों को वाद-विवाद [discussion] के द्वारा सिखाना।
- बालक के सभी पहलुओं [अर्थात शैक्षिक तथा सह-शैक्षिक [curricular and co-curricular] पर ध्यान देना।]
- उत्तरों में वस्तुनिष्ठता [objectivity] पर ध्यान देना।
- सतत एव समग्र [continuous and holistic] रुप से प्रत्येक बालक का नियमित आकलन [assessment] करना।
- बालक के व्यक्तिगत भिन्नता [individual differences] के आधार पर विभिन्न शिक्षण विधियों [multiple teaching methods] का प्रयोग करना।

409. An inclusive science classroom is characterized by:

(1) Standardized assessment

(2) Individualized instructional plans

(3) Uniform curriculum and instruction

(4) Instruction by special educators

एक समावेशी विज्ञान कक्षाकक्ष का विशिष्ट लक्षण है

(1) मानकीकृत मूल्यांकन

(2) वैयक्तिक निर्देश योजना

(3) एकरूप पाठ्यचर्या एवं निर्देश

(4) विशिष्ट शिक्षकों द्वारा निर्देश

Ans : (2)

समावेशी विज्ञान कक्षाकक्ष [Inclusive science classroom]

समावेशी कक्षा का तात्पर्य ऐसी कक्षा से है जिसमें सभी छात्रों को एक साथ एक छत के नीचे शिक्षा दी जाती है।

समावेशी कक्षा [inclusive Classroom] में शिक्षक को समानता [equality] का नहीं बल्कि समता [equity] का व्यवहार करना चाहिए।

बालकों के बीच रूचि [interest] आवश्यकता [need] तथा मानसिक क्षमता [mental ability] के आधार पर व्यक्तिगत विभिन्नताएं [Individual differences] होती हैं, अतः शिक्षक को शिक्षण कार्य करते समय बालक की व्यक्तिगत भिन्नता [Individual differences] का ध्यान रखना चाहिए।

अर्थात बालक के मानसिक स्तर [mental ability] के अनुरुप अलग अलग शिक्षण विधियों [teaching methods] का प्रयोग करते हुए शिक्षा प्रदान की जानी चाहिए।

अतः समावेशी विज्ञान कक्षाकक्ष [Inclusive science classroom] का विशिष्ट लक्षण वैयक्तिक निर्देश योजना [Individual instruction plants] है।

SCIENCE

410. To encourage girls to pursue STEM related careers, which of the following strategies can a science teacher use ?

(A) Use gender sensitive language

(B) Invite women scientists to class

(C) Engage students in examining stereotypes

(D) Make gender based groups in class

(E) Have separate instruction for girls

(1) (A), (B), (D)

(2) (A), (B), (C)

(3) (C) (D), (E)

(4) (A), (B), (E)

बालिकाओं को STEM संबंधित पेशा चुनने के लिए विज्ञान का एक शिक्षक निम्न में से कौन-सी युक्ति का उपयोग कर सकता है?

(A) लिंग संवेदी भाषा का उपयोग

(B) कक्षा में महिला वैज्ञानिकों को आमंत्रित करना

(C) रूढिबध्द धारणाओं को जाँचने के लिए विद्यार्थियों को सम्मिलित करना

(D) कक्षा में लिंग आधारित समूह बनाना

(E) बालिकाओं के लिए पृथक निर्देश देना

(1) (A) (B), (D)

(2) (A), (B). (C)

(3) (C), (D). (E)

(4) (A), (B), (E)

Ans : (2)

STEM संबंधित पेशे [STEM Related Careers] चार प्रमुख विषयों से संबंधित है :

✓ S - Science [विज्ञान]

✓ T - Technology [प्रौद्योगिकी]

✓ E - Engineering [इंजीनियरिंग]

✓ M - Mathematics. [गणित]

लैंगिक रूढ़िबाधिता [Gender stereotype] तथा सामाजिक मापदंड [Social norms] के कारण लड़कियों की रूचि इन क्षेत्रों में कम रही है।

अत: विज्ञान का शिक्षक बालिकाओं को STEM संबंधित पेशे [Career] को चुनने के लिए निम्नलिखित युक्ति का उपयोग कर सकता है :-

- लिंग संवेदनशीन भाषा [Gender sensitive language] का प्रयोग। [अर्थात् ऐसे शब्दों का प्रयोग करना जो महिलाओं और पुरुषों में समानता दिखाये।]
- कक्षा में महिला वैज्ञानिको [woman scientists] को आमंत्रित करना जिससे Gender stereotype को खत्म किया जा सके।
- रूढिबध्द धारणाओं [stereotype] को जांचने के लिए विद्यार्थियों को सम्मिलित करना।
- कक्षा में छात्र तथा छात्राओं को एक साथ पढ़ाना।

411. Which of the following strategies are desirable for assessing learners meaningfully in Science?

(1) Same tasks should be given to all learners for parity

(2) Learners' wrong answers should be ignored

(3) Learners' reasoning should be given importance

(4) Importance should be given to precise vocabulary and definitions

विज्ञान में अधिगमकर्ताओं के अर्थपूर्ण मूल्यांकन के लिए निम्न में से कौन सी योजना वांछनीय है ?

(1) समाहर्ता के लिये सभी अधिगमकर्ताओं को एकरुप कार्य देना

(2) अधिगमकर्ताओं के गलत उत्तरों को नजर अंदाज करना

(3) अधिगमकर्त्ताओं की विवेचना को महत्व देना

(4) सुनिश्चित शब्दावली एवं परिभाषाओं को महत्व देना

Ans : (3)

विज्ञान में अधिगमकर्त्ताओं के अर्थपूर्ण आंकलन की वांछनीय योजना [Desirable scheme for meaningful assessment of learners in science]

- सभी छात्रों का आंकलन करने के लिए उनके मानसिक स्तर [mental ability] के अनुसार अलग- अलग कार्य देना। [अर्थात् कोई 'मानक [standard]' सेट न करना, बल्कि आकलन [assessment] को लचीला [flexible] बनाना।

- अधिगमकर्ताओं [learners] के गलत उत्तरों को भी महत्व देना क्योंकि शिक्षक गलत उत्तरों के माध्यम से यह आसानी से पता लगा सकते हैं, कि छात्र के सीखने में कहां कमी रह गयी है।
- छात्रों की भाषा तथा सरल शब्दावली [easy vocabulary] को महत्व देना।
- छात्र के विचार [ideas], अनुभव [experience], आदि को कक्षा में महत्वपूर्ण स्थान देना।

[अर्थात अधिगमकर्ताओं [Learners] की विवेचना [reasoning] को महत्व देना।]

412. Assertion (A): Learners' misconception in many science topics tend to be stable and resistant to change.

Reason (R): These ideas may draw on more than one scientific concept.

(1) Both (A) and (R) are true and (R) is correct explanation for (A).
(2) Both (A) and (R) are true but (R) is not correct explanation for (A).
(3) (A) is true but (R) is false.
(4) Both (A) and (R) are false.

अभिकथन (A): विज्ञान के कई विषयों में शिक्षार्थियों की भ्रान्तियाँ स्थायी और परिवर्तन विरोधी होती हैं।

कारण (R): ये विचार एक से अधिक विज्ञानी संकल्पनाओं से उत्पन्न हुए हैं।

(1) (A) और (R) दोनों सत्य हैं और (A) की (R) सही व्याख्या है।
(2) (A) और (R) दोनों सत्य हैं किन्तु (A) की (R) सही व्याख्या नही है।
(3) (A) सत्य है किन्तु (R) असत्य है।
(4) (A) और (R) दोनों असत्य हैं।

Ans : (1)

वैज्ञानिक संकल्पनाएं / अवधारणाओं [scientific concepts] में बदलाव [Changes] होते रहते हैं, अर्थात् समय के साथ इनके अर्थ में परिवर्तन होता रहता है। [अतः वैज्ञानिक संकल्पनाएं [Scientific concepts] एक से अधिक हो सकती हैं। यही कारण है कि विज्ञान के कई विषयों में शिक्षार्थियों की भ्रांतियां [misconception] स्थायी [stable / permanenet] और परिवर्तन विरोधी [resistant to change] होती है। [अर्थात छात्रों की इन भ्रांतियों को आसानी से बदला नहीं जा सकता ।]

413. Which of the following statements is not true in the context of scientific investigations?

(1) Data and evidence are same
(2) Results are influenced by the procedure
(3) There is no one scientific method
(4) Socio-cultural context of scientist influences conclusions

वैज्ञानिक अन्वेषणों के संदर्भ में निम्नलिखित में से कौन सा कथन सत्य नहीं है?

(1) आँकड़े तथा प्रमाण एक समान होते हैं।
(2) परिणाम प्रक्रम द्वारा प्रभावित होते हैं।
(3) कोई एक वैज्ञानिक विधि नहीं होती है।
(4) वैज्ञानिक का सामाजिक- सांस्कृतिक संदर्भ निष्कर्षों को प्रभावित करता है।

Ans : (1)

- वैज्ञानिक अन्वेषण [Scientific Investigations] परिमाण प्रक्रम [quantity process] द्वारा प्रभावित होते हैं।
- वैज्ञानिक विधियां [Scientific Methods] अनेक होती हैं। सामाजिक सांस्कृतिक संदर्भ [Socio Culture Context] उनके द्वारा खोजे गये परिणामों [Results] को प्रभावित करता है।
- आंकड़े [Deta] तथा प्रमाण [Proves] एक समान नहीं होते हैं, बल्कि अलग – अलग होते हैं। क्योंकि प्रमाण [Proves] किसी क्षेत्र में इकट्ठा [Collect] किए गए डेटा [Deta] और अवलोकनों [Observations] से मिलकर बना होता है।

414. Which of the following statements best describe the difference between a 'Law' and a 'Theory' in Science ?

(1) Laws are generalizations whereas theories are explanations.

SCIENCE

(2) Laws are named after a scientist whereas theories are not.
(3) Laws are very old whereas theories are modern.
(4) Laws are universal whereas theories are personal and contextual.

विज्ञान में 'नियम' और 'सिद्धांत' के बीच विभेदन की निम्नलिखित में से कौन सा कथन सर्वोत्तम रूप से व्याख्या करता है ?

(1) 'नियम' समान्यीकरण हैं जबकि सिद्धांत व्याख्याएँ हैं।
(2) नियम, किसी वैज्ञानिक के नाम पर नामांकित हैं जबकि सिद्धांत नही हैं।
(3) नियम बहुत पुराने हैं जबकि सिद्धांत आधुनिक हैं।
(4) नियम सर्वव्यापक हैं जबकि सिद्धांत व्यक्तिगत एवं प्रासंगिक हैं।

Ans : (1)

- सामान्यीकरण [generalizations] से तात्पर्य विभिन्न क्षेत्रों में एकत्रित [collect] किए गए डेटा के आधार पर निष्कर्ष [result] निकालने की प्रक्रिया [process]।
- सिद्धांत [principle] किसी भी एक पहलू [aspect] की एक अच्छी तरह 'प्रमाणित व्याख्या' [Proved explanations] है, जिसमें परिकल्पना [Concept] और तथ्य [Facts] शामिल होते है।

[अतः नियम सामान्यीकरण [generalization] हैं तथा सिद्धांत [principle] व्याख्याए [Explanations] है।]

415. Anupriya is planning a teaching - learning activity for her grade VI learners on topic water pollution. Which of the following activities is preferred to accommodate learners with diverse learning styles?

(1) Showing chart on various causes of water pollution
(2) Taking students on a field visit to a polluted river.
(3) Inviting expert to talk on the above topic
(4) Asking students to prepare a written report on water pollution

अनुप्रिया विषय 'जल प्रदूषण' पर कक्षा VI के अपने विद्यार्थियों के लिए शिक्षण अधिगम क्रियाकलाप की योजना बना रही है। विविध अधिगम शैलियों के शिक्षार्थियों के समायोजन हेतु निम्नलिखित में से किस क्रियाकलाप को प्राथमिकता देनी चाहिए?

(1) जल प्रदूषण के विभिन्न कारणों पर चार्ट दर्शाना।
(2) एक प्रदूषित नदी के क्षेत्रीय दौरे पर विद्यार्थियों को ले जाना।
(3) उपरोक्त विषय पर चर्चा करने के लिए विशेषज्ञ को आमंत्रित करना।
(4) जल प्रदूषण पर विद्यार्थियों को एक लिखित रिपोर्ट बनाने के लिये कहना।

Ans : (2)

जल प्रदुषण' [water pollution] की आवधारणा [Concepts] को समझाने के लिए सबसे उपयुक्त क्रियाकलाप [activities] छात्रों को क्षेत्र भ्रमण [Field trip] पर ले जाना तथा छात्रों को किसी 'प्रदुषित नदी' [Polluted River] को देखकर उसके जल के रंग पर चर्चा करने के लिए कहना, इन गतिविधियों [activities] के माध्यम से छात्र स्वयं प्रत्यक्ष अनुभव [direct experience] प्राप्त करेंगे, जिससे वे इस अवधारणा [concept] को आसानी से सीख सकेंगे।

416. Which of the following statements is not correct regarding science?

(1) No single scientific method exists.
(2) Culture plays a role in the development of scientific knowledge.
(3) Creativity has no role in science
(4) There is subjectivity in development of scientific knowledge

विज्ञान के संदर्भ में निम्नलिखित कथनों में से क्या सही नहीं है?

(1) कोई भी एक वैज्ञानिक विधि नहीं है।
(2) वैज्ञानिक ज्ञान के विकास में संस्कृति की अहम् भूमिका है।
(3) विज्ञान में सृजनात्मकता की कोई भूमिका नहीं होती।
(4) वैज्ञानिक ज्ञान के विकास में व्यक्तिनिष्ठता होती है।

Ans : (3)

विज्ञान के बारे में खोजबीन [inquiry] करने की कोई

एक वैज्ञानिक विधि [scientific method] नहीं होती है, बल्कि इसकी अनेक वैज्ञानिक विधियां [scientific method] होती है।

वैज्ञानिक ज्ञान के विकास में खोजकर्ता [explorer / investigator] के 'सामाजिक सांस्कृतिक परिवेश' [socio culture environment] की महत्वपूर्ण भूमिका होती है।

व्यक्तिनिष्ठता [subjectivity] से तात्पर्य प्रत्येक व्यक्ति की भावनाओं एवं विचारों की प्राथमिकता है।

वैज्ञानिक परिकल्पनाए [scientific concepts] प्राय: एक व्यक्ति या समूहों द्वारा बनायी जाती हैं, जिससे यह व्यक्तिपरक [subjective] होती हैं।

विज्ञान में व्यक्ति अपने तर्क [logic], अनुभव [experience] के आधार पर नयी-नयी खोजें करता रहता है, जिससे उसके विचारों में रचनात्मकता [creativity] आती है।]

[अतः विज्ञान में सृजनात्मकता [creativity] की भूमिका महत्वपूर्ण है।]

417. In order to cater to the students with 'giftedness' which of the following is least desirable to be used in science classroom?

(1) Standardized curriculum and assessment
(2) Academic enrichment activities
(3) Independent project by students
(4) Opportunities to express diverse perspective

'प्रतिभाशील' विद्यार्थियों को समझने के उद्देश्य से, विज्ञान की कक्षा में निम्नलिखित में से क्या सबसे कम वांछनीय है?

(1) मानकीकृत पाठ्यचर्या एवं आकलन
(2) शैक्षिक संवर्धन क्रियाकलाप
(3) विद्यार्थियों द्वारा स्वतंत्र परियोजना
(4) विस्तृत परिप्रेक्ष्य की व्याख्या हेतु अवसर

Ans : (1)

प्रतिभाशाली शिक्षार्थी [gifted students] ऐसे शिक्षार्थी होते हैं जिनका बौद्धिक स्तर [intelligent quotient (IQ)] सामान्य से अधिक होता है और वे अपेक्षाकृत तेजी से सीखते हैं।

प्रतिभाशाली शिक्षार्थी के संदर्भ में विज्ञान की कक्षा:-

शैक्षिक संवर्धन क्रियाकलाप [academic enrichment activities] [अर्थात छात्रों को 'मानक पाठ्यक्रम [standard curriculum]' से परे शैक्षिक अनुभव देना स्वतन्त्र रूप से सीखने के अवसर देना ।]

छात्रों को स्वतन्त्र रूप से खोजबीन के माध्यम से सीखने के अवसर देना ।

किसी भी अवधारणा [Concept] के गुण व दोष दोनों पक्षों [aspects] पर छात्रों से अपने विचार [Idea] रखने को कहना।

[अतः मानकीकृत पाठ्यचर्या [Standardized Curriculum] एवं आकलन [assessment] विज्ञान की कक्षा में सबसे कम महत्वपूर्ण है।]

418. 'X' is a synthetic figure which resembles wool and is used to make shawls and sweaters and blankets. What could 'X' be?

(1) Rayon
(2) Acrylic
(3) Nylon
(4) Polyester

'X' कोई संश्लेषित रेशा (फाइबर) है जो ऊन से मिलता जुलता है और इसका उपयोग शॉल, स्वेटर और कम्बल बनाने में किया जाता है। 'X' क्या हो सकता है।

(1) रेयान
(2) एक्रिलिक
(3) नायलॉन
(4) पॉलिस्टर

Ans : (2)

एक्रिलिक संश्लेषित रेशा (Acrylic synthetic fiber) है जो ऊन (wool) से मिलता जुलता है और इसका उपयोग शॉल (shawl), स्वेटर और कम्बल (blanket) बनाने में किया जाता है।

419. Identify the incorrect statement from the following.

SCIENCE

(1) sound can travel through vacuum
(2) The higher the frequency of vibration, higher is the pitch
(3) All vibratory motions are oscillations
(4) Sound in a flute is produced by the vibrating air-column

निम्नलिखित में से गलत कथन को पहचानिए:

(1) ध्वनि निर्वात में गमन कर सकती है।
(2) कम्पन की आवृत्ति उच्च है, तो तारत्व भी उच्च होता है।
(3) सभी कम्पन गतियाँ दोलन होती हैं।
(4) बाँसुरी में ध्वनि वायु स्तम्भ के कम्पन द्वारा उत्पन्न होती है।

Ans : (1)

ध्वनि तरंगें (Sound waves) निर्वात में गमन (travel) नहीं हो सकती हैं। उन्हें यात्रा करने के लिए एक भौतिक माध्यम की आवश्यकता होती है।

420. Which of the following vitamins are fat soluble?

(1) Vitamin B and Vitamin C
(2) Vitamin A and Vitamin B
(3) Vitamin A, Vitamin D and Vitamin E
(4) Vitamin A and Vitamin C

निम्नलिखित में से कौन-से विटामिन वसा में घुलनशील हैं?

(1) विटामिन B और विटामिन C
(2) विटामिन A और विटामिन B
(3) विटामिन A, विटामिन D और विटामिन E
(4) विटामिन A तथा विटामिन C

Ans : (3)

विटामिन A, D, E और K को वसा में घुलनशील विटामिन (fat soluble vitamins) कहा जाता है।

421. The purpose of adding potassium permanganate ($KMnO_4$) in water in a distillation plant is to-

(1) decrease the boiling temperature of water
(2) increase the pH of water
(3) remove the organic impurities
(4) increase the boiling point of water

एक चुटकी ($KMnO_4$) जल आसवन संयंत्र में डालने से-

(1) पानी के उबलने का तापमान कम हो जाता है।
(2) पानी का पी एच ठीक हो जाता है।
(3) कार्बनिक अशुद्धियाँ दूर हो जाती हैं।
(4) जल वाष्पों का संघनन बढ़ जाता है।

Ans : (3)

एक चुटकी ($KMnO_4$) जल आसवन संयंत्र (Water Distillation Plant) में डालने से कार्बनिक अशुद्धियाँ (organic impurities) दूर हो जाती हैं।

422. A lighter and a heavier object possess the same kinetic energy. Which of the following statements will be true regarding their velocities?

(1) Velocity of heavier object is greater than velocity of lighter object.
(2) Both will have same velocity.
(3) Velocity of heavier object is less than lighter object.
(4) Velocities can't be compared.

किसी हल्की और भारी वस्तु की गतिज ऊर्जा एक बराबर है। उनके वेग के संबंध में निम्न में से कौन सा कथन सत्य है?

(1) भारी वस्तु का वेग हल्की वस्तु के वेग से अधिक है।
(2) दोनों का एक समान वेग है।
(3) भारी वस्तु का वेग हल्की वस्तु के वेग से कम है।
(4) वेग की तुलना नहीं की जा सकती है।

Ans : (3)

भारी वस्तु का वेग (velocity) हल्की वस्तु से कम होता है। यह कथन उनके वेग के संबंध में सत्य होगा।

423. Which of the following processes will be hampered in the mouth cavity of a person whose saliva is lacking salivary amylase?

(1) Conversion of fats into fatty acids
(2) Conversion of proteins into amino acids
(3) Conversion of starch into sugars
(4) Absorption of vitamins

यदि किसी व्यक्ति की लार में लार-अमाइलेज़ की हीनता है,तो उस व्यक्ति की मुख-गुहा में बाधित होने वाली प्रक्रिया निम्नलिखित में से कौन-सी होगी?

(1) वसाओं का वसा-अम्लों में परिवर्तन
(2) प्रोटीन का अमीनो अम्लों में परिवर्तन
(3) स्टार्च का शर्कराओं में परिवर्तन
(4) विटामिनों का अवशोषण

Ans : (3)

स्टार्च का शर्कराओं में परिवर्तन (Conversion of starch into sugars) होना व्यक्ति की लार (saliva) में लार-अमाइलेज़ (salivary amylase) की हीनता है।

424. Which of the following is a synthetic indicator?

(1) Turmeric solution
(2) Litmus solution
(3) Methyl orange solution
(4) China rose solution

निम्न में से कौन-सा एक कृत्रिम सूचक है?

(1) हल्दी का घोल
(2) लिटमस का घोल
(3) मिथाइल ऑरेंज का घोल
(4) चाइना रोज़ का घोल

Ans : (3)

मिथाइल ऑरेंज प्रयोगशाला में उपयोग किया जाने वाला एक कृत्रिम सूचक (synthetic indicator) है। यह अम्लीय विलयन (Acidic solution) में लाल तथा क्षारकीय विलयन (basic solution) में पीला रंग देता है।

425. Certain body movements are associated with the movement of certain joints. Match the following body movements in column A with the type of joint responsible for the movement in column B.

Column A	Column B
(a) Bowling a cricket ball	(i) Pivotal joint
(b) Turning the head in left or right direction	(ii) Hinge joint
(c) Elbow movement	(iii) Fixed joint
(d) Upper jaw movement during laughing	(iv) Ball and socket joint

(1) (a)- (iv), (b)- (i), (c)-(ii), (d)-(iii)
(2) (a)- (iv), (b)- (ii), (c)-(i), (d)-(iii)
(3) (a)- (i), (b)- (ii), (c)-(iv), (d)-(iii)
(4) (a)- (ii), (b)- (i), (c)-(iii), (d)-(iv)

शरीर की कई गतियाँ जोड़ों की गति से जुड़ी होती हैं। स्तम्भ A में दी गई शरीर की गति को स्तम्भ B में दिए गए गति के लिए उत्तरदायी जोड़ों के प्रकार से मिलान करिए।

स्तम्भ A	स्तम्भ B
(a) क्रिकेट की गेंद फेंकना	(i) धुराग्र संधि
(b) सिर को बॉई या दॉई दिशा में घुमाना	(ii) कोर संधि
(c) कोहनी की गति	(iii) अचल संधि
(d) हँसते हुए ऊपरी जबड़े की गति	(iv) गेंद और उलुखल संधि

(1) (a)- (iv), (b)- (i), (c)-(ii), (d)-(iii)
(2) (a)- (iv), (b)- (ii), (c)-(i), (d)-(iii)
(3) (a)- (i), (b)- (ii), (c)-(iv), (d)-(iii)
(4) (a)- (ii), (b)- (i), (c)-(iii), (d)-(iv)

Ans : (1)

स्तम्भ A	स्तम्भ B
क्रिकेट की गेंद फेंकना	गेंद और उलुखल संधि (Ball and socket joint)
सिर को बॉई या दॉई दिशा में घुमाना	धुराग्र संधि (Pivotal joint)
कोहनी की गति	कोर संधि (Hinge joint)
हँसते हुए ऊपरी जबड़े की गति	अचल संधि (Fixed joint)

SCIENCE

SCIENCE

426. Consider the following statements about biodiversity:

A. It is found in abundance in dense forests

B. It refers to only the fauna found in an area

C. It refers to the total number of individual species found in a given area

D. It refers to the variety of living organisms (various species of flora and fauna) present in a given area.

The correct statements are

(1) A and B
(2) B and C
(3) C and D
(4) A and D

जैवविविधता के बारे में नीचे दिए गए कथनों पर विचार कीजिए –

(A) यह सघन वनों में अधिकतम होती हैं।

(B) यह किसी दिए गए क्षेत्र में पाए जाने वाले केवल प्राणिजातों की विभिन्न स्पीशीज़ का उल्लेख करती है।

(C) यह किसी दिए गए क्षेत्र में उपस्थित किसी एक विशेष स्पीशीज़ की व्यष्टियों की कुल संख्या का उल्लेख करती है।

(D) यह किसी दिए गए क्षेत्र में उपस्थित विभिन्न जीवों (पादपजात और प्राणिजात की विभिन्न स्पीशीज़) का उल्लेख करती है।

इनमें सही कथन हैं

(1) A और B
(2) B और C
(3) C और D
(4) A और D

Ans : (4)

इनमें सही कथन हैं -

- यह सघन वनों (dense forests) में अधिकतम होती हैं।
- यह किसी दिए गए क्षेत्र में उपस्थित विभिन्न जीवों (पादपजात और प्राणिजात (flora and fauna) की विभिन्न स्पीशीज़) का उल्लेख करती है।

427. The process of dispersion of light can be seen when light

(a) passes through soap bubbles
(b) falls on the surface of a CD
(c) passes through rain drops
(d) gets focused on the surface of shinning marble

(1) (a), (b), (c)
(2) (b), (c), (d)
(3) (a), (c), (d)
(4) (a), (b), (d)

प्रकाश के प्रकीर्णन की विधि देखी जा सकती है जब प्रकाश -

(a) साबुन के बुलबुलों से गुज़रता है
(b) CD की सतह पर पड़ता है
(c) वर्षा की बूंदों से गुज़रता है
(d) चमकते कंचों पर फ़ोकसित होता है

(1) (a), (b), (c)
(2) (b), (c), (d)
(3) (a), (c), (d)
(4) (a), (b), (d)

Ans : (1)

प्रकाश के प्रकीर्णन (Dispersion of light) की विधि देखी जा सकती है जब प्रकाश साबुन के बुलबुलों (soap bubbles) से गुज़रता है, CD की सतह पर पड़ता है और वर्षा की बूंदों (rain drops) से गुज़रता है|

428. Silk is obtained from which stage of silkworm?

(1) Egg
(2) Pupa
(3) Adult
(4) Larva

रेशम-कीट की किस अवस्था से रेशम प्राप्त होता है?

(1) अण्डा
(2) प्यूपा

(3) वयस्क
(4) लार्वा

Ans : (2)

रेशम कीट (Silkworms) की प्यूपा अवस्था से रेशम प्राप्त होता है।

429. Soniya took distilled water in a bottle and tried to find whether it conducts electricity or not. What is she likely to find?

(1) It is good conductor of electricity
(2) It is an insulator
(3) It is poor conductor of electricity
(4) None of the above

सोनिया ने आसुत जल को बोतल में लिया और पता लगाने की कोशिश की, कि वह विद्युत का सुचालक है या नहीं। उसे क्या प्राप्त होने की सम्भावना है?

(1) यह विद्युत का सुचालक है
(2) यह एक विद्युतरोधी है
(3) यह विद्युत का कमजोर चालक है
(4) उपरोक्त में से कोई नहीं

Ans : (3)

आसुत जल (Distilled water) विद्युत का कमजोर चालक (Bad Conductor of Electricity) होता है। जबकि हैंडपंप, कुआं, तालाब आदि का जल विद्युत का अच्छा चालक (Good Conductor of Electricity) होता है।

430. Compound responsible for temporary hardness of water is

(1) $Mg(HCO_3)_2$
(2) $CaCl_2$
(3) $MgSO_4$
(4) $CaCO_3$

जल की अस्थायी कठोरता के लिए कौन-सा यौगिक उत्तरदायी है?

(1) $Mg(HCO_3)_2$
(2) $CaCl_2$
(3) $MgSO_4$
(4) $CaCO_3$

Ans : (1)

जल की अस्थायी कठोरता (Temporary hardness of water) उसमें उपस्थित मैग्नीशियम (Mg) तथा कैल्शियम (Ca) के हाइड्रोजन कार्बोनेट की उपस्थिति के कारण होती है। जल की अस्थायी कठोरता उबालकर अथवा क्लार्क विधि (बुझे चूने की परिकलित मात्रा मिलाकर) द्वारा दूर की जाती है।

431. X is a chemical present in our stomach and is necessary for digestion of food. When 'X' is secreted in excess, it causes health problems like indigestion. Y' is a chemical used to treat this condition. What could be X and Y' ?

(1) X is milk of magnesia and Y is ascorbic acid
(2) X is hydrochloric acid and Y is sodium carbonate
(3) X is milk of magnesia and Y is hydrochloric acid
(4) X is hydrochloric acid and Y is milk of magnesia

'X' वह रसायन है, जो हमारे आमाशय में उपस्थित है तथा भोजन के पाचन के लिए आवश्यक है। जब 'X' आधिक्य में स्रावित होता है, तो यह अपाचन जैसी स्वास्थ्य समस्याएँ उत्पन्न करता है। 'Y' वह रसायन है जिसका उपयोग ऐसी ही परिस्थिति में उपचार के लिए किया जाता है। 'X' और 'Y' क्या हैं?

(1) X मिल्क ऑफ मैग्नीशिया तथा Y ऐस्कॉर्बिक अम्ल है
(2) X हाइड्रोक्लोरिक अम्ल तथा Y सोडियम कार्बोनेट है
(3) X मिल्क ऑफ मैग्नीशिया तथा Y हाइड्रोक्लोरिक अम्ल है
(4) X हाइड्रोक्लोरिक अम्ल तथा Y मिल्क ऑफ मैग्नीशिया है

Ans : (4)

X - हाइड्रोक्लोरिक अम्ल (Hydrochloric acid) , Y - मिल्क ऑफ मैग्नीशिया (Milk of magnesia) स्वास्थ्य समस्याएं उत्पन्न करता है। ऐसी परिस्थिति पेट में अम्लता (acidity in stomach) की अधिकता के कारण उत्पन्न होती है, जिसके उपचार (treatment)

के लिए मिल्क ऑफ मैग्नीशिया (मैग्नीशियम हाइड्रॉक्साइड) का उपयोग किया जाता है।

432. Two magnetic lines of force

(1) intersect at the neutral point
(2) intersect near North or South pole
(3) cannot intersect at all
(4) intersect according to the position of magnet

दो चुम्बकीय बल रेखाएँ

(1) उदासीन बिन्दु पर एक-दूसरे को काटती हैं
(2) उत्तरी या दक्षिणी ध्रुवों के निकट काटती हैं
(3) एक-दूसरे को कभी नहीं काट सकती हैं
(4) चुम्बक की स्थिति के अनुसार एक-दूसरे को काटती हैं

Ans : (3)

दो चुंबकीय बल रेखाएं (magnetic lines of force) एक-दूसरे को परस्पर कभी नहीं काटती हैं। चुंबक के उत्तरी ध्रुव (north Pole) से ये रेखाएं निकलती हैं तथा दक्षिणी ध्रुव (south Pole) में प्रवेश करती हैं।

433. Following observations are noted regarding four metals P, Q, R and S.

Q displaces P and S from their respective salt solutions

P displaces S and R from their respective salt solutions

S displaces only R from its salt solution

Which is the second most reactive metal?

(1) P
(2) Q
(3) R
(4) S

P, Q, R और S चार धातुओं के संदर्भ में निम्न अवलोकन नोट किए गए –

P और S को Q क्रमशः उनके लवणीय विलयनों से विस्थापित करता है।

S और R को P क्रमशः उनके लवणीय विलयनों से विस्थापित करता है।

केवल R को S उसके लवणीय विलयन से विस्थापित करता है।

द्वितीय सर्वाधिक सक्रिय धातु कौन-सी है?

(1) P
(2) Q
(3) R
(4) S

Ans : (1)

- Q सबसे अधिक सक्रिय धातु (most active Metal) है।
- P दूसरी सबसे अधिक सक्रिय धातु है।
- S तीसरी सबसे अधिक सक्रिय धातु है।
- R सबसे कम सक्रिय धातु है।

434. Under which of the following conditions will the speed of sound in air be maximum?

(1) In dry air at 0°C
(2) In moist air at 0°C
(3) In dry air at 40°C
(4) In moist air at 40°C

निम्नलिखित में से किन परिस्थितियों में वायु में ध्वनि की चाल अधिकतम होगी?

(1) 0°C पर शुष्क वायु में
(2) 0°C पर आर्द्र वायु में
(3) 40° C पर शुष्क वायु में
(4) 40°C पर आर्द्र वायु में

Ans : (4)

शुष्क हवा (Dry air) की तुलना में नम हवा (moist air) में ध्वनि की गति 40°C पर अधिकतम होती है क्योंकि नमी की उपस्थिति में हवा का घनत्व (density of air) जल्दी कम हो जाता है और ध्वनि अधिक गति से यात्रा करती है।

435. A flower appears red in sunlight. Which colour would it appear in green light?

(1) Red
(2) Black
(3) Green
(4) Yellow

एक फूल सूर्य के प्रकाश में लाल दिखता है। हरे प्रकाश में यही फूल किस रंग का दिखेगा?

(1) लाल
(2) काला
(3) हरा
(4) पीला

Ans : (2)

जब एक लाल फूल को हरे प्रकाश में देखा जाता है, तो वह हरे प्रकाश को अवशोषित (absorbed) कर लेता है और पंखुड़ियाँ काली दिखाई देती हैं क्योंकि फूल से कोई प्रकाश परावर्तित (reflect) नहीं होता है।

436. Identify the correct statement from among the following

(1) The percolation rate of water in clayey soil is higher than that of loamy soil
(2) The percolation rate of water in loamy soil is higher than that of sandy soil
(3) The percolation rate of water in clayey soil is same as that of sandy soil
(4) The percolation rate of water in sandy soil is higher than that of clayey soil

निम्नलिखित में से सही कथन को पहचानिए:

(1) दुम्मट मृदा की तुलना में चिकनी मृदा में पानी के रिसने की दर उच्चतर होती है।
(2) बलुआ मृदा की तुलना में दुम्मट मृदा में पानी के रिसने की दर उच्चतर होती है।
(3) चिकनी मृदा में पानी के रिसने की दर बलुआ मृदा में पानी के रिसने की दर के बराबर होती है।
(4) बलुआ मृदा में पानी के रिसने की दर चिकनी मृदा में पानी के रिसने की दर से उच्चतर होती है।

Ans : (4)

बलुआ मृदा में पानी के रिसने की दर चिकनी मृदा में पानी के रिसने की दर से उच्चतर होती है (The percolation rate of water in sandy soil is higher than that of clayey soil)। यह सही कथन है।

बलुआ मृदा में बड़े कण (large particles in sandy soil) होते हैं और उनके बीच बड़ी जगह होती है, जिससे पानी जल्दी से रिसकर (percolate) नीचे चला जाता है।

दूसरी ओर, चिकनी मृदा में बहुत छोटे, कसकर पैक किए गए कण (small particles, tightly packed in clayey soil)) होते हैं, जिससे पानी का गुजरना मुश्किल हो जाता है, जिससे रिसकर नीचे जाने की दर कम हो जाती है।

437. Read the following table depicting properties of material and uses of materials.

Property of Material	Use
A. Malleable	(i) Electrodes in cell
B. High melting point	(ii) Construct bridges
C. Good conductor of heat and light	(iii) Wrapping food items
D. Strong	(iv) Making Thermometers
E. High coefficient of thermal expansion	(v) Heating elements of an appliance

Which of these make the correct matching set?

(1) A-(iv), B-(v), C-(i), D-(ii), E-(iii)
(2) A-(iv), B-(iii), C-(v), D-(i), E-(ii)
(3) A-(iii), B-(v), C-(i), D-(ii), E-(iv)
(4) A-(v), B-(iv), C-(i), D-(ii), E-(iii)

पदार्थों के गुणधर्मों और पदार्थों के उपयोग को दर्शाती निम्नलिखित सारणी पढ़िए।

सामग्री	उपयोग
A. आघातवर्ध्य	(i) सेल में इलेक्ट्रॉड के रूप में
B. उच्च गलनांक	(ii) सेतु निर्माण में
C. ऊष्मा और प्रकाश का सुचालक	(iii) भोज्य सामाग्री को लपेटने में
D. प्रबल	(iv) थर्मामीटर निर्माण में
E. उच्च ऊष्मा प्रसार गुणांक	(v) साधित्रों के तापन तंतु

SCIENCE

निम्न में से कौन सा सही जोड़े का सेट है?

(1) A-(iv), B-(v), C-(i), D-(ii), E-(iii)
(2) A-(iv), B-(iii), C-(v), D-(i), E-(ii)
(3) A-(iii), B-(v), C-(i), D-(ii), E-(iv)
(4) A-(v), B-(iv), C-(i), D-(ii), E-(iii)

Ans : (3)

सामग्री	उपयोग
आघातवर्ध्य (Malleable)	भोज्य सामाग्री को लपेटने में (Wrapping food items)
उच्च गलनांक (High melting point)	साधित्रों के तापन तंतु (Heating elements of an appliance)
ऊष्मा और प्रकाश का सुचालक (Good conductor of heat and light)	सेल में इलेक्ट्रॉड के रूप में (Electrodes in cell)
प्रबल (strong)	सेतु निर्माण में (Construct bridges)
उच्च ऊष्मा प्रसार गुणांक (High coefficient of thermal expansion)	थर्मामीटर निर्माण में (Making Thermometers)

438. Which of the following is true regarding the water content in the process of conversion of nectars to honey by honeybees?

(1) It has increased
(2) It is reduced
(3) It remains unchanged
(4) It may increase or reduce.

मकरंद को मधु / शहद में बदलने की प्रक्रिया में पानी की मात्रा के संदर्भ में निम्न में से कौन-सा विकल्प सही है?

(1) यह बढ़ जाती है
(2) यह घट जाती है
(3) इसमें बदलाव नहीं होता
(4) यह बढ़ सकती है या घट सकती है

Ans : (2)

हम कह सकते हैं कि मधुमक्खियों द्वारा मकरंद को शहद में बदलने (conversion of nectars to honey) की प्रक्रिया में पानी की मात्रा कम (reduce) हो जाती है।

439. Why is a lighting conductor installed on a building?

(1) It repels the lighting before it falls on the building.
(2) It forces the lighting to fall in an area where there are no buildings.
(3) It conducts electric charge on the ground when lightning strikes the building.
(4) It collects the electric power present in the lighting.

किसी इमारत में तड़ित चालक क्यों लगाया जाता है?

(1) यह तड़ित (बिजली) को इमारत पर गिरने से पहले ही विकर्षित कर देता है।
(2) यह बिजली को उस क्षेत्र में बलपूर्वक गिरा देता है जहाँ कोई इमारत न हो।
(3) बिजली के इमारत से टकराने पर उत्पन्न आवेश को यह भूमि में संवाहित कर देता है।
(4) यह बिजली की विद्युत् शक्ति को एकत्र कर लेता है।

Ans : (3)

बिजली के इमारत से टकराने पर उत्पन्न आवेश को यह भूमि में संवाहित (conducted into the ground) कर देता है। तड़ित चालक या तड़ित छड़ (lighting conductor), बिजली गिरने से उत्पन्न विद्युत आवेश (electrical charge) को सीधे जमीन तक जाने के लिए एक सुरक्षित मार्ग प्रदान करता है। यह विद्युत ऊर्जा (Electrical Energy) को सुरक्षित रूप से पुनर्निर्देशित करके इमारत को नुकसान पहुंचाने से रोकता है।

440. Which is NOT the function of a nucleus in the cell?

(1) To provide shape and rigidity to the cells
(2) To transfer traits from parents of offspring in the form of genes.
(3) To act as control center of the activities of the cell
(4) To allow the movement of materials between the cytoplasm and inside of the nucleus.

निम्न में से कौन-सा कार्य केन्द्रक का कार्य नहीं है?

(1) कोशिकाओं को आकार एवं सुदृढ़ता प्रदान करना
(2) जीन के रूप में जनक से संतति तक अभिलक्षणों को स्थानांतरित करना।
(3) एक नियंतरण केंद्र की तरह कोशिका के क्रियाकलापों को नियंत्रित करना।
(4) कोशिका द्रव्य और केन्द्रक के मध्य पदार्थों की गतिविधि करना।

Ans : (1)

कोशिकाओं को आकार एवं सुदृढ़ता (shape and rigidity) प्रदान करना केन्द्रक (nucleus) का कार्य नहीं है।

441. Which of the following represents the increasing order of melting points of the metals?

(1) Mercury < Copper < Iron < Aluminum
(2) Aluminum < Mercury < Copper < Iron
(3) Mercury < Aluminum < Copper < Iron
(4) Copper < Aluminum < Iron < Mercury

निम्नलिखित में से कौन सा विकल्प धातुओं के पिघलने के तापमान का बढ़ता क्रम दर्शाता है?

(1) पारा < तांबा < लोहा < एल्यूमिनियम
(2) एल्यूमिनियम < पारा < तांबा < लोहा
(3) पारा < एल्यूमिनियम < तांबा < लोहा
(4) तांबा < एल्यूमिनियम < लोहा < पारा

Ans : (3)

धातुओं के गलनांक (Melting point) का बढ़ता क्रम।

पारा (Mercury) (-39°C) < एल्यूमीनियम (Aluminum) (660°C) < तांबा (copper) (1084°C) < लोहा (Iron) (1,538°C)

442. Which of the following represents the correct matching set.

Type of root	Example
(a) Taproot root	(i) Banyan tree
(b) Adventitious root	(ii) Carrot
(c) Prop root	(iii) Sugarcane
(d) Stilt root	(iv) Sweet potato

(1) a-i, b-iii, c-ii, d-iv
(2) a-ii, b-iv, c-i, d-iii
(3) a-iii, b-ii, c-i, d-iv
(4) a-iv, b-i, c-ii, d-iii

निम्नलिखित में से कौन सही मिलान को निरूपित करता है?

जड़ का प्रकार	उदाहरण
(a) मूसला जड़	(i) बरगद का वृक्ष
(b) अपस्थानिक मूल जड़	(ii) गाजर
(c) अवस्तंभ मूल जड़	(iii) गन्ना
(d) अवस्तम्भ मूल जड़	(iv) शकरकन्द

(1) a-i, b-iii, c-ii, d-iv
(2) a-ii, b-iv, c-i, d-iii
(3) a-iii, b-ii, c-i, d-iv
(4) a-iv, b-i, c-ii, d-iii

Ans : (2)

जड़ का प्रकार	उदाहरण
मूसला जड़ (Taproot root)	गाजर (Carrot)
अपस्थानिक मूल जड़ (Adventitious root)	शकरकन्द (Sweet potato)
अवस्तंभ मूल जड़ (Prop root)	बरगद का वृक्ष (Banyan tree)
अवस्तम्भ मूल जड़ (Stilt root)	गन्ना (Sugarcane)

443. In which of the following situations, water cannot be used to extinguish fires?

(A) electrical fire
(B) burning of wood
(C) burning of petrol
(D) burning of paper

(1) A and B
(2) A and C
(3) B and D
(4) B and C

SCIENCE

नीचे दी गयी किन परिस्थितियों में आग भुजाने के लिए पानी का उपयोग नहीं किया जा सकता है?

A. बिजली से लगी आग

B. लकड़ी का जलना

C. पेट्रोल का जलना

D. कागज़ का जलना

(1) A और B

(2) A और C

(3) B और D

(4) B और C

Ans : (2)

- पानी एक अच्छा अग्निशामक यंत्र (fire extinguisher) है। लेकिन, बिजली की आग बुझाने के लिए पानी का उपयोग नहीं किया जा सकता है। ऐसा इसलिए है क्योंकि पानी बिजली का अच्छा संवाहक (good conductor of electricity) है।
- जल का उपयोग आग बुझाने वाले यंत्र के रूप में गैसोलीन, डीजल आदि जैसे जलते तेलों को बाहर निकालने के लिए नहीं किया जा सकता है। तेल पानी से हल्का होने के कारण उसके ऊपर तैरता है।

444. A compilation of data on population status of endangered species is

(1) Green data book

(2) Brown data book

(3) Red data book

(4) White data book

संकटापन्न स्पीशीज की जनसंख्या की स्थिति पर डाटा का संकलन निम्नलिखित में से किसमें हैं?

(1) ग्रीन डाटा पुस्तक

(2) ब्राउन डाटा पुस्तक

(3) रेड डाटा पुस्तक

(4) व्हाइट डाटा पुस्तक

Ans : (3)

रेड डेटा बुक एक सार्वजनिक दस्तावेज (Public document) है जो लुप्तप्राय और दुर्लभ प्रजातियों (Endangered and rare species) के पौधों, जानवरों, कवक के साथ-साथ कुछ स्थानीय उप-प्रजातियों को रिकॉर्ड करने के लिए बनाया गया है जो किसी विशेष क्षेत्र में मौजूद हैं।

445. Which of the following statements correctly describe (s) the function of transpiration in plants?

(A) It helps in cooling the plant.

(B) It helps in absorption and distribution of water and minerals to leaves.

(C) It helps in the exchange of gases with the environment.

(1) A and B

(2) B and C

(3) A and C

(4) A, B and C

निम्न में से कौन-सा कथन पौधों में वाष्पोत्सर्जन के कार्य की सही प्रकार से व्याख्या करता है?

A. यह पौधे को ठंडा करने में मदद करता है।

B. यह जल तथा खनिजों के अवशोषण और आवंटन में सहायता करता है।

C. यह पर्यावरण के साथ गैसों के विनिमय में मदद करता है।

(1) A व B

(2) B व C

(3) A व C

(4) A, B व C

Ans : (4)

पौधों में वाष्पोत्सर्जन (transpiration) का कार्य :-

- यह पौधे को ठंडा करने में मदद करता है।
- यह जल तथा खनिजों के अवशोषण और आवंटन (absorption and allocation of water and minerals) में सहायता करता है।
- यह पर्यावरण के साथ गैसों के विनिमय में मदद करता है।

446. Which of the following statements is incorrect?

(1) Rolling friction is greater than sliding friction.

(2) Sliding friction is less than static friction.

(3) Static friction is greater than rolling friction.
(4) Sliding friction is greater than rolling friction.

नीचे दिया गया कौन सा कथन सत्य नहीं है?

(1) लोटनिक घर्षण सर्पी घर्षण से अधिक होता है।
(2) सर्पी घर्षण स्थैतिक घर्षण से कम होता है।
(3) स्थैतिक घर्षण लोटनिक घर्षण से अधिक होता है।
(4) सर्पी घर्षण लोटनिक घर्षण से अधिक होता है।

Ans : (1)

घर्षण बल (Frictional force) दो सतहों के बीच संपर्क क्षेत्र (area of contact) पर निर्भर करता है। चूंकि लुढ़कने के मामले में संपर्क का क्षेत्र सर्पी के मामले में कम होता है, इसलिए लोटनिक घर्षण (Rolling friction) सर्पी घर्षण (sliding friction) से कम होता है।

447. A convex lens submerged in a liquid medium of higher refractive index will act as a-

(1) Divergent lens
(2) Plane mirror
(3) Concave mirror
(4) Convergent lens

किसी उच्च अपवर्तनांक के द्रव माध्यम में डुबोया गया उत्तल लेंस किसकी भांति कार्य करेगा?

(1) अपसारी लेंस
(2) समतल दर्पण
(3) अवतल दर्पण
(4) अभिसारी लेंस

Ans : (1)

उच्च अपवर्तनांक (High refractive index) वाले तरल माध्यम में डूबा हुआ उत्तल लेंस (convex lens) अपसारी लेंस (divergent lens) के रूप में कार्य करेगा।

448. If a teacher begins with a discussion on physical properties of metals and non-metals followed by chemical properties and arranges lab activities to demonstrate the reaction of few metals with dilute acid. The approach to sequencing of teaching-learning activity will be termed as :

(1) Deductive
(2) Inductive
(3) Demonstration
(4) Inquiry based

कोई अध्यापिका धातुओं एवं अधातुओं की भौतिक विशेषताओं पर विचार विमर्श से प्रारंभ करके उनकी रासायनिक विशेषताओं के बारे में बताती है। उसके पश्चात् कुछ धातुओं की तनु अम्लों के साथ अभिक्रिया को दिखाने के लिए प्रयोगशाला में क्रियाकलापों की व्यवस्था करती है। शिक्षण-अधिगम क्रियाकलाप के क्रमीकरण के इस उपागम को क्या कहा जाएगा ?

(1) निगमनिक
(2) प्रेरणिक
(3) निरूपण
(4) जाँच आधारित

Ans : (1)

निगमनात्मक उपागम [Deductive Approach] से तात्पर्य बालक को किसी अवधारणा [Concept] को समझाने के लिए सर्वप्रथम उसकी परिभाषा [Definition] देना उसके पश्चात् बालक को उस अवधारणा से संबंधित क्रियाकलाप [activities] कराना / उदाहरण देना।

यह उपागम 'नियम से उदाहरण की ओर' [Rule to example] विधि पर आधारित है।

[छोटी कक्षाओं के लिए यह विधि कम उपयोगी मानी जाती है।]

449. According to NCF 2005, in the upper primary stage science curriculum, which of the following is recommended ?

(A) Systematic experimentation needs to be introduced to verify theoretical principles.
(B) Most concepts should be arrived at by an inductive approach. science.
(C) Vocational education needs to be integrated with

SCIENCE

(D) Activities and experiments suggested are inexpensive and use readily available materials.

(1) (A) and (B)

(2) Only (B)

(3) (C) and (D)

(4) Only (D)

राष्ट्रीय पाठ्यचर्या रूपरेखा 2005 के अनुसार, उच्च प्राथमिक स्तर विज्ञान पाठ्यचर्या में निम्नलिखित में से क्या अनुशंसित है?

(A) सैद्धान्तिक नियमों को सिद्ध करने के लिए सुव्यवस्थित प्रयोगों को प्रस्तावित करने की आवश्यकता है।

(B) एक आगमनात्मक उपागम द्वारा ही संप्रत्ययों तक पहुँचना चाहिए।

(C) व्यावसायिक शिक्षा विज्ञान के साथ समाकलित होनी चाहिए।

(D) सुझाए गए क्रियाकलाप एवं प्रयोग सस्ते और सरलता से उपलब्ध सामग्रियों से किए जाने चाहिए।

(1) (A) और (B)

(2) केवल (B)

(3) (C) और (D)

(4) केवल (D)

Ans : (4)

NCF 2005 के अनुसार उच्च प्राथमिक स्तर, [upper Primary level] पर विज्ञान की पाठ्यचर्या [Curriculum of science]

वैज्ञानिक अवधारणाओं [scientific concepts] को बालक के दैनिक जीवन [daily life] के अनुभवों से जोड़कर सिखाना चाहिए।

छात्रों को स्वयं सक्रिय क्रियाकलाप [active activity] द्वारा अवधारणाओं [Concepts] को खोजने के अवसर देने चाहिए।

आगमनात्मक [Inductive] तथा निगमनात्मक [Deductive] दोनों तरीकों से संप्रत्ययों [Concepts] तक पहुंचा जा सकता है।

छात्रों को सुझाए गए क्रियाकलाप [activities] एवं प्रयोग [experiment] सरलता से उपलब्ध सामग्रियों से किए जाने चाहिए।

450. Assertion 1: In Constructivism, knowledge is assumed to be imparted from teacher to student.

Assertion 2: Assimilation, accommodation, and disequilibrium are the bases for constructivist thinking and conceptual change.

(1) both assertions are correct, and Assertion (2) is the correct explanation of the Assertion (1)

(2) both assertions are correct, and Assertion (2) is not the correct explanation of the Assertion (1)

(3) Assertion (1) is true, but Assertion (2) is false

(4) Assertion (1) is false, but Assertion (2) is true

अभिकथन 1: संरचनावाद में, शिक्षक से विद्यार्थी का ज्ञानार्जन संप्रेषित करना अनुमानित है।

अभिकथन 2: स्वांगीकरण, समंजन और असाम्यावस्था संरचनावादी चिंतन और संप्रत्ययों परिवर्तन का आधार है।

(1) दोनों अभिकथन सही हैं और अभिकथन (2) अभिकथन (1) की सही व्याख्या है।

(2) दोनों अभिकथन सही हैं और अभिकथन (2) अभिकथन (1) की सही व्याख्या नहीं है।

(3) अभिकथन (1) सत्य है किन्तु अभिकथन (2) असत्य है।

(4) अभिकथन (1) असत्य है किन्तु अभिकथन (2) सत्य है।

Ans : (4)

संरचनावादी [Constructivism] बालक को ज्ञान का निर्माता [अतः बालक खोजबीन [inquiry] एवं गतिविधियों [activities] के माध्यम से स्वयं अपने ज्ञान का निर्माण करता है।]

[अतः संरचनावाद [Constructivism] के अनुसार शिक्षक शिक्षार्थी में ज्ञान भरने वाला नहीं, बल्कि बालक

के ज्ञान के निर्माण में सुविधादाता [facilitator] की भांति होता है।]

स्वांगीकरण [assimilation] समंजन [accommodation] और असन्तुलीकरण [disequilibrium] संरचनावादी चिंतन और संप्रत्यय परिवर्तनों [Concept Change] का आधार है।

[अतः कथन A असत्य तथा कथन B सत्य है।]

451. Which of the following sets of statements represent a correct understanding about the nature of science?

(A) All scientific ideas are discovered and tested by controlled experiments.

(B) When a theory has been supported by a great deal of scientific evidence, it becomes law.

(C) Scientific ideas are tentative and can be modified or disproved

(D) Science is a creative field, and scientists need imagination to carry out their work.

(1) (A) and (B)
(2) (B) and (C)
(3) (C) and (D)
(4) (A) and (D)

विज्ञान की प्रकृति की सही समझ को निम्नलिखित में से कथनों का कौन सा समुच्चय सही प्रतिनिधित्व कर रहा है?

(A) सभी वैज्ञानिक विचारों (उपायों) को नियंत्रित प्रयोगों द्वारा खोजा एवं परखा जाता है।

(B) जब भी किसी थ्योरी (सिद्धांत) का बड़ी मात्रा में वैज्ञानिक प्रमाणों द्वारा समर्थन किया गया हो तब वह नियम (कानुन) बन जाता है।

(C) वैज्ञानिक विचार अनंतिम (प्रायोगिक) होते हैं और इनको रूपांतरित अथवा अस्वीकृत किया जा सकता है।

(D) विज्ञान एक सृजनात्मक क्षेत्र है तथा वैज्ञानिकों को अपने कामों को कार्यान्वित करने के लिए कल्पना की आवश्यकता होती है।

(1) (A) और (B)
(2) (B) और (C)
(3) (C) और (D)
(4) (A) और (D)

Ans : (3)

विज्ञान की प्रकृति [Nature of Science]

- विज्ञान की प्रकृति परिवर्तनशील (Changeable) है अतः नयी-नयी खोजों तथा आविष्कारों [inventions] द्वारा विज्ञान में परिवर्तन होता रहता है।
- वैज्ञानिक विचार [scientific Idea] अनंतिम [tentative] अतः नयी-नयी खोजों के आधार पर इन्हें अस्वीकार [disproved] किया जा सकता है, तथा रुपांतरित [modify] किया जा सकता है।
- वैज्ञानिक [scientist] अपने तर्क शक्ति, अनुभव [experience] कल्पना [imagination] के आधार पर नयी नयी अवधारणाएं / संकल्पनाएं विकसित करते हैं, जिससे उनमें सृजनात्मक शक्ति (Creativity) का विकास होता है।

[अतः विज्ञान एक सृजनात्मक [Creative] क्षेत्र है तथा वैज्ञानिकों को अपने कार्यों को कार्यान्वित [implemented] करने के लिए कल्पना [imagination] की आवश्यकता है।]

452. Ethical validity in science curriculum means:

(1) inclusion of how concepts of science evolve over time.
(2) conveying significant and scientifically correct content.
(3) dilution of content as per the cognitive level of children.
(4) promoting the values of honesty, objectivity, etc.

विज्ञान पाठ्यचर्या (पाठ्यक्रम) में नीतिपरक वैधता का अर्थ है :

(1) कैसे विज्ञान की संकल्पनाएँ समय के साथ विकसित होती हैं इसका समावेश।
(2) विशिष्ट एवं वैज्ञानिक रूप से सही विषय वस्तु को व्यक्त करना

SCIENCE

SCIENCE

(3) बच्चों के संज्ञानात्मक स्तर के अनुसार विषय वस्तु को हल्का करना
(4) सत्यवादिता, वस्तुनिष्ठता आदि मूल्यों को प्रोत्साहित करना

Ans : (4)

नीतिपरक वैधता [Ethical validity] का तात्पर्य सटीकता [accuracy] से है। अर्थात् किसी परीक्षण की वैधता [validity] यह दर्शाती है कि यह उस अवधारणा [concept] को उतनी ही अच्छी तरह मापता है, जितना कि इसका लक्ष्य [purpose] था।

अर्थात् विज्ञान पाठ्यचर्या [Curriculum of Science] मे नीतिपरक वैधता [Ethical validity] का अर्थ सत्यवादिता [honesty] वस्तुनिष्ठता [objectivity] आदि को प्रोत्साहित करना।

453. Tahreem wants to identify conceptual gaps understanding of a topic in her learners of grade VII. Which of the following strategy is best suited for this?

(1) Observing practical skills
(2) Using concept maps
(3) Organizing quiz sessions
(4) Giving homework regularly

तहरीम कक्षा VII के अपने शिक्षार्थियों में एक विषय की समझ की संप्रत्ययी रिक्तियों की पहचान करना चाहती हैं।

निम्नलिखित में से कौन सी योजना इसके लिए सर्वथा उपयुक्त है ?

(1) प्रायोगिक कौशलों का अवलोकन करना
(2) संकल्पना मानचित्रों का प्रयोग
(3) प्रश्नोत्तरी सत्रों का आयोजन करना
(4) नियमित रूप से गृहकार्य देना

Ans : (2)

अवधारणा मानचित्र [Concept mapping] का अर्थ किसी अवधारणा [Concept] और व्यक्तिगत विचारो, [Personal Ideas] छवियों या शब्दों का एक दृश्य उपकरण [Visual aid] है। Concept mapping वस्तुओं के बीच कारण और प्रभाव [Reasons and effect] को दर्शाते हैं।

[अतः शिक्षार्थियों में विषय की समझ संप्रत्ययी रिक्तियों की पहचान करने के लिए 'संकल्पना मानचित्र' [conceptual maps] की योजना सर्वाधिक उपयुक्त है।]

454. A grade 7 teacher organizes a debate on the topic of 'Destruction of animal habitat due to encroachment' in her classroom. What is NOT the purpose of having these kinds of activities?

(1) Helps in arriving at one correct opinion about the problem of encroachment.
(2) Encourages children to put forth their views without fear of criticism.
(3) Helps in developing multiple perspectives in children on encroachment.
(4) Can be used in assessment of children.

एक VII श्रेणी की शिक्षिका अतिक्रमण के कारण वन्य जीवों के प्राकृतिक वास (निवास स्थान) का विध्वंस के विषय पर वाद-विवाद का अपनी कक्षा में आयोजन करती है। कौन सा इस प्रकार की गतिविधियों को करने का उद्देश्य नहीं है?

(1) अतिक्रमण की समस्या के संबंध में एक सही मत पर पहुँचना में सहायता करता है।
(2) बिना आलोचना के भय के बच्चों को अपने विचारों को आगे रखने के लिए प्रोत्साहित करता है।
(3) अतिक्रमण पर बच्चों में बहु- परिदृश्यों को विकसित करने में सहायता करता है।
(4) बच्चों के आंकलन में प्रयोग किये जा सकते हैं।

Ans : (1)

शिक्षिका द्वारा 'वाद-विवाद' [discussion] जैसी गतिविधियां [activities] कराने का उद्देश्य (Purpose) :

- छात्रों को अपने विचार व्यक्त करने की स्वतंत्र छूट देना। बिना आलोचना [criticism] के डर से बच्चों को विचार रखने के लिए प्रोत्साहित करना।
- अतिक्रमण [enrichment] पर बच्चों के बहुपरिप्रेक्ष्य [multi perspective] दृष्टि से सोचने के लिए प्रोत्साहित करना।
- वाद-विवाद, [discussion] के माध्यम से शिक्षिका को यह जानने का अवसर मिलता है, कि छात्र अपने

विचारों को कितने रचनात्मक [creative] तरीके से प्रस्तुत करता है। जिससे वह बच्चों का आकलन [assessment] कर सकती है।

455. Which of the following are the recommendations according to NCF 2005 for the upper primary stage science curriculum?

(A) Relating science concepts to real life situations.

(B) Giving direct information, definitions, and descriptions,

(C) Creating situations for students to construct their own knowledge.

(D) Doing only extended learning and avoiding textbooks as much as possible.

(1) (A) and (B)
(2) (A) and (C)
(3) (B) and (C)
(4) (C) and (D)

निम्नलिखित में से कौन सी राष्ट्रीय पाठ्यचर्या रूपरेखा 2005 के अनुसार उच्च प्राथमिक स्तर के विज्ञान पाठ्यक्रम की प्रस्तावनाएँ हैं?

(A) वास्तविक जीवन की परिस्थितियों के साथ विज्ञान संकल्पनाओं को संबद्ध करना।

(B) प्रत्यक्ष सूचना, परिभाषाएँ एवं वर्णन देना।

(C) विद्यार्थियों के लिए ऐसी परिस्थितियों का सृजन करना जिससे वे अपना ज्ञान स्वयं बनाएँ।

(D) केवल बिरतरित अधिगम करना तथा जितना संभव हो पाठ्यपुस्तकों से बचना।

(1) (A) और (B)
(2) (A) और (C)
(3) (B) और (C)
(4) (C) और (D)

Ans : (2)

राष्ट्रीय पाठ्यचर्या रुपरेखा 2005 के अनुसार उच्च प्राथमिक स्तर [Upper Primary level] पर विज्ञान पाठ्यक्रम [Science Curriculum] की प्रस्तावनाएं

बालक के वास्तविक जीवन [real life] से जोड़कर विज्ञान की संकल्पनाओं [concepts of science] को पढ़ाना। विद्यार्थियों को ऐसा वातावरण [environment] प्रदान करना जिससे वे स्वयं वैज्ञानिक अवधारणाओं [scientific concepts] को खोजबीन [inquiry] के द्वारा सीख सकें।

पाठ्यपुस्तकीय ज्ञान को बाहरी गतिविधियों [activities] से जोड़कर पढ़ाना।

[परिभाषाएँ एवं सूचना [Definition & Information] देने से बचना चाहिए, क्योंकि NCF 2005 गतिविधि के द्वारा सीखने पर महत्व देता है।]

456. Which of the following is not implied by the statement 'Good science education is true to the child, true to life and true to the discipline' ?

(1) Science education should help the students acquire the processes of science.
(2) Science education should build a link between the child and his/her environment.
(3) Science education should train the students to remain disciplined in school.
(4) Science classroom practices should be developmentally appropriate.

निम्नलिखित में से कौन-सा इस कथन से परिलक्षित नहीं होता कि 'अच्छी विज्ञान शिक्षा बच्चे के अनुकूल, जीवन के अनुकूल और विद्या-विशेष (अनुशासन) के अनुकूल हैं' ?

(1) विज्ञान शिक्षा को विज्ञान संबंधी प्रक्रियाओं को अर्जित करने में विद्यार्थियों की सहायता करनी चाहिए।
(2) विज्ञान शिक्षा को बच्चे और उसके आस-पास के वातावरण के बीच एक कड़ी बनानी चाहिए।
(3) विज्ञान शिक्षा को विद्यार्थियों को स्कूल में अनुशासित रहने के लिए प्रशिक्षित करना चाहिए।
(4) विज्ञान कक्षा कार्य विकासात्मक रूप से उपयुक्त होने चाहिए।

ANS : (3)

अच्छी विज्ञान कक्षा के उद्देश्य [purpose of Good science Classroom]

• अच्छी विज्ञान कक्षा से तात्पर्य ऐसी कक्षा से है जिसमें शिक्षण कार्य छात्रों को केंद्र बिंदु बनाकर किया जाय।

SCIENCE

- विज्ञान शिक्षा को बालक के व्यवहारिक जीवन से जोड़ना चाहिए, जिससे छात्र सक्रिय [active] रुप से Classroom में engage हो सके और वैज्ञानिक अवधारणाओ [scientific Concepts] को आसानी से सीख सके।
- विज्ञान शिक्षा को विज्ञान संबंधी प्रक्रियाओं को अर्जित करने में विद्यार्थियों की सहायता करनी चाहिए।
- विज्ञान कक्षा [science Classroom] छात्रों को सक्रिय रूप से खोजबीन [inquiry based] के माध्यम से सीखने के अवसर प्रदान करने वाली होनी चाहिए।
- विज्ञान कक्षा कार्य विकासात्मक रुप से उपयुक्त [developmentally appropriate] होने चाहिए।

457. Read the following statements and select the correct option. Assertion (A) : Dried raisins when left in plain water for some time swell due to osmosis.

Reason (R) : Plant cells have a selectively permeable cell membrane.

(1) (A) and (R) are both correct and (R) is the correct explanation for (A).
(2) (A) and (R) are both correct but (R) is not the correct explanation for (A).
(3) (A) is correct but (R) is incorrect.
(4) (A) is incorrect but (R) is correct.

निम्नलिखित कथनों को पढ़िए और सही विकल्प का चयन कीजिए :

अभिकथन (A) : सूखी हुई किशमिश को जब कुछ समय के लिए सादे जल में छोड़ दिया गया तो वह परासरण के कारण फूल जाती है।

तर्क (R) : पादप कोशिकाओं में वरणात्मक रूप से पारगम्य कोशिका झिल्ली होती है।

(1) (A) और (R) दोनों सही हैं तथा (R), (A) की सही व्याख्या है।
(2) (A) और (R) दोनों सही हैं परन्तु (R), (A) की सही व्याख्या नहीं है।
(3) (A) सही है परन्तु (R) गलत है।
(4) (A) गलत है परन्तु (R) सही है।

ANS : (1)

परासरण [osmosis] वह प्रक्रिया है, जिसके द्वारा विलायक [solvent] अणु एक अर्धपारगम्य झिल्ली [Semi-permeable membrane] के माध्यम से कम सांद्रता [Low Concentration] वाले घोल से अधिक सांद्रता [higher Concentration] वाले घोल में जाते हैं।

[अर्थात् अहर्दपारगम्य झिल्ली [Semi-permeable membrane] या वरणात्मक पारगम्य [selectively permeable] से होने वाले विलायक अणुओ के विसरण को परासरण [osmosis] कहते हैं।

[अतः पादप कोशिकाओं में वरणात्मक रूप से पारगम्य कोशिका झिल्ली होती है, इसीलिए सूखी किशमिश को जब कुछ समय के लिए पानी में रखा जाता है तो वह परासरण, [osmosis] के कारण फूल जाती है।]

458. A teacher, while teaching the chapter 'Body Movements' to class VI students shows the following images to her students:

A sailing boat, swimming fish and a flying Aeroplan. She then asks the students to reflect on the shape of the images and the manner of movement. Which of the following are likely to be employed by students in answering?

(a) Classifying
(b) Observing
(c) Inductive reasoning
(d) Measuring

(1) (a) and (b)
(2) (b) and (c)
(3) (c) and (d)
(4) (a) and (d)

एक शिक्षिका अपने कक्षा VI के विद्यार्थियों को 'शरीर में गति' पाठ पढ़ाते समय निम्नलिखित प्रतिबिम्ब दिखाती है :

जलयात्रा करती नाव, तैरती मछली और एक उड़ता हवाई जहाज़ । वह तत्पश्चात विद्यार्थियों को प्रतिबिम्बों की आकृति एवं गति के प्रकार को

प्रतिबिम्बित करने के लिए कहती है । उत्तर देने के लिए विद्यार्थियों द्वारा निम्न में से किनको संभावित रूप से नियोजित किया जाएगा ?

(a) वर्गीकरण
(b) अवलोकन
(c) आगमनात्मक तर्कशीलता
(d) मापन

(1) (a) और (b)
(2) (b) और (c)
(3) (c) और (d)
(4) (a) और (d)

ANS : (2)

अवलोकन [observation] से तात्पर्य किसी चीज को देखकर [observe] उसके बारे में जानकारी [information] इकट्ठी करना।

आगमनात्मक तर्क [Inductive reasoning] के माध्यम से छात्र किसी स्थिति [situation] का अवलोकन [observe] करके किसी पैटर्न का पता लगाकर और फिर देखे गए पैटर्न के आधार पर निष्कर्ष [solution] निकालते हैं।

[अतः उपर्युक्त प्रश्न में विद्यार्थियों द्वारा उत्तर देने के लिए 'अवलोकन [observation] आगमनात्मक तर्कशीलता [Inductive reasoning] का प्रयोग सबसे संभावित होगा।]

459. After teaching the chapter 'Respiration in Organisms' in Class VII, a teacher performs the following activity with her students. They take three test tubes and fill 3/4th of each with water. The test tubes are labelled as A, B and C. They put a snail in test tube A, a water plant in test tube B and in C they keep snail and plant both. The teacher then asks the students which test tube would have the highest concentration of CO_2. Which process skill is the teacher emphasizing in this case?

(1) Predicting
(2) Estimating
(3) Measuring
(4) Question raising

कक्षा VII में 'जीवों में श्वसन' पाठ पढ़ाने के पश्चात्, शिक्षिका अपने विद्यार्थियों के साथ निम्नलिखित गतिविधि करती है। वे तीन परखनलियाँ लेते हैं तथा प्रत्येक के 3/4 (तीन-चौथाई) को जल से भर देते हैं । परखनलियों को A, B एवं C के रूप में अंकित करते हैं । वे परखनली A में घोंघा डाल देते हैं, परखनली B में जल पादप और C में वे घोंघा और पादप दोनों रख देते हैं । शिक्षिका तब विद्यार्थियों से पूछती है कि किस परखनली में CO_2 का उच्चतम सांद्रण होगा । इस मामले में शिक्षिका किस प्रक्रिया कौशल पर बल दे रही है ?

(1) पूर्वानुमान
(2) अनुमान लगाने
(3) मापन
(4) प्रश्न उठाने

ANS : (1)

पूर्वानुमान [predicting] एक गणितीय प्रक्रिया [mathematical Process] है। जिसका उद्देश्य प्रासंगिक डेटा का विश्लेषण [analysis] करके परिणाम की भविष्यवाणी/ अनुमान करना है।

पूर्वानुमान संभावनाओं से संबंधित होता है।

[अर्थात पूर्वानुमान [prediction] का आशय किसी स्थिति [situation] का अनुमान अपने पूर्व अनुभव [pre-experience] के द्वारा लगाना।

[अतः उपर्युक्त प्रश्नों के माध्यम से शिक्षिका पूर्वानुमान [prediction] प्रक्रिया कौशल पर बल दे रही है।]

460. Which of the following is not correct in respect of the activities suggested as part of 'Extended learning' in textbooks?

(1) These are an important value-addition to children's repertoire of knowledge and skills.
(2) These form an important basis of students' evaluation.
(3) Some of these require students to collect information of various kinds and draw

SCIENCE

conclusions on their own.

(4) Some of these enhance children's interaction with experts, teachers and society at large.

पाठ्य-पुस्तकों में 'विस्तारित अधिगम' के भाग के रूप में प्रस्तावित गतिविधियों के संबंध में निम्नलिखित में से कौन-सा सही नहीं है ?

(1) ये बच्चों के ज्ञान एवं कौशल के रंगपटल के लिए महत्त्वपूर्ण मूल्य-संवर्धन हैं।

(2) ये विद्यार्थियों के मूल्यांकन का महत्त्वपूर्ण आधार बनती हैं।

(3) इनमें से कुछ में विद्यार्थियों द्वारा विभिन्न प्रकार की सूचना एकत्र करने की और स्वयं निष्कर्ष निकालने की आवश्यकता होती है।

(4) इनमें से कुछ बृहत् रूप से विशेषज्ञों, शिक्षकों एवं समाज के साथ बच्चों की अंतःक्रिया को बढ़ाती हैं।

ANS : (2)

'विस्तारित अधिगम' विद्यार्थियों के मूल्यांकन :

- विस्तारित आधिगम [extend learning] छात्रों की प्रगति और उनके सीखने के लक्ष्यों की प्राप्ति में योगदान देता है।
- विस्तारित अधिगम [extended learning] बच्चों के ज्ञान एवं कौशल के रंगपटल [repertoire] के लिए मूल्य संवर्धन [Value addition] है। [अर्थात् पाठ्यपुस्तकों को पढ़ने के साथ ज्ञान अथवा कौशल के प्रति समझ बनाना और उसका प्रयोग करना।]
- विस्तारित अधिगम शिक्षार्थियों को गतिविधि [activity] के माध्यम से स्वयं निष्कर्ष निकालने के अवसर उपलब्ध कराती है।
- यह छात्रों की सामाजिक अंतः क्रिया [Social interaction] का विकास करने में सहायक होती है।

461. Read the statements given below and choose the correct options:

Assertion (A): The filament of an incandescent bulb is made up of tungsten.

Reason (R): Tungsten has low resistance and high melting point.

(1) Both (A) and (R) are true and (R) is correct explanation of (A).

(2) Both (A) and (R) are true bat (R) is not correct explanation of (A).

(3) (A) is true and (R) is false.

(4) Both (A) and (R) are false.

निम्नलिखित कथनों को पढ़िए और सही उत्तर का चुनाव कीजिए:

अभिकथन (A): एक तापदीप्त बल्ब का पुंतंु (रंतु) टंग्स्टेन का बना होता है।

तर्क (R): टंग्स्टेन का निम्न प्रतिरोध एवं उच्च गलनांक होता है।

(1) (A) और (R) दोनों सही हैं तथा (R), (A) की सही व्याख्या है।

(2) (A) और (R) दोनों सही है परन्तु (R), (A) की सही व्याख्या नहीं है।

(3) (A) सही है और (R) गलत है।

(4) (A) और (R) दोनों गलत है।

ANS : (3)

- विद्युत बल्ब का फिलामेंट टंगस्ल का बना होता है।

टंगस्टन का फिलामेंट उच्च गलनांक [high melting] होता है, जिससे यह ऑक्सीकरण नहीं करता इसलिए बल्ब में होने वाली गर्मी के बावजूद यह पिघलता नहीं।

- टंगस्टन की उच्च प्रतिरोधकता [high resistance] होती है।
- टंगस्टन में अधिक तन्य शक्ति [tensile force] होती है।
- टंगस्टन का संक्षारण प्रतिरोध [corrosion resistance] बेहतर होता है।

अतः कथन A सत्य तथा R असत्य है।

462. Which of the following characterizes human circulatory system?

(1) open, single circulation

(2) open, double circulation.

(3) closed, single circulation

(4) closed, double circulation

निम्नलिखित में से क्या मानव परिसंचारी प्रणाली तंत्र को वर्णित करेगा ?

(1) विवृत, एकल संचारी
(2) विवृत, द्विकसंचारी
(3) संवृत, एकल संचारी
(4) संवृत, द्विकसंचारी

ANS : (4)

द्विसंचारी [double circulation] दोहरा परिसंचरण [double circulation] सभी स्तनधारी में पाया जाने वाला परिसंचार हैं

मानव संचार प्रणाली में तीन मुख्य घटक होते हैं :

- रक्त [Blood]
- वाहिकाएं [Vessels]
- रक्त और हृदय [Blood and Heart]

इसे दोहरा परिसंचरण [double Circulation] इसलिए कहा जाता है क्योंकि यह एक ऐसा तंत्र [system] होता है जिसमें रक्त [blood] एक पूर्ण चक्र में हृदय से दो बार प्रवाहित होता है।

संवृत परिसंचरण [closed circulation] प्रणाली में नसों और धमनियों जैसी रक्त वाहिकाओ के भीतर रक्त को अलग रखा जाता है।

[अतः मानव परिसंचारी प्रणाली संकृत द्विसंचारी, [Closed double circulation] प्रणाली को वर्णित करेगा।]

463. Identity the body part of human beings based on the following characteristics
(a) very hard
(b) do not bend except at meeting point
(1) Skeleton
(2) Bones
(3) Cartilage
(4) Muscle

निम्न लक्षणों के आधार पर मानवों के शरीर के भाग की पहचान करिये -

a. अत्याधिक कठोर
b. सिवाय जोड़ के कहीं नहीं मुड़ता / मुड़ती
(1) कंकाल
(2) अस्थियाँ
(3) उपस्थि
(4) मांसपेशियाँ

Ans : (2)

हड्डियाँ (Bones) कठोर (rigid) संरचनाएँ होती हैं और इन्हें मोड़ा (bend) नहीं जा सकता। लेकिन, हम फिर भी अपनी कोहनी (elbow), घुटना (knees) मोड़ सकते हैं।

464. 'A' is a celestial object that simultaneously revolves around two other celestial bodies. What could be 'A'?
(1) Venus
(2) Pole star
(3) Moon
(4) Uranus

'(A)' कोई आकाशीय पिण्ड है जो एक ही समय में दो अन्य आकाशीय पिण्डो की परिक्रमा करता है। 'A' क्या हो सकता है?
(1) शुक्र
(2) ध्रुवतारा
(3) चन्द्रमा
(4) युरेनस

Ans : (3)

चन्द्रमा आकाशीय पिण्ड (celestial object) है जो एक ही समय में दो अन्य आकाशीय पिण्डो की परिक्रमा (Orbit) करता है।

465. When two neutral objects are rubbed against each other, they could acquire
(1) unlike charges of same magnitude
(2) like charges of same magnitude
(3) unlike charges of different magnitude
(4) like charges of different magnitude

जब दो उदासीन वस्तुएँ एक-दूसरे के साथ रगड़ी जाती हैं तब वह अर्जित कर सकती हैं-
(1) समान परिमाण के विजातीय आवेश
(2) समान परिमाण के सजातीय आवेश
(3) विभिन्न परिमाणों के विजातीय आवेश
(4) विभिन्न परिमाणों के सजातीय आवेश

Ans : (1)

जब दो अलग-अलग पदार्थों को एक साथ रगड़ा (rub) जाता है, तो इलेक्ट्रॉनों को एक सामग्री से दूसरी सामग्री में स्थानांतरित (transfer) किया जाता है।, एक वस्तु सकारात्मक रूप से चार्ज (positively charged) हो जाती है (इलेक्ट्रॉन हारने वाला) और दूसरी नकारात्मक चार्ज (negatively charged) (इलेक्ट्रॉन गेनर) हो जाती है। वे समान और विपरीत चार्ज प्राप्त करते हैं।

466. Which of the following represents a velocity-time graph of a body moving with zero acceleration?

(1) A curved line with steadily increasing slope
(2) A straight line parallel to the time-axis
(3) A straight line at a constant finite slope with time-axis
(4) A straight line parallel to the velocity-axis

निम्नलिखित में से कौन सा शून्य त्वरण से गति करते हुए पिंड के वेग समय ग्राफ का निरूपण करता है ?

(1) स्थिर गति से बढ़ती ढलान के साथ एक वक्रित रेखा
(2) समय अक्ष के समांतर (समानांतर) एक सीधी रेखा
(3) समय अक्ष के साथ अचल परिमित ढलान पर बनी एक सीधी रेखा
(4) वेग अक्ष के समानांतर एक सीधी रेखा

Ans (2)

शून्य त्वरण (zero acceleration) के साथ चलने वाले पिंड के वेग-समय ग्राफ (velocity-time graph) को समय-अक्ष (time-axis) के समानांतर (parallel) एक सीधी रेखा द्वारा दर्शाया जाता है। ऐसा इसलिए है क्योंकि जब त्वरण शून्य होता है, तो वेग समय के साथ स्थिर (constant) रहता है।

467. Consider the following statements about ozone:

A. Ozone is formed at higher level of atmosphere by the action of UV rays on oxygen
B. It protects us from the harmful UV radiation which come from the sun.
C. Ozone is not different from oxygen
D. Breaking down Ozone into oxygen is not considered a chemical change

(1) B, C
(2) A, C
(3) C, D
(4) A, B

ओज़ोन के बारे में नीचे दिए गए कथनों पर विचार कीजिए :

A. ओज़ोन वायुमंडल के उच्चतर स्तर पर ऑक्सीज़न पर पराबैंगनी किरणों की क्रिया से बनती है।
B. यह सूर्य से आने वाली हानिकारक पराबैंगनी विकिरणों से हमारी सुरक्षा करती है।
C. ओज़ोन ऑक्सीज़न से भिन्न नहीं है।
D. ओज़ोन का ऑक्सीज़न में अपक्षरित होना रासायनिक अभिक्रिया नहीं है।

इनमें से सही कथन हैं -

(1) B, C
(2) A, C
(3) C, D
(4) A, B

Ans : (4)

ओजोन परत (Ozone layer) समताप मंडल (stratosphere) में मौजूद परत है। यह सूर्य से आने वाली हानिकारक पराबैंगनी किरणों (ultraviolet rays) को अवशोषित (absorb) करता है। इसके अलावा, यह हानिकारक विकिरण (harmful radiations) का कारण बनता है जिसमें ओजोन (O_3)) की उच्च सांद्रता (high concentrations) होती है जो पृथ्वी पर रहने वाले प्राणियों के लिए हानिकारक है।

468. In the chemical reaction A+B → C, what can you say surely about nature of A, B and C?

(1) A and B are elements and C is a compound
(2) A and B are compound and C is a mixture
(3) A and B may be compound or elements and C is element
(4) A and B may be element or compound, C is compound

रासायनिक अभिक्रिया A+ B⟶ C में A, B और C की प्रकृति के विषय में आप निश्चित रूप से क्या कह सकते हैं?

(1) A और B तत्त्व हैं और C एक यौगिक है।
(2) A और B यौगिक हैं और C एक मिश्रण है।
(3) A और B यौगिक या तत्त्व हो सकते हैं और C एक तत्त्व है।
(4) A और B तत्त्व या यौगिक हैं, C एक यौगिक है।

Ans : (4)

प्रत्यक्ष संयोजन प्रतिक्रिया (combination reaction) एक प्रतिक्रिया है जहां दो या दो से अधिक तत्व या यौगिक (element or compound) मिलकर एक एकल यौगिक (Single compound) बनाते हैं इस प्रतिक्रिया में A और B तत्व या यौगिक हो सकते हैं लेकिन C केवल यौगिक होगाI

469. Match the name of the acid given in column I with the corresponding food items in which they are found given in column II

Column I	Column II
a) Acetic acid	(i) Spinach
b) Lactic acid	(ii) Lemons
c) Oxalic acid	(iii) Curd
d) Citric acid	(iv) Vinegar

(1) (a) - (iii); (b) - (i); (c) - (iv); (d) - (ii)
(2) (a) - (ii); (b) - (iii); (c) - (iv); (d) - (i)
(3) (a) - (iv); (b) - (i); (c) - (iii); (d) - (ii)
(4) (a) - (iv); (b) - (iii): (c) - (i); (d) - (ii)

कॉलम I में दिए गए अम्लों का कॉलम II में दिए गए उन खाद्य पदार्थों से मिलान करिए जिन में वे पाए जाते हैं।

कॉलम I	कॉलम II
a) ऐसिटिक अम्ल	(i) पालक
b) लैक्टिक अम्ल	(ii) नींबू
c) ऐस्कार्बिक अम्ल	(iii) दही
d) साइट्रिक अम्ल	(iv) सिरका

(1) (a) - (iii); (b) - (i); (c) - (iv); (d) - (ii)
(2) (a) - (ii); (b) - (iii); (c) - (iv); (d) - (i)
(3) (a) - (iv); (b) - (i); (c) - (iii); (d) - (ii)
(4) (a) - (iv); (b) - (iii): (c) - (i); (d) - (ii)

Ans : (4)

सिरका में एसिटिक अम्ल (Acetic Acid in Vinegar), दही में लैक्टिक अम्ल (lactic acid in yogurt), पालक में ऑक्सालिक अम्ल (Oxalic Acid in Spinach) और नींबू में साइट्रिक अम्ल (citric acid in lemons)|

470. A rabbit's fastest speed is 56 km/h. If it has to cover a distance of 2.5km, then how much time in minutes will it take to cover it if it runs the fastest it can.

(1) 3 minutes
(2) 4 minutes
(3) 5 minutes
(4) 2 minutes

किसी खरगोश की अधिकतम गति 56 कि.मी. घंटा है। यदि उसे 2.5 कि.मी. की दूरी तय करनी है, तो वह यह दूरी कितने मिनट में तय करेगा यदि वह जितना तेज़ हो सकता है दौड़े?

(1) 3 मिनट
(2) 4 मिनट
(3) 5 मिनट
(4) 2 मिनट

Ans : (1)

खरगोश की गति (speed) = 56 किमी/घंटा

तय की गई दूरी (distance travelled) = 2.5 किमी

समय (time) =?

हम जानते हैं कि, गति = दूरी/समय

56 = 2.5/समय

इसलिए, समय (time) = 2.5/56 = 0.044 घंटा

घंटों को मिनटों में बदलना = 0.44 × 60 = 2.64 मिनट (लगभग)

= 3 मिनट

SCIENCE

471. Match the gadgets given in column A with the apparatus required to prepare them in column B

A	B
(a) Pinhole camera	(i) Circular cardboard top with painted seven colours, a nail
(b) Kaleidoscope	(ii) Two plane mirror and a hard cardboard / box
(c) Periscope	(iii) 3 rectangular mirror stripes, a circular plane glass plate, some pieces of bangle and cardboard tube and disk
(d) Newton's disk	(iv) Two boxes of different sizes, a translucent screen.

(1) (a) - (iii), (b) - (iv), (c) - (i), (d) - (ii)
(2) (a) - (iv), (b) - (iii), (c) - (ii), (d) - (i)
(3) (a) - (iv), (b) - (ii), (c) - (i), (d) - (iii)
(4) (a) - (i), (b) - (iv), (C) - (ii), (d) - (iii)

स्तम्भ A में दिए गए जुगतों को स्तंभ B में उनके निर्माण हेतु दी गई सामग्री से मिलान करिये।

स्तम्भ A	स्तंभ B
(a) पिनहोल कैमरा	(i) वृत्तीय गत्ता जिसका ऊपरी हिस्सा सात रंगों से पेंट किया गया हो, एक कील
(b) बहुरूपदर्शी	(ii) दो समतल दर्पण और एक कठोर गत्ता /डिब्बा
(c) परिदर्शी	(iii) 3 आयताकार दर्पण पट्टियाँ, एक गोलाकार समतल दर्पण की तश्तरी, चूड़ियों के कुछ टुकड़े, गत्ते की ट्यूब और चक्रिका
(d) न्यूटन का चक्र	(iv) भिन्न आकार के दो डिब्बे, एक पारभासी पर्दा

(1) (a) - (iii), (b) - (iv), (c) - (i), (d) - (ii)
(2) (a) - (iv), (b) - (iii), (c) - (ii), (d) - (i)
(3) (a) - (iv), (b) - (ii), (c) - (i), (d) - (iii)
(4) (a) - (i), (b) - (iv), (C) - (ii), (d) - (iii)

Ans : (2)

(a) पिनहोल कैमरा (Pinhole camera)	(iv) भिन्न आकार के दो डिब्बे, एक पारभासी पर्दा (translucent screen)
(b) बहुरूपदर्शी (Kaleidoscope)	(iii) 3 आयताकार दर्पण पट्टियाँ, एक गोलाकार समतल दर्पण की तश्तरी, चूड़ियों के कुछ टुकड़े, गत्ते की ट्यूब और चक्रिका
(c) परिदर्शी (Periscope)	(ii) दो समतल दर्पण और एक कठोर गत्ता / डिब्बा
(d) न्यूटन का चक्र (Newton's disk)	(i) वृत्तीय गत्ता जिसका ऊपरी हिस्सा सात रंगों से पेंट किया गया हो, एक कील

472. Which of the following substances is NOT used as a fertilizer?

(1) Ammonium Sulphate
(2) Potassium Nitrate
(3) Calcium Superphosphate
(4) Calcium Carbonate

निम्नलिखित में से किस पदार्थ का उपयोग उर्वरक के रूप में नहीं किया जाता?

(1) अमोनियम सल्फेट
(2) पोटैशियम नाइट्रेट
(3) कैल्शियम सुपरफास्फेट
(4) कैल्शियम कार्बोनेट

Ans : (4)

उर्वरक (Fertilizer) में NPK - नाइट्रोजन, फॉस्फोरस और पोटेशियम होते हैं। इसमें कैल्शियम कार्बोनेट ($CaCO_3$) नहीं होता है।

473. A teacher takes 3 clean plastic caps of bottles - A, B & C

She puts two teaspoonfuls of distilled water and few drops of hydrochloric acid in A.

She puts two teaspoonfuls of distilled water and some caustic soda in B.

She puts two teaspoonfuls of distilled water and some sugar in C.

Which of the above solutions will conduct electricity?

(1) Only C
(2) A & B
(3) Only A
(4) A and C

Conduction of electricity is possible only when there are ions/charges in the compound which are free to move. Pure water contains very few ions, so it is a poor conductor of electricity. Sugar molecules when dissolved in water don't dissociate to form ions. Hydrochloric acid and caustic soda both dissociate into ions when dissolved in water, allowing them to conduct electricity.

एक शिक्षिका बोतलों के 3 साफ प्लास्टिक के ढक्कन लेती है- A, B और C

वह A में दो छोटी चम्मच आसवित जल की और कुछ बूंदे हाइड्रोक्लोरिक अम्ल की डालती है।

वह B में दो छोटी चम्मच आसवित जल की और थोड़ा सा कॉस्टिक सोडा डालती है.

वह C में दो छोटी चम्मच आसवित जल की और थोड़ी सी चीनी (शर्करा) डालती है

उपरोक्त घोलों में से कौन सा विद्युत चालन करेगा ?

(1) केवल C
(2) A और B
(3) केवल A
(4) A और C

Ans : (2)

विद्युत का चालन (Conduction of electricity) केवल तभी संभव है जब यौगिक (compound) में आयन/प्रभार (ions/charge) हों जो आवागमन के लिए स्वतंत्र (free to move) हों। शुद्ध पानी में बहुत कम आयन होते हैं, इसलिए यह बिजली का एक खराब कंडक्टर (poor conductor of electricity) है। चीनी के अणु (Sugar molecules) जब पानी में घुल (dissolve) जाते हैं तो आयन बनाने के लिए विघटित (dissociate) नहीं होते हैं। हाइड्रोक्लोरिक एसिड और कास्टिक सोडा (Hydrochloric acid and caustic soda) दोनों पानी में घुलने पर आयनों में अलग हो जाते हैं, जिससे उन्हें बिजली का संचालन करने की अनुमति मिलती है।

474. Which of the following pairs can be utilised as acid-base indicator?

(1) Red cabbage leaves and turmeric
(2) Salt and turmeric
(3) Banana leaves and cabbage leaves
(4) Lemon juice and turmeric

निम्नलिखित में से कौन सा युग्म एसिड-बेस इंडिकेटर (अम्ल-क्षार संकेतक) के रूप में उपयोग में लाया जा सकता है?

(1) लाल बंदगोभी का पत्ता और हल्दी
(2) नमक और हल्दी
(3) केले की पत्तियाँ और बंदगोभी की पत्तियाँ
(4) नींबू का रस और हल्दी

Ans : (1)

- लाल बंदगोभी के पत्ते एक प्राकृतिक अम्ल-क्षारक सूचक (acid-base indicator) हैं और यह लाल रंग का होता है।
- इसी तरह हल्दी (turmeric) भी एक प्राकृतिक अम्ल-क्षारक सूचक है। ...
- नमक (Salt) न तो अम्ल है और न ही क्षारक। ...
- केले के पत्तों में थोड़ा सा अम्ल होता है लेकिन जब विलयन (solution) अम्लीय या क्षारीय हो जाता है तो यह रंग नहीं बदलता है।

SCIENCE

475. Why do aquatic plants not have a well-developed root system?

(A) so that they can be pulled out easily.

(B) they do not need long roots to absorbed water.

(C) they do not need to absorb minerals

(D) it keeps them afloat in water

(1) (A) & (B)

(2) Only (B)

(3) (B) & (D)

(4) Only (C)

क्यों जलीय पादपों के पास अच्छी तरह से विकसित मूलतंत्र नही होता है?

(A) ताकि उन्हें सरलता से निकाला जा सके

(B) उन्हें जल सोखने के लिए लंबी जड़ो की आवश्यकता नहीं होती

(C) उन्हें खनिजों को सोखने की आवश्यकता नहीं होती

(D) यह उन्हें तैरता रखने में सहायता करता है।

(1) (A) & (B)

(2) केवल (B)

(3) (B) & (D)

(4) केवल (C)

Ans : (2)

जलीय पौधों (Aquatic plants) में एक खराब विकसित जड़ प्रणाली (root system) होती है क्योंकि वे पानी में रहते हैं। चूंकि पानी आसानी से उपलब्ध है, इसलिए पानी को अवशोषित (absorb) करने के लिए जड़ों को विकसित करने की आवश्यकता नहीं है। खनिज और महत्वपूर्ण लवण (Minerals and vital salts) का उपयोग पौधे के विभिन्न हिस्सों द्वारा किया जाता है।

476. A fisherman goes to a water body nearby to spear a fish. Which of the following should he consider?

(1) He should hit above the apparent position of the fish

(2) He should hit below the apparent position of fish

(3) He should hit exactly at the apparent position of fish

(4) He should hit at right angles to his position

एक मछुआरा समीप के एक जलाशय पर मछली भेदने जाता है। निम्नलिखित में से उसे किस पर विचार करना चाहिए:

(1) उसे मछली की आभासी स्थिति से ऊपर बरछी मारनी चाहिए।

(2) उसे मछली की आभासी स्थिति से नीचे बरछी मारनी चाहिए

(3) उसे मछली की सटीक आभासी स्थिति पर बरछी मारनी चाहिए

(4) उसे अपनी स्थिति से समकोण पर बरछी मारनी चाहिए

Ans : (2)

मछुआरे (Fisherman) को मछली की स्पष्ट स्थिति से नीचे मारना चाहिए। ऐसा इसलिए है क्योंकि जब प्रकाश पानी से हवा में गुजरता है, तो घनत्व (density) में परिवर्तन के कारण यह सामान्य से दूर झुक जाता है। यह मछली को वास्तव में सतह के करीब दिखाई देने का कारण बनता है। इस प्रभाव की भरपाई करने के लिए, मछुआरे को मछली की स्पष्ट स्थिति के नीचे लक्ष्य रखना चाहिए

477. Which of the following relation is true regarding magnitude of friction?

(1) Sliding friction > Rolling friction > Static friction

(2) Static friction > Sliding friction > Rolling friction

(3) Static friction > Sliding friction = Rolling friction

(4) Rolling friction > Sliding friction > Static friction

निम्नलिखित में से कौन सा संबंध घर्षण के परिमाण के बारे में सही है ?

(1) सर्पी घर्षण > लोटन घर्षण > स्थैतिक घर्षण

(2) स्थैतिक घर्षण > सर्पी घर्षण> लोटन घर्षण

(3) स्थैतिक घर्षण > सर्पी घर्षण > लोटन घर्षण

(4) लोटन घर्षण > सर्पी घर्षण> स्थैतिक घर्षण

Ans : (2)

घर्षण (Friction) वह बल है जो किसी ठोस वस्तु की गति का दूसरे पर विरोध करता है। घर्षण मुख्य रूप से चार प्रकार के होते हैं: स्थैतिक घर्षण (Static friction), सर्पी घर्षण (Sliding friction), लोटन घर्षण (Rolling friction) और द्रव घर्षण (Fluid friction.)। स्थैतिक घर्षण वह बल (force) है जो सतहों के बीच कार्य करता है जब वे एक दूसरे के संबंध में आराम करते हैं। सर्पी घर्षण तब होता है जब दो सतहें एक दूसरे के खिलाफ स्लाइड करती हैं। लोटन घर्षण वह बल है जो एक गेंद या पहिया की गति का विरोध (oppose of speed) करता है और घर्षण का सबसे कमजोर प्रकार है।

478. Choose the incorrect set/s from the following.

	Plant	Venation	Root
(A)	Hibiscus	Reticulate	F Fibrous root
(B)	Rose	Reticulate	Tap root
(C)	Bamboo	Parallel	Fibrous root
(D)	Paddy	Reticulate	Fibrous root

(1) (B) & (C)
(2) (A) & (C)
(3) (A) & (D)
(4) (B) & (D)

निम्नलिखित में से ऐसे समुच्चय (यों) का चयन कीजिए जो सही नहीं है/हैं।

	पौधा	शिराविन्यास	जड़ (मूल)
(A)	गुड़हल	जालिकारूपी	झकड़ा जड़
(B)	गुलाब	जालिकारूपी	मुसला जड़
(C)	बाँस	समानांतर	झकड़ा जड़
(D)	धान	जालिकारूपी	झकड़ा जड़

(1) (B) और (C)
(2) (A) और (C)
(3) (A) और (D)
(4) (B) और (D)

Ans : (3)

गलत सेट हैं:-

गुड़हल (Hibiscus) -> जालिकारूपी (Reticulate) -> झकड़ा जड़ (Fibrous root)

धान (Paddy) -> जालिकारूपी (Reticulate) -> झकड़ा जड़ (Fibrous root)

इस प्रकार, गुड़हल पौधा एक शाखित मूल जड़ है।

धान में समानांतर शिराविन्यास होता है।

479. What is common in Amoeba, Starfish, Ant, and Spider?

(1) They all lack back bone
(2) They have scales on their body
(3) They lay eggs to reproduce
(4) They live in water

अमीबा, स्टारफिश (तारामीन), चींटी और मकड़ी में क्या समानताएँ हैं?

(1) वे सभी रीढ़ की हड्डी रहित हैं
(2) उन सबके शरीर पर स्केल (शल्क) होते हैं
(3) वे प्रजनन के लिए अंडे देते हैं
(4) वे जल में रहते हैं

Ans : (1)

अमीबा, स्टारफिश, चींटी और स्पाइडर सभी अकशेरुकी (Invertebrates) हैं, जिसका अर्थ है कि उनके पास रीढ़ की हड्डी (backbone) नहीं है।

480. What happens to the weight of iron nail when it rusts?

(1) It increases
(2) It decreases
(3) It remains the same
(4) It may increase or decrease depending on conditions

जंग लगने से लोहे की एक कील के भार पर क्या असर होता है?

(1) वह बढ़ जाता है
(2) वह घट जाता है
(3) वह समान रहता है
(4) परिस्थितियों के आधार पर बढ़ या घट सकता है

Ans : (1)

जब लोहे की कील (Iron nail) में जंग लग जाती है तो कील का वजन बढ़ जाता है। ऐसा इसलिए होता है क्योंकि लोहे की कील की सतह पर आयरन ऑक्साइड की परत (layer of iron oxide) बन जाती है। आयरन ऑक्साइड की परत कील में ऑक्सीजन और हाइड्रोजन जोड़ रही है। इस प्रकार, सही उत्तर यह है कि यह बढ़ता है।

481. The image formed by a pinhole camera is real. Which of the following properties of light provides the best explanation for this phenomenon?
(1) Light travels in a straight line
(2) Light refracts on moving from one medium to another
(3) Light is made up of several colours
(4) Light is a form of Energy

किसी पिन-छिंद्र कैमरा द्वारा बना प्रतिबिंब वास्तविक होता है। इस तथ्य की निम्न में से प्रकाश के किस गुणधर्म द्वारा सर्वश्रेष्ठ व्याख्या होती है?
(1) प्रकाश एक सरल रेखा में गति करता है।
(2) एक माध्यम से दूसरे माध्यम में गति करने पर प्रकाश अपवर्तित होता है।
(3) प्रकाश बहुत से रंगों से मिलकर बना है।
(4) प्रकाश ऊर्जा का एक स्वरूप है।

Ans : (1)

पिन-छिंद्र कैमरा (Pinhole camera) केवल इसलिए प्रतिबिंब (image) कैप्चर करता है क्योंकि प्रकाश एक सीधी रेखा में यात्रा करता है। इसलिए सही विकल्प विकल्प सी है। वस्तुओं की छाया इसलिए बनती है क्योंकि प्रकाश एक सीधी रेखा (straight line) में चलता है।

482. Wires connected to the two ends of an electric cell are immersed in the following liquids one after the other. In which of the following cases will the compass needle kept hereby show deflection?
I) Kerosene
II) Distilled water
III) Salt solution
IV) Sugar solution
(1) I only
(2) III Only
(3) II and III only
(4) III and I only

दो तार किसी विद्युत सेल के दो सिरों से संयोजित हैं। इन तारों को नीच दिए गए द्रवों में एक के बाद दूसरे में डुबोया गया है। नीचे दिए गए किन प्रकरणों में पास में रखी दिकसूचक सुई विक्षेपण दर्शाएगी
(i) किरोसिन
(ii) आसुत जल
(iii) लवण का विलयन
(iv) चीनी का विलयन
(1) केवल (i)
(2) केवल (iii)
(3) केवल (ii) और (iii)
(4) केवल (iii) और (i)

Ans : (2)

एक विद्युत सेल के दोनों सिरों से जुड़े तारों को एक के बाद एक निम्नलिखित तरल पदार्थों (Liquids) में डुबोया जाता है। केवल नमक के घोल (Salt solution) के मामले में रखी गई कम्पास सुई में विक्षेपण दिखाई देगा।

483. Industries like rubber, automobile and petrochemicals release harmful gases responsible for acid rains. Oxides of which elements make up these gases?
(1) Hydrogen, Carbon
(2) Carbon, Nitrogen
(3) Nitrogen, Sulphur
(4) Sulphur, Phosphorus

रबड़, वाहन और शैल-रसायनों जैसे उद्योग हानिकारक गैस छोड़ते हैं जो अम्लीय वर्षा के लिए

ज़िम्मेदार होती है। ये गैसें किन तत्वों के ऑक्साइड से बनती हैं?

(1) हाइड्रोजन, कार्बन
(2) कार्बन, नाइट्रोजन
(3) नाइट्रोजन, सल्फर
(4) सल्फर, फॉसफोरस

Ans : (3)

ईंधन और वाहनों से उत्सर्जन प्रदूषक (Emission pollutants) के रूप में हवा में जारी किया जाता है। ये प्रदूषक पानी, ऑक्सीजन और अन्य रसायनों के साथ प्रतिक्रिया (reaction)करके सल्फ्यूरिक (H_2SO_4) और नाइट्रिक एसिड (HNO_3) बनाते हैं जिन्हें लंबी दूरी तक ले जाया जाता है।

484. X is a non-flowering and seedless plant that grows on land. Which of the following could be X?

(1) Pine tree
(2) Algae
(3) Orchids
(4) Fern

X एक पुष्प विहीन और बीज विहीन पौधा है जो ज़मीन पर उगता है। निम्न में से कौन-सा X हो सकता है?

(1) चीड़ का पेड़
(2) शैवाल
(3) आर्किड
(4) पर्णांग

Ans (4)

पर्णांग (Ferns) गैर-फूल वाले, सदाबहार पौधे हैं जो बीज के बजाय बीजाणुओं (Spores) से उगते हैं। बीजाणु एक छोटी कोशिका होती है जो पौधे द्वारा बनाई जाती है।

485. Which of the following statements is correct regarding the temperature of blue zone i.e. the outermost zone of the flame?

(1) The temperature cannot be measured
(2) The temperature is around 100°C
(3) The temperature is much higher than 100 °C
(4) The temperature is less than 10°C

नीचे दिया गया कौन सा कथन किसी ज्वाला के सबसे बाह्यतम अर्थात् नीले क्षेत्र के संबंध में सही है?

(1) इसका ताप नहीं मापा जा सकता है।
(2) इसका ताप लगभग 100°C है।
(3) इसका ताप 100°C से बहुत अधिक होता है।
(4) इसका ताप 10°C से कम होता है।

Ans : (3)

लौ का सबसे बाहरी हिस्सा पूर्ण दहन (complete combustion) के कारण लौ का सबसे गर्म हिस्सा है। यह लौ का गैर चमकदार हिस्सा है।

486. Which of the following is a pair of bacterial diseases?

(1) cholera, typhoid
(2) typhoid, measles
(3) measles, AIDS
(4) measles, chickenpox

निम्नलिखित में से कौन जीवाणु रोगों का एक युग्म है ?

(1) हैजा, टायफाइड
(2) टायफाइड, खसरा
(3) खसरा, एड्स
(4) खसरा, चेचक

Ans : (1)

हैजा और टाइफाइड (cholera and typhoid) दोनों ही जीवाणु जनित रोग (Bacterial diseases) हैं। हैजा विब्रियो कॉलेरी के कारण होता है और दूषित भोजन और पानी से फैलता है, जिससे गंभीर दस्त और निर्जलीकरण (Severe diarrhea and dehydration) होता है। टाइफाइड साल्मोनेला एंटरिका सेरोटाइप टाइफी के कारण होता है और दूषित भोजन या पानी से भी फैलता है; जिससे तेज बुखार, पेट में दर्द और कमजोरी होती है।

487. A girl cycles at a speed of 12 km/h to her friend's house situated at a distance of 10 km from house, She returns at a

SCIENCE

speed of 18 km/h. What is her average speed during the entire trip ?

(1) 14.4 km/h
(2) 15 km/h
(3) 15.5 km/h
(4) 16 km/h

एक लड़की अपने घर से 10 कि.मी. की दूरी पर स्थित अपनी मित्र के घर 12 कि. मी./घंटा की गति से साइकिल पर जाती है। वह वापस 18 कि.मी./घंटा की गति से आती है। इस पूरी यात्रा में उसकी औसत गति क्या है?

(1) 14.4 कि.मी./घंटा
(2) 15 कि.मी./घंटा
(3) 15.5 कि.मी./घंटा
(4) 16 कि.मी./घंटा

Ans : (1)

जाने में लगा समय (Time taken) = दूरी / गति = 10 किमी / 12 किमी / घंटा = 5/6 घंटे

लौटने में लगा समय = दूरी / गति = 10 किमी / 18 किमी / घंटा = 5/9 घंटे

राउंड ट्रिप के लिए लिया गया कुल समय (total time) अलग-अलग समय का योग है:

कुल लिया गया समय = (5/6 घंटे) + (5/9 घंटे) = 25/18 घंटे

औसत गति इसके द्वारा दी गई है:

औसत गति (Average speed) = कुल दूरी / कुल समय = 20 किमी / (25/18 घंटे) = 20 किमी × (18/25) घंटे = 360/25 किमी/घंटा = 14.4 किमी/घंटा

488. A 14-year-old complains of constant fatigue and dizziness. A Blood test revealed her hemoglobin to be 10.0 g/de. Enhancing / including the intake of which of the following food items will be helpful to her ?

(1) Nuts
(2) Spinach
(3) Rice
(4) Butter

एक चौदह वर्षीय लड़की निरंतर थकान एवं चक्कर आने की शिकायत कर रही है। रक्त की जाँच उसमें 10.0 ग्रा./डे.लि. हीमोग्लोबिन दर्शाती है। निम्नलिखित में से कौन सा भोज्य पदार्थ लेने से उसे मदद मिलेगी ?

(1) गिरी
(2) पालक
(3) धान
(4) मक्खन

Ans : (2)

10.0 g/dL के हीमोग्लोबिन स्तर (hemoglobin level) वाले 14 वर्षीय बच्चे द्वारा अनुभव की जाने वाली लगातार थकान और चक्कर को कम करने में मदद करने के लिए, पालक (spinach) के सेवन को बढ़ाना या शामिल करना सहायक होगा क्योंकि पालक एक पोषक तत्वों से भरपूर भोजन है जिसमें आयरन होता है, जो हीमोग्लोबिन के उत्पादन के लिए आवश्यक है।

489. Which of the following statements about the cells of living organisms is/are correct?

A. All are microscopic and cannot be seen with the naked eye.
B. All have a cell wall.
C. All have a nuclear membrane.
D. All have a cell membrane.

Choose the correct option:

(1) Only D
(2) A and D
(3) B and C
(4) Only A

निम्नलिखित में से कौन-सा/से कथन जीवित जीवों की कोशिकाओं के संबंध में सही है/हैं?.

A. सभी सूक्ष्मदर्शीय (सूक्ष्म) होते हैं तथा इन्हें नग्न आँखों से नहीं देखा जा सकता है।
B. सभी की कोशिका भित्ति होती है।

C. सभी की केन्द्रकीय झिल्ली होती है।

D. सभी की कोशिका झिल्ली होती है।

सही विकल्प का चयन कीजिए :

(1) केवल D
(2) A और D
(3) B और C
(4) केवल A

Ans : (1)

कोशिका झिल्ली (cell membrane), जिसे प्लाज्मा झिल्ली (plasma membrane) भी कहा जाता है, फॉस्फोलिपिड और प्रोटीन से बनी एक पतली बाधा होती है जो कोशिकाओं को घेरती है। यह अंदर और बाहर जाने वाली चीज़ों को नियंत्रित करता है, सेल फ़ंक्शन के लिए महत्वपूर्ण है, और सिग्नलिंग और सेल पहचान में भूमिका निभाता है।

490. A feather of mass 15 g is dropped from a height. It is found to fall with a constant velocity. What is the net force acting on it?

(1) Zero
(2) 1.47 N
(3) 14.7 N
(4) 147 N

एक ऊँचाई से 15 ग्राम द्रव्यमान का पंख छोड़ा जाता है। यह पाया जाता है कि वह एकसमान वेग से गिर रहा है। उस पर काम करने वाला नेट बल कितना है ?

(1) शून्य
(2) 1.47 N
(3) 14.7 N
(4) 147 N

Ans : (1)

स्थिर वेग (constant velocity) से गिरने वाली वस्तु पर कोई नेट बल (net force) नहीं लगता क्योंकि गुरुत्वाकर्षण (gravitation) और वायु प्रतिरोध (Air Resistance) जैसे विरोधी बल एक-दूसरे को संतुलित करते हैं, जिसके परिणामस्वरूप नेट बल शून्य होता है।

491. Identify the set comprising plants that produce bisexual flowers:

(1) Cucumber, Papaya, Rose
(2) Mustard, Rose, Petunia
(3) Corn, Cucumber, Petunia
(4) Corn, Papaya, Mustard

उस समुच्चय की पहचान कीजिए जो द्विलिंगी पुष्पों (फूलों) को उत्पन्न करने वाले पादपों से बना है।

(1) खीरा, पपीता, गुलाब
(2) सरसों, गुलाब, पिटूनिया
(3) मक्का, खीरा, पिटूनिया
(4) मक्का, पपीता, सरसों

Ans : (2)

उभयलिंगी फूल (Bisexual flowers) हैं – सरसों, गुलाब और पेटुनिया सभी में नर और मादा दोनों प्रजनन संरचनाओं (reproductive structures) वाले फूल होते हैं।

492. Identify the incorrect statement:

(1) Clayey soil is better aerated than loamy soil.
(2) Clayey soil is more fertile as compared to loamy soil.
(3) Water retention capacity of clayey soil is better than that of loamy soil.
(4) The particle size of clayey soil is much smaller than that of loamy soil.

ग़लत कथन की पहचान कीजिए:

(1) दुमटी मृदा की अपेक्षा चिकनी मृदा अधिक सुवातित होती है।
(2) दुमटी मृदा की तुलना में चिकनी मृदा अधिक उर्वर होती है।
(3) दुमटी मृदा की अपेक्षा चिकनी मृदा की जल धारण क्षमता बेहतर होती है।
(4) चिकनी मृदा के कणों का आमाप दुमटी मृदा के कणों के आमाप के अपेक्षाकृत बहुत छोटा (सूक्ष्म) होता है।

Ans : (1)

चिकनी मिट्टी (Clayey soil) में आमतौर पर दोमट मिट्टी (loamy soil) की तुलना में कम वातन (aeration) होता है क्योंकि इसके बारीक कण आपस में कसकर चिपक (sticks tightly) जाते हैं, जिससे हवा का संचार कम हो जाता है।

SCIENCE

493. Which of the following substances are present on the rubbing surface of a matchbox?

(1) Glass powder and red phosphorus
(2) White phosphorus and glass powder
(3) Red phosphorus and magnesium
(4) Potassium and white phosphorus

निम्नलिखित में से कौन-से पदार्थ माचिस के विघर्षण पृष्ठ पर विद्यमान होते हैं ?

(1) काँच का चूर्ण और लाल फ़ॉस्फ़ोरस
(2) श्वेत फ़ॉस्फ़ोरस और काँच का चूर्ण
(3) लाल फ़ॉस्फ़ोरस और मैग्नीशियम
(4) पोटैशियम और श्वेत फॉस्फोरस

Ans : (1)

काँच का चूर्ण (Glass powder) और लाल फ़ॉस्फ़ोरस (red phosphorus) माचिस के विघर्षण पृष्ठ (friction surface) पर विद्यमान होते हैं। घर्षण से लाल फास्फोरस प्रज्वलित (ignites) हो जाता है, जिससे माचिस की तीली सतह से टकराने पर जल उठती है।

494. Which of the following is not a feature of alternate conceptions in science?

(1) Ideas are stable.
(2) Ideas are resistant to change.
(3) Ideas are developed from observable features.
(4) Ideas do not demonstrate cause and effect reasoning.

निम्नलिखित में से कौन सा विज्ञान में वैकल्पिक अवधारणाओं की विशेषता नहीं है?

(1) विचार स्थिर होते हैं।
(2) विचार परिवर्तन प्रतिरोधी होते हैं।
(3) विचार अवलोकीकृत विशेषताओं से विकसित होते हैं।
(4) विचार, कारण और प्रभाव तर्क को प्रदर्शित नहीं करते हैं।

ANS : (4)

वैकल्पिक अवधारणा [alternative conceptions]:- वैकल्पिक अवधारणा उन अवधारणाओं को कहते हैं जिसमें किसी एक घटना के बारे में लोगों की अलग अलग धारणाएं हों। [अर्थात दो या उससे अधिक धारणाएं।]

वैकल्पिक अवधारणाओं की विशेषता [features of alternative concepts]

- विचार स्थिर होते हैं।
- विचार परिवर्तन प्रतिरोधी [resistant to change] होते हैं।
- विचार अवलोकीकृत [observed] विशेषताओ से विकसित होते हैं।

[अर्थात् किसी घटना को observe करके नये-नये विचार उत्पन्न होते हैं।

- विचार कारण [cause], तर्क प्रभाव [logical effect] को प्रदर्शित करते हैं।

[अर्थात् हम अपने विचार के द्वारा किसी घटना के कारण और उसके प्रभाव तक आसानी से पहुंचते हैं।

[अतः विचार, कारण [cause] और तर्क प्रभाव [logical effect] को प्रदर्शित नहीं करते यह कथन गलत हैं।]

495. Read the statements given below and choose the correct option

Assertion (A): It is recommended that acid should be added to water for diluting the acid and not vice-versa.

Reason (R): Dilution of acid is a highly exothermic reaction.

(1) Both (A) and (R) are true and (R) is correct explanation of (A)
(2) Both (A) and (R) are true but (R) is not correct explanation of (A).
(3) (A) is true but (R) is false.
(4) Both (A) and (R) are false.

निम्नलिखित कथनों को पढ़िए और सही उत्तर का चुनाव कीजिए:

अभिकथन (A): यह अनुशंसित है कि अम्ल को तनु मिलाने के लिए जल में अम्ल डाला जाना चाहिए न कि अम्ल में जल।

तर्क (R): अम्ल का मंदन (तनुकरण) करना उक्त रूप से ऊष्माक्षेपी अभिक्रिया है।

(1) (A) और (R) दोनों सही हैं तथा (R), (A) को सही, व्याख्या है।
(2) (A) और (R) दोनों सही हैं परन्तु (R), (A) की सही व्याख्या नहीं है।
(3) (A) सही है परन्तु (R) गलत है।
(4) (A) और (R) दोनों गलत हैं।

ANS : (1)

ऊष्माक्षेपी [exothermic] शब्द से तात्पर्य बाहर से ऊष्मा निकलना है। जब किसी अम्ल [acid] को तनु किया जाता है तो जल में तनु के आयनीकरण के अम्ल का मंदन करना 'ऊष्माक्षेपी अभिक्रिया' [exothermic reaction] है यही कारण है कि जल मे अम्ल को तनु करने के लिए जल मे अम्ल डालना चाहिए न कि अम्ल में जल।

[अतः A और दोनों कथन सत्य और R, A की सही, explanation] है

496. Read the statements given below and choose the correct option:

Assertion (A): The rate of breathing in aquatic animals is slower than land animals.

Reason (R): Presence of large amounts of dissolved oxygen affects rate of breathing of aquatic animals.

(1) Both (A) and (R) are true and (R) is correct explanation of (A)
(2) Both (A) and (R) are true but (R) is not correct explanation of (A).
(3) (A) is true but (R) is false.
(4) Both (A) and (R) are false.

निम्नलिखित कथनों को पढ़िए और सही उत्तर का चुनाव करें

अभिकथन (A): जलीय जंतुओं में सांस लेने की गति स्थलीय जंतुओं की तुलना में धीमी होती है।

तर्क (R): बड़ी मात्रा में घुलनशील ऑक्सीजन की उपस्थिति जलीय जंतुओं की सांस लेने की दर को प्रभावित करती है।

(1) (A) और (R) दोनों सहीं हैं तथा (R), (A) की सही व्याख्या है।
(2) (A) और (R) दोनों सही हैं परन्तु (R). (A) की सही व्याख्या नहीं है।
(3) (A) सही है परन्तु (R) गलत है।
(4) (A) और (R) दोनों गलत हैं।

ANS : (4)

जल में घुली हुई ऑक्सीजन की मात्रा वायु में मौजूद ऑक्सीजन की मात्रा की तुलना में बहुत कम होती है। इसलिए जलीय जीव केवल घुली हुई ऑक्सीजन ही सांस के माध्यम से ग्रहण कर सकते हैं।

[अतः ऑक्सीजन प्राप्त करने के लिए जलीय जीवों को तेज दर से सांस लेना पड़ता है।

[अतः A/Rदोनों कथन गलत है।]

497. Which of the following is/are true regarding scientific investigations?

(a) Results are not influenced by procedure.
(b) Social context may influence conclusions in any investigation.
(c) Data and evidence are same.
(d) There is no universal scientific method,

(1) (a) and (b)
(2) (b) and (d)
(3) (a) and (c)
(4) (c) and (d)

निम्नलिखित में से कौन सा/से वैज्ञानिक अनुसंधान/अन्वेषण के बारे में सही है/हैं?

(a) परिणाम क्रिया विधि द्वारा प्रभावित नहीं होते हैं।
(b) किसी अनुसंधान/अन्वेषण में सामाजिक संदर्भ प्रभावित कर सकते हैं।
(c) आकड़ें और साक्ष्य (प्रमाण) समान होते हैं।
(d) कोई भी सार्विक (सर्वव्यापी) वैज्ञानिक विधि नहीं है।

(1) (a) और (b)
(2) (b) और (d)
(3) (a) और (c)
(4) (c) और (d)

SCIENCE

ANS : (2)

वैज्ञानिक अन्वेषण [scientific Investigation] वह प्रक्रिया है जिसके माध्यम से वैज्ञानिक [scientist] डेटा एकत्र [collect] करते हैं, उसका विश्लेषण [analysis] करते हैं तथा उसके आधार पर प्राप्त परिणाम की व्याख्या [Explanation] करते हैं।

- अत: परिणाम [result] क्रियाविधि द्वारा प्रभावित होते हैं।
- वैज्ञानिक अन्वेषण [scientific Investigation] की अनेक वैज्ञानिक विधियां [scientific methods] है।
- अन्वेषणकर्ता [Investigator] की सामाजिक-सांस्कृति पृष्ठभूमि [socio-cultural background] परिणाम [result] को प्रभावित [effect] करती है।

498. Which of the following is/are true about the curricular practice currently being followed in schools?

A. Science and Mathematics are being taught interestedly as 'Science and Technology' in elementary classes.

B. Physics, Chemistry and Biology are being taught interestedly as 'Science' in secondary classes.

C. Science and Social Science are being taught interestedly as 'EVS' in primary classes.

Choose the correct option:

(1) B and C
(2) A and B
(3) Only C
(4) Only B

निम्नलिखित में से कौन-सा/से स्कूलों में वर्तमान में पालन होने वाली पाठ्यचर्या संबंधी गतिविधियों के संबंध में सही है/हैं ?

A. प्रारंभिक कक्षाओं में विज्ञान और गणित को एकीकृत रूप से 'विज्ञान एवं प्रौद्योगिकी' की तरह पढ़ाया जाता है।

B. माध्यमिक कक्षाओं में भौतिकी, रसायन-विज्ञान एवं जीव-विज्ञान को एकीकृत रूप से 'विज्ञान' की तरह पढ़ाया जाता है।

C. प्राथमिक कक्षाओं में विज्ञान और सामाजिक विज्ञान को एकीकृत रूप से 'ईवीएस' की तरह पढ़ाया जाता है।

सही विकल्प का चयन कीजिए:

(1) B और C
(2) A और B
(3) केवल C
(4) केवल B

ANS : (1)

वर्तमान समय में पालन [follow] होने वाली पाठ्यचर्या संबंधी गतिविधियां :-

- प्राथमिक स्तर पर विद्यालय में विज्ञान पढ़ाने का उद्देश्य बच्चों को दुनिया के जैविक [biological] और भौतिक [Physical] पहलुओं के बारे में बुनियादी वैज्ञानिक विचार [scientific Idea] और समझ [understanding] विकसित करना है।
- इसलिए प्राथमिक कक्षाओं में विज्ञान और सामाजिक विज्ञान को एकीकृत [integrated] रुप से ईवीएस की तरह पढ़ाया जाता है।
- माध्यमिक कक्षाओं [upper Primary level] में भौतिकी [Physics] रसायन विज्ञान [chemistry] एवं जीव विज्ञान [Biology] को एकीकृत रूप से पढ़ाया जाता है।

499. Which of the following cannot be considered as a valid reason for including socio-scientific issues (such as the GM food) in the school science curricula ?

(1) Develops argumentation skills
(2) Helpful in cultivating understanding about nature of science
(3) Develops the capacity to engage in evidence-based reasoning
(4) Helpful in appreciating science as a definitive discipline

निम्नलिखित में से किसको स्कूली विज्ञान पाठ्यचर्या में सामाजिक-वैज्ञानिक मामलों (जैसे

जीएम भोजन) को सम्मिलित करने के लिए एक मान्य (वैध) कारण के रूप में शामिल नहीं किया जा सकता है ?

(1) तर्क-वितर्क कौशलों को विकसित करना
(2) विज्ञान की प्रकृति के संबंध में समझ बनाने में सहायक है
(3) साक्ष्य-आधारित तर्क में संलग्न रहने की क्षमता को विकसित करना
(4) एक निश्चित विद्या-विशेष के रूप में विज्ञान की अनुशंसा करने में सहायक है

ANS : (4)

अनुवांशिक रूप से संशोधित खाद्य पदार्थ [Genetically modified (G.M.) food] : इन्हें अनुवांशिक रूप से 'इंजीनियर' खाद्य पदार्थ या 'बायोइंजीनियर' खाद्य पदार्थ भी कहा जाता है।

विज्ञान पाठ्यचर्या में [G.M. food] जैसे सामाजिक वैज्ञानिक मामलों को सम्मिलित करने के उद्देश्य :-

- छात्रों में तर्क-वितर्क कौशल [reasoning skills] को विकसित करना।
- इस तरह के मामले विज्ञान की प्रकृति के बारे में समझ बनाने में सहायक हैं।
- छात्रों में साक्ष्य आधारित तर्क [evidence-based reasoning] में संलग्न रहने की क्षमता को विकसित करना।

500. A science teacher of class VII asks the students to measure the body temperature of 10 peers and record their observations. Which of the following process skills can be assessed using this activity?

(1) Experimenting
(2) Inferring
(3) Observing
(4) Controlling variables

कक्षा VII के विज्ञान शिक्षक ने अपने विद्यार्थियों से एक क्रिया-कलाप करने के लिए कहा, जिसमें उन्हें अपने 10 साथियों के शरीर का तापमान मापना है और अपने प्रेक्षणों को रिकॉर्ड करना है। इस विधि से कौन-सी प्रक्रिया में निपुणता नहीं मापी जा सकती?

(1) प्रयोग करना
(2) निष्कर्ष निकालना
(3) मापना
(4) सम्प्रेषण करना

ANS : (1)

प्रयोग [Experiment] के माध्यम से छात्र अवलोकनों [observations] के आधार पर परिकल्पनाओं [concepts] का निर्माण करते हैं, तथा अपनी परिकल्पनाओं का परीक्षण [experiment] करते हैं तथा निष्कर्ष [conclusion] निकालते हैं।

अर्थात् प्रयोग करना [experimenting] एक ऐसा वैज्ञनिक परीक्षण है, जिसमें किसी चीज के विषय में जानने के लिए छात्र क्रिया करते हैं और उनके प्रभावों का ध्यानपूर्वक निरीक्षण [inspection / overview] करते हैं।

उपर्युक्त प्रश्न में छात्र संप्रेषण [communication] करेंगे, अपने साथियों के शरीर का तापमान [temperature] मापेंगे तथा उसके आधार पर निष्कर्ष [conclusion] मिकालेंगे। अर्थात् छात्र की इन सब में निपुणता मापी जा सकती है।

[अतः 'प्रयोग करना' [experimenting] प्रक्रिया कौशल में छात्र की निपुणता नहीं मापी जा सकती।]

501. Which of the following statements is correct?

(1) Gender equity in science implicates making girls as good as boys in science.
(2) Gender equity in science implicates for both girls and boys
(3) Gender equity in science aims at making science more attractive to girls
(4) Gender equity in science aims at creating more single sex schools

निम्न में से कौन-से कथन सही है?

(1) विज्ञान में लैंगिक समता का अर्थ है कि विज्ञान में लड़कियाँ उतनी ही अच्छी हों जितना की लड़के।
(2) विज्ञान में लैंगिक समता से तात्पर्य है कि लड़कियों और लड़कों दोनों के बीच से लैंगिक प्रतिबंध हटा

लिये जाएँ।

(3) विज्ञान में लैंगिक समता का उद्देश्य है कि लड़कियों के लिये विज्ञान को अधिक आकर्षक बनाया जाए।

(4) विज्ञान में लैंगिक समता का उद्देश्य एकल लैंगिक विद्यालयों का सृजन करना है।

ANS : (2)

विज्ञान में लैंगिक समता से तात्पर्य है :

- विज्ञान में लैंगिक समानता [gender equality] सभी लिंगों लड़कियों और लड़कों के लिए समान रूप से पहुँच सुनिश्चित करती है।
- विज्ञान को आगे बढ़ाने में सभी को सहायता प्रदान करने के महत्व पर जोर देता है।
- इसका उद्देश्य एक लिंग को दूसरे लिंग से बेहतर बनाने पर ध्यान केंद्रित करने के बजाय समावेशिता [inclusivity] को बढ़ावा देना है।
- सभी के लिए विज्ञान में शैक्षिक मार्गों [educational ways] और कैरियर के अवसरों दोनों को संबोधित करता है।

502. Which of the following illustrates 'assessment for learning' in science?

(1) Olympiads

(2) Investigatory projects

(3) Annual exams

(4) Quiz competition

निम्नलिखित में से क्या विज्ञान के सन्दर्भ में 'अधिगम के लिए आकलन' को दर्शाता है?

(1) ओलिम्पियाड

(2) अनुसंधानिक प्रयोजन

(3) वार्षिक परीक्षाएँ

(4) क्विज़ प्रतियोगिता

ANS : (2)

अनुसंधानिक प्रयोजन [Investigatory projects]

अनुसंधानिक प्रयोजन छात्रों को सक्रिय रूप से खोजने और प्रयोग करने के लिए प्रोत्साहित करते हैं, जिससे वे अपने ज्ञान को विकसित कर सकते हैं और फीडबैक प्राप्त कर सकते हैं।

- सक्रिय अन्वेषण और प्रयोग को बढ़ावा देता है।
- रचनात्मक प्रतिक्रिया प्रदान करता है।
- विद्यार्थियों को सीखने और समझने में सहायता मिलती है।

503. Which of the following is in agreement with our contemporary understanding of assessment in science at upper primary stage?

(1) Merit ordering of students should be introduced to encourage healthy competition.

(2) Annual examination should be given much more weightage than internal assessment.

(3) The periodic tests should have both a written and an experimental component.

(4) Open book examination should be avoided as it encourages the heart of copying.

निम्नलिखित में से कौन-सा विज्ञान में उच्च प्राथमिक स्तर पर आकलन संबंधी हमारी समकालीन समझ से मेल खाता है?

(1) स्वस्थ प्रतिस्पर्धा को बढ़ावा देने के लिए छात्रों को योग्यता के आधार पर क्रमबद्ध करना चाहिए।

(2) आंतरिक आकलन की अपेक्षा बाह्य परीक्षण को अधिक महत्व दिया जाना चाहिए।

(3) आवर्त-परीक्षणों के लिखित और प्रायोगिक दोनों संघटक होने चाहिए।

(4) खुली-किताब परीक्षाओं से बचना चाहिए क्योंकि ये नकल करने की प्रवृत्ति को बढ़ावा देती हैं।

ANS : (3)

आवर्त-परीक्षण [periodic tests] जिसमें लिखित [written] और प्रयोगात्मक [experimental] दोनों घटक शामिल होते हैं, एक छात्र की विज्ञान की समझ को कई कोणों से आंकने में मदद करते हैं। लिखित मूल्यांकन सैद्धांतिक ज्ञान [theoretical knowledge] का मूल्यांकन करते हैं, जबकि प्रयोगात्मक मूल्यांकन व्यावहारिक कौशल [practical skiils] का परीक्षण करते हैं। यह संयोजन वैज्ञानिक अवधारणाओं और अनुप्रयोगों की अधिक समग्र समझ को बढ़ावा देता है।

- आवर्त परीक्षणों में लिखित और प्रायोगिक दोनों भाग शामिल होने चाहिए।

- लिखित घटक सैद्धांतिक समझ का आकलन करते हैं।
- प्रायोगिक घटक व्यावहारिक कौशल का मूल्यांकन करते हैं।
- यह दृष्टिकोण विज्ञान की पूर्ण समझ को बढ़ावा देता है।

504. Which of the following statements best describes the statement-science is tentative

(1) Science is developmental
(2) Science is predictive
(3) Science is a social activity
(4) Science proceeds linearly

निम्न में से कौन-सा कथन – 'विज्ञान परखशील है' कथन की सही व्याख्या करता है?

(1) विज्ञान विकासशील है
(2) विज्ञान पूर्वानुमानिक है
(3) विज्ञान एक सामाजिक गतिविधि है
(4) विज्ञान रैखिक रूप से अग्रसरित होता है

ANS : (1)

"विज्ञान विकासात्मक [developmental] है" का अर्थ है कि वैज्ञानिक ज्ञान समय के साथ विकसित होता है, नए साक्ष्य [new evidence] सामने आने पर सिद्धांतों और समझ में संशोधन [modification] किया जा सकता है।

505. Which of the following is an acceptable guiding factor for developing science textbooks for a country like India?

(1) illustrative example should only be drawn from the life experiences of children belonging to families of middle-income groups
(2) There should be a single textbook for the entire country to ensure parity and avoid confusion
(3) It should always be borne in mind that textbooks are essentially meant for teachers' usage
(4) There should be opportunities for learners to appreciate how the concepts of science evolve with time

भारत जैसे देश में पाठ्य पुस्तकों का विकास करने के लिए निम्न में से कौन सा अनुमोदित निर्देशित कारक है?

(1) स्पष्टीकरण हेतु उदाहरण केवल मध्यमवर्गीय आय के समूहों के परिवारों से संबंधित बच्चों के जीवन के अनुभवों से लेने चाहिए।
(2) समतुल्यता और समता के लिए सम्पूर्ण देश में एक ही पाठ्य पुस्तक होना चाहिए।
(3) यह सदा मस्तिष्क में रखना चाहिए कि पाठ्य पुस्तकें मौलिक रूप से शिक्षकों के उपयोग के लिए हैं।
(4) विज्ञान की संकल्पनाएँ समय के साथ कैसे विकसित होती हैं, इसकी सराहना करने के लिए शिक्षार्थियों को अवसर मिलने चाहिए।

ANS : (4)

- पाठ्यपुस्तकों को शिक्षार्थियों को समय के साथ वैज्ञानिक अवधारणाओं [scientific concepts] के विकास को समझने का अवसर प्रदान करना चाहिए।
- यह दृष्टिकोण [approach] एक गतिशील क्षेत्र [dynamic field] के रूप में विज्ञान की गहरी समझ को बढ़ावा देता है।
- यह छात्रों के लिए विज्ञान को अधिक प्रासंगिक और आकर्षक [relevant and attractive] बनाता है।

[अन्य विकल्प अत्यधिक निर्देशात्मक हैं या छात्रों के सीखने को प्राथमिकता नहीं देते हैं।]

506. Which of the following statements best describes nature of science?

(1) Science is about appreciation of nature
(2) Science is an individual pursuit
(3) Science is value-free and objective to the core
(4) Science is a social endeavor

निम्नलिखित कथन में से कौन-सा विज्ञान की प्रकृति का सबसे अच्छा वर्णन करता है?

(1) विज्ञान प्रकृति की सराहना के बारे में है।
(2) विज्ञान के व्यक्तिगत ख़ोज है।
(3) विज्ञान मूल्य मुक्त और निष्पक्ष है।
(4) विज्ञान एक सामाजिक प्रयास है।

SCIENCE

ANS : (4)

विज्ञान एक सामाजिक प्रयास है [Science is a social endeavour]

विज्ञान सहयोगात्मक [collaborative] है, जिसमें वैज्ञानिक समुदाय [scientific community] के भीतर सामूहिक प्रयासों [collective efforts], विचार साझाकरण [idea sharing] और सहकर्मी समीक्षा [peer review] के माध्यम से ज्ञान विकसित होता है। [अत: अन्य विकल्प व्यक्तिगत पहलुओं [individual aspects] पर ध्यान केंद्रित करते हैं या उन सामाजिक संदर्भों [social contexts] की अनदेखी करते हैं जिनमें विज्ञान कार्य करता है।]

507. Age-appropriateness of the content, process, language and pedagogical practices help in ensuring which of the following types of validity of science curriculum?

(1) Ethical validity
(2) Content validity
(3) Process validity
(4) Cognitive validity

निम्न में से कौन सी वैधता विज्ञान के पाठ्यक्रम की सामग्री, प्रक्रिया, भाषा और शैक्षणिक अभ्यास का आयु उपयुक्त होना दर्शाती है?

(1) नीतिपरक वैधता
(2) विषयवस्तु वैधता
(3) प्रक्रिया वैधता
(4) संज्ञानात्मक वैधता

ANS : (4)

संज्ञानात्मक वैधता [Cognitive validity]

- संज्ञानात्मक वैधता यह सुनिश्चित करने पर केंद्रित है कि शैक्षिक सामग्री और प्रथाएं [educational materials and practices] शिक्षार्थियों के विकासात्मक और संज्ञानात्मक स्तरों [developmental and cognitive levels] के लिए उपयुक्त [appropriate] हैं।
- इसका मतलब यह है कि सामग्री और शिक्षण विधियां [content and teaching methods] छात्रों की क्षमताओं और समझ से मेल खानी चाहिए, जिससे पाठ्यक्रम उनके आयु वर्ग के लिए प्रासंगिक और प्रभावी [relevant and effective] हो सके।

508. Which of the following activities is most desirable in explaining the difference between density and heaviness?

(1) Explaining the difference between density and heaviness
(2) Defining density operationally
(3) Giving opportunity to handle various objects of different shape, size and material
(4) demonstration using physical balance

घनत्व तथा भारीपन में विभेदन की व्याख्या करने के लिए निम्नलिखित में से कौन सा क्रियाकलाप अति वांछनीय है?

(1) घनत्व तथा भारीपन में अन्तर की व्याख्या करना
(2) घनत्व को परिभाषित करना
(3) विभिन्न आकार, माप और पदार्थ की वस्तुओं के साथ कार्य करने का अवसर देना
(4) भौतिक तुलना द्वारा प्रदर्शन करना

ANS : (3)

व्यावहारिक दृष्टिकोण [hands-on approach] सामग्री के साथ सक्रिय भागीदारी [active participation] और सीधे जुड़ाव [direct engagement] को बढ़ावा देता है, जिससे शिक्षार्थियों को व्यावहारिक अनुभव [practical experience] के माध्यम से अवधारणाओं का पता लगाने की अनुमति मिलती है।

विभिन्न आकृतियों [shapes], आकारों [sizes] और सामग्रियों [materials] की विभिन्न वस्तुओं को संभालने का अवसर प्रदान करने से छात्रों को प्रत्यक्ष अनुभव [direct experience] के माध्यम से घनत्व [density] और भारीपन [heaviness] की अवधारणाओं का पता लगाने [explore] और समझने [understand] में मदद मिलती है, जिससे अंतर स्पष्ट होता है।

509. Which of the following represents group of three petrochemicals?

(1) Diesel, Kerosene and Rayon
(2) Petrol, Diesel and Caustic soda
(3) Lubricating oil, Polyester, Bitumen
(4) Detergents, Lubricating oil, Coal Tar

निम्नलिखित में से कौन-सा तीन पैट्रोरासायनों" (पैट्रोलियम और प्राकृतिक गैस से प्राप्त होने वाले उत्पाद) के समूह को निरूपित करता हैं?

(1) डीज़ल, किरोसिन और रेयॉन
(2) पैट्रोल, डीज़ल और कास्टिक सोडा
(3) स्नेहक तेल, पॉलिएस्टर, बिटुमेन
(4) अपमार्जक (डिटर्जेंटस), स्नेहक तेल, कोल तार

Ans : (3)

पेट्रोकेमिकल्स (petrochemicals) से बने उत्पादों (products) में प्लास्टिक (plastic), साबुन (soap) और डिटर्जेंट (detergent), सॉल्वेंट्स (solvents), दवाएं (drugs), उर्वरक (fertilizers), कीटनाशक (pesticides), विस्फोटक (explosives), पॉलिएस्टर (polyester), बिटुमेन (bitumen), स्नेहक तेल (lubricating oil), सिंथेटिक फाइबर (synthetic fibers) जैसे आइटम शामिल हैं।

510. Select the correct statement from the following

(1) Both Sodium and phosphorous are stored in kerosene
(2) Both Sodium and phosphorous are stored in water
(3) Sodium is stored in kerosene whereas phosphorous is stored in water
(4) Sodium is stored in kerosene whereas phosphorous is stored in air

निम्नलिखित में से सही कथन चुनिए :

(1) सोडियम और फ़ॉस्फोरस दोनों को किरोसिन में संचित रखा जाता है।
(2) सोडियम और फ़ॉस्फोरस दोनों को जल में संचित रखा जाता है।
(3) सोडियम को किरोसिन में तथा फ़ॉस्फोरस को जल में संचित रखा जाता है।
(4) सोडियम को किरोसिन में तथा फ़ॉस्फोरस को वायु में संचित रखा जाता है।

Ans : (3)

सोडियम (Sodium) मिट्टी के तेल (kerosene) में संग्रहित (stored) होता है, यह हवा और पानी के साथ प्रतिक्रिया (reaction) करता है और फ़ॉस्फोरस (phosphorus) पानी में संग्रहित (stored) होता है क्योंकि यह हवा के साथ प्रतिक्रिया करता है।

511. Which of the following is a set of mixtures?

(1) Air, Water, Wood
(2) Wood, Salt, Sand
(3) Salt, Sand, Water
(4) Wood, Air, Sand

निम्न में से कौन-सा मिश्रणों का समूह है?

(1) वायु, जल, लकड़ी
(2) लकड़ी, नमक, रेत
(3) नमक, रेत, जल
(4) लकड़ी, वायु, रेत

Ans : (4)

लकड़ी (Wood), वायु (air) और रेत (sand) के मिश्रण (mixture) का एक सेट है। वायु एक समांगी मिश्रण (homogeneous mixture) है और लकड़ी एक विषमांगी मिश्रण (heterogeneous mixture) है लेकिन पानी एक मिश्रण नहीं है यह एक यौगिक (compound) है।

512. Refer to the table given below and choose the correct option.

Vitamin	Deficiency Disease
X	Rickets
Y	Scurvy
B1	Z
B3	W

(1) X-Vitamin D; Y-Vitamin A; Z-Goitre; W- Pellagra
(2) X-Vitamin K; Y-Vitamin A; Z - Pellagra; W- Beri Beri

SCIENCE

(3) X-Vitamin D; Y-Vitamin C; Z- Beri Beri; W - Pellagra
(4) X-Vitamin A; Y-Vitamin C, Z- Night blindness; W - Beri Beri

नीचे दी गई सारणी को देखे और सही विकल्प का चयन कीजिए:

विटामिन	अपूर्णता / आभाव रोग
X	सुखंडी रोग
Y	स्कर्वी
B1	Z
B3	W

(1) X -विटामिन D: Y-विटामिन A: Z – घेघा: W-पैलाग्रा / चर्मग्राह
(2) X- विटामिन K: Y-विटामिन A :Z -पैलाग्रा / चर्मग्राह: W- बेरीबेरी
(3) X- विटामिन D: Y-विटामिन C: Z बेरीबेरी: W-पैलाग्रा / चर्मग्राह
(4) X- विटामिन A: Y- विटामिन C: Z- रतौंधी: W -बेरीबेरी

Ans : (3)

विटामिन (Vitamin)	अपूर्णता / आभाव रोग (Deficiency diseases)
विटामिन D (Vitamin D)	सुखंडी रोग (Rickets)
विटामिन C (Vitamin C)	स्कर्वी (Scurvy)
B1	बेरीबेरी (Beri-Beri)
B3	पैलाग्रा / चर्मग्राह (Pellagra)

513. Raman and Shiksha are standing in front of a plane mirror at a distance of 8 m and 11 m respectively from the mirror. Now, Raman moves from his position such that the distance between him and his image is 10 m whereas Shiksha walks 6 m towards the mirror. What is the distance of Raman and Shiksha from the mirror in their new positions?

(1) Both Raman & Shiksha are at 6m from the mirror
(2) Raman is at 10 m and Shiksha is at 6 m from the mirror
(3) Raman is at 5 m and Shiksha is at 6 m from the mirror
(4) Both Raman & Shiksha are 5m from the mirror

रमन और शिक्षा समतल दर्पण के सामने खड़े हैं क्रमशः 8 मी. और 11 मी. की दूरी पर अब रमन अपनी जगह से इस तरह चलता है कि उसके और उसके प्रतिबिंब के बीच की दूरी 10 मी. हो जबकि शिक्षा 6 मी. चलती है दर्पण की ओर। रमन और शिक्षा की दर्पण से उनकी नई स्थिति की दूरी क्या है?

(1) रमन और शिक्षा दोनों दर्पण से 6 मी. की दूरी पर है
(2) दर्पण से रमन 10 मी. और शिक्षा 6 मी. की दूरी पर हैं
(3) दर्पण से रमन 5 मी. और शिक्षा 6 मी. की दूरी पर है
(4) रमन और शिक्षा दोनों दर्पण से 5 मी. की दूरी पर हैं।

Ans : (4)

अपने नए पदों (positions) पर, रमन और शिक्षा दोनों दर्पण (mirror) से 5 मीटर दूर हैं। विमान दर्पण (Plane mirror) में एक वस्तु और उसकी प्रतिबिंब (image) के बीच की दूरी हमेशा वस्तु और दर्पण के बीच की दूरी से दोगुनी (double) होती है। चूँकि रमन और उसके चित्र के बीच की दूरी 10 मीटर है, इसलिए उसे दर्पण से 5 मीटर की दूरी पर होना चाहिए। शिक्षा 11 मीटर की अपनी प्रारंभिक स्थिति (initial position) से दर्पण की ओर 6 मीटर चलती है, इसलिए वह अब दर्पण से 5 मीटर दूर है।

514. A material M was heated in a spoon and immediately put in a gas jar and was covered. Small amount of water was added to the jar and the solution was tested with blue litmus paper. The paper turned red. Material 'M' could be

(1) Sodium

(2) Aluminium
(3) Magnesium
(4) Sulphur

एक पदार्थ M को चम्मच में गर्म करके तुरंत एक गैस के मर्तबान में रख कर ढक दिया गया। थोड़ी मात्रा में पानी मर्तबान में डाला गया और घोल का नीले लिटमस पेपर से परीक्षण किया गया। कागज का रंग लाल हो गया। पदार्थ M निम्न में से कौन सा हो सकता है?

(1) सोडियम
(2) एल्युमीनियम
(3) मैग्नीशियम
(4) सल्फर

Ans : (4)

सल्फर (Sulphur) को चम्मच में गर्म करके तुरंत एक गैस के मर्तबान (gas jar) में रख कर ढक दिया गया। थोड़ी मात्रा में पानी मर्तबान में डाला गया और घोल (solution) का नीले लिटमस पेपर से परीक्षण किया गया। कागज का रंग लाल हो गया।

515. What is the correct answer to explain the mechanism of inhalation during breathing in human beings?

(1) Air moves in, Ribs move in and Diaphragm moves down
(2) Air moves out, Ribs move out and Diaphragm moves up
(3) Air moves out, Ribs move out and Diaphragm moves down
(4) Air moves in, Ribs move out and Diaphragm moves down

मानवों में साँस लेते समय अंतःश्वसन की प्रक्रिया को स्पष्ट करने के लिए सही उत्तर क्या होगा?

(1) वायु अंदर जाती है, पसलियाँ अंदर को आती हैं तथा डायफ्राम नीचे जाता है।
(2) वायु बाहर निकलती है, पसलियाँ बाहर को आती हैं तथा डायफ्राम ऊपर होता है।
(3) वायु बाहर निकलती है, पसलियाँ बाहर को आती हैं तथा डायफ्राम नीचे जाता है।
(4) वायु अंदर जाती है, पसलियाँ बाहर को आती हैं तथा डायफ्राम नीचे जाता है।

Ans : (4)

मानवों में साँस लेते समय अंतःश्वसन (mechanism) की प्रक्रिया वायु अंदर जाती है, पसलियाँ (ribs) बाहर को आती हैं तथा डायफ्राम (diaphragm) नीचे जाता है।

516. Given below are the steps to conduct an experiment to test the presence of starch in a leaf. Which of the following steps is not necessary?

(1) Boil the leaf first in water and then in alcohol
(2) Wash the bleached leaf
(3) Heat the leaf on a flame
(4) Add a few drops of iodine solution to the bleached leaf

एक पत्ते में मांड (स्टार्च) की उपस्थिति को जाँचने के लिए प्रयोग करने के नीचे दिए गए चरण है। निम्नलिखित में से कौन सा चरण आवश्यक नहीं है ?

(1) पत्ते को पहले पानी में उबालें और फिर ऐल्कोहॉल में
(2) विरंजित पत्ते को धोएँ
(3) पत्ते को आँच पर गरम करें
(4) विरंजित पत्ते पर कुछ बूँदें आयोडीन घोल की डालें

Ans : (3)

एक पत्ते में मांड (स्टार्च) (starch) की उपस्थिति (presence) का परीक्षण (test) करने के लिए एक प्रयोग (experiment) करते समय यह चरण आवश्यक नहीं है। अन्य चरण आवश्यक हैं। पत्ती को पहले पानी में और फिर अल्कोहल में उबालने (boil) से क्लोरोफिल निकल जाता है और पत्ती रंगहीन (colourless) हो जाती है। प्रक्षालित पत्ती (bleached leaf) को धोने से किसी भी शेष पिगमेंट को हटा दिया जाता है। ब्लीच किए गए पत्ते में आयोडीन घोल (iodine solution) की कुछ बूंदें जोड़ने से स्टार्च मौजूद होने पर यह नीला-काला हो जाएगा।

517. Consider the following statements

A. In photosynthesis solar energy in converted into chemical energy.

SCIENCE

SCIENCE

B. In photosynthesis CO_2 and water are used.

C. In photosynthesis CO_2 is released and O_2 is consumed.

D. In photosynthesis O_2 is released and CO_2 is consumed.

E. Photosynthesis takes place both during day and night.

The correct statements are

(1) A, B and C
(2) B, C and D
(3) A, D and E
(4) A, B and D

नीचे दिए गए कथनों पर विचार कीजिए –

A. प्रकाशसंश्लेषण में सौर ऊर्जा रासायनिक ऊर्जा में परिवर्तित होती है।

B. प्रकाशसंश्लेषण में CO_2 और जल का उपयोग होता है।

C. प्रकाशसंश्लेषण में CO_2 मुक्त होती है और O_2 प्रयुक्त होती है।

D. प्रकाशसंश्लेषण में O_2 मुक्त होती है और CO_2 प्रयुक्त होती है।

E. प्रकाशसंश्लेषण दिन और रात्री दोनों समयों पर होता है।

इनमें से सही कथन हैं –

(1) A, B और C
(2) B, C और D
(3) A, D और E
(4) A, B और D

Ans : (4)

- प्रकाशसंश्लेषण में सौर ऊर्जा रासायनिक ऊर्जा में परिवर्तित होती है (In photosynthesis solar energy in converted into chemical energy)।
- प्रकाशसंश्लेषण (photosynthesis) में CO_2 और जल का उपयोग होता है।
- प्रकाशसंश्लेषण में O_2 मुक्त (released) होती है और CO_2 प्रयुक्त (consumed) होती है।

518. Consider the following statements about arteries -

A. Arteries are the blood vessels which carry oxygen rich blood from the heart to all parts of the body at a high pressure

B. To ensure that the blood flows only from the heart to other body parts, the arteries have valves

C. The walls of the arteries are comparatively thin

The correct statement is/are

(1) Only A
(2) Only B
(3) A and B
(4) A and C

धमनियों के विषय में नीचे दिए गए कथनों पर विचार कीजिए -

A. धमनियाँ वे रुधिर वाहिनियाँ है जो ऑक्सीजन समृद्ध रुधिर को हृदय से उच्च दाब पर शरीर के सभी भागों में ले जाती हैं।

B. यह सुनिश्चित करने के लिए कि रुधिर केवल हृदय से शरीर के सभी भागों की ओर प्रवाहित होता है, धमनियों में वाल्व होते हैं।

C. धमनियों की भित्तियाँ अपेक्षाकृत पतली होती हैं।

इनमे सही कथन है /हैं –

(1) केवल A
(2) केवल B
(3) A और B
(4) A और C

Ans : (1)

धमनियाँ (Arteries) वे रुधिर वाहिनियाँ (blood vessels) है जो ऑक्सीजन समृद्ध रुधिर (oxygen rich blood) को हृदय से उच्च दाब (high pressure) पर शरीर के सभी भागों में ले जाती हैं।

519. You have made a pinhole camera, and you obtain the image of a distance

coloured building on its screen. The image formed on the screen is always

(1) Real, inverted, coloured and highly diminished
(2) Real, erect, coloured and highly diminished
(3) Real, laterally inverted, coloured and diminished
(4) Virtual, erect, coloured and diminished

आपने एक सूई छिद्र कैमरा बनाया है और आप इसके पर्दे पर किसी दूरस्थ रंगीन भवन का प्रतिबिम्ब प्राप्त करना चाहते हैं। पर्दे पर बनने वाला प्रतिबिंब होता है सदैव ही –

(1) वास्तविक, उल्टा, रंगीन और अत्यधिक छोटा
(2) वास्तविक, सीधा, रंगीन और अत्यधिक छोटा
(3) वास्तविक, पार्श्व परिवर्तित, रंगीन और अत्यधिक छोटा
(4) आभासी, सीधा, रंगीन और अत्यधिक छोटा

Ans : (1)

स्क्रीन पर बनने वाला प्रतिबिम्ब (image) हमेशा वास्तविक (real), उल्टा (inverted), रंगीन (coloured) और अत्यधिक छोटा (highly diminished) होता है।

520. Read the statements below and choose the correct option:

S1: We will not experience any gravitational force on the surface of moon.

S2: There is no oxygen on the surface of moon.

(1) Both S1 and S2 are true and S2 is the correct reason for S1
(2) Both S1 and S2 are true but S2 is not the correct reason for S1
(3) S1 is incorrect and S2 is correct
(4) Both S1 and S2 are incorrect

निम्नलिखित कथनों को पढ़िए तथा सही विकल्प का चयन कीजिए:

S1 चाँद की सतह पर हम गुरुत्वाकर्षण बल अनुभव नहीं करेंगे।

S2 चाँद की सतह पर ऑक्सीजन नहीं है।

(1) S1 और S2 दोनों सही हैं तथा S1 के लिए S2 सही कारण है।
(2) S1 और S2 दोनों सही हैं परन्तु S1 के लिए S2 सही कारण नहीं है।
(3) S1 सही नहीं है तथा S2 सही है।
(4) S1 और S2 दोनों सही नहीं है।

Ans : (3)

कथन S1 गलत है क्योंकि चंद्रमा की सतह पर गुरुत्वाकर्षण बल (gravitational force) है। चंद्रमा की सतह (Surface of moon) पर गुरुत्वाकर्षण के कारण त्वरण (acceleration) लगभग 1.625m/s² है, पृथ्वी की सतह पर लगभग 16.6% या 0.166 ग्राम है। इसका मतलब है कि चंद्रमा पर चीजों का वजन (weight) पृथ्वी पर उनके वजन का केवल 16.6% (= 1/6) होगा।

कथन S2 सही है क्योंकि चंद्रमा की सतह पर ऑक्सीजन (oxygen) नहीं है।

521. Choose the incorrect statement about xylem.

(1) It is a tissue.
(2) It is a pipe-like vessel.
(3) It transports ford and nutrient from leaves to other ports.
(4) Transpiration produces suction pull in it.

जाएलम के संदर्भ में गलत कथन का चुनाव करिये –

(1) यह एक ऊतक है।
(2) यह एक नली जैसी वाहिका है।
(3) यह भोजन तथा पोषक तत्वों का पतियों से पौधे के अन्य भागों तक संवहन करता है।
(4) वाष्पोत्सर्जन इसमें चूषण बल उत्पन्न करता है।

Ans : (3)

यह भोजन तथा पोषक तत्वों (food and nutrients) का पत्तियों से पौधे के अन्य भागों तक संवहन (transports) करता है।

522. Match the following processes of crop cultivation in column A with the statement in column B

SCIENCE

Column A	Column B
(a) Harvesting	(i) Waterfalls drop by drop directly near the roots
(b) Threshing	(ii) Growing different crops alternately
(c) Crop rotation	(iii) Cutting of crops after its maturation
(d) Drip system	(iv) Grain seeds separated from chaff

(1) (a) - (iv), (b) - (iii), (c) - (i), (d)-(ii)
(2) (a) - (iii), (b) - (ii), (c) - (iv), (d) - (i)
(3) (a) - (iii), (b) - (iv), (c) - (ii), (d) - (i)
(4) (a) - (ii), (b) - (iv), (c) - (iii), (d) - (i)

स्तम्भ A में दी गई फसल बोने काटने की विधियों को स्तम्भ B में दिए गए उनके कथनों से मिलान करिये।

स्तम्भ A	स्तम्भ B
(a) फ़सल काटना	(i) जल बूंद-बूंद करके सीधे जड़ों के पास गिरता है।
(b) दाँवना /गाहना	(ii) विभिन्न फ़सलों को बारी-बारी से एकान्तरित उगाना
(c) फ़सल चक्रण	(iii) फ़सल परिपक्व होने पर कटाई करना
(d) टपक प्रणाली	(iv) दानों को भूसे से अलग करना

(1) (a) - (iv), (b) - (iii), (c) - (i), (d)-(ii)
(2) (a) - (iii), (b) - (ii), (c) - (iv), (d) - (i)
(3) (a) - (iii), (b) - (iv), (c) - (ii), (d) - (i)
(4) (a) - (ii), (b) - (iv), (c) - (iii), (d) - (i)

Ans : (3)

स्तम्भ A	स्तम्भ B
फ़सल काटना (Harvesting)	फ़सल परिपक्व (mature) होने पर कटाई करना
दाँवना /गाहना (Threshing)	दानों को भूसे (chaff) से अलग करना
फ़सल चक्रण (Crop rotation)	विभिन्न फ़सलों को बारी-बारी से एकान्तरत (alternately) उगाना
टपक प्रणाली (Drip system)	जल बूंद-बूंद करके सीधे जड़ों (roots) के पास गिरता है।

523. Aqueous solution of which one of the following oxides will turn blue litmus solution to red

(1) Copper oxide
(2) Calcium oxide
(3) Sulphur dioxide
(4) Magnesium oxide

नीचे दिए गए किस एक ऑक्साइड का जलीय विलयन नीले लिटमस विलयन को लाल कर देता है?

(1) कॉपर ऑक्साइड
(2) कैल्शियम ऑक्साइड
(3) सल्फर डाइऑक्साइड
(4) मैग्नीशियम ऑक्साइड

Ans : (3)

सल्फर डाइऑक्साइड (SO2) नीले लिटमस को लाल कर देगा क्योंकि सल्फर (sulphur) एक अधातु (non-metal) है और इसलिए इसका ऑक्साइड (oxide) भी अधातु है।

524. Select from the following, a planet of solar system which has highly tilted rotational axis as a result of which in its orbital motion appears to roll on its side

(1) Mercury
(2) Neptune
(3) Saturn
(4) Uranus

सौर परिवार के नीचे दिए ग्रहों में से उसे चुनिए जिसका घूर्णन अक्ष अत्यधिक झुका है जिसके परिणामस्वरूप यह कक्षीय गति करते समय अपने पृष्ठ पर लुढ़कता-सा प्रतीत होता है।

(1) बुध
(2) नेपट्यून
(3) शनि
(4) यूरेनस

Ans : (4)

यूरेनस (Uranus) सौर परिवार (solar system) का सबसे बाहरी ग्रह (planet) है जो पूर्व से पश्चिम (east to west) की ओर घूमता है और यूरेनस 98 डिग्री के अक्षीय झुकाव (axial tilt) के साथ अपनी तरफ झुका हुआ है। इसलिए इसमें अत्यधिक झुका हुआ घूर्णन अक्ष (highly tilted rotational axis) है। इसकी कक्षीय गति (orbital motion) अपनी तरफ लुढ़कती हुई प्रतीत होती है।

525. Rusting of iron is:
(1) A physical and reversible change
(2) A chemical and reversible change
(3) A chemical change and irreversible change
(4) A physical and irreversible change

लोहे का संक्षारण है
(1) एक भौतिक एवं उत्क्रमणीय परिवर्तन
(2) एक रासायनिक एवं उत्क्रमणीय परिवर्तन
(3) एक रासायनिक परिवर्तन एवं अनुत्क्रमणीय परिवर्तन
(4) एक भौतिक एवं अनुत्क्रमणीय परिवर्तन

Ans : (3)

लोहे पर जंग लगना एक रासायनिक परिवर्तन और अपरिवर्तनीय परिवर्तन है (Rusting of iron is a chemical change and irreversible change)।

526. Four glass cylinders A, B, C and D of same length 25cm and same diameter are taken and filled with water up to 20cm. Then holes are made in A at 5cm, in B at 8cm, in C at 10cm, and in D at 12cm for the bottom of each cylinder. In which cylinder will the water coming out of the hole travel the farthest?
(1) A
(2) B
(3) C
(4) D

एक-समान लंबाई 25 से.मी. और एक-समान व्यास के चार काँच के सिलेंडर A, B, C और D लिए गए और 20 से.मी. तक जल से भरे गए। उसके बाद A में तली से 5 से. मी. ऊपर, B में 8 से. मी. ऊपर, C में 10 से.मी. ऊपर और D में 12 से.मी. ऊपर छेद किए गए। किस सिलेंडर में से छेद से बाहर आता हुआ जल सबसे दूर जाएगा?
(1) A
(2) B
(3) C
(4) D

Ans : (1)

In the four glass cylinders A, B, C, D we observe that: Pressure inside liquid depend on height of container (चार ग्लास सिलेंडर A, B, C, D में हम देखते हैं कि तरल के अंदर का दबाव कंटेनर की ऊंचाई पर निर्भर करता है)

(1) सिलेंडर D से निकलने वाली धारा यानी 12 सेमी का छेद सिलेंडर के सबसे नजदीक है। (The stream coming out from cylinder D.ie.12 cm hole land nearest to the cylinder.)

(2) सिलेंडर A से निकलने वाली धारा यानी 5 सेमी छेद सिलेंडर से सबसे दूर तक उतरती है (The stream coming out from cylinder A i.e. 5 cm hole land farthest to the cylinder)

527. Select the correct statement from the following
(1) Static friction is smaller than sliding friction.
(2) Rolling friction is more than the sliding friction.
(3) Static friction is smaller than the sliding friction but more than the rolling friction.
(4) Sliding friction is more than the rolling friction but less than the static friction.

निम्नलिखित में से सही कथन चुनिए :
(1) स्थैतिक घर्षण सर्पी घर्षण से कम होता है।

SCIENCE

(2) लोटनिक घर्षण सर्पी घर्षण से अधिक होता है।
(3) स्थैतिक घर्षण सर्पी घर्षण से कम परन्तु लोटनिक घर्षण से अधिक होता है।
(4) सर्पी घर्षण लोटनिक घर्षण से अधिक परन्तु स्थैतिक घर्षण से कम होता है।

Ans : (4)

Friction is the force that opposes the motion of a solid object over another. There are mainly four types of friction: static friction, sliding friction, rolling friction, and fluid friction (घर्षण वह बल है जो किसी ठोस वस्तु की दूसरी वस्तु पर गति का विरोध करता है। घर्षण मुख्यतः चार प्रकार के होते हैं: स्थैतिक घर्षण, सर्पी घर्षण, लोटनिक घर्षण और द्रव घर्षण।) f स्थैतिक घर्षण > f सर्पी घर्षण > f लोटनिक घर्षण >f द्रव घर्षण

528. Radhika connects a series arrangement of two identical cells with a series arrangement of two bulbs. Which should she do to make the bulb (s) glow dimmer?

(1) replace one cell with a piece of chalk
(2) replace one cell with a piece of metal wire
(3) replace one bulb with a piece of metal wire
(4) replace one bulb with a cell

राधिका दो एक समान सेलों की श्रेणीक्रम व्यवस्था को दो बल्बों की श्रेणीक्रम व्यवस्था से जोड़ती है। उसे क्या करना चाहिए कि बल्ब का उद्दीपन मंद हो जाये (जाएँ)

(1) एक सेल को एक चॉक के टुकड़े से बदलना चाहिये।
(2) एक सेल को एक धातु की तार के टुकड़े से बदलना चाहिये।
(3) एक बल्ब को धातु की तार के टुकड़े से बदलना चाहिये।
(4) एक बल्ब को एक सेल से बदलना चाहिये।

Ans : (2)

Among the above-given options, replace one cell with a piece of chalk - No conduction takes place. replace one cell with a piece of metal wire - One cell bulb (gets dimmer) (ऊपर दिए गए विकल्पों में से, एक सेल को चाक के टुकड़े से बदलें - कोई चालन नहीं होता है। एक सेल को धातु के तार के टुकड़े से बदलें - एक सेल बल्ब (मंद हो जाता है))

529. Identify the correct statement from among the following:

(1) The range of a laboratory thermometer is greater than that of a clinical thermometer.
(2) Clinical thermometer can be used to measure the temperature of boiling liquids.
(3) Room thermometers have a range from 30°C to 100 °C.
(4) Laboratory thermometers have a range from 35°C to 42 °C.

निम्नलिखित में से सही कथन पहचानिए।

(1) प्रयोगशाला थर्मामीटर का परिसर डॉक्टरी थर्मामीटर से अधिक होता है।
(2) डॉक्टरी थर्मामीटर का उपयोग उबलते द्रवों का ताप मापने के लिए किया जा सकता है।
(3) कमरे का ताप मापने के थर्मामीटर का परिसर 30 °C - 100 °C होता है।
(4) प्रयोगशाला थर्मामीटर का परिसर 35 °C - 42 °C होता है।

Ans : (1)

डॉक्टरी थर्मामीटर (Medical thermometer) को केवल मानव शरीर का ताप मापने (measure the temperature) के लिए ही डिजाइन किया गया है, जिसका परिसर (range) 35°C से 42°C होता है। प्रयोगशाला थर्मामीटर (laboratory thermometers) का परिसर डॉक्टरी थर्मामीटर से अधिक लगभग -10°C से 110°C होता है।

530. A boy has a thick paste of turmeric. On adding this paste to hydrochloric acid and aqueous solution of sodium hydroxide separately, what colour (s) would he observe?

(1) Pink in hydrochloric acid and blue in sodium hydroxide

(2) Blue in hydrochloric acid and red in sodium hydroxide
(3) Yellow in both cases
(4) Yellow in hydrochloric acid and red in sodium hydroxide

किसी छात्र के पास हल्दी का गाढ़ा पेस्ट है। इस पेस्ट को हाइड्रोक्लोरिक अम्ल और सोडियम हाइड्रॉक्साइड के जलीय विलयन में अलग-अलग डालने पर वह किस रंग/किन रंगों का प्रेक्षण करेगा?

(1) हाइड्रोक्लोरिक अम्ल में गुलाबी और सोडियम हाइड्रॉक्साइड में नीला
(2) हाइड्रोक्लोरिक अम्ल में नीला और सोडियम हाइड्रॉक्साइड में लाल
(3) दोनों प्रकरणों में पीला
(4) हाइड्रोक्लोरिक अम्ल में पीला और सोडियम हाइड्रॉक्साइड में लाल

Ans : (4)

हल्दी एक प्राकृतिक सूचक है (Turmeric is a natural indicator), जिसके उपयोग से किसी विलयन (solution) के अम्लीय (acidic) एवं क्षारीय माध्यम (basic medium) का पता लगाया जाता है। यह अम्लों के साथ पीला रंग तथा क्षार के साथ लाल रंग देता है।

531. An object of mass 6 kg is sliding on a frictionless horizontal surface with a uniform speed of 3 m/s. The force required to keep the object moving at the same speed along the same straight line is

(1) 27 newton
(2) 18 newton
(3) 54 newton
(4) zero newton

कोई 6 किग्रा द्रव्यमान का पिण्ड किसी घर्षण रहित क्षैतिज पृष्ठ पर 3 किमी/से की एकसमान चाल से फिसल रहा है। इस पिण्ड को इसी चाल से इसी सरल रेखा के अनुदिश गति कराने के लिए आवश्यक बल है

(1) 27 न्यूटन
(2) 18 न्यूटन
(3) 54 न्यूटन
(4) शून्य न्यूटन

Ans : (4)

घर्षण रहित समतल (Frictionless plane) पर गतिमान किसी पिंड की गति बनाए रखने के लिए किसी बाह्य बल (external force) की आवश्यकता नहीं होती है, क्योंकि न्यूटन के गति के प्रथम नियम (Newton's first law of motion), जिसे जड़त्व का नियम (law of inertia) भी कहते हैं।

532. Suppose you are a farmer living at a place having black soil. If the climate of your region is warm and you want to grow fibre-yielding plants in your fields, then which of the following would you prefer?

(1) Coconut
(2) Rayon
(3) Jute
(4) Cotton

मान लीजिए आप एक किसान हैं और उस क्षेत्र में रहते हैं जहाँ की मृदा काली है। यदि आपके क्षेत्र की जलवायु उष्ण है और आप अपने खेतों में रेशे प्रदान करने वाले पौधे उगाना चाहते हैं, तो आप निम्नलिखित में से किसे प्राथमिकता देंगे?

(1) नारियल
(2) रेयॉन
(3) जूट (पटसन)
(4) कपास

Ans : (4)

कपास (Cotton) एक प्रमुख रेशेदार फसल (fibre crop) है, जिसकी खेती (cultivation) के लिए काली मृदा (black soil) सर्वाधिक उपयुक्त होती है।

533. When a copper plate is exposed to moist air for long, it acquires a dull green coating. The green material is

(1) copper sulphate
(2) a mixture of copper hydroxide and copper sulphate

(3) a mixture of copper carbonate and copper sulphate
(4) a mixture of copper carbonate and copper hydroxide

जब कोई कॉपर की प्लेट लम्बे समय तक नम वायु में खुली रखी रहती है, तो इस पर एक हल्की हरी परत जम जाती है। यह हरा पदार्थ होता है

(1) कॉपर सल्फेट
(2) कॉपर हाइड्रॉक्साइड और कॉपर सल्फेट का मिश्रण
(3) कॉपर कार्बोनेट और कॉपर सल्फेट का मिश्रण
(4) कॉपर कार्बोनेट और कॉपर हाइड्रॉक्साइड का मिश्रण

Ans : (4)

कॉपर की प्लेट (copper plate) को लंबे समय तक नम वायु (moist air) में रहने के कारण यह वायुमंडल (atmosphere) में उपस्थित कार्बन डाइऑक्साइड (CO2) तथा ऑक्सीजन (O2) से अभिक्रिया (reaction) करके हरे रंग की कॉपर कार्बोनेट (copper carbonate) की परत बन जाती है। यह कॉपर कार्बोनेट तथा कॉपर हाइड्रॉक्साइड (copper hydroxide) का मिश्रण होता है।

534. Which of the following is Not a function of manure?

(1) Improvement of soil texture.
(2) Replenishment of soil with nutrients.
(3) Providing pockets in the soil for seeds to grow.
(4) Improvement of water retaining capacity of soil.

निम्न में से कौन-सा खाद का कार्य नहीं है?

(1) मृदा की संरचना को सुधारना
(2) मृदा में पोषक तत्वों की आपूर्ति करना
(3) मृदा में बीजों की वृद्धि के लिए पुटिका प्रदान करना।
(4) मृदा की जल प्रतिधारक क्षमता को सुधारना।

Ans : (2)

मृदा में पोषक तत्वों की आपूर्ति करना खाद का कार्य नहीं है (Replenishment of soil with nutrients is not a function of manure.)|

535. There are three test tubes A, B and C, all having colourless liquid of equal volume and strength. A drop of Phenolphthalein is added to each of them. It is observed that test tubes A and B remain colourless while C becomes pink. When the pink solution of C is added to A and B, it is observed that A remains colourless, but B attains pink colour. Which of the following is correct inference?

(1) A = Strong Acid B = Strong Base C = Weak Acid
(2) A = Weak Acid B = Strong Acid C = Strong Base
(3) A = Strong Acid B = Weak Acid C = Strong Base
(4) A = Strong Acid B = Weak Acid C = Weak Base

तीन परखनलियाँ A, B तथा C हैं तथा सभी में बराबर आयतन एवं सांद्रता वाले रंगहीन तरल पदार्थ हैं। तीनों परखनलियों में एक-एक बूंद फिनोपथलीन की डाली जाती है। अवलोकन किया गया कि परखनली A तथा B रंगहीन ही रहती हैं, जबकि परखनली C का रंग गुलाबी हो जाता है। जब परखनली C के इस गुलाबी घोल को A तथा B में डाला गया तो देखा गया कि A रंगहीन रहता है किन्तु B गुलाबी रंग ले लेता है।

निम्न में से कौन-सा निष्कर्ष सही है?

(1) A = सांद्र अम्ल, B = सांद्र क्षार, C = तनु अम्ल
(2) A = तनु अम्ल, B = सांद्र अम्ल, C = सांद्र क्षार
(3) A = सांद्र अम्ल, B = तनु अम्ल, C = सांद्र क्षार
(4) A = सांद्र अम्ल, B = तनु अम्ल, C = तनु क्षार

Ans : (3)

जब परखनली (test tube) C के इस गुलाबी घोल (pink solution) को A तथा B में डाला गया तो देखा गया कि A रंगहीन (colourless) रहता है किन्तु B गुलाबी रंग ले लेता है। क्योंकि A - सांद्र अम्ल (Strong Acid), B - तनु अम्ल (Weak Acid), C - सांद्र क्षार (Strong base).

536. Read the following statements and choose correct option.

Assertion (A) - Cellulose rich food substances are good source of roughage for human beings.

Reason (R1) - Cellulose gets absorbed and converted into fibres during digestion.

Reason (R2) - The cellulose digesting bacteria convert cellulose into fibres.

(1) A is true and R1 is correct explanation for A
(2) A is true and R2 is correct explanation for A
(3) A is false and R1 is true
(4) A is false and R2 is true

निम्नलिखित कथनों को पढ़िए और सही विकल्प का चयन कीजिए।

अभिकथन (A): सेलुलोस युक्त खाद्य पदार्थ मानवों के लिए रुक्षांश का अच्छा स्रोत है।

कारण (R1): पाचन के दौरान सेलुलोस अवशोषित होकर रेशों में परिवर्तित हो जाता है।

कारण (R2): सेलुलोस का पाचन करने वाले बैक्टीरिया सेलुलोस को रेशों में बदल देते हैं।

(1) A सही है और R1, A की सही व्याख्या करता है
(2) A सही है और R2, A की सही व्याख्या करता है
(3) A ग़लत है और R1 सही है
(4) A ग़लत है और R2 सही है

Ans : (1)

सेल्यूलोज युक्त खाद्य पदार्थ (Cellulose-rich food substances) मनुष्य के लिए रुक्षांश (roughage) का एक अच्छा स्रोत (source) हैं क्योंकि मनुष्य में सेल्यूलोज-पाचन एंजाइम (cellulose-digesting enzymes) नहीं होते हैं। और पाचन के दौरान सेल्यूलोज अवशोषित (absorbed) हो जाता है और रेशों में परिवर्तित हो जाता है।

537. Which of the following is a set of chemical changes?

A. Mixing sugar in milk
B. Setting milk into card
C. Making cottage cheese (paneer) from milk
D. Making buttermilk from card

(1) A and B
(2) B and C
(3) C and D
(4) A and D

निम्न में से कौन-सा रासायनिक परिवर्तनों का समुच्चय है?

(A) दूध में चीनी मिलाना
(B) दूध से दही जमाना
(C) दूध से पनीर बनाना
(D) दही से लस्सी बनाना

(1) (A) और (D)
(2) (B) और (C)
(3) (C) और (D)
(4) (A) और (D)

Ans : (2)

दूध से दही जमाना और दूध से पनीर बनाना रासायनिक परिवर्तनों का समुच्चय (set of chemical changes) है |

538. The table given below lists substances and their respective densities:

Substances	Density (kg/m^3)
Mercury	13550
Corn oil	900
Copper	8960

What would happen if a copper coin is dropped in a glass filled with mercury and corn oil?

(1) sink at the bottom of the glass.
(2) float over corn oil
(3) float over mercury but sink in corn oil.

SCIENCE

SCIENCE

(4) float on the top of the glass

निम्न सारणी में पदार्थों की और उनके संबधित घनत्वों की सूची दी गई है :

पदार्थ	घनत्व (kg/m^3)
पारा	13550
मक्के का तेल	900
ताँबा	8960

क्या होगा अगर पारे और मक्के के तेल से भरे एक ग्लास में एक तांबे की सिक्के को डाल दिया जाए ?

(1) ग्लास के तल पर बैठ जाऐगा (डूब जाऐगा)
(2) मक्के के तेल पर तैरेगा
(3) पारे पर तैरेगा परन्तु मक्के के तेल में डूब जाऐगा
(4) ग्लास के ऊपर तैरेगा

Ans : (3)

तांबे का सिक्का (Copper coin) मक्के के तेल में डूब (sink) जाता है क्योंकि तांबा सघन (denser) होता है, लेकिन यह पारे (mercury) पर तैरता है क्योंकि पारा तांबे की तुलना में सघन होता है।

539. Read the following statements and choose the correct option.

S1 : Science is always beneficial for society.

S2: The application of science has led to invention of optical and electronic devices as well as computer and telecommunication technologies.

(1) Both S1 and S2 are true and S2 is correct explanation of S1
(2) Both S1 and S2 are true and S2 is not the correct explanation of S1
(3) S1 is true but S2 is false
(4) S1 is false but S2 is correct

निम्नलिखित कथनों को पढ़िये और सही विकल्प का चयन कीजिए :

S1: समाज के लिए विज्ञान सर्वदा लाभकारी हैं।

S2 : विज्ञान में प्रगति से प्रकाशीय और इलेक्ट्रॉनिक युक्तियों के साथ-साथ कंप्युटर और दूर संचार तकनीकियों का भी आविष्कार हुआ हैं।

(1) S1 और S2 दोनों सत्य हैं और S1 की S2 सही व्याख्या हैं।
(2) S1 और S2 दोनों सत्य हैं किन्तु S1 की S2 सही व्याख्या नही है।
(3) S1 सत्य है S2 गलत हैं।
(4) S1 गलत हैं किन्तु S2 सत्य हैं।

Ans : (4)

विज्ञान समाज के लिए लाभकारी [beneficially] तथा विनाशकारी [destructive] दोनों होता है।

[अतः यह कहना कि विज्ञान समाज के लिए सदैव लाभकारी [beneficially] होता है। यह कथन गलत है।]

विज्ञान में प्रगति से प्रकाशीय और इलेक्ट्रानिक युक्तियों [Electronic devices] के साथ साथ कंप्यूटर और दूर संचार तकनीकों [Computer and telecommunication technologies] का भी अविष्कार [Invention] हुआ है।

यह कथन सत्य है। क्योंकि विज्ञान [Science] और प्रौद्योगिकी [Technology] एक-दूसरे पर निर्भर [dependent] है।

540. Which of the following is a useful strategy to understand conceptual gaps in learners?

(1) organizing quiz session
(2) observing practical skills
(3) using concept maps
(4) giving homework regularly

निम्नलिखित में से क्या शिक्षार्थियों में संकल्पनात्मक कमी को समझने के लिए एक उपयोगी रणनीति है ?

(1) प्रश्नोत्तरी सत्रों का आयोजन करना।
(2) प्रयोगात्मक कौशलों का अवलोकन करना।
(3) अवधारणा मानचित्रण का उपयोग करना।
(4) नियमित गृहकार्य देना।

Ans : (3)

अवधारणा मानचित्र [Concept map] सूचना के दृश्य उपकरण [Visual tools] हैं जो विचारों और अवधारणाओ [Ideas and concept] के बीच संबंध दिखाते हैं

अवधारणा मानचित्र [Concept map] का उपयोग ज्ञान को व्यवस्थित [organised] और प्रस्तुत करने [present] के लिए किया जाता हैं।

[अतः शिक्षार्थियों में संकल्पनात्मक समझ विकसित करने के लिए सबसे उपयुक्त रणनीति [Useful Strategy] अवधारणा मानचित्र [Concept map] उपयोग करना है।]

541. To encourage more girls to take up sciences, you may adopt all of the following strategies, except

(1) use gender sensitive language and encourage your students to do so.

(2) be mindful that girls always dominate discussion in scier classroom.

(3) invite women scientists to visit your classroom.

(4) engage students in examining myths and stereotypes about science.

विज्ञान को पढ़ने के लिए और अधिक लड़कियों को प्रोत्साहित करने के लिए, आप निम्न सभी प्रकारों को अपना सकते हैं, सिर्फ एक को छोड़कर :

(1) लैंगिक रूप से संवेदनशील भाषा का उपयोग करें और अपने शिक्षार्थियों को ऐसा करने के लिए प्रोत्साहित करें।

(2) ध्यान रखें कि विज्ञान की कक्षा में लड़कियाँ हमेशा हावी रहें।

(3) कक्षा में महिला वैज्ञानिकों को आमंत्रित करें।

(4) विज्ञान के बारे में मिथकों और रूढ़ियों की जाँच में शिक्षार्थियों को जोड़ें।

Ans : (2)

विज्ञान विषय पढ़ने में लड़कियों को प्रोत्साहित [encourage] करने के लिए शिक्षक को लैंगिक रूप से संवेदनशील [gender sensitive] भाषा का प्रयोग करना चाहिए। जिससे कक्षा में समानता की भावना [sense of equality] विकसित हो सके।

शिक्षक को लैंगिक पूर्वाग्रही [Gender biasness] नहीं होना चाहिए।

कक्षा में महिला वैज्ञानिकों [Women scientist] को आमंत्रित करना चाहिए जिससे लिंग रूढ़िवादिता [Gender stereotype] को चुनौती दी जा सके।

विज्ञान के बारे में मिथको [Myths] और रुढ़ियों [Stereotypes] की जांच में शिक्षार्थियों को जोड़ना चाहिए।

[ध्यान रखें कि विज्ञान की कक्षा में लड़कियां हमेशा हावी रहें। यह एक लैगिक पक्षपात [Gender biasness] है। अर्थात यह कथन गलत है।

542. Science teachers need to ask more divergent questions because :

a. it stimulates and develops critical thinking.

b. it directs students to correct answers.

c. it helps develop thinking strategies

d. it helps in assessing creative behaviour in a learner.

(1) a, b, c

(2) a, c, d

(3) only b

(4) only a

विज्ञान शिक्षक को और अधिक अपसारी प्रश्न पूछने चाहिए क्योंकि -

a. यह गहन सोच को प्रोत्साहित और विकसित करता है।

b. यह शिक्षार्थियों को उत्तर सही करने में दिशा प्रदान करता है।

c. यह सोचने की युक्तियों को विकसित करता है।

d. यह शिक्षार्थियों में सृजनात्मक व्यवहार के आकलन में सहायता करता है।

(1) a, b, c

(2) a, c, d

(3) केवल b

(4) केवल a

Ans : (2)

अपसारी प्रश्न [Open ended question]

अपसारी प्रश्न छात्रों को अपने विचारों को प्रस्तुत करने के अवसर देता है। इसमें प्रत्येक छात्र अपने-अपने दृष्टिकोण से प्रश्नों के जवाब देता है, जिससे यह छात्रों में गहन सोच [intensive thinking] को प्रोत्साहित और विकसित करता है।

छात्र अलग-अलग दिशाओं में सोचते हैं जिससे उनमें सृजनात्मक शक्ति [creative ability] का विकास होता है।

यह प्रश्न छात्रों में सोचने की युक्तियों [thinking strategies] विकसित करता है।

यह प्रश्न छात्रों में सोचने-समझने की क्षमता [ability] तथा तर्कशक्ति [logical thinking] में विकास करता है।

543. Give the sequence of planning for your science classroom using inquiry approach in teaching concept of density.

a. allow students to determine relationship between objects that float and sink.

b. allow students to play with water in a tub with different objects.

c. ask students to design a small boat that can carry 1 kg of weight.

(1) a → b → c
(2) c → b → a
(3) b → c → a
(4) b → a → c

घनत्व की अवधारणा के शिक्षण के लिए जाँच उपागम का उपयोग करके अपनी विज्ञान कक्षा के लिए नियोजन का क्रम दें:

a. शिक्षार्थियों को तैरने और डूबने वाली वस्तुओं के बीच संबंध निर्धारित करने का अवसर दें।

b. शिक्षार्थियों को विभिन्न वस्तुओं के साथ टब में पानी के साथ खेलने का अवसर दें।

c. शिक्षार्थियों को एक छोटी नाव डिजाइन करने के लिए कहें जो 1 किलोग्राम वजन ले जा सके।

(1) a → b → c
(2) c → b → a
(3) b → c → a
(4) b → a → c

Ans : (4)

घनत्व [density]:- किसी पदार्थ के इकाई आयतन में मौजूद द्रव्यमान [Mass] को घनत्व [density] कहते हैं।

घनत्व की अवधारणा [Concept of density] शिक्षण के लिए नियोजित क्रम :-

सर्वप्रथम शिक्षार्थियों को विभिन्न वस्तुओं के साथ टब में पानी के साथ खेलने का अवसर दें।

तत्पश्चात छात्रों को अवलोकन [observation] के आधार पर डूबने और तैरने वाली वस्तुओं के बीच संबंध निर्धारित करने का अवसर दें।

अन्ततः शिक्षार्थियों को एक छोटी नाव डिजाइन करने के लिए कहें जो 1 kg वजन ले जा सके।

544. Which of the following strategy can be the most appropriate for involving learners in the teaching learning of science?

(1) Reading a science book
(2) Clarifying the hard spots of learners
(3) Working on engaging the learners first
(4) Encouraging learners to do group assessment

निम्नलिखित में से कौन सी युक्ति विज्ञान शिक्षण अधिगम में सीखने वाले को शामिल करने के लिए सबसे अधिक उपयुक्त हो सकती है ?

(1) विज्ञान की पुस्तक को पढ़ना
(2) छात्रों के कठिन बिन्दुओं को स्पष्ट करना।
(3) सबसे पहले छात्र को सीखने में जोड़ने पर कार्य करना।
(4) छात्रों को समूह आकलन के लिए प्रोत्साहित करना।

Ans : (3)

विज्ञान शिक्षण अधिगम में [teaching learning in science] छात्रों को शामिल [Engage] करने के लिए विज्ञान को सदैव छात्रों के व्यवहारिक ज्ञान [Practical Life] से जोड़कर पढ़ाना चाहिए जिससे प्रत्येक छात्र विज्ञान से जुड़ सके।

छात्रों को सक्रिय [active] रूप से खोजबीन

[investigation] के द्वारा सीखने के अवसर देना चाहिए।

प्रत्येक छात्र के सामाजिक- सांस्कृतिक पृष्ठभूमि [Socio-Culture background] का ध्यान रखना चाहिए।

[अर्थात् सर्वप्रथम छात्र को विज्ञान की कक्षा से जोड़ने का कार्य करना चाहिए।]

545. By which of the following strategy meaningful clarification on the concept of reflection of light can be given?

(1) Animated video on the concept.
(2) Chart showing the reflection of light.
(3) Observing reflection of light on white paper screen by the lear and drawing conclusions.
(4) Asking closed ended que related to the concept.

निम्नलिखित में से किस युक्ति के द्वारा प्रकाश के परावर्तन की संकल्पना का अर्थवान स्पष्टीकरण दिया जा सकता है ?

(1) संकल्पना आधारित ऐनिमेटेड वीडियो
(2) प्रकाश के परावर्तन को दिखाता हुआ चार्ट
(3) सीखने वालों के द्वारा सफेद कागज के परदे पर प्रकाश के परावर्तन का अवलोकन करना और उसका निष्कर्ष निकालना।
(4) संकल्पना आधारित बंद उत्तर वाले प्रश्नों को पूछकर

Ans : (3)

प्रकाश का परावर्तन [Reflection of light]

जब प्रकाश की किरण किसी चिकनी सतह से टकराकर वापस लौट जाती है, तो इसे प्रकाश का परावर्तन [Reflection of light] कहते हैं।

[अतः छात्रों को प्रकाश के परावर्तन की संकल्पना [Concept of Reflection of light] को समझाने के लिए छात्रों को सफेद कागज़ के परदे पर प्रकाश के परावर्तन [reflection of light] का अवलोकन [Observation] करने के लिए कहना और उसका निष्कर्ष [Solution / conclusion] निकालने के लिए कहना।]

546. Why are field visits important in science?

(1) It provides hands on experiences to the learners.
(2) It is easy to conduct.
(3) It collects the information of science.
(4) It develops habit of hardwork among learners.

विज्ञान में क्षेत्र भ्रमण क्यों महत्त्वपूर्ण है?

(1) यह अपने हाथ से कार्य करने के अनुभव प्रदान करता है।
(2) इसका संचालन आसान है।
(3) यह विज्ञान की जानकारी इकट्ठी करता है।
(4) यह सीखने वाले में मेहनत की आदत का विकास करता है।

Ans : (1)

विज्ञान में क्षेत्रभ्रमण से लाभ [advantages of field trip in science]

क्षेत्र भ्रमण [field trip] में छात्र निरीक्षण [inspection] द्वारा स्वयं करके सीखते [learning by doing] हैं।

छात्रों को स्थल, घटना, तथा वस्तुओं आदि का प्रत्यक्ष [direct] ज्ञान प्राप्त हो पाता है।

छात्र की जिज्ञासा [curiosity] एवं शंकाओं [doubts] का समाधान होता है।

छात्र शिक्षक में निकट का संपर्क होता है।

field trip छात्रों को अपने हाथ से कार्य करने का अनुभव [experience] प्रदान करता है।

547. Which of the following tool is for learner cantered assessment?

A. Portfolio
B. Concept mapping
C. Paper-pencil test
D. Journal writing

(1) Conly
(2) A, B and D
(3) A and C only
(4) B, C and D

निम्न में से कौन सा साधन बाल केन्द्रित आकलन के लिए है?

SCIENCE

A. पोर्टफोलियो
B. अवधारणा मानचित्रण
C. पेपर-पेंसिल परीक्षण
D. जर्नल लिखना
(1) केवल C
(2) A, B और D
(3) केवल A और C
(4) B, C और D

Ans : (2)

बालकेंद्रित आकलन [Child Cantered assessment] में बालक को केंद्र बिंदु बनाकर आकलन किया जाता है। बालकेंद्रित छात्रों के हितों को प्राथमिकता [priority] देता है।

बालकेंद्रित आकलन के अंतर्गत

पोर्टफोलियों [Portfolio]

अवधारणा मानचित्रण [Concept mapping]

पत्रिका लेखन [Journal writing]

548. Assessment as learning in science means ________.
(1) Formative assessment
(2) Summative assessment
(3) Self-assessment
(4) Term assessment

विज्ञान में सीखने जैसा आकलन का अर्थ है
(1) रचनात्मक आकलन
(2) योगात्मक आकलन
(3) स्वः आकलन
(4) सत्र आकलन

Ans : (3)

सीखने के रूप में मूल्यांकन [Assessment as learning] के अंतर्गत छात्र अपना स्वयं का आकलन [self-assessment] करते हैं।

छात्र स्वयं अपने मूल्यांकनकर्ता [appraiser] होते हैं। छात्र अपने स्वयं के सीखने की निगरानी करते हैं, प्रश्न पूछते हैं और यह तय करने के लिए कई रणनीतियों का उपयोग करते हैं।

इसके अंतर्गत छात्र आपस में सहपाठी समूह [peer groups] द्वारा भी स्वयं का आकलन करते हैं।

549. Mili took a deflated balloon and put it on the mouth of a glass bottle. She then put the glass bottle in a bath of boiling water. There is change in the shape of the balloon. What does this activity demonstrate?
(1) Air inside the bottle decreases on heating
(2) Heat creates high pressure inside balloon
(3) Air inside the bottle increases on heating
(4) Heat causes air inside the bottle to expand

मिलि एक पिचके हुए गुब्बारे को लेती है तथा उसे काँच की बोतल के सिरे पर लगा देती है। वह उस काँच की बोतल को खौलते / उबलते पानी के पात्र में रख देती है। गुब्बारे की आकृति में परिवर्तन होता है। यह गतिविधि क्या प्रदर्शित करती है ?
(1) गर्म होने पर बोतल के अंदर की हवा/ वायु घटती है।
(2) गर्मी गुब्बारे के अंदर उच्च दाब उत्पन्न करती है।
(3) गर्म होने पर बोतल के अंदर की हवा / वायु बढ़ती है।
(4) गर्मी बोतल के अंदर की हवा वायु को प्रसारित करती है।

Ans : (4)

गर्म करने से बोतल के अंदर की हवा फैलती (expand) है, जिससे उसके मुंह पर रखा गुब्बारा फूल जाता है।

550. Following are some of the suggestions to save petrol/diesel. Identify the incorrect one:
(1) Drive at a moderate speed as far as possible
(2) Ensure that the tyre pressure is moderately low:
(3) Ensure regular maintenance of the vehicle
(4) Switch off engine at red light

पेट्रोल/डीजल की बचत के लिए निम्नलिखित कुछ सुझाव हैं जो सही नहीं है उसकी पहचान कीजिए:
(1) जितनी दूर तक संभव हो मध्यम गति से गाड़ी चलाएँ।
(2) यह सुनिश्चित करें कि पहिए में दाब मध्यम रूप से कम हों
(3) वाहन का नियमित रख-रखाव सुनिश्चित करें
(4) लाल बत्ती पर इंजन बंद कर दें

Ans : (2)

विकल्प 2 गलत है क्योंकि टायर में मामूली कम दबाव (pressure) बनाए रखने से वास्तव में ईंधन दक्षता (fuel efficiency) कम हो जाती है। निर्माता (manufacturer) द्वारा अनुशंसित उचित टायर दबाव (tire pressure), ईंधन दक्षता में सुधार करता है।

551. Which of the following statement / s is / are true?

(A) Mustard, rose and petunia have unisexual flowers.

(B) Corn, papaya and cucumber produce bisexual flowers.

(C) The female gamete is formed in an ovule.

(D) After fertilization, ovary grows into a seed of the plant.

(1) Only (A) and (B)
(2) Only (A), (B) and (C)
(3) Only (C)
(4) Only (D)

निम्नलिखित में से कौन सा/से कथन सही है/हैं?

(A) सरसों, गुलाब और पेटूनिया (Petunia) के फूल एकलिंगी होते हैं।

(B) मक्का, पपीते और खीरे के फूल उभयलिंगी / द्विलिंगी होते हैं।

(C) मादा युग्मक का सृजन बीजांड में होता है।

(D) निषेचन के पश्चात, अंडाशय (डिंबग्रंथि) पौधे के बीज के रूप मे बढ़ता है।

(1) केवल (A) और (B)
(2) केवल (A), (B) और (C)
(3) केवल (C)
(4) केवल (D)

Ans : (3)

मादा युग्मक (female gamete) वास्तव में एक बीजांड (ovule) के भीतर बनता है, जो पौधे की प्रजनन प्रणाली (reproductive system) की संरचना (structure) का हिस्सा है।

552. Read the following statements and choose the correct response.

Assertion (A) - Sound travels faster in water than in air

Reason (R) - Rigidity of medium impact the speed of sound.

(1) Both A and R are correct and R is correct explanation for A
(2) Both A and R are correct and R is not correct explanation for A
(3) A is correct and R is incorrect
(4) R is correct and A is incorrect

नीचे दिए गए कथनों को पढ़िए और सही विकल्प का चयन कीजिए।

अभिकथन (A): जल की अपेक्षा वायु में ध्वनि अधिक तेज़ी से गति करती है।

कारण (R): माध्यम की दृढ़ता ध्वनि की चाल को प्रभावित करती है।

(1) A और R दोनों सही हैं और R, A की सही व्याख्या है
(2) A और R दोनों सही हैं लेकिन R, A की सही व्याख्या नहीं है
(3) A सही है और R सही नहीं है
(4) R सही है और A सही नहीं है

Ans : (1)

माध्यम जितना अधिक कठोर (rigid) (या कम संकुचित) होगा, ध्वनि की गति (speed of sound) उतनी ही तेज होगी। किसी माध्यम का घनत्व (density) जितना अधिक होगा, ध्वनि की गति उतनी ही धीमी होगी। वायु में ध्वनि की गति कम होती है, क्योंकि वायु संकुचित (compressible) होती है।

553. Sometimes we get muscle cramps after exercise. It is because

(1) aerobic respiration takes place and alcohol, lactic acid and energy produced
(2) anaerobic respiration takes place and alcohol, CO_2 and energy are produced
(3) aerobic respiration takes place and lactic acid, CO_2 and energy are produced

SCIENCE

SCIENCE

(4) anaerobic respiration takes place and lactic acid, and energy are produced

कभी-कभी अत्यधिक व्यायाम करने के बाद हमारी पेशियों में ऐंठन आ जाती है। इसका कारण यह है कि –

(1) वायवीय श्वसन होता है और एल्कोहल, लैक्टिक अम्ल और ऊर्जा उत्पन्न होती है
(2) अवायवीय श्वसन होता है और एल्कोहल, CO_2 और ऊर्जा उत्पन्न होती है
(3) वायवीय श्वसन होता है और लैक्टिक अम्ल, CO_2 और ऊर्जा उत्पन्न होती है
(4) अवायवीय श्वसन होता है और लैक्टिक अम्ल और ऊर्जा उत्पन्न होती है

Ans : (4)

कभी-कभी अत्यधिक व्यायाम (exercise) करने के बाद हमारी पेशियों में ऐंठन (muscle cramps) आ जाती है। इसका कारण यह है कि अवायवीय श्वसन (anaerobic respiration) होता है और लैक्टिक अम्ल (lactic acid,) और ऊर्जा (energy) उत्पन्न होती है|

554. Chemicals generally used as food preservatives are

(1) Sodium bicarbonate and sodium benzoate
(2) Tartaric acid and sodium sulphate
(3) Sodium bicarbonate and sodium sulphate
(4) Sodium meta bisulphite and sodium benzoate

सामान्य रूप से उपयोग किए जाने वाले रसायन, जिनका उपयोग खाद्य-परिरक्षणों के रूप में किया जाता है, कौन से हैं –

(1) सोडियम बाइकार्बोनेट और सोडियम बेंज़ोएट
(2) टारटेरिक अम्ल और सोडियम सल्फेट
(3) सोडियम बाइकार्बोनेट और सोडियम सल्फेट
(4) सोडियम मेटाबाइसल्फेट और सोडियम बेंजोएट

Ans : (4)

आमतौर पर खाद्य परिरक्षणों (food preservatives) के रूप में उपयोग किए जाने वाले रसायन (chemicals) सोडियम मेटाबाइसल्फेट (Sodium meta bisulphite) और सोडियम बेंजोएट (sodium benzoate) हैं।

555. Which of the following statement is NOT true?

(1) Soil erosion causes desertification.
(2) Deforestation lowers the ground water level.
(3) Overgrazing causes deforestation.
(4) Loss of biodiversity causes deforestation.

निम्नलिखित में से कौन-सा कथन सही नहीं है

(1) मृदा अपरदन (मिटटी का कटाव) के कारण मरूस्थलीकरण होता है।
(2) वनोन्मूलन वनों के काटे जाने के कारण भौम जल का स्तर गिरता है।
(3) मवेशियों की अत्यधिक चराई के कारण वनोन्मूलन होता है।
(4) जैव विविधता की क्षति के कारण वनोन्मूलन होता है।

Ans : (4)

जैव विविधता की क्षति (Loss of biodiversity) के कारण वनोन्मूलन (deforestation) होता है। यह कथन सही नहीं है |

556. Which of the following sets is unicellular?

(1) egg, sperm
(2) egg, zygote
(3) sperm, embryo
(4) zygote, embryo

निम्नलिखित में से कौन-सा सेट एक कोशिकीय है?

(1) अंडाणु, शुक्राणु
(2) अंडाणु, युग्मज
(3) शुक्राणु, भ्रूण
(4) युग्मज, भ्रूण

Ans : (1)

एक कोशिकीय जीव (Unicellular organisms) वे जीव हैं जिनमें एकल कोशिका (single cell) होती है। अंडा (egg), शुक्राणु (sperm) एक कोशिकीय जीव (cellular organism) हैं।

557. Read the following statements and choose the correct option

Assertion (A): Virtual images cannot be obtained on screen.

Reasoning R1: Virtual images are formed at points where the light rays appear to diverge from.

Reasoning R2: Virtual images are always erect.

(1) Both R1 & R2 are correct but R1 provides the correct explanation for A
(2) Both R1 & R2 are correct but R2 provides the correct explanation for A
(3) R1 is correct but R2 is incorrect
(4) R2 is correct but R1 is incorrect

नीचे दिए गए कथन पढ़िए और सही विकल्प का चयन कीजिए।

अमिकथन (A): आभासी प्रतिबिम्ब स्क्रीन पर प्राप्त नहीं किए जा सकते।

कारण (R1): आभासी प्रतिबिम्ब उन बिन्दुओं पर बनते है जहाँ से प्रकाश की किरणे अपसरित होती प्रतीत होती हैं।

कारण (R2): आभासी प्रतिबिम्ब सदैव सीधे होते हैं।

(1) R1 व R2, दोनों सही हैं लेकिन R1, A की सही व्याख्या करता है।
(2) R1 व R, दोनों सहीं हैं लेकिन R2, A की सही व्याख्या करता है।
(3) R1 सही है किन्तु R2 गलत है।
(4) R2 सही है किन्तु R1 गलत है।

Ans : (1)

स्क्रीन पर आभासी प्रतिबिम्ब (virtual image) प्राप्त नहीं किया जा सकता क्योंकि स्क्रीन पर जो आभासी (virtual) बनता है वह प्रकाश किरणों (light rays) के कारण होता है जो आपस में नहीं मिलती हैं, लेकिन एक बिंदु पर मिलती हुई प्रतीत (appear) होती हैं जब किरणें पीछे की ओर (backward) उत्पन्न (produced) होती हैं। बनने वाला आभासी प्रतिबिम्ब हमेशा सीधा (erect) होता है और कभी उल्टा (inverted) नहीं होता।

558. After fertilization, a zygote will develop into a human male if

(1) the egg had one Y chromosome
(2) the sperm had one Y chromosome
(3) the sperm had one X chromosome
(4) the egg has two Y chromosomes

निषेचन के पश्चात युग्मनज नर प्राणी में विकसित होगा यदि

(1) अंडे में एक y गुणसूत्र हो
(2) शुक्राणु में एक y गुणसूत्र हो
(3) शुक्राणु में एक x गुणसूत्र हो
(4) अंडे में दो y गुणसूत्र हो

Ans : (2)

शुक्राणु (Sperm) में X या Y गुणसूत्र (chromosome) की उपस्थिति युग्मनज (zygote) के लिंग का निर्धारण (determined) करती है। निषेचन (fertilization) के दौरान, यदि युग्मनज को पिता से X गुणसूत्र विरासत में मिलता है तो युग्मनज मादा (female) होगा। यदि युग्मनज को पिता से Y गुणसूत्र विरासत में मिलता है, तो युग्मनज नर (male) होगा।

559. An element 'X' reacts with oxygen to produce an oxide whose solution turns red litmus blue. Which of the following could be X?

(1) Sulphur
(2) Magnesium
(3) Carbon
(4) Nitrogen

एक तत्व 'X' ऑक्सीजन के साथ अभिक्रिया करके एक ऑक्साइड बनाता है जिसका विलयन लाल लिटमस को नीला कर देता है। निम्नलिखित में से X क्या हो सकता है?

(1) सल्फर
(2) मैग्नीशियम
(3) कार्बन
(4) नाइट्रोजन

Ans : (2)

मैग्नीशियम (Magnesium) ऑक्सीजन के साथ अभिक्रिया (reaction) करके एक ऑक्साइड (oxide) बनाता है जिसका विलयन (solution) लाल लिटमस को नीला कर देता है।

560. What would be the effect on the electrical resistance of a wire if its length and the area of cross-section are both doubled?

(1) Resistance will increase four times
(2) Resistance will decrease by four times
(3) Resistance will double
(4) Resistance will remain unchanged

यदि किसी तार की लम्बाई और उसका अनुप्रस्थ परिच्छेद दुगुना कर दिया जाए तो उसका विद्युत प्रतिरोध पर क्या प्रभाव पड़ेगा?

(1) प्रतिरोध चार गुना बढ़ जाएगा
(2) प्रतिरोध चार गुना घट जाएगा
(3) प्रतिरोध दुगुना हो जाएगा
(4) प्रतिरोध अपरिवर्तित रहेगा

Ans : (4)

जब किसी तार की लम्बाई (length) और उसका अनुप्रस्थ परिच्छेद (area of cross-section) दुगुना कर दिया जाए तो उसका विद्युत प्रतिरोध (resistance) अपरिवर्तित (unchanged) रहता है।

561. Read the following statements carefully and select the correct option.

Assertion (A): The stars in the night sky appear to move from east to west.

Reason (R) : The earth rotates from west to east.

(1) (A) and (R) are both correct and (R) is the correct explanation for (A).
(2) (A) and (R) are both correct but (R) is not the correct explanation for (A).
(3) (A) is correct but (R) is incorrect.
(4) (A) and (R) are both incorrect.

निम्नलिखित कथनों को ध्यानपूर्वक पढ़िए तथा सही विकल्प का चयन कीजिए।

अभिकथन (A) : रात्रि में आकाश में तारे पूर्व से पश्चिम की ओर गति करते प्रतीत होते हैं।

तर्क (R) : पृथ्वी पश्चिम से पूर्व दिशा में घूर्णन करती है।

(1) (A) और (R) दोनों सही हैं तथा (R), (A) की सही व्याख्या है।
(2) (A) और (R) दोनों सही हैं परन्तु (R), (A) की सही व्याख्या नहीं है।
(3) (A) सही है परन्तु (R) गलत है।
(4) (A) और (R) दोनों गलत हैं।

Ans : (1)

(A) और (R) दोनों सही हैं और (R) (A) के लिए सही स्पष्टीकरण है।

तारे पूर्व से पश्चिम (east to west) की ओर घूमते प्रतीत (appear to move) होते हैं क्योंकि पृथ्वी (Earth) पश्चिम से पूर्व (west to east) की ओर घूमती है।

562. Identify the correct statements from the following :

(a) Generally, non-metals do not react with water.
(b) Generally, non-metals do not react with acids.

(1) Only (a)
(2) Only (b)
(3) Both (a) and (b)
(4) Neither (a) nor (b)

निम्नलिखित में से सही कथनों की पहचान कीजिए :

(a) सामान्यतः अधातु जल के साथ अभिक्रिया नहीं करते।
(b) सामान्यतः अधातु अम्लों के साथ अभिक्रिया नहीं करते।

(1) केवल (a)
(2) केवल (b)
(3) (a) और (b) दोनों
(4) न तो (a) न ही (b)

Ans : (3)

(a) और (b) दोनों।

(a) सामान्यतः अधातुएँ जल के साथ अभिक्रिया नहीं करतीं (Generally, non-metals do not react with water.)।

(b) सामान्यतः अधातुएँ अम्ल के साथ अभिक्रिया नहीं करतीं (Generally, non-metals do not react with acids.) ।

563. Which of the following represents the cell organelles of an animal cell?

(A) cell membrane, cell wall, mitochondria, nucleus

(B) cell membrane, vacuole, nucleus, plastids

(C) cell membrane, cell wall, nucleus, mitochondria

(D) cell membrane, nucleus, mitochondria, cytoplasm

(1) (A)

(2) (B)

(3) (C)

(4) (D)

निम्नलिखित में से कौन एक जीव कोशिका के कोशिकांगों को दर्शाता है ?

(A) कोशिका झिल्ली, कोशिका भित्ति, सूत्रकणिका, केन्द्रक

(B) कोशिका झिल्ली, रसधानी, केन्द्रक, लवक

(C) कोशिका झिल्ली, कोशिका भित्ति, केन्द्रक, सूत्रकणिका

(D) कोशिका झिल्ली, केन्द्रक, सूत्रकणिका, कोशिका द्रव्य

(1) (A)

(2) (B)

(3) (C)

(4) (D)

Ans : (4)

एक पशु कोशिका के सेल ऑर्गेनेल का प्रतिनिधित्व (D) करता है ((D) represents the cell organelles of an animal cell.)। पशु कोशिकाओं (Animal cells) में कोशिका भित्ति (cell wall) या प्लास्टिड (plastid) नहीं होते हैं, जो पादप कोशिकाओं (plant cells) में मौजूद होते हैं। कोशिका झिल्ली (cell membrane), केन्द्रक (nucleus), सूत्रकणिका (mitochondria) और कोशिका द्रव्य (cytoplasm) एक पशु कोशिका के विशिष्ट अंग हैं।

564. __(A)__ reacts with oxygen and water to form a compound__(B)__. This compound turns __(C)__litmus __(D)__ and becomes milky on passing __(E)__ gas.

(A), (B). (C), (D), (E) respectively are:

(1) Magnesium. Magnesium oxide, red, blue, Sulphur dioxide

(2) Calcium, Calcium hydroxide, red, blue, Carbon dioxide

(3) Magnesium, Magnesium oxide, blue, red, Carbon dioxide

(4) Calcium, Calcium hydroxide, blue, red, Carbon dioxide

__(A)__ ऑक्सीजन और पानि से अभिक्रिया कर एक यौगिक __(B)__ का निर्माण करता है। यह यौगिक__(C)__ लिट्मस को __(D)__ में परिवर्तित करता है और __(E)__ गैस प्रवाहित करने पर दूधिया हो जाता है।

(A), (B), (C), (D), (E) क्रमशः हैं:

(1) मैग्नीशियम, मैग्नीशियम ऑक्साइड, लाल, नीला, सल्फर डाइऑक्साइड

(2) कैल्शियम, कैल्शियम हाइड्रॉक्साइड, लाल, नीला, कार्बन डाइऑक्साइड

(3) मैग्नीशियम, मैग्नीशियम ऑक्साइड, नीला, लाल, कार्बन डाइऑक्साइड

(4) कैल्शियम, कैल्शियम हाइड्रॉक्साइड, नीला, लाल, कार्बन डाइऑक्साइड

Ans : (2)

कैल्शियम ऑक्सीजन और पानी से अभिक्रिया कर एक यौगिक कैल्शियम हाइड्रॉक्साइड का निर्माण करता है। यह यौगिक लाल लिट्मस को नीला में परिवर्तित करता है और कार्बन डाइऑक्साइड गैस प्रवाहित करने पर दूधिया हो जाता है। (Calcium reacts with oxygen and water to form a compound calcium hydroxide. This compound turns red litmus blue and becomes milky on passing carbon dioxide gas.)

SCIENCE

565. Seed dispersal may be said to help the plants in all of the following except :

(1) over crowding
(2) avoid competition for sunlight, water and minerals
(3) invade new habitats
(4) produce new varieties

कहा-जा सकता है कि निम्नलिखित में से सभी में बीज प्रकीर्णन ने पादपों को लाभ पहुँचाया है (सहायता की है) सिवाय :

(1) अतिसंकुलता
(2) सूर्य के प्रकाश, जल एवं खनिजों के लिए प्रतिस्पर्धा टालने के
(3) नए आवासों में अपनी पकड़ बनाने के
(4) नई किस्में उत्पन्न करने के

Ans : (1)

बीज प्रकीर्णन (Seed dispersal) से भीड़भाड़ (overcrowding) नहीं होती; इसके बजाय, यह पौधों को नए क्षेत्रों में बसने (colonize) और प्रतिस्पर्धा (competition) से बचने में मदद करता है, जिससे आनुवंशिक विविधता (genetic diversity) आती है।

566. Which of the following is the most suitable reason behind Newtons theory of gravitation being regarded as an excellent theory?

(1) It explains larger number of observations by making fewer assumptions
(2) It has been arrived at after thorough experimentation
(3) It has been formulated using the precise language of mathematics
(4) It has been developed over a long period of time

न्यूटन के गुरुत्वाकर्षण के सिद्धांत को एक उत्कृष्ट सिद्धांत मानने के पीछे निम्नलिखित में से कौन सा सर्वाधिक उपयुक्त कारण है ?

(1) यह कम धारणाएँ बनाकर बड़ी संख्या में प्रेक्षणों की व्याख्या करता है
(2) इस पर पूर्ण प्रयोग के पश्चात ही पहुँचा गया है
(3) इसे परिशुद्ध गणित भाषा का प्रयोग करके सूत्रबद्ध किया गया है
(4) इसे दीर्घसमय अवधि में विकसित किया गया है

Ans : (1)

न्यूटन के गुरुत्वाकर्षण के सिद्धांत (Newton's theory of gravitation) को उत्कृष्ट (excellent) माना जाता है क्योंकि यह न्यूनतम मान्यताओं (minimal assumptions) के साथ बड़ी संख्या में अवलोकनों (observations) की व्याख्या (explanation) करता है, इसकी सादगी और प्रभावशीलता (simplicity and effectiveness) को प्रदर्शित करता है।

567. A teacher takes 3 clean plastic caps of bottles - A, B & C

She puts two teaspoonfuls of distilled water and few drops of hydrochloric acid in A.

She puts two teaspoonfuls of distilled water and some caustic soda in B.

She puts two teaspoonfuls of distilled water and some sugar in C.

Which of the above solutions will conduct electricity?

(1) Only C
(2) A & B
(3) Only A
(4) A and C

एक शिक्षिका बोतलों के 3 साफ प्लास्टिक के ढक्कन लेती है- A, B और C

वह A में दो छोटी चम्मच आसवित जल की और कुछ बूंदे हाइड्रोक्लोरिक अम्ल की डालती है।

वह B में दो छोटी चम्मच आसवित जल की और थोड़ा सा कॉस्टिक सोडा डालती है.

वह C में दो छोटी चम्मच आसवित जल की और थोड़ी सी चीनी (शर्करा) डालती है

उपरोक्त घोलों में से कौन सा विद्युत चालन करेगा ?

(1) केवल C
(2) A और B

(3) केवल A
(4) A और C

Ans : (2)

हाइड्रोक्लोरिक एसिड (hydrochloric acid) और कास्टिक सोडा (caustic soda) आयनित हो जाएंगे जबकि चीनी आयनित (ionize) नहीं होगी, इसलिए यह विद्युत का संचालन (conduct electricity) नहीं करेगी।

568. Study the two types of changes given below:

A	B
Flowering of bud	**expansion of iron on heating**
Cutting of grass	**boiling of water**

Which of the following Is true?

(1) A – physical changes; B – chemical changes
(2) A – chemical changes; B – physical changes
(3) A – irreversible changes; B – reversible changes
(4) A – Irreversible changes, b – irreversible changes

नीचे दिए गए दो प्रकार के परिवर्तनों का अध्ययन कीजिए:

A	B
कलिका का पुष्पण	**गरम करने पर लोहे का फेलना**
घास का काटना	**जल का क्वथन (उबलना)**

निम्नलिखित में से कोनसा सही है?

(1) A - भौतिक परिवर्तन; B – रासायनिक परिवर्तन
(2) A – रासायनिक परिवर्तन; B - भौतिक परिवर्तन
(3) A – अनुत्क्रमर्णीय परिवर्तन; B – प्रतिवर्ती परिवर्तन
(4) A - अनुत्क्रमर्णीय परिवर्तन; B - अनुत्क्रमर्णीय परिवर्तन

Ans : (3)

वह प्रक्रिया (process) जिसे उल्टा (reverse) किया जा सकता है, प्रतिवर्ती परिवर्तन (reversible change) कहलाती है। वह प्रक्रिया जिसे बदला नहीं जा सकता, अनुत्क्रमर्णीय परिवर्तन (irreversible changes) कहलाती है। एक प्रतिवर्ती प्रक्रिया अस्थायी (temporary) है। एक अनुत्क्रमर्णीय प्रक्रिया स्थायी (permanent) होती है। कली के खिलने को उल्टा नहीं किया जा सकता।

569. Which of the following is a set of substances that are basic in nature?

(1) Toothpaste, Shampoo, baking soda, Vinegar
(2) Window cleaner, curd, milk of magnesia, lemon juice
(3) Calamine lotion, Shampoo, toothpaste, window cleaner
(4) Milk of magnesia, alcohol, lemon juice, slaked lime

निम्नलिखित में से कौन, पदार्थों का एक समुच्चय है जो क्षारीय प्रकृति के हैं?

(1) टूथपेस्ट, शैंपू, बेकिंग सोडा, सिरका
(2) खिड़की मार्जक, दही, मिल्क ऑफ मैग्नीशिया, नींबू का रस
(3) कैलेमाइन लोशन, शैंपू, टूथपेस्ट, खिड़की मार्जक
(4) मिल्क ऑफ मैग्नीशिया, एल्कोहल, नींबू का रस, बुझा चूना

Ans : (3)

कैलामाइन लोशन (Calamine lotion), शैंपू (shampoo), टूथपेस्ट (toothpaste), खिड़की मार्जक (window cleaner) में बेस (क्षार) होता है।

570. Read the following paragraph and select the option which would correctly fill the blanks in the given order.

Despite the diversity in crops in India, two broad cropping patterns can be identified. The crops which are sown around mid-November and harvested in April-May

SCIENCE

are called ____ Two examples of these crops are ______.

(1) Rabi, wheat, mustard
(2) Kharif, wheat, rice
(3) Rabi, rice, mustard
(4) Kharif, cotton, soyabean

निम्नलिखित अनुच्छेद पढ़िए और उस विकल्प का चयन कीजिए जो रिक्त कथनों को दिए गए सही क्रम में भरते हैं।

भारत में फसल में विविधता के बावजूद फसलों के दो बड़े स्वरूपों की पहचान की गई है जो फसलें नवम्बर के मध्य में बोई जाती है और अप्रैल-मई में काटी जाती है, वे _____ कहलाती है। इन फसलों के दो उदाहरण हैं _________ ।

(1) रबी, गेहूँ, सरसों
(2) खरीफ, गेहूँ, चावल / धान
(3) रबी, धान, सरसों
(4) खरीफ, सूत / कपास, सोयाबीन

Ans : (1)

भारत में फसल में विविधता के बावजूद फसलों के दो बड़े स्वरूपों की पहचान की गई है जो फसलें नवम्बर के मध्य में बोई जाती है और अप्रैल-मई में काटी जाती है, वे रबी (rabi) कहलाती है। इन फसलों के दो उदाहरण हैं गेहूँ (wheat), सरसों (mustard)|

571. The weather chart given below depicts the weather averages of an Indian city for the first seven months of a year for the period, 1991-2021.

	January	February	March	April	May	June	July
Maximum Temp.	18.8°C	22.2°C	28.4°C	35.6°C	38.8°C	37.4°C	33.1°C
Minimum Temp.	7.5°C	10.2°C	14.7°C	20.3°C	24.3°C	26.4°C	25.9°C
Humidity %	73%	66%	52%	31%	33%	49%	76%

To which of the following cities can the above chart belong?

(1) Kochi
(2) Shimla
(3) Karnal
(4) Chennai

नीचे दिया गया मौसम चार्ट किसी भारतीय शहर के वर्ष 1991-2021 के पहले सात महीनों के मौसम का औसत दर्शा रहा है।

	जनवरी	फरवरी	मार्च	अप्रैल	मई	जून	जुलाई
अधिकतम तापमान	18.8°C	22.2°C	28.4°C	35.6°C	38.8°C	37.4°C	33.1°C
न्यूनतम तापमान	7.5°C	10.2°C	14.7°C	20.3°C	24.3°C	26.4°C	25.9°C
आर्द्रता %	73%	66%	52%	31%	33%	49%	76%

निम्नलिखित में से उपरोक्त चार्ट किस शहर का हो सकता है ?

(1) कोच्चि
(2) शिमला
(3) करनाल
(4) चेन्नई

Ans : (3)

ऊपर दिए गए आंकड़ों (data) से केवल करनाल (karnal) वह शहर है जो तालिका (table) के मौसम विवरण (weather details) से मेल खाता है। करनाल हरियाणा में स्थित (located) शहर है और उपरोक्त मौसम विवरण मध्य क्षेत्र (central region) में स्थित एक शहर के हैं।

572. If an object is lying at rest on a surface, which of the following can you conclude about the force (s) acting on it?

(A) No force is acting on it

(B) A pair of balanced forces is acting on it.

(C) Multiple pairs of balanced forces are acting on it.

(1) Only (A)
(2) (A) or (B)
(3) Only (B)
(4) (B) or (C)

यदि किसी सतह पर वस्तु विरामावस्था में है, तब उस पर कार्य करते बल / बलों के विषय में निम्नलिखित में से आप क्या निष्कर्ष निकाल सकेंगे ?

(A) उस पर कोई बल कार्य नहीं कर रहा है।

(B) संतुलित बलों का एक युग्म उस पर कार्य कर रहा है।

(C) संतुलित बलों के बहुत युग्म उस पर कार्य कर रहे हैं।

(1) केवल (A)
(2) (A) या (B)
(3) केवल (B)
(4) (B) या (C)

Ans : (4)

यदि कोई वस्तु किसी सतह (surface) पर आराम (rest) से पड़ी है, तो इसका मतलब है कि उस पर कार्य करने वाले बल (force) संतुलित (balanced) हैं। ऐसा इसलिए है क्योंकि वस्तु आगे नहीं बढ़ रही है और इसलिए उस पर कोई कुल बल (net force) कार्य नहीं कर रहा है।

573. Read the following statements carefully and select the correct option.

Assertion (A) : Herbivores have a much longer small intestine as compared to Carnivores.

Reasoning (R): Cellulose is much more difficult to digest than meat.

(1) Both (A) and (R) are true and (R) is the correct explanation of (A).
(2) Both (A) and (R) are true but (R) is not the correct explanation of (A).
(3) (A) is true but (R) is false.
(4) Both (A) and (R) are false.

निम्नलिखित कथनों को ध्यानपूर्वक पढ़िये और सही विकल्प का चयन कीजिए।

अभिकथन (A) माँसाहारियों की तुलना में शाकाहारियों जीवों की छोटी आँत काफी लंबी होती है।

कारण (R) माँस की अपेक्षा सेलुलोस को पचाना अधिक कठिन है।

(1) (A) और (R) दोनों सत्य हैं और (A) की (R) सही व्याख्या है।
(2) (A) और (R) दोनों सत्य है किन्तु (A) की (R) सही व्याख्या नहीं है।
(3) (A) सत्य है किन्तु (R) असत्य है।
(4) (A) और (R) दोनों असत्य हैं।

Ans : (1)

शाकाहारी जीवों (Herbivores) की तुलना में माँसाहारी जानवरों (carnivore) की छोटी आंतें (small intestine) लंबी होती हैं क्योंकि वे सेल्यूलोज में उच्च पौधे और घास आधारित खाद्य पदार्थ (grass-based foods) खाते हैं जो पचाने (digest) में बहुत मुश्किल होता है। सेल्यूलोज (Cellulose) को पचने में लंबा समय लगता है और इसलिए शाकाहारी जानवरों को सभी पोषक तत्वों (nutrients) को अवशोषित (absorb) करने के लिए एक लंबी छोटी आंत (longer small intestine) की आवश्यकता होती है

574. Which of the following is not a form of Calcium Carbonate?

(1) Limestone
(2) Chalk
(3) Marble
(4) Quick lime

निम्नलिखित में से कौन, कैल्शियम कार्बोनेट का एक स्वरूप नहीं है ?

(1) चूना पत्थर
(2) चाक
(3) संगमरमर
(4) बिना बुझा चूना

Ans : (4)

बिना बुझा चूना (Quick lime) (CaO), कैल्शियम कार्बोनेट (Calcium Carbonate) का एक रूप नहीं है। बिना बुझा चूना (Quick lime) कैल्शियम ऑक्साइड (CaO) है।

575. Which of the following conditions will be helpful in liquification of gases?

(1) Increase in temperature and decrease in pressure
(2) Increase in both temperature and pressure
(3) Decrease in temperature and increase in pressure
(4) Decrease in both temperature and pressure

गैसों के द्रवीकरण में निम्नलिखित में से कौन सी परिस्थिति सहायक होगी ?

(1) तापमान में वृद्धि और दाब में ह्रास
(2) तापमान एवं दाब दोनों में वृद्धि।
(3) तापमान में ह्रास और दाब में वृद्धि।
(4) तापमान एवं दाब दोनों का ह्रास

Ans : (3)

गैसों के द्रवीकरण (liquefaction of gases) के लिए दो स्थितियां आवश्यक (conditions necessary) हैं जो कम तापमान (low temperature) और उच्च दबाव (high pressure) हैं। जब तापमान कम हो जाता है और दबाव बढ़ जाता है, तो गैस की मात्रा कम हो जाती है और गैस के अणु (molecules of gas) एक दूसरे के करीब आ जाते हैं जिसके कारण अणु (molecules) के बीच एक अंतर-आणविक आकर्षण (intermolecular attraction) होता है।

576. Match the mixture in Column-I with the method in Column-II that can be used to separate it.

Column-I	Column-II
(A)Sawdust and water.	(i)Evaporation
(B) Iodine and sand.	(ii) Centrifugation
(C) Salt and water.	(iii) Filtration
(D) Cream from curd.	(iv) Sublimation

(1) (A)-(iii), (B)-(iv), (C)-(i), (D)- (ii)
(2) (A)-(iv), (B)-(iii), (C)-(i), (D)-(ii)
(3) (A)- (ii), (B)- (iv) (C)- (i), (D)-(iii)
(4) (A) (iii), (B)-(i), (C)-(iv), (D)-(ii)

स्तंभ 1 के मिश्रण को स्तंभ II में दिए गए उसको पृथक्करण विधि से सुमेलित कीजिए।

स्तंभ-I	स्तंभ I
(A) बुरादा और जल	(1)वाष्पीकरण
(B) आयोडीन और रेत	(ii) अपकेन्द्रण
(C) लवण और जल	(iii) छानना
(D) दही से क्रीम	(iv) ऊर्ध्वपातन

(1) (A)-(iii), (B)-(iv), (C)-(i), (D)- (ii)
(2) (A)-(iv), (B)-(iii), (C)-(i), (D)-(ii)
(3) (A)- (ii), (B)- (iv) (C)- (i), (D)-(iii)
(4) (A) (iii), (B)-(i), (C)-(iv), (D)-(ii)

Ans : (1)

(i) बुरादा और जल (Sawdust and water) को अलग करने के लिए प्रयुक्त विधि छानना (filtration) है। मिश्रण (Mixture) को एक फ़नल में एक फिल्टर पेपर के माध्यम से डाला जाता है जो चूरा (Sawdust) फंसाता (trap) है और पानी को गुजरने की अनुमति (allow) देता है।

(ii) आयोडीन और रेत (Iodine and sand) को अलग (separate) करने के लिए उपयोग की जाने वाली विधि उर्ध्वपातन (sublimation) है। मिश्रण को

एक बंद फ्लास्क (closed flask) में गर्म किया जाता है। आयोडीन उर्ध्वपातन (sublimate) होता है और हीटिंग पर वाष्प (vapour) बनाता है और ठोस से गैस (solid to gas) में बदल जाता है और फ्लास्क की ठंडी सतह (cold surface) पर चिपक (stick) जाता है।

(iii) नमक और पानी (Salt and water) को अलग करने के लिए उपयोग की जाने वाली विधि वाष्पीकरण (evaporation) है। मिश्रण को गर्म किया जाता है जो पानी को वाष्पित (evaporate) करता है और केवल नमक के साथ छोड़ देता है।

(iv) क्रीम को दही से (Cream from curd) अलग करने के लिए प्रयुक्त विधि अपकेन्द्रण (centrifugation) है। मिश्रण को अपकेंद्रित्र (centrifuge) मशीन में रखा जाता है जो तेजी से घूमता है। सघन दही (Denser curd) शांत हो जाता है और हल्की क्रीम तैरती (floats) है।

577. Which of the following are the correct reasons for water not being used as a thermometric liquid?

(A) It is transparent.

(B) It has a high coefficient of expansion.

(C) It has a higher freezing point and a lower boiling point as compared to other liquids.

(1) (A) and (B)
(2) (A) and (C)
(3) (B) and (C)
(4) Only (A)

जल को एक तापमानीय द्रव प्रयुक्त ना करने का निम्नलिखित में से कौन सा कारण सही है?

(A) यह पारदर्शी है।

(B) इसका प्रसार गुणांक उच्च है।

(C) अन्य द्रवों की तुलना में इसका हिमांक उच्च और क्वथनांक निम्न है।

(1) (A) R (B)
(2) (A) R (C)
(3) (B) और (C)
(4) केवल (A)

Ans : (2)

यह पारदर्शी (transparent) है जो थर्मामीटर (thermometer) को पढ़ना मुश्किल बनाता है और साथ ही यह हिमांक और क्वथनांक (freezing and boiling point) नीचा (low) है।

578. Three identical sized blocks of lead, aluminium and zinc are submerged in water.

Given that, at room temperature:

Density of Aluminium = 2.7 g/cm³

Density of Lead = 11.29 g/cm³

Density of Zinc-7.13 g/cm³

How would the buoyant force on lead block (BF)lead buoyant force on aluminium block- (BF)alum and buoyant force on zinc block (BF)zinc compare with each other?

(1) (BF)alum > (BF) zinc > (BF) lead
(2) (BF)zinc > (BF)alum > (BF)lead
(3) (BF) lead > (BF)zinc > (BF)alum
(4) (BF) lead = (BF)zinc = (BF)alum

लेड, ऐलुमिनियम और जिंक के तीन समान आकार के लट्ठों को जल में डुबोया गया।

कमरे के तापमान पर,

ऐलुमिनियम का घनत्व = 2.7 ग्रा./से.मी.3

लेड का घनत्व = 11.29 ग्रा./से.मी. 3

जिंक का घनत्व = 7.13 ग्रा./से.मी. 3 है।

लेड के लट्ठे के उत्प्लावक बल (उ.ब.) लेड ऐलुमिनियम के लट्ठे के उत्प्लावक बल (उ.ब.)ऐलुमिनियम और जिंक के लट्ठे के उत्प्लावक बल (उ.ब.) जिंक की परस्पर तुलना किस प्रकार की जाएगी ?

(1) (उ.ब.) ऐलुमिनियम > (उ.ब.) जिंक > (उ.ब.) लेड
(2) (उ.ब.) जिंक > (उ.ब.) एलुमिनियम > (उ.ब.) लेड
(3) (उ.ब.) लेड > (उ.ब.) जिंक > (उ.ब.) ऐलुमिनियम
(4) (उ.ब.), लेड = (उ.ब.) जिंक = (उ.ब.) ऐलुमिनियम

Ans : (4)

प्रत्येक ब्लॉक पर उत्प्लावन बल (buoyant force)

SCIENCE

ब्लॉक द्वारा विस्थापित (displaced) पानी के वजन (weight) के बराबर है। प्रत्येक ब्लॉक द्वारा विस्थापित पानी का वजन (weight of displaced water) ब्लॉक के आयतन (volume of block) के बराबर पानी के घनत्व (density of water) के बराबर होता है। चूंकि सभी तीन ब्लॉक आकार में समान (identical in size) हैं, इसलिए उनके आयतन (volume) बराबर हैं। इसलिए, प्रत्येक ब्लॉक पर उत्प्लावन बल इसके घनत्व (density) के समानुपाती (proportional) होता है।

579. Amrita is trying to set-up an electric circuit. She runs short of connecting wires. Which of the following materials can she use to complete the circuit?

(1) thick thread
(2) steel wire
(3) glass rod
(4) rubber pipe

अमृता कोई विद्युत परिपथ व्यवस्थित करने का प्रयास कर रही है। उसके पास पर्याप्त संख्या में संयोजक तार नहीं हैं। परिपथ को पूरा करने के लिए वह नीचे दिए गए पदार्थों में से किस एक का उपयोग कर सकती है ?

(1) मोटा धागा
(2) स्टील का तार
(3) काँच की छड़
(4) रबड़ का पाइप

Ans : (2)

- धातुएँ [metals] बिजली का संचालन [conduct electricity] करती हैं क्योंकि उनमें मुक्त इलेक्ट्रॉन [free electrons] होते हैं जो वोल्टेज लागू होने [applied] पर गति [move] कर सकते हैं।
- स्टील एक धातु है, इसलिए यह विद्युत धारा के प्रवाह [flow of electric current] की अनुमति [allow] देता है।
- स्टील तांबे या एल्युमीनियम जितना अच्छा सुचालक [good conductor] नहीं है, लेकिन फिर भी बिजली का संचालन [conducts electricity] करता है क्योंकि इसमें लोहा, एक प्रवाहकीय पदार्थ [conductive material] होता है।
- इसलिए, विद्युत परिपथ [electrical circuit] को पूरा करने के लिए स्टील के तार का उपयोग किया जा सकता है।

580. Identify the correct statement.

(1) A concave mirror always forms an erect image.
(2) A concave mirror forms an erect as well as inverted image.
(3) A convex mirror always forms an inverted image.
(4) A convex mirror forms erect as well as inverted image.

सही कथन को पहचानिए :

(1) अवतल दर्पण सदैव ही सीधा प्रतिबिम्ब बनाता है।
(2) अवतल दर्पण सीधा प्रतिबिम्ब भी बनाता है और उल्टा प्रतिबिम्ब भी बनाता है।
(3) उत्तल दर्पण सदैव ही उलटा प्रतिबिम्ब बनाता है।
(4) उत्तल दर्पण सीधा प्रतिबिम्ब भी बनाता है और उल्टा प्रतिबिम्ब भी बनाता है।

Ans : (2)

अवतल दर्पण [Concave mirror] :

- सीधी और उल्टी दोनों तरह की छवियां [erect and inverted images] बना सकते हैं।
- यदि वस्तु दर्पण के निकट है तो प्रतिबिम्ब सीधा एवं आभासी [erect and virtual] होता है।
- यदि वस्तु दर्पण से अधिक दूर है तो प्रतिबिम्ब उल्टा तथा वास्तविक [inverted and real] बनता है।

उत्तल दर्पण [Convex mirror] :

वस्तु की स्थिति [object's position] की परवाह किए बिना, हमेशा एक सीधी [erect], आभासी [virtual] और छोटी छवि [diminished image] बनती है।

581. "Conducting on the survey a awareness of people about sources of air pollution in learners localities."

Which of the following cognitive process will be most associated with the above learning objective having action verb

conducting?

(1) Remembering
(2) Understanding
(3) Creating
(4) Applying

"बच्चे के अपने क्षेत्र के लोगों में वायु प्रदूषण के स्रोतों की जागरूकता का सर्वे का संचालन करना।" निम्नलिखित में से कौन सी संज्ञानात्मक प्रक्रिया उपरोक्त सीखने के उद्देश्य में रेखांकित क्रियापरक 'संचालन करना' से सबसे अधिक संबंधित होगी ?

(1) याद करना।
(2) बोध करना।
(3) सृजन करना।
(4) अनुप्रयोग करना।

Ans : (3)

- सृजन [creation] सर्वेक्षण [survey] को डिजाइन करने (प्रश्नों, संरचना और कार्यप्रणाली [structure, and methodology] पर निर्णय लेने) से जुड़ा है।
- यदि सीखने के उद्देश्य में सर्वेक्षण को डिजाइन करना और लागू करना दोनों शामिल है, तो सृजन डिजाइन चरण पर लागू होता है।
- स्वयं सर्वेक्षण करना (डेटा को पूरा करना और एकत्र करना [collect]) आवेदन करने के साथ अधिक सरेखित [align] होगा।

582. Which of the following be the least appropriate strategy to understand misconceptions regarding current electricity in grade 7 students?

(1) Using concept mapping
(2) Using various kinds of circuit diagram worksheets
(3) Asking students to write answers to questions given at the end of the lesson
(4) Observing students while they make different kinds of circuit arrangement

कक्षा 7 के छात्रों में धारा विद्युत से संबंधित गलत धारणाओं को समझने के लिए सबसे कम उपयुक्त नीति कौन सी होगी ?

(1) प्रत्यय मानचित्रण का प्रयोग
(2) विभिन्न प्रकार के परिपथ चित्र कार्यपत्रों का प्रयोग
(3) छात्रों से कहना कि वे पाठ के अन्त में दिए प्रश्नों के उत्तर लिखें
(4) छात्रों का अवलोकन करना जब वे विभिन्न प्रकार के परिपथ व्यवस्थाओं को बना रहे हों

Ans : (3)

- पाठ के अंत के प्रश्नों के उत्तर लिखना एक निष्क्रिय दृष्टिकोण [passive approach] है।
- यह ज्ञान का आकलन करने में मदद करता है लेकिन गलतफहमियों [misconceptions] को सीधे तौर पर [directly] उजागर [reveal] नहीं करता है या तत्काल स्पष्टीकरण [immediate clarification] की अनुमति नहीं देता है।
- गलतफहमियों को दूर करने के लिए सक्रिय [active], व्यावहारिक गतिविधियाँ (जैसे, सर्किट बनाना, अवधारणा मानचित्रण) [hands-on activities (e.g., building circuits, concept mapping)] अधिक प्रभावी हैं।
- ये गतिविधियाँ छात्रों को अवधारणाओं को बनाने और उनमें हेरफेर करने [creating and manipulating concepts] में संलग्न [engage] करती हैं, जिससे गलतफहमियों को पहचानने और उन्हें ठीक करने [identify and correct misunderstandings] में मदद मिलती है।

583. Which one of the following doesn't represent the idea of science ?

(1) It is a body of knowledge
(2) It is an understanding of processes for conducting inquiry
(3) It is developing different ways of thinking
(4) It is an understanding the steps of the scientific method

निम्नलिखित में से क्या विज्ञान की संकल्पना को नहीं दर्शा रहा है ?

(1) यह ज्ञान का एक संग्रह है।
(2) यह जाँच करने की प्रक्रिया की एक समझ है।
(3) यह चिंतन करने के विभिन्न मार्गों का विकास करता है।
(4) यह वैज्ञानिक विधि के चरणो की एक समझ है।

SCIENCE

Ans : (4)

- विज्ञान वैज्ञानिक पद्धति [scientific method] के चरणों का पालन करने [just following the steps] मात्र से आगे निकल जाता [beyond] है।
- इसमें अन्वेषण [exploration], परिकल्पना निर्माण [hypothesis formation], प्रयोग [experimentation] और साक्ष्य [evidence] के आधार पर विचारों को अपनाना [adapting ideas] शामिल है।
- केवल वैज्ञानिक पद्धति [scientific method] के चरणों पर ध्यान केंद्रित करने से वैज्ञानिक जांच की गतिशील प्रकृति [dynamic nature of scientific inquiry] अति सरल [oversimplifies] हो जाती है।

584. Which of the following is NOT aligned according to the contemporary view of assessment in science?

(1) Assessment in science promotes scientific inquiry among students

(2) Assessment in science is comprehensive in nature

(3) Assessment in science is based on students memorisation of scientific principles and theories

(4) Assessment in science facilitates development of process skills among students

निम्नलिखित में से कौन सा विज्ञान में आकलन के समकालीन दृष्टिकोण से मेल नहीं खाता हैं?

(1) विज्ञान में आकलन छात्रों में वैज्ञानिक अन्वेषण को बढ़ावा देता है।

(2) विज्ञान में आकलन व्यापक प्रकृति का होता है।

(3) विज्ञान में आकलन आधारित हैं छात्रों के वैज्ञानिक सिद्धान्तों तथा विचार प्रतिपादन के सिद्धान्तों को याद रखने पर।

(4) विज्ञान में आकलन छात्रों में प्रक्रिया के कौशलों को विकसित करने में सहायक होता है।

Ans : (3)

विज्ञान में आकलन के समकालीन दृष्टिकोण [Contemporary view of assessment]

विज्ञान में आकलन छात्रों में वैज्ञानिक अन्वेषण [scientific inquiry] को बढ़ावा देता है। अर्थात् छात्रों को खोजबीन [investigation] के माध्यम से सीखने का अवसर प्रदान करता है।

विज्ञान में आकलन व्यापक प्रकृति [Comprehensive in nature] का होता है।

विज्ञान में आकलन का उद्देश्य छात्रों को अवधारणाओं [concepts] को सीखने में रह गयी कमियों को सुधारना होता है न कि सिध्दांतों के प्रतिपादन [formulation of principles] को याद [memorize] करना।

585. You want to teach the concept of electrical conductivity to students of Grade VII. You have the following materials - rubber, an open electrical circuit with a bulb, metallic pin, distilled water, salt solution.

Which of the following would you follow to introduce the concept ?

(1) I will write a clear meaning of 'conduction' on the board and explain it carefully to my students. This will be followed by activity to find out which materials are good conductors

(2) I will list materials on the board and ask students to categorize them as conducting and non-conducting. This will be followed by verifying their hypothesis through the activity.

(3) I will begin by having my students explore each material by placing it in the circuit. I would use their observations as the basis for categorizing materials as good or bad conductors of electricity.

(4) I will demonstrate the activity by placing each material in the circuit and asking students to note down their observations. This will be followed by encouraging them, to verify their observations from the textbook.

आप कक्षा VII के छात्रों को विधुतीय चालकता का प्रत्यय सिखाना चाहते हैं। आपके पास

निम्नलिखित सामग्री हैं - रबड़, एक बल्ब के साथ खुला विधुतीय परिपथ, धातु की पिन, डिस्टिल जल, नमक का घोल । इस प्रत्यतय छात्रों से परिचित करने के लिए आप निम्नलिखित में से कौन सा अपनाएँगे ?

(1) मैं श्याम-पट पर 'चालन' का स्पष्ट अर्थ लिखूँगी एवं ध्यानपूर्वक अपने छात्रों को समझाऊँगी। इसके पश्चात क्रियाकलाप होगा यह पता लगाने के लिए कि कौन से पदार्थ सुचालक हैं।

(2) मैं श्यामपट पर पदार्थों की सूची लिखूँगी तथा छात्रों से उनका वर्गीकरण चालक तथा कुचालक में करने के लिए कहूँगी। इसके पश्चात क्रियाकलाप द्वारा उनकी परिकल्पना की पुष्टि की जाएगी।

(3) मैं प्रारंभ में अपने छात्रों से प्रत्येक पदार्थ को परिपथ पर रख कर उसका अन्वेषण करवाऊँगी । पदार्थों का वर्गीकरण विधुत के अच्छे व बुरे चालकों में करने के लिए छात्रों के अवलोकनों को आधार के रुप में प्रयोग करूँगी।

(4) मैं क्रियाकलाप का प्रदर्शन करने के लिए प्रत्येक पदार्थ को परिपथ पर रखूँगी तथा छात्रों से कहूँगी कि वह अपने अवलोकनों को नोट करें। इसके बाद छात्रों को प्रोत्साहित किया जाएगा कि वे अपने अवलोकनों की पुष्टि पाठ्य पुस्तक से करें ।

Ans : (3)

छात्रों को किसी प्रत्यय [Concept] से परिचित करवाने के लिए सबसे उपयुक्त तरीका है कि छात्रों को स्वयं खोजबीन के माध्यम से सक्रिय [active] रूप से सीखने के अवसर प्रदान करना, जिससे छात्र क्रियाशील तरीके से किसी भी [Concept] को आसानी से सीख सकते हैं।

[अतः उपर्युक्त प्रत्ययों [concepts] से छात्रों को परिचित करवाने के लिए पत्येक पदार्थों को परिपथ पर रखकर छात्रों से उनका अन्वेषण [exploration] करवाना उसके पश्चात छात्रों से अवलोकन [observation] के आधार पर प्राप्त अनुभवों के माध्यम से पदार्थों को अलग -अलग पृथक [isolated] करने के लिए कहना ।]

586. Which of the following strategies can be used to encourage learners to ask questions in a science classroom?

(A) Acknowledging learners' questions as interesting, good etc.

(B) Providing opportunities to all learners to express themselves

(C) Providing immediate answers to students questions

(D) Assessing learners on quality of questions, not only answers

(1) (A), (B), (C) and (D)
(2) (A), (C) and (D)
(3) (B), (C) and (D)
(4) (A), (B) and (D)

विज्ञान की एक कक्षा में शिक्षार्थियों को प्रश्न पूछने के लिए प्रोत्साहित करने के लिए, निम्नलिखित में से कौन सी योजनाएँ प्रयुक्त की जा सकती हैं ?

(A) शिक्षार्थियों के प्रश्नों को रुचिकर, उत्तम इत्यादी बताना / कहना

(B) सभी शिक्षार्थीयों को अपने आप को व्यक्त करने के अवसर प्रदान करना।

(C) विद्यार्थीयों के प्रश्नों का तत्काल उत्तर देना ।

(D) शिक्षार्थियों को उत्तरों की नहीं, बल्कि प्रश्नों की गुणवत्ता पर भी जाँचना।

(1) (A), (B), (C) और (D)
(2) (A), (C) और (D)
(3) (B), (C) और (D)
(4) (A), (B) और (D)

Ans : (4)

विज्ञान की कक्षा में विद्यार्थियों को प्रश्न पूंछने के लिए प्रोत्साहित करना चाहिए क्योंकि इसके माध्यम से छात्र कक्षा में active रहते हैं।

कक्षा में शिक्षार्थियों को प्रश्न पूंछने के लिए प्रोत्साहित करने के लिए निम्नलिखित योजनाएं प्रयुक्त की जा सकती हैं :

शिक्षार्थियों के प्रश्नों को कक्षा में स्थान देना।

उनके प्रश्नों को रुचिकर [interesting] और अच्छा [good] आदि कहना।

विद्यार्थियों को तत्काल [immediate] नहीं बल्कि सोच समझकर उत्तर देने के लिए कहना।

सभी शिक्षार्थियों को अपने आप को व्यक्त करने का अवसर प्रदान करना।

SCIENCE

SCIENCE

शिक्षार्थियों को उत्तरों की नहीं, बल्कि प्रश्नों की गुणवत्ता [quality] पर भी जांचना।

587. Consider the following except from NCERT science textbook (Grade VII).

"The English physician, William Harvey (A.D. 1578-1657) discovered the circulation of blood. The current opinion in those days was that blood oscillates in the vessels of the body. For his views, Harvey was ridiculed and was called "circulator". He lost most of his patients. However, before he died, Harvey's scientific idea about circulation was generally accepted as a biological fact."

Which of the following aspects of nature of science is/are illustrated above?

(A) Science is based on empirical evidence
(B) Science is tentative
(C) Science is objective and value neutral
(D) Science is socially and culturally embedded

(1) (B) and (D)
(2) (A), (C) and (D)
(3) (A) and (B)
(4) (B), (A) and (D)

कक्षा VII की विज्ञान की NCERT पाठय पुस्तक के निम्नलिखित उदाहरण पर विचार किजिए अंग्रेज चिकित्सक विलियम हार्वे (ईसवी 1578- 1657) ने रक्त के परिसंचरण की खोज की। उन दिनों में समकालीन राय थी कि रक्त शरीर की नलिकाओं में आगे-पीछे घूमता हैं । उनके विचारों के लिए, हार्वे का मज़ाक उड़ाया गया तथा उन्हें सरकुलेटर बुलाया गया। उन्होंने अपने अधिकांश मरीज खो दिए। तथापि उनकी मृत्यु से पूर्व परिसंचरण के बारे में हार्वे के वैज्ञानिक विचार को सामान्य रुप से एक जैविकीय तथ्य की स्वीकृति मिल गई। उपर्युक्त में विज्ञान की प्रकृति के बारे में कौन से पहलू प्रदर्शित होते हैं ?

(A) विज्ञान प्रयोगाक्षित प्रमाणों पर आधारित हैं।
(B) विज्ञान प्रायोगिक हैं ।
(C) विज्ञान वास्तविक और मूल्य - उदासीन है।
(D) विज्ञान सामाजिक तथा सांस्कृतिक रुप से अंत:स्थापित हैं ।

(1) (B) तथा (D)
(2) (A), (C) तथा (D)
(3) (A) तथा (B)
(4) (B), (A) तथा (D)

Ans : (4)

विज्ञान प्रायोगिक [experimental] है अर्थात् किसी भी परिकल्पना को सत्यापित करने के लिए या अस्वीकृत करने के लिए परीक्षण [experiment] किए जाते हैं।

अतः विज्ञान प्रायोगिक प्रमाणों [empirical evidence] पर आधारित हैं।

विज्ञान सामाजिक तथा सांस्कृतिक रुप से अंतः संबंधित [interrelated] है। अतः वैज्ञानिक प्रमाणों (scientific evidence) पर खोजकर्ता के सामाजिक - सांस्कृतिक पृष्ठभूमि [Socio-Culture background] का प्रभाव पड़ता है।

588. Which of the following is an inference ?

(1) Leaves of an aquatic plant are covered with waxy coating
(2) A climbing plant has thread like spirally coiled structures arising from stem
(3) Small sized leaves of a desert plant help in reducing loss of water
(4) Leaves of aquatic plants float and bend in water

निम्नलिखित में से कौन सा प्रभाव हैं ?

(1) जलीय पौधे की पत्तियाँ मोम जैसे आवरण से ढकी होती हैं।
(2) एक आरोही पौधे की धागे जैसी घुमावदार संरचनाएँ होती हैं जो तने से निकलती हैं।
(3) रेगिस्तानी पौधे की छोटे आकार की पत्तियाँ जल की क्षीत को कम करने में सहायक होती हैं।
(4) जलीय पौधों की पत्तियाँ जल में तैरती और झुक जाती हैं।

Ans : (3)

प्रभाव [effect] से तात्पर्य किसी वस्तु को महत्वपूर्ण तरीके से प्रभावित करना या बदलना।

[अतः जब कोई वस्तु, किसी चीज को प्रभावित करती है, तो उस वस्तु का उस चीज पर प्रभाव पड़ता हैं।]

[इस प्रकार, रेगिस्तानी पौधे (desert Plant) की छोटे आकार की पत्तियां जल की क्षीत को कम करने में सहायक होती हैं। यह एक प्रभाव [effect] है, क्योंकि पत्तियां जल की क्षीत [reducing loss of water] को कम करने में सहायक होती हैं।]

589. 'X' and 'Y' are elements which are highly reactive with air, hence stored in Kerosene. What could 'X' and 'Y' be?

(1) Phosphorus and Sodium
(2) Phosphorus and Sulphur
(3) Sodium and Potassium
(4) Sulphur and Potassium

'X' और 'Y' ऐसे तत्व हैं जो वायु के साथ अत्यधिक अभिक्रियाशील हैं, अंतः इन्हें केरोसीन में भंडारित किया जाता है। 'X' और 'Y' क्या हो सकते हैं?

(1) फॉस्फोरस और सोडियम
(2) फॉस्फोरस और सल्फर
(3) सोडियम और पोटैशियम
(4) सल्फर और पोटैशियम

Ans : (3)

सोडियम और पोटेशियम (Sodium and potassium) को मिट्टी के तेल (kerosene) में संग्रहित (store) किया जाता है क्योंकि वे अत्यधिक प्रतिक्रियाशील तत्व (highly reactive elements) होते हैं। हवा के संपर्क (contact) में आने पर भी ये आसानी से आग पकड़ (catch fire) सकते हैं।

590. In which of the following situations, water cannot be used to extinguish fires?

(A) electrical fire
(B) burning of wood
(C) burning of petrol
(D) burning of paper

(1) A and B
(2) A and C
(3) B and D
(4) B and C

नीचे दी गयी किन परिस्थितियों में आग भुजाने के लिए पानी का उपयोग नहीं किया जा सकता है?

A. बिजली से लगी आग
B. लकड़ी का जलना
C. पेट्रोल का जलना
D. कागज़ का जलना

(1) A और B
(2) A और C
(3) B और D
(4) B और C

Ans : (2)

- पानी एक अच्छा अग्निशामक यंत्र (fire extinguisher) है। लेकिन, बिजली की आग (electrical fires) बुझाने के लिए पानी का उपयोग नहीं किया जा सकता है। ऐसा इसलिए है क्योंकि पानी बिजली का अच्छा संवाहक (good conductor of electricity) है।
- जल का उपयोग आग बुझाने वाले यंत्र (fire extinguisher) के रूप में गैसोलीन (gasoline), डीजल (diesel) आदि जैसे जलते तेलों को बाहर निकालने के लिए नहीं किया जा सकता है। तेल पानी से हल्का (light) होने के कारण उसके ऊपर तैरता (float) है।

591. 'X' is a vitamin which is fat soluble and helps in keeping skin and eye healthy. 'Y' represents food items rich in this vitamin. Identify 'X' and 'Y'

(1) Vitamin D, Milk products
(2) Vitamin A, Citrus fruits
(3) Vitamin D, Citrus fruits
(4) Vitamin A, Yellow fruits

'X' कोई विटामिन है जो वसा में विलेय है तथा त्वचा और आँखों को स्वस्थ रखने में सहायता करता है। 'Y' ऐसा खाद्य पदार्थ है जिसमे इस विटामिन की प्रचुरता है। 'X' और 'Y' को पहचानिए -

(1) विटामिन D ; दुग्ध उत्पाद

SCIENCE

(2) विटामिन A ; नीम्बूवंश के फल
(3) विटामिन D ; नीम्बूवंश के फल
(4) विटामिन A ; पीले फल

Ans : (4)

विटामिन A वसा में घुलनशील (Vitamin A is fat soluble) है और त्वचा और आंखों (skin and eyes) को स्वस्थ (healthy) रखने में मदद करता है। और पीले फल (Yellow fruits) इस विटामिन से भरपूर खाद्य पदार्थो (food items) का प्रतिनिधित्व (represent) करते हैं।

592. Read the following statements and select the correct option.

Assertion (A) : Tap water is a good conductor of electricity.

Reasoning (R) : Tap water contains impurities in the

(1) Both (A) and (R) are true and (R) is the correct explanation form of dissolved salts of (A).
(2) Both (A) and (R) are true but (R) is not the correct explanation of (A)
(3) (A) is true but (R) is false.
(4) (A) is false but (R) is true.

निम्नलिखित कथनों को पढ़िए और सही विकल्प का चयन कीजिए।

अभिकथन (A) नल का जल विद्युत का सुचालक है।

कारण (R) नल के जल में घुलनशील लवणों के रूप में अशुद्धियाँ होती है।

(1) (A) और (R) दोनों सत्य हैं और (A) की (R) सही व्याख्या है।
(2) (A) और (R) दोनों सत्य है किन्तु (A) की (R) सही व्याख्या नहीं है।
(3) (A) सत्य है किन्तु (R) असत्य है।
(4) (A) असत्य है किन्तु (R) सत्य है।

Ans : (1)

नल का पानी (Tap water) हमेशा बिजली का अच्छा संवाहक (good conductor of electricity) होता है क्योंकि इसमें अशुद्धियाँ (impurities) और विभिन्न प्रकार के आयन (ions) होते हैं।

593. Which of the following is a pair of modified roots of a plant?

(1) Onion, Turnip
(2) Turnip, Carrot
(3) Carrot, Potato
(4) Potato Peas

निम्नलिखित में से कौन सा विकल्प पौधों की रूपान्तरित जड़ों के रूप है ?

(1) प्याज, शलगम
(2) शलगम, गाजर
(3) गाजर, आलू
(4) आलू मटर

Ans : (2)

शलजम (Turnip), गाजर (carrot) एक पौधे की संशोधित जड़ें (modified roots) हैं।

594. A magnet is cut into four equal parts length wise. How will the pole strength of the new pieces compare with the pole strength of the original magnet?

(1) Each new piece will have the same pole strength as the original.
(2) The pole strength of each new piece will be one-fourth of the original.
(3) The pole strength of each new piece will be half of the original.
(4) The pole strength of each new piece will be four times the original.

एक चुंबक को लंबाई में चार बराबर भागों में काटा गया। नए टुकड़ों की ध्रुव शक्ति की तुलना मूल चुंबक की ध्रुव शक्ति से किस प्रकार से सही है ?

(1) प्रत्येक नए टुकड़े की ध्रुव शक्ति मूल चुंबक के समान होगी।
(2) प्रत्येक नए टुकड़े की ध्रुव शक्ति मूल चुंबक से एक चौथाई होगी।
(3) प्रत्येक नए टुकड़े की ध्रुव शक्ति मूल चुंबक से आधी होगी।
(4) प्रत्येक नए टुकड़े की ध्रुव शक्ति मूल चुंबक से चार गुणा होगी।

Ans : (2)

जब किसी चुंबक (magnet) को छोटे-छोटे टुकड़ों में काटा जाता है, तो ध्रुव की शक्ति (pole strength) टुकड़ों में समान रूप से वितरित (distribute) हो जाती है। चूँकि मूल चुम्बक (original magnet) को चार बराबर भागों में विभाजित (divide) किया गया है, प्रत्येक नए टुकड़े में मूल चुम्बक की ध्रुव शक्ति का एक-चौथाई होगा।

595. Match the process in Column-I with its description in Column-II.

Column-I	Column-II
(A) Pasteurisation	(i) Adding specific substances to food items to prevent its spoilage
(B) Fermentation.	(ii) Boiling and sudden cooling of milk to prevent the growth of bacteria
(C) Vaccination	(iii) Conversion of sugar into alcohol by the action of yeast
(D) Preservative.	(iv) Introducing inactive or weakened disease causing micro-organism into an animal's body to trigger its immunity response

(1) (A)-(ii), (B)-(iv), (C)-(i), (D)-(ii)
(2) (A)-(ii), (B)-(iii), (C)-(iv), (D)-(i)
(3) (A)-(iv), (B)-(i), (C)-(ii), (D)-(iii)
(4) (A)-(ii), (B)-iii), (C)-(i), (D)-(iv)

स्तंभ I में दी गई विधि को स्तंभ II में दिए गए उसके वर्णन में सुमेलित कीजिए।

स्तंभ- 1	स्तंभ- 2
(A) पास्तुरीकरण	(i) भोज्य पदार्थों को सड़ने से बचाने के लिए उसमें विशिष्ट पदार्थों को डालना।
(B) किण्वन	(ii) जीवाणु की वृद्धि को रोकने के लिए दूध को उबालना और आकस्मिक ठंडा करना।
(C) टीका लगाना	(iii) पोस्ट की क्रिया द्वारा शर्करा का एल्कोहल में बदलना।
(D) परिरक्षण	(iv) किसी पशु के शरीर में उसकी प्रतिरोधकता अनुक्रिया को उत्तेजित करने के लिए निष्क्रिय या कमजोर रोगकारक जीवाणु को डालना।

(1) (A)-(ii), (B)-(iv), (C)-(i), (D)-(ii)
(2) (A)-(ii), (B)-(iii), (C)-(iv), (D)-(i)
(3) (A)-(iv), (B)-(i), (C)-(ii), (D)-(iii)
(4) (A)-(ii), (B)-iii), (C)-(i), (D)-(iv)

Ans : (2)

स्तंभ- 1	स्तंभ- 2
(A) पास्तुरीकरण	(ii) जीवाणु की वृद्धि को रोकने के लिए दूध को उबालना और आकस्मिक ठंडा करना।
(B) किण्वन	(iii) पोस्ट की क्रिया द्वारा शर्करा का एल्कोहल में बदलना।
(C) टीका लगाना	(iv) किसी पशु के शरीर में उसकी प्रतिरोधकता अनुक्रिया को उत्तेजित करने के लिए निष्क्रिय या कमजोर रोगकारक जीवाणु को डालना।
(D) परिरक्षण	(i) भोज्य पदार्थों को सड़ने से बचाने के लिए उसमें विशिष्ट पदार्थों को डालना।

596. Which of the following is a set of oviparous animals?

(1) Scorpion, snake, rat

(2) Frog, snake, hen
(3) Rat, scorpion, penguin
(4) Penguin, frog, kangaroo

निम्नलिखित में से कौन सा अण्डप्रजक पशुओं का समुच्चय है?

(1) बिच्छू, सर्प, चूहा
(2) मेंढ़क, सर्प, मुर्गी
(3) चूहा, बिच्छू, पेंगुइन
(4) पेंगुइन, मेढ़क, कंगारू

Ans : (2)

मेंढक (Frog), साँप (snake), मुर्गी (hen) अण्डप्रजक प्राणी (oviparous animal) हैं।

597. Which of the following is/are asexual modes of reproduction in animals?

(A) Budding
(B) Binary Fission
(C) In vitro fertilization for the birth of test tube babies

(1) (A) & (B)
(2) (B) & (C)
(3) (C) & (A)
(4) (B) Only

निम्नलिखित में से कौन सी पशुओं में अलैंगिक प्रजनन प्रणाली है?

(A) मुकुलन
(B) द्विखंडन
(C) टेस्ट ट्यूब शिशुओं के जन्म के लिए पात्रे निषेचन

(1) (A) तथा (B)
(2) (B) तथा (C)
(3) (C) तथा (A)
(4) केवल (B)

Ans : (1)

मुकुलन (Budding) और द्विखंडन (binary fission) दोनों जानवरों में प्रजनन के अलैंगिक (asexual modes of reproduction) तरीके हैं।

598. Which of the following properties does an electroscope make use of to test whether an carrying charge or not?

(1) Like charges repel each other
(2) Flow of charges constitutes an electric current
(3) A glass rod acquires a positive charge on being rubbed with a piece of silk
(4) There are two kinds of charges - positive charge and negative charge

कोई वस्तु पदार्थ आवेशित है या नहीं, यह जाँचने के लिए एक विद्युतदर्शी निम्नलिखित में से कौन से गुणधर्म का उपयोग करता है?

(1) समान आवेश एक दूसरे को प्रतिकर्षित करते हैं।
(2) आवेशों के बहने से विद्युत धारा बनती है।
(3) एक रेशम के टुकड़े के साथ रगड़ने पर एक काँच की छड़ धनात्मक आवेश ग्रहण कर लेती है।
(4) आवेश दो प्रकार के होते हैं- धनात्मक आवेश तथा ऋणात्मक आवेश।

Ans : (1)

विद्युतदर्शी (Electroscope) में समान आवेशों (like charges) के एक-दूसरे को प्रतिकर्षित (repel) करने के गुण (property) का उपयोग करके यह जांच (test) की जाती है कि उसमें कोई आवेश (charge) है या नहीं।

599. Which of the following statements about force of gravitation is correct?

(1) It is a non-contact force
(2) It can be attractive as well as repulsive
(3) It is a unique force which only the earth possesses
(4) It is a strong force

निम्नलिखित में से कौन सा कथन गुरुत्व बल के संदर्भ में सही है ?

(1) यह एक असंपर्क बल है।
(2) यह आकर्षक तथा प्रतिकर्षक दोनों हो सकता है।
(3) यह एक अद्वितीय बल है जो केवल प्रथ्वी के पास है।
(4) यह एक शक्तिशाली बल है।

Ans : (1)

गुरुत्वाकर्षण बल (Gravitational force) हमेशा एक दूसरे के संपर्क (contact) में आए बिना दो पिंडों (two bodies) के बीच लगाया जाता है।

600. A sample of water begins to freeze at -3°C at normal temperature and pressure. What can you say about its boiling point?

(1) It will boil below 100° C
(2) It will boil above 100°C
(3) It will boil at 100°C
(4) It will not boil

सामान्य ताप तथा दाव पर एक जल का नमूना 3 सैल्सियस पर जमना शुरू हो जाता है। इसके क्वथनांक के बारे में आप क्या कह सकते हैं ?

(1) यह 100° सैल्सियस से कम पर उबलने लगेगा।
(2) यह 100° सैल्सियस से ज्यादा पर उबलेगा।
(3) यह 100° सैल्सियस पर उबलेगा।
(4) यह उबलेगा नहीं।

Ans : (2)

पानी का क्वथनांक (Boiling point of water) हमेशा 100°C होता है।

601. Match items in Column I with Column II.

Mode of reproduction	Plant
(A) Cutting	(i) Rose
(B) Spores formation	(ii) Potato
(C) Fragmentation	(iii) Spirogyra
(D) Budding	(iv) Yeast (v) Ferns

(1) A-(ii), B-(iii), C-(v), D-(iv)
(2) A-(i), B-(v), C-(iii), D-(iv)
(3) A-(v), B-(iii), C-(iv), D-(i)
(4) A-(ii), B-(v), C-(iv), D-(i)

कॉलम (i) के पदों का कॉलम (ii) से मिलान करिये-

प्रजनन प्रणाली	पौधा
A. कटिंग	(i) गुलाब
B. बीजाण्ड निर्माण	(ii) आलू
C. विखंडन	(iii) स्पारोगाइरा
D. मुकुलन	(iv) यीस्ट (v) फर्न

(1) A-(ii), B-(iii), C-(v), D-(iv)
(2) A-(i), B-(v), C-(iii), D-(iv)
(3) A-(v), B-(iii), C-(iv), D-(i)
(4) A-(ii), B-(v), C-(iv), D-(i)

Ans : (2)

प्रजनन प्रणाली (Mode of reproduction)	पौधा (Plant)
कटिंग (Cutting)	गुलाब (Rose)
बीजाण्ड निर्माण (Spore formation)	फर्न (Fern)
विखंडन (Fragmentation)	स्पारोगाइरा (Spirogyra)
मुकुलन (Budding)	यीस्ट (Yeast)

602. Given in the table below are the names of certain organs of digestive system, the juices they secrete and the food components they act on, some entries have been left blank. Select the correct set of entries from the options provided.

Name of organ	Juice Secreted	Food component acted upon
Mouth	Saliva	(i)
Stomach	Digestive Juices	(ii)
Liver	(iii)	(iv)

(1) (i) - Fats, (ii) - Starch, (iii) - Insulin, (iv) - Sugars
(2) (i) Proteins, (ii) Fats, (iii) Digestive juice, (iv) - Starch
(3) (i) - Starch, (ii) Proteins, (iii) Bile, (iv) Fats
(4) (i) - Proteins, (ii) - Starch, (iii) Bile, (iv) - Sugars

SCIENCE

नीचे दी गई तालिका में पाचन तंत्र के कुछ अंगों उनसे स्त्रावित होने वाले पाचक रसों तथा खाद्य घटक जिन पर वे कार्य करते हैं, उनके नाम दिए गए हैं। कुछ स्थानों को रिक्त छोड़ दिया गया है। दिए गए विकल्पों में से इन स्थानों के लिए सही समुच्चय का चयन कीजिए।

अंग का नाम	स्त्रावित पाचक रस	खाद्य घटक जिस पर वे कार्य करते हैं
मुँह	लार	(i)
अमाशय	पाचक रस	(ii)
यकृत	(iii)	(iv)

(1) (i) वसा, (ii) मांड (iii) इसुलिन, (iv) शर्करा
(2) (i) प्रोटीन, (ii) वसा (iii) पाचक रस, (iv) मांड
(3) (i) मांड, (ii) प्रोटीन, (iii) पित्त, (iv) वास
(4) (i) प्रोटीन, (ii) मांड, (iii) पित्त, (iv) शर्करा

Ans : (3)

अंग का नाम	स्त्रावित पाचक रस	खाद्य घटक जिस पर वे कार्य करते हैं
मुँह अमाशय यकृत	लार पाचक रस पित्त (Bile)	मांड (Starch) प्रोटीन (Protein) वास (Fats)

603. Identify the set of Kharif crops from among the following.
(1) Paddy, cotton, groundnut
(2) Maize, pea, mustard
(3) Pea, gram, wheat
(4) Soyabean, pea, gram

निम्नलिखित में से खरीफ फसलों के समुच्चय को पहचानिए।
(1) धान, कपास, मूंगफली
(2) मक्का, मटर, सरसों
(3) मटर, चना, गेहूँ
(4) सोयाबीन, मटर चना

Ans : (1)

धान (Paddy), कपास (cotton), मूंगफली (groundnut) सभी खरीफ की फसलें (kharif crops) हैं।

604. Read the following table about average temperature of an Indian city.

	Jan	Feb	Mar	Apr	May	June	July
Max Temp.	20°C	23.5°C	29.8°C	36.7°C	39.6° C	38.2° C	26.6°C
Min Temp.	7.7°C	10.6°C	15.2°C	21°C	25.3°C	27.6°C	33.7°C
Precipitation/Rainfall (mm)	23	33	20	14	20	74	208

To which of the following cities can the above chart belong?
(1) New Delhi
(2) Chennai
(3) Bikaner
(4) Shimla

निम्नलिखित सारणी एक भारतीय शहर के औसतन तापमान को दर्शाती है :

	जनवरी	फरवरी	मार्च	अप्रैल	मई	जून	जुलाई
अधिकतम तापमान	20°C	23.5°C	29.8°C	36.7°C	39.6° C	38.2° C	26.6°C
न्यूनतम तापमान	7.7°C	10.6°C	15.2°C	21°C	25.3°C	27.6°C	33.7°C
अवक्षेपण / वर्षा (मिमी)	23	33	20	14	20	74	208

उपर्युक्त चार्ट निम्नलिखित में से किस शहर का है?

(1) नई दिल्ली
(2) चेन्नई
(3) बीकानेर
(4) शिमला

Ans : (1)

नई दिल्ली (New Delhi) भारत का एकमात्र शहर (only city) है जिसका औसत तापमान (average temperature) है।

605. A teacher explains the structure and functioning of human eye by invoking the analogy of a camera which the students are already familiar with. In which of the following aspects does this analogy not hold ?

(1) The eye forms an erect image where as the camera forms an inverted image
(2) The camera has a concave lens whereas the eye has a convex lens
(3) The eye sees in three dimensions & while a camera sees in two dimensions
(4) The focal length of a human eye is fixed and cannot be adjusted even slightly

एक अध्यापिका मनुष्य की आँख की संरचना एवं कार्य के बारे में समझाने के लिए कैमरे से सादृश्यता को उदाहरण स्वरूप लेकर (जिससे विद्यार्थि पहले से परिचित हैं) पढ़ाती है। निम्नलिखित में से किस पहलू में यह सादृश्यता नहीं हैं?

(1) आँख एक सीधा प्रतिबिंब बनाती है जबकि कैमरा में उल्टा प्रतिबिंब बनता है।
(2) कैमरे में अवतल लेंस होता है जबकि आँख में उत्तल लेंस होता है।
(3) आँख तीन आयामों में देख सकती है जबकि कैमरा दो आयामों में देखता है।
(4) मनुष्य की आँख की फोकस दूरी निश्चित होती है तथा थोड़ी सी भी समायोजित/ व्यवस्थित नहीं की जा सकती है।

Ans : (3)

मानव आँख (Human eye) की कैमरे से तुलना करने की सादृश्यता (analogy) एक पहलू (one aspect) में पूरी तरह से सटीक (accurate) नहीं है। आँख की तीन आयामों (three dimensions) में देखने की क्षमता (ability), जबकि एक कैमरा दो आयामी (two dimensions) छवि को कैप्चर करता है। मानव आंख गहराई की धारणा (depth perception) और स्थानिक जागरूकता (spatial awareness) प्रदान करती है, जिसे कैमरे द्वारा दोहराया नहीं जा सकता।

606. Match the following.

Column A.	Column B
(A) A metal that is not ductile at room temperature.	(I)graphite
(B) A non-metal that is a good conductor of electricity	(II) phosphorus
(C) A metal that is soft and can be cut with a knife	(III)zinc
(D) A metal that catches fire when exposed to air.	(IV) iodine
(E) A lustrous non-metal	(V) sodium

(1) (A) - (V), (B) - (IV), (C) - (III), (D) - (I), (E) - (II)
(2) (A) - (III), (B) - (I), (C) - (V), (D) - (II), (E) - (IV)
(3) (A) - (II), (B) - (IV), (C) - (I), (D) - (V), (E) - (III)
(4) (A) - (I), (B) - (V), (C) - (II), (D) - (III), (E) - (IV)

मिलान कीजिए:

स्तम्भ A	स्तम्भ B
(A) एक धातु जो कमरे के तापमान पर तन्य नहीं है	(I) ग्रेफाइट
(B) एक अधातु जो विद्युत का सुचालक है।	(II) फॉस्फोरस

SCIENCE

(C) एक धातु जो मुलायम है तथा चाकू द्वारा काटी जा सकती है।	(III) जिंक
(D) एक धातु जो वायु के संपर्क में आने पर प्रज्वलित हो जाती है।	(IV) आयोडीन
(E) एक चमकने वाली अधातु	(V) सोडियम

(1) (A) - (V), (B) - (IV), (C) - (III), (D) - (I), (E) - (II)
(2) (A) - (III), (B) - (I), (C) - (V), (D) - (II), (E) - (IV)
(3) (A) - (II), (B) - (IV), (C) - (I), (D) - (V), (E) - (III)
(4) (A) - (I), (B) - (V), (C) - (II), (D) - (III), (E) - (IV)

Ans : (2)

स्तम्भ A	स्तम्भ B
(A) एक धातु जो कमरे के तापमान पर तन्य नहीं है	(III) जिंक
(B) एक अधातु जो विद्युत का सुचालक है।	(I) ग्रेफाइट
(C) एक धातु जो मुलायम है तथा चाकू द्वारा काटी जा सकती है।	(V) सोडियम
(D) एक धातु जो वायु के संपर्क में आने पर प्रज्वलित हो जाती है।	(II) फॉस्फोरस
(E) एक चमकने वाली अधातु	(IV) आयोडीन

607. Which of the following would be a most suitable strategy to introduce the topic 'deficiency diseases' at upper primary level?

(1) Provide a definition of balanced diet and introduce the concept of deficiency.
(2) Arrange for a doctor's prescription pertaining to a deficiency disease and hold a discussion around it.
(3) List the various nutrients and the functions they perform in human body.
(4) Hold a discussion on common human diseases.

उच्च प्राथमिक स्तर पर 'अभावजन्य रोग' विषय को प्रस्तुत करने की निम्नलिखित में से कौन सी सबसे उपयुक्त रणनीति होगी ?

(1) संतुलित आहार की परिभाषा प्रदान करना तथा अभाव की अवधारणा को प्रस्तुत करना
(2) अभावजन्य रोग से संबंधित डॉक्टर (चिकित्सक) के प्रदेशन की व्यवस्था कर उस पर परिचर्चा करना
(3) मानव शरीर में विभिन्न पोषकों और जिन क्रियाओं का वे निष्पादन करते हैं उसे सूचीबद्ध करना
(4) सामान्य मानव संबंधी रोगों पर परिचर्चा करना

Ans : (2)

विकल्प 2 सबसे उपयुक्त (suitable) है क्योंकि यह कमी से होने वाली बीमारियों की अवधारणा (concept of deficiency diseases) को डॉक्टर के नुस्खे (doctor's prescription) के वास्तविक जीवन (real life) के उदाहरण से सीधे जोड़ता है, जिससे यह उच्च प्राथमिक स्तर के छात्रों के लिए अधिक ठोस (more tangible) और प्रासंगिक (relatable) बन जाता है।

608. Which of the following best explains the statement 'science promotes scepticism'?

(1) Scientists judge the validity of a claim based on objective empirical evidence
(2) Science is purely inductive in nature
(3) Scientists do not trust the findings of other scientists
(4) Scientists are open-minded and willing to modify their ideas

निम्नलिखित में से कौन श्रेष्ठ रूप से 'विज्ञान संदेहवाद को बढ़ावा देता है' कथन की व्याख्या करता है?

(1) विषयनिष्ठ आनुभाविक साक्ष्यों के आधार पर वैज्ञानिक दावे की वैधता को आंकते हैं
(2) विज्ञान प्रकृति में शुद्ध रूप से आगमनात्मक है
(3) वैज्ञानिक दूसरे (अन्य) वैज्ञानिकों के जाँच - परिणामों पर विश्वास नहीं करते हैं
(4) वैज्ञानिक उन्मुक्त विचार वाले होते हैं तथा अपने विचारों को रूपांतरित करने के इच्छुक होते हैं

Ans : (1)

विकल्प 1 सही है क्योंकि विज्ञान वैज्ञानिकों को आँख बंद करके स्वीकार करने के बजाय वस्तुनिष्ठ अनुभवजन्य साक्ष्य (Objective empirical evidence) के आधार पर दावों का मूल्यांकन (Evaluation of claims) करने के लिए प्रोत्साहित (encourage) करके संदेह को बढ़ावा देता है।

609. Identify the correct statements from the following.

(A) Burning of wood is a physical and irreversible change.

(B) Boiling of water is a chemical and reversible change.

(C) Grinding wood into sawdust is a physical and irreversible change.

(1) Only (A)

(2) (A) & (B)

(3) (B) & (C)

(4) Only (C)

निम्नलिखित में से सही कथनों की पहचान कीजिए:

(A) लकड़ी का जलना एक भौतिक तथा अनुत्क्रमणीय परिवर्तन है।

(B) पानी का उबलना एक रासायनिक तथा उत्क्रमणीय परिवर्तन है।

(C) लकड़ी को बुरादे में बदल देना एक भौतिक तथा अनुत्क्रमणीय परिवर्तन है।

(1) केवल (A)

(2) (A) तथा (B)

(3) (B) तथा (C)

(4) केवल (C)

Ans : (4)

लकड़ी को चूरा में पीसना एक भौतिक परिवर्तन है (Grinding wood into sawdust is a physical change) क्योंकि इसमें कोई रासायनिक प्रतिक्रिया (chemical reaction) शामिल नहीं होती है। यह एक अनुत्क्रमणीय परिवर्तन (irreversible change) भी है क्योंकि एक बार लकड़ी को चूरा (sawdust) बनाने के बाद, इसे आसानी से अपने मूल रूप (original form) में वापस नहीं लाया जा सकता है।

610. At room temperature:

Density of fresh water=1 g/cm³

Density of sunflower oil-.92 g/cm³

Density of Alcohol-8 g/cm³

Use the above information to identify the correct statement (s) from the ones given below.

(A) An object that floats in alcohol will surely float in sunflower oil.

(B) An object that floats in sunflower oil will surely float in fresh water.

(C) An object that floats in fresh water will surely float in alcohol.

(1) (A) & (B)

(2) (B) & (C)

(3) Only (C)

(4) (A), (B) & (C)

कमरे के ताप पर

ताजे जल का घनत्व = 1 ग्राम / से.मी

सूरजमुखी के तेल का घनत्व = 92 ग्राम / से. मी

अल्कोहल का घनत्व = 8 ग्राम / से.मी उपर्युक्त जानकारी का उपयोग करके नीचे दिए हुए सही कथन कथनों को पहचानिए :

(A) जो वस्तु अल्कोहल में तैरती है, वह सूरजमुखी के तेल में भी अवश्य तैरेगी।

(B) जो वस्तु सूरजमुखी के तेल में तैरती है, वह ताजे जल में अवश्य तैरेगी।

(C) जो वस्तु ताजे जल में तैरती है, वह अल्कोहल में अवश्य तैरेगी।

(1) (A) तथा (B)

(2) (B) तथा (C)

(3) केवल (C)

(4) (A), (B) तथा (C)

Ans : (1)

यदि कोई वस्तु उच्च घनत्व (high density) वाले द्रव (liquid) पर तैर (float) सकती है तो वह निश्चित रूप से इससे कम घनत्व (low density) वाले सभी द्रवों पर तैरेगी, लेकिन कम घनत्व वाले द्रव पर नहीं।

SCIENCE

611. Read the following paragraph and select the option that would correctly fill the blanks in the given order.

When a disease-carrying microbe enters our body. the body produces_(i)_ to fight the invader. If dead or weakened microbes are introduced in a healthy body, the body fights and kills them producing these. This is how a _(ii)_ . 'works to prevent diseases like _(ii)_.

(1) Antigens, antibiotic, diabetes
(2) Antibodies, antibiotic, arthritis.
(3) Antibodies, vaccine, tuberculosis
(4) Antibiotics, vaccine, arthritis

निम्नलिखित अनुच्छेद को पढ़िए तथा दिए गए क्रम में रिक्त स्थानों को सही रूप से भरने के विकल्प का चुनाव कीजिए। जब कोई रोगवाहक सूक्ष्मजीव हमारे शरीर में प्रवेश करता है तो भेदने वाले से लड़ने के लिए शरीर (i) का उत्पादन करता है। यदि मृत अथवा शक्तिहीन सूक्ष्मजीवों को एक स्वस्थ शरीर में डाला जाता है तो शरीर इनका उत्पादन करके उससे लड़ता है और मार देता है। इस प्रकार (ii) कार्य करता है (iii) जैसे रोगों से बचाव करता है।

(1) प्रतिजन प्रतिजैविक, मधुमेह
(2) प्रतिरक्षी, प्रतिजैविक, गठिया
(3) प्रतिरक्षी, टीका, तपेदिक
(4) प्रतिजैविक, टीका, गठिया

Ans : (3)

जब कोई रोगवाहक सूक्ष्मजीव (disease-carrying microbe) हमारे शरीर में प्रवेश (enter) करता है तो भेदने वाले से लड़ने के लिए शरीर प्रतिरक्षी (antibodies) का उत्पादन करता है। यदि मृत अथवा शक्तिहीन सूक्ष्मजीवों (dead or weakened microbes) को एक स्वस्थ शरीर में डाला जाता है तो शरीर इनका उत्पादन (production) करके उससे लड़ता (fight) है और मार (kill) देता है। इस प्रकार टीका (vaccine) कार्य करता है तपेदिक (tuberculosis) जैसे रोगों (diseases) से बचाव करता है।

612. Which of the following is prepared by using wood pulp?

(1) Acrylic
(2) Nylon
(3) Polyester
(4) Rayon

लकड़ी की लुग्दी का प्रयोग करके निम्नलिखित में से क्या बनाया जाता है ?

(1) एक्रेलिक
(2) नायलॉन
(3) पॉलिएस्टर
(4) रेयॉन

Ans : (4)

लकड़ी की लुगदी से रेयॉन तैयार किया जाता है (Rayon is prepared by using wood pulp.)।

613. Which of the following are obtained from Petroleum?

(A) CNG
(B) LPG
(C) Diesel
(D) Coal Gas

(1) (A) & (B)
(2) (A) & (C)
(3) (B) & (C)
(4) (A) & (D)

निम्नलिखित में से कौन से पेट्रोलियम द्वारा प्राप्त होते हैं?

(A) सी. एन. जी
(B) एल.पी.जी
(C) डीजल
(D) कोयला गैस

(1) (A)(B)
(2) (A) तथा (C)
(3) (B) तथा (C)
(4) (A) (D)

Ans : (3)

पेट्रोलियम (Petroleum) से केवल द्रवित पेट्रोलियम गैस (Liquified Petroleum Gas - L.P.G.) तथा डीजल (diesel) प्राप्त होते हैं।

614. Which of the following statement (s) is correct ?

(1) Fertilisers are richer in specific nutrients as compared to manure

(2) Fertilisers enhance the water holding capacity of the soil

(3) Fertilisers provide a lot of humus to the soil

(4) Fertilisers increase the number of friendly microbes in soil

निम्नलिखित में से कौन सा/से कथन सही है/हैं?

(1) खाद की अपेक्षा उर्वरक पोषकों के संबंध में अधिक समृद्ध होते हैं

(2) उर्वरक मृदा की जलधारण क्षमता में वृद्धि करते हैं

(3) उर्वरकों से मृदा को प्रचुर मात्रा में ह्यूमस प्राप्त होती है

(4) उर्वरकों से मृदा में मित्र जीवाणुओं की संख्या में वृद्धि हो जाती है

Ans : (1)

उर्वरक (Fertilizers) आमतौर पर खाद (manure) की तुलना में उच्च सांद्रता (higher concentrations) में विशिष्ट पोषक तत्व (specific nutrients) प्रदान करने के लिए तैयार किए जाते हैं।

615. The difference between maximum and minimum resistance that can be obtained by connecting three resistances of $\frac{1}{3}\Omega$ each is :

(1) $\frac{2}{3}\Omega$

(2) $\frac{8}{9}\Omega$

(3) $1\,\Omega$

(4) $\frac{1}{9}\Omega$

अधिकतम और न्यूनतम प्रतिरोध के बीच का अंतर जोकि प्रत्येक $\frac{1}{3}\Omega$ के तीन प्रतिरोधों को जोड़ने के द्वारा प्राप्त की जा सकती है, वह है :

(1) $\frac{2}{3}\Omega$

(2) $\frac{8}{9}\Omega$

(3) $1\,\Omega$

(4) $\frac{1}{9}\Omega$

Ans : (2)

प्रतिरोध (Resistance), प्रतिरोधों के योग (sum of resistances) और तीनों में से सबसे कम प्रतिरोध (lowest resistance) के बीच भिन्न (vary) हो सकता है। चूँकि प्रत्येक प्रतिरोध Ω है।

अधिकतम प्रतिरोध (Maximum resistance)

$= = \frac{1}{3}+\frac{1}{3}+\frac{1}{3}=1\Omega$

न्यूनतम प्रतिरोध (Minimum resistance),

$= \frac{1}{R'} = \frac{1}{\frac{1}{3}}+\frac{1}{\frac{1}{3}}+\frac{1}{\frac{1}{3}}=3+3+3=9\Omega$

$= R' = \frac{1}{9}$

अंतर (difference) $= 1 = -\frac{1}{9} = \frac{8}{9}\Omega$

616. A teacher, while teaching the chapter 'Body Movements' to class VI students shows the following images to her students:

A sailing boat, swimming fish and a flying aeroplane. She then asks the students to reflect on the shape of the images and the manner of movement. Which of the following are likely to be employed by students in answering?

(a) Classifying

(b) Observing

(c) Inductive reasoning

(d) Measuring

(1) (a) and (b)

(2) (b) and (c)

(3) (c) and (d)

(4) (a) and (d)

एक शिक्षिका अपने कक्षा VI के विद्यार्थियों को 'शरीर में गति' पाठ पढ़ाते समय निम्नलिखित प्रतिबिम्ब दिखाती है :

जलयात्रा करती नाव, तैरती मछली और एक उड़ता हवाई जहाज़। वह तत्पश्चात विद्यार्थियों को प्रतिबिम्बों की आकृति एवं गति के प्रकार को प्रतिबिम्बित करने के लिए कहती है। उत्तर देने के लिए विद्यार्थियों द्वारा निम्न में से किनको संभावित रूप से नियोजित किया जाएगा ?

(a) वर्गीकरण

(b) अवलोकन

(c) आगमनात्मक तर्कशीलता

(d) मापन

(1) (a) और (b)

(2) (b) और (c)

(3) (c) और (d)

(4) (a) और (d)

Ans : (2)

छात्रों द्वारा अवलोकन और आगमनात्मक तर्क (Observing and Inductive reasoning) को नियोजित (employed) किए जाने की संभावना है, क्योंकि वे छवियों के आकार और गतिविधियों (shapes and movements of the images) का निरीक्षण करते हैं और निष्कर्ष (conclusion) निकालने के लिए तर्क (reasoning) का उपयोग करते हैं।

617. Which of the following is not a feature of alternate conceptions in science?

(1) Ideas are stable.

(2) Ideas are resistant to change.

(3) Ideas are developed from observable features.

(4) Ideas do not demonstrate cause and effect reasoning.

निम्नलिखित में से कौन सा विज्ञान में वैकल्पिक अवधारणाओं की विशेषता नहीं है?

(1) विचार स्थिर होते हैं।

(2) विचार परिवर्तन प्रतिरोधी होते हैं।

(3) विचार अवलोकीकृत विशेषताओं से विकसित होते हैं।

(4) विचार, कारण और प्रभाव तर्क को प्रदर्शित नहीं करते हैं।

Ans : (4)

वैकल्पिक अवधारणाएँ (Alternate conceptions) गलत धारणाएँ (misconception) या अनुभवहीन सिद्धांत (naïve theories) हैं जो छात्र वैज्ञानिक अवधारणाओं (scientific concepts) के बारे में विकसित करते हैं। ये विचार अक्सर परिवर्तन के प्रति प्रतिरोधी (resistant) होते हैं और वैज्ञानिक समझ (scientific understanding) के साथ संरेखित (align) नहीं हो सकते हैं।

विज्ञान में वैकल्पिक अवधारणाएँ आम तौर पर कारण और प्रभाव तर्क (cause and effect reasoning) को प्रदर्शित करती हैं।

618. Assertion (A): The ceilings of cinema halls and concert halls are generally curved.

Reason (R): Sound waves after striking a curved surface get reflected in all directions.

(1) Both (A) and (R) are true and (R) is correct explanation for (A).

(2) Both (A) and (R) are true but (R) is not correct explanation for (A).

(3) (A) is true but (R) is false.

(4) Both (A) and (R) are false.

अभिकथन (A): सिनेमा हॉल और संगीत समारोह हॉल की छतें सामान्यत: चक्रित होती है।

तर्क (R): एक बक्रित सतह से टकराने के पश्चात् ध्वनि तरंगें सभी दिशाओं में परावर्तित हो जाती हैं।

(1) (A) और (R) दोनों सही है तथा (R), (A) की सही व्याख्या है।

(2) (A) और (R) दोनों सही हैं परन्तु (R), (A) को सही व्याख्या नहीं है।

(3) (A) सही है परन्तु (R) गलत है।

(4) (A) और (R) दोनों गलत हैं।

Ans : (1)

(A) और (R) दोनों सत्य हैं और (R), (A) के लिए सही स्पष्टीकरण है।

अभिकथन (A): "सिनेमा हॉल और कॉन्सर्ट हॉल की छतें आम तौर पर घुमावदार होती हैं (The ceilings of cinema halls and concert halls are generally curved)" — यह सत्य है। घुमावदार छतें स्थान की ध्वनिकी (Acoustics) को बढ़ाने के लिए डिज़ाइन की गई हैं।

कारण (R): "एक घुमावदार सतह से टकराने के बाद ध्वनि तरंगें (sound wavs) सभी दिशाओं में परावर्तित (reflect) हो जाती हैं" — यह भी सत्य है। घुमावदार सतहें ध्वनि तरंगों को पूरे कमरे में समान रूप से फैलाने में मदद करती हैं, जिससे बेहतर ध्वनि वितरण (Sound Distribution) होता है और गूँज (echo) कम होती है।

619. Portfolios are used as an alternative assessment strategy. Which of the following is incorrect about portfolios?

(1) It is a collection of all of students all worksheets gathered overtime
(2) It represents learners' growth
(3) It provides opportunities for learners to reflect on their own learning
(4) It portrays the learner's knowledge, skills and abilities

पोर्टफोलियो को एक विकल्पी आकलन योजना के रूप में प्रयुक्त किया जाता है।

(1) यह समय के साथ एकल किए गए सभी विद्यार्थियों के सभी कार्यपत्रकों का संग्रह है ।
(2) शिक्षार्थियों को विकास निरूपित करता है ।
(3) यह शिक्षार्थियों को उनके स्वयं के अधिगम पर अनुचिंतन के अवसर देता है।
(4) यह शिक्षार्थी के ज्ञान, कौशलों और योग्यताओं को प्रदर्शित करता है ।

Ans : (1)

पोर्टफोलियो [Portfolio] एक प्रकार की [file] होती है। जिसमें किसी बच्चे के एक निश्चित समय में किए गए कामों का संग्रह [Collection] होता है।

इसमें शैक्षिक एवं सह-शैक्षिक [Curricular and Co-curricular] दोनों पहलुओं [aspects] को शामिल किया जाता है।

पोर्टफोलियो द्वारा छात्र का मूल्यांकन [evaluation] करना आसान होता है।

पोर्टफोलियो [Portfolio] के माध्यम से बालक के क्रमिक विकास [gradual development] का पता लगाया जा सकता है।

620. Statement (A) : Magnets attract iron.

Statement (B) : This penny is not attracted to a magnet.

Which one of the options is correct?

(1) (A) is fact and (B) is observation
(2) (A) is observation and (B) is fact
(3) (A) and (B) both are observation
(4) (A) and (B) both are facts

कथन (A) : चुंबक लोहे को आकर्षित करते हैं।

कथन (B) : यह सिक्का चुंबक से आकर्षित नहीं होता है।

निम्नलिखित में से कौन सा विकल्प सही है ?

(1) (A) तथ्य और (B) अवलोकन हैं।
(2) (A) अवलोकन और (B) तथ्य हैं।
(3) (A) और (B) दोनों अवलोकन हैं।
(4) (A) और (B) दोनों तथ्य हैं।

Ans : (1)

तथ्य [fact] वे कथन हैं जिन्हें साक्ष्य [evidence] के जरिए साबित किया जा सकता है।

अर्थात तथ्य वह चीज है जो प्रमाणित [certified] रूप से सत्य है। अतः " चुम्बक लोहे को आकर्षित [attract] करते हैं यह एक तथ्य [fact] है।"

अवलोकन [observation] : किसी चीज को observe करके निष्कर्ष [conclusion] निकालना "अवलोकन " [observation] कहलाता है।

[अतः सिक्का चुंबक [magnet] से आकर्षित नहीं होता है, यह एक अवलोकन (Observation) है।]

621. From the following, identify the statement that is true about science.

(1) Science is a creative field, and scientists need imagination to carry out their work
(2) All scientific ideas need to be proved
(3) When a theory has been supported by

a great deal of scientific evidence, it becomes a law

(4) All scientific ideas are discovered and tested by controlled experiments

निम्नलिखित में से उस कथन को पहचानिए जो विज्ञान के संदर्भ में सही है ?

(1) विज्ञान एक सृजनात्मक क्षेत्र है तथा वैज्ञानिकों को अपना कार्य करने के लिए कल्पनाशीलता की आवश्यकता होती है।

(2) सभी वैज्ञानिकों मतों को सिद्ध करना आवश्यक है।

(3) जब किसी सिद्धांत को बहुत से वैज्ञानिक प्रमाणों द्वारा समर्थन प्राप्त हो, तो वह नियम बन जाता है।

(4) सभी वैज्ञानिक विचारों की खोज एवं परीक्षण नियंत्रित प्रयोगों द्वारा होती है।

Ans : (1)

विज्ञान एक अस्थायी विषय [temporary subject] गतिशील विषय [dynamic Subject] है।

विज्ञान प्राकृतिक दुनिया के बारे में ज्ञान का निर्माण [knowledge creation] करता है।

विज्ञान एक सृजनात्मक क्षेत्र [creative field] है। क्योंकि वैज्ञानिक अलग-अलग तरीकों से समस्या समाधान [Problem solving] करने के लिए वैज्ञानिक रचनात्मक विचार [Creative Ideas] का प्रयोग करते हैं।

वैज्ञानिक अपना कार्य करने के लिए कल्पनाशीलता [imagination] का प्रयोग करते हैं।

622. Shanu wants to demonstrate to the class that air has mass. Which one of the following activities will be most suitable for the purpose?

(1) Taking two balloons, inflating them to the same size, attaching each balloon with a string to a ruler and then puncturing one of them

(2) Taking a glass tumbler, putting a tissue in it and upending that glass tumbler into a bucket of water

(3) Taking an empty glass mug and upending it into water and making children observe the bubbles of air rise

(4) Taking a deflated balloon and putting it on the mouth of a glass bottle. Making the children observe the balloon inflate by putting the glass bottle in a bath of boiling water

शानू कक्षा में प्रदर्शन करना चाहता है कि वायु में द्रव्यमान होता है। निम्नलिखित में से कौन से क्रियाकलाप इस उद्देश्य के लिए सबसे उपयुक्त होंगे ?

(1) दो गुब्बारे लेकर उन्हें एक समान आकार में फुला कर प्रत्येक गुब्बारे को एक डोरी द्वारा मापनी से बाँध दे तत्पश्चात् उनमें से एक की पंचर कर दें।

(2) एक काँच का गिलास लें, उसमें एक टिशु डाल कर ग्लास को पानी की बाल्टी में उल्टा खड़ा कर दें।

(3) एक खाली गिलास लेकर उसें पानी में उल्टा कर दे और बच्चों को उसमें से उठते हुए हवा के बुलबुलों का अवलोकन करने को कहें।

(4) एक बगैर हवा वाला गुब्बारा लेकर उसे काँच की बोतल के मुँह पर लगायें। काँच की बोतल को उबलते पानी के बर्तन मे रखने पर गुब्बारे के फूलने की क्रिया का अवलोकन बच्चों से कराएँ।

Ans : (1)

वायु द्रव्यमान [air mass], समान गुणों वाली हवा का एक बड़ा पिण्ड होता है, अर्थात् दो गुब्बारे लेकर उन्हें एक समान आकार में फुला कर प्रत्येक गुब्बारे को एक डोरी द्वारा मापनी से बांधकर उसमें एक पंचर करें, यह क्रियाविधि वायु में द्रव्यमान् [density] होता है इस उद्देश्य को समझाने के लिए सबसे उपयुक्त क्रियाकलाप [activity] है।

623. According to N.C.F. 2005, which of the following is recommended as an objective of upper primary stage science curriculum ?

(1) Systematic experimentation needs to be introduced to verify theoretical principles

(2) Concepts should be arrived at from activities / experiments

(3) Vocational education needs to be integrated with science

(4) Concepts should be taught through a disciplinary approach

N.C.F. 2005 के अनुसार निम्नलिखित में से किस की सिफारिश उच्च प्राथमिक स्तर के पाठ्यक्रम के एक उद्देश्य के रूप में की गयी है?

(1) सैद्धान्तिक सिद्धान्तों के सत्यापन हेतु क्रमबद्ध प्रयोगों को प्रवर्तित करने की आवश्यकता है।
(2) क्रियाकलापों/प्रयोगों द्वारा प्रत्ययों तक पहुँचना चाहिए।
(3) व्यवसायिक शिक्षा का विज्ञान के साथ एकीकरण करना चाहिए।
(4) प्रत्ययों को विषय परक पद्धति के माध्यम से सिखाना चाहिए।

Ans : (2)

उच्च प्राथमिक स्तर [upper primary stage] पाठ्यक्रम के उद्देश्य :

पाठ्यक्रम को बाहरी गतिविधियों [outdoor activities] से जोड़ना चाहिए।

पाठ्यपुस्तकों से परे पाठ्यक्रम को समृद्ध [prosperous] करना।

पाठ्यक्रम को बिना बोझ [without burden] सीखने पर ज़ोर देना।

कक्षायी ज्ञान [Classroom knowledge] को स्कूल के बाहरी गतिविधियो [activities] से जोड़ना।

क्रियाकलापों / प्रयोगों द्वारा प्रत्ययों [Concepts] तक पहुंचना।

624. What kind of strategies will you use in order to help girls feel confident in your science classes?

(A) Using gender sensitive language
(B) Invite women scientists to visit your classroom
(C) Help girls to always dominate discussion in the science classroom
(D) Help students in examining myths and stereotypes about science.

(1) (A) and (B)
(2) (B) and (C)
(3) (A), (C) and (D)
(4) (A), (B) and (D)

अपनी विज्ञान की कक्षा में लड़कियों को आत्मविश्वासी महसूस करने में मदद करने के लिए आप किस प्रकार की नीतियाँ प्रयुक्त करेंगे ?

(A) लिंग संवेदनशील भाषा का प्रयोग।
(B) अपनी कक्षा में महिला वैज्ञानिकों को आमंत्रित करना।
(C) लड़कियों को विज्ञान की कक्षा में विचार-विमर्श में प्रबल होने में मदद करना।
(D) विज्ञान के बारे में मिथकों एवं रुढ़िबद्ध धारणाओं का परीक्षण करने में छात्रों की मदद करना।

(1) (A) तथा (B)
(2) (B) तथा (C)
(3) (A), (C) तथा (D)
(4) (A), (B) तथा (D)

Ans : (4)

लड़कियों को आत्मविश्वासी [Confident] महसूस कराने के लिए कक्षा का माहौल समावेशी [inclusive] बनाना चाहिए।

लिंग संवेदनशील भाषा [gender sensitive language] का प्रयोग करना चाहिए। अर्थात लड़के तथा लड़कियों के लिए एक समान भाषा का प्रयोग करना।

अपनी कक्षा में महिला वैज्ञानिकों [Woman Scientists] को आमंत्रित [invite] करना, जिससे लिंग रूढीबाधिता [Gender Stereotyping] को कम किया जा सके।

विज्ञान के बारे में मिथकों [myths] एवं रूढ़िबद्ध धारणाओं [stereotypes] में छात्रों की मदद करना।

625. Which of the following best describes a divergent question?

(1) Do you think all things expand on heating?
(2) What is the process of heat transfer in solids, liquids and gases?
(3) What materials can you use to wrap ice to prevent from melting in summers?
(4) What is the difference between heat and temperature?

निम्नलिखित में से कौन सा अपसारी प्रश्न का सबसे अच्छा वर्णन करता है?

(1) क्या आप सोचते है कि सभी वस्तुएँ गर्म करने पर विस्तारित होती हैं?
(2) ठोस, तरल एवं गैसों में ऊष्मा के स्थानांतरण की प्रक्रिया क्या है?
(3) गर्मियों में बर्फ को पिघलने से रोकने के लिए कौन सी वस्तुओं का प्रयोग करेंगे?
(4) ऊष्मा एवं ताप में क्या अंतर है?

Ans : (1)

अपसारी प्रश्न [Divergent questions] उन प्रश्नों को कहा जाता है, जिनके जवाब एक से अधिक होते हैं। अर्थात् इन प्रश्नों का जवाब देने के लिए प्रत्येक छात्र अपनी-अपनी बुध्दि [intelligence] तथा तर्क क्षमता [logical ability] का प्रयोग करते हैं। अपसारी प्रश्नों के माध्यम से छात्रों में रचनात्मक क्षमता [Creative ability] का विकास होता है।

"क्या आप सोचते हैं कि सभी वस्तुएं गर्म करने पर विस्तारित होती है?"

यह प्रश्न अपसारी प्रश्न [Divergent question] के अंतर्गत आएगा क्योंकि यह प्रश्न छात्रों को अपने विचार रखने का अवसर देता है।

626. Content validity in science curriculum means:

(1) inclusion of how concepts of science evolve over time
(2) conveying significant and scientifically correct content
(3) dilution of content as per the cognitive level of children
(4) inclusion of appropriate fun elements of science

विज्ञान के पाठ्यक्रम में विषय-वस्तु वैधता का अर्थ है-

(1) शामिल करना कि समय के साथ विज्ञान के प्रत्यय कैसे विकसित होते हैं।
(2) सार्थक एवं वैज्ञानिक रूप से सही सामग्री को संप्रेषित करना
(3) बच्चों के ज्ञानात्मक स्तर के अनुसार सामग्री का मंदन
(4) विज्ञान में उचित मनोरंजक तत्वों को शामिल करना

Ans : (2)

वैधता [Validity] का अर्थ माप की सटीकता से है। [अर्थात परीक्षण उस चीज़ को सही तरीके से मापे जिसके लिए उसका निर्माण किया गया है।]

पाठ्यक्रम में विषयवस्तु की वैधता [Content validity in curriculum] का अर्थ है कि परीक्षा के सवालों को पाठ्यक्रम में शामिल शिक्षण उद्देश्यों [learning purpose] और विषयवस्तु के साथ जोड़ना चाहिए। अत: परीक्षा में उन सवालों को शामिल नहीं किया जाना चाहिए जो पाठ्यक्रम से जुड़े न हों।

[अतः विज्ञान पाठ्यक्रम में विषय वस्तु वैधता का अर्थ है कि सार्थक [meaningful] एवं वैज्ञानिक [scientific] रूप से सही सामग्री को संप्रेषित [communication] करना।]

627. In an inquiry-based classroom, which of the following is least suitable form of assessment ?

(1) Projects
(2) Observations by teacher
(3) Reflections/Journals
(4) Written Examination

एक जाँच-आधारित कक्षा में सबसे कम उपयुक्त मूल्यांकन का स्वरूप क्या है?

(1) परियोजनायें
(2) शिक्षकों द्वारा किए गए अवलोकन
(3) विचार/दैनिकी
(4) लिखित परीक्षायें

Ans : (4)

परियोजनाएं [projects] शिक्षक द्वारा किए गए अवलोकन [Observations by teacher) विचार [reflection] दैनिकी [journals] आदि के द्वारा मूल्यांकन करने पर छात्र के सभी पहलुओं (शैक्षिक एवं सह शैक्षिक curricular and co-curricular) को ध्यान में रखा जाता है। अतः यह रचनात्मक मुल्यांकन [formative assessment] के अंतर्गत आएगा।

लिखित परीक्षा [written test] द्वारा बालक के सभी पहलुओं [aspects] का परीक्षण [examination] नहीं किया जाता है। [अतः जांच आधारित कक्षा [inquiry-based classroom] में सबसे कम उपयुक्त मूल्यांकन का स्वरुप [form of evaluation] है।]

628. Tashi has been asked to conduct remedial classes every Saturday. Whom should she include in her remedial classes ?

(A) Students with learning disabilities

(B) Students who have fallen behind for some reason

(C) All students so that group work can be done

(D) All students for sharing the examination pattern

(1) (A) and (B)
(2) (B) and (C)
(3) (A), (B) and (C)
(4) Only (A)

ताशी को हर शनिवार नैदानिक कक्षायें संचालित करने के लिए कहा गया है। उसे अपनी सुधार कक्षाओं में किन्हे सम्मिलित करना चाहिए :

(A) अधिगम बाधित क्षमताओं वाले छात्र

(B) वे छात्र जो किसी कारण वश पिछड़ गए हैं

(C) सभी छात्र जिससे समूह कार्य हों सकें

(D) सभी छात्र जिससे परीक्षा प्रणाली साझा हों सकें

(1) (A) तथा (B)
(2) (B) तथा (C)
(3) (A), (B) तथा (C)
(4) केबल (A)

Ans : (1)

Remedial classroom का उद्देश्य उन छात्रों को अकादमिक [academic] रूप से सफल होने के लिए सहायता प्रदान करना जो किसी विशेष विषय [Specific subject] और कौशल, [Skills] से जूझ रहे हैं।

अर्थात् शिक्षिका को सुधार कक्षाओं [remedial classroom] में अधिगम बाधित क्षमताओं वाले छात्र [students with learning disability] जो किसी कारणवश पिछड़ [fall behind] गए हैं। ऐसे छात्रों को शामिल [engage] करना चाहिए।

629. Which of the following is not caused due to excessive use of fertilizer and pesticides?

(1) Soil erosion
(2) Nitrification
(3) Eutrophication
(4) Bio-magnification

उर्वरकों एवं कीटनाशकों का कारण निम्नलिखित अति प्रयोग के में से कौन सा नहीं होता है?

(1) मृदा अपरदन
(2) नाइट्रीकरण
(3) सुपोषण
(4) जैव आवर्धन

Ans : (1)

मृदा अपरदन (Soil erosion) मुख्य रूप से उर्वरकों और कीटनाशकों (fertilizers and pesticides) के उपयोग के बजाय पानी, हवा और जुताई (tillage) जैसे कारकों (factors) के कारण होता है।

मृदा अपरदन एक प्राकृतिक प्रक्रिया (natural process) है जिसमें किसी खेत की ऊपरी मिट्टी (top soil) पानी और हवा जैसे भौतिक स्रोतों (physical sources) द्वारा बहा दी जाती है।

630. Which of the following statements is/ are true?

(a) Self-pollination takes place only in bisexual flowers.

(b) Bisexual flowers can pollinate both by self and cross pollination.

(1) (a) is true and (b) is false.
(2) (a) is false and (b) is true.
(3) Both (a) and (b) are false.
(4) Both (a) and (b) are true.

निम्नलिखित में से कौन सा/से कथन सही हैं?

(a) स्वपरागण केवल द्विलिंगी पुष्पों (फूलों) में होता है।

(b) द्विलिंगी पुष्प (फूल), स्व एवं पर-परागण दोनों प्रकार से पराग सींच सकते हैं।

(1) (a) सही है और (b) गलत है।

SCIENCE

(2) (a) गलत है और (b) सही है।
(3) (a) और (b) दोनों गलत हैं।
(4) (a) और (b) दोनों सही हैं।

Ans : (2)

कथन (a) स्व-परागण द्विलिंगी और एकलिंगी दोनों प्रकार के फूलों में होता है (Self-pollination takes place in both bisexual and unisexual flowers.)।

कथन (b) द्विलिंगी फूल स्व-परागण और पर-परागण दोनों द्वारा परागण कर सकते हैं क्योंकि उनमें नर और मादा दोनों प्रजनन अंग होते हैं (Bisexual flowers can pollinate both by self and cross pollination because they contain both male and female reproductive organs.)।

631. Which of the following statements is/are true regarding Rainwater harvesting?

(a) It conserves ground water.
(b) It reduces local flooding.
(c) It creates drainage problems.
(d) It can be used for irrigation of crops.

(1) (a), (b), (c)
(2) (a), (c), (d)
(3) (a), (b), (d)
(4) (b), (c), (d)

निम्नलिखित में से कौन सा/से कथन वर्षा जल संरक्षण के बारे में सही है/हैं?

(a) यह भू-जल का संरक्षण करता है।
(b) यह स्थानीय आप्लावन को कम करता है।
(c) यह जल निकास संबंधी समस्याओं को उत्पन्न करता है।
(d) इसका उपयोग फसलों की सिंचाई के लिए किया जा सकता है।

(1) (a), (b), (c)
(2) (a), (c), (d)
(3) (a), (b), (d)
(4) (b), (c), (d)

Ans : (3)

(a) यह भूजल का संरक्षण करता है (It conserves ground water): सही है, क्योंकि वर्षा जल संचयन (rainwater harvesting) से वर्षा जल को एकत्र (stored) और संग्रहित (collect) किया जा सकता है, जो भूजल आपूर्ति (Groundwater supply) को फिर से भरने में मदद कर सकता है।

(b) यह स्थानीय आप्लावन को कम करता है (It reduces local flooding): सही है, क्योंकि वर्षा जल एकत्र (collect rain water) करने से अतिरिक्त अपवाह (excess runoff) को रोका जा सकता है और स्थानीय क्षेत्रों (local areas) में बाढ़ (flood) के जोखिम को कम (reduce) किया जा सकता है।

(d) इसका उपयोग फसलों की सिंचाई के लिए किया जा सकता है (It can be used for irrigation of crops): सही है, एकत्रित वर्षा जल (Harvested rain water) का उपयोग कृषि भूमि की सिंचाई (irrigating agricultural land) के लिए किया जा सकता है।

632. Which of the following reactions are not feasible?

(1) $PbSO_4 + Fe$
(2) $Al + CuSO_4$
(3) $Zn + CaSO_4$
(4) $Mg + ZnSO_4$

निम्नलिखित अभिक्रियाओं में से कौन-सी संभव नहीं है ?

(1) PbSO4 + Fe
(2) $Al + CuSO_4$
(3) $Zn + CaSO_4$
(4) $Mg + ZnSO_4$

Ans : (3)

प्रतिक्रियाशीलता श्रृंखला (reactivity series) के अनुसार जिंक (Zn) कैल्शियम (Ca) से अधिक प्रतिक्रियाशील (reactive) है। हालाँकि, जिंक (Zinc) कैल्शियम सल्फेट ($CaSO_4$) से कैल्शियम को विस्थापित (displace) नहीं कर सकता क्योंकि प्रतिक्रियाशीलता श्रृंखला में कैल्शियम अधिक प्रतिक्रियाशील है, जिससे यह प्रतिक्रिया (reaction) संभव नहीं है।

633. Densities of four liquids A, B, C and D are given below :

Liquid	A	B	C	D
Density (kg/m^3)	785	820	924	1020

Based on this information, identify the correct statement from the following:

(1) An object that floats in liquid C may or may not float in liquid A.
(2) An object that floats in liquid A may or may not float in liquid B.
(3) An object that floats in liquid B surely floats in liquid A.
(4) An object that floats in liquid C surely floats in liquid B.

चार द्रवों A, B, C और D के घनत्व नीचे दिए गए हैं :

द्रव	A	B	C	D
घनत्व (किग्रा/मी^{3})	785	820	924	1020

इस सूचना के आधार पर, निम्नलिखित में से सही कथन की पहचान कीजिए:

(1) एक बिम्ब जो द्रव C में तैरता है वह द्रव A में तैर भी सकता है और नहीं भी।
(2) एक बिम्ब जो द्रव A में तैरता है वह द्रव B में तैर भी सकता है और नहीं भी।
(3) एक बिम्ब जो द्रव B में तैरता है वह निश्चित रूप से द्रव A में भी तैरेगा।
(4) एक बिम्ब जो द्रव C में तैरता है वह निश्चित रूप से दत B में भी तैरेगा।

Ans : (1)

द्रव A (Liquid A) का घनत्व (density) द्रव C (924 kg/m^3) की तुलना में कम (785 kg/m^3) है। एक वस्तु जो द्रव C में तैरती (float) है, जरूरी नहीं कि वह द्रव A में तैरती हो, क्योंकि द्रव A का घनत्व (density) काफी कम होता है, इसलिए जो वस्तु द्रव C में तैरती है, वह द्रव A की तुलना में सघन (denser) हो सकती है और इसलिए, द्रव A में तैर नहीं सकती है।

634. Read the following statements and choose the correct option :

Assertion (A) : Electric current is a vector quantity.

Reason (R) : Electric current is a quantity having magnitude as well as direction.

(1) (A) is true, but (R) is false.
(2) Both (A) and (R) are true, but (R) is not the correct explanation of (A).
(3) (A) is false, but (R) is true.
(4) Both (A) and (R) are true and (R) is the correct explanation of (A).

Option 1: (1) (A) is true, but ® is false. Electric current is a scalar quantity, having magnitude but not direction, unlike a vector quantity which possesses both magnitude and direction.

निम्नलिखित कथनों को पढ़िए तथा सही विकल्प का चयन कीजिए:

अभिकथन (A) : विद्युत धारा एक सदिश राशि है।

तर्क (R) : विद्युत धारा वह राशि है जिसके पास परिमाण के साथ-साथ दिशा भी है।

(1) (A) सही है, परन्तु (R) गलत है।
(2) (A) और (R) दोनों सही हैं, परन्तु (R), (A) की सही व्याख्या नहीं है।
(3) (A) ग़लत है, परन्तु (R) सही है।
(4) (A) और (R) दोनों सही हैं तथा (R), (A) की सही व्याख्या है।

Ans : (1)

(A) सही है, परन्तु (R) गलत है। विद्युत धारा एक सदिश राशि है (Electric current is a vector quantity.), जिसमें मात्रा (magnitude) होती है लेकिन दिशा (direction) नहीं, जबकि एक सदिश राशि (vector quantity) मात्रा के साथ-साथ दिशा भी रखती है।

635. Which of the following is not correct in respect of the activities suggested as part of 'Extended learning' in textbooks?

(1) These are an important value-addition to children's repertoire of knowledge and skills.
(2) These form an important basis of students' evaluation.
(3) Some of these require students to collect information of various kinds and draw conclusions on their own.
(4) Some of these enhance children's interaction with experts, teachers and society at large.

पाठ्य-पुस्तकों में 'विस्तारित अधिगम' के भाग के रूप में प्रस्तावित गतिविधियों के संबंध में निम्नलिखित में से कौन-सा सही नहीं है ?

(1) ये बच्चों के ज्ञान एवं कौशल के रंगपटल के लिए महत्त्वपूर्ण मूल्य-संवर्धन हैं।
(2) ये विद्यार्थियों के मूल्यांकन का महत्त्वपूर्ण आधार बनती हैं।
(3) इनमें से कुछ में विद्यार्थियों द्वारा विभिन्न प्रकार की सूचना एकत्र करने की और स्वयं निष्कर्ष निकालने की आवश्यकता होती है।
(4) इनमें से कुछ बृहत् रूप से विशेषज्ञों, शिक्षकों एवं समाज के साथ बच्चों की अंतःक्रिया को बढ़ाती हैं।

Ans : (2)

विकल्प 2 गलत है क्योंकि पाठ्यपुस्तकों में 'विस्तारित अधिगम (Extended learning)' गतिविधियाँ (activities) मुख्य रूप से विद्यार्थियों के मूल्यांकन (evaluation) के लिए उपयोग नहीं की जाती हैं; वे नियमित कक्षा में सीखने से परे ज्ञान और कौशल (knowledge and skills) को समृद्ध (enrich) करने के लिए पूरक अभ्यास (supplementary exercises) के रूप में कार्य करते हैं।

636. Which of the following can be considered as the most suitable rationale for team teaching?

(1) It is an effective strategy for large sized classes.
(2) It benefits the students with diverse expertise.
(3) It makes the task of assessment easier.
(4) It is helpful in increasing student participation.

निम्नलिखित में से किसे टीम (दल) शिक्षण के लिए सबसे उपयुक्त तर्काधार के रूप में शामिल किया जा सकता है ?

(1) यह बृहत् आमाप वाली कक्षाओं के लिए एक प्रभावी रणनीति है।
(2) यह विविध सुविज्ञता वाले विद्यार्थियों को लाभ पहुँचाता है।
(3) यह आकलन के कार्य को और सरल बनाता है।
(4) यह विद्यार्थियों की भागीदारी में वृद्धि करने में सहायक है।

Ans : (2)

टीम शिक्षण (team teaching) के लिए एक उपयुक्त तर्क (suitable rationale) है क्योंकि यह विद्यार्थियों को कई शिक्षकों द्वारा लाई गई विविध (diverse) प्रकार की विशेषज्ञता और दृष्टिकोण (expertise and perspectives) से लाभ उठाने की अनुमति (allow) देता है, जिससे सीखने का अनुभव (learning experience) समृद्ध (enriching) होता है।

637. LPG is stored as a liquid in a cylinder.
(A) It changes into gas as it comes out of cylinder
(B) It is burnt to produce heat

Which of the following statements is correct?

(1) A is Physical change and B is Chemical change
(2) is Chemical change and B is Physical change
(3) Both A and B are Physical changes
(4) Both A and B are Chemical changes

सिलेंडर में LPG एक द्रव पदार्थ के रूप में होती हैं।
(A) सिलेंडर से निकलते हुए वह गैस बन जाती है।
(B) इसको जला कर ऊष्मा पैदा की जाती है।

निम्न में से कौन-सा कथन सही है?

(1) A एक भौतिक परिवर्तन है तथा B रासायनिक परिवर्तन है

(2) A रासायनिक परिवर्तन है तथा B भौतिक परिवर्तन है
(3) A तथा B दोनों भौतिक परिवर्तन है
(4) A तथा B दोनों रासायनिक परिवर्तन हैं।

Ans : (1)

अवस्था में परिवर्तन (Change in state) एक भौतिक परिवर्तन (physical change) है जबकि जब एल.पी.जी. (L.P.G.) को जलाया (burn) जाता है तो यह रासायनिक परिवर्तन (chemical change) होता है क्योंकि नए यौगिक का निर्माण (formation of new compound) होता है।

638. Properties of four fuel are given below

Fuel	Calorific value (j/kg)	State	Ignition Temp
A	17	solid	High
B	45	liquid	moderate
C	150	gas	low
D	20	liquid	moderate

Which of the following is best option as a fuel for domestic purpose?

(1) A
(2) B
(3) C
(4) D

चार ईंधनों के गुणधर्म नीचे दिए गए है-

ईंधन	कैलोरी मूल्य (जूल/कि.ग्रा)	अवस्था	प्रज्ज्वलन ताप
A	17	ठोस	उच्च
B	45	तरल	मध्यम
C	150	गैस	अल्प
D	20	तरल	मध्यम

घरेलू उपयोग के लिए इनमें से कौन-सा सबसे उपयुक्त विकल्प है -

(1) A
(2) B
(3) C
(4) D

Ans : (2)

घरेलू उद्देश्य (domestic purpose) के लिए ईंधन (fuel) का हल्का वजन होना चाहिए और मध्यम इग्निशन तापमान (moderate ignition temperature) होना चाहिए; अन्यथा यह बहुत तेजी से आग पकड़ता (catch fire very fast) है। और कैलोरी मान (calorific value) भी सामान्य (normal) होना चाहिए, बहुत अधिक नहीं।

639. In which of the following situations, water cannot be used to extinguish the fire?

(a) burning of wood
(b) burning of diesel
(c) burning of paper
(d) short-circuit of electrical appliance

(1) a and b
(2) b and c
(3) a and c
(4) b and d

निम्न में से किन परिस्थितियों में आग बुझाने के लिए पानी का प्रयोग नहीं किया जा सकता -

a. लकड़ी का जलना
b. डीज़ल का जलना
c. कागज़ का जलना
d. बिजली के उपकरणों का लघुपथित (शार्ट सर्किट) होना

(1) a और b
(2) b और c
(3) a और c
(4) b और d

Ans : (4)

डीजल (Diesel) और लघुपथित (शार्ट सर्किट) बिजली के उपकरणों (electrical appliance) को जलाने के लिए आग बुझाने (extinguish) के लिए पानी का इस्तेमाल नहीं किया जा सकता है। डीजल एक ज्वलनशील तरल (flammable liquid) है,

SCIENCE

और डीजल की आग को बुझाने के लिए पानी का इस्तेमाल नहीं किया जाना चाहिए। पानी की वजह से डीजल फैल (spread) सकता है, जिससे आग और भी भयानक हो सकती है। बिजली की आग (Electrical fires) पर कभी भी पानी का इस्तेमाल नहीं करना चाहिए, क्योंकि यह बिजली का संचालन (conducts electricity) करता है और इससे बिजली का झटका (electrocution) लग सकता है या और भी नुकसान हो सकता है।

640. Sulphur Dioxide when dissolved in water forms

(1) Sulphur Trioxide
(2) Sulphurous acid
(3) Sulphuric acid
(4) Sulphur

सल्फर डाइऑक्साइड जल में वियोजित होने पर बनाती है-

(1) सल्फर ट्राइऑक्साइड
(2) सल्फ्युरस अम्ल
(3) सल्फ्युरिक अम्ल
(4) सल्फर

Ans : (2)

सल्फर डाइऑक्साइड (Sulphur Dioxide) जल में वियोजित (dissolved) होने पर सल्फ्युरस अम्ल (Sulphurous acid) बनाती है।

641. Which of the following is not implied by the statement 'Good science education is true to the child, true to life and true to the discipline' ?

(1) Science education should help the students acquire the processes of science.
(2) Science education should build a link between the child and his/her environment.
(3) Science education should train the students to remain disciplined in school.
(4) Science classroom practices should be developmentally appropriate.

निम्नलिखित में से कौन-सा इस कथन से परिलक्षित नहीं होता कि 'अच्छी विज्ञान शिक्षा बच्चे के अनुकूल, जीवन के अनुकूल और विद्या-विशेष (अनुशासन) के अनुकूल हैं' ?

(1) विज्ञान शिक्षा को विज्ञान संबंधी प्रक्रियाओं को अर्जित करने में विद्यार्थियों की सहायता करनी चाहिए।
(2) विज्ञान शिक्षा को बच्चे और उसकें आस-पास के वातावरण के बीच एक कड़ी बनानी चाहिए।
(3) विज्ञान शिक्षा को विद्यार्थियों को स्कूल में अनुशासित रहने के लिए प्रशिक्षित करना चाहिए।
(4) विज्ञान कक्षा कार्य विकासात्मक रूप से उपयुक्त होने चाहिए।

Ans : (3)

विकल्प 3 निहित नहीं है क्योंकि वाक्यांश "अनुशासन के प्रति सच्चा (true to the discipline)" विषय वस्तु की सटीकता (accuracy) पर जोर देता है, जरूरी नहीं कि स्कूल सेटिंग के भीतर अनुशासन (discipline) पर जैसा कि कथन (statement) में निहित (implied) है।

642. 'X' is a metal which exists in liquid state. What could 'X' be?

(1) Bromine
(2) Mercury
(3) Sodium
(4) Magnesium

'X' कोई धातु है जो द्रव अवस्था में विद्यमान होती है। X' क्या हो सकता है?

(1) ब्रोमीन
(2) मरकरी
(3) सोडियम
(4) मैग्नीशियम

Ans : (2)

'X' मरकरी धातु (Mercury metal) है जो द्रव अवस्था (liquid state) में विद्यमान (exists) होती है।

643. Which of the following can be put on wounds as an antiseptic:

(1) Iodine
(2) Bromine
(3) Sulphur
(4) Chlorine

निम्नलिखित में से किसे किसी घाव पर एन्टीसेप्टिक (पूतीरोधी या रोगाणुरोधक) के रूप में लगाया जा सकता है?

(1) आयोडीन
(2) ब्रोमिन
(3) सल्फर
(4) क्लोरीन

Ans : (1)

आयोडीन (Iodine) किसी घाव (wound) पर एन्टीसेप्टिक (पूतीरोधी या रोगाणुरोधक) के रूप में लगाया जा सकता है। एंटीसेप्टिक्स (antiseptic) ऐसे रसायन (Chemicals) होते हैं जो या तो जीवित ऊतकों (Living Tissues) में या उन पर सूक्ष्मजीवों (Microorganisms) को मारते हैं या उनके विकास (growth) रोकते हैं।

644. Read the following statements and choose correct option:

Assertion (A): The sky appears blue during the day and red during sunrise and sunset.

Reason (R): The colour of the sky is due only to reflection of light.

(1) Both (A) and (R) are true and (R) is the correct explanation of (A).
(2) Both (A) and (R) are true but (R) is not the correct explanation of (A).
(3) (A) is true but (R) is false.
(4) Both (A) and (R) are false.

नीचे दिए गए कथनों को पढ़िए और सही विकल्प का चुनाव कीजिए।

अभिकथन (A): दिन में आसमान नीला और सूर्योदय तथा सूर्यास्त के समय लाल दिखाई देता है।

कारण (R): आकाश का रंग केवल प्रकाश के अपवर्तन के कारण होता है।

(1) (A) और (R) दोनों सत्य है और (R) (A) की सही व्याख्या करता है।
(2) (A) और (R) दोनों सत्य है परन्तु (R) (A) कथन की सही व्याख्या नहीं करता है।
(3) (A) सत्य है परन्तु (R) सही नहीं है।
(4) (A) और (R) दोनों सही नहीं है।

Ans : (3)

नीले प्रकाश की तरंगदैर्घ्य सबसे कम (smallest wavelength) होती है। इस प्रकार यह सबसे अधिक बिखरता (scattered) है। और दिन के समय आसमान नीला दिखाई देता है। सूर्योदय और सूर्यास्त (sunrise and sunset) के दौरान, सूर्य का प्रकाश वायुमंडल (atmosphere) में लंबी दूरी तय करता है, इस प्रकार प्रकाश के सभी नीले घटक (blue components) बिखर (scatter) जाते हैं और आकाश लाल दिखाई देता है।

645. Read the following statements and choose the correct option.

Assertion (A) :Tightening of membranes of a tabla produces a sound of higher pitch

Reason (R): Tightening of membranes changes the frequency of vibrational motion of table.

(1) Both A and R are correct and R is correct explanation of A
(2) Both A and R are correct but R is not correct explanation of A
(3) A is correct but R is not correct
(4) Both A and Rare incorrect

निम्नलिखित कथनों को पढ़िए और सही विकल्प का चुनाव करिए

अभिकथन (A) - तबले की झिल्ली को कसने से ऊँचे सुर की आवाज़ आती है।

कारण (R) - झिल्ली को कसने से तबले की कम्पन गति की आवृत्ति बदल जाती है।

(1) A और R दोनों सही है तथा R, A की सही व्याख्या है।
(2) A और R दोनों सही है किन्तु R, A की सही व्याख्या नहीं है।
(3) A सही है किन्तु R सही नहीं है।
(4) A तथा R दोनों सही नहीं हैं।

SCIENCE

Ans : (1)

एक तंग झिल्ली (tight membrane) उच्च पिच वाली (higher pitch) ध्वनि (sound) उत्पन्न करती है क्योंकि यह ढीली झिल्ली (loose membrane) की तुलना में बहुत अधिक आवृत्ति (high frequency) पर कंपन करती है। अधिक पिच (आवृत्ति) एक सख्त झिल्ली (tighter membrane) के कारण होती है। इसलिए, ध्वनि की पिच (sound's pitch) को बढ़ाने से खिलाड़ी (player) को इसके चारों ओर स्ट्रिंग खींचकर (stretch) त्वचा को कसना (tighten the skin) पड़ता है। इस प्रकार दिया गया कथन सत्य है।)

646. Mixing of baking soda with lemon juice leads to formation of bubbles along with evolution of a gas X. The gas X is :

(1) Oxygen
(2) Methane
(3) Carbon dioxide
(4) Hydrogen

बेकिंग सोडा में नींबू का रस मिलाने पर बुलबुले बनते हैं और साथ ही कोई गैस 'X' निकलती है। गैस X है-

(1) ऑक्सीजन
(2) मीथेन
(3) कार्बन डाइऑक्साइड
(4) हाइड्रोजन

Ans : (3)

बेकिंग सोडा में नींबू का रस मिलाने पर (Mixing of baking soda with lemon juice) बुलबुले (bubbles) बनते हैं और साथ ही कार्बन डाइऑक्साइड (carbon dioxide) गैस निकलती है।

647. (A) is / are released from refrigerator and aerosol spray causing depletion of (B). (B) is responsible for blocking of (C) of sun from searching the earth. Identify (A), (B), (C):

(1) (A) SO_2, (B) O_3, (C) UV rays
(2) (A) CO_2, (B) O_2, (C) UV rays
(3) (A) NO_3, (B) O_2, (C) IR rays
(4) (A) CFCS, (B) O_3, (C) UV rays

रेफ्रिजरेटरों से (A) मुक्त होती / होते हैं तथा एरोसोल (वायुविलय) का छिड़काव (B) कि क्षीणता करता है। (B) सूर्य से आने वाली (C) को रोकने के लिए उत्तरदायी है। (A),(B) और (C) क्रमशः है-

(1) (A) – SO_2 ; (B) - O_3 ; (C) - पराबैंगनी किरणे
(2) (A) – CO_2 ; (B) – O_2 ; (C) - पराबैंगनी किरणे
(3) (A) – NO_3 ; (B) - O_2; (C) – अवरक्त किरणे
(4) (A) - CFC ; (B) - O_3 ; (C) – पराबैंगनी किरणे

Ans : (4)

रेफ्रिजरेटरों से CFC's मुक्त होती हैं तथा एरोसोल (वायुविलय) का छिड़काव O_3 कि क्षीणता करता है। O_3 सूर्य से आने वाली पराबैंगनी किरणे (UV rays) को रोकने के लिए उत्तरदायी है।

648. Which of the following materials is best suited to make a fuse wire?

Material	Melting Point	Resistivity
x	High	Low
y	High	High
z	Low	High
w	Low	Low

(1) x
(2) y
(3) z
(4) w

निम्न में से कौन-सा पदार्थ फ्यूज का तार बनाने के लिए सबसे उपयुक्त है-

पदार्थ	गलनांक	प्रतिरोधकता
x	उच्च	कम
y	उच्च	उच्च
z	निम्न	उच्च
w	निम्न	कम

(1) x
(2) y
(3) z
(4) w

Ans : (3)

Correct answer is Z

फ़्यूज़ तार हमेशा ऐसे कंडक्टर से बनाया जाता है जिसका गलनांक कम होता है और प्रतिरोध उच्च होता है (Fuse wire is always made by conductor which has low melting point and high resistance)।

649. What changes will you observe in a test tube containing Hcl if a few drops of Na oH are added to it?

(1) It changes colour
(2) It gives off a pungent smell
(3) It becomes warm
(4) It shows a brown deposit

कुछ बूंदे NaoH की डालने पर एक परखनली, जिसमें HCL है, में आप क्या परिवर्तन देखेंगे?

(1) उसका रंग बदल जाएगा
(2) उसमें से तीक्ष्ण गंध आएगी
(3) वह गरम हो जाएगी
(4) उसमी कोई भूरा पदार्थ निक्षिप्त (जमा) हो जाएगा

Ans : (3)

कुछ बूंदे NaoH की डालने पर एक परखनली(test tube), जिसमें HCL है, उदासीनीकरण प्रभाव (neutralization effect) के कारण परखनली गरम (warm) हो जाएगी।

650. Which of the following food items cannot be stored in an aluminium jar?

(1) Pudding
(2) Milk
(3) Amla pickle
(4) Cooked rice

निम्नलिखित में से किन खाद्य पादार्थ का भण्डारण एलुमिनियम के मर्तबान में नही हो सकता?

(1) पुडिंग
(2) दूध
(3) आंवले का अचार
(4) पके हुए चावल

Ans : (3)

आंवले के अचार (Amla pickle) को एल्युमीनियम के बर्तन (aluminium jar) में नहीं रखा जा सकता, क्योंकि अचार में मौजूद अम्ल (acid) एल्युमीनियम के साथ प्रतिक्रिया (reaction) करके हाइड्रोजन गैस (hydrogen gas) बनाता है, जो अचार को खराब (spoil) कर सकता है।

651. A solution of ammonium chloride will

(1) turn blue litmus red.
(2) turn red litmus blue.
(3) bring no change in colour of litmus solution.
(4) turn litmus solution colourless.

अमोनियम क्लोराइड का घोल –

(1) नीले लिटमस को लाल में बदलेगा
(2) लाल लिटमस को नीले में बदलेगा
(3) लिटमस के घोल में कोई रंग परिवर्तन नही लाएगा
(4) लिटमस के घोल को रंगहीन कर देगा

Ans : (1)

अमोनियम क्लोराइड का घोल (solution of ammonium chloride) नीले लिटमस को लाल में बदलेगा क्योंकि यह अम्लीय प्रकृति (acidic nature) का है।

652. Which of the following is a neutral salt?

(1) Sodium Chloride
(2) Sodium Carbonate
(3) Sodium Acetate
(4) Ammonium Chloride

निम्न में से कौन सा उदासीन लवण है?

(1) सोडियम क्लोराइड
(2) सोडियम कार्बोनेट
(3) सोडियम एसिटेट
(4) अमोनियम क्लोराइड

Ans : (1)

सोडियम क्लोराइड (NaCl) एक उदासीन लवण (neutral salt) है। उदासीन लवण, मज़बूत अम्ल (strong acids) और मज़बूत क्षार (strong bases) को बेअसर (neutralize) करके बनते हैं।

SCIENCE

653. It is observed that when current is passed through an electric bulb, its filament gets heated up but the wire carrying current does not. Which of the following could be the reason for this?

(1) The wire has higher resistance than the filament
(2) The wire has lesser resistance than the filament
(3) The filament has a fluorescent material but the wire does not
(4) The wire has a higher melting point than filament.

यह देखा जाता है कि जब बिजली के बल्ब में विद्युतधारा गुजरती है तब उसका तंतु तो गर्म हो जाता है लेकिन विद्युतधारा को ले जाने वाली तार नहीं चमकती। निम्न में से कौन-सा इसका कारण हो सकता हैं?

(1) तार की प्रतिरोधकता तंतु से अधिक है।
(2) तार की प्रतिरोधकता तंतु से कम है।
(3) तंत प्रतिदीप्तिशील पदार्थ का बना है लेकिन तार नहीं।
(4) तार का गलनांक तंतु की अपेक्षा अधिक है।

Ans : (2)

बल्ब के फिलामेंट की तुलना में तार का प्रतिरोध बहुत कम होता है इसलिए यह गर्म नहीं होता है (A wire has a lot less resistance when compared to the filament of the bulb so it doesn't heat up)।

654. Which of the following can be used to observe the complete length of a distant tall tower clearly?

(1) Convex mirror
(2) Concave mirror
(3) Plane mirror
(4) Convex lens

एक सुदूर लंबी (ऊँची) मीनार की संपूर्ण लम्बाई का अवलोकन करने के लिए निम्नलिखित में से किस का प्रयोग किया जा सकता है?

(1) उत्तल दर्पण
(2) अवतल दर्पण
(3) समतल दर्पण
(4) उत्तल लेंस

Ans : (1)

उत्तल दर्पण (convex mirror) का उपयोग करके किसी दूर की ऊंची इमारत (distant tall building) की पूरी लंबाई की छवि (full-length image) निश्चित रूप से देखी जा सकती है।

655. Which of the following is generally true of non-metals?

(1) They do not react with water.
(2) They do not react with air.
(3) They react actively with acids.
(4) They make a ringing sound when struck.

निम्नलिखित में से कौन-सा कथन सामान्य रूप से अधातुओं के लिए सत्य है?

(1) ये जल के साथ अभिक्रिया नहीं करते।
(2) ये वायु के साथ अभिक्रिया नहीं करते।
(3) ये अम्लों के साथ सक्रिय रूप से अभिक्रिया करते हैं।
(4) पीटे जाने पर ये ध्वनि उत्पन्न करते हैं।

Ans : (1)

यह कथन "वे जल के साथ अभिक्रिया (reaction) नहीं करते" आम तौर पर अधातुओं (nonmetals) के लिए सत्य है। अधातुएँ विद्युत ऋणात्मक (electronegative) और इलेक्ट्रॉन ग्रहण (electron acceptors) करने वाली होती हैं, इसलिए वे पानी के साथ अभिक्रिया करने में असमर्थ (unable) होती हैं। वे पानी में हाइड्रोजन और ऑक्सीजन के बीच के बंधन (bond) को भी नहीं तोड़ (break) सकती हैं।

656. When an acid reacts with a base, which of the following is / are produced?

(1) Only salt
(2) Only water
(3) Salt, water and heat
(4) Salt and water

जब किसी अम्ल को क्षार में मिलाया जाता है, तब निम्न में से क्या उत्पन्न होता है?

(1) केवल लवण
(2) केवल जल

(3) लवण, जल तथा ऊष्मा
(4) लवण तथा जल

Ans : (3)

जब किसी अम्ल (acid) को क्षार (base) में मिलाया जाता है, तब लवण (salt), जल (water) तथा ऊष्मा (heat) उत्पन्न होता है।

657. Which of the following represents a velocity-time graph of a body moving with zero acceleration?

(1) A curved line with steadily increasing slope
(2) A straight line parallel to the time-axis
(3) A straight line at a constant finite slope with time-axis
(4) A straight line parallel to the velocity-axis

निम्नलिखित में से कौन सा शून्य त्वरण से गति करते हुए पिंड के वेग समय ग्राफ का निरूपण करता है ?

(1) स्थिर गति से बढ़ती ढलान के साथ एक वक्रित रेखा
(2) समय अक्ष के समांतर (समानांतर) एक सीधी रेखा
(3) समय अक्ष के साथ अचल परिमित ढलान पर बनी एक सीधी रेखा
(4) वेग अक्ष के समानांतर एक सीधी रेखा

Ans : (2)

समय अक्ष के समांतर (समानांतर) एक सीधी रेखा (A straight line parallel to the time-axis)।

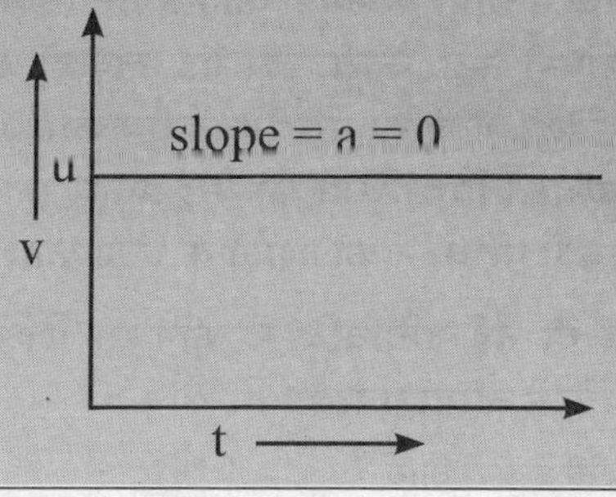

658. Naphthalene balls that are used to repel moths and other insects are obtained from:

(1) Coal tar
(2) Coke
(3) Eucalyptus trees
(4) Turpentine

नेफ़थलीन के गोले जिनका उपयोग पतंगें और अन्य कीड़ों को भागने के लिए किया जाता है, इससे प्राप्त होते हैं :

(1) कोल तार
(2) कोक
(3) यूकलिप्टस पेड़
(4) तारपीन

Ans : (1)

नेफ़थलीन के गोले जिनका उपयोग पतंगें और अन्य कीड़ों को भागने के लिए किया जाता है, कोल तार से प्राप्त होते हैं।

नेफ़थलीन एक विषैला (toxic), सफ़ेद ठोस (white solid) पदार्थ है जिसकी गंध (odour) बहुत तेज़ होती है और इसका उपयोग आमतौर पर पतंगों को भगाने (moth repellent) के लिए किया जाता है।

659. Read the statements given below:

Statement A: It is an inferred explanation of observable events.

Statement B: It is a statement about the relationships among observable events.

Which one of the following is correct?

(1) A is about law and B is about theory
(2) A is about theory and B is about law
(3) A and B both are about law
(4) A and B both are about theory

निम्नलिखित कथन (A) और कथन (B) को पढ़िए:

कथन (A): यह अवलोकित घटनाओं की निष्कर्षित व्याख्या है।

कथन (B): यह अवलोकित घटनाओं में संबंधों के विषय में कथन है।

निम्नलिखित में से क्या सही है?

(1) (A) नियम के विषय में और (B) सिद्धांत के विषय में हैं।
(2) (A) सिद्धांत के विषय में और (B) नियम के विषय में हैं।

SCIENCE

(3) (A) और (B) दोनों नियमों के विषय में हैं।
(4) (A) और (B) दोनों सिद्धांतों के विषय में हैं।

Ans : (2)

विज्ञान में नियम अवलोकनीय [observational] घटनाओं के बीच संबंधों का सामान्यीकृत विवरण [generalized description] होते हैं।

जबकि सिद्धांत [principle] अवलोकनीय [observational] घटनाओं के लिए स्पष्टीकरण [explanation] होते हैं।

नियमों में कोई बदलाव [Change] नहीं किया जा सकता जबकि सिध्दांतों [principles] में संशोधन [modification] किया जा सकता है।

अर्थात् कथन A सिद्धांत [theory] के विषय में और कथन B नियम [Law] के विषय में है।

660. Which of the following is not an appropriate purpose of conducting scientific inquiry in science classroom?

(1) Designing investigations based on the questions
(2) Using instruments, technology and mathematics in conducting investigation
(3) Communicating scientific findings for critique and review by others.
(4) Increasing body of knowledge (including facts) of science

विज्ञान की कक्षा में वैज्ञानिक जाँच संचालित करने के लिए निम्नलिखित में से क्या एक उपयुक्त उद्देश्य नहीं है?

(1) प्रश्न आधारित अन्वेषणों की अभिकल्पना करना।
(2) अन्वेषणों के चालन के लिए उपकरणों, तकनीकी और गणित का उपयोग करना
(3) वैज्ञानिक प्राप्तियों को अन्य द्वारा आलोचना एवं समीक्षा के लिए संचरित करना
(4) विज्ञान के ज्ञान (तथ्य सम्मिलित) के ढाँचे को बढ़ाना

Ans : (4)

वैज्ञानिक जांच [scientific research] से तात्पर्य वैज्ञानिकों द्वारा प्राकृतिक दुनिया का अध्ययन [study] कर अपने अध्ययन से प्राप्त साक्ष्यों [evidences] के आधार पर परिणाम [result] निकालना।

कक्षा में वैज्ञानिक जांच [scientific research] संचालित करने का उद्देश्य :

- छात्रों में अन्वेषण कौशल [inquiry skills] विकसित करना।
- छात्रों में अलोचनात्मक कौशल [Critical skills] विकसित करना।
- छात्रों को खोज-बीन [investigation] के माध्यम से विज्ञान की अवधारणाओं [scientific concepts] को सीखने के अवसर प्रदान करना।

[विज्ञान के ज्ञान तथ्य सम्मिलित [factual knowledge] के स्थान पर Procedural knowledge को बढ़ावा देना।]

661. A teacher gives students' groups the following materials Rulers, straws, scissors, rubber bands, wood blocks, cans, balloons, strings, disposable cups and metal spoons. Students were asked to demonstrate a change in the pitch of sound in as many ways as possible. Which pedagogy is used in the above activity?

(1) Project method
(2) Expository teaching
(3) Guided inquiry
(4) Open inquiry

शिक्षक ने छात्रों के समूहों को निम्नलिखित सामग्री दी मापनी, स्ट्रॉ, कैंची, रबर बैंड, लकड़ी के गुटके, कैन/डिब्बे, गुब्बारे, धागे, निवर्तनीय कप, और धातु के चम्मच। विद्यार्थियों को कई प्रकार से ध्वनि के तारत्व में परिवर्तन को दर्शाने के लिए कहा गया।

ऊपर दी गई गतिविधि में कौन-सा शिक्षा शास्त्र उपयोग में लाया गया है?

(1) परियोजना कार्य
(2) प्रतिपादक शिक्षण
(3) निर्देशित जाँच
(4) खुली पूछताछ

Ans : (3)

निर्देशित जांच [Guided inquiry]

- Guided inquiry एक Child centred शिक्षण पध्दति [teaching method] है।
- इसमें छात्र शिक्षक के निर्देशन [Guidance] में खोजबीन [investigation] के माध्यम से सीखते हैं।
- इस पध्दति में शिक्षक वैज्ञानिक अवधारणाओं से जुड़ी गतिविधियों में मार्गदर्शन [guidance] करते हैं।
- निर्देशित जांच [Guided inquiry] के माध्यम से छात्रों की वैज्ञानिक अवधारणाओं [scientific Concepts] विश्लेषणात्मक कौशल [Analytical skills] आलोचनात्मक सोच [Critical thinking] और सीखने के परिणामों [Results of learning] की समझ बढ़ती है।

662. Which of the following is an example of integrated process skill ?

(1) Measuring the volume of lungs (lung capacity)

(2) Estimating the distance between the class and the canteen in school

(3) Predicting the growth of a plant during the 4th week based on data recorded for previous three weeks

(4) Manipulating temperature and recording observation to find out how fermentation of yeast is affected by temperature

निम्नलिखित में से कौन समाकलित प्रक्रिया कौशल का एक उदाहरण है?

(1) फेफड़ों का आयतन (फुफ्फुस क्षमता) मापना

(2) विद्यालय में कक्षा और कैन्टीन के बीच की दूरी का अनुमान लगाना

(3) पूर्व तीन सप्ताहों पर रिकॉर्ड किए गए आँकड़ो के आधार पर चौथे सप्ताह के दौरान पौधे की वृद्धि का पूर्वानुमान लगाना

(4) यीस्ट का किण्वन तापमान द्वारा किस प्रकार प्रभावित होता है, यह ज्ञात करने के लिए तापमान को नियंत्रित करना एवं अवलोकन को रिकॉर्ड करना

Ans : (4)

समाकलित प्रक्रिया कौशल [Integrated process skill] के अंतर्गत छात्र किसी वैज्ञानिक अवधारणा [scientific concept] को समझने के लिए छात्र सर्वप्रथम समस्या [problem] का अवलोकन [observation] करते हैं अवलोकन के आधार पर डेटा का एकत्रीकरण [data collection] करते हैं डेटा का विश्लेषण [Analysis] करते हैं। तथा अंत में परिणाम [Result] निकालते हैं।

[अर्थात, यीस्ट का किण्वन तापमान द्वारा किस प्रकार प्रभावित होता है, यह ज्ञात करने के लिए तापमान को नियंत्रित करना एवं अवलोकन [observation] को रिकॉर्ड करना

समाकलित प्रक्रिया कौशल [Integrated Process skill] का उदहारण है।

663. Read Statements (A) and (B) given below:

(A) Assessment of students throughout the inquiry lessons.

(B) Assessment at the end of the syllabus to check whether the instructional objectives are achieved.

Which one of the following is correct?

(1) Both (A) and (B) are formative assessment

(2) Both (A) and (B) are summative assessment

(3) (A) is summative and (B) is formative assessment

(4) (A) is formative and (B) is summative assessment

नीचे दिए गए कथन (A) और (B) को पढ़िए:

(A) जाँच पाठों के दौरान शुरु से अंत तक विद्यार्थियों का आकलन।

(B) पाठ्क्रम के अंत में आकलन यह जाँचने के लिए कि निर्देशित उद्देश्य प्राप्त हो गए हैं या नहीं।

निम्नलिखित में से क्या सही है?

(1) दोनों (A) और (B) निर्माणात्मक आकलन हैं।

(2) दोनों (A) और (B) योगात्मक आकलन हैं।

(3) (A) योगात्मक और (B) निर्माणात्मक आकलन है।

(4) (A) निर्माणात्मक और (B) योगात्मक आकलन है।

Ans : (4)

निर्माणात्मक आकंलन [formative assessment] Assessment for learning के अंतर्गत बच्चे का आकलन Teaching learning Process के दौरान किया जाता है। इसके अंतर्गत बच्चे का assessment नियमित तौर [regular base] पर किया जाता है।

योगात्मक आकलन [Summative assessment] के अंतर्गत बच्चे का आकलन Teaching learning Process के अंत में किया जाता है।

[अतः कथन A निर्माणात्मक आकलन [formative assessment] तथा कथन B योगात्मक आकलन [Summative assessment] के अंतर्गत आएगा।]

664. Journal entries are encouraged in science classroom these days. Which of the following is incorrect about journals?

(1) It may involve engaging students in writing a response to a specific question
(2) It promotes reflective learning
(3) It is expository writing
(4) It is for comprehension based convergent questions

इन दिनों विज्ञान की कक्षा में पत्रिका प्रविष्टियों को प्रोत्साहन दिया जा रहा है। पत्रिकाओं के संबंध में निम्नलिखित में से क्या गलत है?

(1) विद्यार्थियों को किसी एक विशिष्ट प्रश्न का उत्तर देने में व्यस्त रख सकते हैं।
(2) यह अनुचिंतनीय अधिगम को प्रोत्साहित करते है।
(3) यह प्रतिपादक लेखन है।
(4) इसे अभिसारी प्रश्न आधारित बोध के लिए किया गया है।

Ans : (4)

वैज्ञानिक पत्रकारिता [Scientific journal] वह journal है जो वैज्ञानिक विषयों [scientific subjects] से संबंधित समाचार तथा फीचर [feature] के माध्यम से वैज्ञानिक समुदाय [scientific community] में वैज्ञानिक ज्ञान [scientific knowledge] और नए विचारों का प्रसार [spread of ideas] करते हैं।

यह अनुचिंतनीय अधिगम [reflective learning] को प्रोत्साहित करते हैं।

यह एक "प्रतिपादक लेखन [Expository writing]" है।

[इसका प्रयोग अभिसारी बोध [Convergent Understanding] के लिए किया गया है यह कथन गलत है।]

665. Which one of the strategies doesn't address needs of diverse students in a science classroom?

(1) Cooperative learning groups
(2) Lecture and demonstration by a teacher
(3) Bulletin boards displaying culturally diverse information
(4) Hands-on activities in groups

निम्नलिखित में से कौन सी योजना विज्ञान की कक्षा में विद्यार्थियों की विविधता को संबोधित नहीं करती:

(1) सह सहयोगी अधिगम समूह
(2) शिक्षक द्वारा व्याख्यान और प्रदर्शन
(3) सांस्कृतिक विविध सूचना दर्शाते बुलेटिन बोर्ड
(4) समूहों में हस्त क्रियाकलाप

Ans : (2)

सह-सहयोगी अधिगम समूह [Cooperative learning Group] में छात्र छोटे-छोटे समूह में मिलकर कार्य करते हैं तथा एक -दूसरे के सीखने तथा कार्य पूरा करने में मदद करते हैं।

सांस्कृतिक विविध सूचना [Culturally diverse information] का अर्थ है कि समाज कई अलग-अलग समूहों [groups] से बना है, जिनकी रुचिया कौशल [interest skills], प्रतिभाएं [talents] तथा ज़रूरतें [Needs] अलग-अलग हो सकती हैं। समूहों में हस्त क्रियाकलाप [hand activities] आदि योजना के द्वारा विद्यार्थियों की विविधता को सम्बोधित [addressed] किया जा सकता है।

[शिक्षक द्वारा व्याख्यान और प्रदर्शन [lecture and demonstration] की योजना विज्ञान की कक्षा में विद्यार्थियो की विविधता [diversify] को संबोधित नहीं करती।]

666. Which one of the following is not an aim of science education?

(1) Science education should enable the learner to cultivate scientific temper
(2) It should enable the learner to imbibe the values of honesty, integrity and cooperation
(3) It should enable the learner to remember the facts and principles by heart
(4) It should enable the learner to acquire skills including science process skills

निम्नलिखित में से क्या एक विज्ञान शिक्षा का उद्देश्य नहीं है ?

(1) विज्ञान की शिक्षा शिक्षार्थी को वैज्ञानिक प्रवृति का पोषण करने में सक्षम बनाती है।
(2) इसे शिक्षार्थी को ईमानदारी, अखंडता, और सहयोग के मूल्यों को आत्मसात करने में सक्षम बनाना चाहिए।
(3) इसे शिक्षार्थी को तथ्यों को याद रखने और नियमों को कण्ठस्थ करने में सक्षम बनाना चाहिए।
(4) इसे शिक्षार्थी को विज्ञान प्रक्रिया कौशलों सहित अन्य कौशलों को प्राप्त करने में सक्षम बनाना चाहिए।

Ans : (3)

विज्ञान शिक्षा के उद्देश्य [purpose of science education]

विज्ञान शिक्षा का प्रमुख उद्देश्य छात्रों में वैज्ञानिक दृष्टिकोण [scientific attitude] से सोचने और समस्याओं को हल करने की क्षमता [problem solving ability] का विकास करना।

छात्रों में आलोचनात्मक सोच [Critical thinking] और समस्या समाधान का कौशल बढ़ाना।

विज्ञान शिक्षा का उद्देश्य शिक्षार्थियों को विज्ञान प्रक्रिया कौशलों [science process skills] सहित अन्य कौशलों (Skills) को प्राप्त करने में सक्षम बनाना।

[शिक्षार्थियों को, तथ्यों [facts] को याद रखने और नियमों को कण्ठस्थ [memorized] करने में सक्षम बनाना विज्ञान शिक्षा का उद्देश्य नहीं है।]

667. Which of the following does not describe the task of engaging students in performing experiments given in the textbook?

(1) Structured Inquiry
(2) Guided Inquiry
(3) Open Inquiry
(4) Directed Inquiry

पाठ्य पुस्तक में दिए गए प्रयोगों को संपादित करने में विद्यार्थियों को व्यस्त रखने के कार्य को निम्नलिखित में से कौन व्याख्या नहीं करता ?

(1) संरचनात्मक जाँच
(2) निर्देशित जाँच
(3) खुली जाँच
(4) निर्देशित जाँच

Ans : (3)

खुली जांच [open inquiry] को एक छात्र केंद्रित विधि [child centred approach] माना जाता है। यह क्रिया पूछताछ से संबंधित है। open Inquiry में छात्र प्रश्नों को तैयार करने से लेकर जांच की रूपरेखा [Framework] तैयार करने और उसे अंजाम देने तक में स्वयं निर्देशित [self-guided] हैं।

668. Statement (A) : It should an ongoing process during teaching-learning.

Statement (B) It focuses on finding out how well the students have achieved the instructional objectives.

Which one of the following options is correct?

(1) Both (A) and (B) are about formative assessment
(2) Both (A) and (B) are about summative assessment
(3) (A) is about formative and (B) is about summative assessment
(4) (A) is about summative and (B) is about formative assessment

कथन (A) : यह शिक्षण अधिगम में एक निरंतर प्रक्रम है।

कथन (B) : यह, ये ज्ञात करने पर केन्द्रित है कि विद्यार्थियों ने कितनी अच्छे प्रकार से निर्देशित उद्देश्यों को प्राप्त किया है।

SCIENCE

निम्नलिखित में से कौन सा विकल्प सही है ?

(1) निर्माणात्मक आकलन के संदर्भ में (A) और (B) दोनों सही हैं।

(2) योगात्मक आकलन के संदर्भ में (A) और (B) दोनों सही हैं ।

(3) (A) निर्माणात्मक और (B) योगात्मक आकलन के संदर्भ में है।

(4) (A) योगात्मक के संदर्भ में और (B) निर्माणात्मक आकलन के संदर्भ में है ।

Ans : (3)

निर्माणात्मक आकलन [formative assessment] निरंतर [continue] रुप से चलने वाली प्रक्रिया है। इसके अंतर्गत प्रतिदिन [regular] प्रत्येक छात्र का आकलन [assessment] किया जाता है।

अतः यह शिक्षण-अधिगम [Teaching-learning] में एक निरंतर क्रम है, निर्माणात्मक आकलन [formative assessment] के अंतर्गत आएगा।

योगात्मक आकलन [summative assessment] शिक्षण अधिगम प्रक्रिया [Teaching learning process] के अंत में किया जाता है। यह आकलन [assessment] अंतिम परिणाम [Result] पर आधारित होता है।

अतः विद्यार्थियों ने कितनी अच्छे प्रकार से निर्देशित उद्देश्यों [instructional objectives] को प्राप्त किया है यह जानने के लिए योगात्मक आकलन [summative assessment] का उपयोग किया जाएगा।

669. Read the following statement carefully and choose the correct option

Assertion (A): Moon always has the same face towards the earth

Reason (R): The moon completes one rotation in its axis simultaneously as it completes one revolution around the earth

(1) Both A and R are true and R is the correct explanation of A

(2) Both A and R are true and R is not the correct explanation of A

(3) A is true but R is false

(4) A is false but R is true

नीचे दिए गए कथनों को पढ़िए और सही विकल्प का चयन कीजिए।

अभिकथन (A) : चंद्रमा का एक ही मुख सदैव पृथ्वी के सम्मुख रहता है।

कारण (R) : पृथ्वी के इर्द-गिर्द परिक्रमण करने के साथ ही साथ चंद्रमा अपनी धुरी पर एक घूर्णन पूरा करता है।

(1) A और R दोनों सही हैं और R, A की सही व्याख्या करता है।

(2) A और R दोनों सही हैं, लेकिन R, A की सही व्याख्या नहीं करता है।

(3) A सही है लेकिन R गलत है।

(4) R सही है लेकिन A गलत है।

Ans : (1)

- चंद्रमा (Moon) का एक ही मुख (face) सदैव पृथ्वी के सम्मुख (towards the earth) रहता है।
- पृथ्वी के इर्द-गिर्द परिक्रमण करने के साथ ही साथ चंद्रमा अपनी धुरी पर एक घूर्णन पूरा करता है (The moon completes one rotation in its axis simultaneously as it completes one revolution around the earth)।

A और R दोनों सही हैं और R, A की सही व्याख्या करता है।

670. Which property of Aluminium makes it suitable for making foils for wrapping food?

(1) It is a good conductor of heat.

(2) It does not react with oxygen.

(3) It is highly malleable.

(4) It forms useful alloys..

अल्युमीनियम का कौन सा गुणधर्म उसे खाद्य सामग्री लपेटने के लिए फॉयल (पन्नी) बनाने के लिय उपयुक्त बनाता है?

(1) यह ऊष्मा का सुचालक है

(2) यह ऑक्सीजन के साथ अमिक्रिया नहीं करता

(3) यह बहुत आघातवर्ध्य है

(4) यह लाभकारी मिश्रितधातु बनाता है

Ans : (3)

वह गुण (property) जिसके द्वारा धातुओं (metals) को शीटों में बदला जा सकता है आघातवर्ध्य (malleability) कहा जाता है। एल्युमिनियम, इस प्रकार एक धातु होने के कारण, एल्युमिनियम फॉयल (aluminium foil) जैसी पतली शीटों (sheets) में बदला जा सकता है, जिसका उपयोग खाद्य पदार्थों की पैकेजिंग (packaging of food items) में किया जाता है।

671. Read the following statements and choose the correct option

Assertion (A): Virtual images cannot be obtained on screen.

Reasoning R1: Virtual images are formed at points where the light rays appear to diverge from.

Reasoning R2: Virtual images are always erect.

(1) Both R1 & R2 are correct but R1 provides the correct explanation for A
(2) Both R1 & R2 are correct but R2 provides the correct explanation for A
(3) R1 is correct but R2 is incorrect
(4) R2 is correct but R1 is incorrect

नीचे दिए गए कथन पढ़िए और सही विकल्प का चयन कीजिए।

अमिकथन (A): आभासी प्रतिबिम्ब स्क्रीन पर प्राप्त नहीं किए जा सकते।

कारण (R1): आभासी प्रतिबिम्ब उन बिन्दुओं पर बनते है जहाँ से प्रकाश की किरणे अपसरित होती प्रतीत होती हैं।

कारण (R2): आभासी प्रतिबिम्ब सदैव सीधे होते हैं।

(1) R1 व R2, दोनों सही हैं लेकिन R1, A की सही व्याख्या करता है।
(2) R1 व R, दोनों सहीं हैं लेकिन R2, A की सही व्याख्या करता है।
(3) R1 सही है किन्तु R2 गलत है।
(4) R2 सही है किन्तु R1 गलत है।

Ans : (1)

स्क्रीन पर आभासी प्रतिबिम्ब (virtual image) प्राप्त नहीं किया जा सकता क्योंकि स्क्रीन पर जो आभासी बनता है वह प्रकाश किरणों (light rays) के कारण होता है जो आपस में नहीं मिलती हैं, लेकिन एक बिंदु पर मिलती हुई प्रतीत (appear) होती हैं जब किरणें पीछे की ओर (backward) उत्पन्न होती हैं। बनने वाला आभासी प्रतिबिम्ब (virtual image) हमेशा सीधा (inverted) होता है और कभी उल्टा (erect) नहीं होता।

672. Which of the following groups ALWAYS forms a virtual image of an object?

(1) Convex lens, Convex mirror, Plane mirror
(2) Convex mirror, Concave lens, Plane mirror
(3) Concave mirror, Convex lens, Concave lens
(4) Convex mirror, Concave mirror, Plane mirror

निम्नलिखित में से का कौन-सा समूह वस्तु का सदैव आभासी प्रतिबिम्ब बनाता है?

(1) उत्तल लेंस, उत्तल दर्पण, समतल दर्पण
(2) उत्तल दर्पण, अवतल लेंस, समतल दर्पण
(3) अवतल दर्पण, उत्तल लेंस, अवतल लेंस
(4) उत्तल दर्पण, अवतल दर्पण, समतल दर्पण

Ans : (2)

उत्तल दर्पण, समतल दर्पण और अवतल लेंस हमेशा किसी वस्तु का आभासी प्रतिबिंब बनाते हैं (convex mirror, Plane mirror and concave lens always forms virtual image of an object)।

673. Which of the following is a group of single – celled organisms ?

(1) Yeast, hydra, amoeba.
(2) Sea anemone, paramecium, bacteria.
(3) Yeast, amoeba, bacteria.
(4) Hydra, sea anemone, paramecium.

निम्न में से कौन-सा एक कोशकीय जीवों का समूह है?

(1) यीस्ट, हाइड्रा, अमींबा

(2) समुद्री अनिमोन, पैरामीशियम, बैक्टीरिया
(3) यीस्ट, अमींबा, बैक्टीरिया
(4) हाइड्रा, समुद्री अनिमोन, पैरामीशियम

Ans : (3)

एक कोशकीय जीव, जैसे अमीबा, पैरामीशियम, यीस्ट, बैक्टीरिया आदि, एक ही कोशिका से मिलकर बने होते हैं (Unicellular organisms, such as amoeba, paramecium, yeast, bacteria etc., consist of a single cell.)।

674. Which of the following will not be helpful in the process of separating a mixture of chalk and water?

(1) Filtration
(2) Decantation
(3) Sedimentation
(4) Sublimation

चाक और पानी के मिश्रण को पृथक करने की प्रक्रिया में निम्नलिखित में से कौन सहायक नहीं होगा?

(1) निस्यन्दन
(2) निस्तारण
(3) अवसादन
(4) ऊर्ध्वपातन

Ans : (4)

किसी पदार्थ का बिना द्रव बने ठोस से गैसीय अवस्था में परिवर्तन उर्ध्वपातन कहलाता है (Conversion of a substance from the solid to the gaseous state without its becoming liquid is known as Sublimation)। चाक और पानी के मिश्रण (mixture of chalk and water) को पृथक (separate) करने की प्रक्रिया में ऊर्ध्वपातन (sublimation) सहायक नहीं होगा।

675. Whales, sharks, dolphins and fish are all aquatic animals. Which of the following statements describes their respiratory system correctly?

(1) All of them breathe through gills.
(2) Whales and fish breathe through gills.
(3) Sharks and dolphins breathe through lungs.
(4) Whales and dolphins breathe through lungs.

व्हेल, शार्क, डॉल्फिन और मछली सभी जलीय जीव हैं। निम्न में से कौन सा कथन उनके श्वसन तंत्र का सही प्रकार से वर्णन करता है?

(1) ये सभी क्लोम द्वारा श्वास लेते हैं।
(2) व्हेल और मछली क्लोम द्वारा श्वास लेते हैं।
(3) शार्क और डॉल्फिन फुफ्फुस के द्वारा श्वास लेते हैं।
(4) व्हेल और डॉल्फिन फुफ्फुस के द्वारा श्वास लेते हैं।

Ans : (4)

व्हेल, शार्क, डॉल्फिन और मछली सभी जलीय जीव (aquatic animals) हैं। व्हेल और डॉल्फिन फुफ्फुस के द्वारा श्वास (breathe through lungs) लेते हैं। यह कथन उनके श्वसन तंत्र (respiratory system) का सही वर्णन करता है।

676. Which of the following sources of carbohydrate contains gluten, a component which can cause allergy to some people?

(1) Rice
(2) Wheat
(3) Raggi
(4) Jowar

निम्न में से शर्करा के किन स्रोतों में ग्लूटेन नामक घटक होता है जिसके कारण कुछ व्यक्तियों को एलर्जी हो सकती है?

(1) चावल
(2) गेहूँ
(3) रागी
(4) ज्वार

Ans : (2)

गेहूं में ग्लूटेन (gluten) नामक घटक होता है जिसके कारण कुछ व्यक्तियों को एलर्जी (allergy) हो सकती है।

677. Read the following statements and choose correct option.

Assertion (A) - We hear a louder sound when a table is hit hard than when we hit it softly.

Reason (R1) - Loud sound can travel large distance as it is associated with higher energy.

Reason (R2) - Loud sound has more frequency than soft sound

(1) Both R1 and R2 are correct and R2 is correct explanation for A

(2) Both R1 and R2 are correct and R1 is correct explanation for A

(3) Only R1 is true and correct explanation for A

(4) Only R2 is true and correct explanation for A

नीचे दिए गए कथनों को पढ़िए और सही विकल्प का चयन कीजिए।

अभिकथन (A): एक मेज पर हल्के से आघात किए जाने की तुलना में हमें तब अधिक प्रबल आवाज़ सुनाई देती है जब हम ज़ोर से आघात करते हैं।

कारण (R1): प्रबल ध्वनि अधिक दूरी तय कर सकती है क्योंकि वह अधिक ऊर्जा से संबंधित है।

कारण (R2): प्रबल ध्वनि की आवृति धीमी ध्वनि से अधिक होती है।

(1) R1 व R2 दोनों सही हैं और R2 , A की सही व्याख्या करता है

(2) R1 व R2 दोनों सही हैं और R1, A की सही व्याख्या करता है

(3) केवल R1 सही है और A की सही व्याख्या करता है

(4) केवल R2 सही है और A की सही व्याख्या करता है

Ans : (3)

ध्वनि तरंग की प्रबलता (Loudness of the sound wave) उसके आयाम (amplitude) से निर्धारित होती है, तेज ध्वनि का आयाम अधिक होता है और इसलिए अधिक ऊर्जा होती है। प्रबलता (Loudness) ध्वनि की विशेषता (characteristic of sound) है जो हमें तेज और नरम ध्वनि (loud and soft sound) के बीच निर्धारण करने में मदद करती है। प्रबलता इसके आयाम से निर्धारित (determined) होती है।

678. Aditi wanted to send a secret message to her friend. She gave her friend a letter which did not seems to have anything written on it. She asked her friend to rub the paper with a slice of beet root and the message appeared in dark red colour. Which of the following could she have used to write the message?

(1) Common salt

(2) Glucose solution

(3) Baking soda solution

(4) Lemon juice

अदिति अपने मित्र को एक गुप्त संदेश भेजना चाहती है। उसने अपने मित्र को एक पत्र दिया जिसमें कुछ भी लिखा हुआ दिखाई नहीं दे रहा था। उसने अपने मित्र से कहा कि वह कागज़ पर चुकंदर का रस मल दे जिसके बाद गहरे लाल रंग में संदेश दिखने लगेगा। अदिति ने संदेश लिखने के लिए निम्न में से किस पदार्थ का प्रयोग किया होगा?

(1) साधारण नमक

(2) ग्लूकोज़ का घोल

(3) बेकिंग सोडा का घोल

(4) नींबू का रस

Ans : (3)

बेकिंग सोडा का घोल क्षारक है (Baking soda solution is basic) और चुकंदर एक संकेतक है (beetroot is an indicator) । बेकिंग सोडा चुकंदर के रस के साथ प्रतिक्रिया (reaction) करता है, तब गुप्त संदेश (secret message) दिखाई देता है।

679. Match the following plants in column A with their mode of reproduction in column B

Column A	Column B
(a) Algae	(i) Spore formation
(b) Fungi	(ii) Fragmentation
(c) Dahlia	(iii) Detachment of body part
(d) Cactus	(iv) By roots

SCIENCE

(1) (a)- (iv), (b)- (iii), (c)-(i), (d)-(ii)
(2) (a)- (ii), (b)- (iii), (c)-(ii), (d)-(iv)
(3) (a)- (iii), (b)- (i), (c)-(iv), (d)-(ii)
(4) (a)- (ii), (b)- (i), (c)-(iv), (d)-(iii)

स्तम्भ A के पौधों का, स्तम्भ B में दी गई उनकी प्रजनन की विधि से मिलान करिये।

स्तम्भ A	स्तम्भ B
(a) शैवाल	(i) बीजाणु बनाना
(b) फफूंद	(ii) विखण्डन
(c) डेहलिया	(iii) शरीर के भाग का अलग होना (विलग्न)
(d) कैक्टस	(iv) जड़ों द्वारा

(1) (a)- (iv), (b)- (iii), (c)-(i), (d)-(ii)
(2) (a)- (ii), (b)- (iii), (c)-(ii), (d)-(iv)
(3) (a)- (iii), (b)- (i), (c)-(iv), (d)-(ii)
(4) (a)- (ii), (b)- (i), (c)-(iv), (d)-(iii)

Ans : (4)

स्तम्भ A	स्तम्भ B
शैवाल (Algae)	विखण्डन (Fragmentation)
फफूंद (Fungi)	बीजाणु बनाना (Spore formation)
डेहलिया (Dahlia)	जड़ों द्वारा (by roots)
कैक्टस (Cactus)	शरीर के भाग का अलग होना (विलग्न) (detachment of body parts)

680. After digging a grass plant, a student on observing its roots and leaves, notes down his observations as

(1) Fibrous roots and reticulate venation
(2) Fibrous roots and parallel venation
(3) Tap roots and parallel venation
(4) Tap roots and reticulate venation

किसी घास के पौधे को उखाड़ने के पश्चात् एक छात्र उसकी जड़ों और पत्तियों का प्रेक्षण करके, अपने प्रेक्षणों को इस प्रकार नोट करेगा

(1) रेशेदार जड़ें तथा जालिका रूपी शिराविन्यास
(2) रेशेदार जड़ें तथा समान्तर शिराविन्यास
(3) मूसला जड़ें तथा समान्तर शिराविन्यास
(4) मूसला जड़ें तथा जालिका रूपी शिराविन्यास

Ans : (2)

किसी घास के पौधे को उखाड़ने (digging a grass plant) के पश्चात् एक छात्र उसकी जड़ों और पत्तियों (roots and leaves) का प्रेक्षण (observe) करके, अपने प्रेक्षणों में यह नोट करता है उनकी रेशेदार जड़ें (Fibrous roots) तथा समान्तर शिराविन्यास (parallel venation) में है।

681. Which of the following is a set of Rabi crops?

(1) Gram, Mustard, Pea, Wheat
(2) Gram, Mustard, Paddy, Soybean
(3) Groundnut, Mustard, Pea, Wheat
(4) Gram, Maize, Paddy, Wheat

निम्नलिखित में से कौन-सा चार रबी फसलों का समूह है?

(1) चना, सरसों, मटर, गेहूँ
(2) चना, सरसों, धान, सोयाबीन
(3) मूंगफली, सरसों, मटर, गेहूँ
(4) चना, मक्का , धान, गेहूँ

Ans : (1)

रबी की कुछ फसलें गेहूं (wheat), जौ, मटर (pea), चना (gram) और सरसों (mustard) हैं।

682. Read the following statements and choose the correct option.

Assertion (A) - White blood cells help in fighting with disease causing organisms

Reasoning (R) – A white blood cell can change shape

(1) Both A and R are correct and R is the correct explanation for A
(2) Both A and R are correct but R is not the correct explanation for A
(3) A is correct but R is incorrect
(4) A is incorrect but R is correct

निम्न कथनों को पढ़िये और सही विकल्प का चुनाव करिये-

अभिकथन (A) – श्वेत रक्त कोशिकाएँ रोग उत्पादक जीवों से लड़ने में सहायता करती हैं।

कारण (R) - एक श्वेत रक्त कोशिका अपना आकार बदल सकती है।

(1) A एवं R दोनों सही हैं और A का सही स्पष्टीकरण R है।
(2) A एवं R दोनों सही हैं, लेकिन A का सही स्पष्टीकरण R नहीं है।
(3) A सही है किन्तु R गलत है।
(4) A गलत है किन्तु R सही है।

Ans : (1)

श्वेत रक्त कोशिकाएं (White blood cells) रोग पैदा करने वाले जीवों (disease causing organisms) से लड़ने (fighting) में मदद करती हैं। और श्वेत रक्त कोशिकाएं (White blood cells) और लाल रक्त कोशिका (red blood cell) दोनों अपना आकार (shape) बदल सकते हैं।

683. Which of the following phenomena can be attributed to rotation of earth?

A. Deviation of wind direction from exact north-south direction
B. Formation of day and night
C. Formation of seasons
D. Formation of eclipses

(1) A and B
(2) B and D
(3) A and C
(4) C and D

निम्नलिखित में से किन परिघटनाओं का कारक पृथ्वी के अपने अक्ष पर घूर्णन को कहा जा सकता है?

A. पवन की दिशा का सटीक उत्तर-दक्षिण दिशा से विचलन
B. दिन व रात का बनना
C. ऋतुओं का बनना
D. ग्रहण का लगना

(1) A व B
(2) B व D
(3) A व C
(4) C व D

Ans : (1)

पवन की दिशा का सटीक उत्तर-दक्षिण दिशा से विचलन (The deviation of the wind direction from the exact north-south direction) तथा दिन-रात का बनना पृथ्वी के अपने अक्ष (axis) पर घूर्णन (rotation) अर्थात् घूर्णन गति के कारण होता है। पृथ्वी अपनी धुरी (axis) पर लगातार घूमती (revolve) रहती है और सूर्य के चारों ओर चक्कर लगाती है।

684. What would happen respectively to the boiling and freezing points of water if salt is added to it?

(1) Both will increase
(2) Boiling point will increase but the freezing point will decrease
(3) Freezing point will increase but the boiling point will decrease
(4) Both will decrease

यदि पानी में नमक़ मिला दिया जाए तो पानी क्वथनांक और हिम बिंदु पर क्रमशः क्या असर पड़ेगा?

(1) दोनों बढ़ जाएंगे
(2) क्वथनांक बढ़ जाएगा किन्तु हिम बिंदु घट जाएगा।
(3) हिम बिंदु बढ़ जाएगा किन्तु क्वथनांक घट जाएगा।
(4) दोनों घट जाएंगे

Ans : (2)

हिम बिंदु अवसाद (Freezing point depression) एक और संपार्श्विक गुण (colligative property) है जो उसी तरह काम करता है, इसलिए यदि आप पानी में नमक गिलाते हैं तो आप इसके हिम बिदु (freezing point) को कम करते हैं और इसके क्वथनांक (boiling point) को भी बढ़ाते हैं।

685. Most plants obtain nitrogen from soil in the following form

(1) Free nitrogen
(2) Nitric acid
(3) Ammonia
(4) Nitrates

अधिकांश पौधे मिट्टी से नाइट्रोजन निम्नलिखित रूप में प्राप्त करते हैं –

(1) मुक्त नाइट्रोजन
(2) नाइट्रिक अम्ल
(3) नाइट्राइट्स
(4) नाइट्रेट्स

Ans : (4)

पौधे नाइट्रोजन को नाइट्रेट के रूप में अवशोषित करते हैं (Plants absorb Nitrogen in the form of Nitrate)।

686. A sample of water boils at 102°C at normal temperature and pressure. What can you say about its freezing point.

(1) It will freeze below 0°C
(2) It will not freeze
(3) It will freeze above 0°C
(4) It will freeze at 0°C

जल का कोई नमूना सामान्य तापमान और दाब पर 102°C पर उबलता है आप उसके हिमांक के संदर्भ में क्या कह सकते हो ?

(1) वह 0°C से नीचे बर्फ बनेगा / जमेगा
(2) वह बर्फ नहीं बनेगा / वह नहीं जमेगा
(3) वह 0°C से ऊपर बर्फ बनेगा / जमेगा
(4) वह 0°C पर बर्फ बनेगा / जमेगा

Ans : (1)

अध्ययन के तहत पानी का नमूना (sample of water) सामान्य दबाव (normal pressure) पर 102°C पर उबलता (boil) है। इसलिए, नमूना शुद्ध पानी (pure water) नहीं है। चूंकि पानी का नमूना शुद्ध (pure) नहीं है, इसलिए यह O°C पर जम (freeze) नहीं पाएगा। यह O°C से नीचे के तापमान पर जम जाएगा।

687. A gas is produced when a metal reacts with acids. Which of the following statements is true about this gas.

(1) It turns lime water milky.
(2) It has a pungent smell.
(3) It burns with pop sound.
(4) It gives dense white fumes with a solution of ammonia.

जब कोई धातु अम्ल से अभिक्रिया करती है तब एक गैस उत्पन्न होती है। इस गैस के संदर्भ में निम्न में से कौन सा कथन सत्य है?

(1) यह चूने के पानी को दूधिया कर देती है।
(2) इसकी गंध तीखी होती है।
(3) यह पॉप की ध्वनि के साथ जलती है।
(4) यह अमोनिया के विलयन के साथ घना श्वेत धुंआ देती है।

Ans : (3)

जब कोई धातु अम्ल से अभिक्रिया (a metal reacts with acids) करती है, तो हाइड्रोजन गैस (hydrogen gas) निकलती है और यह पॉप की ध्वनि (pop sound) के साथ जलती (burn) है।

688. Which of the following pairs of organisms reproduce by budding?

(1) Hydra, Amoeba
(2) Amoeba, Paramecium
(3) Yeast, Hydra
(4) Paramecium, Yeast

निम्नलिखित में से जीवों का कौन-सा युग्म 'बडिंग' (मुकुलन) द्वारा प्रजनन करता है।

(1) हाइड्रा, अमींबा
(2) अमीबा पैरामीशियम
(3) यीस्ट, हाइड्रा
(4) पैरामीशियम, यीस्ट

Ans : (3)

यीस्ट और हाइड्रा (Yeast and Hydra) मुकुलन (Budding) द्वारा प्रजनन (reproduce) करते हैं। Budding अलैंगिक प्रजनन (asexual reproduction) का एक रूप है। इस प्रजनन विधि के अंतर्गत कली (bud) मूल शरीर से उत्पन्न (arises) होती है और एक नये जीव में विभाजित या परिवर्तित (divides or changes) हो जाती है। यह एककोशिकीय (unicellular) और बहुकोशिकीय (multicellular organisms) दोनों जीवों में भी हो सकता है। हाइड्रा एक बहुकोशिकीय जीव है और कली (budding) द्वारा प्रजजन (reproduce) करता हैं। यीस्ट एक एकल कोशिका जीव (single celled organism) है।

689. Consider the following statements about a rainbow

A. It appears usually after the rains

B. At the time of rainbow the sun is high in the sky

C. To observe a rainbow the observer's back should be towards the sun.

D. In the formation of a rainbow the water droplets in the atmosphere act as a prism.

The correct statements are

(1) A, B and C
(2) A, C and D
(3) B, C, D
(4) A, B, D

इन्द्रधनुष के विषय में नीचे दिए गए कथनों पर विचार कीजिए -

A. यह सामान्यतः वर्षा के पश्चात दृष्टिगोचर होता है।

B. इन्द्रधनुष के समय सूर्य आकाश में ऊँचाई पर होता है।

C. इन्द्रधनुष का प्रेक्षण करने के लिए प्रेक्षक की पीठ सूर्य की ओर होनी चाहिए।

D. इन्द्रधनुष के चाप में सदैव ही अवतल पार्थ की ओर लाल वर्ण तथा उत्तल पार्श्व कि ओर बैंगनी वर्ण होता है।

E. इन्द्रधनुष के निर्माण में जल की सूक्ष्म बूंद प्रिज़्म की भांति कार्य करती है।

इनमें सही कथन हैं –

(1) A, B और C
(2) A, C और D
(3) B, C और D
(4) A, B और D

Ans : (2)

यह सामान्यतः वर्षा के पश्चात दृष्टिगोचर होता है (It appears usually after the rains)। इन्द्रधनुष का प्रेक्षण (observe a rainbow) करने के लिए प्रेक्षक की पीठ (observer's back) सूर्य की ओर (towards sun) होनी चाहिए। इन्द्रधनुष के निर्माण (formation of a rainbow) में वायुमंडल (atmosphere) में उपस्थित जल की बूंदें (water droplets) प्रिज्म (prism) का कार्य करती हैं।

690. Match the items of column I with that of column II

Column 1	Column II
A. Penicillin	I. Robert Kotch
B. Small pox vaccine	II. Gregor Mendel
C. Fermentation	III. Louis Pasteur
D. Bacillus Anthracis	IV. Alexander Fleming
	V. Edward Jenner

(1) A - IV, B - V, C - III, D - I
(2) A - IV, B - V, C - II, D - I
(3) A - IV, B - II, C - III, D - I
(4) A - V, B - IV, C - I, D - III

कॉलम I की मदों का कॉलम II की मदों से मिलान कीजिए –

कॉलम I	कॉलम II
A. पेनिसिलिन	I. रॉबर्ट कोच
B. चेचक का टीका	II. ग्रेगोर मेंडल
C. किण्वन	III. लुई पाश्चर
D. बेसिलस एन्थ्रेसिस	IV. अलेक्जेन्डर फ्लेमिंग
	V. एडवर्ड जेनर

(1) A - IV, D - V, C - III, D - I
(2) A - IV, B - V, C - II, D - I
(3) A - IV, B - II, C - III, D - I
(4) A - V, B - IV, C - I, D – III

Ans : (1)

कॉलम I	कॉलम II
पेनिसिलिन (Penicillin)	अलेक्जेन्डर फ्लेमिंग (Alexander Fleming)
चेचक का टीका (Small pox vaccine)	एडवर्ड जेनर (Edward Jenner)

किण्वन (Fermentation)	लुई पाश्चर (Louis Pasteur)
बेसिलस एन्थ्रेसिस (Bacillus Anthracis)	रॉबर्ट कोच (Robert Kotch)

691. A piece of copper is put in a test tube containing Hydrochloric acid. Which of the following statements will be true?

(1) No reaction takes place
(2) Reaction is slow
(3) "Pop Up" sound is heard
(4) Colour of solution changes

एक परखनली, जिसमें हाइड्रोक्लोरिक अम्ल है, में तांबे का एक टुकड़ा डाला जाता है। इसके लिए निम्न में से कौन-सा कथन सत्य होगा?

(1) कोई अभिक्रिया नहीं होगी।
(2) धीमी अभिक्रिया होगी।
(3) एक 'पॉप अप' की ध्वनि सुनाई देगी।
(4) विलयन का रंग परिवर्तित होगा।

Ans : (1)

प्रतिक्रियाशीलता श्रृंखला (reactivity series) Pb>H>Cu क्रम का अनुसरण (follows the order) करती है। इस प्रकार, Cu हाइड्रोजन से नीचे है और इसे विस्थापित (displace) नहीं कर सकता। अतः Cu तथा HCl के मध्य कोई अभिक्रिया नहीं (no reaction takes place) होगी।

692. Which of the following statements is incorrect in the context of earthquakes?

(1) Most earthquakes are caused by sudden slipping of tectonic plates and by volcanic eruptions.
(2) An earthquake of the magnitude of 3.0 on Richter scale can trigger a tsunami.
(3) A major earthquake is generally followed by tremors in the same area.
(4) Study of earthquakes is known as Seismology.

निम्नलिखित में भूकंप से संबंधित कौन-सा कथन गलत है?

(1) अधिकतम भूकंप विवर्तनिक प्लेटों के अचानक फिसलने से एवं ज्वालामुखी विस्फोट के कारण होते हैं।
(2) रिक्टर पैमाने पर तीन की तीव्रता का भूकंप सूनामी को उत्प्रेरित कर सकता है।
(3) एक स्थान पर बड़े भूकंप के बाद प्रायः छोटे भूकंप आते हैं।
(4) भूकंप के अध्ययन को 'सिस्मोलोजी' कहते है।

Ans : (2)

विनाशकारी सुनामी (destructive tsunami) उत्पन्न (produce) करने के लिए 7.5 से अधिक की रिक्टर (Richter) तीव्रता वाला भूकंप (earthquake) आता है।

693. Which of the following statements is NOT correct about bacteria?

(1) Bacteria present in herbivores help in breakdown of cellulose.
(2) Bacteria are used in preparation of antibiotics
(3) Bacteria is used in preparation of breads and cakes
(4) Bacteria breaks down organic matter in biogas plant

जीवाणुओं के विषय में निम्नलिखित में से कौन-सा कथन सही नहीं हैं?

(1) शाकाहारियों में उपस्थित जीवाणु सैल्युलोस के विघटन में सहायता करते हैं।
(2) जीवाणु एंटीबायोटिक के उत्पादन में प्रयोग किये जाते है।
(3) जीवाणुओं का प्रयोग डबलरोटी तथा केक बनाने के लिए किया जाता है।
(4) बायोगैस संयंत्र में जैव पदार्थ का विघटन जीवाणुओं द्वारा होता है।

Ans : (3)

जीवाणुओं (Bacteria) का प्रयोग डबलरोटी तथा केक (breads and cakes) बनाने के लिए किया जाता है। यह कथन जीवाणुओं के बारे में सही नहीं है।

694. Which of the following sets is unicellular?

(1) egg, sperm.
(2) egg, zygote.
(3) sperm, embryo.
(4) zygote, embryo.

निम्नलिखित में से कौन-सा सेट एक कोशिकीय है?

(1) अंडाणु, शुक्राणु
(2) अंडाणु, युग्मज
(3) शुक्राणु, भ्रूण
(4) युग्मज, भ्रूण

Ans : (1)

एक कोशिकीय जीव (Unicellular organisms) वे जीव हैं जिनमें एकल कोशिका (single cell) होती है। अंडा (egg), शुक्राणु (sperm) एक कोशिकीय जीव हैं।

695. In human beings ___(A)___is an exocrine as well as endocrine gland and produces ___(B)___hormone, deficiency of which causes___(C)___ disease. (A), (B) and (C) are

(1) Thyroid gland, Thyroxine, Dwarfism
(2) Pancreas, Insulin, Diabetes mellitus
(3) Ovary, Oestrogen, Menopause
(4) Ovary, Progesterone, Menopause

मानवों में A एक अंतः स्रावी ग्रंथि भी है और यह B हार्मोन उत्पन्न करती है जिसकी कमी से C रोग होता है। A, B व C हैं।

(1) थायरोइड ग्रंथि, थायारोक्सिन, बौनापन
(2) अग्नयाशय, इन्सुलिन, डायबीटीज़ (मधुमेह) मेलिटस
(3) अंडाशय, एस्ट्रोजन, रजोनिवृत्ति
(4) अंडाशय, प्रोजेस्ट्रोन, रजोनिवृत्ति

Ans : (2)

मानवों में अग्नयाशय (pancreas) एक बहिःस्रावी (exocrine) तथा अंतः स्रावी ग्रंथि (endocrine gland) भी है और यह इन्सुलिन हार्मोन (insulin hormone) उत्पन्न (produce) करती है जिसकी कमी (deficiency) से डायबीटीज़ (मधुमेह) मेलिटस रोग (Diabetes mellitus disease) होता है।

696. Read the following table depicting properties of material and uses of materials.

Property of Material	Use
A. Malleable	(i) Electrodes in cell
B. High melting point	(ii) Construct bridges
C. Good conductor of heat and light	(iii) Wrapping food items
D. Strong	(iv)Making Thermometers
E. High coefficient of thermal expansion	(v) Heating elements of an appliance

Which of these make the correct matching set?

(1) A-(iv), B-(v), C-(i), D-(ii), E-(iii)
(2) A-(iv), B-(iii), C-(v), D-(i), E-(ii)
(3) A-(iii), B-(v), C-(i), D-(ii), E-(iv)
(4) A-(v), B-(iv), C-(i), D-(ii), E-(iii)

पदार्थों के गुणधर्मों और पदार्थों के उपयोग को दर्शाती निम्नलिखित सारणी पढ़िए।

सामग्री	उपयोग
A. आघातवर्ध्य	(i) सेल में इलेक्ट्रॉड के रूप में
B. उच्च गलनांक	(ii) सेतु निर्माण में
C. ऊष्मा और प्रकाश का सुचालक	(iii) भोज्य सामाग्री को लपेटने में
D. प्रबल	(iv) थर्मामीटर निर्माण में
E. उच्च ऊष्मा प्रसार गुणांक	(v) साधित्रों के तापन तंतु

निम्न में से कौन सा सही जोड़े का सेट है?

(1) A-(iv), B-(v), C-(i), D-(ii), E-(iii)
(2) A-(iv), B-(iii), C-(v), D-(i), E-(ii)
(3) A-(iii), B-(v), C-(i), D-(ii), E-(iv)
(4) A-(v), B-(iv), C-(i), D-(ii), E-(iii)

SCIENCE

Ans : (3)

सामग्री	उपयोग
A. आघातवर्ध्य	(iii) भोज्य सामाग्री को लपेटने में
B. उच्च गलनांक	(v) साधित्रों के तापन तंतु
C. ऊष्मा और प्रकाश का सुचालक	(i) सेल में इलेक्ट्रॉड के रूप में
D. प्रबल	(ii) सेतु निर्माण में
E. उच्च ऊष्मा प्रसार गुणांक	(iv) थर्मामीटर निर्माण में

697. Which of the following is NOT an example of neutralization in daily life?

(1) Taking milk of magnesia for acidity
(2) Rubbing baking soda in case of ant bite
(3) Treating soil with quick time
(4) Depositing a layer of zinc on iron

निम्नलिखित में से कौन सा एक उदाहरण दैनिक जीवन में उदासीनीकरण का नहीं है

(1) अम्लीयता के लिए मिल्क ऑफ मैग्नीशिया का उपयोग
(2) चींटी के काटने पर बेकिंग सोडा रगड़ना
(3) मृदा का अनबुझे चूने द्वारा उपचार
(4) आयरन पर जिंक की परत जमना

Ans : (4)

आयरन पर जिंक की परत जमना (Depositing a layer of zinc on iron) एक उदाहरण दैनिक जीवन में उदासीनीकरण (neutralization) का नहीं है।

698. Identify the pair of materials that burns with a flame

(1) Camphor, Magnesium
(2) Camphor, Coal
(3) Coal, Kerosene
(4) Kerosene, Charcoal

उस जोड़े की पहचान कीजिए जो ज्वाला के साथ दहन करते हैं।

(1) कपूर, मैग्नीशियम
(2) कपूर, कोयला
(3) कोयला, मिट्टी का तेल
(4) मिट्टी का तेल, चारकोल

Ans : (1)

कपूर और मैग्नीशियम ज्वाला के साथ दहन करते हैं (Camphor and magnesium burns with a flame)। कपूर एक सफेद क्रिस्टलीय पदार्थ (white crystalline substance) है और मैग्नीशियम एक धातु (metal) है।

699. Which of the following devices is best suited for demonstrating the relationship between pressure and volume of a given amount of air?

(1) Inflating a balloon.
(2) Pushing the piston of a syringe inwards.
(3) Inflating a football.
(4) Holding your breadth for a few seconds.

वायु की दी गई मात्रा के दाब तथा आयतन के मध्य संबंध दर्शाने के लिए निम्न में से कौन-सी युक्ति सर्वधा उपयुक्त है?

(1) एक गुब्बारे को फुलाना
(2) किसी सिरिंज का पिस्टन अंदर धकेलना
(3) फुटबॉल को फुलाना
(4) कुछ सेकण्डों के लिए अपनी साँस रोकना

Ans : (2)

वायु की दी गई मात्रा और दाब के बीच संबंध यह है कि जब गैस का आयतन [volume] घटाया जाता है, तो दाब [Pressure] बढ जाता है और जब आयतन [volume] बढ जाता है तो दाब [Pressure] कम हो जाता है।

[अर्थात् दाब, [Pressure] आयतन, [volume] के व्युत्क्रमानुपाती [inversely proportional] होता है।]

"यदि हम पिस्टन को दबाते हैं तो इसका दाब बढ़ जाता है और जब हम पिस्टन बाहर निकालते हैं तो आयतन बढ़ जाता है और दाब कम होता है।

[अर्थात् किसी सिरिंज का पिस्टन अंदर धकेलना वायु की दी गई मात्रा के दाब तथा आयतन के मध्य संबंध [relationship between pressure volume] दर्शाने के सर्वधा उपयुक्त युक्ति है।

700. Developing scientific attitude is an important objective of teaching science at upper primary level. Which of the following is NOT an indicators for assessing scientific attitude in students?

(1) Looking for cause-effect relationships
(2) Identifying patterns and relationship in observations
(3) Watching science fiction films
(4) Searching for plausible explanations for everyday phenomena

उच्च प्राथमिक स्तर पर विज्ञान के शिक्षण का एक मुख्य उद्देश्य वैज्ञानिक दृष्टिकोण का विकास करना है। निम्न में से कौन विद्यार्थियों में वैज्ञानिक दृष्टिकोण का आकलन करने का सूचक नहीं है:

(1) कारण-कार्य संबंध को देखना
(2) प्रेक्षणों में प्रतिमान और संबंधों की पहचान करना
(3) विज्ञान की काल्पनिक फिल्म देखना
(4) दैनिक परिघटनाओं के लिए सत्यभाषी व्याख्याओं को खोजना

Ans : (3)

वैज्ञानिक दृष्टिकोण [scientific attitude] से तात्पर्य है कि छात्र के अपने तर्कशील चिंतन [logical thinking] के आधार पर वैज्ञानिक अवधारणाओं [Scientific Concept] को सीखने के लिए अपने -व्यवहारिक जीवन में उन अवधारणाओं [Concepts] का प्रयोग करके उचित निष्कर्ष [solution] निकालने के अवसर देना।

विद्यार्थियों मे वैज्ञानिक दृष्टिकोण का आकलन करने का सूचक [Indicator for assessing scientific attitude in students]

- छात्रों से समालोचनात्मक प्रश्न [Critical questions] पूछना।
- छात्रों से किसी परिकल्पना में कारण व प्रभाव [cause - effect] देखने के लिए कहना।
- प्रेक्षणों [observation] में प्रतिमानों [Pattern] और संबंधों की पहचान करने के लिए कहना।

बच्चों को विज्ञान की काल्पनिक फिल्म [fiction film] दिखाना। विद्यार्थियों में वैज्ञानिक दृष्टिकोण [scientific attitude] का आकलन करने का सूचक नहीं है। क्योंकि छात्र इसमें अपनी तार्किक शक्ति [logical ability] का प्रयोग नहीं करेंगे।

जबकि अन्य सभी प्रश्नों में छात्र अपने तार्किक चिंतन [Logical thinking] का प्रयोग करेंगे।

701. Which of the following goals is NOT associated with the development of scientific literacy?

(1) Developing the ability to follow reports on scientific issues that appear in popular media.
(2) Forming informed options about scientific issues of national concern.
(3) Developing a functional understanding of science among people.
(4) Imparting necessary knowledge and skills for a scientific profession.

निम्न में से कौन-सा लक्ष्य विज्ञान की साक्षरता के विकास से जुड़ा हुआ नहीं है?

(1) प्रचलित मीडिया में जो वैज्ञानिक मुद्दे देखे जाते हैं उन खबरों पर जानकारी रखने की क्षमता विकसित करना।
(2) राष्ट्रीय सरोकारों से संबंधित वैज्ञानिक मुद्दों पर अपना मद बनाना।
(3) लोगों में विज्ञान की एक कार्यात्मक समझ का विकास करना।
(4) वैज्ञानिक व्यवसाय के लिए आवश्यक ज्ञान एवं कौशल प्रदान करना।

Ans : (4)

वैज्ञानिक साक्षरता [scientific literacy] से तात्पर्य वैज्ञानिक अवधारणाओं और प्रक्रियाओं [scientific concepts and process] को समझना, और तथ्यों [facts] शोध [research] और ज्ञान [knowledge] के आधार पर निर्णय लेना।

[अर्थात छात्र की वास्तविक दुनिया [real life] की स्थितियों मे वैज्ञानिक ज्ञान [Scientific knowledge] का उपयोग करने की क्षमताओं [(Capacity] का विकास करना। जिससे छात्र वैज्ञानिक अवधारणाओं [scientific concepts] को सीखने के साथ-साथ

SCIENCE

अपने Real life में भी उसका प्रयोग कर सकें।

अर्थात् विज्ञान की कार्यात्मक समझ [Functional Understanding] विकसित करना।

" वैज्ञानिक व्यवसाय, [scientific profession] के लिए आवश्यक ज्ञान एवं कौशल [necessary knowledge and skill] प्रदान करना।" यह लक्ष्य विज्ञान की साक्षरता से जुड़ा हुआ नहीं है।

702. Which of the following activities is best suited to sensitize the learners regarding water conservation in grade VI ?

(1) Conducting a slogan writing competition
(2) Asking students to conduct water audit in neighbourhood
(3) Asking students to design a poster
(4) Conduct a debate on the topic

जल संरक्षण के संदर्भ में कक्षा VI के शिक्षार्थियों को संवेदनशील बनाने के लिए निम्नलिखित में से कौन से क्रियाकलाप सर्वाधिक उपयुक्त हैं :

(1) नारे लिखने की प्रतियोगिता का आयोजन करना
(2) पास पड़ोस में जल अंकेक्षण के लिए विद्यार्थियों को कहना
(3) विद्यार्थियों को एक पोस्टर की अभिकल्पना करने के लिए कहना
(4) विषय पर वाद-विवाद प्रतियोगिता का आयोजन करना

Ans : (2)

पास-पडोस में जल अंकेक्षण [water audit] के लिए विद्यार्थियों को कहना, जल संरक्षण [water conservation] के संदर्भ में विद्यार्थियों को संवेदनशील [Sensitive] बनाने के लिए सर्वाधिक उपयुक्त [most appropriate] क्रियाकलाप [activity] है। क्योंकि इसके प्रयोग से छात्र सक्रिय [active] रूप से संलग्न [engage] होकर समस्या को प्रत्यक्ष [direct] रुप से अवलोकन [observation] करेंगे।

703. Neha, while working with magnets, writes the following statements in her copy:

(A) North- Pole of magnet 'A' moves away from North - Pole of magnet 'B'.
(B) Like poles of a magnets repel each other.

(1) (A) is observation, (B) is inference.
(2) (A) is inference, (B) is observation.
(3) Both (A) and (B) are observations.
(4) Both (A) and (B) are inferences.

नेहा ने चुंबकों के साथ कार्य करते हुए अपनी पुस्तिका में निम्नलिखित कथन लिखे :

(A) चुंबक 'A' के उत्तरी ध्रुव से चुंबक 'B' का उत्तरी ध्रुव दूर हट जाता है।
(B) चुंबकों के एक समान ध्रुव एक दूसरे को प्रतिकर्षित करते हैं।

(1) (A) अवलोकन है, (B) निष्कर्ष है।
(2) (A) निष्कर्ष है, (B) अवलोकन है।
(3) (A) और (B) दोनों अवलोकन हैं।
(4) (A) और (B) दोनों निष्कर्ष हैं।

Ans : (1)

अवलोकन / प्रेक्षण [observation] ध्यान से देखने या समझने की क्रिया है। इसमें चीज़ों को देखकर उससे जुड़ी जानकारी [information] को एकत्रित [collect] किया जाता है और उसका विश्लेषण [analysis] किया जाता है।

निष्कर्ष [inference] से तात्पर्य किये गये प्रेक्षण [observation] के आधार पर किसी ठोस परिणाम [Result] को प्राप्त करना है।

[अर्थात् उपर्युक्त कथन A में अवलोकन [observation] है तथा B में निष्कर्ष [inference] है।

704. Which of the following statements is not true in the context of scientific investigations?

(1) Data and evidence are same
(2) Results are influenced by the procedure
(3) There is no one scientific method
(4) Socio-cultural context of scientist influences conclusions

वैज्ञानिक अन्वेषणों के संदर्भ में निम्नलिखित में से कौन सा कथन सत्य नहीं है ?

(1) आँकड़े तथा प्रमाण एक समान होते हैं।

(2) परिणाम प्रक्रम द्वारा प्रभावित होते हैं।
(3) कोई एक वैज्ञानिक विधि नहीं होती है।
(4) वैज्ञानिक का सामाजिक- सांस्कृतिक संदर्भ- निष्कर्षों को प्रभावित करता है।

Ans : (1)

वैज्ञानिक अन्वेषण [scientific research] किसी चीज/ वस्तु या घटना का अध्ययन [study] करने के लिए वैज्ञानिकों [scientists] द्वारा प्रयोग की जाने वाली एक विधि है। वैज्ञानिक अनुसंधान [scientific research] में परिकल्पनाओं [hypothesis] और अवलोकनों [observations] के आधार पर निष्कर्ष [inference] निकाले जाते हैं।

वैज्ञानिक अन्वेषण [scientific research], परिणाम [Result] प्रक्रम [process] द्वारा प्रभावित होते हैं। विज्ञान में research करने के लिए वैज्ञानिक अनेक विधियों का प्रयोग करते हैं अतः वैज्ञानिक अन्वेषण की अनेक विधियां [multimethod] है। खोजकर्ता [explorer] की सामाजिक - सांस्कृतिक पृष्ठभूमि [socio- culture background] निष्कर्षों [inferences] को प्रभावित करते हैं।

[आंकड़े तथा प्रमाण संदर्भ में एक समान होते हैं [Data and evidence are similar in context] वैज्ञानिक अन्वेषण के संदर्भ में यह कथन असत्य है।]

705. Which of the following statements is true regarding Science ?

(A) Science is parsimonious.
(B) Science is skeptical.
(1) (A) is true, (B) is false.
(2) (A) is false, (B) is true.
(3) (A) and (B) are true.
(4) (A) and (B) are false.

विज्ञान के संदर्भ में निम्नलिखित कथनों में से क्या सत्य है ?

(A) विज्ञान अल्पव्ययी है।
(B) विज्ञान संशयवादी है।
(1) (A) सत्य है, (B) असत्य है
(2) (A) असत्य है, (B) सत्य है
(3) (A) और (B) दोनों सत्य हैं
(4) (A) और (B) दोनों असत्य हैं

Ans : (3)

- विज्ञान प्राकृतिक घटनाओं [Natural Problems] को समझने का एक तरीका है।
- विज्ञान, ज्ञान की एक संगठित [organised] प्रणाली है।
- विज्ञान अस्थायी [temporary] है।
- विज्ञान परिवर्तनशील [changeable] है।
- विज्ञान अल्पव्ययी [parsimonious] है।
- विज्ञान संशयवादी [acataleptic] है ।

[अर्थात् A तथा B दोनों कथन सत्य है।]

706. Which of the following statements reflect contemporary understanding of assessment in Science ?

(1) Same type of tasks should be given to all students for parity.
(2) Use of scientific vocabulary should be the most important criteria for assessment.
(3) Process skills should be part of formal assessment.
(4) Interdisciplinary projects should not be used for assessment in Science.

विज्ञान में आकलन की समकालीन समझ को निम्नलिखित में से कौन सा कथन प्रतिबिंबित करता है ?

(1) समकक्षता के लिए सभी विद्यार्थियों को एक ही प्रकार का कार्य देना चाहिए।
(2) वैज्ञानिक शब्दावली का प्रयोग आकलन के लिए सर्वोत्तम कसौटी होना चाहिए।
(3) प्रक्रिया कौशल औपचारिक आकलन का भाग होना चाहिए।
(4) अंतरविषयी परियोजनाओं का उपयोग विज्ञान में आकलन के लिए नहीं होना चाहिए।

Ans : (3)

विज्ञान में आकलन की समकालीन समझ [contemporary understanding] के लिए:-

- प्रत्येक छात्रों को उनकी मानसिक क्षमता [Mental ability] के अनुसार अलग- अलग प्रकार का कार्य देना चाहिए।

SCIENCE

SCIENCE

- वैज्ञानिक शब्दावली [scientific vocabulary] के स्थान पर सरल शब्दावली का प्रयोग करना चाहिए।
- अंतरविषयी परियोजनाओं [Interdisciplinary projects] का अर्थ अलग-2 विषयो से सम्बंधित Projects इसका प्रयोग विज्ञान में आकलन के लिए किया जा सकता है।
- [प्रक्रिया कौशल [Process Skills] औपचारिक आकलन [formal assessment] का भाग होना चाहिए।

707. In order to make Science classroom inclusive, the teacher needs to :

(1) pay more attention to high achievers
(2) allow self-paced learning
(3) use standardised curriculum
(4) delete difficult tasks for some learners

विज्ञान की समावेशी कक्षा बनाने के उद्देश्य से, शिक्षक को आवश्यकता होगी :

(1) उच्च क्षमताओं के विद्यार्थियों पर अधिक ध्यान देने की
(2) स्वः चाल अधिगम को मान्यता देने की
(3) मानकीकृत पाठ्यचर्या के उपयोग की
(4) कुछ शिक्षार्थियों के लिए कठिन कार्यों को छोड़ने की

Ans : (2)

समावेशी कक्षा: [inclusive Classroom] उस classroom को कहा जाता है जहाँ सभी छात्रों को बिना किसी भेदभाव [discrimination] के एक साथ शिक्षा प्रदान की जाती है।

- विज्ञान की समावेशी कक्षा बनाने के उद्देश्य [aim] से शिक्षक को प्रत्येक शिक्षार्थी पर समान ध्यान देना चाहिए। अर्थात् शिक्षक को भेदभाव नहीं करना चाहिए।
- मानकीकृत पाठ्यचर्या [standardised curriculum] के स्थान पर लचीली पाठ्यचर्या [Flexible Curriculum] का प्रयोग करना चाहिए।
- स्वः चाल अधिगम [placed learning] को मान्यता [Recognition] देनी चाहिए। अर्थात् प्रत्येक छात्र को अपने अपने गति [speed/motion] से सीखने के अवसर देना चाहिए।

708. A science teacher took students of class VII to science laboratory. Students were seated comfortably. The teacher held a ribbon of magnesium in a holder. Then she brought the tip of the ribbon near a candle flame. It burnt with a brilliant white light. Students carefully observed and recorded observation in their practical files.

Which one of the following strategies is the teacher using?

(1) Laboratory method
(2) Demonstration.
(3) Project work
(4) Field work

विज्ञान की एक शिक्षिका कक्षा VII के विद्यार्थियों को विज्ञान की प्रयोगशाला में ले गई। विद्यार्थियों को आरामपूर्वक बैठा दिया गया। शिक्षिका ने होल्डर में एक मैग्नीशियम के फीते को पकड़ा। तत्पश्चात वे फीते के शीर्ष को मोमबत्ती की ज्वाला के निकट लाई। वह चमकदार श्वेत प्रकाश के साथ जला। विद्यार्थियों ने सावधानीपूर्वक अवलोकन किया और अपनी प्रयोगशाला की फाइलों में अवलोकन को रिकॉर्ड किया।

शिक्षिका निम्नलिखित में से कौन सी युक्ति का उपयोग कर रही है?

(1) प्रयोगशाला प्रक्रम
(2) प्रदर्शन
(3) परियोजना कार्य
(4) क्षेत्र कार्य

Ans : (2)

प्रदर्शन [Demonstration] एक शिक्षण विधि [teaching method] है जो शिक्षार्थियों को जटिल [complex] शैक्षिक अवधारणाओं [educational concepts] को समझने में मदद करने के लिए व्यवहारिक अनुभव [practical experience] का उपयोग करती है।

प्रयोग प्रदर्शन से शिक्षार्थियों को प्रेक्षण [observation]

के जरिए सीखने में मदद मिलती है।

प्रदर्शन [demonstration] के माध्यम से छात्र वैज्ञानिक अवधारणाओं [scientific concepts] को रचनात्मक [creative] और व्यवहारिक [practical] तरीके से सीखते है।

[अर्थात शिक्षिका द्वारा प्रयोग की गई युक्ति प्रदर्शन [demonstration] है। "

[illegible]

[illegible]

Consider the following excerpt from NCERT science textbook (Class VII):

"William Harvey, English physician, (A.D. 1578-1657), discovered the circulation of blood. The current opinion in those days was that blood oscillates in the vessels of the body. For his views, Harvey was ridiculed and was called "circulator". He lost most of his patients. However, before he died, Harvey's idea about circulation was generally accepted as a biological fact."

Which of the following aspects of science is/are illustrated above?

(1) Science is based on empirical evidence [illegible]
(2) Science is [illegible]
(3) Science is objective and [illegible]
(4) Science is [illegible] and [illegible]

(a) [illegible]
(b) [illegible]
(c) [illegible]
(d) [illegible]

कक्षा 7 की विज्ञान की NCERT पाठ्य पुस्तक के निम्नलिखित उद्धरण पर विचार कीजिए: [illegible] विलियम हार्वे [illegible] ने रक्त के परिसंचरण की खोज की। [illegible]

[illegible]

MATHS
गणित

1. In a pentagon ABCDE, ∠A = (2x + 9°) ∠B = (2x + 1°), ∠C = (2x - 1°), ∠D = (2x + 5°) and ∠E = (2x - 4°). Then, value of (2x + 10°) is:

किसी पंचभुज ABCDE में; ∠A = (2x + 9°) ∠B = (2x + 1°), ∠C = (2x - 1°), ∠D = (2x + 5°) और E = (2x - 4°) है। (2x + 10°) का मान है:

(1) 118°
(2) 124°
(3) 114°
(4) 116°

Ans (4)

Sum of all angles of pentagon(पंचभुज) = 540°

∠A+ ∠B+∠C+∠D+∠E=540°

(2x+9)°+(2x+1)°+(2x-1)°+(2x+5)°+(2x-4)° =540°

2x+2x+2x+2x+2x+9+1-1+5-4=540°

10x+10=540°

10x=530°

x=53°

Now. 2x+10 = 2(53) + 10 = 106 + 10 = 116°

2. The two corresponding angles formed by the intersection of two parallel lines by a transversal are (3x - 20°) and (5x - 60°) Then, the value of (4x + 30°) is:

किसी तिर्यक द्वारा दो समांतर रेखाओं के प्रतिच्छेदन से बने दो संगत कोण (3x - 20°) और (5x - 60°) हैं। तब, (4x + 30°) का मान है :

(1) 130°
(2) 150°
(3) 90°
(4) 110°

Ans (4)

The two corresponding angles formed by the intersection of two parallel lines by a transversal are equal (किसी तिर्यक द्वारा दो समांतर रेखाओं के प्रतिच्छेदन से बने दो संगत कोण बराबर होते हैं).

3x – 20 = 5x – 60

5x – 3x = 60 – 20

2x = 40

x = 20

Now, 4x + 30 = 4(20) + 30 = 80 + 30 = 110°

3. A nine-digit number 565×9274y is divisible by number 88. Then, the value of (2x + 3y) is :

एक नौ-अंकीय संख्या 565×9274y, संख्या 88 से विभाज्य है। तब, (2x + 3y) का मान है:

(1) 24
(2) 22
(3) 26
(4) 25

Ans (3)

एक संख्या 88 से विभाज्य (divisible) है इसका मतलब है कि यह 11 और 8 से विभाज्य है।

8 की विभाज्यता की जाँच करने के लिए, अंतिम तीन अंक 8 से विभाज्य होने चाहिए।

74y को 8 से विभाज्य होना चाहिए,

y 4 हो सकता है।

744, 8 से पूरी तरह विभाज्य है।

अब, 11 के लिए विभाज्यता परीक्षण की जाँच करें,

(विषम स्थान पर अंकों का योग) - (सम स्थान पर अंकों का योग) = 0 या 11

(y+7+9+5+5) - (4+2+x+6) = 4 + 26 - 12 - x = 18 - x

यदि x = 7, तो 18 - 7 = 11, जो 11 से विभाज्य है।

तो, x = 7

अब, 2x + 3y = 2 (7) + 3 (4) = 14 + 12 = 26

4. If x = k is the solution of the equation: $\frac{x-4}{7}-1=\frac{5-x}{3}+x$, then what is the value of $\frac{11k+18}{11k-12}$?

MATHS

यदि x = k समीकरण

$\frac{x-4}{7}-1=\frac{5-x}{3}+x$, का हल है, तो $\frac{11k+18}{11k-12}$ का क्या मान होगा ?

(1) 5/8
(2) 4/9
(3) 1/2
(4) 3/4

Ans (1)

$\frac{x-4}{7}-1=\frac{5-x}{3}+x$

$\frac{x-4}{7}-\frac{5-x}{3}-x=1$

$\frac{3(x-4)-7(5-x)-21x}{21}=1$

$\frac{3x-12-35+7x-21x}{21}=1$

$\frac{-11x-47}{21}=1$

$-11x-47=21$

$-11x=21+47$

$x=\frac{-68}{11}$

Now $x=k=\frac{-68}{11}$

$\frac{11k+18}{11k\quad 12}=\frac{11\left(\frac{-68}{11}\right)+18}{11\left(\frac{-68}{11}\right)\quad 12}=\frac{-68+18}{-68-12}=\frac{-50}{-80}=\frac{5}{8}$

5. **O is a point on line AB. Rays OC and OD are drawn on the same side of AB such that OC ⊥ OD, ∠AOC = x and ∠BOD = 3x, Then, ∠BOD is equal to:**

रेखा AB पर स्थित एक बिंदु है। AB के एक ही ओर दो किरणें OC और OD इस प्रकार खींची गई हैं कि OC ⊥ OD है, ∠AOC = x और ∠BOD = 3x है। तब, ∠BOD बराबर है :

(1) 60°
(2) $67\frac{1°}{2}$
(3) $22\frac{1°}{2}$
(4) 45°

Ans (2)

O is a point on line AB. Rays OC and OD are drawn on the same side of AB such that OC ⊥ OD (∠COD = 90°).

∠AOC + ∠COD + ∠BOD = 180° [linear pair]

x + 90 + 3x = 180°

4x + 90 = 180°

4x = 90 °

x = 22.5°

So, ∠BOD = 3x = 3 x 22.5 = 67.5° = $67\frac{1°}{2}$

6. **If $4-\frac{2(x-4)}{3}=\frac{1}{2}(2x+5)$, then $\frac{2x+1}{2}$ is equal to**

यदि $4-\frac{2(x-4)}{3}=\frac{1}{2}(2x+5)$ है, तो $\frac{2x+1}{2}$ बराबर है।

1. $\frac{2}{3}$
2. $\frac{5}{2}$
3. 3
4. 4

ANS : (3)

$\Rightarrow 4-\frac{2(x-4)}{3}=\frac{1}{2}(2x+5)$

$\Rightarrow \frac{12-2(x-4)}{3}=\frac{2x+5}{2}$

$\Rightarrow \frac{12-2x+8}{3}=\frac{2x+5}{2}$

$\Rightarrow \frac{20-2x}{3}=\frac{2x+5}{2}$

$\Rightarrow 2(20-2x)=3(2x+5)$

$\Rightarrow 40-4x=6x+15$

$\Rightarrow \quad 40 - 15 = 6x + 4x$

$\Rightarrow \quad 25 = 10x$

$\Rightarrow \quad x = 2.5$

$\frac{2x+1}{2}$ में x का मान रखने पर

$\frac{2\times 2.5+1}{2} = \frac{5+1}{2} = \frac{6}{2} = 3$

7. The inner circumference of a 7 m wide circular race track is 440 m. Then, the radius of the outer circle is (Use π = 22/7) :

7m चौड़े एक वृत्ताकार दौड़-पथ की आंतरिक परिधि 440mहै। तब बाहरी वृत्त की त्रिज्या है (π=22/7 का उपयोग कीजिए)

(1) 63m
(2) 67m
(3) 77m
(4) 79 m

ANS : (3)

Inner circumference of a circular race track (एक गोलाकार रेस ट्रैक की आंतरिक परिधि) = 440m

Let the radius of inner circle = r1

Inner circumference (भीतरी परिधि) = 2πr1

$440\text{m} = 2\times\frac{22}{7}\times r_1 \quad \Rightarrow r1 = 70\text{m}$

radius of outer circle (बाहरी वृत्त की त्रिज्या) = 70m + 7m = 77m

option (3) is correct answer.

8. The areas of the curved surface and the base of a right circular cylinder are 'a' sq.cm and 'b' sq.cm respectively. The height of the cylinder (in cm) is:

किसी लंब वृत्तीय बेलन के वक्र पृष्ठ और आधार के क्षेत्रफल क्रमश: 'a' वर्ग cm और 'b' वर्ग cm हैं। इस बेलन की ऊँचाई (cm में) है:

(1) $\frac{22a}{\sqrt{\pi b}}$

(2) $\frac{a\sqrt{b}}{2\sqrt{\pi}}$

(3) $\frac{a}{2\sqrt{\pi b}}$

(4) $\frac{a\sqrt{\pi}}{2\sqrt{b}}$

ANS : (3)

Area of the curved surface of cylinder (बेलन की वक्र सतह का क्षेत्रफल) = acm^2

Area of circular base (वृत्ताकार आधार का क्षेत्रफल) = bcm^2

Total surface area of cylinder = Curved surface area of cylinder +2× area of base

2πr(h+r) = a+2b

Curved surface area of cylinder (बेलन का वक्र पृष्ठीय क्षेत्रफल) = a

$2\pi rh = a \quad \Rightarrow r = \frac{a}{2\pi h}$

area of base (आधार का क्षेत्र) = b

$\pi r^2 = b \quad \Rightarrow \pi\times\left(\frac{a^2}{4\pi^2 h^2}\right) = b \quad \Rightarrow h = h = \frac{a}{2\sqrt{\pi b}}$

so, option (3) is correct answer.

9. Which of the following is a trinomial?

निम्नलिखित में से कौन एक त्रिपद है?

(1) $3x^2+7$
(2) x^3+10
(3) $3x^2+3x+7$
(4) $3x^3+3x^2+3x+3$

ANS : (3)

$3x^2+3x+7$ having three terms. So, this is a trinomial.

$3x^2+3x+7$ तीन संख्या हैं.तो, यह एक त्रिपद है।

So, Option (3) is correct answer.

10. The denominator of a rational number is greater than its numerator by 7. If the numerator is increased by 20 and the denominator is decreased by 3, the number obtained is 4/3 Then, the rational number is:

MATHS

MATHS

किसी परिमेय संख्या का हर उसके अंश से 7 अधिक है। यदि अंश में 20 की वृद्धि कर दी जाए तथा हर में 3 की कमी कर दी जाए, तो प्राप्त संख्या 4/3 है। तब वह परिमेय संख्या है :

(1) 51/44
(2) 44/51
(3) 13/20
(4) 4/11

ANS : (2)

Let the numerator (अंश) be 'x'

Denominator (हर) be'(x+7)'

$\Rightarrow \frac{x+20}{x+7-3} = \frac{4}{3}$

$\Rightarrow \frac{x+20}{x+4} = \frac{4}{3}$

$\Rightarrow 3(x+20)=4(x+4)$

$\Rightarrow 3x+60= 4x+16$

$\Rightarrow 4x - 3x = 60 - 16$

$\Rightarrow x = 44$

So, the numerator (अंश) = 44

And the denominator (हर) = $x+7$

$= 44 + 7 = 51$

Rational number (परिमेय संख्या) $= \frac{44}{51}$

Option (2) is correct answer.

11. On selling an article for ₹3290, there is a loss of 6%. Then, cost price of the article is:

किसी वस्तु को ₹ 3290 में बेचने पर 6% की हानि प्राप्त होती है। तब उस वस्तु का क्रय मूल्य है :

(1) ₹3230
(2) ₹3350
(3) ₹3490
(4) ₹3500

ANS : (4)

Selling price of an article (किसी वस्तु का विक्रय मूल्य) = ₹3290

Loss percentage (हानि प्रतिशत) = 6%

Loss (हानि) =cost price (क्रय मूल्य) – selling price (विक्रय मूल्य)

Now, loss % = $\frac{loss}{cost\ price} \times 100$

$6 = \frac{(cost\ price - 3290)}{cost\ price} \times 100$

$\Rightarrow$ 6 cost price = 100 cost price – 329000

$\Rightarrow$ 100 cost price – 6cost price = 329000

$\Rightarrow$ 94 cost price = 329000

Cost price = $\frac{329000}{94}$ = ₹3500

Option (4) is correct answer.

12. If sum of the expressions $-3x^3y^2+2x^2y^3$ and $-5y^4- 3x^2y^3$ is substracted from $x^3y^2+ x4+x^2y^3+y^4$, then the coefficient of y^4 in the result is:

यदि व्यंजकों $-3x^3y^2+2x^2y^3$ और $-5y^4- 3x^2y^3$ के योग को $x^3y^2+x^4+x^2y^3+y^4$ में से घटाया जाता है, तो परिणाम में y^4 का गुणांक है:

(1) 6
(2) -6
(3) 4
(4) -4

ANS : (1)

$=x^3y^2 + x4+ x^2y^3 + y^4$ -[$(-3x^3y^2 + 2x^2y3)$ + ($-5y^4 - 3x^2y^3$)]

$=x^3y^2 + x4 + x^2y^3+y^4 +3x^3y^2 -2x^2 y^3 +5y^4 +3x^2y^3$

$= 4 x^3y^2 + x4 + 2x^2y^3+ 6 y^4$

Here , the coefficient of y^4 (y^4 का गुणांक) = 6

So, option (1) is correct answer.

13. $\frac{15(x^2-2x-15)}{25(x+3)(x^2-25)}$ is equal to :

$\frac{15(x^2-2x-15)}{25(x+3)(x^2-25)}$ बराबर है:

(1) $\frac{3}{5}(x+5)(x-3)$

(2) $\frac{3}{5}(x-5)(x+3)$

(3) $\frac{3}{5(x-5)}$

(4) $\frac{3}{5(x+5)}$

ANS : (4)

$= \frac{15(x^2-2x-15)}{25(x+3)(x^2-25)} \Rightarrow \frac{3(x^2-2x-15)}{5(x+3)(x^2-5^2)}$

$\frac{3(x-5)(x+3)}{5(x+3)(x-5)(x+5)}$ [using factorisation method (गुणनखंडन विधि), factor of $(x^2-2x-15)$ is $(x-5)(x+3)$]

$= \frac{3}{5(x+5)}$

Option (4) is correct answer.

14. Which of the following is a Pythagorean Triplet, whose one member is 12?

निम्नलिखित में से कौन एक पाइथागोरियन त्रिक है, जिसका एक सदस्य 12 है?

(1) 8, 12, 16
(2) 12, 35, 37
(3) 12, 35, 38
(4) 12,35,39

ANS : (2)

Pythagorean triplet = $m^2-1, 2m, m^2+1$

One member is 12

$2m = 12 \Rightarrow m=6$

$\Rightarrow m^2-1=6^2-1=36-1=35$

$\Rightarrow m^2+1=6^2+1=36+1=37$

So, the Pythagorean triplet is (पाइथागोरियन त्रिक है) = (12,35,37)

Option (2) is correct answer.

15. How many edges does a polyhedron with 8 faces and 12 vertices have ?

8 फलकों और 12 शीर्षों वाले किसी बहुफलकी के कितने किनारे होते हैं ?

(1) 14
(2) 16
(3) 18
(4) 22

ANS : (3)

Number of faces of polyhedron (पॉलीहेड्रॉन के फलकों की संख्या) = 8

Number of vertices of polyhedron (पॉलीहेड्रॉन के शीर्षों की संख्या) = 12

Using Euler's formula,

$V - E + F = 2 \qquad \Rightarrow 12 - E + 8 = 2$

$\Rightarrow 20 - E = 2$

$E = 18$

Option (3) is correct answer.

16. Area of a right triangle is 240 cm². If its one side other than the hypotenuse is 30 cm, then perimeter (in cm) of the triangle is:

किसी समकोण त्रिभुज का क्षेत्रफल 240 cm² है। यदि कर्ण के अतिरिक्त उसकी एक भुजा 30 cm है, तो उस त्रिभुज का परिमाप (cm में) है:

(1) 80
(2) 84
(3) 92
(4) 100

Ans : (1)

Area of a right triangle (समकोण त्रिभुज का क्षेत्रफल) = 240 cm²

$\frac{1}{2} \times b \times h = 240$

$\frac{1}{2} \times 30 \times h = 240$

h= 240/15=16 *cm*

MATHS

MATHS

Using Pythagoras theorem,

$H^2 = P^2 + B^2$

$H^2 = (30)^2 + (16)^2$

$H = \sqrt{1156} = 34$ cm

Perimeter of triangle (त्रिभुज का परिमाप) = sum of all sides = 30 + 16 + 34 = 80 cm

17. Number of degrees (°) in three and one-half of a right angle is :

3(½) समकोणों में डिग्रियों (°) की संख्या है :

(1) 285°
(2) 315°
(3) 295°
(4) 305°

ANS : (2)

Number of degrees in 1 right angle (1 समकोण में डिग्रियों की संख्या) =90°

Number of degrees in 3(½) (3.5 समकोण में डिग्रियों की संख्या) = 3.5 × 90° = 315°

Option (2) is correct answer.

18. If the angles of a quadrilateral are in the ratio 1: 2: 3: 4, then what is the measure of the greatest angle of the quadrilateral ?

यदि किसी चतुर्भुज के कोणों में अनुपात 1:2:3:4 हैं, तो चतुर्भुज के सबसे बड़े कोण की माप क्या है?

(1) 72°
(2) 135°
(3) 144°
(4) 162°

ANS : (3)

The ration of the angles of quadrilateral = 1:2:3:4

Let the first angle (पहला कोण) $= x$

And second angle (दूसरा कोण) $= 2x$

And third angle (तीसरा कोण) $= 3x$

And fourth angle (चौथा कोण) $= 4x$

Sum of all angles of a quadrilateral (चतुर्भुज के सभी कोणों का योग) = 360°

$x+2x+3x+4x = 360° \Rightarrow 10x = 360° \quad x = 36°$

so, the measure of the greatest angle (इसलिए, सबसे बड़े कोण का माप) $= 4x = 4\times36° = 144°$

option (3) is correct answer

19. If 78x3945 is divisible by 11, where x is a digit; then x is equal to-

यदि 78x3945 संख्या 11 से विभाजित है, जहाँ x एक अंक है, तो x बराबर है-

(1) 0
(2) 1
(3) 3
(4) 5

ANS : (4)

$\frac{78x3945}{11}$ 11 का divisibility rule

विषम स्थानों के संख्याओ का योग, सम स्थानों के संख्याओ के योग के बीच का अंतर 0 हो या 11 से विभाजित हो।

$7+x+9+5 = 8+3+4$

$21+x=15 \Rightarrow 15-(21+x) \Rightarrow 15-21-x \Rightarrow -6-x$

Option से x के स्थान पर 5 रखने से,

-6-5=-11 (ये 11 से विभाज्य है।), $x = 5$

20. If the mean of five observations x, x + 3, x + 6, x + 9 and x + 12 is 15, then the mean of first three observations is-

यदि 5 प्रेक्षणों x, x + 3, x + 6, x + 9 और x + 12 का माध्य 15 है, तो पहले तीन प्रेक्षणों का माध्य है-

(1) 11
(2) 12
(3) 15.5
(4) 11.2

ANS : (2)

पांच प्रेक्षणों का माध्य (mean of five observations) =15, प्रेक्षणों की संख्या = 5

प्रेक्षण (observations) $=x, x+3, x+6, x+9, x+12$

प्रयुक्त सूत्र (Formula used) :

माध्य या औसत (Mean or average) =

$$\frac{\text{प्रेक्षणों का योग (Sum of observations)}}{\text{प्रेक्षणों का संख्या (Total number of observations)}}$$

प्रेक्षणों का योग (Sum of observations)

$= x+x+3+x+6+x+9+x+12$

$= 5x+30=5(x+6)$

माध्य (Mean) $\frac{[5(x+6)]}{5}$

$15= x+6 \Rightarrow x= 9$

पहले तीन प्रेक्षण (first three observations) $=x+x+3+x+6$

पहले तीन प्रेक्षणों का योग (Sum of first three observations) $=3x+9 = 3(x+3)$

प्रेक्षणों की संख्या (number of observations) =3

पहले तीन प्रेक्षणों का माध्य (mean of first three observations) $\frac{[3(x+3)]}{3}$

$= x+3=9+3 \ =12$

21. Hari purchased two watches for ₹2500 each. He sold them, gaining 5% on one and having a loss of 4% on the other. His gain / loss percent in the whole transaction is

हरि ने दो घड़ियों में से प्रत्येक को ₹2500 में खरीदा। उसने एक को 5% लाभ पर तथा दूसरी को 4% हानि पर बेचा। इस पूरे सौदे में हुआ उसका लाभ हानि प्रतिशत है?

(1) लाभ, 1%

(2) हानि, 1%

(3) लाभ, $\frac{1}{2}$%

(4) हानि, $\frac{1}{2}$%

ANS : (3)

प्रत्येक घडी का क्रय मूल्य (Cost price of each watch) = 2500 Rs., लाभ % (Profit%) = 5%, हानि % (Loss%) = 4%

लाभ (Profit) = $\frac{\text{क्रय मूल्य} \times \text{लाभ \%}}{100}$

लाभ $= 2500\times\frac{5}{100} = 125$ का लाभ

हानि (Loss) = $\frac{\text{क्रय मूल्य} \times \text{हानि \%}}{100} = 2500\times\frac{4}{100}$

= 100 Rs. की हानि

कुल क्रय मूल्य (Total cost price) = 2500 + 2500 = 5000

कुल लाभ (Total profit) = 125 -100 = 25 Rs.

लाभ % (Profit %) = $\frac{(\text{लाभ} \times 100)}{(\text{क्रय मूल्य})} = \frac{25\times100}{5000}$

लाभ (Profit) $=\frac{1}{2}$%

22. Two dice are thrown simultaneously. What is the probability that the sum of the numbers appearing on their tops is at least 9?

दो पासों को एक साथ फेंका जाता है। इनके ऊपर प्रकट हुई संख्याओं का योग न्यूनतम 9 होने की प्रायिकता क्या है?

(1) $\frac{1}{4}$

(2) $\frac{2}{9}$

(3) $\frac{5}{18}$

(4) $\frac{1}{6}$

ANS : (3)

प्रायिकता (Probability) =

$$\frac{\text{अनुकूल परिणामो की संख्या (Number of favourable outcomes)}}{\text{कुल परिणाम (Total outcomes)}}$$

उन परिणामो की संख्या जिनका योग 9 या 9 से अधिक है = 10

(6,3), (5,4), (6,4), (4,5), (5,5), (6,5), (3,6), (4,6), (5,6), (6,6)

MATHS

परिणामो की कुल संख्या (Total number odd outcomes) = 36

∴ प्रायिकता (Probability) = 1/36 = 5/18

23. The perimeter of a rhombus is 60cm and the length of one of its diagonals is 24cm. What is the area (in cm^2) of the rhombus?

किसी समचतुर्भुज का परिमाप 60cm है तथा इसके एक विकर्ण की लम्बाई 24cm है I इस समचतुर्भुज का क्षेत्रफल (cm^2 में) क्या है ?

(1) 120
(2) 192
(3) 216
(4) 264

ANS : (3)

समचतुर्भुज का परिमाप (perimeter of a rhombus) = 60 cm

विकर्ण की लंबाई (length of a diagonal) = 24 cm

समचतुर्भुज का विकर्ण एक दूसरे को समकोण पर समद्विभाजित करता हैं। (The diagonals of a rhombus bisect each other at right angles.)

समचतुर्भुज का परिमाप = सभी भुजाओं का योग

$60\ cm = 4\times$ भुजा $\Rightarrow 60/4=$भुजा

$\Rightarrow$ 15 cm = भुजा (side)

कर्ण (hypotenuse) =15 cm, लंब (perpendicular) =12 cm

$(\text{कर्ण})^2 = (\text{आधार})^2 + (\text{लंबवत})^2$

$\Rightarrow (15)^2 = (\text{आधार})^2 + (12)^2$

$225 = (\text{आधार})^2 + 144 \Rightarrow \text{आधार} = \sqrt{81}$

$\Rightarrow$ आधार (base) = 9 cm

विकर्ण (diagonal) = 2×9=18 cm

समचतुर्भुज का क्षेत्रफल (Area of rhombus) = $\frac{1}{2}$ × विकर्णों का गुणनफल (product of diagonals)

$= \frac{1}{2}\times(18\times24) = 216\ cm^2$

24. To prove, $\triangle ABC \cong \triangle PRQ$, by SAS congruency rule, besides AB = PR and BC = QR, we have to show

SAS सर्वांगसमता नियम द्वारा $\triangle ABC \cong \triangle PRQ$ सिद्ध करने के लिए, AB=PR और BC=QR के अतिरिक्त हमें दर्शाना है कि-

(1) $\angle A = \angle P$ है।
(2) $\angle C = \angle Q$ है।
(3) $\angle B = \angle R$ है।
(4) $\angle A = \angle R$ है।

ANS : (3)

$\Delta ABC \cong \Delta PQR$ SAS द्वारा

SAS – Side Angle Side.

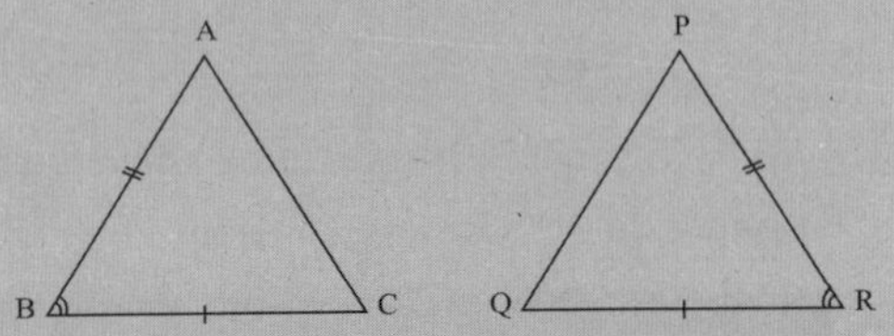

(कोण – भुजा - कोण) सर्वांगसमता नियम (SAS congruence rule) ($\angle B = \angle R$)

यदि कोई दो भुजाओ और एक त्रिभुज की भुजाओ के बीच के दूसरे त्रिभुज की भुजाओ के बीच के कोण के संगत होता है।

(If any two sides and the angle between the sides of one triangle corresponds to the angle between the sides of another triangle.)

25. If $27440 = x^4 \times y^1 \times z^3$, where x, y and z are prime numbers, then what is the value of (2x + y – z)?

यदि $27440 = x^4 \times y^1 \times z^3$ है, जहाँ x,y और z अभाज्य संख्याएँ है, तो (2x + y – z) का मान क्या है -

(1) 0
(2) 1
(3) 2
(4) 3

ANS : (3)

$27440 = x^4 \times y^1 \times z^3 \implies 27440 = 14^3 \times 10$

$27440 = 2^3 \times 7^3 \times 2 \times 5 \implies 27440 = 2^4 \times 5^1 \times 7^3$

$27440 = x^4 \times y^1 \times z^3$

हमे मिला,

$x=2, \quad y=5, \quad z=7$

$2x + y - z = 2 \times 2 + 5 - 7 = 2$

26. If $x - y = 4$ and $x^2 + y^2 = 10$, then one of the values of $x + y$ is-

यदि $x - y = 4$ तथा $x^2 + y^2 = 10$ है, तो $(x + y)$ के मानो में से एक मान है :

(1) 2
(2) 3
(3) 5
(4) 6

ANS : (1)

$x-y = 4$ और $x^2 + y^2 = 10$

[सूत्र **(Formula used):** $(x+y)^2 = x^2 + 2xy + y^2$, $(x-y)^2 = x^2 - 2xy + y^2$]

$(x+y)^2 + (x-y)^2 = 2(x^2+y^2)$

$(x+y)^2 + 4^2 = 2(10)$

$x+y = +2, -2$

$\therefore$ x+y के मानो में से एक मान 2 है।

27. If $a = 2^4 \times 3^2 \times 5^3$, $b = 2^3 \times 3 \times 5^2$, $c = 2^5 \times 3^3 \times 5$, then what is the value of $\frac{\text{HCF of a,b and c}}{\text{LCM of a,b and c}}$?

यदि $a = 2^4 \times 3^2 \times 5^3$, $b = 2^3 \times 3 \times 5^2$, $c = 2^5 \times 3^3 \times 5$, है,

तो $\frac{\text{a,b और c का HCF}}{\text{a,b और c का LCM}}$ का मान क्या है ?

(1) $\frac{1}{300}$

(2) $\frac{1}{450}$

(3) $\frac{1}{600}$

(4) $\frac{1}{900}$

ANS : (4)

$a = 2^4 \times 3^2 \times 5^3$, $b = 2^3 \times 3 \times 5^2$, $c = 2^5 \times 3^3 \times 5$

a,b और c का HCF= $2^3 \times 3 \times 5$

a,b और c का LCM= $2^5 \times 3^3 \times 5^3$

$\frac{\text{HCF of a,b and c}}{\text{LCM of a,b and c}} = \frac{2^3 \times 3 \times 5}{2^5 \times 3^3 \times 5^3}$

$= 1/(2^2 \times 3^2 \times 5^2) \implies 1/30^2 \implies 1/900$

$\therefore \frac{\text{a,b और c का HCF}}{\text{a,b और c का LCM}}$ का मान $\frac{1}{900}$ है।

28. The cost of grass carpeting in a rectangular garden at the rate ₹30 per m2 is ₹180000. If the ratio of its length and breadth is 5:3, what will be the cost of fencing of the garden at the rate of ₹50 per metre?

एक बगीचे में ₹30 प्रति m2 की दर से घास की कालीन बिछाने की लागत ₹180000 है। यदि इसकी लम्बाई और चौड़ाई का अनुपात 5:3 है, तो ₹50 प्रति मीटर की दर से बगीचे के चारों ओर बाड़ लगाने की लागत क्या होगी?

(1) ₹16000
(2) ₹4000
(3) ₹8000
(4) ₹12000

ANS : (1)

सूत्र : आयत का क्षेत्रफल = $l \times b$, आयत का परिमाप = $2(l + b)$

घास कारपेंटिंग की लागत (cost of grass carpeting) = ₹ 30/ m^2

MATHS

MATHS

घास कारपेंटिंग की कुल लागत (total cost of grass carpeting) = ₹ 180000

∴ आयातकार बग़ीचे का क्षेत्रफल (Area of rectangular garden) = 180000/30 = 6000 m^2

आयातकार बग़ीचे की लंबाई और चौड़ाई का अनुपात (ratio of length and breadth) = 5 : 3

मान लीजिये, आयातकार बग़ीचे की लंबाई (length) = $5x$, चौड़ाई (breadth) = $3x$

इसलिए, Area of rectangle = length x breadth

$5x \times 3x = 6000 \implies 15x^2 = 6000$

$\implies x^2 = 6000/15 = 400$

$x = \sqrt{400} = 20$

∴ आयातकार बग़ीचे की लंबाई (length) = 5×20=100 m

∴ आयातकार बग़ीचे की चौड़ाई (breadth) = 3×20=60 m

आयातकार बगीचे का परिमाप (perimeter) = 2 (100 + 60) = 2 × 160 = 320 m

बाड़ लगाने की लागत (cost of fencing) = ₹ 50/ मीटर रुपये

∴ बाड़ लगाने की कुल लगत (total cost of fencing) = 320×50=₹16000

29. The maximum number of boxes, each of length 0.2m, breadth 0.4m and height 0.5m that can be placed in a box of length 2m, breadth 1m and height 0.5m is-

लम्बाई 2m, चौड़ाई 1m और ऊंचाई 0.5m वाले एक बक्से में, 0.2m लम्बाई, 0.4m चौड़ाई और 0.5m ऊंचाई वाले अधिकतम कितने बक्से रखे जा सकते हैं?

(1) 30
(2) 40
(3) 20
(4) 25

ANS : (4)

बक्सों की संख्या (number of boxes) =

$$\frac{\text{बड़े बक्से का आयतन (Volume of big box)}}{\text{प्रत्येक छोटे बक्से का आयतन (Volume of each small box)}}$$

बड़े बक्से का आयतन (Volume of big box) = $2 \times 1 \times 0.5 = 1m^3$

प्रत्येक छोटे बक्से का आयतन = $0.2 \times 0.4 \times 0.5$ = 0.04 m^3

∴ बक्सों की संख्या (number of boxes) = 1/(0.04) = 100/4 = 25

30. Let $A = -3x^3y^2 + 2x^2y^3$, $B = -3x^2y^3 - 5y^4$ and $C = x^4 + 2x^3y^2 + 3x^2y^3 + y^4$

If $C - (A+B) = x^4 + mx^3y^2 + n\,x^2y^3 + 6y^4$, then what is the value of (m+n)?

मान लीजिये कि $A = -3x^3y^2 + 2x^2y^3$, $B = -3x^2y^3 - 5y^4$ और $C = x^4 + 2x^3y^2 + 3x^2y^3 + y^4$ है। यदि $C - (A+B) = x^4 + mx^3y^2 + n\,x^2y^3 + 6y^4$ है, तो (m+n) का मान क्या है ?

(1) 7
(2) 8
(3) 9
(4) 13

ANS : (3)

जब बायां पक्ष = दायां पक्ष हो, हम गुणांक (Coefficient) की तुलना कर सकते हैं।

$C - (A + B) = (x^4 + 2x^3y^2 + 3x^2y^3 + y^4) - ((-3x^3y^2 + 2x^2y^3) + (-3x^2y^3 - 5y^4))$

$= x^4 + 5x^3y^2 + 4x^2y^3 + 6y^4$

$x^4 + mx^3y^2 + nx^2y^3 + 6y^4$ के साथ गुणांकों (Coefficients) की तुलना करने पर,

m = 5, n = 4, ∴ m + n = 9

31. What is the value of

$[(1/3)^{-2} - (1/4)^{-1}]^{-2}$?

$[(1/3)^{-2} - (1/4)^{-1}]^{-2}$ मान का मान क्या होगा?

(1) 25
(2) 1/25

(3) 144

(4) 1/144

ANS : (2)

$[(1/3)^{-2} - (1/4)^{-1}]^{-2} = [3^2 - 4]^{-2} = (9-4)^{-2} = 5^{-2}$

$= 1/5^2 = 1/25$

32. Which one of the following properties holds true for integers ?

(1) Commutativity in subtraction

(2) Associativity in division

(3) Closure in subtraction

(4) Closure in division

निम्न में से कौन सा गुण पूर्णांकों के लिए सत्य है ?

(1) व्यवकलन में क्रमविनिमेयता

(2) विभाजन में साहचर्यता

(3) व्यवकलन में संवृतता

(4) विभाजन में संवृतता

ANS : (3)

Subtraction and division are not associative for integers (घटाव और भाग पूर्णांकों के लिए साहचर्य नहीं हैं).

Subtraction is NOT commutative for integers (घटाव पूर्णांकों के लिए क्रमविनिमेय नहीं है).

subtraction of any two integers is always an integer. Therefore, Integers are closed under subtraction (किसी भी दो पूर्णांकों का घटाव हमेशा एक पूर्णांक होता है। इसलिए, घटाव के तहत पूर्णांक बंद हैं।).

The set of integers is not closed under the operation of division. because when one integer is divided by another integer,the result is not always an integer (पूर्णांकों का समुच्चय विभाजन की संक्रिया के अंतर्गत संवृत नहीं होता है। क्योंकि जब एक पूर्णांक को दूसरे पूर्णांक से विभाजित किया जाता है, तो परिणाम हमेशा पूर्णांक नहीं होता है।).

So , Option (3) is correct answer.

33. Value of 8 - [(-2)×(-3)-{2-(4-5)}] is :

8 - [(-2)×(-3)-{2-(4-5)}] का मान है :

(1) -1

(2) 3

(3) 5

(4) 11

ANS : (3)

$8 - [(-2)\times(-3)-\{2-(4-5)\}]$

$= 8 - [\,6\ (2 - (-1))]$

$= 8 - [\,6 - (2+1)]$

$= 8 - (6 - 3)$ $= 8 - 3 = 5$

34. Descending order of the numbers $\frac{4}{3}, \frac{-3}{2}, \frac{-9}{8}, \frac{7}{4}$ is:

संख्याओं $\frac{4}{3}, \frac{-3}{2}, \frac{-9}{8}, \frac{7}{4}$ का अवरोही क्रम है :

(1) $\frac{7}{4}, \frac{4}{3}, \frac{-3}{2}, \frac{-9}{8}$

(2) $\frac{-3}{2}, \frac{-9}{8}, \frac{7}{4}, \frac{4}{3}$

(3) $\frac{7}{4}, \frac{-3}{2}, \frac{4}{3}, \frac{-9}{8}$

(4) $\frac{7}{4}, \frac{4}{3}, \frac{-9}{8}, \frac{-3}{2}$

ANS : (4)

$\frac{4}{3} = 1.33,\quad \frac{-3}{2} = -1.5,$

$\frac{-9}{8} = 1.125,\quad \frac{7}{4} = -1.75,$

Now, arrange in descending order,

1.75, 1.33, -1.125, -1.5

$\frac{7}{4}, \frac{4}{3}, \frac{-9}{8}, \frac{-3}{2}$

35. If the mean of 10 numbers is 96 and one of the numbers is 150, then what is the mean of the remaining nine numbers?

MATHS

यदि 10 संख्याओं का माध्य 96 है तथा इनमें से एक संख्या 150 है, तो शेष नौ संख्याओं का माध्य क्या है?

(1) 60
(2) 75
(3) 81
(4) 90

ANS : (4)

Mean of 10 numbers (10 संख्याओं का माध्य) = 96

One of the number (x_1) [एक संख्या (x_1)] = 150

$$\text{Mean} = \frac{\text{sum of all observation}}{\text{total number of observation}}$$

$$96 = \frac{x_1 + x_2 + ... + x_{10}}{10}$$

$96 \times 10 = 150 + x_2 + ... + x_{10}$

$960 - 150 = x_2 + ... + x_{10}$

$810 = x_2 + ... + x_{10}$

Mean of nine numbers

$$= \frac{x_2 + ... + x_{10}}{9} = 8\frac{10}{9} = 90$$

36. Which of the following is a closed-ended problem?

(1) List four rational numbers between $\frac{5}{11}$ and $\frac{10}{11}$
(2) List four natural numbers between 104 and 109
(3) Write four integers less than 5
(4) Write four equivalent fractions for $\frac{5}{7}$

निम्नलिखित में से कौन-सी बंद सिरे वाली समस्या है?

(1) $\frac{5}{11}$ और $\frac{10}{11}$ के बीच चार परिमेय संख्याएँ सूचीबद्ध कीजिए
(2) 104 और 109 के बीच चार प्राकृत संख्याएँ सूचीबद्ध कीजिए
(3) 5 से कम चार पूर्णांक लिखिए
(4) $\frac{5}{7}$ के चार तुल्य भिन्न लिखिए

Ans (2)

एक बंद सिरे वाली समस्या [closed-ended problem] में आम तौर पर उत्तरों का एक विशिष्ट, सीमित सेट [finite set] होता है।

104 और 109 के बीच चार प्राकृतिक संख्याएँ [natural numbers] सूचीबद्ध करें।

इस समस्या में संभावित उत्तरों का एक सीमित और स्पष्ट रूप से परिभाषित सेट है, जो प्राकृतिक संख्याएँ 105, 106, 107 और 108 हैं।

37. Which of the following figures do not have equal number of lines of symmetry?

(1) Isosceles triangle and kite
(2) Kite and parallelogram
(3) Rectangle and rhombus
(4) Kite and isosceles trapezium

निम्न आकृतियों में से किनमें सममित रेखाओं की संख्याएँ बराबर नहीं है?

(1) समद्विबाहु त्रिभुज और पतंग
(2) पतंग और समांतर चतुर्भुज
(3) आयत और समचतुर्भुज
(4) पतंग और समद्विबाहु समलंब

Ans (2)

समद्विबाहु त्रिभुज और पतंग: दोनों में 1 सममित रेखा होती है।

पतंग और समांतर चतुर्भुज: पतंग में 1 सममित रेखा होती है, जबकि समांतर चतुर्भुज में कोई सममित रेखा नहीं होती।

आयत और समचतुर्भुज: दोनों में 2 सममित रेखाएँ होती हैं।

पतंग और समद्विबाहु समलम्ब: दोनों में 1 सममित रेखा होती है।

38. The National Curriculum Framework (NCF), 2005 promotes a spiral approach for mathematics curriculum at middle school level. The best example of this approach is

(1) including different concepts at each grade
(2) including concepts that are repeated at each grade
(3) including simpler as well as difficult concepts at every grade
(4) including concepts in the increasing order of difficulty by briefly revisiting concepts taught previously

राष्ट्रीय पाठ्यचर्या की रूपरेखा, 2005, मिडिल स्कूल स्तर पर गणित पाठ्यचर्या के लिए सर्पिल दृष्टिकोण को बढ़ावा देता है। इस दृष्टिकोण का सर्वोत्तम उदाहरण है

(1) प्रत्येक ग्रेड पर विभिन्न अवधारणाओं को शामिल करना
(2) उन अवधारणाओं को शामिल करना जो हर ग्रेड पर दोहराई जाती हैं
(3) हर ग्रेड पर सरल और कठिन विषयों को शामिल करना
(4) कठिनाई के बढ़ते क्रम में अवधारणाओं को शामिल करते हुए पहले पढ़ाई गई अवधारणाओं का संक्षिप्त रूप से पुनर्वलोकन करना

Ans (4)

इस दृष्टिकोण का सर्वोत्तम उदाहरण कठिनाई के बढ़ते क्रम में अवधारणाओं को शामिल करते हुए पहले पढ़ाई गई अवधारणाओं का संक्षिप्त रूप से पुनर्वलोकन करना है।

सर्पिल दृष्टिकोण [spiral approach] में छात्रों की शिक्षा के दौरान जटिलता [complexity] के बढ़ते स्तरों पर प्रमुख अवधारणाओं को फिर से देखना शामिल है। यह विधि पिछले सीखने को पुष्ट करती है जबकि धीरे धीरे नई, अधिक चुनौतीपूर्ण सामग्री पेश करती है, जिससे समय के साथ छात्रों की समझ और कौशल [skill] गहरा होता है।

39. In which of the following statements, the number 6 is used in cardinal sense?

(1) 6 is the predecessor of 7
(2) She was sitting in the 6th row of the auditorium
(3) There are 6 elements in a set
(4) 6 is the successor of 5

निम्न में से किस कथन का उपयोग गणनसंख्या के अर्थ में किया गया है?

(1) 7 का पूर्ववर्ती 6 है
(2) वह सभागार की 6ठी पंक्ति में बैठी थी
(3) एक सेट में 6 तत्त्व है
(4) 5 का उत्तरवर्ती 6 है

Ans (3)

गणनसंख्या [Cardinal numbers] एक सेट में वस्तुओं की मात्रा का वर्णन करती हैं। संख्या 6 का उपयोग गणनसंख्या अर्थ में "एक सेट में 6 तत्व हैं" कथन में किया जाता है। अन्य कथन संख्या 6 का उपयोग क्रमिक या स्थितिगत [ordinal or positional] अर्थों में करते हैं।

40. Which of the following is used to record students' problem solving ability, measurement ability and experimentation ability?

(1) Anecdotal Record
(2) Teacher Diary
(3) Cumulative Record
(4) Report Card

निम्नलिखित में से किसका उपयोग विद्यार्थियों में का रिकार्ड रखने के लिए किया जाता है? समस्या समाधान की योग्यता, मापन की योग्यता, प्रयोगात्मक योग्यता आदि

(1) उपाख्यानात्मक रिकार्ड
(2) शिक्षक डायरी
(3) संचयी रिकार्ड
(4) रिपोर्ट कार्ड

Ans (1)

शिक्षकों द्वारा समस्या-समाधान, मापन और प्रयोग सहित विभिन्न संदर्भों में छात्रों के व्यवहार, कौशल और क्षमताओं के विशिष्ट अवलोकनों और उदाहरणों को दस्तावेज करने के लिए उपाख्यानात्मक रिकार्ड (Anecdotal Record) का उपयोग किया जाता है।

41. Which among the following is/are TRUE about Van Hieles theory of geometric thinking?

(a) Thinking levels are age-dependent

MATHS

MATHS

(b) Teaching instruction must match student's level of geometric thinking

(c) Levels are sequential

Choose the correct option.

(1) (a) and (b)
(2) (b) and (c)
(3) (a) and (c)
(4) Only (b)

वैन हैले के ज्यामितीय चिंतन के सिद्धांत के संदर्भ में निम्नलिखित में से क्या सत्य है/हैं?

(a) चिंतन के स्तर आयु निर्धारित है/आयु पर निर्भर हैं

(b) शिक्षण निर्देश की विद्यार्थी के ज्यामिति चिंतन के स्तर के अनुसार होना चाहिए

(c) स्तर क्रमानुसार हैं

सही विकल्प का चयन कीजिए:

(1) (a) और (b)
(2) (b) और (c)
(3) (a) और (c)
(4) केवल (b)

Ans : (2)

वैन हैले के ज्यामितिकरण का सिद्धांत [principle of geometrization] तथा वैन हैले के ज्यामितिय चिंतन [geometric thinking] के स्तरों का सही अनुक्रम [sequence] :

1. दृश्यीकरण [visualisation] :- आकृतियों को देखकर दैनिक जीवन से, Relate करना। जैसे : O को रोटी तथा △ को समोसे कहना]

2. विश्लेषण [Analysis] :- गुणों के आधार पर वर्गीकरण करना।

3. संबंध बनाना [Relationship] :- दो आकृतियों के मध्य संबंध बनाना

4. निगमनात्मक [Deduction] :- Theory, formula, Concept के बारे में सीखना।

5. स्वयं सिद्ध [Axiom] :- स्वयं निर्माण करना।

अर्थात् वैन हैले के अनुसार शिक्षण निर्देश, शिक्षार्थी के ज्यामितिय चिंतन के स्तर के अनुसार होना चाहिए।

ज्यामितिय चिंतन का स्तर क्रम के अनुसार है।

[ज्यामितिय चिंतन स्तर आयु निर्धारित है/ आयु पर निर्भर है, यह कथन गलत है।]

42. Which among the following is NOT true about axioms in mathematics?

(1) Axioms are consistent.
(2) Axioms are propositions which are assumed and accepted without any evidence to prove it.
(3) Axioms are available only in geometry,
(4) Axioms are adequate.

गणित में स्वयंसिद्ध के संदर्भ में निम्नलिखित में से क्या सत्य नहीं है?

(1) स्वयंसिद्ध अविरोधी हैं
(2) स्वयंसिद्ध ऐसे प्रस्ताव हैं जो बिना किसी प्रमाणित साक्ष्य द्वारा अनुमानित और स्वीकृत किए जाते हैं
(3) स्वयसिद्ध केवल ज्यामिति में ही उपलब्ध है।
(4) स्वयंद्धि अपने आप में पर्याप्त हैं

Ans : (3)

स्वयंसिध्द [Axiom] : गणित में Axiom का मतलब है, किसी प्रमाण के बिना सत्य माना जाने वाला कथन।

- स्वयं सिद्ध गणितीय प्रमाणों [mathematical proofs] का हिस्सा होते हैं।
- स्वयं सिद्ध 'निर्विवाद [Undisputed]' होते हैं। [अतः इनके विरोध में कोई सुबूत नहीं होता।]
- स्वयं सिद्ध बिना किसी प्रमाणिक साक्ष्य [evidentiary evidence] द्वारा ही स्वीकार कर लिए जाते हैं।
- स्वयंसिद्ध 'अविरोधी [consistent]' होते हैं।
- स्वयंसिध्द अपने आप में पर्याप्त हैं; [अतः इन्हें प्रमाणित करने के लिए किसी साक्ष्य प्रमाण की आवश्यकत नहीं होती है।]
- स्वयंसिध्द बीजगणित [algebra], सेटसिद्धांत [set theory] जैसी अन्य शाखाओं में भी इस्तेमाल किए जाते है।

- अतः स्वयंसिध्द केवल ज्यामिति में ही उपलब्ध है यह कथन गलत है।

43. Which among the following is/are TRUE regarding asking open-ended questions in a mathematics classroom?

(a) It helps students to improve convergent thinking skill

(b) It develops critical thinking skill

Choose the correct option.

(1) Only (a) is true
(2) Only (b) is true
(3) Both (a) and (b) are true
(4) Both (a) and (b) are false

गणित की एक कक्षा में खुले- सिरे वाले प्रश्नों को पूछने के संदर्भ में निम्नलिखित में से कौन सा/से सही है/हैं?

(a) यह विद्यार्थियों को अभिसारी चिंतन कौशल को बेहतर बनाने में मदद करता है।

(b) यह तार्किक चिंतन कौशल का विकास करता है।

सही विकल्प का चयन कीजिए।

(1) केवल (a) सत्य है
(2) केवल (b) सत्य है
(3) (a) और (b) दोनों सत्य हैं
(4) (a) और (b) दोनों असत्य हैं

Ans : (2)

खुले सिरे बाले प्रश्न [open ended question] पूछने से

- छात्रों में अपसारी चिंतन [Divergent thinking] कौशल का विकास होता है।
- छात्र भिन्न - भिन्न दिशाओं में सोचकर प्रश्नों के उत्तर देता है। जिससे छात्रों के तर्क शक्ति [reasoning ability], चिंतन शक्ति [thinking ability] आदि का विकास होता है।
- खुले सिरे वाले प्रश्न तार्किक चिंतन कौशल का विकास करते हैं।

[अर्थात कथन (a) अस्य तथा कथन (b) सत्य है।]

44. To prove that the sum of interior angles of a triangle is 180°, a teacher uses paper cut out of a triangle, cuts its all the angles and place them on a straight line. This is an example of proof by :

(1) Verification
(2) Deduction
(3) Induction
(4) Contradiction

यह सिद्ध करने के लिए कि एक त्रिभुज के अन्तः कोणों का योग 180° है, एक शिक्षक कागज के त्रिभुज से सभी कोणों को काट कर एक सीधी रेखा पर रखता है। यह उदाहरण है से_______ उपपत्ति का।

(1) सत्यापन
(2) निगमन
(3) अधिष्ठापन / आगमन
(4) खण्डन

Ans : (1)

सत्यापन [Verification] :- सत्यापन से तात्पर्य किसी चीज को सत्य या सही साबित करना। पुष्टि करना [confirm]।

[अर्थात् किसी formula / नियम आदि को प्रमाणिकता के साथ सत्य साबित करना।

[उपर्युक्त प्रश्न में शिक्षक △ के सभी अंत: कोणों का योग 180o होता है यह साबित करने के लिए कागज के △ से सभी कोणों को सीधी रेखा में रखता है। यह सत्यापन [verification] का उदाहरण है।]

45. Formative assessment in mathematics cannot be done through:

(1) analysis of errors made by the students
(2) classwork and homework done by the students
(3) projects and portfolios
(4) term-end examinations

गणित में रचनात्मक आकलन नहीं किया जा सकता :

(1) विद्यार्थियों द्वारा की गई त्रुटियों के विश्लेषण द्वारा

(2) विद्यार्थियों द्वारा किए गए कक्षा कार्य और गृहकार्य द्वारा
(3) परियोजनाओं एवं पोर्टफोलियो द्वारा
(4) सत्रांत परीक्षाओं द्वारा

Ans : (4)

रचनात्मक आकलन [Formative assessment] से तात्पर्य ऐसे आकलन से है जो शिक्षण अधिगम प्रक्रिया के दौरान किए जाते हैं। रचनात्मक आकलन में शामिल है :

- ➢ विद्यार्थियों द्वारा की गई त्रुटियों के विश्लेषण [analysis of errors]।
- ➢ विद्यार्थियों द्वारा किए गए कक्षा कार्य तथा ग्रह कार्य।
- ➢ परियोजना एवं पोर्टफोलियो।

सत्रांत परीक्षा [term end exam] :- शिक्षण अधिगम प्रक्रिया के अंत में की जाने वाली परीक्षा है।

अतः 'सत्रांत परीक्षा' रचनात्मक आकलन में नहीं बल्कि योगात्मक आकलन में शामिल है।

46. Ikaya is an elementary school mathematics teacher. The achievement of girls in her mathematics class has been better than the achievement of boys throughout the year. Ikaya should :

(1) reflect upon her classroom practices and the participation of students in her mathematics class.
(2) be satisfied with the achievements of the two groups in her class.
(3) not bother as it is the natural talent of girls to be good at mathematics than boys.
(4) make the boys in her class practice more questions.

इकाया एक प्रारंभिक विद्यालय की गणित की अध्यापिका है। उसकी गणित की कक्षा में वर्षभर लड़कियों की उपलब्धियाँ लड़कों की उपलब्धियों से बेहतर रहीं। इकाया को :

(1) गणित की अपनी कक्षा में अपने अभ्यासों और विद्यार्थियों की भागीदारी पर चिंतन करना चाहिए
(2) अपनी कक्षा के दोनों समूहों की उपलब्धियों से संतुष्ट होना चाहिए
(3) परवाह नहीं करनी चाहिए क्योंकि गणित में लड़कों से लड़कियों का बेहतर प्रदर्शन उनका प्राकृतिक/नैसर्गिक गुण हैं
(4) अपनी कक्षा के लड़कों को अधिक प्रश्नों का अभ्यास करवाना चाहिए

Ans : (1)

गणित में वर्ष भर लड़कियों की उपलब्धि लड़कों की उपलब्धि से बेहतर रही इसका तात्पर्य है कि लडकों ने गणित की कक्षा में समान भागीदारी [equal participation] नहीं ली।

[अर्थात शिक्षिका को गणित की अपनी कक्षा में अपने अभ्यासों [exercises] अर्थात स्वयं के पढ़ाने में कहां कमी रह गयी तथा विद्यार्थियों की भागीदारी पर चिंतन करना चाहिए।]

अर्थात् [छात्र तथा छात्रों की भागीदारिता समान करनी चाहिए।]

47. Inductive method of teaching mathematics does not :

(1) proceed from particular to general
(2) take care of needs and interests of learners
(3) proceed from abstract to concrete
(4) encourage discovery and independent thinking

गणित शिक्षण की आगमन विधि में ______ सम्मिलित नहीं हैं।

(1) विशेष से सामान्य की ओर बढ़ना
(2) अधिगमकर्ताओं की आवश्यकताओं और रूचियों का ध्यान रखना
(3) अमूर्त से मूर्त की तरफ बढ़ना
(4) अन्वेषण और स्वतंत्र चिंतन को प्रोत्साहित करना

Ans : (3)

Inductive method (आगमन विधि)

अमूर्त से मूर्त की तरफ बढ़ना।

गणित शिक्षण में आगमन विधि:-

- उदाहरण से नियम की ओर [example to rule]।
- विशिष्ट से सामान्य की ओर [specific to general]।

- अधिगमकर्ताओं [learners] की आवश्यकताओं और रुचियों का ध्यान रखना।
- अन्वेषण और स्वतंत्र चिंतन को प्रोत्साहित करना [Encouraging reflection and independent thinking] ।
- मूर्त से अमूर्त की ओर [concrete to abstract] ।

[अमूर्त से मूर्त की ओर बढ़ना आगमन विधि का उदाहरण नहीं है।]

48. A specific instance that shows a mathematical generalization to be false is :

(1) Proof
(2) Conjecture
(3) Verification through an example
(4) Counter example

एक विशिष्ट दृष्टांत जो गणितीय सामान्यीकरण को असत्य दर्शाता है, वह है:

(1) प्रमाण
(2) कंजेक्चर
(3) उदाहरण द्वारा प्रमाणीकरण
(4) प्रत्युदाहरण

Ans : (4)

किसी तर्क का प्रति-उदाहरण (Counter example) वह स्थिति है जो यह दर्शाती है कि तर्क का आधार सत्य तथा निष्कर्ष [conclusion] 'असत्य' हो सकता है।

[अर्थात् प्रति उदाहरण एक विशेष प्रकार का उदाहरण होता है जो किसी कथन या प्रस्ताव [Proposal] को गलत साबित करता है।]

[अत. एक विशिष्ट दृष्टांत [specific example] (उदाहरण) जो गणितीय सामान्यीकरण- को असत्य दर्शाता है: उसे प्रति उदाहरण कहते हैं।

49. A mathematics teacher gave a statement in her class that in a triangle, the square of hypotenuse is equal to the sum of the square of other two sides. One of the students disagreed with this statement. Then teacher initiated the discussion in the class. Her aim is to :

(1) Encourage the shy students in the class to speak
(2) Pass the remaining time of the lecture
(3) Help students to realize that in mathematics there could be a disagreement
(4) See which students were more attentive in listening and responding in the class

गणित की एक शिक्षिका ने अपनी कक्षा में यह कथन दिया कि एक त्रिभुज में, कर्ण का वर्ग उसकी अन्य दो भुजाओं के वर्ग के जोड़ के बराबर है। एक छात्र ने उस कथन से असहमति प्रकट की। तत्पश्चात् शिक्षिका ने कक्षा में चर्चा की शुरूआत की। उसका उद्देश्य है :

(1) कक्षा में शर्मीले विद्यार्थियों को बोलने के लिए प्रोत्साहित करना
(2) व्याख्यान का शेष समय गुजारना / व्यतीत करना
(3) विद्यार्थियों को यह आभास करने में सहायता करना कि गणित में असहमति हो सकती है
(4) यह देखना कि कौन से विद्यार्थी कक्षा में सुनने और उत्तर देने में अधिक सतर्क हैं

Ans : (3)

गणित एक ऐसा विषय है जिसमें बच्चों में असहमति [disagreement] होती है। (अर्थात् एक ही formula पर सभी बच्चो की समान सहमति [agreement] नहीं होती है।

[अतः उपर्युक्त प्रश्न में शिक्षिका बच्चों को यह आभास [impression] करा रही है कि गणित एक ऐसा विषय है जिसमें बच्चों की असहमति हो सकती है।]

50. Which of the following is NOT helpful in building the concept of place value in children?

(1) Abacus
(2) GeoGebra
(3) Dienes Block
(4) Bundling of match sticks

MATHS

निम्नलिखित में से कौन सा बच्चों में स्थानीय मान की अवधारणा विकसित करने में सहायक नहीं है ?

(1) गिनतारा
(2) जियो जेब्रा
(3) डाइन्स ब्लॉक्स (Dienes Blocks)
(4) माचिस की तीलियों का बंडल बनाना

Ans : (2)

स्थानीय मान की अवधारणा:

गिनतारा

डाइन्स ब्लॉक

माचिस की तीलियों के बंडल आदि के माध्यम से पढ़ाया जा सकता है। किंतु जियोजेब्रा का प्रयोग बच्चों का ज्यामितीय आकृतियों [geometric shapes] से परिचित करवाने के लिए किया जाता है।

अतः जियोजेब्रा के माध्यम से स्थानीय मान की अवधारणा को नहीं पढ़ाया जा सकता।

51. A class VII mathematics teacher tells her students that they will do a magic in the class today. The teacher asks one of the students to choose any 2-digit number and reverse the digits to get a new number.

Then she asks to add these two numbers and divide the sum by 11. Then she asked what did you get? The most appropriate aim to perform this activity is:

(1) To provide some leisure time in the class
(2) To make the lecture joyful
(3) To engage students in the class while she is busy in some work
(4) To let students explore various properties of numbers and patterns

कक्षा VII की गणित की शिक्षिका ने अपने विद्यार्थियों से कहा कि वे आज कक्षा में एक जादू करेंगें। शिक्षिका ने एक छात्र को किन्हीं 2 अंकीय संख्याओं का चयन करने एवं उन्हें पलट कर एक नई संख्या प्राप्त करने के लिए कहा। तत्पश्चात् उन्होंने उन दो संख्याओं को जोड़ने एवं उनके योग को 11 से भाग करने के लिए कहा। तत्पश्चात् उसने पूछा आपको क्या प्राप्त हुआ ?

इस क्रियाकलाप को करने का सबसे उपयुक्त उद्धेश्य है :

(1) कक्षा में फुर्सत का कुछ समय प्रदान करना
(2) व्याख्यान को आनंददायी बनाना
(3) कक्षा में विद्यार्थियों को व्यस्त रखना जब तक शिक्षिका अपने किसी काम में व्यस्त है
(4) विद्यार्थियों को संख्याओं के विभिन्न गुणधर्मों एवं उनके प्रतिमानों का अन्वेषण करने देना

Ans : (4)

गणित सदैव व्यवहारिक संदर्भ [practical context] या खेल - खेल में सिखाया जाना चाहिए, जिससे बच्चे गणित को आसानी से सीख लेते हैं तथा दैनिक जीवन में उसका उपयोग भी कर पाते हैं।

उपर्युक्त प्रश्न में शिक्षिका छात्रों को खेल-2 के माध्यम से 'संख्याओं के विभिन्न गुणधर्मों [various properties of numbers], एवं उनके प्रतिमानों का अन्वेषण [exploration of patterns] (खोज) करने को कहती है। अर्थात् गणित् सिखाने की यह सर्वोत्कृष्ट विधि [best method] है।

52. While teaching 'Data Analysis', the most appropriate strategy as a part of classroom practice to develop student's understanding would be:

(1) Role play
(2) Tests
(3) Quiz
(4) Survey

'आँकड़ों का प्रबंधन' पढ़ाते हुए कक्षायी प्रणाली के रूप में बच्चों की समझ विकसित करने की सबसे उपयुक्त युक्ति क्या होगी ?

(1) भूमिका निर्वहन
(2) परीक्षाएँ
(3) प्रश्नोत्तरी (क्विज़)
(4) सर्वेक्षण

Ans : (4)

सर्वेक्षण [Survey] वह विधि है, जिसके द्वारा विभिन्न-विभिन्न सूचनाएं एकत्र [collect] की जाती हैं।

आंकड़ा प्रबंधन [Deta analysis]: Deta, analysis माप शोध, या विश्लेषण द्वारा एकत्रित जानकारी का संग्रह करना।

अतः 'आंकड़ों का प्रबंधन, पढ़ाते हुए कक्षायी प्रणाली के रूप में बच्चे की समझ विकसित करने की सबसे उपयुक्त विधि सर्वेक्षण है।

53. Misconceptions arise due to incorrect understanding of mathematical concepts. How can a teacher help her students with their misconceptions?

(1) By not interfering at all as children will learn eventually

(2) By demonstrating correct procedures followed by revision

(3) By observing their work and talking to them to know their understanding

(4) By suggesting some good books for practice

गणितीय अवधारणाओं की गलत समझ से भ्रान्तियाँ उत्पन्न होती हैं। एक शिक्षिका अपने विद्यार्थियों की भ्रान्तियों को किस प्रकार दूर कर सकती है ?

(1) हस्तक्षेप ना करके क्योंकि बच्चे अंततः सीख ही जाएंगें

(2) सही क्रियाबिधियों को दर्शा कर, तत्पश्चात् उसकी पुनरावृत्ति करके

(3) उनके कार्य का अवलोकन करके और उनकी समझ को जानने के लिए उनसे बात करके

(4) अभ्यास के लिए कई उत्तम पुस्तकों का सुझाव देकर

Ans : (3)

छात्रों की गणितीय अवधारणाओं की गलत समझ [Misconception] को कक्षा में स्थान देना चाहिए। [अर्थात् शिक्षण अधिगम प्रक्रिया में महत्वपूर्ण समझना चाहिए क्योंकि इसके माध्यम से बालक के समझ के बारे में पता लगाया जा सकता है

अतः बालक के Misconception को दूर करने के लिए उनके कार्यों को observe करके उनकी समझ को जानने के लिए उनसे बातचीत करनी चाहिए।

54. Ms. Fathima, a class VIII mathematics teacher has given a group project on problem solving in geometry to her students. She assessed her students over a period of time on various parameters like their analytical skills, problem solving skills, presentation skills; participation in group discussions etc. Which assessment tool will NOT be appropriate for this purpose?

(1) A Rating Scale

(2) An Interview Schedule

(3) A Checklist

(4) Rubrics.

कक्षा VIII को गणित शिक्षिका सुश्री फातिमा ने अपने विद्यार्थियों को ज्यामिति में समस्या समाधान पर एक समूह परियोजना दी। उन्होंने कुछ समय तक अपने विद्यार्थियों का आकलन विभिन्न प्राचलों जैसे उनका विश्लेषण कौशल, समस्या समाधान कौशल प्रदर्शन कैशलः समूह परिचर्चा में भाग लेने का कौशल इत्यादि पर किया। आकलन का कौन सा साधन इस उद्देश्य के लिये उपयुक्त नहीं है?

(1) एक रेटिंग स्केल

(2) एक साक्षात्कार सारणी

(3) एक चेक लिस्ट / जाँच सूची

(4) रूब्रिक्स

Ans : (2)

रेटिंग स्केल [rating scale] एक ऐसा पैमाना है जिसके आधार पर शिक्षार्थी के प्रदर्शन का मूल्यांकन [evaluation] किया जाता है, जिससे एक मात्रात्मक परिणाम [quantitative results] प्राप्त होता है।

चेकलिस्ट (जांच सूची) भी एक मूल्यांकन उपकरण [assessment tools] है, जो विश्लेषण कौशल [analytical skills], समस्या समाधान कौशल [problem solving skills], प्रदर्शन कौशल [performance skills], व्यवहार या दृष्टिकोण

MATHS

MATHS

[behaviour or attitude] के लिए विभिन्न मानदण्डों [norms/standards] को सूचीबद्ध करता है।

रुब्रिक्स [rubrics] भी एक मूल्यांकन उपकरण है, जो छात्र के काम के सभी पहलुओं को Indicate करता है।

अतः उपर्युक्त प्रश्न में. आकलन के उद्देश्य के लिए चेक लिस्ट, रेटिंग स्केल, रुब्रिक्स महत्वपूर्ण साधन है।

किंतु एक 'साक्षात्कार सारणी [Interview Schedule], सबसे कम महत्व पूर्ण साधन है। क्योंकि 'साक्षात्कार सारणी के अंतर्गत प्रश्न करके या बातचीत करके जानकारी प्राप्त की जाती है; अर्थात् इसके अंतर्गत मूल्यांकन के सभी पहलुओं को नहीं रखा जा सकता।

55. According to National Curriculum Framework, 2005, one of the main aims of upper primary school mathematics teaching is to:

(1) help students understand that mathematics is a difficult subject

(2) inculcate discipline in the students

(3) help students develop mathematical thinking to handle abstractions

(4) prepare students for professional occupations in future

राष्ट्रीय पाठ्यचर्या रूपरेखा, 2005, के अनुसार उच्च प्राथमिक विद्यालय के गणित के शिक्षण का एक मुख्य उद्धेश्य है कि :

(1) विद्यार्थियों को समझने में मदद करे कि गणित एक कठिन विषय है

(2) विद्यार्थियों में अनुशासन की भावना विकसित करना

(3) विद्यार्थियों में अमूर्त विचारों के साथ काम करने के लिए गणितीय चिंतन विकसित करना

(4) विद्यार्थियों को भविष्य में पेशेवर व्यवसायों के लिए तैयार करना

Ans : (3)

राष्ट्रीय पाठ्यचर्या रुपरेखा (NCF-2005) के अनुसार उच्च प्राथमिक स्तर [upper primary level] गणित के शिक्षण का मुख्य उद्देश्य [aim] : -

- छात्रों में प्रारंभिक स्तर [former stage] से ही मानवीय मूल्यों [human values] का विकास करना।
- कक्षायी ज्ञान को स्कूल के बाहरी जीवन से जोड़ना।
- यह सुनिश्चित करना कि अधिगम को कण्ठस्थ (रटने) विधि से दूर रखा जाय।
- बच्चों में सोचने तथा तर्क [logical] करने की क्षमता का विकास करना।
- 'विद्यार्थियों में अमूर्त विचारों [abstract thinking] के साथ काम 'गणितीय चिंतन विकसित करना।

56. The value of 31096 ÷ (2704 ÷2) + 0.6738 + 0.63 + 0.059 - 0.79 is equal to:

31096 ÷ (2704 ÷ 2) + 0.6738 + 0.63 + 0.059 = 0.79 का मान बराबर है :

(1) 24.6728

(2) 24.5728

(3) 23.6728

(4) 23.5728

Ans (4)

= 31096 ÷ (2704 ÷2) + 0.6738 + 0.63 + 0.059 - 0.79

= 31096 ÷ (1352) + 0.6738 + 0.63 - 0.731

= 31096 ÷ 1352 + 0.6738 – 0.101

= 23 + 0.5728

= 23.5728

57. Which of the following rational numbers lie between $\frac{-7}{10}$ and $\frac{-1}{4}$?

निम्न में से कौन-सी परिमेय संख्याएँ $\frac{-7}{10}$ और $\frac{-1}{4}$ के बीच में स्थित है ?

(1) $\frac{5}{-8}, \frac{2}{3}, \frac{-3}{5}$

(2) $\frac{5}{-8}, \frac{-2}{3}, \frac{-3}{5}$

(3) $\frac{-3}{5}, 0, \frac{-1}{5}$

(4) $\frac{-2}{3}, \frac{-3}{5}, \frac{-3}{4}$

Ans (2)

$\frac{-7}{10}$ = -0.7 and $\frac{-1}{4}$ = -0.25

$\frac{5}{-8}=-0.625, \frac{2}{3}=0.667, -\frac{3}{5}=-0.6$

$\frac{5}{-8}=-0.625, \frac{2}{3}=0.667, -\frac{3}{5}=-0.6$ are lie between $\frac{-7}{10}$ and $\frac{-1}{4}$.

58. If x is the smallest number which is to be subtracted from 2605 to make it a perfect square, then the value of (4x + 7) is:

यदि वह न्यूनतम संख्या है, जिसे 2605 में से घटाने पर वह पूर्ण वर्ग हो जाती है, तो (4x + 7) का मान है :

(1) 27
(2) 31
(3) 11
(4) 23

Ans (4)

x is the smallest number which is to be subtracted from 2605 to make it a perfect square(पूर्ण वर्ग).

$$\sqrt{2605} \approx 51.04$$

The next lower integer is 51.

$$(51)^2=2601$$

$x = 2605 - (51)^2 = 2605 - 2601 = 4$

Now, $4x + 7 = 4(4) + 7 = 16 + 7 = 23$

59. The cost price of an article is 750. It is sold for 608 by giving 24% discount on its marked price. Had it been sold on its marked price, then what would have been the profit percent?

किसी वस्तु का क्रय मूल्य ₹ 750 है। इसे इसके अंकित मूल्य पर 24% की छूट देकर ₹ 608 में बेचा गया। यदि इस वस्तु को इसके अंकित मूल्य पर बेचा जाता, तो कितना लाभ प्रतिशत प्राप्त होता ?

(1) $5\frac{1}{3}\%$
(2) $6\frac{2}{3}\%$
(3) 5%
(4) 6%

Ans (2)

Case I :-

cost price of an article (वस्तु का क्रय मूल्य) = ₹750

Selling price of an article (वस्तु का क्रय मूल्य) = ₹608

Discount% = 24%

S.P. = M.P. – discount

608 = M.P. – 24% of M.P.

$608 = MP - \frac{24}{100} MP$

$608 = \frac{100MP - 24MP}{100}$

60800 = 76MP

Marked Price (अंकित मूल्य) = ₹800

Case II :-

S.P. = M.P. = ₹800

Profit = S.P. – C.P. = 800 – 750 = ₹50

$Profit\% = \frac{Profit}{C.P.} \times 100\%$

$= \frac{50}{750} \times 100\% = \frac{20}{3}\% = 6\frac{2}{3}\%$

60. PQRS is a parallelogram which PQ = (4x + 1) cm, and PS = (3y - 1) cm. QR = 26cm RS = 25cm Then, the value of (3x + 2y) (in cm) is:

PQRS एक समांतर चतुर्भुज है, जिसमें PQ = (4x + 1) cm, QR = 26cm RS = 25cm और PS = (3y - 1) cm है। तब, (3x + 2y) का मान (cm में) है:

(1) 38

MATHS

MATHS

(2) 39
(3) 35
(4) 36

Ans (4)

PQRS is a parallelogram (समांतर चतुर्भुज).

PQ = RS [Opposite sides are equal]

$4x + 1 = 25$

$4x = 24 \Rightarrow x = 6$

Also, QR = PS [Opposite sides are equal]

$(3y - 1) = 26$

$3y = 27 \Rightarrow y = 9$

Now, $3x + 2y = 3(6) + 2(9) = 18 + 18 = 36$

61. If a dice is thrown, then what is the probability of getting a prime number?

यदि एक पासे को फेंका जाता है, तो एक अभाज्य संख्या प्राप्त करने की प्रायिकता क्या है?

(1) $3/5$
(2) $1/2$
(3) $2/3$
(4) $1/3$

ANS : (2)

If a dice is thrown, sample space =1,2,3,4,5,6

Prime numbers =2,3,5

Probability of getting a prime number (अभाज्य संख्या प्राप्त करने की प्रायिकता)

$= \frac{\text{number of prime number}}{\text{total numbers}} = \frac{3}{6} = \frac{1}{2}$

62. When we add one to four digit greatest number, we get:

(1) A four digit number with unit digit 9.
(2) The five digit greatest number
(3) The five digit least number.
(4) A five digit number with unit digit 1.

जब हम चार अंकों की अधिकतम संख्या में एक जोड़ते हैं, तब हम प्राप्त करते हैं

(1) एक चार अंकों की संख्या जिसका इकाई का अंक है।
(2) पाँच अंकों की अधिकतम संख्या।
(3) पाँच अंकों की न्यूनतम संख्या
(4) एक पाँच अंकों की संख्या, जिसका इकाई का अंक 1 है।

ANS : (3)

Greatest four digit number (चार अंकों की सबसे बड़ी संख्या) = 9999

When we add one to four digit greatest number (जब हम चार अंकों की अधिकतम संख्या में एक जोड़ते हैं) = 1+9999 = 10000

10000 is a five digit least number (10000 पाँच अंकों की न्यूनतम संख्या है).

63. While teaching in Class VI students, teacher explains that:

$6+4 = 4+6$

$6-4 \neq 4-6$

$6\times4 = 4\times6$

Which property He/She is trying to explain :

(1) Closure property
(2) Associative property
(3) Commutative property
(4) Multiplicative inverse property.

कक्षा VI के विद्यार्थियों को पढ़ाते समय एक शिक्षक स्पष्ट करता है कि :

$6+4 = 4+6$

$6-4 \neq 4-6$

$6\times4 = 4\times6$

वह किस गुण को स्पष्ट करने का प्रयास कर रहा है?

(1) संवरक गुण
(2) साहचर्य गुण
(3) क्रमविनिमेय गुण
(4) गुणनात्मक प्रतिलोम गुण

ANS : (3)

The teacher is trying to explain commutative property to the student.

The commutative property simply states that with addition and multiplication of numbers, you can change the order of the numbers in the problem and it will not affect the answer.

$a + b = b + a, a \times b = b \times a$

Subtraction and division are NOT commutative.

(शिक्षक छात्र को क्रमविनिमेय संपत्ति समझाने की कोशिश कर रहा है।

क्रमविनिमेय गुण केवल यह बताता है कि संख्याओं के जोड़ और गुणा के साथ, आप समस्या में संख्याओं के क्रम को बदल सकते हैं और यह उत्तर को प्रभावित नहीं करेगा।

घटाव और विभाजन क्रमविनिमेय नहीं हैं।)

64. Which of the following is a prime number?

निम्नलिखित में से कौनसी एक अभाज्य संख्या है ?

(1) 1
(2) 2
(3) 9
(4) 4

ANS : (2)

2 is a smallest prime number (2 सबसे छोटी अभाज्य संख्या है।)

65. If we multiply a fraction by itself and then divide the product so obtained by its reciprocal, then the fraction obtained is $2\frac{10}{27}$. The original fraction is:

यदि हम किसी भिन्न को स्वयं उससे गुणा करके प्राप्त गुणनफल को उसके व्युत्क्रम से भाग देते हैं, तो $2\frac{10}{27}$ प्राप्त होता है। वह मूल भिन्न है:

(1) $2\frac{1}{3}$
(2) $1\frac{1}{3}$
(3) $3\frac{1}{3}$
(4) 8/3

ANS : (2)

let the numerator be'x' and denominator be 'y'

So, fraction (भिन्न) = x/y

According to question, $= \dfrac{\frac{x}{y}\times\frac{x}{y}}{\frac{y}{x}} = 2\frac{10}{27}$

$\frac{x}{y}\times\frac{x}{y}\times\frac{x}{y} = 2\frac{10}{27}$

$\Rightarrow \left(\frac{x}{y}\right)^3 = \frac{64}{27}$

$\Rightarrow \frac{x}{y} = \frac{4}{3} = 1\frac{1}{3}$

So, fraction is $1\frac{1}{3}$

66. P is a point on side BC of a triangle ABC such that ∠PAC = 40° and ∠ACB = 35°. If CB is produced to a point Q and AB = AP, then ∠ABQ is equal to -

किसी त्रिभुज ABC की भुजा BC पर P एक बिंदु इस प्रकार स्थित है कि ∠PAC = 40° और ∠ACB = 35° है । यदि CB को Q तक बढ़ाया गया है तथा AB = AP है, तो ∠ABQ बराबर है-

(1) 75°
(2) 95°
(3) 105°
(4) 115°

ANS : (3)

P एक त्रिभुज ABC की भुजा BC पर स्थित एक बिंदु है। (P is a point on the side BC of a triangle ABC.)

MATHS

CB को एक बिंदु Q तक बढ़ाया गया है तथा AB = AP है,

सूत्र : त्रिभुज के सभी आंतरिक कोणों का योग (sum of all angles of triangle) = 180°

रेखिक युग्म (Linear pair): एक सरल रेखा पर सभी कोणों का योग 180° होता है।

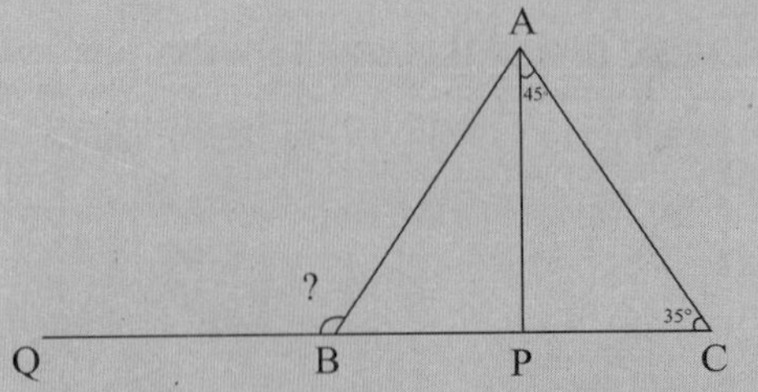

∠PAC=40° और ∠ACB=35°

∠APC=180°-(40°+35°)=180°-75°=105°

APB = 180°-105°= 75°

यहाँ, AB = AP ∴ ∠ABP= ∠APB

∴ ∠ABP= ∠APB=75°

यहाँ, ∠ABP+ ∠ABQ= 180°

∴ ∠ABQ= 180°- 75°= 105°

∴ ∠ABQ का मान 105° के बराबर है।

67. The external and internal radii of a cylindrical pipe are 16cm and 15cm, respectively. The length of the pipe is 63 cm. What is the volume (in cm3) of the material used in making it? (Take $\pi = \frac{22}{7}$)

एक बेलनाकार पाइप की बाह्य तथा आंतरिक त्रिज्याय क्रमश: 16 cm और 15 cm है। पाइप की लम्बाई 63 cm है। इसे बनाने में लगी सामग्री का आयतन (cm³ में) है।

(1) 5940
(2) 6039
(3) 6138
(4) 6820

ANS : (3)

एक बेलनाकार पाइप की बाह्य त्रिज्या (r1) = 16 cm

एक बेलनाकार पाइप की आंतरिक त्रिज्या (r2) = 15 cm

पाइप की लंबाई (h) = 63 cm

बेलन का आयतन (Volume of cylindrical pipe) $= \pi r^2 h$ जहाँ, r = त्रिज्या और h = ऊंचाई

बेलनाकार पाइप बनाने में प्रयुक्त सामग्री का आयतन = बाह्य (external) बेलनाकार पाइप का आयतन – आंतरिक (internal) बेलनाकार पाइप का आयतन

$\pi(r1)^2 h - \pi(r2)^2 h$

$(\frac{22}{7}\times16^2\times63)-(\frac{22}{7}\times15^2\times63)$

$(22\times16^2\times9)-(22\times15^2\times9)$

$(256\times198)-(225\times198) = 6138 \text{ cm}^3$

बेलनाकार पाइप बनाने में प्रयुक्त सामग्री का आयतन 6138 cm3 है।

68. If $\frac{[(15)^a]^{bc}}{[(5)^{ab}]^c} = 1$, when a =2 and c =3 , then what is the value of $\frac{5^{a(b+c)}}{5^{a+2}}$?

अगर $\frac{[(15)^a]^{bc}}{[(5)^{ab}]^c} = 1$, जब a =2 और c =3 , तो $\frac{5^{a(b+c)}}{5^{a+2}}$ का मान क्या है ?

(1) $\frac{1}{5}$
(2) 1
(3) 25
(4) 625

ANS : (3)

$\frac{[(15)^a]^{bc}}{[(5)^{ab}]^c} = 1$

$[(15)^a]^{bc} = [(5)^{ab}]^c \Rightarrow 15^{abc} = 5^{abc}$

$\Rightarrow (3\times5)^{abc} = 5^{abc}$

$3^{(abc)}\times5^{abc} = 5^{abc} \Rightarrow 3^{abc} = 1 \Rightarrow 3^{(abc)} = 3^0$

On comparing both sides , abc = 0

Put the value of a=2 and c = 3

$2 \times b \times 3 = 0 \quad \Rightarrow b = 0$

Now, $\frac{5^{a(b+c)}}{5^{a+2}} = \frac{5^{2(0+3)}}{5^{2+2}} = \frac{5^{2\times3}}{5^4} = \frac{5^6}{5^4} = 5^2 = 25$

69. What is the difference between the smallest six digit odd number and the largest four digit even number formed using the digits 8, 3, 0, 5, 1, 4 when repetition of digits in a number is not allowed?

अंकों 8,3,0, 5, 1, 4 से बनी छः अंकों की सबसे छोटी विषम संख्या तथा चार अंकों की सबसे बड़ी सम संख्या का अन्तर क्या होगा, जब एक संख्या में अंक दोहराए नहीं जाने हैं ?

(1) 94945
(2) 95791
(3) 96079
(4) 96481

ANS : (1)

Number formed using the digits 8, 3, 0, 5, 1, 4

The smallest six digit odd number (छः अंकों की सबसे छोटी विषम संख्या)= 103485

(smallest six digit no. starts from the least number and for the odd odd no. digit at ones place should be 1,3, or 5)

The largest four digit even number (चार अंकों की सबसे बड़ी सम संख्या)= 8540

(largest four digit no. starts from the largest number and for the even no. digit at ones place should be 0,4, or 8)

Difference = 103485 - 8540 = 94945

70. If 8 persons can complete a work in 9 days, then in how many days will 12 persons complete the same work?

यदि 8 व्यक्ति एक काम को 9 दिन में पूरा कर सकते हैं, तो 12 व्यक्ति उसी काम को कितने दिन में पूरा करेंगे ?

(1) 5
(2) 6
(3) $6\frac{2}{3}$
(4) $7\frac{1}{2}$

ANS : (2)

8 persons complete the work in = 9 days

12 persons complete the work in (12 व्यक्ति उसी काम को पूरा करेंगे) = $= \frac{8}{12} \times 9 = 6$ days

71. If 3x $-\frac{1}{2x} = 8$ then the value of $9x^2 - \frac{1}{4x^2}$ is:

यदि 3x $-\frac{-1}{2x} = 8$ तो $9x^2 - \frac{1}{4x^2}$ का मान :

(1) 61
(2) 64
(3) 66
(4) 67

Ans (1)

$3x - \frac{1}{2x} = 8$

Squaring both sides,

$\left(3x - \frac{1}{2x}\right)^2 = (8)^2$ [using $(a-b)^2 = a^2+2ab+b^2$]

$(3x)^2 + 2(3x)\left(\frac{1}{2x}\right) + \left(\frac{1}{2x}\right)^2 = 64$

$9x^2 + 3 + \frac{1}{4x^2} = 64$

$9x^2 + \frac{1}{4x^2} = 64 - 3$

$9x^2 + \frac{1}{4x^2} = 61$

72. If 0.5*x* [- (0.6 - 0.2*x*)] = 0.3*x* - 0.2, then what is the value of (2*x* +1)?

यदि 0.5*x* [- (0.6 - 0.2*x*)] = 0.3*x* - 0.2 है, तो (2*x* + 1) का मान क्या होगा ?

MATHS

(1) -3
(2) 0
(3) 2
(4) 9

ANS : (2)

$0.5x\,[\,-(0.6 - 0.2x\,)] = 0.3x - 0.2$

$0.5x\,[\,-0.6 + 0.2x\,] = 0.3x - 0.2$

$-0.30 + 0.10x = 0.3x - 0.2$

$-0.30 + 0.2 = 0.3x - 0.10x$

$-0.1 = 0.2x$

$\frac{-0.1}{0.2} = x \Rightarrow \frac{-1}{2} = x$

Now , $(2x + 1) = 2\times\left(\frac{-1}{2}\right) + 1$

$= -1 + 1 = 0$

73. A four digit number 4ba5 is divisible by 55. Then, the value of (a - b) is-

चार अंको की एक संख्या 4ba5 संख्या 55 से विभाज्य है। तब, (a - b) का मान है :

(1) 3
(2) 2
(3) 1
(4) 0

ANS·: (3)

संख्या 4ba5 को 55 से विभाजित करने के लिए 55 का गुणनखंड = 5×11

अगर संख्या 4ba5, 5 व 11 दोनों से विभाजित हो जाती है तो वह 55 से भी पूर्णत विभाजित हो जायेगी। (If the number 4ba5 is divisible by both 5 and 11, then it will also be exactly divisible by 55.)

5 का नियम = किसी भी संख्या का इकाई का अंक (unit digit) = 0 या 5 हो।

4ba5 में इकाई का अंक 5 है तो ये 5 से विभाजित हो जायेगी।

11 का विभाजिकता का नियम :- सम या विषम पदों का योग या तो जीरो हो या 11 हो। (The sum of even or odd terms is either zero or 11.)

4ba5

(4+a)-(b+5)=0 $\Longrightarrow$ 4+a-b- 5=0

a-b-1=0 $\Longrightarrow$ a-b=1

74. - 45 × 109 is not the same as

- 45 × 109 इनमे से किसके बराबर नहीं है ?

(1) (- 45) × 9 + (- 45) × 100
(2) (- 45) × (100 + 9)
(3) - 45 × 100 + 9
(4) (- 40 - 5) × 109

ANS : (3)

NOTE - इस प्रकार के सवालों में हमे सभी विकल्प हल करके देखने होते है।

-45×109 =- 4905

विकल्प 3 को चैक करने पर

-45×100+9 $\Longrightarrow$ -4500+9 $\Longrightarrow$ -4491

यह option – 4905 के बराबर नहीं है।

75. Perimeter of a rectangle is 104 cm and the ratio of length and breadth is 8:5. The area of the rectangle is

एक आयत का परिमाप 104cm है तथा उसकी लंबाई और चौड़ाई का अनुपात 8:5 है। उस आयत का क्षेत्रफल है:

(1) 640 cm^2
(2) 680 cm^2
(3) 1280 cm^2
(4) 1360 cm^2

ANS : (1)

Perimeter of rectangle = 2(length +breadth)

$2(8x+5x)=104 \Longrightarrow 2(13x)=104$

$\Longrightarrow 13x=\frac{104}{2}$

$13x=52 \Longrightarrow x=\frac{52}{13}$

$\Longrightarrow x=4$

लम्बाई = $8x$ = 8×4 = 32 cm

चौड़ाई = $5x$ = 5×4 = 20 cm

Area of rectangle = length × breadth

$= 32 \times 20 \quad = 640\ cm^2$

76. Thirty-two number card bearing numbers 1 to 32 are put in a box and then a number card is drawn from it at random. What is the probability that the number card bears a prime number?

32 संख्या-कार्डों को, जिन पर 1 से 32 तक संख्याएँ अंकित है, एक बक्से में रखा जाता है तथा उसमें से एक संख्या कार्ड को यादृच्छिक रूप से निकाला जाता है। उस संख्या कार्ड पर एक अभाज्य संख्या होने की क्या प्रायिकता है?

(1) $\frac{13}{32}$

(2) $\frac{3}{8}$

(3) $\frac{11}{32}$

(4) $\frac{5}{16}$

ANS : (3)

कुल कार्ड (Total cards) = 32

प्रायिकता (probability)

$= \frac{\text{total no. of favourable outcomes}}{\text{total no. of outcomes}}$

अभाज्य संख्या (prime number) = जो 1 या अपने आप से विभाजित हो।

1 से 32 के बीच अभाज्य संख्या = 2, 3, 5, 7, 11, 13, 17, 19, 23, 29, 31

अनुकूल परिणाम की कुल संख्या = 11

प्रायिकता (probability) = $\frac{11}{32}$

77. A sum which will earn a simple interest of ₹2520 at 14% per annum in 2 years is-

वह धनराशि जो 14% वार्षिक की दर से 2 वर्ष में ₹2520 साधारण ब्याज अर्जित करती है, निम्नलिखित है :

(1) ₹9,000

(2) ₹10,800

(3) ₹7,900

(4) ₹7,880

ANS : (1)

साधारण ब्याज (Simple Interest)

$= \frac{\text{Principal} \times \text{rate} \times \text{time}}{100}$

SI = 2520 ₹, Rate = 14%, Time = 2 year

$2520 = \frac{P \times 14 \times 2}{100} \implies \frac{2520 \times 100}{14 \times 2} = P$

P = 180 × 50 = ₹9000

78. In △ABC, side BC is produced to D. E is a point on BC such that AC = AE. If ∠EAB = 32° and ∠ACD = 125°, then what is the measure of ∠ABC?

△ABC में, भुजा BC को D तक बढ़ाया गया है। BC पर एक बिंदु E इस प्रकार है की AC=AE है। यदि ∠EAB=32° तथा ∠ACD=125° है, तो ∠ABC की माप क्या है ?

(1) 23°

(2) 25°

(3) 28°

(4) 35°

ANS : (1)

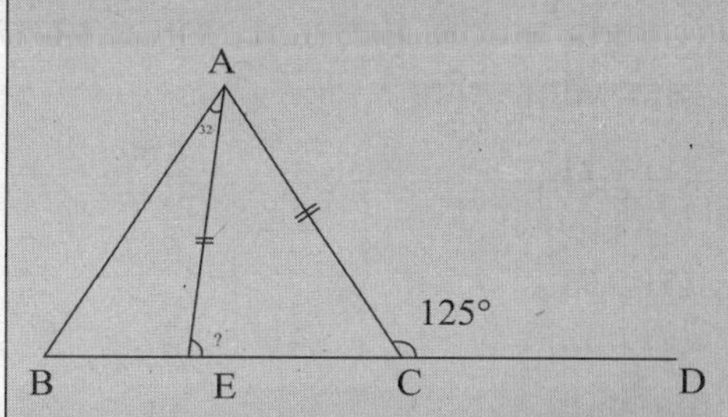

AC = AE और ∠EAB = 32° और ∠ACD=125°

एक समद्विबाहु त्रिभुज में समान भुजाओं के सम्मुख कोण बराबर होते हैं। (In an isosceles triangle the angles opposite to equal sides are equal.)

MATHS

अतः सम्मुख कोणों का योग बाह्य कोण के बराबर होता है। (Therefore the sum of opposite interior angles is equal to the exterior angle)

$\angle ACE + \angle ACD = 180°$ $\therefore (\angle ACD = 125°)$

$\angle ACE = 55°$

$\triangle AEC$ समद्विबाहु है जिसमे AE = AC है

$\angle AEC = 55°$ $\therefore \angle ACE = \angle ACE$

$\angle EAB + \angle ABC = \angle AEC$

$\angle ABC = 55° - 32° = 23°$

79. Factorized form of $x^2 - 17x - 38$ is –

$x^2 - 17x - 38$ का गुणनखंडित रूप है :

(1) $(x - 19)(x - 2)$
(2) $(x - 2)(x + 19)$
(3) $(x + 2)(x + 19)$
(4) $(x - 19)(x + 2)$

ANS : (4)

$x^2 - 17x - 38$

हम $-17x$ को $-19x + 2x$ लिख सकते है।

$x^2 - 19x + 2x - 38 \implies x^2 + 2x - 19x - 38$

$\implies x(x+2) - 19(x+2)$

$(x-19)(x+2)$

80. What number should be added to 0.01 to get 1.1 ?

1.1 प्राप्त करने के लिए 0.01 में किस संख्या को जोड़ा जाना चाहिए ?

(1) 1.11
(2) 1.09
(3) 0.91
(4) 0.19

ANS : (2)

let the number be added be 'x'(जोड़े जाने वाली संख्या को 'x' होने दें)

0.01 x = 1.1

$x = 1.1 - 0.01 = 1.09$

81. For an algebraic operation (addition, subtraction or multiplication), which of the following statements is NOT true?

(1) Like terms are added
(2) Like terms are subtracted
(3) In addition subtraction, like and unlike terms are left as they are
(4) Only like terms are multiplied

किसी बीजीय संक्रिया (योग, व्यवकलन या गुणन) के लिए निम्नलिखित में से कौन-सा कथन सत्य नहीं है?

(1) समान पदों को जोड़ा जाता है।
(2) समान पदों की घटाया जाता है।
(3) योग और व्यवकलन में, समान और असमान पदों को ऐसे ही छोड़ दिया जाता है जैसे वे हैं।
(4) केवल समान पदों को गुणा किया जाता है।

ANS : (4)

Like terms (समान पद) : Like terms can be defined as those terms which contain the same variable which is raised to the same power (समान पदों को उन पदों के रूप में परिभाषित किया जा सकता है जिनमें समान चर होते हैं जो समान शक्ति तक बढ़ाए जाते हैं) .

Like terms (असमान पद) : unlike terms are those that do not have the same variable and are not raised to the same power (असमान पद वे हैं जिनमें समान चर नहीं होता है और जिनकी घात समान नहीं होती है) .

Thus, like terms and unlike terms both can be multiplied (समान पदों और असमान पदों दोनों को गुणा किया जा सकता है।) .

82. The ages (in years) of Hari and Harry are in the ratio 5:7. Four years from now, the ratio of their ages will be 3:4. Their present ages are:

(1) Hari 28 years, Harry 20 years.
(2) Hari 20 years, Harry 28 years.
(3) Hari 15 years, Harry 21 years.
(4) Hari 21 years, Harry 15 years.

हरि और हैरी की आयु (वर्षों में) का अनुपात 5:7 है। अब से 4 वर्ष बाद इनकी आयु का अनुपात 3:4 हो जाएगा। उनकी वर्तमान आयु हैं:

(1) हरि 28 वर्ष, हैरी 20 वर्ष
(2) हरि 20 वर्ष, हैरी 28 वर्ष
(3) हरि 15 वर्ष, हैरी 21 वर्ष
(4) हरि 23 वर्ष, हैरी 15 वर्ष

ANS : (2)

Let the age of hari be' '(मान लीजिए हरि की आयु 'x' है) and age of harry be' '(मान लीजिए हैरी की आयु 'y' है)

$\frac{x}{y}=\frac{5}{7} \Rightarrow x=\frac{5}{7}y$

After 4 years from now (अब से 4 साल बाद),

$\Rightarrow \frac{x+4}{y+4}=\frac{3}{4}$

$\Rightarrow 4(x+4) = 3(y+4)$

$\Rightarrow 4(\frac{5}{7}y+4) = 3(y+4)$

$\Rightarrow 4\times\frac{5}{7}y + 4\times4 = 3y + 3\times4$

$\Rightarrow \frac{20}{7}y + 16 = 3y + 12$

$\Rightarrow 3y - \frac{20}{7}y = 16 - 12$

$\Rightarrow \frac{21y-20y}{7} = 4$

$\Rightarrow y = 28yrs$

$x=\frac{5}{7}y=\frac{5}{7}\times28=20yrs$

Hari's age (हरि की आयु) = 20yrs and Harry's age (हैरी की आयु) = 28yrs

83. In a two digit number, the digit in tens place exceeds the digit in units place by 4. If the sum of the digits is $\frac{1}{7}$ of the number, then the digit at the units place in the number is

किसी दो अंकों की संख्या में दहाई का अंक इकाई के अंक से 4 अधिक है। यदि अंकों का योग उस संख्या का $\frac{1}{7}$ है, तो इकाई के स्थान का अंक है:

(1) 5
(2) 4
(3) 3
(4) 1

ANS : (2)

Let the digit of tens place be 'x' (माना दहाई का अंक 'x' है)

and digit of one place be 'y'(और एक स्थान का अंक 'y' हो)

Number (संख्या) = $10x+y$

According to question, sum of the digits is $\frac{1}{7}$ of the number (अंकों का योग संख्या का $\frac{1}{7}$ है)

$x+y=\frac{10x+y}{7} \Rightarrow 7x+7y=10x+y$

$10x-7x=7y-y \Rightarrow 3x=6y \Rightarrow x=2y$ ---(i)

And the digit in tens place exceeds the digit in units place by 4 (और दहाई के स्थान का अंक इकाई के अंक से 4 अधिक है)

$x-y=4$

using (i), $2y-y=4 \Rightarrow y=4$

so, unit digit is 4 (इकाई अंक है 4)

84. If 'x' is the simple interest (in ₹) on ₹30000 at 15% per annum for 3 years, then the value of 2x+50 is:

यदि x (₹ में) ₹30000 पर 15% वार्षिक ब्याज की दर से 3 वर्ष का साधारण व्याज है, तो 2x + 50 का मान है

(1) 27500
(2) 27050
(3) 25750
(4) 25700

ANS : (2)

x is Simple Interest,

simple interest (साधारण व्याज) = $\frac{\text{principle}\times\text{rate}\times\text{time}}{100}$

$x=\frac{30000\times15\times3}{100}$

$x=13500$

MATHS

So, $2x + 50 = 2 \times 13500 + 50 = 27050$

Option (2) is correct answer.

85. $\frac{(4x^2-12x+9)(ax^2+bx)}{(2x^2-3x)}$ **is equal to:**

$\frac{(4x^2-12x+9)(ax^2+bx)}{(2x^2-3x)}$ **बराबर है:**

(1) (ax+b)(2x+3)
(2) (ax+b)(2x-3)
(3) (2x-1)(2x+3)
(4) (x-b)(2x-3)

ANS : (2)

$\frac{(4x^2-12x+9)(ax^2+bx)}{(2x^2-3x)}$

$=\frac{(2x-3)(2x-3)(ax^2+bx)}{(2x^2-3x)} = \frac{(2x-3)(2x-3)x(ax+b)}{(2x^2-3x)}$

$=\frac{(2x-3)(2x^2-3x)(ax+b)}{(2x^2-3x)} = (2x-3)(ax+b)$

Option (2) is correct answer.

86. If x, y and z, respectively represents the number of faces, edges and vertices of a hexagonal pyramid, then the value of $\left[\frac{x+y+z}{2}\right]^2$

यदि एक षड्भुज आधार वाले पिरामिड के फलकों, किनारों और शीर्षों की संख्याएँ क्रमशः *x*, *y* और z से निरूपित होती हैं, तो $\left[\frac{x+y+z}{2}\right]^2$ **का मान है :**

(1) 121
(2) 144
(3) 169
(4) 196

ANS : (3)

In a hexagonal pyramid (एक हेक्सागोनल पिरामिड में),

Number of faces (फलकों की संख्या)(x) = 7

Number of edges (किनारों की संख्या) (y)= 12

Number of vertices (शीर्षों की संख्या) (z) = 7

$\left[\frac{x+y+z}{2}\right]^2 = \left[\frac{7+12+7}{2}\right]^2 = \left(\frac{26}{2}\right)^2 = 13^2 = 169$

Option (3) is correct answer.

87. A triangle is to be constructed with sides (2p -1) cm, (2p+1) cm and 12 cm. For constructing the triangle, p must always be:

(1) Greater than 3
(2) Greater than 2.5
(3) Equal to 3
(4) Equal to 2.5

एक त्रिभुज की रचना की जानी है, जिसकी भुजाएँ (2p-1) cm, (2p + 1) cm और 12 cm हैं। त्रिभुज की रचना के लिए, p सदैव:

(1) 3 से अधिक होना चाहिए।
(2) 2.5 से अधिक होना चाहिए।
(3) 3 के बराबर होना चाहिए।
(4) 2.5 के बराबर होना चाहिए।

ANS : (1)

For constructing a triangle, sum of two sides must be greater than the third side.

(एक त्रिभुज की रचना के लिए, दो भुजाओं का योग तीसरी भुजा से अधिक होना चाहिए।)

$2p - 1 + 2p + 1 > 12$

$4p > 12$

$P > 3$

p must always be greater than 3.

Option (1) is a correct answer.

88. Number of degrees (°) in four and two-third of a right angle is:

$4\frac{2}{3}$ **समकोणों में डिग्रियों (°) की संख्या है**

(1) 310
(2) 330
(3) 420
(4) 400

ANS : (3)

Number of degrees (डिग्रियों की संख्या) = $4 \times 90° + \frac{2}{3} 90° = 360° + 60° = 420°$

Option (3) is correct answer.

89. In which of the quadrilaterals - Rectangle, Square, Rhombus and Parallelogram the diagonals are perpendicular to each other?

(1) Rectangle and Square
(2) Square and Rhombus
(3) Parallelogram and Rhombus
(4) Rhombus and Rectangle

आयत, वर्ग, समचतुर्भुज और समान्तर चतुर्भुज में से किन चतुर्भुजों के विकर्ण परस्पर लम्ब होते हैं ?

(1) आयत तथा वर्ग
(2) वर्ग तथा समचतुर्भुज
(3) समान्तर चतुर्भुज तथा समचतुर्भुज
(4) समचतुर्भुज तथा आयत

ANS : (2)

Diagonals of Square and Rhombus perpendicular to each other (वर्ग और समचतुर्भुज के विकर्ण एक दूसरे के लंबवत होते हैं) .

So, option (2) is correct answer.

90. Which of the following figures have no line of symmetry?

(1) Isosceles triangle
(2) Kite
(3) Parallelogram
(4) Circle

निम्न में से किस आकृति में कोई सममित रेखा नहीं होती है?

(1) समद्विबाहु त्रिभुज
(2) पतंग
(3) समांतर चतुर्भुज
(4) वृत्त

ANS : (3)

Parallelogram has no line of symmetry (समांतर चतुर्भुज में समरूपता की कोई रेखा नहीं होती है।)

Option (3) is correct answer.

91. Which one of the following is the most appropriate feature of mathematics textbooks at elementary level?

(1) Concepts should be presented from complex to simple
(2) Concepts should be presented from concrete to abstract
(3) The language of the book must be highly precise and technical
(4) Books must contain a lot of similar questions to practice

प्रारंभिक स्तर पर गणित की पाठ्यपुस्तकों में निम्नलिखित में से कौन-सी विशेषता सबसे उपयुक्त है?

(1) अवधारणाओं को जटिल से सरल की ओर प्रस्तुत किया जाना चाहिए
(2) अवधारणाओं को ठोस से अमूर्त की ओर प्रस्तुत किया जाना चाहिए
(3) पुस्तक की भाषा अत्यधिक सटीक और तकनीकी होनी चाहिए
(4) किताबों में अभ्यास करने के लिए बहुत सारे समान प्रश्न होने चाहिए

Ans (2)

प्रारंभिक स्तर (elementary level) पर, गणितीय अवधारणाओं को ऐसे तरीके से प्रस्तुत करना महत्वपूर्ण है जो ठोस, मूर्त उदाहरणों से शुरू हो जिसे छात्र आसानी से समझ सकें और उससे जुड़ सकें। जैसे-जैसे उनकी समझ बढ़ती है, वे अधिक अमूर्त प्रतिनिधित्व और विचारों की ओर बढ़ सकते हैं। यह दृष्टिकोण एक मजबूत नींव बनाने में मदद करता है और यह सुनिश्चित करता है कि छात्र अधिक जटिल अवधारणाओं की ओर बढ़ने से पहले मौलिक अवधारणाओं को समझें।

92. Many occupations such as accountancy, banking, shop-keeping, tailoring etc. requires mathematics directly or indirectly. This is an explanation of __________ value of Mathematics.

MATHS

MATHS

(1) Utilitarian
(2) Professional
(3) Disciplinary
(4) Cultural

बहुत से व्यवसाय जैसे कि लेखाशास्त्र (हिसाब-किताब), बैंकिंग, दुकानदारी, सिलाई का काम इत्यादि में प्रत्यक्ष या परोक्ष रूप से गणित की आवश्यकता होती है। यह गणित के _________ मूल्य की व्याख्या है।

(1) उपयोगितावादी
(2) व्यावसायिक
(3) विषयात्मक
(4) सांस्कृतिक

Ans (1)

लेखाशास्त्र (हिसाब-किताब), बैंकिंग, दुकानदारी, सिलाई का काम आदि जैसे व्यवसायों में गणित का महत्व, रोजमर्रा की ज़िंदगी में इसके व्यावहारिक और कार्यात्मक उपयोग को दर्शाता है। यह गणित के उपयोगितावादी (Utilitarian) मूल्य के साथ संरेखित है, जो विभिन्न वास्तविक दुनिया के संदर्भों में इसकी उपयोगिता और प्रयोज्यता पर जोर देता है।

93. For teaching addition of integers at the upper primary stage which of the following is least useful?

(1) use of number line
(2) use of chart paper
(3) use of stairs
(4) use of lift

उच्च प्राथमिक स्तर पर पूर्णांकों का जोड़ पढ़ाने के लिए निम्नलिखित में से क्या सबसे कम लाभदायक है ?

(1) संख्या रेखा का उपयोग
(2) चार्ट पेपर का उपयोग
(3) सीढ़ियों का उपयोग
(4) लिफ्ट का उपयोग

Ans (2)

उच्च प्राथमिक स्तर (Upper primary stage) पर पूर्णांकों का जोड़ पढ़ाने के लिए चार्ट पेपर का उपयोग सबसे कम लाभदायक है।

94. Nitu is always confused in identifying the transformations. Her mathematics teacher helped her by giving one simple word for each transformation namely: Reflection, Rotation, Translation and Enlargement.

Which of the following represents the correct sequence of meaning of each transformation as given above?

(1) Slide, Flip, Turn and Bigger Figure
(2) Flip, Slide, Turn and Bigger Figure
(3) Turn, Slide, Flip and Bigger Figure
(4) Flip, Turn, Slide and Bigger Figure

नीतू हमेशा परिवर्तनों (ट्रांसफारमेशन) की पहचान करने में उलझन में रहती है। उसकी गणित की शिक्षिका ने उसे प्रत्येक परिवर्तन के लिए एक सरल शब्द देकर उसकी मदद की जो कि है परिवर्तन, प्रतिबिम्ब, रोटेशन, स्थानान्तरित और आवर्धन। ऊपर दिए गए हर परिवर्तन के अर्थ को निम्नलिखित में से कौन-सा सही क्रम में निरूपित करता है?

(1) फिसलना, पलटना, घुमाना और बड़ा आकार
(2) पलटना, फिसलना, घुमाना और बड़ा आकार
(3) घुमाना, फिसलना, पलटना और बड़ा आकार
(4) पलटना, घुमाना, फिसलना और बड़ा आकार

Ans (4)

- परावर्तन -> पलटना
- घुमाव -> घुमाना
- अनुवाद -> फिसलना
- विस्तार -> बड़ा आकार

इसलिए, परावर्तन, घुमाव, अनुवाद और विस्तार के अर्थों का सही क्रम पलटना, मोड़ना, स्लाइड करना और बड़ी आकृति है।

95. On the basis of the information given in the statement, which of the suggested course of action logically follows?

Statement: Anamika does conceptual error while solving problems on mensuration.

Course of Action:

(I) Teacher gives a lot of hands-on and visual practice to Anamika.

(II) Teacher provides the scope of discussion while giving open-ended questions.

Choose the correct option.

(1) Neither course of action (I) nor course of action (II)
(2) Both course of action (I) and (II)
(3) Only course of action (I)
(4) Only course of action (II)

कथन में दी गई जानकारी के आधार पर, कौन सी सुझाई गई कार्यवाई तार्किक रूप से अनुपालन करती है?

कथन : क्षेत्रमिति की समस्याओं को हल करते समय अनामिका अवधारणात्मक त्रुटि करती है।

कार्यवाई :

(I) शिक्षिका अनामिका को बहुत सारे व्यावहारिक और दृश्यात्मक अभ्यास करने के लिए देती हैं।

(II) शिक्षिका खुले सिरे वाले प्रश्न देकर चर्चा के अवसर प्रदान करती है।

सही विकल्प चुनें।

(1) न तो कार्यवाई (I) और न ही कार्यवाई (II)
(2) कार्यवाई (I) और (II)
(3) केवल कार्यवाई (I)
(4) केवल कार्यवाई (II)

Ans (2)

दोनों ही तरह की कार्यवाही मूल्यवान हैं और एक दूसरे के पूरक हैं। व्यावहारिक अभ्यास से आधारभूत अवधारणाओं को मजबूती मिल सकती है, जबकि चर्चा (discussion) और खुले-आम सवाल (open-ended questions) उच्च-स्तरीय सोच और अनुप्रयोग (application) को बढ़ावा दे सकते हैं।

96. Which of the following are NOT the elements of computational thinking in mathematics?

(1) Decomposition
(2) Pattern recognition
(3) Abstraction
(4) Expression

निम्नलिखित में से कौन-सा गणित में कम्प्यूटेशनल (अभिकलनीय) चिन्तन का तत्व नहीं हैं?

(1) अपघटन
(2) पैटर्न पहचानना
(3) अमूर्तन
(4) अभिव्यक्ति

Ans : (4)

अपघटन

अमूर्तन

पैटर्न पहचानना आदि गणित में कम्प्यूटेशन (अभिकलनीय) चिंतन के तत्व हैं।

[किंतु अभिव्यक्ति अभिकलनीय चिंतन का तत्व नहीं है बल्कि यह भाषा कौशल का तत्व है।]

97. "Assessment of learning in mathematics provides the opportunity to respond to feedback, for learners to improve their conceptual understanding". Which of the following most appropriately explains the meaning of the given statement?

(1) Feedback in assessment helps the learners to strengthen their conceptual understanding in mathematics
(2) Teachers can improve their own conceptual understanding through feedback
(3) Feedback plays no role in developing conceptual understanding of learners
(4) Giving scores in mathematics test is the only way to give feedback to learners to improve their conceptual understanding

"गणित में अधिगम का आकलन विद्यार्थियों को उनकी अवधाराणत्मक समझ में सुधार करने के लिए प्रतिपुष्टि पर प्रतिक्रिया का अवसर प्रदान

करता है।" निम्नलिखित में से कौन-सी दिए गए कथन के अर्थ की सबसे उपयुक्त व्याख्या है?

(1) आकलन में प्रतिपुष्टि अधिगमकर्ताओं को उनकी गणित में अवधारणात्मक समझ को सुदृढ़ करने में सहयोग करती है।
(2) प्रतिपुष्टि द्वारा शिक्षक अपनी खुद की अवधारणात्मक समझ को बेहतर बना सकते हैं।
(3) अधिगमकर्ताओं में अवधारणात्मक समझ को विकसित करने में प्रतिपुष्टि की कोई भूमिका नहीं होती है
(4) अधिगमकर्ताओं की अवधारणात्मक समझ को बेहतर बनाने के लिए गणित के टेस्ट में अंक देना प्रतिपुष्टि प्रदान करने का एकमात्र तरीका है

Ans : (1)

आकलन के पश्चात बालक को Feedback प्रदान किया जाता है जो छात्रों की अवधारणात्मक समझ [conceptual understanding] में सुधार करने के लिए अवसर [opportunity] उपलब्ध कराता है।

[अर्थात् प्रतिपुष्टि [feedback] के माध्यम से छात्र अपनी कमियों को पहचानते हैं तथा अधिगम में सुधार करते हैं।"]

[अतः आकलन में प्रतिपुष्टि अधिगमकर्ताओं [learners] को उनकी गणित में अवधारणात्मक समझ को सुदृढ़ [strong] करने में सहयोग करती है।]

98. Which among the following are the features of formative assessment at upper primary level?

(a) Identifying learning gaps
(b) Grading and ranking of students
(c) Identifying common errors
(d) Giving feedback to the students and teachers

Choose the correct option

(1) (a) and (c)
(2) (b) and (d)
(3) (a) and (b)
(4) (a), (c) and (d)

निम्नलिखित में से कौन से उच्च प्राथमिक स्तर पर रचनात्मक आकलन के रूपक हैं?

(a) सीखने में कमियों को पहचानना
(b) विद्यार्थियों का श्रेणीकरण करना
(c) साधारणतया की जाने वाली त्रुटियों को पहचानना
(d) विद्यार्थियों और शिक्षकों को प्रतिपुष्टि प्रदान करना

सही विकल्प का चयन कीजिए

(1) (a) और (c)
(2) (b) और (d)
(3) (a) और (b)
(4) (a), (c) और (d)

Ans : (4)

उच्च प्राथमिक स्तर पर रचनात्मक आकलन के रुपक [features of formative assessment at upper primary level] :-

छात्रों की सीखने में रह गयी कमियों को पहचानना तथा उसके अनुसार शिक्षण कार्य करना।

छात्र द्वारा अक्सर की जाने वाली गलतियों को पहचानना।

विद्यार्थियों एवं शिक्षक दोनों को feedback प्रदान करना।

[किंतु विद्यार्थियों का श्रेणीकरण या categorise करना, रचनात्मक आकलन के Feature नहीं है।]

99. Which of the following is least appropriate for the assessment through rubrics?

(1) helps to plan the lesson well
(2) helps to grade the students comprehensively
(3) use to assess multiple choice questions
(4) helps to prepare a reliable question paper

रूबरिक के माध्यम से आकलन करने के बारे मे कौन – सा निर्देश सबसे कम रूप से उपयुक्त है?

(1) यह पाठ की योजना अच्छी तरह से बनाने मे सहायता करता है
(2) विद्यार्थियों को समग्रता के आधार पर ग्रेड देने मे

सहायता करता है

(3) अनेक उत्तरों वाले प्रश्नों के आकलन मे सहायता करता है

(4) विश्वसनीय प्रश्न – पत्र तयार करने मे सहायता करता है

Ans : (3)

रुब्रिक्स के माध्यम से आकलन [assessment]-

रुब्रिक्स एक ऐसा उपकरण [tool] है, जिसका उपयोग छात्रों के काम को मानदंड [criterion] और मानको [standards] के आधार पर व्याख्या करने और अंक देने के लिए किया जाता है।

- रुब्रिक्स को स्कोरिंग मार्गदर्शिका [scoring guide] भी कहा जाता है।
- यह स्पष्ट रुप से लिखित [written] या मौखिक [verbal/oral] किसी तरह के छात्रों के काम के सभी पहलुओं को इंगित करता है।
- रुब्रिक्स विद्यार्थियों को 'ग्रेड' देने में सहायता करता है।
- रुब्रिक्स शिक्षको की छात्रों के काम का मूल्यांकन [evaluation] करने के लिए मानकीकृत ढाँचा [standardized framework] प्रदान करता है।
- यह पाठ की योजना अच्छी तरह से बनाने में सहायता करता है।
- विश्वसनीय प्रश्न पत्र [reliable question paper] तैयार करने में सहायता करता है।

100. Using Geoboard, Dot Grid, Cut-Outs, tangrams in mathematics classroom would help children in developing different concepts related to:

(1) Shapes

(2) Algebra

(3) Measurement

(4) Data Handling

गणित कक्षा में जियोबोर्ड, बिंदियों वाल ग्रिड पेपर, कटआउट, टेंग्राम का उपयोग करना,______ से संबंधित विभिन्न अवधारणाओं को विकसित करने में सहायता करेगा।

(1) आकृतियों

(2) बीजगणित

(3) मापन

(4) आँकड़ों का प्रबंधन

Ans : (1)

जियोबोर्ड [Geoboard]: जियोबोर्ड एक गणितीय जोड तोड़ है, जिसका उपयोग बुनियादी [Basic] 'ज्यामितीय अवधारणाओं [Geometric Concepts]' को मजबूत करने के लिए किया जाता है।

यह एक भौतिक बोर्ड [physical board] होता है, जिसमें एक क्रम में तथा निश्चित संख्या में कीलें लगायी होती है जिसके चारो ओर रबर बैंड लपेटकर बच्चों को त्रिभुज, आयत, वृत्त आदि 'आकृतियों से परिचित करवाया जाता है।

टेंग्राम [Tengram] - टेंग्राम में सात प्रकार की आकृतियों वाले बोर्ड होते हैं। बच्चों से इन आकृतियों की मदद से नयी आकृति बनाने के लिए कहा जाता है। टैनग्राम का उपयोग स्थानिक तर्क [spatial reasoning] विकसित करने तथा भिन्न-2 ज्यामितीय अवधारणाओं [Geometrical Concepts] जैसे आकार आकृति आदि से परिचित करवाने के लिए किया जाता है।

अतः गणित की कक्षा में जियोबोर्ड, बिंदियों वाला ग्रिड पेपर, टेग्राम आदि का उपयोग आकृतियों से सबंधित अवधारणों को विकसित करने के लिये किया जाता है।

101. In which of the following statements, number 5 is used in ordinal sense?

(1) There are five team members in each group

(2) This box contains many sets of five pencils

(3) I am at fifth place in annual achievement in my class

(4) I have only five friends

निम्नलिखित में से किस कथन में संख्या 5 को क्रमसूचक तरीके से रखा गया है ?

(1) प्रत्येक समूह में पाँच सदस्य हैं

(2) इस डिब्बे में पाँच-पाँच पैंसिल के कई समुच्चय हैं

(3) अपनी कक्षा के वार्षिक परिणाम में मेरा पाँचवा स्थान है

(4) मेरे कुल पाँच मित्र हैं

MATHS

MATHS

Ans : (3)

क्रमसूचक संख्या [ordinal number] - जिस संख्या के माध्यम से 'क्रम' का पता लगाया जाता है। 'क्रमसूचक संख्याएं, कहलाती है।

ये संख्याए 'रैंक' या 'स्थिति' [position] का संकेत देती है।

जैसे- प्रथम, दूसरा, तीसरा, पांचवाँ आदि।

अपनी कक्षा के वार्षिक परिणाम [annual result] में मेरा 'पांचवा स्थान है।

यहाँ पाँचवीं संख्या क्रम का बोध करा रही है।

अत: यहां पाँचवीं संख्या का उपयोग 'क्रमसूचक संख्या के रूप में किया गया है।

102. Which of the following statements are true for "Argumentation" in mathematics classroom?

(A) It can be understood as a line of reasoning that intends to show or explain why a mathematical result is true

(B) A mathematical argument might be a formal or informal proof .

(C) It can also be a part of the Heuristic approach in mathematics education

(D) It cannot be used for teaching mathematics as argumentation is important only for social science

Choose the correct option.

(1) (A) and (D)
(2) (A), (B) and (C)
(3) (A), (B) and (D)
(4) (C) and (D)

निम्नलिखित कथनों में से कौन-सा कथन गणित कक्षा में 'तर्क-वितर्क' के लिए सही है?

(A) इसे तर्कों के एक क्रम की तरह समझा जा सकता है जो यह दर्शाता है या समझाता है कि एक गणितीय परिणाम सही क्यों है

(B) गणितीय तर्क-वितर्क एक औपचारिक या अनौपचारिक उपपत्ति हो सकता है

(C) यह गणित शिक्षा में ह्यूरिस्टिक (स्वतः शोध) उपागम का हिस्सा भी हो सकता है।

(D) गणित शिक्षण में इसका उपयोग नहीं हो सकता है क्योंकि तर्क-वितर्क केवल सामाजिक -विज्ञान के लिए महत्वपूर्ण है।

सही विकल्प का चयन कीजिए:

(1) (A) और (D)
(2) (A), (B) और (C)
(3) (A), (B) और (D)
(4) (C) और (D)

Ans : (2)

गणित एक 'अमूर्त [abstract]' एवं 'तार्किक [logical]' विषय है। तर्क के माध्यम से 'गणितीय सोच में मदद मिलती है। छात्र तर्क -

- वितर्क [deliberation] के माध्यम से अनुमान या निष्कर्ष [inference or conclusion] निकालते हैं।
- गणितीय तर्क [arithmetic logic] के द्वारा दिए गए कथन के मान का सत्यापन [verification] करते हैं और यह समझते हैं कि गणितीय परिणाम सही 'क्यों है।
- गणितीय तर्क छात्रों को समाधान [resolution] तक पहुंचने में मदद करते हैं।
- गणितीय तर्क औपचारिक [formal] तथा अनौपचारिक [informal] हो सकते हैं।
- गणितीय तर्क में Heuristic (स्वतः शोध) से तात्पर्य छात्र तर्क - वितर्क के माध्यम से नये-नये Solution खोजते हैं।

103. A mathematics teacher asked students to take a definite shape and cut it into different parts to make different shapes with those parts. Such an exercise is:

(1) Helpful to develop the concept that perimeter is directly proportional to the area
(2) Creates noise in the class
(3) Good for teacher to have some leisure time

(4) Creative exercise for learning the concept that same area can have different shapes

एक गणित शिक्षिका विद्यार्थियों को एक निश्चित आकृति लेने के लिए तथा उसको विभिन्न भागों में काटकर उनसे भिन्न-भिन्न आकृतियाँ बनाने के लिए कहती है। यह प्रक्रिया :

(1) इस अवधारणा की परिमाप क्षेत्रफल के अनुक्रमानुपाती होता है, को विकसित करने में सहायता करती है।
(2) कक्षा में शोर उत्पन्न करने वाली है
(3) शिक्षक को कुछ खाली समय प्रदान करने के लिए अच्छी हैं
(4) इस अवधारणा की समान क्षेत्रफल वाली विभिन्न आकृतियाँ हो सकती हैं, के अधिगम के लिए एक सृजनात्मक अभ्यास है।

Ans : (4)

गणित शिक्षिका शिक्षार्थियों को एक निश्चित आकृति लेने के लिए तथा उनको विभिन्न भागो में काटकर तथा उनसे भिन्न-2 आकृतियां बनाने के लिए कहती है इसका तात्पर्य है कि वह छात्रों को यह समझाने का प्रयास कर रही है कि समान क्षेत्रफल [area] वाली विभिन्न आकृतियां हो सकती है। क्योंकि छात्र के द्वारा काटी गयी आकृतियां तो भिन्न -2 होगी किंतु उनका क्षेत्रफल समान होगा।

छात्र निश्चित आकृति से अलग-2 आकृतियां काटेंगे जिससे वे अपनी बुद्धि [intelligence] तथा तर्क शक्ति [reasoning ability] का उपयोग करेंगे अत: इससे छात्रों में 'सृजनात्मक शक्ति [creative power]' का विकास होगा।

104. Martha says that the recipe for 1 kg cake requires 4 teaspoons of butter, so she needs to put 2 teaspoons of butter for a ½ kg cake. Martha is displaying:

(1) Conservation of area
(2) Conservation of volume
(3) Estimation
(4) Proportional Thinking

मार्था बताती है कि एक किलो का केक बनाने के लिए चार चम्मच मक्खन चाहिए, इसलिए आधा किलो का केक बनाने के लिए 2 चम्मच मक्खन डालिए। मार्था किस प्रकार की समझ प्रदर्शित कर रही है?

(1) क्षेत्र का संरक्षण
(2) आयतन का संरक्षण
(3) अनुमान लगाना
(4) समानुपातिक चिन्तन

Ans : (4)

समानुपातिक चिंतन [Proportional Thinking] के माध्यम से छात्र अनुपातो [Ratios] के बीच तुलना [comparison] करता है या अनुपातों के बीच समानता का पता लगाता है।

उपर्युक्त प्रश्न में मार्था एक किलो केक बनाने के लिए 4 चम्मच मक्खन तथा (1/2) आधा किलो केक के लिए दो चम्मच मक्खन डालने को कहती है। यहां (1 और 1/2) तथा (4 और 2). एक अनुपात में दर्शीए गए है अर्थात मार्था बच्चों में समानुपातिक चिंतन समझ का विकास कर रही है।

105. A teacher can address conceptual errors in mathematics by:

(1) focusing on formal algorithm in the class
(2) solving many questions herself in the class
(3) using summative assessment strategies
(4) using alternate pedagogical strategies

एक अध्यापिका गणित की अवधारणाओं से संबंधित त्रुटियों को कैसे संबोधित कर सकती हैं ?

(1) कक्षा में औपचारिक कलनविधि पर बल देकर
(2) कक्षा में बहुत से प्रश्नों का स्वयं हल प्रस्तुत करके
(3) योगात्मक आकलन युक्तियों का उपयोग करके
(4) वैकल्पिक शिक्षणशास्त्रीय युक्तियों का प्रयोग करके

Ans : (4)

वैकल्पिक शिक्षणशास्त्रीय युक्ति [alternative pedagogical strategies] शिक्षक के बजाय छात्र को सीखने के केंद्र में रखती है।

- यहां बच्चों को खुद से सीखने का अधिकार दिया जाता है।

MATHS

- वैकल्पिक शिक्षण युक्तियां छात्रो को उनकी स्वयं की शिक्षा में सक्रिय [active] रूप से शामिल करती है जिससे 'सार्थक शिक्षा [Meaningful learning] को बढ़ावा मिलता है।

अर्थात् शिक्षिका गणित की अवधारणाओं से संबंधित त्रुटियों को 'वैकल्पिक शिक्षणशास्त्रीय' युक्तियों का प्रयोग करके संबोधित कर सकती है।

106. In a mathematics class allowing students to attempt problems independently:

(1) Wastes too much time of classroom teaching
(2) Gives opportunity to teacher to perform other activities of the class
(3) Should be a regular practice of the class
(4) Gives students a chance to relax in the class

गणित कक्षा में विद्यार्थियों को स्वतंत्र रूप से समस्याओं को करने की अनुमति देना :

(1) कक्षायी शिक्षण का बहुत समय बर्बाद करता है।
(2) कक्षा की अन्य गतिविधियाँ क्रियान्वित करने के लिए शिक्षक को अवसर देता है
(3) कक्षा का नियमित व्यवहार होना चाहिए
(4) कक्षा में विद्यार्थियों को आराम करने का मौका देता है

Ans : (3)

गणित कक्षा में विद्यार्थियों को स्वतंत्र रूप से समस्याओं को करने की अनुमति देना चाहिए जिससे छात्रो में रचनात्मक शक्ति [creative power] का विकास होता है। छात्र समस्याओं को अलग अलग दिशाओं में सोचकर हल करते हैं जिससे छात्रों में सोचने समझने तथा तर्क-वितर्क करने की क्षमता [reasoning ability] का विकास होता है।

[अर्थात् विद्यार्थियों को स्वतंत्र रूप से समस्याओं को करने की अनुमति देना कक्षा का नियमित व्यवहार होना चाहिए।]

107. Which among the following is/are characteristics (s) of reasoning in mathematics?

(A) Looking for patterns
(B) Solving a problem using a formula
(C) Making and testing conjectures

Choose the correct option:

(1) (A) and (B)
(2) (A) and (C)
(3) (B) and (C)
(4) Only (C)

गणित में विवेचना / तर्कना के निम्नलिखित में से कौन से अभिलक्षण है/ हैं?

(A) पैटर्न देखना
(B) एक सूत्र का उपयोग कर प्रश्न को हल करना
(C) कन्जेक्चर बनाना और परीक्षण करना

सही विकल्प का चयन कीजिए:

(1) (A) और (B)
(2) (A) और (C)
(3) (B) और (C)
(4) केवल (C)

Ans : (2)

पैटर्न देखना- गणित में, पैटर्न में संख्याओं, आकृतियों, रंगो. चित्रों आदि की व्यवस्था होती है, जो एक निश्चित क्रम में दोहराई जाती है।

कंजक्चर परीक्षण [conjectures test] - कंजक्चर ऐसे कथन को कहते हैं, जो जांचने पर सत्य या वास्तविक लगता हो किंतु जिसकी सत्यता पूर्ण रूप से सिद्ध न की जा सकी हो।

अतः गणित में तर्क विवेचना में पैटर्न देखना तथा कंजक्चर बनाना और परीक्षण करना शामिल है।

एक सम्र का प्रयोग करके प्रश्नों को हल करना छात्रों के ज्ञान को सीमित करता है अतः यह गणितीय तर्क में शामिल नहीं है।

108. According to National Curriculum Framework 2005, the higher aim of mathematics education is :

(1) To help students to understand mathematical concepts
(2) To develop useful capabilities for employment

(3) To develop children's ability for mathematisation.

(4) To formulate theorems and their proots

राष्ट्रीय पाठ्यचर्या रूपरेखा 2005 के अनुसार, गणित की शिक्षा का मुख्य उद्देश्य है :

(1) गणितीय अवधारणाओं को समझने में विद्यार्थियों की सहायता करना

(2) रोजगार के लिए लाभप्रद योग्यताओं का विकास करना

(3) गणितीकरण के लिए बच्चों को योग्यता का विकास करना

(4) प्रमेयों का और उनके प्रमाणों का निर्माण करना

Ans : (3)

राष्ट्रीय पाठ्यचर्या रुपरेखा [NCF 2005] के अनुसार गणित शिक्षा का मुख्य लक्ष्य बच्चे की सोच का 'गणितीयकरण [mathematization] करना' है। (अर्थात् गणित को बच्चे के रोजमर्रा के अनुभवों से जोड़ना]

गणितीकरण के लिए बच्चों में योग्यता का विकास करना [अर्थात् बच्चों में गणितीय रुप से सोचने समझने की क्षमता का विकास करना]

अतः बालक अपने पुस्तकीय या विद्यालयी ज्ञान को व्यवहारिक जीवन [practical life] में उपयोग कर सके।

[राष्ट्रीय पाठ्यचर्या रुपरेखा 2005 के अनुसार गणित शिक्षा का मुख्य उद्देश्य गणितीकरण के लिए बच्चों की योग्यता का विकास कना।]

109. Which of the following can be considered as an activity-based method to teach the concept of probability in middle school?

(1) Drawing a picture of a dice on the blackboard and talk about the possible outcomes

(2) Giving the definition of probability followed by solving textbook questions

(3) Asking students to throw a dice or flip a coin and note down the number of times each possibility occurs

(4) Asking students to find out information about probability from the internet

माध्यमिक स्कूल में प्रायिकता पढ़ाने के लिए निम्नलिखित में से किस को एक गतिविधि आधारित विधि के रूप में लिया जा सकता है?

(1) श्यामपट्ट पर पासा (डाइस) का चित्र बनाना और संभावित परिणामों के बारे में बात करना

(2) प्रायिकता की परिभाषा देने के बाद पाठ्यपुस्तक के प्रश्नों को हल करना

(3) विद्यार्थियों को पासा (डाइस) फैकने या सिक्का उछालने के लिए कहना और यह लिखने के लिए देना कि कितनी बार हर एक संभावना घटित हुई

(4) विद्यार्थियों को इंटरनेट से प्रायिकता के बारे में सूचना ढूँढ़ने के लिए कहना

Ans : (3)

प्रायिकता [probability] किसी घटना के घटित होने की संभावना का माप है। ऐसी घटनाएं जिसका हम पूरे विश्वास के साथ भविष्यवाणी [Prediction] नहीं कर सकते है।

प्रायिकता के प्रयोग से केवल किसी घटना के घटित होने की संभावना का अनुमान लगा सकते हैं। (अर्थात घटना के घटित होने की कितनी संभावना है।) प्रायिकता पढ़ाने के लिए 'विद्यार्थियों को पासा फेंकने या सिक्का उछालने के लिए कहना और यह लिखने के लिए देना कि कितनी बार हर एक संभावना घटित हुई। को एक गतिविधि आधारित विधि के रुप में लिया जा सकता है।

क्योंकि छात्र पासा (डाइस) या सिक्के का उपयोग अपने दैनिक जीवन में करते हैं जिससे वे उसकी सहायता से आसानी से सीख सकते हैं।

110. Which of the following devices can be made by students to learn the trigonometric ratios?

(1) Clinometer

(2) Manometer

(3) Spherometer

(4) Vernier Callipers

त्रिकोणमितीय अनुपातों को सीखने के लिए निम्नलिखित में से कौन से साधन विद्यार्थियों द्वारा निर्मित किए जा सकते हैं?

(1) क्लाइनोमीटर (ढालमापी)
(2) दाबांतरमापी
(3) गोलाईमापी
(4) वर्नियर कैलिपर्स

Ans : (1)

क्लाइनोमीटर (ढालमापी) एक ऐसा उपकरण है जिसका उपयोग त्रिकोणमितीय ऊंचाई मापने, त्रिकोणमितीय अनुपातों को सीखने तथा समकोण त्रिभुज में ऊंचाई के कोण या जमीन से कोण को मापने के लिए किया जाता है।

[अर्थात त्रिकोणमितीय आकृतियों [trigonometric shapes] को सीखने के लिए क्लाइनोमीटर (ढालमापी) साधन विद्यार्थियों द्वारा निर्मित किए जा सकते हैं।]

111. A solid cube of side 12 cm is cut into small solid cubes of side 4 cm each. What will be the relation between the total surface area of the original cube and the new total surface area of the small cubes so formed?

(1) New total surface area will be $\frac{1}{3}$ of the original total surface area.
(2) New total surface area will be thrice the original total surface area.
(3) New total surface area will be $\frac{1}{2}$ of the original total surface area.
(4) New total surface area will be twice the original total surface area.

12 cm भुजा वाले एक ठोस घन को छोटे ठोस घनों में काटा जाता है, जिनमें से प्रत्येक की भुजा 4 cm है। प्रारंभिक घन के कुल पृष्ठीय क्षेत्रफल तथा इस प्रकार बने नए छोटे घनों के कुल पृष्ठीय क्षेत्रफल के बीच क्या संबंध होगा ?

(1) नया कुल पृष्ठीय क्षेत्रफल प्रारंभिक कुल पृष्ठीय क्षेत्रफल का $\frac{1}{3}$ हो जाएगा।
(2) नया कुल पृष्ठीय क्षेत्रफल प्रारंभिक कुल पृष्ठीय क्षेत्रफल का तिगुना हो जाएगा।
(3) नया कुल पृष्ठीय क्षेत्रफल प्रारंभिक कुल पृष्ठीय क्षेत्रफल का $\frac{1}{2}$ हो जाएगा।
(4) नया कुल पृष्ठीय क्षेत्रफल प्रारंभिक कुल पृष्ठीय क्षेत्रफल का दुगुना हो जाएगा।

Ans (2)

एक ठोस घन की भुजा = 12 cm

एक ठोस घन का मूल कुल पृष्ठीय क्षेत्रफल = 6×(भुजा)^2=6×(12)^2=6×144=864 cm^{2}12 cm भुजा वाले एक ठोस घन को 4 cm भुजा वाले छोटे ठोस घनों में काटा जाता है।

छोटे घनों की संख्या = $\frac{\text{ठोस घन का आयतन}}{\text{छोटे ठोस घन का आयतन}}$

$= \frac{(12)^3}{(4)^3} = \frac{(12\times12\times12)}{(4\times4\times4)} = 27$

छोटे ठोस घन का नया कुल पृष्ठीय क्षेत्रफल = 27 × 6×(भुजा)^2=27×6×(4)^2=27×6×16=2592 cm^2

यहाँ, $\frac{\text{नया कुल पृष्ठीय क्षेत्रफल}}{\text{मूल कुल पृष्ठीय क्षेत्रफल}} = \frac{(2592cm^2)}{(864cm^2)} = 3$

नया कुल पृष्ठीय क्षेत्रफल = 3 x मूल कुल पृष्ठीय क्षेत्रफल

112. The distance between the parallel sides AB and CD of a trapezium ABCD is 12 cm. If AB < CD, CD = 24 cm and AD = BC = 13 cm, then area of the trapezium (in cm²) is:

किसी समलंब ABCD की समांतर भुजाओं AB और CD के बीच की दूरी 12 cm है। यदि AB<CD, CD=24 cm तथा AD=BC= 13 cm है, तो इस समलंब का क्षेत्रफल (cm² में) निम्न है :

(1) 247
(2) 228
(3) 123.5
(4) 114

Ans (2)

Distance (height) between the parallel sides(समांतर भुजा) AB and CD, h=12 cm

AB < CD, CD = 24 cm and AD = BC = 13 cm

Draw a perpedicular from A and B to CD, touching CD at E and F respectively, such that AE = BF = h = 12 cm

Using pythagoras theorem in triangle ADE,

$AD^2=AE^2+DE^2$

$13^2=12^2+DE^2$

$DE^2=169-144=25$

DE=5cm

Similarly, CF = 5 cm

Now, DE + EF + FC = CD

5 + EF + 5 = 24

EF = 24 – 10 = 14 cm

Also, AB = EF = 14 cm

Area of trapezium (समलंब का क्षेत्रफल) = $\frac{1}{2} \times (AB+EF) \times h = \frac{1}{2} \times (14+24) \times 12 = 38 \times 6 = 228\ cm^2$

113. Following data shows the number of wickets taken by a player in last 11 matches played by him/her:

1, 0, 2, 4, 0, 3, 1, 1, 2, 4, 1

What is the difference between the mean and mode of the above data?

निम्न आँकड़े एक खिलाड़ी द्वारा उसके द्वारा खेले गए पिछले 11 मैचों में लिए गए विकिटों की संख्याएँ दर्शाते हैं: 1, 0, 2, 4, 0, 3, 1, 1, 2, 4, 1

इन आँकड़ों के माध्य और बहुलक का अंतर क्या है?

(1) $\frac{10}{9}$

(2) $\frac{8}{9}$

(3) $\frac{7}{11}$

(4) $\frac{8}{11}$

Ans (4)

Mean (माध्य) = $\frac{\textit{Sum of all observations}}{\textit{Totak number of observations}}$

$= \frac{1+0+2+4+0+3+1+1+2+4+1}{11} = \frac{19}{11}$

Mode (बहुलक) = number occuring the most = 1

Difference (अंतर) $= \frac{19}{11} - 1 = \frac{19-11}{11} = \frac{8}{11}$

114. Let A = $3x^2 - 8x + 11$, B = $-2x^2 + 12x$, C = $-4x^2 + 7$ and D = $x^2 - x - 11$.

If (A + B + C) - D = $px^2 + qx + r$ then the value of (p + q + r) is:

माना कि A = $3x^2 - 8x + 11$ B = $-2x^2 + 12x$, C = $-4x^2 + 7$ और D = $x^2 - x - 11$ यदि (A + B + C) - D = $px^2 + qx + r$ है, तो (p + q + r) का मान है :

(1) 30

(2) 31

(3) 27

(4) 28

Ans (1)

$(A + B + C) - D = px^2 + qx + r$

Put the values of A, B, C and D.

$3x^2 - 8x + 11 + (-2x^2 + 12x) + (-4x^2 + 7) - (x^2 - x - 11) = px^2 + qx + r$

$3x^2-2x^2-4x^2-x^2-8x+12x+x+11+7+11 = px^2 + qx + r$

$-4x^2+5x+29 = px^2 + qx + r$

On comparing both sides, we get

p = -4 , q = 5 and r = 29

Now, p + q + r = -4 + 5 + 29 = 1 + 29 = 30

115. A sum of 8000 becomes 9500 at 7.5% p.a. in x years at simple interest. What will be the amount of the sum in same time at 20% p.a, if interest is compounded yearly?

MATHS

MATHS

₹ 8000 की एक राशि 7.5% वार्षिक दर से वर्ष में साधारण ब्याज पर ₹ 9500 हो जाती है। उसी राशि का 20% वार्षिक दर से उतने ही समय में कितना मिश्रधन होगा, यदि ब्याज वार्षिक संयोजित होता है?

(1) 12672
(2) 13824
(3) 11616
(4) ₹12144

Ans (1)

A = P + S.I.

$9500 = 8000 + \frac{P \times R \times T}{100}$

$9500 - 8000 = \frac{8000 \times 7.5 \times x}{100}$

$1500 = 600 \times x$

$x = \frac{5}{2} = 2.5$ years

Now, For 2 years,

$A = P\left(1 + \frac{R}{100}\right)^T$

$A = 8000\left(1 + \frac{20}{100}\right)^2$

$A = 8000\left(1 + \frac{1}{5}\right)^2$

$A = 8000 \times \frac{36}{25}$

A = Rs, 11520

For ½ year,

$S.I. = \frac{P \times R \times T}{100} = \frac{11520 \times 20 \times 1}{2 \times 100} = \text{Rs. } 1152$

A = P + S.I. = 11520 + 1152 = Rs. 12672

116. If the volumes of two cubes are in the ratio 27: 64, then the ratio of their total surface area is:

यदि दो घनों के आयतनों का अनुपात 27:64 है, तो उनके कुल पृष्ठीय क्षेत्रफलों का अनुपात है:

(1) 27: 64
(2) 3:4
(3) 9:16
(4) 3:8

ANS : (3)

$\frac{\text{(Volume of cube1 (घन1 का आयतन)}}{\text{Volume of cube2 (घन2 का आयतन)}} = \frac{27}{64}$

$\frac{(\text{side1})^3}{(\text{side2})^3} = \frac{27}{64} \Rightarrow \frac{\text{side1}}{\text{side2}} = \frac{3}{4}$

Side of cube1 = 3 and side of cube2 = 4

So,

$\frac{\text{Total surface Area of cube1(घन1 का कुल पृष्ठीय क्षेत्रफल)}}{\text{Total surface Area of cube2(घन2 का कुल पृष्ठीय क्षेत्रफल)}}$

$= \frac{6(\text{side of cube1})^2}{6(\text{side of cube2})^2)} = \frac{(3)^2}{(4)^2} = \frac{9}{16}$

Option (3) is correct answer.

117. The area of a rectangle of length 18 cm is equal to the area of a square of side 12 cm. Then, the perimeter of the rectangle (in cm) is:

18 cm लंबाई वाले एक आयत का क्षेत्रफल 12 cm भुजा वाले एक वर्ग के क्षेत्रफल के बराबर है। उस आयत का परिमाप (cm में) हैं

(1) 26
(2) 36
(3) 52
(4) 72

ANS : (3)

Area of Rectangle (आयत का क्षेत्रफल) = Area of Square (वर्ग के क्षेत्रफल)

L × B = side×side

18cm × B = 12cm×12cm

B = 8cm

Perimeter of rectangle (आयत का परिमाप) = 2(L+B) = 2(18cm+8cm) = 52cm

Option (3) is correct answer

118. The perimeter of a trapezium is 104 cm and each of its non-parallel sides is equal to 20 cm. If its height is 16 cm, then its area (in cm^2) is :

किसी समलंब का परिमाप 104 cm है तथा उसकी प्रत्येक असमांतर भुजा 20 cm के बराबर है। यदि उसकी ऊँचाई 16 cm है, तो उसका क्षेत्रफल (cm^2 में) है :

(1) 512
(2) 496
(3) 472
(4) 448

ANS : (1)

= sum of parallel sides + sum of non-parallel sides

(समलंब का परिमाप = समानांतर भुजाओं का योग + असमांतर भुजाओं का योग)

104cm = sum of parallel sides + (20cm+20cm)

sum of parallel sides (समानांतर भुजाओं का योग) = 104cm – 40cm = 64cm

Arca of trapezium = $\frac{\text{(sum of parallel side)}}{2} \times height$

$= \frac{64cm}{2} \times 16cm = 512cm^2$

(समलंब का क्षेत्रफल = (समानांतर भुजाओं का योग)/2×ऊंचाई)

Option (1) is the correct answer.

119. Which of the following is a characteristic of the median of a data?

(1) It get affected by extreme scores of data.
(2) It is same as finding mean.
(3) It is always equal to the value of $\frac{\text{(mean+mode)}}{2}$
(4) It does not get affected by extreme scores of the data.

निम्नलिखित में से कौन-सा आँकड़ों के माध्यक का एक अभिलक्षणिक है?

(1) यह आँकड़ों के चरम अंकों से प्रभावित होता है।
(2) यह माध्य ज्ञात करने के समान है।
(3) यह सदैव $\frac{\text{(माध्य + बहुलक)}}{2}$ के मान के बराबर होता है।
(4) यह आँकड़ों के चरम अंकों से प्रभावित नहीं होता है।

ANS : (4)

The median of a data does not get affected by extreme scores of the data (किसी डेटा का माध्यिका डेटा की अत्यधिक तीव्रता से प्रभावित नहीं होता है).

So, option (4) is correct answer.

120. A box contains 10 slips with numbered 1 to 10 (one number on one slip) which have been mixed well. One slip is chosen from the box without looking into it. What is the probability of getting a number greater than 6 ?

किसी डिब्बे में 10 पर्चियाँ रखी गई है जिन पर 1 से 10 तक संख्याएँ लिखी हुई हैं। (एक पर्ची पर एक संख्या) और इन्हें अच्छी प्रकार मिला दिया गया है। इस डिब्बे में से बिना अंदर देखे एक पर्ची निकाली जाती है। 6 से बड़ी संख्या प्राप्त होने की प्रायिकता क्या है?

(1) $\frac{1}{2}$

(2) $\frac{2}{5}$

(3) $\frac{3}{5}$

(4) $\frac{4}{5}$

ANS : (2)

probability of getting a number greater than 6 (6 से बड़ी संख्या प्राप्त होने की प्रायिकता है)

$= \frac{\text{(numbers that are greater than 6)}}{\text{(Total number)}}$

MATHS

$= \frac{4}{10} = \frac{2}{5}$

Option (2) is correct answer.

121. In a triangle PQR, PQ = QR,∠Q = 80° and ∠P = x°,Then, value of 3x – 20 is

किसी त्रिभुज PQR में PQ = QR, ∠Q = 80° तथा ∠P = x° है। तब 3x – 20 का मान है :

(1) 50
(2) 100
(3) 65
(4) 130

ANS : (4)

PQ = QR और ∠Q = 80

As PQ = QR

∴ दिया गया त्रिभुज समद्विबाहु है। और, एक समद्विबाहु त्रिभुज में समान भुजाओं के सम्मुख कौन बराबर होते है।

∠P = ∠R

$x + x + 80° = 180° \implies x = 50°$

$\therefore 3x - 20 = 3 \times 50 - 20 = 130$

122. Diagonals AC and BD of a quadrilateral ABCD are equal and AD = BC. Then, ABCD will always be

एक चतुर्भुज ABCD के विकर्ण AC और BD बराबर हैं तथा AD=BC है। तब, ABCD सदैव होगा एक

(1) a square (वर्ग)
(2) a rectangle (आयत)
(3) an isosceles trapezium (समद्विबाहु समलंब)
(4) a kite (पतंग)

ANS : (3)

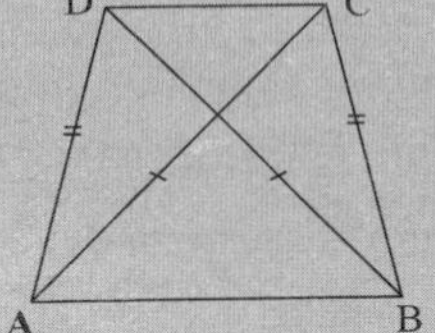

एक समद्विबाहु समलम्ब के गुण (Properties of an isosceles trapezium)

1. गैर-समानांतर भुजा माप में बराबर है। (The non-parallel sides are equal in measure.) AD = BC
2. विकर्णों की माप बराबर होती है। (The measures of diagonals are equal.) AC = BD

∴ दी गई स्थितियों के लिए चतुर्भुज एक समद्विबाहु समलंब (isosceles trapezium) होगा।

123. The sides of a triangular field are 75m, 100m and 125m. Its area is equal to the area of a rectangular park whose sides are in the ratio 3:2.

What is the length of the smaller side of the rectangular park?

किसी त्रिभुजाकार खेत की भुजाएँ 75m,100m और 125cm है। इसका क्षेत्रफल एक आयताकार पार्क के क्षेत्रफल के बराबर है, जिसकी भुजाएँ 3 : 2 के अनुपात में हैं। इस आयताकार पार्क की छोटी भुजा की लंबाई क्या है?

(1) 40m
(2) 50m
(3) 30m
(4) 60m

ANS : (2)

त्रिभुज की भुजाएँ (sides of triangle) 75 मीटर, 100 मीटर, और 125 मीटर है।

सूत्र : त्रिभुज का क्षेत्रफल = (1/2) × आधार × ऊँचाई

आयत का क्षेत्रफल (area of rectangle) = लंबाई × चौड़ाई

हम जानते है कि 75, 100 और 125 भुजाओं वाले समकोण त्रिभुज के लिए

$75^2 + 100^2 = 125^2$

त्रिभुज का क्षेत्रफल (area of triangle) = आयत का क्षेत्रफल (area of rectangle)

$\frac{1}{2}\times75\times100=3x\times2x$

$x = 25$ $(x > 0)$

∴ छोटी भुजा (small side) = $2x$ = 50 मीटर

124. What is the value of 10.00007×0.003?

34. 10.00007×0.003 का मान क्या है ?

(1) 30.0000021
(2) 10.00000021
(3) 0.3000021
(4) 0.03000021

ANS : (4)

समीकरण 10.00007 × 0.003 हैं।

10.00007×0.003=1000007/100000×3/1000

=3000021/100000000

= 0.03000021

10.00007×0.003 का मान 0.03000021

125. What is the mean of the median, range and mode of the observations 3, 9, 11, 16, 19, 12, 18, 30, 19, 25 ?

प्रेक्षणों 3, 9, 11, 16, 19, 12, 18, 30, 19, 25 के माध्यक, परिसर और बहुलक का माध्य क्या है ?

(1) 21
(2) 23
(3) 22
(4) 25

ANS : (1)

3, 9, 11, 16, 19, 12, 18, 30, 19, 25

बहुलक (mode) = आंकड़ों का सबसे बार - बार दोहराया जाने वाला शब्द।

परिसर (range) = आंकड़ों की श्रेणी सबसे बड़े मान और सबसे छोटे मान के बीच का अंतर होता है।

माध्य (mean) = (माध्य + परिसर + माध्यिका)/3

दिए गए पदों को आरोही क्रम में व्यवस्थित (arrange in ascending order) करते हुए, 3, 9, 11, 12, 16, 18, 19, 19, 25, 30

सर्वाधिक दोहराया जाने वाला पद = 19 (2 बार)

बहुलक (mode) = 19

पदों की संख्या (number of terms) = 10

माध्यिका (median) = $\dfrac{\left(\frac{n}{2}\right)^{th} term + \left(\frac{n}{2}+1\right)^{th} term}{2}$

$= \dfrac{\left(\frac{10}{2}\right)^{th} term + \left(\frac{10}{2}+1\right)^{th} term}{2} = \dfrac{5^{th} term + 6^{th} term}{2}$

= (16+18)/2 =17

परिसर (range) = (30-3) = 27

बहुलक, माध्यिका और परिसर का माध्य (mean) = (19 + 17 + 27)/3 = 63/3 = 21

बहुलक, माध्यिका और परिसर का माध्य = 21

126. Arrange the following numbers in ascending order:

निम्नलिखित संख्याओं को आरोही क्रम में लिखिए:-

$-1\frac{3}{5}, -2\frac{1}{3}, \frac{1}{2}, \frac{2}{5}, \left(\frac{2}{5}\right)^{100}$

(1) $-2\frac{1}{3}, -1\frac{3}{5}, \frac{2}{5}, \frac{1}{2}, \left(\frac{2}{5}\right)^{100}$

(2) $-1\frac{3}{5}, -2\frac{1}{3}, \frac{2}{5}, \left(\frac{2}{5}\right)^{100}, \frac{1}{2}$

(3) $-2\frac{1}{3}, -1\frac{3}{5}, \left(\frac{2}{5}\right)^{100}, \frac{2}{5}, \frac{1}{2}$

(4) $-2\frac{1}{3}, -1\frac{3}{5}, \frac{2}{5}, \left(\frac{2}{5}\right)^{100}, \frac{1}{2}$

ANS : (3)

$-1\frac{3}{5}, \quad -2\frac{1}{3}, \quad \frac{1}{2}, \quad \frac{2}{5}, \quad \left(\frac{2}{5}\right)^{100}$

↓ ↓ ↓ ↓ ↓

$\frac{-8}{5}, \quad \frac{-7}{3}, \quad 0.5, \quad 0.4, \quad (0.4)^{100}$

↓ ↓ ↓ ↓ ↓

$-1.6, \quad -2.3, \quad 0.5, \quad 0.4, \quad 0.4^{100}$

MATHS

$$-2\frac{1}{3}, < -1\frac{3}{5}, < \left(\frac{2}{5}\right)^{100}, < \frac{2}{5}, < \frac{1}{2}$$

127. Let $p = 2x^4 - x^3y^3 + 7y^4$, $q = x^4 + 3x^3y^3 - 5y^4$ and $r = 3x^4 - 4x^3y^3 + 2y^4$

Then, p + q - r is equal to-

मान लीजिए कि $p = 2x^4 - x^3y^3 + 7y^4$, $q = x^4 + 3x^3y^3 - 5y^4$ और $r = 3x^4 - 4x^3y^3 + 2y^4$ है। तब p + q - r बराबर है:

(1) $7x^4 - 2x^3y^3 + 4y^4$
(2) $x^4 + x^3y^3 + y^4$
(3) $4x^3y^3$
(4) $6x^3y^3$

ANS : (4)

$p= 2x^4-x^3y^3+7y^4$, $q= x^4+3x^3y^3-5y^4$ और $r= 3x^4-4x^3y^3+2y^4$

तब p+q-r= ?

$=(2x^4-x^3y^3+7y^4)+(x^4+3x^3y^3-5y^4)-(3x^4-4x^3y^3+2y^4)$

$=2x^4-x^3y^3+7y^4+x^4+3x^3y^3-5y^4-3x^4+4x^3y^3-2y^4$

$=6x^3y^3$ Ans.

128. A card is selected at random from a standard deck of 52 playing cards. What is the probability of selected card being not a king?

52 ताशों की एक मानक गड्डी में से एक कार्ड यादृच्छिक रूप से चुना जाता है। उस चुने हुए कार्ड के एक बादशाह नहीं होने की प्रायिकता है:

(1) $\frac{12}{13}$
(2) $\frac{1}{52}$
(3) $\frac{4}{13}$
(4) $\frac{1}{13}$

ANS : (1)

कार्ड्स में कुल बादशाह की संख्या (Total number of kings in cards) = 4, कुल कार्ड (total cards) = 52

कार्ड में बादशाह न होने की संख्या (Number of cards without a king) = 52 – 4 = 48

प्रायिकता (probability)

$= \frac{\text{अनुकूल परिणाम (favourable outcomes)}}{\text{प्रणामो की कुल संख्या(total number of observations)}}$

$= \frac{48}{52} = \frac{12}{13}$

129. If the area of a square A is equal to the area of a circle B, then the ratio of perimeters of A and B is-

यदि किसी वर्ग A का क्षेत्रफल एक वृत्त B के क्षेत्रफल के बराबर है, तो A और B के परिमापों का अनुपात है -

(1) $2 : \sqrt{\pi}$
(2) $1 : \sqrt{\pi}$
(3) $\sqrt{\pi} : 2$
(4) $\sqrt{\pi} : 1$

ANS : (1)

वर्ग A का क्षेत्रफल (area of a square A) = वृत्त B का क्षेत्रफल (area of a circle B)

मान लीजिये, S = वर्ग A की प्रत्येक भुजा है

R = वृत्त B की त्रिज्या (radius)

वर्ग A का क्षेत्रफल = वृत्त B का क्षेत्रफल

$S^2 = \pi R^2 \implies S = \sqrt{\pi} R$ ......(1)

माना, P1 = वर्ग A का परिमाप है , P2 = वृत्त B का परिमाप है

तब, P1 : P2 = 4S : 2πR

$= 4\sqrt{\pi}$ R : 2πR   ($S = \sqrt{\pi}$ R)

$= 4\sqrt{\pi} : 2\pi \implies 2 : \sqrt{\pi}$

∴ A और B के परिमापों का अनुपात 2: $\sqrt{\pi}$ है।

130. If n = F + V, where F and V represents respectively the number of faces and vertices of a polyhedron having 30 edges, then value of (2n + 1) is -Options:

यदि n = F + V है, जहाँ F और V क्रमश: 30 किनारों वाले एक बहुफलक के फलकों और शीर्षों की संख्याओं को निरूपित करते हैं, तो (2n+1) का मान है :

(1) 5
(2) 32
(3) 64
(4) 65

ANS : (4)

Given

$n=f+v$ ......(1), F = Face , V = Vertices, Edges = 30

Formula = F+V = E+2

F + V = E + 2 $\Longrightarrow$ F + V = 30 + 2

$\Longrightarrow$ F+ V = 32 $\Longrightarrow$ n = F + V

Value = (2n+1) =(2×32+1) = 64 + 1 = 65

131. If A and B are digits and A 3 + 8 B = 150, then the value of A - B is-

यदि A और B अंक है तथा A3 + 8B = 150 है, तो A - B का मान है :

(1) 1
(2) 2
(3) –2
(4) –1

ANS : (4)

दिया गया है। = A3 + 8B = 150

```
  A 3
+ 8 B
 150
```

3 + B = 10 $\Longrightarrow$ B = 7

A + 8 + 1 (हासिल)= 15

A + 9 = 15 $\Longrightarrow$ A = 15 – 9

A = 6

A – B = 6 – 7 = -1

132. If 8x + 33 = 25 + 17x , then the value of $x^3 + 2$ is -

यदि 8x + 33 = 25 + 17x है, तो $x^3 + 2$ का मान है :

(1) $\frac{1970}{512}$
(2) $\frac{1970}{729}$
(3) $\frac{512}{1970}$
(4) $\frac{729}{1970}$

ANS : (2)

$x^3+2= ??$

$8x+33=25+17x \Longrightarrow 33-25=17x-8x$

$\Longrightarrow 8=9x \Longrightarrow x= 8/9$

$x^3+2= ??$

$x^3=\frac{8^3}{9^3} \Longrightarrow x^3=\frac{8^3}{9^3} \Longrightarrow x^3=\frac{512}{729}$

$x^3+2=\frac{512}{729}+2$

$\frac{512+(729\times 2)}{729} \Longrightarrow \frac{512+1458}{729} \Longrightarrow \frac{1970}{729}$

133. Which of the following fraction (s) can be written as a terminating decimal?

निम्नलिखित में से कौन सी भिन्न (नों) को एक सांत दशमलव के रूप में लिखा जा सकता है?

(i) $\frac{7}{18}$

(ii) $\frac{11}{250}$

(iii) $\frac{21}{28}$

MATHS

(1) केवल (i)
(2) केवल (ii)
(3) केवल (ii) और (iii)
(4) केवल (i) और (ii)

ANS : (3)

$\frac{11}{250}$ व $\frac{21}{28}$ दोनों सांत दशमलव है।
250÷1100 = .044, 28÷210 = .75

134. $\frac{x^{a^2}}{x^{b^2}} = x^{12}$, $x > 1$ **and a – b = 3, then value of (a + b) is-**

यदि $\frac{x^{a^2}}{x^{b^2}} = x^{12}$, $x > 1$ **और a – b = 3 है, तो (a + b) का मान है-**

(1) 1
(2) 2
(3) 3
(4) 4

ANS : (4)

$\frac{x^{a^2}}{x^{b^2}} = x^{12}$, $x > 1$, $(a-b)=3$

सूत्र : $\frac{a^m}{a^n} = a^{(m-n)}$, $(a^2-b^2) = (a+b)(a-b)$

$x^{(a^2-b^2)} = x^{12}$

$(a^2-b^2)=12 \implies (a+b)(a-b)=12$

$\implies (a+b)\,3=12$

$a+b=\frac{12}{3} = 4$

135. How many times a wheel of diameter 105 cm will rotate to cover a distance of 330 m? (Take $\pi = \frac{22}{7}$)

330 मी. की दूरी तय करने के लिए, 105 व्यास वाले एक पहिए को कितने चक्कर लगाने होंगे ? ($\pi = \frac{22}{7}$ लीजिये)

(1) 100
(2) 110
(3) 90
(4) 105

ANS : (1)

Diameter = 105 cm, कुल दूरी (total distance) = 330 meter

D = 105, Radius = $\frac{105}{2}$ Distance = 330 meter

= 330×100 cm=33000 cm

Circumference of Circle = $2\pi r$

$=2\times\frac{22}{7}\times\frac{105}{2} = 22\times15 = 330$ cm

समय (time) = $\frac{33000\ (\text{कुल दूरी})}{330\ (\text{एक चक्कर})}$ = 100 बार घूमेगा

136. $\frac{(a-b+c)^2-(a-b-c)^2}{b-a}$ **is equal to:**

$\frac{(a-b+c)^2-(a-b-c)^2}{b-a}$ **बराबर है:**

(1) b-c
(2) c-a
(3) -4c
(4) 2c

ANS : (3)

$\frac{(a-b+c)^2-(a-b-c)^2}{b-a}$

$=\frac{[(a-b+c)+(a-b-c)][(a-b+c)-(a-b-c)]}{b-a}$

$=\frac{[a-b+c+a-b-c)][a-b+c-a-b-c]}{b-a}$

$=\frac{(2a-2b)(2c)}{-(b-a)} = -4c$

137. The expression $\frac{x^2-2x-15}{x^2+8x+15}\times$ **($x^2 + 4x - 5$) is equal to-**

व्यंजक $\frac{x^2-2x-15}{x^2+8x+15}\times$ **($x^2 + 4x - 5$) बराबर है-**

(1) $x^2 - 3x - 5$
(2) $x^2 + 3x + 5$
(3) $x^2 - 6x + 5$
(4) $x^2 + 6x - 5$

ANS : (3)

$(x+a)(x+b)= x^2+(a+b)x+ab$

$(x+a)(x-b)= x^2+(a-b)x-ab$

$(x-a)(x-b)=x^2+(-a-b)x+ab$

$\frac{x^2-2x-15}{x^2+8x+15}\times(x^2+4x-5)$

$\Rightarrow \frac{x^2-5x+3x-15}{x^2+5x+3x+15}\times(x^2+5x-x-5)$

$\frac{x(x-5)+3(x-5)}{x(x+5)+3(x+5)}\times[x(x+5)-1(x+5)]$

$\frac{(x-5)(x-3)}{(x+5)(x+3)}\times[(x+5)(x-1)] \Rightarrow (x-5)(x-1)$

x^2-6x+5

$\therefore \frac{x^2-2x-15}{x^2+8x+15}\times(x^2+4x-5)=x^2-6x+5$

138. The following table shows the number of different fruits kept in a carton :

Types of fruits	Mangoes	Apples	Oranges	Guavas	Pomegranates
Number	44	56	42	30	38

If a pie chart is constructed for the above data, what will be the angle of the sector representing apples ?

निम्न सारणी में किसी डिब्बे में रखे गए विभिन्न फलों की संख्याओं को दर्शाया गया है :

फलों के प्रकार	आम	सेब	संतरे	अमरुद	अनार
संख्या	44	56	42	30	38

यदि उपरोक्त आंकड़ों का एक पाई चार्ट बनाया जाता है, तो उस त्रिज्यखंड का कोण क्या होगा जो सेबों को दर्शाता है ?

(1) 79.2°
(2) 72°
(3) 96°
(4) 100.8°

ANS : (3)

Total number of fruits kept in a carton (एक कार्टन में रखे फलों की कुल संख्या)= 44 + 56 + 42 + 30 + 38 = 210 fruits

The angle of the sector representing apples (त्रिज्यखंड का कोण जो सेबों को दर्शाता है)

$= \frac{56}{210}\times 360° = 96°$

139. The value of-

$\left(\frac{5}{2}\right)^{-3}\times\left(\frac{-3}{4}\right)^{4}\div\left(\frac{3}{5}\right)^{3}\times\left(\frac{4}{5}\right)^{2}$

$\left(\frac{5}{2}\right)^{-3}\times\left(\frac{-3}{4}\right)^{4}\div\left(\frac{3}{5}\right)^{3}\times\left(\frac{4}{5}\right)^{2}$ **का मान है -**

(1) 0.04
(2) 0.6
(3) 0.06
(4) 0.08

MATHS

MATHS

ANS : (3)

$a^{-m}=\frac{1}{a^m}$

$\left(\frac{5}{2}\right)^{-3}\times\left(\frac{-3}{4}\right)^{4}\div\left(\frac{3}{5}\right)^{3}\times\left(\frac{4}{5}\right)^{2}$

$\Rightarrow\left(\frac{8}{125}\right)\times\left(\frac{81}{256}\right)\times\left(\frac{125}{27}\right)\times\left(\frac{16}{25}\right)$

$\frac{3}{50}=0.06$

140. The area of the curved surface of a right circular cylinder is 4400 cm² and the circumference of its base is 110 cm. Its volume (in m³) is : (use $\pi=\frac{22}{7}$)

किसी लंब वृत्तीय बेलन का वक्र पृष्ठीय क्षेत्रफल 4400 cm² है और उसके आधार की परिधि 110 cm है। बेलन का आयतन (m³ में) है : (use $\pi=\frac{22}{7}$) का प्रयोग कीजिए

(1) 0.0284
(2) 0.0385
(3) 0.0285
(4) 0.0382

ANS : (2)

Circumference of base (आधार की परिधि) $=2\pi r$

$$110=2\times\frac{22}{7}\times r$$

$$\frac{35}{2}\text{ cm}=r$$

curved surface area of cylinder $=2\pi rh$

$$4400=2\times\frac{22}{7}\times\frac{35}{2}\times h$$

$$h=4\text{ cm}$$

Volume of cylinder (बेलन का आयतन) $=\pi r^2 h$

$$=\frac{22}{7}\times\frac{35}{2}\times\frac{35}{2}\times 4$$

$$=3850\text{ cm}^3=0.0385\text{ m}^3$$

141. Three consecutive integers are such that when they are taken in increasing order and multiplied by 3, 5 and 2, respectively, they add up to 99. What is the sum of the original first and third integers ?

तीन क्रमागत पूर्णांक इस प्रकार हैं कि जब उन्हें बढ़ते हुए क्रम में लिया जाता है और क्रमशः 3, 5 तथा 2 से गुणा करके जोड़ा जाता है, तो योगफल 99 प्राप्त होता है। आरंभिक पहले तथा तीसरे पूर्णांकों का योग क्या है ?

(1) 16
(2) 18
(3) 20
(4) 24

ANS : (3)

Let the three consecutive integers be 'x', '$x+1$' and '$x+2$'

$3x+5(x+1)+2(x+2)=99$

$3x+5x+5+2x+4=99$

$10x+9=99$

$10x=90$

$x=9$

Now, sum of the original first and third integers (आरंभिक पहले तथा तीसरे पूर्णांकों का योग) $=x+x+2=9+9+2=20$

142. A box opened at the top is made of wood of thickness 3 cm. Its external length, breadth and height are respectively 1.48 m, 1.16 m and 83 cm (base = length x breadth). What will be the cost of painting its inner surface at ₹ 150 per m² ?

ऊपर से खुला हुआ एक बक्सा 3 cm मोटी लकड़ी का बना है। इसकी बाह्य लंबाई, चौड़ाई तथा ऊँचाई क्रमशः 1.48m 1.16 m और 83cm है (आधार = लंबाई × चौड़ाई) । इसकी आंतरिक सतहों पर ₹ 150 प्रति m² की दर से पेंट कराने की लागत क्या होगी ?

(1) ₹ 838.20
(2) ₹ 839.10
(3) ₹ 841.40
(4) ₹ 842.50

ANS : (2)

External length = 1.48m

External breadth = 1.16m

External height = 83cm = 0.83 m

Thickness = 3cm = 0.03m

Internal length = 1.48 – 2x0.03 = 1.42 m

Internal breadth = 1.16 – 2x0.03 = 1.10 m

Internal height = 0.83 – 0.03 = 0.80 m

Area of box (बॉक्स का क्षेत्रफल) = 2h(l+b) + lb

= 2 x 0.80 x (1.42 + 1.10) + 1.42 x 1.10

= 4.032 + 1.562 = 5.594 m^2

Cost of 1 m^2 of painting the box = ₹150

Cost of 5.594 m^2 of painting the box = 150 x 5.594 = ₹ 839.10

143. The expression 36 $(x+y)^2 - 25(x-2y)^2$ is factorised as-

व्यंजक $36(x+y)^2 - 25(x-2y)^2$ के गुणनखंड है –

(1) (11x – 4y) (x + 16y)
(2) (11x + 4y) (x + 16y)
(3) (11x – 4y) (x – 16y)
(4) (11x + 4y) (x – 16y)

ANS : (1)

$\{(a^2 - b^2) = (a+b)(a-b)\}$

$36(x+y)^2 - 25(x-2y)^2$

$6^2 (x+y)^2 - 52 (x-2y)^2$.

$= (6x+6y)^2 - (5x-10y)^2$

$(6x+6y+5x-10y)(6x+6y-5x+10y)$

$= (11x-4y)(x+16y)$

∴ व्यंजक $36(x+y)^2 - 25(x-2y)^2$ के गुणनखंड (11x – 4y) (x + 16y) हैं।

144. If the number 5432x7 is divisible by 9, then the digit in place of x is-

यदि 9 से संख्या 5432x7 विभाज्य है, तो x के स्थान पर अंक है-

(1) 9
(2) 6
(3) 3
(4) 1

ANS : (2)

एक संख्या 9 से विभाज्य होती है। यदि उसके अंको का योग 9 से विभाज्य हो या अंको का दोहराव योग 9 हो। (If the sum of its digits is divisible by 9 or the sum of the repeated digits is 9.)

अंको का योग = 5 + 4 + 3 + 2 + x + 7 = 21 + x

अंको का दोहराया = 3 + x $(0 \le x \le 9)$

= 3 + x = 9 ⟹ x = 6

145. PQRS is a quadrilateral in which PR and QS bisect each other and PR = QS. Then, P Q R S is a-

PQRS एक चतुर्भुज है, जिसमें PR और QS परस्पर समद्विभाजित करते हैं तथा PR = QS है। तब, PQRS है एक -

(1) rhombus (समचतुर्भुज)
(2) Rectangle (आयत)
(3) parallelogram (समांतर चतुर्भुज) only
(4) Trapezium (समलंब)

ANS : (2)

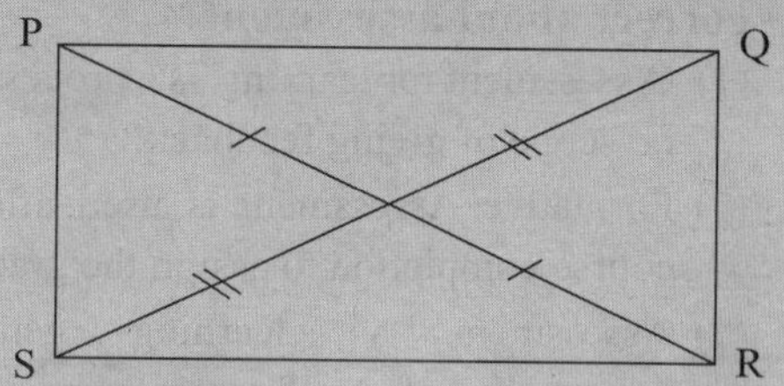

PQRS एक आयत (rectangle) है क्योंकि PR व QS विकर्ण (diagonal) है जो एक दूसरे को समद्विभाजित (bisect) करते है व बराबर भी है

MATHS

146. Which of the following is most appropriate to assess higher order skills such as analysis, critical thinking and conceptual clarity in mathematics?

(1) Asking open-ended questions
(2) Asking questions based on recall of formulae, tables and figures
(3) Asking closed ended questions
(4) Giving problems based on use of only formal algorithms

गणित में उच्च स्तरीय कौशलों जैसे विश्लेषण, तर्कसंगत चिंतन और अवधारणात्मक स्पष्टता के आकलन के लिए कौन-सी विधि सर्वाधिक उपयुक्त है ?

(1) खुले सिरे वाले प्रश्न पूछना
(2) सूत्रों, सारणियों एवं आकृतियों के पुनः स्मरण पर आधारित प्रश्न पूछना
(3) बंद सिरे वाले प्रश्न पूछना
(4) केवल मानक कलनविधि पर आधारित प्रश्न पूछना

Ans : (1)

गणित में उच्चस्तरीय कौशलों जैसे विश्लेषण [analysis], तर्क चिंतन [logical thinking] और अवधारणात्मक स्पष्टता [conceptual clarity] के आकलन के लिए छात्रों से खुले सिरे वाले प्रश्न [open ended questions] पूछना चाहिए। जिससे छात्र अपनी बुद्धि [intelligence], तर्क क्षमता, चिंतन आदि का प्रयोग करके अलग-2 दिशाओं में सोचकर प्रश्नो का अलग-अलग जवाब देते हैं। जिससे छात्रों में 'उच्चस्तरीय चिंतन कौशल [high order thinking skills] का विकास होता है।

147. Which of the following statement is correct about assessment?

(1) 'Assessment for learning' is a process with no scope of giving feedback.
(2) Formative Assessment is used after the course completion to assign the grades.
(3) Assessment as learning generates opportunities for self-assessment and peer assessment.
(4) Summative Assessment helps to know to what extent the instructional objectives have been achieved while teaching a concept.

आकलन के लिए निम्नलिखित में से कौन-सा कथन सही है?

(1) 'अधिगम के लिए आकलन' एक ऐसी प्रक्रिया है जिसमें प्रतिपुष्टि प्रदान करने का कोई अवसर नहीं होता।
(2) पाठ्यक्रम पूरा होने के बाद ग्रेड देने के लिए रचनात्मक आकलन का उपयोग किया जाता है।
(3) अधिगम के रूप में मूल्यांकन, स्व-मूल्यांकन और सहकर्मी मूल्यांकन के अवसर उत्पन्न करता है।
(4). योगात्मक आकलन यह जानने में मदद करता है कि किसी अवधारणा के शिक्षण के दौरान निर्देशात्मक उद्देश्यों को किस हद तक प्राप्त किया गया है।

Ans (3)

अधिगम के रूप में मूल्यांकन, स्व-मूल्यांकन और सहकर्मी मूल्यांकन के अवसर उत्पन्न करता है। - यह सही है। अधिगम के रूप में मूल्यांकन छात्रों को स्व-मूल्यांकन (self-assessment) और सहकर्मी मूल्यांकन (peer assessment) के माध्यम से अपने सीखने की जिम्मेदारी लेने के लिए प्रोत्साहित (encourage) करता है।

148. Which one of the following is a teacher-centred method of teaching mathematics?

(1) Heuristic Method
(2) Group Discussion Method
(3) Problem solving Method
(4) Lecture Method

निम्नलिखित में से कौन सी गणित शिक्षण की एक शिक्षक-केंद्रित विधि है?

(1) स्वतः शोध (ह्यूरिस्टिक) विधि
(2) सामूहिक परिचर्चा विधि
(3) समस्या समाधान विधि
(4) व्याख्यान विधि

Ans (4)

व्याख्यान विधि (lecture method) एक पारंपरिक (traditional), शिक्षक-केंद्रित विधि है, जिसमें शिक्षक छात्रों को जानकारी प्रदान करता है, जिसे छात्र निष्क्रिय रूप से ग्रहण करते हैं।

149. Which of the following represents the most important capabilities of learners to be assessed in mathematics?

(a) Ability to use abstractions to perceive relationships

(b) Ability to memorize all the formulae given in textbook

(c) Ability to apply mathematical concepts to solve problems related to daily life situations

(d) Ability to score full marks in mathematics

Choose the correct option.

निम्नलिखित में से क्या गणित में आँके जाने वाली विद्यार्थियों की सबसे महत्त्वपूर्ण क्षमताओं को निरूपित करता है?

(a) संबंधों को समझने के लिए अमूर्तता का उपयोग करने की क्षमता

(b) पाठ्यपुस्तक में दिए सभी सूत्रों को याद करने की क्षमता

(c) दैनिक जीवन की परिस्थितियों से संबंधित समस्याओं को हल करने के लिए गणितीय अवधारणाओं का अनुप्रयोग करने की क्षमता

(d) गणित में पूरे अंक प्राप्त करने की क्षमता

सही विकल्प चुनें।

(1) (b), (c) और (d)
(2) (b) और (d)
(3) (a) और (c)
(4) (a) और (d)

Ans (3)

गणित में शिक्षार्थियों के लिए ये क्षमताएँ [capabilities] आवश्यक [necessary] हैं:

(a) संबंधों को समझने के लिए अमूर्तता [abstractions] का उपयोग करने की क्षमता: इसमें विभिन्न गणितीय विचारों के बीच संबंधों को देखने के लिए अमूर्त अवधारणाओं [abstract concepts] को समझना और लागू करना शामिल है।

(c) दैनिक जीवन की परिस्थितियों से संबंधित समस्याओं को हल करने के लिए गणितीय अवधारणाओं का अनुप्रयोग करने की क्षमता: यह गणित को प्रासंगिक और व्यावहारिक बनाने के लिए महत्वपूर्ण है, जो वास्तविक दुनिया के परिदृश्यों में गणितीय ज्ञान की उपयोगिता को प्रदर्शित करता है।

150. A student was asked to find the value of x in x-4=3. He completed the task by subtracting 4 from 3. Which of the following most appropriately describes the above situation?

(1) The student has solved the problem correctly
(2) The student has made an algorithm-based error
(3) The student should memorize all the rules of transposition
(4) Giving such problems to solve should be avoided

एक विद्यार्थी को x - 4 = 3 में x का मान ज्ञात करने के लिए कहा गया। उसने 4 को 3 से घटाकर कार्य पूरा किया। निम्नलिखित में से कौन-सा ऊपर दी गई परिस्थिति का सबसे उपयुक्त रूप से वर्णन करता है?

(1) विद्यार्थी ने समस्या को सही तरीके से हल किया है
(2) विद्यार्थी ने एक कलनविधि-आधारित त्रुटि की है
(3) विद्यार्थी को स्थानांतरण के सभी नियम याद करने चाहिए
(4) इस प्रकार की समस्याओं को हल करने के लिए देने

Ans (2)

सबसे उपयुक्त वर्णन [appropriate description] यह होगा कि विद्यार्थी ने कलनविधि-आधारित [algorithm-based] त्रुटि की है। ऐसा लगता है कि विद्यार्थी समीकरण में चर x को अलग करने की सही विधि को पूरी तरह से नहीं समझ पाया है। 3 में से 4 घटाने के बजाय, x को अलग करने के लिए समीकरण के दोनों पक्षों में 4 जोड़ना सही तरीका होगा।

151. Which of the following mathematical statements is not true?

(1) The number of factors of a given number umber is finite
(2) Every factor of a given number is less than or equal to the given number
(3) Every factor of a given number is always greater than the given number

MATHS

(4) Every multiple of a given number is greater than or equal to that number

निम्नलिखित में से कौन-सा गणितीय कथन सत्य नहीं है?

(1) एक दी हुई संख्या के गुणनखंडों की संख्या परिमित होती है

(2) एक दी हुई संख्या का प्रत्येक गुणनखंड उस संख्या से छोटा था उसके बराबर होता है

(3) एक दी हुई संख्या का प्रत्येक गुणनखंड हमेशा उस संख्या से बड़ा होता है

(4) एक दी हुई संख्या का प्रत्येक गुणज उस संख्या से बड़ा या उसके बराबर होता है

Ans (3)

एक दी हुई संख्या का प्रत्येक गुणनखंड[factor] हमेशा उस संख्या से बड़ा होता है।

यह गलत है क्योंकि किसी संख्या के गुणनखंड हमेशा उस संख्या से कम या बराबर होते हैं। उदाहरण के लिए, 12 के गुणनखंड 1, 2, 3, 4, 6 और 12 हैं - ये सभी 12 से कम या बराबर हैं।

152. A teacher should encourage mathematical discussion in classroom because:

(1) It helps in developing mathematical understanding of the children

(2) It provides an opportunity to improve communication skills of the children

(3) It helps children utilize their time productively

(4) It is an important recommendation of National Curriculum Framework, 2005

एक शिक्षक को कक्षा में गणितीय परिचर्चा को प्रोत्साहन देना चाहिए क्योंकि

(1) यह बच्चों की गणितीय समझ का विकास करने में सहायता करती हैं

(2) यह बच्चों के संप्रेषण के कौशल को सुधारने का अवसर प्रदान करती है।

(3) यह बच्चों का समय उत्पादक रूप से उपयोग करने में सहायता करती है

(4) यह राष्ट्रीय पाठ्यचर्या रूपरेखा 2005 को एक महत्वपूर्ण अनुशंसा है।

Ans : (1)

गणितीय परिचर्चा [mathematical discussion] से तात्पर्य खेल या नियमित गतिविधियों के दौरान गणितीय सोच और बातचीत के प्रयोग करने से है।

गणित में सीखी गई अवधारणाओं को अन्य विषयों के साथ जोड़ना व्यवहारिक जीवन (या दैनिक जीवन में) उसका उपयोग करना।

अतः 'गणितीय परिचर्चा छात्रों को अपने विचारों को समझ के साथ साझा करने का एक गणितीय तरीका है। जिससे छात्रों में गणितीय समझ' का विकास करने में सहायता मिलती है।

153. Which among the following represent (s) creative thinking in mathematics?

(A) Solving real life problems using mathematical abstractions

(B) Finding alternate ways to solve problems

(C) Stating the theorem and writing its proof

Choose the correct option:

(1) (A) and (B)

(2) (B) and (C)

(3) (A) and (C)

(4) Only (B)

निम्नलिखित में से कौन सा गणित में सृजनात्मक चिंतन को दर्शाता / दर्शाते है ?

(A) गणितीय अमूर्त विचारों का उपयोग करके वास्तविक जीवन की समस्याएँ हल करना

(B) प्रश्न हल करने के लिए वैकल्पिक तरीके ढूंढ़ना

(C) प्रमेय को व्यक्त करना और उसका प्रमाण लिखना

सही विकल्प का चयन कीजिए।

(1) (A) और (B)

(2) (B) और (C)

(3) (A) और (C)

(4) केवल (B)

Ans : (1)

सृजनात्मक चिंतन [critical thinking] :- सृजनात्मक चिंतन किसी चीज को नए तरीके से सोचने समझने की क्षमता है।

- गणित एक 'अमूर्त विषय [abstract subject]' है। (अतः गणितीय अमूर्त विचारों का प्रयोग करके वास्तविक जीवन की समस्याएं हल करना। छात्र की सृजनात्मकता को दर्शाता है।
- प्रश्न हल करने के लिए वैकल्पिक तरीके [alternative methods] ढूँढने से तात्पर्य समस्याओं को हल करने के लिए नए-नए समाधान विकसित करना।
- अर्थात् सृजनात्मक चिंतन का विकास करने के लिए शिक्षक को यह सुनिश्चित करना चाहिए कि छात्रों को पता हो कि किसी समस्या के एक से अधिक समाधान हो सकते हैं।

154. A class VII mathematics teacher conducts a debate on the topic "Is zero a significant number ?".She encourages every child to give his/her views on the topic. The teacher is:

(1) Emphasising on the significance of zero in various contexts
(2) Passing her time as students are not in mood of studying
(3) Developing problem solving skills among the students
(4) Using her mathematics class to develop life skills among the students

कक्षा VII की गणित शिक्षिका ने दिए गए विषय पर वाद-विवाद प्रतियोगिता आयोजित की- "क्या शून्य एक महत्वपूर्ण संख्या है ?" उसने इस विषय पर प्रत्येक बच्चे/बच्ची को अपने विचार प्रकट करने के लिए प्रोत्साहित किया।

शिक्षिका;

(1) विभिन्न संदर्भों में शून्य के महत्व पर बल दे रही है
(2) अपना समय व्यतीत कर रही है क्योंकि विद्यार्थियों का पढ़ने का मन नहीं है
(3) विद्यार्थियों में समस्या समाधान कौशलों का विकास कर रही है
(4) गणित की अपनी कक्षा का उपयोग विद्यार्थियों में जीवन कौशल को विकसित करने के उद्देश्य से कर रही हैं।

Ans : (1)

शून्य [zero] का प्रयोग अलग-अलग संदर्भ [context] में करने पर उसका अर्थ और महत्व अलग-2 होता है। जैसे (01) किसी संख्या के आगे शून्य का प्रयोग करने पर उसका महत्व नहीं रहता, किंतु (10) किसी संख्या के पीछे शून्य का उसका प्रयोग करने पर उसका महत्व बढ़ जाता है। इस प्रकार उपर्युक्त प्रश्न में शिक्षिका विभिन्न संदर्भो में शून्य के महत्व पर बल दे रही है।

155. According to National Curriculum Framework 2005, which among the following is/are appropriate as a part of higher aims of teaching mathematics?

(A) Developing numeracy skills
(B) Developing ability to handle abstractions in mathematics
(C) Developing right attitude for problem solving

Choose the correct option.

(1) (A) and (B)
(2) (A) and (C)
(3) (B) and (C)
(4) Only (C)

राष्ट्रीय पाठ्यचर्या रूपरेखा 2005 के अनुसार, गणित के शिक्षण के उच्च उद्देश्यों के रूप में निम्नलिखित मे से कौन सा/से उपयुक्त है/हैं?

(A) सांख्यिकी कौशल का विकास करना
(B) गणित में अमूर्त विचारों के साथ कार्य करने की क्षमता का विकास करना
(C) समस्या समाधान के लिए सही दृष्टिकोण का विकास करना

सही विकल्प का चयन कीजिए:

MATHS

(1) (A) और (B)
(2) (A) और (C)
(3) (B) और (C)
(4) केवल (C)

Ans : (3)

राष्ट्रीय पाठ्यचर्या रुपरेखा [NCF 2005] का मुख्य उद्देश्य:

- छात्रों में दैनिक जीवन की समस्याओं को समझने तथा उन्हें करने की क्षमता का विकास करना।
- पुस्तकीय ज्ञान को (छात्र के दैनिक अनुभवों) से जोड़कर सिखाना।
- बच्चों में सोचने समझने तथा तर्क करने की क्षमता [reasoning ability] का विकास करना।
- गणित में अमूर्त विचारों के साथ कार्य करने की क्षमता [ability to work with abstract ideas] का विकास करना।
- समस्या समाधान [problem solving] के लिए अलग-अलग तरीके का प्रयोग करना।
- समस्या समाधान के लिए सही दृष्टिकोण [Approach] का विकास करना।

['सांख्यिकी कौशल [statistical skills] का विकास करना' राष्ट्रीय पाठ्यचर्या रुपरेखा का उद्देश्य नहीं है।]

156. Which of the following teaching-learning resources can be used for helping visually- challenged students in a mathematics classroom?

(A) Taylor's abacus
(B) Computer
(C) GeoGebra
Choose the correct option

(1) (A) and (B)
(2) (A) and (C)
(3) (B) and (C)
(4) Only (A)

एक गणित कक्षा में, निम्नलिखित में से कौन-से शिक्षण-अधिगम संसाधन दृष्टि- बाधित विद्यार्थियों की सहायता हेतु उपयोग में लाए जा सकते हैं ?

(A) टेलर अबेकस
(B) कंप्यूटर
(C) जियोजेब्रा

सही विकल्प का चयन कीजिए:

(1) (A) और (B)
(2) (A) और (C)
(3) (B) और (C)
(4) केवल (A)

Ans : (1)

दृष्टिबाधित छात्रों [visually impaired students] को गणित कौशल सिखाने के लिए अबेकस [abacus], बेलकोड [bellcode], स्पर्शनीय सामग्री [tactile material] और ठोस सामग्री [solid/ concrete material] का प्रयोग किया जाता है। अर्थात छात्र अबेकस, कम्प्युटर, बेल कोड, आदि सामग्रियों को touch और feel करके आसानी से गणित सीख सकते हैं।

157. Which of the following illustrates a "Constructivist" classroom for learning of spatial quantities like area and volume of solid shapes?

(1) Teacher using PowerPoint presentation of various formulae to teach the concept of area and volume
(2) Teacher showing animated videos of 3-D shapes to students
(3) Teacher brings in solid shapes to the class and let children to touch them while she/ he writes the formulae on the black board
(4) Teacher brings in solid shapes, graph sheets and other measuring devices and allows learners to explore the various formulae as far as possible

ठोस आकारों की दिक्स्थान संबंधी राशियों जैसे क्षेत्रफल और आयतन के अधिगम के लिए निम्नलिखित में से कौन सा एक रचनावादी कक्षा को दर्शाता है?

(1) क्षेत्रफल और आयतन की अवधारणा के शिक्षण के लिए विभिन्न सूत्रों पर शिक्षक पॉवर प्वाइंट प्रस्तुतीकरण देते हैं

(2) शिक्षक विद्यार्थियों को त्री आयामी आकारों की अनुप्राणित वीडियो दिखाते हैं
(3) शिक्षक कक्षा में ठोस आकारों को लाते हैं और बच्चों को उन्हें छूने देते हैं जब तक वह सूत्रों को श्यामपट्ट पर लिखते हैं
(4) शिक्षक कक्षा में ठोस आकार, ग्राफ पत्र और मापन के अन्य साधन लाते हैं और शिक्षार्थियों को जहाँ तक हो सके विभिन्न सूत्रों की खोज करने का अवसर देते हैं

Ans : (4)

रचनावादी कक्षा [constructivist classroom] का तात्पर्य ऐसी कक्षा से माध्यम से है जहां छात्र खोज बीन [investigation] के माध्यम से अपनी समस्याओं का समाधान करते हैं।

[अर्थात् रचनावादी कक्षा के अनुसार शिक्षक को ठोस आकारों की दिक्स्थान संबंधी राशियों [spatial quantities] जैसे क्षेत्रफल [area] या आयतन [volume] सबंधी राशियों के लिए कक्षा में विभिन्न प्रकार की सामग्री जैसे (ठोस आकार, ग्राफ पत्र) आदि लाना चाहिए तथा शिक्षार्थियों को जहां तक हो सके विभिन्न सूत्रों की खोज करने के अवसर देना चाहिए।

अर्थात् छात्रों को 'स्वयं करके सीखने' पर बल देना चाहिए |

158. Which is the best way to represent a large numerical data set pertaining to frequency distribution for displaying smaller changes in a trend over a time?

(1) Bar Graph
(2) Line Graph
(3) Pie Chart
(4) Pictograph

किसी दी गई समय अवधि में, उपनति (टैंड) में लघु बदलावों को दिखाने के लिए, बारंबारता -बंटन से संबंधित एक बड़े संख्यात्मक आंकड़ों के समुच्चय को निरूपित करने का सबसे उपयुक्त तरीका कौन-सा है ?

(1) दंड-आलेख
(2) रेखा आलेख
(3) पाई चार्ट
(4) चित्रालेख

Ans : (2)

बारंबारता बंटन [frequency distribution]- सांख्यिकी में, किसी प्रयोग या अध्ययन मे कोई घटना जितनी बार घटित होती उस संख्या को उस घटना की बारंबारता (Frequency) कहते हैं।

बारंबारता बंटन से संबंधित एक बड़े संख्यात्मक आंकड़ों [numerical data] के समुच्चय [aggregation] को निरुपित करने के लिए सबसे उपयुक्त तरीका 'रेखा आलेख [line graph]' है।

किसी रेखा आलेख पर किसी वर्ग - अंतराल [class interval] का ऊपर का मान उस वर्ग अंतराल की ऊपरी वर्ग सीमा [upper class limit] कहलाती है। तथा उसका नीचे का मान उसकी निम्न वर्ग सीमा [lower class limit] कहलाती है।

159. At primary level, tests in mathematics should NOT focus on:

(1) Student's understanding of mathematical procedures
(2) Student's conceptual knowledge
(3) Real life Application of concepts
(4) Student's ability to solve complex questions

प्राथमिक स्तर पर गणित की परीक्षा को केंद्रित नहीं होना चाहिए :

(1) विद्यार्थियों की गणितीय क्रियाविधियों की समझ
(2) विद्यार्थियों के अवधारणात्मक ज्ञान पर
(3) वास्तविक जीवन में अवधारणाओं के अनुप्रयोग पर
(4) जटिल प्रश्नों को हल करने की विद्यार्थियों की क्षमता पर

Ans : (4)

- प्राथमिक स्तर पर 'गणित की परीक्षा में' प्रश्नों का चयन छात्रों की मानसिक स्तर [mental level] के अनुसार करना चाहिए।
- विद्यार्थियो की गणितीय क्रियाविधियों [mathematical procedures] की समझ पर करना चाहिए।

MATHS

- विद्यार्थियों के अवधारणात्मक ज्ञान [conceptual knowledge] पर केंद्रित होना चाहिए।

छात्रों को ऐसे प्रश्न देना चाहिए। जो उनके वास्तविक जीवन से संबंधित हों।

"अत: प्राथमिक स्तर पर गणित की परीक्षा को जटिल प्रश्नो [complex questions] को हल करने की विद्यार्थियों की क्षमता पर केंद्रित नहीं होना चाहिए। "

160. Kamal, a class VI student is not able to use the units of area and volume correctly. Which of the following strategy is most appropriate to help Kamal?

(1) Make him memorize the units of area and volume

(2) Make him solve a lot of problems related to area and volume

(3) Make use of real-life contexts where concepts of measurement of area and volume are used

(4) Prepare a table showing the difference between area and volume and ask him to copy it

कमल, कक्षा VI का एक विद्यार्थी, क्षेत्रफल और आयतन की इकाईयों का सही रूप से प्रयोग नहीं कर पा रहा है।निम्नलिखित में से कौन-सी युक्ति कमल की सहायता करने में सर्वाधिक उपयुक्त है?

(1) उसे क्षेत्रफल और आयतन की इकाईयों को कंठस्थ करवाएँ।

(2) उससे क्षेत्रफल और आयतन संबंधी बहुत सारी समस्याएँ हल करवाएँ।

(3) वास्तविक जीवन के संदर्भों का उपयोग कीजिए जहाँ क्षेत्रफल और आयतन के मापन की अवधारणाएँ प्रयोग की गई हों।

(4) क्षेत्रफल और आयतन के बीच के अंतर को दर्शाती हुई एक सारणी बनाएँ और उसे उसकी नकल करने को कहे

Ans : (3)

शिक्षक को गणितीय अवधारणाएं [mathematical concepts] सदैव 'वास्तविक जीवन' के संदर्भों [references] से जोड़कर सिखाना चाहिए। संदर्भों के माध्यम से छात्र क्षेत्रफल [area]/ आयतन [volume] जैसी अवधारणाओ को अपने दैनिक जीवन से जोड़कर आसानी से सीख सकते हैं।

161. Problem solving strategies in Mathematics does not necessarily involve :

(1) Identifying and defining a problem

(2) Selecting and designing possible solution using prior knowledge of mathematical concepts

(3) Learning and rote memorising formulae to solve problems

(4) Revise and redesigning the strategies

गणित में समस्या समाधान योजनाओं में ______ का सम्मिलित होना आवश्यक नहीं है।

(1) किसी समस्या की पहचान करना एवं परिभाषित करना

(2) गणितीय अवधारणाओं के पूर्व ज्ञान का उपयोग कर संभावित समाधान का चयन एवं अभिकल्पना करना

(3) समस्या समाधान के लिए सूत्रों का अधिगम एवं उनको रट कर याद करना

(4) युक्तियों को दोहराना एवं पुनः अभिकल्पित करना

Ans : (3)

गणित में समस्या समाधान में सम्मिलित होने वाले तत्व :

- किसी समस्या की पहचान करना एवं परिभाषित करना।
- गणितीय अवधारणाओ के पूर्व ज्ञान का उपयोग कर संभावित समाधान का चयन एवं अभिकल्पना [design] करना।
- जिन विधियों / युक्तियों [methods/tips] का उपयोग किया है उस पर विचार करना [Consider], दोहराना [repeat] एवं पुनः अभिकल्पित [redesigned] करना।
- [अतः समस्या समाधान का तात्पर्य समस्या को समझने की, स्पष्टता नए समाधानों के बारे में सोचने की रचनात्मकता [creativity] और उन्हें लागू करने की क्षमता से है।]

[सूत्रों को रटकर याद करना, समस्या - समाधान योजना में सम्मिलित नहीं है।]

162. It has been observed that people involved in occupations that require mathematical skills of computation and estimation like vendors, construction workers etc. are often not able to cope up with formal school mathematics. Which of the following offers the most appropriate explanation for this?

(1) School mathematics requires a different level of intelligence

(2) Many people are inherently incapable of learning school mathematics

(3) School curriculum usually does not incorporate ways of teaching-learning specific to learners' cultural context

(4) People coming from these occupational backgrounds do not have time to practice problems given in the textbook at home

यह देखा गया है कि जो लोग ऐसे व्यवसायों में संलिप्त हैं जिनमें अभिकलन और अनुमान का गणितीय कौशल आवश्यक है जैसे विक्रेता, निर्माण कार्य से जुड़े मजदूर आदि वे प्रायः औपचारिक स्कूल गणित के साथ सामंजस्य नहीं बिठा पाते। निम्नलिखित में से कौन सा इसके संबंध में सर्वाधिक उपयुक्त व्याख्या देता है?

(1) स्कूली गणित में बुद्धिमता के एक अलग स्तर की जरूरत होती है।

(2) कई लोग स्कूली गणित सीखने मे अंतर्निष्ठ निहित रूप से असक्षम होते हैं।

(3) स्कूली पाठ्यक्रम ज्यादातर अधिगमकर्ताओं के सांस्कृतिक संदर्भ में शिक्षण अधिगम के तरीकों को समाविष्ट नहीं करता

(4) ऐसे व्यावसायिक पृष्ठभूमि से आने वाले लोगों के पास घर पर पाठ्यपुस्तक में दी गई समस्याओं का अभ्यास करने का समय नहीं होता

Ans : (3)

- विक्रेता [Seller], निर्माण कार्य से जुड़े मजदूर आदि व्यक्ति अनौपचारिक तरीके से गणित का प्रयोग करते है (जो गणित विद्यालयी गणित) से भिन्न होता है
- ऐसे व्यक्ति समान्यतः औपचारिक स्कूल गणित के साथ सामंजस्य [adjustment] नहीं बिठा पाते हैं, इसका सर्वाधिक उपयुक्त कारण है कि 'स्कूली पाठ्यक्रम ज्यादातर आधिगमकर्त्ताओं [leraners] की सांस्कृतिक संदर्भ [cultural context] में शिक्षण अधिगम के तरीकों को समाविष्ट [include] नहीं करता।

163. A student in class VI gives the following statement in a mathematics class: "A 3D shape can be transformed into a 2D shape".

Which of the following concepts, the child is correctly applying to the above situation?

(1) Viewing objects from different sides.

(2) Scaling

(3) Rotation

(4) Symmetry

एक विद्यार्थी ने गणित की कक्षा में निम्नलिखित वक्तव्य/ कथन दिया-

"एक त्री-आयामी आकार का द्वि-आयामी आकार में रूपांतरण किया जा सकता है।" निम्नलिखित में से कौन सी अवधारण का, उपरोक्त स्थिति में बच्चा सही रूप से प्रयोग कर रहा है?

(1) वस्तुओं को अलग-अलग ओर / तरफ से देखना

(2) शल्कन / सोपानी गणन

(3) घूर्णन

(4) सममिति

Ans : (1)

द्विआयामी आकृति [2-D shapes]: - 2D-shapes में केवल दो माप होते हैं, लंबाई और चौड़ाई। जैसे : इनमें वर्ग, आयत, वृत्त, आदि शामिल हैं।

त्रिआयामी आकृति [3-D shapes]:- 3D shapes में तीन आयाम होते है, लंबाई, चौड़ाई और ऊंचाई। जैसे : सिलेण्डर, क्यूब्स, गोले आयताकार प्रिज्म आदि।

[अतः यदि कोई छात्र एक त्री-आयामी आकार का द्विआयामी आकृति में रुपांतरण कर सकता है तो इसका तात्पर्य यह है कि छात्र वस्तुओं को अलग- अलग aspect से देख सकता है।

164. It was observed that a class VII student was able to find the answer of $\frac{1}{2} \div \frac{2}{3}$, but was not able to give a real-life situation of application of the same. The reason could be:

(1) The teacher did not develop the idea of division of fractions using concrete material before introducing the standard algorithm

(2) There are hardly any real-life applications of fractions

(3) The student did not pay attention when the teacher was teaching the topic

(4) Division of fractions is a difficult concept for class VII student

यह देखा गया कि कक्षा VII का एक विद्यार्थी $\frac{1}{2} \div \frac{2}{3}$ का उत्तर ज्ञात कर पाया, किन्तु दैनिक जीवन से संबंधित किसी घटना से उसका अनुप्रयोग नहीं दे पाया। इसका कारण हो सकता है कि-

(1) शिक्षक ने मानक कलन विधि का परिचय देने से पूर्व मूर्त सामग्री का उपयोग कर भिन्नों के विभाजन के विचार का विकास नहीं किया

(2) भिन्नों का वास्तविक जीवन में शायद ही कोई अनुप्रयोग हो

(3) जब शिक्षक विषय पढ़ा रहा था तब विद्यार्थी ने ध्यान नहीं दिया

(4) कक्षा VII के विद्यार्थी के लिए भिन्नों का विभाजन एक कठिन अवधारणा है

Ans : (1)

शिक्षक को गणित सदैव 'मूर्त सामग्री [concrete material]' का प्रयोग करके सिखाना चाहिए। जिससे छात्र अपने वास्तविक जीवन में भी उसका प्रयोग कर सकें। जब कोई शिक्षक 'गणित' को 'मानक कलन विधियों' के माध्यम से सिखाता है तो छात्र औपचारिक गणित तो Solve कर सकता है, किंतु वास्तविक जीवन के प्रयोग में उसका प्रयोग नहीं कर सकता है। [अतः उपर्युक्त प्रश्न में शिक्षार्थी का उत्तर ज्ञात कर सकता है किंतु वास्तविक जीवन में उसका प्रयोग नहीं कर सकता है इसका तात्पर्य है कि शिक्षक ने छात्रो को (÷) मानक कलन विधियों के माध्यम से सिखाया है।]

165. According to many research studies, which of the following is the most appropriate reason for gender-based differences in mathematical achievement in school mathematics education.

(1) Inherent differences in cognitive capacities of males and females

(2) Persistent social stereotype carried out in classroom that mathematics is a male domain

(3) A natural difference in males and females with respect to interests in learning mathematics

(4) Differences in physiological and biological features of males and females

कई शोध- अध्ययनों के अनुसार, निम्नलिखित में से कौन सा स्कूली गणित शिक्षा में गणितीय उपलब्धियों में जेंडर पर आधारित भेदों का सर्वाधिक उपयुक्त कारण है?

(1) पुरुषों एवं महिलाओं की संज्ञानात्मक क्षमताओं में अंतर्भूत (अंतर्निष्ठ) अंतर

(2) कक्षा में दुराग्रही सामाजिक रूढ़िवादी सोच की गणित पुरुषों का क्षेत्र है

(3) गणित सीखने की रूचियों से संबंधित पुरूषों और महिलाओं में एक प्राकृतिक अंतर

(4) पुरूषों और महिलाओं की मनोवैज्ञानिक और जैविक विशिष्टताओं में अंतर

Ans : (2)

केवल लड़के ही गणित में अच्छे होते हैं (अर्थात गणित पुरुष प्रधान [male dominated] विषय है।) तथा लड़कियां गणित में कमजोर होती हैं, तथा गणित पढ़ने की लड़कियों की क्षमता [ability] नहीं है। **[यह एक जेंडर आधारित सामाजिक रुढिवादिता है।]** [अर्थात् गणित शिक्षा में गणितीय उपलब्धियों में जेंडर पर आधारित भेदों का सर्वाधिक उपयुक्त कारण है:-

सामाजिक रढ़िवादी सोच [social conservative thinking] कि गणित पुरुषों का क्षेत्र है।]

166. One of the factors of $20pq^2 + 4pq + 45pr^2 - 60pqr - 6rp$ is:

$20pq^2 + 4pq + 45pr^2 - 60pqr - 6rp$ के गुणनखंडों में से एक गुणनखंड निम्न है:

(1) $10p - 15r + 2$
(2) $15p - 10r + 2$
(3) $2r - 3q$
(4) $2q - 3r$

Ans (4)

$= 20pq^2 + 4pq + 45pr^2 - 60pqr - 6rp$

$= p(20q^2 + 4q + 45r^2 - 60qr - 6r)$

$= p(20q^2 + 45r^2 - 60qr + 4q - 6r)$

$= p[5(4q^2 + 9r^2 - 12qr) + (4q - 6r)]$

$= p[5\{(2q)^2+(3r)^2-2(2q)(3r)\}+2(2q-3r))]$

$= p[5(2q-3r)^2+2(2q-3r)]$

$= p(2q-3r)[5(2q-3r)+2]$

$= p(2q-3r)(10q - 15r + 2)$

So, $(2q-3r)$ is one of the factor (गुणनखंड) of $20pq^2 + 4pq + 45pr^2 - 60pqr - 6rp$.

167. Which of the following numbers is written in the standard form ?

निम्न में से कौन-सी संख्या मानक रूप में लिखी गई है?

(1) 0.6×10^{15}
(2) 83.7×10^{-9}
(3) 45×10^3
(4) 8.5×10^{-12}

Ans (4)

Standard form, or scientific notation, represents a number as a value between 1 and 10 multiplied by a power of 10 (मानक रूप, या वैज्ञानिक संकेतन, किसी संख्या को 1 से 10 के बीच के मान को 10 की घात से गुणा करके दर्शाता है।).

8.5×10^{-12} is written in the standard form (मानक रूप).

168. For which of the following measurements, the construction of triangle ABC can be done?

निम्न में से किन मापनों के लिए, त्रिभुज ABC की रचना की जा सकती है?

(1) $\angle ACB = 120°, \angle ABC = 25°, AC = BC = 4cm$
(2) $AB = 5cm\ BC = 6cm, \angle ABC = 130°, \angle BAC = 25°$
(3) $AB = 3cm\ BC = 4cm\ AC = 7cm$
(4) $AB = 8cm\ BC = 4cm\ \angle BCA = 90°, \angle ABC = 60°$

Ans (4)

त्रिभुज ABC की रचना (construction) के लिए सही माप AB = 8 cm, BC = 4 cm, $\angle BCA = 90°$, $\angle ABC = 60°$ हैं।

अन्य विकल्प काम क्यों नहीं करते हैं, यहाँ बताया गया है:

1. $\angle ACB = 120°, \angle ABC = 25°, AC = BC = 4$ cm - कोण $\angle ACB$ और $\angle ABC$ का योग 180° से अधिक है, जो त्रिभुज में संभव नहीं है।
2. AB = 5 cm, BC = 6 cm, $\angle ABC = 130°, \angle BAC = 25°$ - कोण $\angle ABC$ और $\angle BAC$ का योग 155° है, जिससे $\angle ACB$ के लिए केवल 25° बचता है, जो दी गई भुजाओं के साथ फिट नहीं बैठता है।
3. AB = 3 cm, BC = 4 cm, AC = 7 cm- ये भुजा की लंबाइयाँ त्रिभुज असमानता प्रमेय को संतुष्ट नहीं करती हैं, जो बताता है कि त्रिभुज की किसी भी दो भुजाओं की लंबाइयों का योग शेष भुजा की लंबाई से अधिक होना चाहिए।

169. Meenu wrote some numbers on the blackboard and arranged them in ascending order as board $2 < 7 < 9 < 12$ She then multiplied each number by $\left(-\frac{1}{2}\right)$.

MATHS

Identify the correct statement regarding the above situation.

(1) Ascending order will now be changed to descending order.
(2) Number of terms in the ascending order will change.
(3) Ascending order of numbers will still remain the same.
(4) Mean of the numbers will remain the same.

मीनू ने श्यामपट्ट पर कुछ संख्याएँ लिखकर उनको बढ़ते क्रम में व्यवस्थित करके इस प्रकार लिखा 2 < 7 < 9 < 12 फिर उसने प्रत्येक संख्या को $\left(-\frac{1}{2}\right)$ से गुणा कर दिया।

उपर्युक्त परिस्थिति में निम्नलिखित कथनों में से सही कथन पहचानिए।

(1) आरोही क्रम बदल कर अवरोही क्रम हो जाएगा।
(2) आरोही क्रम में पदों की संख्या बदल जाएगी।
(3) संख्याओं का आरोही क्रम अभी भी यही रहेगा।
(4) संख्याओं का माध्य समान रहेगा।

Ans (1)

मूल संख्याएँ: 2, 7, 9, 12

$\left(-\frac{1}{2}\right)$ से गुणा (multiply) करने के बाद: -1, -3.5, -4.5, -6

जब आप धनात्मक संख्याओं [positive numbers] को ऋणात्मक भिन्न [negative fraction] से गुणा करते हैं, तो उनका क्रम उलट [reverse] जाता है। इसलिए, आरोही क्रम में नई संख्याएँ -6, -4.5, -3.5, -1 हैं, जो मूल क्रम का उल्टा है, जो प्रभावी रूप से इसे अवरोही [descending] बनाता है।

170. Cards bearing numbers 12, 13, 14,..., 70, 71 (one number on one card) are kept in a box and then a card is drawn from the box without looking into it. What is the probability that the card drawn has the number which is not a prime?

संख्याएँ 12, 13, 14,..., 70, 71 काडों पर लिख कर एक डिब्बे में रख दी जाती हैं (एक कार्ड पर एक संख्या) तथा फिर इस डिब्बे में से बिना अंदर देखे, एक कार्ड निकाला जाता है। इसकी क्या प्रायिकता है कि निकाले गए कार्ड पर एक ऐसी संख्या है, जो अभाज्य नहीं है ?

(1) $\frac{3}{4}$
(2) $\frac{45}{59}$
(3) $\frac{1}{4}$
(4) $\frac{15}{59}$

Ans (1)

Cards has the number which is prime (अभाज्य) = 13, 17, 19, 23, 29, 31, 37, 41, 43, 47, 53, 59, 61, 67 and 71.

Number of cards which is prime = 15

Total number of cards = 60

Number of cards which is not prime = 60 – 15 = 45

SO, probability that the card drawn has the number which is not a prime (प्रायिकता है कि निकाले गए कार्ड पर एक ऐसी संख्या है, जो अभाज्य नहीं है) $= \frac{45}{60} = \frac{3}{4}$

171. x varies inversely as y. When x=3.5, then y=2.4. What is the value of y when x=5.6 ?

(1) 1.4
(2) 1.5
(3) 2.1
(4) 2.8

x, y के साथ व्युत्क्रमानुपाती विचरण करता है। जब x = 3.5 है, तब y = 2.4 है। जब x = 5.6 है, तब y का मान क्या होगा ?

(1) 1.4
(2) 1.5

(3) 2.1

(4) 2.8

Ans : (2)

X	3.5	5.6
Y	2.5	Y1

X and y are inversely proportional to each other.

3.5 x 2.5 = 5.6 x y1

Y1 = 1.5625 = 1.5

172. The product of two rational numbers is $-\frac{40}{3}$ If one of the two numbers is $-\frac{5}{2}$ then the reciprocal of the other number lies between :

(1) $\frac{3}{20}$ and $\frac{9}{50}$

(2) $\frac{9}{50}$ and $\frac{1}{5}$

(3) $\frac{1}{5}$ and $\frac{1}{4}$

(4) $\frac{1}{4}$ and $\frac{1}{3}$

दो परिमेय संख्याओं का गुणनफल- $\frac{40}{3}$ है। यदि उन दो संख्याओं में से एक $-\frac{5}{2}$ है, तो दूसरी संख्या का व्युत्क्रम निम्न के बीच में स्थित है :

(1) $\frac{3}{20}$ और $\frac{9}{50}$

(2) $\frac{9}{50}$ और $\frac{1}{5}$

(3) $\frac{1}{5}$ और $\frac{1}{4}$

(4) $\frac{1}{4}$ और $\frac{1}{3}$

ANS : (2)

$x \times -\frac{5}{2} = -\frac{40}{3}$

$x = -\frac{16}{3}$

Reciprocal of $x = -\frac{3}{16} = -0.1875$

Taking option (2) ,

$\frac{9}{50} = 0.18$ and $\frac{1}{5} = 0.5$

$-\frac{3}{16}$ lies between $\frac{9}{50}$ and $\frac{1}{5}$.

173. If 10(x + 6) + 8(x – 3) = 5(5x – 4), then what is the value of $\frac{5x+2}{6}$?

यदि 10(x + 6) + 8(x – 3) = 5(5x – 4) है, तो $\frac{5x+2}{6}$ का मान क्या है ?

(1) 2

(2) $\frac{7}{6}$

(3) $\frac{11}{3}$

(4) 7

ANS : (4)

$10(x + 6) + 8(x - 3) = 5(5x - 4)$

$\Longrightarrow 10x + 60 + 8x - 24 = 25x - 20$

$-7x = -56 \Longrightarrow x = 8$

$\frac{5x+2}{6} = \frac{5\times 8+2}{6} = 7$

174. There are 18 and 24 students in two sections of a class. The number of groups of largest equal size in which these students can be divided for their practical work is

किसी कक्षा के दो सैक्शनों में 18 और 24 विद्यार्थी हैं। प्रायोगिक कार्य के लिए इन विद्यार्थियों को अधिकतम समान माप वाले समूहों में विभाजित किए जाने वाले समूहों की संख्या है-

(1) 3

(2) 4

(3) 6

(4) 7

ANS : (3)

सबसे बड़े समान संख्या के समूहों की संख्या ज्ञात

MATHS

करने के लिए, हमे 18 और 24 का महत्तम समापवर्तक (greatest common multiple) ज्ञात करने की आवश्यकता है।

18 = 2×3×3 और 24 = 2×2×2×3

इसलिए (18, 24) का महत्तम समापवर्तक (greatest common multiple) = 2×3=6

अतः प्रायोगिक कार्य के लिए इन विधार्थियों को अधिकतम समान संख्या वाले समूहों में विभाजित किए जाने वाले समूहों की संख्या 6 है।

175. Three numbers are in the ratio 2 : 3 : 4 and the sum of their cubes is 33957. What is the sum of the three numbers ?

(1) 54
(2) 63
(3) 72
(4) 81

तीन संख्याएँ 2 : 3 : 4 के अनुपात में हैं और उनके घनों का योग 33957 है । इन तीनों संख्याओं का योग क्या है ?

(1) 54
(2) 63
(3) 72
(4) 81

ANS : (2)

Let the three numbers be $2x$, $3x$ and $4x$

$(2x)^3 + (3x)^3 + (4x)^3 = 33957$

$8x^3 + 27x^3 + 64x^3 = 33957$

$99x^3 = 33957$

$x^3 = 343$

$x = 7$

Sum of these three numbers (इन तीनों संख्याओं का योग) = $2x + 3x + 4x$

$= 9x = 9 \times 7 = 63$

176. The factorization of $49 - x^2 - y^2 + 2xy$ is

$49 - x^2 - y^2 + 2xy$ के गुणनखंड है :

(1) $(7 + x - y)(7 - x - y)$
(2) $(7 + x + y)(7 - x + y)$
(3) $(7 + x + y)(7 + x - y)$
(4) $(7 + x - y)(7 - x + y)$

ANS : (4)

हमारे पास है: $49 - x^2 - y^2 + 2xy$

$\Rightarrow 49 - (x^2 + y^2 - 2xy)$

$\Rightarrow 49 - (x-y)^2$

$\Rightarrow 7^2 - (x-y)^2$

$\Rightarrow (7+(x-y))(7-(x-y))$

$(7+x-y)(7-x+y)$

177. If AD is an altitude of an equilateral triangle ABC, then $4AD^2$ is equal to

यदि किसी समबाहु त्रिभुज ABC ,का एक शीर्षलम्ब AD है, तो निम्न में से किसके बराबर होगा ?

(1) $3BC^2$
(2) $2BD^2$
(3) $3BD^2$
(4) $2AB^2$

ANS : (1)

एक समबाहु त्रिभुज का शीर्षलंब भी एक लंब समद्विभाजक के रूप में कार्य करता है। इसलिए, है।

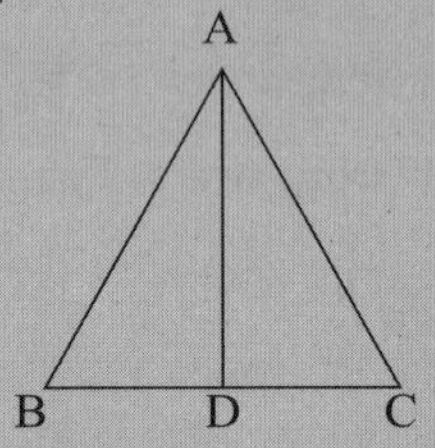

चूँकि AD एक समबाहु त्रिभुज का शीर्षलंब है।

$\therefore AD^2 = AC^2 - DC^2$

$AD^2 = BC^2 - (BC/2)^2$ $\therefore (BD = DC)$

$4AD^2 = 4BC^2 - BC^2$

$4AD^2 = 3BC^2$

178. The value of a $\dfrac{101.01 \times 0.01}{3.367} + \dfrac{3.96}{0.8}$ is

$\dfrac{101.01 \times 0.01}{3.367} + \dfrac{3.96}{0.8}$ **का मान है-**

(1) 5.05
(2) 5.25
(3) 7.95
(4) 8.05

ANS : (2)

$$\frac{101.01\times0.01}{3.367}+\frac{3.96}{0.8} \Rightarrow \frac{1.0101}{3.367}+\frac{3.96}{0.8}$$

$$\Rightarrow \frac{1.0101}{3.367}+\frac{3960}{800}$$

0.3+4.95= 5.25

179. Let p = $\dfrac{\frac{-3}{4}\times\left[\frac{2}{3}+\left(\frac{-5}{6}\right)\right]}{\frac{-2}{3}\times\frac{3}{5}+\frac{5}{2}-\frac{3}{5}\times\frac{1}{6}}$. What is the reciprocal of ?

यदि P = $\dfrac{\frac{-3}{4}\times\left[\frac{2}{3}+\left(\frac{-5}{6}\right)\right]}{\frac{-2}{3}\times\frac{3}{5}+\frac{5}{2}-\frac{3}{5}\times\frac{1}{6}}$ है, तो P का व्युत्क्रम क्या है ?

(1) $\frac{1}{4}$
(2) $\frac{-1}{8}$
(3) - 8
(4) 16

ANS : (4)

$$\frac{\frac{-3}{4}\times\left[\frac{2}{3}+\left(\frac{-5}{6}\right)\right]}{\frac{-2}{3}\times\frac{3}{5}+\frac{5}{2}-\frac{3}{5}\times\frac{1}{6}} \Rightarrow \frac{\frac{-3}{4}\times\frac{4-5}{6}}{\frac{-2}{3}+\frac{5}{2}-\frac{1}{10}}$$

$$\Rightarrow \frac{\frac{-3}{4}\times\frac{1}{6}}{\frac{-2}{3}+\frac{5}{2}-\frac{1}{10}}$$

$$= \frac{\frac{1}{8}}{\frac{-4+25-1}{10}} \Rightarrow \frac{\frac{1}{8}}{\frac{20}{10}} \Rightarrow \frac{1}{8}\times\frac{1}{2}=\frac{1}{16}$$

$\frac{1}{16}$ का reciprocal 16

180. $\left(\frac{3}{4}x-\frac{5}{6}y\right)^2-\left(\frac{3}{4}x+\frac{5}{6}y\right)^2$ is equal to

$\left(\frac{3}{4}x-\frac{5}{6}y\right)^2-\left(\frac{3}{4}x+\frac{5}{6}y\right)^2$ बराबर है-

(1) -5xy
(2) $\frac{5}{2}$xy
(3) 5xy
(4) $\frac{5}{4}$xy

ANS : (2)

$$\left(\frac{3}{4}x-\frac{5}{6}y\right)^2-\left(\frac{3}{4}x+\frac{5}{6}y\right)^2$$

Formula : $(a-b)^2-(a+b)^2=-4ab$

$a=\frac{3}{4}x, \qquad b=\frac{5}{6}y$

$$\left(\frac{3}{4}x-\frac{5}{6}y\right)^2-\left(\frac{3}{4}x+\frac{5}{6}y\right)^2=4\left(\frac{3}{4}x\right)\times\left(\frac{5}{6}y\right)=-\left(\frac{5}{6}\right)xy$$

181. Which one of the following expressions is equal to (5x-2)?

निम्न में से कौन सा व्यंजक (5x - 2) के बराबर है ?

(1) $\frac{3(4x+3)+4(2x-5)}{4}$

(2) $\frac{5(2-2x)-2(5x+1)}{4}$

(3) $\frac{6(5x-4)-5(2x-3)}{4}$

(4) $\frac{2(3x+1)+2(7x-5)}{4}$

ANS : (4)

Taking option (1),

$$\frac{3(4x+3)+4(2x-5)}{4}$$

$$=\frac{12x+9+8x-20}{4}=\frac{20x-11}{4}$$

Taking option (2) ,

MATHS

MATHS

$\frac{5(2-2x)-2(5x+1)}{4}$

$= \frac{10-10x-10x-2}{4} = \frac{-20x+8}{4} = -5x+2$

Taking option (3) ,

$\frac{6(5x-4)-5(2x-3)}{4}$

$= \frac{30x-24-10x+15}{4} = \frac{20x-9}{4}$

Taking option (4),

$\frac{2(3x+1)+2(7x-5)}{4}$

$= \frac{6x+2+14x-10}{4} = \frac{20x-8}{4} = 5x-2$

So, option (4) is correct answer.

182. What is the compound interest (in ₹) on ₹4000 at 10% per annum for $2\frac{1}{2}$ years, when interest is compounded annually?

₹ 4000 पर 10% वार्षिक की ब्याज दर से $2\frac{1}{2}$ वर्ष के लिए चक्रवृद्धि ब्याज (₹ में) कितना होगा, जब ब्याज वार्षिक संयोजित होता है ?

(1) 1050
(2) 1082
(3) 1260
(4) 1340

ANS : (2)

Principal = ₹ 4000, Rate = 10% p.a.

Time = $2\frac{1}{2}$ years

For 2 years ,

$A = P\left(1+\frac{R}{100}\right)^T \Rightarrow A = 4000\times\left(1+\frac{10}{100}\right)^2$

$A = 4000\times\frac{11}{10}\times\frac{11}{10} \Rightarrow A = 40\times 11\times 11$

$\Rightarrow A =$ ₹ 4840

For $\frac{1}{2}$ years

P = ₹ 4840, R = 10% , T = $\frac{1}{2}$ years

Simple interest (S.I.) (साधारण ब्याज)

$= \frac{P\times R\times T}{100} = \frac{4840\times 10\times 1}{100} =$ ₹242

Amount = principle + simple interest

= 4840 + 242 = ₹5082

Now,

compound interest (चक्रवृद्धि ब्याज)

= Amount – principle

= 5082 – 4000 = ₹ 1082

So, option (2) is correct answer.

183. If sum of two adjacent angles is 180°, then these angles are called :

(1) Pair of corresponding angles
(2) Pair of alternate angles
(3) Complementary angles
(4) Linear pair

यदि दो आसन्न कोणों का योग 180° है, तो ये कोण कहलाते हैं :

(1) संगत कोणों का युग्म
(2) एकान्तर कोणों का युग्म
(3) पूरक कोण
(4) रैखिक युग्म

ANS : (4)

If sum of two adjacent angles is 180°, then these angles are called Linear pair

(यदि दो आसन्न कोणों का योग 180° हो तो ये कोण रेखीय युग्म कहलाते हैं).

So, option (4) is correct answer.

184. If product of expressions px^a and qx^b is equal to $12x^8$, then:

यदि व्यंजकों px^a और qx^b का गुणनफल $12x^8$ के बराबर है, तो

(1) p+q12 है तथा a+b=8 है।
(2) py12 है तथा ab 8 है।

Area of trapezium (समलंब का क्षेत्रफल) = 252

$\frac{1}{2}\times$(sum of paralle sides) ×(distance between parallel side) = 252

(AB+CD)×12 = 252×2 ⇒ (AB+CD)×12 = 504

(AB+CD) = $\frac{504}{12}$ = 42 ⇒ (AB+22) = 42

AB = 42–22 = 20 cm

Now, Perimeter of trapezium (समलंब का परिमाप) = AB+BC+CD+DA

= 20+16+22+18 = 76 cm

So, option (3) is correct answer.

191. The volume of a closed right circular cylinder of base radius 7 m is 462 m³. Total surface area of the cylinder is [Use $\pi=\frac{22}{7}$]

किसी बंद लंब वृत्तीय बेलन, जिसकी आधार त्रिज्या 7m है, का आयतन 462 m³ है। इस बेलन का कुल पृष्ठीय क्षेत्रफल है [$\pi=\frac{22}{7}$ का उपयोग कीजिए]

(1) 220 m²
(2) 264 m²
(3) 308 m²
(4) 440 m²

ANS : (4)

The volume of a closed right circular cylinder (बंद लंब वृत्तीय बेलन का आयतन) = 462 m³.

The radius of a closed right circular cylinder (बंद लंब वृत्तीय बेलन त्रिज्या) = 7 m

Volume of cylinder = $\pi r^2 h$

$\Rightarrow 462 = \frac{22}{7}\times7\times7\times h$

$\frac{462}{22\times7} = h$

⇒ 3 m = h

Now , Total surface area of cylinder (बेलन का कुल पृष्ठीय क्षेत्रफल) = $2\pi r(h+r)$

$= 2\times\frac{22}{7}\times7\times(3+7) = 44\times10 = 440$ m²

So, option (4) is correct answer.

192. The mean of the range and mode of the observation 14, 16, 17, 15, 13, 15, 14, 15, 12, 12, 16, 15, 11, 19, 16, 15, 18, 14, 16 and 17 is:

प्रेक्षणों 14, 16, 17, 15, 13, 15, 14, 15, 12, 12, 16, 15, 11, 19, 16, 15, 18, 14, 16 और 17 के परिसर और बहुलक का माध्य है:

(1) 11
(2) 11.5
(3) 12
(4) 13.5

ANS : (2)

Range (परिसर) = Highest value – Lowest value

= 19 – 11 = 8

Mode (बहुलक) = 15 (the most occuring number)

Mean (माध्य) = $\frac{Range + Mode}{2} = \frac{8+15}{2} = 11.5$

So, option (2) is correct answer.

193. All the letters of the word PERIMETER are written on 9 separate paper slips and put in a box. One slip is drawn from the box without looking at it. What is the difference between the probability of getting a consonant and the probability of getting a letter I?

शब्द PERIMETER के सभी अक्षरों को पृथक कागज की पर्चियों पर लिखकर एक डिब्बे में रख दिया जाता है। बिना देखे इस डिब्बे में से एक पर्ची निकाली जाती है। एक व्यंजन और एक अक्षर I प्राप्त करने की प्रायिकताओं का क्या अंतर है?

(1) $\frac{5}{9}$

MATHS

MATHS

(2) $\frac{4}{9}$

(3) $\frac{3}{9}$

(4) $\frac{2}{9}$

ANS : (2)

Total number of alphabets (अक्षरों की कुल संख्या) = 9

Consonants in the word PERIMETER (PERIMETER शब्द में व्यंजन) = P, R, M, T, R

Number of Consonants in the word PERIMETER (PERIMETER में व्यंजनों की संख्या) = 5

Vowels in the word PERIMETER (PERIMETER शब्द में स्वर) = E, I, E, E

Number of vowels in the word PERIMETER (PERIMETER शब्द में स्वरों की संख्या) = 4

Now,

probability of getting a consonant (एक व्यंजन की प्रायिकताओं)

$= \frac{\text{Number of Consonants in the word PERIMETER}}{\text{Total number of alphabets}} = \frac{5}{9}$

Also , probability of getting a letter I

$= \frac{\text{Number of letter I}}{\text{Total number of alphabets}} = \frac{1}{9}$

Difference (अंतर) = $\frac{5}{9} - \frac{1}{9} = \frac{5-1}{9} = \frac{4}{9}$

So, option (2) is correct answer.

194. A carton contains 5,00,000 tablets of a certain medicine with each tablet weighing 30 mg. The carton also contains 1200 packets of cotton, with the weight of each packet being 50 g. Then, the total weight of the contents of the carton (in kilograms) is :

एक कार्टन में किसी दवाई की 5,00,000 टिकियाँ हैं, जिनमें से प्रत्येक का भार 30 mg है। इसी कार्टन में रूई के 1200 पैकिट भी हैं, जिनमें से प्रत्येक का भार 50g है। तब उस कार्टन में रखी वस्तुओं का कुल भार (kg में) है :

(1) 90

(2) 75

(3) 50

(4) 65

ANS : (2)

weight of one tablet (एक टिकिया का भार) = 30 mg = $\frac{30}{1000}$ g = $\frac{30}{1000 \times 1000}$ kg

Number of tablets in one carton = 5,00,000

Weight of one packet of cotton (एक रूई के पैकिट का भार) = 50g = $\frac{50}{1000}$ kg

number of packets in one carton = 1200

Total weight of the carton (कार्टन में रखी वस्तुओं का कुल भार (kg में)) = total weight of tablets + total weight of packets of cotton

$= \frac{500000 \times 30}{1000 \times 1000} kg + \frac{1200 \times 50}{1000} kg = 75kg$

Option (2) is correct answer.

195. Which of the following statement is incorrect?

(1) Between any two rational numbers, there are infinite rational numbers.

(2) Multiplying the rational number $\frac{-3}{5}$ by 2 is same as taking two jumps of $\frac{3}{5}$ to the left of origin (point O) on the number line.

(3) Any number of the form $\frac{p}{q}$ where p and q are integers, is a rational number.

(4) The number 0 is neither a positive nor a negative rational number.

निम्न में से कौन-सा कथन गलत है ?

(1) किन्हीं दो परिमेय संख्याओं के बीच अपरिमित परिमेय संख्याएँ होती हैं।

(2) परिमेय संख्या $\frac{-3}{5}$ को 2 से गुणा का अर्थ वही है जो संख्या रेखा पर मूलबिंदु (बिंदु O) से बाईं ओर के $\frac{3}{5}$ दो कदम कूदना का होता है।

(3) $\frac{p}{q}$ के रूप की कोई भी संख्या, जहाँ p और q पूर्णांक हैं, एक परिमेय संख्या होती है।
(4) संख्या 0 न तो एक धनात्मक और न ही एक ऋणात्मक परिमेय संख्या है।

ANS : (3)

Any number of the form $\frac{p}{q}$ where p and q are integers, is a rational number is incorrect.

option (3) is correct answer.

196. Marks obtained by some students of a class are 36, 37, 31, 42, 23, 38, 17, 18, 35, 25, 29 and 35. The difference between the mean and range of these data is:

किसी कक्षा के कुछ विद्यार्थियों द्वारा प्राप्त अंक 36, 37, 31, 42, 23, 38, 17, 18, 35, 25, 29 और 35 अंतर हैं। इन आँकड़ों के माध्य और परिसर का अंतर है:

(1) 4.5
(2) 5.0
(3) 5.5
(4) 6.0

ANS : (3)

Mean (माध्य) = $\frac{\textit{sum of all observations}}{\textit{Total no.of observations}}$

$= \frac{36+37+31+42+23+38+17+18+35+25+29+35}{12}$

$= \frac{366}{12} = 30.5$

Range (परिसर) = Highest value – lowest value = 42–17 = 25

The difference between the mean and range (माध्य और परिसर का अंतर) =30.5–25 = 5.5

197. The side QR of a triangle PQR is produced to a point S. If QR=PR and ∠QPR=50°, then the value of 3 ∠PRS – 2 ∠PQR is:

किसी त्रिभुज PQR की भुजा QR को बिंदु S तक बढ़ाया जाता है। यदि QR = PR और ∠QPR = 50° है, तो 3∠PRS - 2∠PQR का मान है :

(1) 300°
(2) 250°
(3) 200°
(4) 150°

ANS : (3)

Side QR of a triangle PQR is produced to a point S (किसी त्रिभुज PQR की भुजा QR को बिंदु S तक बढ़ाया जाता है).

∠QPR= 50°,

QR = PR [two sides of triangle are equal , then it is isoscles triangle]

⇒ ∠PQR = ∠QPR [base angles are equal]

50° = ∠QPR

As we know that , sum of two interior angles is equal to the exterior angle

∠PQR+∠QPR = ∠PRS ⇒50+50 =∠PRS

⇒ 100° = ∠PRS

Now, 3∠PRS – 2∠PQR = 3(100) – 2(50)

= 300°–100° = 200°

So, option (3) is correct answer.

198. If $(2x+5y)^2-5(2x+5y)-14=(2x+5y+p)(2x+5y+q)$, then the value of (p+q) is:

(1) 7
(2) -14
(3) 9
(4) -5

यदि $(2x+5y)^2-5(2x+5y)-14=(2x+5y+p)(2x+5y+q)$ है, तो (p+q) का मान है:

(1) 7
(2) -14
(3) 9
(4) -5

ANS : (4)

Let (2x + 5y) = Z

$(2x+5y)^2-5(2x+5y)-14=(2x+5y+p)$

MATHS

MATHS

(2x+5y+q)

$Z^2 - 5Z - 14 = (Z+p)(Z+q)$

$Z^2 - 7Z + 2Z - 14 = (Z+p)(Z+q)$

$Z(Z-7) + 2(Z-7) = (Z+p)(Z+q)$

$(Z+2)(Z-7) = (Z+p)(Z+q)$

On comparing both sides,

P = 2 and q = -7

P + q = 2 + (-7) = 2 – 7 = -5

199. $\frac{2}{3} \times 3\frac{1}{3}$ **is equal to -**

$\frac{2}{3} \times 3\frac{1}{3}$ **बराबर है -**

(1) $3\frac{2}{9}$

(2) $2\frac{2}{9}$

(3) $3\frac{2}{3}$

(4) $2\frac{2}{3}$

ANS : (2)

$\frac{2}{3} \times 3\frac{1}{3} \Rightarrow \frac{2}{3} \times \frac{10}{3} \Rightarrow \frac{20}{9} \times 2\frac{2}{9}$

200. At primary level, children's thinking in mathematics progresses from:

(A) abstract to concrete

(B) complex to simple

(C) simple to complex

(D) concrete to abstract

Choose the correct option:

(1) (A) and (B)

(2) (B) and (C)

(3) (A) and (D)

(4) (C) and (D)

प्राथमिक स्तर पर गणित में बच्चों का चिंतन प्रगति करता है

(A) अमूर्त से मूर्त की ओर

(B) जटिल से सरल की ओर

(C) सरल से जटिल की ओर

(D) मूर्त से अमूर्त की ओर

सही विकल्प का चयन कीजिए:

(1) (A) और (B)

(2) (B) और (C)

(3) (A) और (D)

(4) (C) और (D)

Ans : (4)

प्राथमिक स्तर पर गणित पढ़ाने के लिए बच्चों के समक्ष पहले 'मूर्त सामग्री को प्रस्तुत करना चाहिए (अर्थात मूर्त सामग्री के माध्यम से गणित सिखाया जाना चाहिए।) पाठ्यसामग्री की जटिलता [complexity] को धीरे-धीरे बच्चों के सामने प्रस्तुत करनी चाहिए।

मूर्त से अमूर्त की ओर [concrete to abstract]

सरल से जटिल की ओर [simple to complex]

प्रत्यक्ष से अप्रत्यक्ष की ओर [direct to indirect]

आदि शिक्षण सूत्र [teaching formula] का प्रयोग करना चाहिए।

201. Which among the following is an open-ended question?

(1) Identify three objects which are in the shape of a cuboid

(2) If sum of two numbers is 13 and their difference is 3, what are the numbers?

(3) Write as many as possible even prime numbers

(4) Write even numbers, between 10 and 20 which are multiples of 2 and 3

निम्नलिखित में से कौन सा एक खुले सिरे वाला प्रश्न है?

(1) उन तीन वस्तुओं की पहचान करना जो एक षट्फलक के आकार में हैं

(2) यदि दो संख्याओं का योग 13 है और उनका अन्तर 3 है, तब वे दो संख्याएँ क्या हैं?

(3) जितने भी संभव हो सके उतनी सम अभाज्य संख्याएँ लिखिए

(4) 10 से 20 के बीच की वे सम संख्याएँ लिखिए जो 3 का गुणन है

Ans : (1)

खुले अंत वाले प्रश्न [open-ended question] से तात्पर्य ऐसे प्रश्न से हैं जिनके उत्तर एक से अधिक हों।

छात्रों से सदैव 'खुले अंत वाले' प्रश्न पूछना चाहिए जिससे छात्र अपनी बुद्धि [intelligence], तर्कशक्ति [reasoning ability] तथा पूर्व अनुभव [prior experience] के आधार पर अलग-अलग उत्तर दे सकें।

इससे छात्रों में सोचने-समझने की क्षमता का विकास होगा। छात्र रचनात्मकता [creativity], मौलिकता [primordiality/originally] तथा स्पष्टता [clarity] के साथ अपने प्रश्न का उत्तर दे सकेंगे।

202. In mathematics, to prove that Statement, "A" is true one assumes the Statement "not A" is true and proves that it is a contradiction. This is an example of__

(1) Direct reasoning
(2) Deductive reasoning
(3) Inductive reasoning
(4) Reductio-ad Absurdum

गणित में यह साबित करने के लिए एक कथन, "ए" सत्य है, कोई मानता है कि जो कथन "ए नहीं हैं वह सत्य है और इसे विरोधाभासी सिद्ध करता है।

यह एक________ का उदाहरण है:

(1) प्रत्यक्ष तर्क
(2) निगमनात्मक तर्क
(3) आगमनात्मक तर्क
(4) असंगति प्रदर्शन (रिडक्शियो-एड एबजर्डम)

Ans : (2)

Reductio-ad Absurdum:- किसी प्रस्ताव को उसके तार्किक निष्कर्ष [logical conclusion] तक ले जाने पर उसकी बेतुकी / गलत स्थिति को दर्शाकर उसका खण्डन [denial] करना । **Reductio ad Absurdum** मानता है कि एक स्थिति तर्क के लिए सत्य है. फिर यह प्रदर्शित करके इसे गलत साबित करता है कि यह तार्किक विरोधाभासों [logical contradictions] की ओर ले जाता है।

[अर्थात् उपर्युक्त प्रश्न [रिडाक्शीयो - एड एबजर्डम) का उदाहरण है।]

203. A teacher uses the open-ended problems during teaching-learning process of mathematics. This practice helps to promote

a. creative thinking
b. divergent thinking
c. equity in classroom
d. convergent thinking

Which one of the following is correct?

(1) Only c
(2) a & b
(3) a, b & c
(4) b & d

यदि कोई शिक्षक गणित की शिक्षण अधिगम प्रक्रिया के दौरान अंत मुक्त (विवृतांत) समस्याओं का प्रयोग करता है। यह तकनीक_____ को बढ़ावा देने में मदद करती है-

a. सृजनात्मक चिंतन
b. अपसारी चिंतन
c. कक्षा में समतापूर्ण अवसर
d. अभिसारी चिंतन

निम्नलिखित में से कौन-सा सही विकल्प है-

(1) केवल c
(2) a एवं b
(3) a, b एवं c
(4) b एवं d

Ans : (3)

मुक्त अंत वाला प्रश्न [open ended question] :- 'मुक्त अंत वाला प्रश्न ऐसे प्रश्न को कहते हैं जिसके उत्तर एक से अधिक हों। ऐसे प्रश्नों में प्रत्येक छात्र अपनी तर्क शक्ति [reasoning ability], बुध्दि [intelligence], कल्पना शक्ति [power of imagination] आदि के द्वारा अलग-अलग उत्तर देते हैं।

MATHS

- इससे छात्रों में तार्किक शक्ति का विकास होता है।
- कल्पना शक्ति का विकास होता है।
- सृजनात्मक चिंतन [creative thinking], आलोचनात्मक चिंतन [critical thinking] का विकास होता है।
- कक्षा में समतापूर्ण अवसर [level playing field] प्राप्त है (अर्थात प्रत्येक छात्र अपने बुध्दि और तर्क शक्ति के अनुसार जवाब देते हैं।
- छात्रों में अपसारी चिंतन [Divergent thinking] का विकास होता है।

अभिसारी चिंतन [Convergent thinking] को open ended question के द्वारा बढ़ावा नहीं मिलता है।।

204. Which among the following statements is / are correct.

a. Every mathematical concept gives rise to more mathematical concepts.

b. Mathematical ideas grow from abstract to concrete.

c. Mathematical ideas grow from particular to general.

(1) a and b
(2) a and c
(3) b and c
(4) Only a

निम्नलिखित में से कौन-सा / से कथन उचित है / हैं

a- प्रत्येक गणितीय अवधारणा और अधिक गणितीय अवधारणाओं को उत्पन्न करती है।

b- गणितीय विचार अमूर्त से मूर्त की ओर विकसित होते हैं।

c- गणितीय विचार विशेष से सामान्य की ओर विकसित होते हैं।

(1) a एवं b
(2) a एवं c
(3) b एवं c
(4) केवल a

Ans : (2)

- गणित की प्रकृति श्रेणीबद्ध [hierarchical] होती है।

(अर्थात् गणितीय अवधारणाएं [mathematical concepts] एक दूसरे से परस्पर से संबंहद होती हैं।]

- अतः प्रत्येक गणितीय अवधारणा और अधिक अवधारणाओं को उत्पन्न करती है।
- गणितीय अवधारणाएं विशेष से सामान्य की ओर विकसित होती है।
- गणितीय विचार प्रत्यक्ष से अप्रत्यक्ष [direct to indirect] की ओर विकसित होते हैं।

[अतः गणितीय विचार अमूर्त से मूर्त की ओर विकसित होते हैं। यह कथन अनुचित है।]

205. Which of the following is NOT an advantage of unit planning?

1. It helps teachers in organizing time and resources available with him.
2. It helps in giving a balanced emphasis to various aspects of content.
3. It helps in designing a systematic, sequential and graded arrangement of content.
4. It helps students to manage their teaching learning experiences.

निम्नलिखित में से कौन सा इकाई योजना का लाभ नहीं है?

1. यह शिक्षकों को समय और संसाधनों को व्यवस्थित करने में मदद करता है।
2. यह विषय-वस्तु के विभिन्न पहलुओं पर संतुलित ज़ोर देने में मदद करता है।
3. यह विषय-वस्तु की एक व्यवस्थित, अनुक्रमिक और श्रेणीबद्ध व्यवस्था तैयार करने में मदद करता है।
4. यह छात्रों को उनके शिक्षण अधिगम के अनुभवों को प्रबंधित करने में मदद करता है।

Ans : (4)

- इकाई योजना [unit plan] बनाते समय बालक के मानसिक स्तर का ध्यान रखना चाहिए।
- इकाई योजना एक शिक्षक को पाठ को प्रभावी ढंग से व्यवस्थित करने और छात्रों के सीखने की सुविधा प्रदान करने में मदद करती है।

- इकाई योजना कक्षा को प्रबंधित [managed] करने के लिए ठोस आधार [solid base] प्रदान करती है।
- यह शिक्षकों को समय और संसाधनों को व्यवस्थित करने में मदद करता है।
- यह विषयवस्तु [Subject matter] के विभिन्न पहलुओं पर संतुलित जोर देने में मदद करता है।
- यह विषय-वस्तु की एक व्यवस्थित, अनुक्रमिक और श्रेणीबध्द व्यवस्था [systematic, sequential and hierarchical arrangement] प्रदान करने में मदद करता है।

[यह छात्रों को उनके शिक्षण अधिगम के अनुभवों को प्रबंधित करने में मदद करता है- यह कथन इकाई योजना के संबंध में गलत है।]

206. Which of the following measures you will take to prevent the conceptual errors in mathematics?

(a) Provide hands-on experience for the learning of the concept.

(b) Provide a richer mathematics environment which will lead to deeper understanding of the concept.

(c) Provide open-ended questions for discussion.

(d) Promote the use of calculator.

(1) (b) and (d)

(2) (a) and (d)

(3) (a), (b) and (c)

(4) (a) and (c)

विद्यार्थियों की गणित में अवधारणात्मक त्रुटि को रोकने के लिए आप निम्नलिखित में से कौन सा उपाय करेंगे?

(a) अवधारणा के अधिगम के लिए व्यवहारिक अनुभव प्रदान करेंगे

(b) एक समृद्ध गणित वातावरण प्रदान करेंगे जोकि अवधारणा की गहरी समझ की ओर लेकर जाएगा

(c) चर्चा के लिए खुले सिरे वाले प्रश्न प्रदान करेंगे

(d) कैलकुलेटर के उपयोग को बढ़ावा देंगे

(1) (b) और (d)

(2) (a) और (d)

(3) (a), (b) और (c)

(4) (a) और (c)

Ans : (3)

गणित में अवधारणात्मक त्रुटि [conceptual error] रोकने के लिए निम्नलिखित उपाय करने चाहिए-

छात्रों को गणित उनके व्यवहारिक जीवन से जोड़कर सिखाया जाना चाहिए। [जिससे छात्र अपने Real life] में उसका उपयोग कर सकें

छात्रों को एक समृद्ध [enrichment] गाणितीय वातावरण प्रदान करना जहां छात्र स्वतंत्र रूप से बिना डर और चिंता के गणित सीख सकें।

शिक्षक द्वारा विभिन्न शिक्षण अधिगम सामग्री [teaching learning material] का प्रयोग करना। छात्रों से मुक्त अंत वाले [open ended] / अपसारी चिंतन [divergent thinking] वाले प्रश्न पूंछना।

प्रत्येक छात्र की वैयक्तिक भिन्नता [individual difference] के आधार पर शिक्षा प्रदान करना। [कैलकुलेटर के उपयोग को बढ़ावा देकर छात्र की अवधारणात्मक त्रुटि को कम नहीं किया जा सकता है।]

207. A middle school mathematics teacher distributes a piece of rope, 1 meter long, to her students. She asks them to make a list of things in their surroundings that are 1 meter long, slightly less or more than 1 meter, double or half of one meter. Which of the following statement (s) is/are true for the given situation?

(a) It can be used as an activity to introduce standard unit of length measurement in a class.

(b) It can be used to encourage children to estimate length of objects in daily life.

(c) It is a good activity to establish the formula for conversion of metre to centimetre or vice-versa.

(d) This type of activity should be given only as home task so that class time is utilised for solving the questions.

MATHS

Choose the correct option.

(1) (a) and (c)
(2) (a) and (b)
(3) (b) and (d)
(4) only (d)

एक माध्यमिक विद्यालय की गणित की अध्यापिका ने अपने छात्रों को 1 मीटर लम्बी रस्सी का टुकड़ा दिया। उसने उन्हें एक सूची बनाने को कहा जिसमें आसपास की उन वस्तुओं को लिखना है जो कि 1 मीटर लम्बी हैं, 1 मीटर से थोड़ी कम या अधिक हैं, दुगुनी है या एक मीटर से आधी हैं। इस स्थिति के लिए निम्न कथन/कथनों में से कौन सा/से सही है/हैं?

(a) कक्षा में लम्बाई की मानक इकाई का परिचय देने के लिए इस क्रिया-कलाप का उपयोग किया जा सकता है।

(b) इससे छात्रों को दैनिक जीवन में वस्तुओं की लम्बाई का अनुमान लगाने के लिए प्रोत्साहित किया जा सकता है।

(c) यह एक अच्छा क्रियाकलाप है जिसे मीटर को सेंटीमीटर में परिवर्तित करने या इसके विलोम के सूत्र को स्थापित करने के लिए किया जा सकता है।

(d) इस प्रकार का क्रिया कलाप केवल गृह कार्य के लिए दिया जाना चाहिए जिससे कि कक्षा के समय का उपयोग प्रश्नों को हल करने के लिए किया जा सके।

सही विकल्प को चुनिए।

(1) (a) और (c)
(2) (a) और (b)
(3) (b) और (d)
(4) केवल (d)

Ans : (2)

- उपर्युक्त प्रश्न में शिक्षिका छात्रों को लं० की मानक इकाईयों [standard units] से परिचित करवाने से पहले उन्हें लं० की अमानक इकाइयों [non-standard units] के प्रयोग से परिचित करवाती है।
- इससे छात्र माप की अवधारणा को अपने दैनिक जीवन से जोड़कर आसानी से सीखते है।
- कक्षा में लम्बाई की मानक इकाई का परिचय देने से पहले इस क्रियाकलाप का उपयोग किया जा सकता है।
- इसके माध्यम से छात्रों को अपने दैनिक जीवन में वस्तुओं की लं० का अनुमान [estimate] लगाने के लिए प्रोत्साहित किया जा सकता है।
- इस क्रिया - कलाप के माध्यम से छात्र अनौपचारिक [informal] तरीके से माप की अवधारणा को 'बिना बोझ' के सीख सकते हैं।

208. According to George Polya, there are four steps in problem solving. These steps are listed below in a random order.

(a) Devise a plan
(b) Carry out the plan
(c) Understand the problem
(d) Look back

Which of the following options represents the correct order.

(1) (a), (b), (d), (c)
(2) (c), (d), (a), (b)
(3) (c), (a), (b), (d)
(4) (b), (d), (a), (c)

'जार्ज पोलिया' के अनुसार समस्या समाधान के चार चरण हैं। यह चरण नीचे एक यादृच्छिक क्रम में सूचीबद्ध हैं।

(a) एक योजना तैयार करें
(b) योजना को अंजाम दें
(c) समस्या को समझें
(d) पुन: जाँच करें (सत्यापित करें)

निम्नलिखित में से कौन सा विकल्प सही क्रम का प्रतिनिधित्व करता है?

(1) (a), (b), (d), (c)
(2) (c), (d), (a), (b)
(3) (c), (a), (b), (d)
(4) (b), (d), (a), (c)

Ans : (3)

समस्या समाधान सीखने से छात्रों को वास्तविक जीवन

की समस्याओं को हल करने और वास्तविक दुनिया की स्थितियों में गणित को लागू करने की समझ विकसित करने में मदद मिलती है। इसका उपयोग गणितीय अवधारणाओं [mathematical concepts] की गहरी समझ के लिए किया जाता है।

'जार्ज पोल्या, नामक एक व्यक्ति ने सभी प्रकार की समस्याओं को हल करने के लिए एक चार-चरणीय विधि [four-step method] तैयार की।

1. समस्या को समझे [Understand the problem]
2. एक योजना तैयार करें [Devise a plan]
3. योजना को क्रियान्वित करें [Carry out the plan]
4. पुनः जांच करे [Look back]

209. The fact that there is a fraction between any two fractions is called the___.

(1) density property of numbers
(2) divisible property of fractions
(3) infinite property of fractions
(4) density property of fractions

यह तथ्य कि किन्हीं दो भिन्नों के बीच एक भिन्न होता है, इसे हम कहते हैं___.

(1) संख्याओं का घनत्व गुण
(2) भिन्नों का विभाज्य गुण
(3) भिन्नों का अनंत गण
(4) भिन्नों का घनत्व गुण

Ans : (4)

भिन्नों का घनत्व गुण [density property of fractions] बताता है कि किन्हीं दो भिनों के बीच एक अन्य भिन्न होती है। पूर्ण संख्याएं [whole numbers] और भिन्न [fraction] दोनों अनंत [infinite] हैं। किंतु भिन्नों का समुच्चय सघन है।

[अतः यह तथ्य कि किन्हीं दो भिन्नों के बीच एक भिन्न होती है, 'भिन्नों का घनत्व गुण कहलाता है।]

210. A middle grade mathematics teacher wants to develop a rubric for assessing the levels of learning in her students on the topic 'geometrical shapes'. She identifies that according to Van Hiele the students can be categorized in the four levels of geometric reasoning. Match the levels in Column A with the corresponding geometric reasoning in Column B.

Column A	Column B
(a) Level 1	(i) The student is able to understand theorems.
(b) Level 2	(ii) The student is able to explore relationships between various figures based on their properties.
(c) Level 3	(iii) The student is able to identify a figure based on its properties and not on the physical appearance.
(d) Level 4	(iv) The student recognises a figure based on physical appearance.

Choose the correct option.

(1) a-(iv), b-(ii), c-(iii), d-(i)
(2) a-(iii), b-(iv), c-(i), d-(ii)
(3) a-(ii), b-(i), c-(iii), d-(iv)
(4) a-(iv), b-(iii), c-(i), d-i)

एक मिडिल ग्रेड गणित कि अध्यापिका "ज्यामितीय आकृतियों" के विषय पर अपने छात्रों में अधिगम के स्तर के आँकलन के लिए रूब्रिक विकसित करना चाहती है। उन्होने पहचान की कि वैने हैले के अनुसार छात्रों को ज्यामितीय तर्कणा के चार स्तरों में श्रेणीबद्ध किया जा सकता है। कॉलम A में स्तरों का सुमेल कॉलम B में संगत ज्यामिती तर्कणा से कीजिए।

कॉलम A	कॉलम B
(a) स्तर 1	(i) छात्र प्रमेयों को समझ पा रहा है।
(b) स्तर 2	(i) छात्र विविध आकृतियों को गुणों के आधार पर उनके बीच के संबंधों का अन्वेषण कर पा रहा है।

MATHS

MATHS

(c) स्तर 3	(iii) छात्र आकृति को गुणों के आधार पर उनके बीच सम्बंधो का अन्वेषण कर पा रहा है न कि भौतिक दिखावट के आधार पर।
(d) स्तर 4	(iv) छात्र आकृति को भौतिक दिखावट के आधार पर पहचान पा रहा है

सही विकल्प का चयन कीजिए:

(1) a-(iv), b-(ii), c-(iii), d-(i)
(2) a-(iii), b-(iv), c-(i), d-(ii)
(3) a-(ii), b-(i), c-(iii), d-(iv)
(4) a-(iv), b-(iii), c-(ii), d-(i)

Ans : (4)

वैन हैले के सिध्दांत :- वैन हैले का सिद्धांत शिक्षक को एक अंतर्दृष्टि प्रदान करता है कि छात्र विभिन्न स्तरों पर ज्यामिति कैसे सीखते हैं।

वैन हैले के ज्यामीतीय विचार के स्तर के अनुसार चार स्तर है।

स्तर 0 :-
दृश्यीकरण [Visualisation]:- बच्चा आकृतियों को देखकर दैनिक जीवन से Rebite करता है। जैसे: 0 को रोटी कहना, ringle). को समोसे कहना।

स्तर 1 विश्लेषण (Analysis):-
छात्र गुणों के आधार पर आकृतियों का वर्गीकरण करता है।

स्तर 2 संबंध बनाना [Relationship]:-
छात्र दो आकृतियों के बीच संबंधों का अन्वेषण करता है।

स्तर 3 निगमनात्मक [Deduction]:-
Theory, formula, Concept के बारे में समझ बनाना। छात्र प्रमेयों को समझ पाता है।

स्तर 4 स्वयं सिध्द [self-proven] :-
छात्र स्वयं चीजों का निर्माण करता है।

211. Which of the following would NOT qualify as a higher aim of teaching mathematics?

(1) To help students understand the basic structure of mathematics
(2) To enable students to identify relationships
(3) To train students in mechanical calculations
(4) To enable students to handle abstractions

निम्नलिखित में से गणित शिक्षण के उच्चतर लक्ष्य को प्राप्त करने की विशेषता नहीं है?

(1) विद्यार्थियों को गणित की आधारभूत संरचना को समझने में सहायता करना।
(2) विद्यार्थियों को सम्बन्ध पहचानने में समर्थ बनाना।
(3) विद्यार्थियों को यांत्रिक परिकलन में प्रशिक्षित करना।
(4) विद्यार्थियों को अमूर्त प्रत्ययों को संचालित करने में समर्थ करना।

Ans : (3)

गणित शिक्षण के उच्चतर लक्ष्य [higher goals] को प्राप्त करने की विशेषता :

- ➢ गणित शिक्षण के उच्चतर लक्ष्य की विशेषता बच्चे के मानसिक स्तर में वृध्दि करना है।
- ➢ गति [motion], सटीकता [accuracy], अनुमान [conjecture/estimate] जैसे कौशल का विकास।
- ➢ बच्चों में गणितीय रुप से सोचने और तर्क करने की क्षमता का विकास करना।
- ➢ विधार्थियों को गणित की आधारभूत संरचना [basic infrastructure] समझने में सहायता करना।
- ➢ विद्यार्थियों को संबंध पहचानने में मदद / समर्थ [capable] करना।
- ➢ विद्यार्थियों को अमूर्त प्रत्ययों [abstract suffixes] को संचालित [conducted] करने में समर्थ बनाना।

[विद्यार्थियों को यांत्रिक परिकलन [mechanical calculations] में प्रशिक्षित [trained] करना, यह गणित शिक्षण का उच्चतर लक्ष्य नहीं है।]

212. Identify the correct statement from among the following.

(1) Formal proofs are obtained only by inductive reasoning.
(2) Hypotheses are always formulated only through deductive logic.

(3) Conjectures have no role in construction of mathematical knowledge.
(4) Counter examples are helpful in assessing the validity of generalisations.

निम्नलिखित में से सही कथन को पहचानिए।

(1) औपचारिक उपपत्ति को केवल आगमनिक तर्कणा से प्राप्त किया जा सकता है।
(2) परिकल्पनाएँ सदा निगमनिक तर्कों द्वारा सूत्रबद्ध होती हैं।
(3) गणितीय ज्ञान की संरचना में अनुमान लगाने की कोई भूमिका नहीं होती है।
(4) सामान्यीकरण की वैधता को निर्धारित करने के लिए प्रति उदाहरण सहायक होते हैं।

Ans : (4)

प्रतिउदाहरण [Counter examples]:- किसी तर्क का प्रति -उदाहरण वह स्थिति है जो यह दर्शाती है तर्क का आधार [base] सत्य और निष्कर्ष [conclusion] असत्य हो सकता है।

किसी Concept को समझाने के लिए 'प्रति-उदाहरण, महत्वपूर्ण भूमिका निभाते हैं।

[अतः सामान्यीकरण [generalization] की वैधता [validity] को निर्धारित करने के लिए प्रति-उदाहरण सहायक होते हैं।]

213. For a triangle to be isosceles, which of the following statements is true?

(1) "Two of its angles are equal" is a sufficient but not necessary condition.
(2) "Two of its angles are equal" is a necessary but not sufficient condition.
(3) "Two of its angles are equal" is both necessary and sufficient condition.
(4) "Two of its angles are equal" is neither sufficient nor necessary condition.

एक त्रिभुज के समद्विबाहु होने के लिए निम्नलिखित में से कौन-सा कथन सही है?

(1) "इसके दो कोण समान हैं" पर्याप्त है परन्तु आवश्यक प्रतिबंध नहीं हैं।
(2) "इसके दो कोण समान है" आवश्यक है परन्तु पर्याप्त प्रतिबंध नहीं है।
(3) "इसके दो क़ोण समान हैं" दोनों आवश्यक और पर्याप्त प्रतिबंध है।
(4) "इसके दो कोण समान हैं" न तो पर्याप्त और न ही आवश्यक प्रतिबंध है।

Ans : (3)

समद्विबाहु त्रिभुज [isosceles triangle] :- समद्विबाहु त्रिभुज ज्यामिति [geometry] की एक आकृति है। समद्विबाहु त्रिभुज वह त्रिभुज होता है, जिसकी दो भुजाएँ समान लंबाई की होती हैं, और इसलिए दो कोण भी समान मान के होते हैं।

[अतः "समद्विबाहु त्रिभुज के दो क़ोण समान हैं तथा दोनों आवश्यक और पर्याप्त प्रतिबंध (restrictions) है।]

214. Which of the following statements is correct regarding teaching-learning of mathematics?

(1) Medium of instruction impacts mathematical understanding
(2) Gender impacts mathematical competency
(3) Teacher's belief about learners does not impact mathematical competency
(4) Mathematical ability is innate

गणित के शिक्षण-अधिगम के सम्बन्ध में निम्नलिखित कथनों में से कौन-सा सही है?

(1) निर्देश का माध्यम गणितीय समझ पर असर करता है।
(2) जेंडर का गणितीय योग्यता पर असर होता है।
(3) अध्यापक की अधिगामकर्ताओं के प्रति धारणा का गणितीय सक्षमता पर कोई प्रभाव नहीं होता है।
(4) गणितीय सामर्थ्य जन्मजात है।

Ans : (1)

- अध्यापक द्वारा दिया गया निर्देश [instruction] गणितीय समझ पर असर करता है।
- [अतः अध्यापक को सदैव सकरात्मक [positive] होना चाहिए।]
- जेंडर का गणितीय योग्यता [mathematical ability] पर असर नहीं होता है। [अर्थात् कोई भी व्यक्ति चाहे लड़की हो या लड़का गणित सीख सकता है।]
- अध्यापक की अधिगमकर्ताओं [learners] के

MATHS

MATHS

प्रति धारणा [perception] का गणितीय समक्षता [mathematical competence] पर अत्यधिक प्रभाव पड़ता है।

- गणितीय सामर्थ्य [mathematical ability] जन्मजात नहीं होती है। [अतः इसमें अनुवांशिकता [heredity] तथा वातावरण [environment] दोनों का प्रभाव होता है।

[अतः निर्देश का माध्यम गणितीय समझ पर असर करता है: गणित के शिक्षण अधिगम में यह कथन सत्य है।]

215. Dyscalculia is characterized by

a. difficulty in understanding number concepts.

b. lack of an intuitive grasp of numbers.

c. inability to coordinate the verbal and spatial aspects of numbers.

(1) a and b
(2) c and d
(3) a, b, and c
(4) a and c

डिस्कैलकुलिया (dyscalculia) की विशेषता है-

a. संख्याओं की संकल्पनाओं को समझने में कठिनाई

b. संख्याओं के अंतर्ज्ञान की पकड़ में कमी

c. संख्याओं के शाब्दिक और स्थानिक रूप में समन्वयन करने की अयोग्यता

d. वर्णमाला को पहचानने में अयोग्यता

(1) a और b
(2) c और d
(3) a, b और c
(4) a और c

Ans : (3)

डिस्केलकुलिया [Dyscalculia] एक अधिगम अक्षमता [learning disability] है। जो किसी व्यक्ति की संख्या-आधारित जानकारी और गणित को समझने की क्षमता को प्रभावित करता है।

- संख्याओं की संकल्पना [concept] को समझने में कठिनाई।
- संख्याओं के अंतर्ज्ञान [intuition] की पकड़ में कमी।
- संख्याओं के शाब्दिक [literal] और स्थानिक [spatial] रूप में समन्वय [coordination] करने की अयोग्यता।

216. The distance covered (in metres) by a wheel of radius 25 cm in 350 rounds is (use $\pi = \frac{22}{7}$) :

त्रिज्या 25 cm वाले एक पहिए द्वारा 350 चक्कर लगाने में तय की गई दूरी (मीटरों में) है ($\pi = \frac{22}{7}$ का उपयोग कीजिए):

(1) 825
(2) 1100
(3) 275
(4) 550

Ans (4)

Radius of wheel (पहिये की त्रिज्या) = 25 cm

Number of revolutions = 350

Distance covered by the wheel in 350 revolutions (350 चक्करों में पहिये द्वारा तय की गई दूरी) $= 350 \times 2\pi r = 350 \times 2 \times \frac{22}{7} \times 25 = 100 \times 550 = 55000$ cm=550 m

217. The value of $\frac{0.125 \times 57.8 \times 0729}{0.017 \times 0.0081 \times 0.25}$ is equal to

$\frac{0.125 \times 57.8 \times 0729}{0.017 \times 0.0081 \times 0.25}$ का मान बराबर है

(1) 153
(2) 1530
(3) 15300
(4) 153000

Ans (4)

$\frac{0.125 \times 57.8 \times 0729}{0.017 \times 0.0081 \times 0.25}$

$\frac{125 \times 578 \times 729 \times 1000000000}{17 \times 81 \times 25 \times 10000000}$

$= 5 \times 34 \times 9 \times 100$

$= 153000$

218. If LCM of two numbers is 392, then which of the following cannot be the HCF of these numbers?

यदि दो संख्याओं का LCM 392 है, तो निम्न में से कौन-सी संख्या इन संख्याओं का HCF नहीं हो सकती है?

(1) 28
(2) 42
(3) 56
(4) 196

Ans (2)

यदि दो संख्याओं का LCM 392 है, तो हमें HCF के संभावित मानों की पहचान करने की आवश्यकता है, ताकि गुणा करने पर वे संख्याएँ उत्पन्न करें जो 392 के सामान्य कारक [common factors] हों।

- 392/28 = 14. 14, 392 का एक कारक [factor] है।
- 392/42 ≈ 9.33. 9.33 एक पूर्णांक नहीं है, इसलिए यह 392 का कारक नहीं है।
- 392 / 56 = 7.7, 392 का एक कारक है।
- 392 / 196 = 2.2, 392 का एक कारक है।

219. What is the smallest positive integer which is not a factor of the product 264×90×1680?

वह न्यूनतम धनात्मक पूर्णांक क्या है, जो गुणनफल 264 × 90 × 1680 का एक गुणनखंड नहीं है?

(1) 12
(2) 13
(3) 14
(4) 15

Ans (2)

$264 = 2^3 \times 3 \times 11$

$90 = 2 \times 3^2 \times 5$

$1680 = 2^4 \times 3 \times 5 \times 7$

जब हम इन संख्याओं को आपस में गुणा [multiply] करते हैं, तो हमें गुणनफल का अभाज्य गुणनखंड [prime factorization] प्राप्त होता है:

$264 \times 90 \times 1680 = 2^{3+1+4} \times 3^{1+2+1} \times 5^{0+1+1} \times 7^{0+1} \times 11$

$= 2^8 \times 3^4 \times 5^2 \times 7 \times 11$

अब, 12 एक गुणनखंड [factor] है क्योंकि $2^3 \times 3$ शामिल है।

13 एक गुणनखंड नहीं है क्योंकि 13 शामिल नहीं है।

14 एक गुणनखंड है क्योंकि 2 × 7 शामिल है।

15 एक गुणनखंड है क्योंकि इसमें 3 × 5 शामिल है।

220. If A and B represent digits and

```
  A B A
    x 5
  -----
4 4 B 0
```

then which of the following is true?

यदि A और B अंकों को निरूपित करते हैं तथा

```
  A B A
    x 5
  -----
4 4 B 0
```

है, तो निम्न में से कौन-सा सत्य है?

(1) A = 4, B = 2
(2) A = 9, B = 8
(3) A = 2, B = 4
(4) A = 8, B = 9

Ans (4)

```
  A B A
    x 5
  -----
4 4 B 0
```

Here,

A = 8 and B = 9

```
  8 9 8
    x 5
  -----
4 4 9 0
```

MATHS

MATHS

221. PQRS is a parallelogram whose diagonals PR and QS intersect at a point O such that OP=(x+7)cm, OQ=(x+y) cm, OR=20cm and OS=16cm. Then, value of (7y+5) (in cm) is:

(1) 21
(2) 23
(3) 26
(4) 28

PQRS एक समांतर चतुर्भुज है, जिसके विकर्ण PR और QS परस्पर बिंदु O पर प्रतिच्छेद करते हैं। यदि OP=(x+7) cm, OQ=(x+y) cm, OR=20 cm तथा OS=16cm है, तो (7y+5) का (cm में) मान है:

(1) 21
(2) 23
(3) 26
(4) 28

ANS : (3)

Diagonals of parallelogram bisect each other.

(समांतर चतुर्भुज के विकर्ण एक दूसरे को समद्विभाजित करते हैं।)

OP = OR

X+7 = 20

X = 13 cm

Similarly, OQ = OS

X+y = 16

13 + y = 16

Y = 3 cm

Now, 7y + 5 = 7 (3) + 5 = 21 + 5 = 26 cm

222. Height and base radius of one cylinder are respectively 30 cm and 6 cm and that of another cylinder are 15 cm and 12 cm respectively. The ratio of the volume of first cylinder to that of the second cylinder is-

एक बेलन की ऊंचाई और आधार त्रिज्या क्रमश: 30cm और 6cm है तथा दूसरे बेलन की ऊंचाई और आधार त्रिज्या क्रमश: 15cm और 12cm हैं। पहले बेलन के आयतन का दूसरे बेलन से आयतन का अनुपात है:

(1) 2 : 3
(2) 3 : 2
(3) 1 : 2
(4) 1 : 1

ANS : (3)

पहले बेलन (cylinder) की height = 30 cm

पहले बेलन (cylinder) की radius = 6 cm

दूसरे बेलन (cylinder) की height = 15 cm

दूसरे बेलन cylinder की radius = 12 cm

पहले बेलन का आयतन : दूसरे बेलन का आयतन

बेलन का आयतन = $\pi r^2 h$

$\pi \times 6^2 \times 30 : \pi \times 12^2 \times 15$

$36 \times 30 : 144 \times 5 \Rightarrow 1080 : 2160$

$\Rightarrow 1 : 2$

223. On dividing $15(x^2 - x - 12)$ by $5(x + 3)(x^2 - 16)$, we get

$15(x^2 - x - 12)$ को $5(x + 3)(x^2 - 16)$ से भाग देने पर हमे प्राप्त होता है :

(1) $\frac{3}{x+4}$

(2) $\frac{x+4}{3}$

(3) $\frac{5}{x-4}$

(4) $\frac{x-4}{5}$

ANS : (1)

$15(x^2-x-12)$ को $5(x+3)(x^2-16)$ से भाग दिया जाता है।

$15(x^2-x-12) = 15x^2-15x-180$

$15x^2-15x-180 = 5(3x^2-3x-36)$

$5(3x^2\text{-}3x\text{-}36) = 5(3x^2\text{-}12x\text{+}9x\text{-}36)$

$5(3x^2\text{-}12x\text{+}9x\text{-}36) = 5(3x(x\text{-}4x)\text{+}9(x\text{-}4)$

$5(3x(x\text{-}4x)\text{+}9(x\text{-}4) = 5((x\text{-}4x)(3x\text{+}9))$

अब, $5((x\text{-}4x)(3x\text{+}9))$ $5(x+3)(x^2\text{-}16)$ से विभाजित करने पर

हमे प्राप्त होता है। $= \dfrac{5((x-4)3(x+3))}{5(x+3)(x-4)(x+4)} = \left(\dfrac{3}{x+4}\right)$

224. if $\dfrac{547.527}{0.0082} = x$, then the value of $\dfrac{547527}{82}$ is

यदि $\dfrac{547.527}{0.0082}$ है, तो $\dfrac{547527}{82}$ का मान है

(1) 10x
(2) 100x
(3) $\dfrac{x}{100}$
(4) $\dfrac{x}{10}$

ANS : (3)

$\dfrac{547.527}{0.0082} = x$

$x = \left(\dfrac{547527}{82}\right) \times \left(\dfrac{10000}{1000}\right) = x = \left(\dfrac{547527}{82}\right) \times 10$

$\dfrac{547527}{82} \times \dfrac{x}{10}$

225. If $\dfrac{7-x}{5x+1} = 3$ then what is the value of $\dfrac{x+1}{x-1} = 3$?

$\dfrac{7-x}{5x+1} = 3$ **यदि है, तो** $\dfrac{x+1}{x-1} = 3$ **का मान क्या है ?**

(1) $-\dfrac{5}{3}$
(2) $-\dfrac{7}{4}$
(3) $\dfrac{5}{4}$
(4) $\dfrac{7}{3}$

ANS : (1)

$\dfrac{7-x}{5x+1} = 3, \dfrac{x+1}{x-1} = ??$

$(7\text{-}x) = 3\ (5x+1) \Rightarrow 7\text{-}x = 15x+3$

$\Rightarrow 4 = 16x \Rightarrow 4/16 = x$

$\dfrac{1}{4} = x$

अब,

$x = \dfrac{1}{4}$

$= \dfrac{x+1}{x-1}$

$\Rightarrow \dfrac{\frac{1}{4}+1}{\frac{1}{4}-1} \Rightarrow \dfrac{\frac{1+4}{4}}{\frac{1-4}{4}} \Rightarrow \dfrac{\frac{5}{4}}{\frac{-3}{4}} \Rightarrow \dfrac{-5}{3}$

226. If 5607 + x is a perfect square, then the least value of x lies between

यदि 5607 + x एक पूर्ण वर्ग है, तो x का न्यूनतम मान निम्न संख्याओं के बीच में है

(1) 10 और 13
(2) 13 और 16
(3) 16 और 19
(4) 19 और 22

ANS : (3)

कोई संख्या पूर्ण वर्ग है कि नहीं , भाग विधि द्वारा करके देखा जाता है।

MATHS

	75
7	5607
7	49
145	707
5	725
	-18

5607 को पूर्ण वर्ग बनाना है तो 18 जोड़ना चाहिए। 16 व 19 के बीच है।

227. If 3(5x+7) + 4(x–13) = 25x–7, then what is the value of $\frac{3x+7}{4}$?

यदि 3(5x+7) +4(x–13) = 25x–7 है, तो $\frac{3x+7}{4}$ का मान क्या है ?

(1) $\frac{-5}{4}$

(2) $\frac{5}{4}$

(3) $\frac{5}{2}$

(4) $-\frac{5}{2}$

ANS : (1)

$3(5x+7) + 4(x-13) = 25x-7$

$=15x+21+4x-52 = 25x-7$

$= 19x-31 = 25x-7 = -31+7 = 25x-19x$

$-24 = 6x \quad = x=-4$

x का $\frac{3x+7}{4}$ मान में रखने पर

$=\frac{(3\times(-4)+7)}{4}=\frac{-5}{4}$

228. A solid metallic cuboid of dimensions 12cm × 9cm × 16cm is melted and recast into 216 cubes of the same size. What is the lateral surface area of two such cubes?

विमाओ 12cm × 9cm × 16cm वाले एक ठोस धातु के घनाभ को पिघलाकर समान मापों के 216 घन बनाए जाते है ऐसे दो घनो का पाश्र्वीय पृष्ठ क्षेत्रफल क्या है?

(1) $24cm^2$

(2) $32cm^2$

(3) $36cm^2$

(4) $48cm^2$

ANS : (2)

घनाभ की आयाम = 12cm × 9cm × 16cm

घनों की संख्या (no. of cubes)= 216

प्रयुक्त सूत्र: घनाभ का आयतन (volume of cuboid) = लंबाई × चौड़ाई × ऊँचाई

घन का आयतन (volume of cube) = $(\text{भुजा})^3$

घन का पार्श्व पृष्ठीय क्षेत्रफल (curved surface area of cube) = 4× $(\text{भुजा})^2$

घनाभ का आयतन (volume of cuboid) = 12cm × 9cm × 16cm = 1728 cm^3

घनाभ का आयतन = 216 × घन का आयतन

$1728=216 \times(\text{Side})^3 = 8= (\text{भुजा})^3$ = भुजा=2 cm

2 घनों का पार्श्व पृष्ठीय क्षेत्रफल (lateral surface area of two such cubes) = $2\times4\times(\text{भुजा})^2 = 8\times(2)^2$ =32 cm

229. Which of the following can be the sides of a right angled triangle?

निम्नलिखित में से कौन एक समकोण त्रिभुज की भुजाएं हो सकती हैं?

(1) 3.5cm, 3cm, 5cm

(2) 2.5cm, 6.5cm, 6cm

(3) 7cm, 12cm, 13cm

(4) 1.5cm, 2.5cm, 1.8cm

ANS : (2)

सूत्र: Hypotenuse $(\text{कर्ण})^2$ = Base $(\text{आधार})^2$+ Perpendicular $(\text{लंबवत})^2$

विकल्प 1:

$(5)^2 = (3.5)^2 + (3)^2 \quad \Rightarrow 25 = 12.25 + 9$

$\Rightarrow 25 \neq 21.25$

विकल्प 2:

$(6.5)^2 = (6)^2 + (2.5)^2 \quad \Rightarrow 42.25 = 36 + 6.25$

$\Rightarrow 42.25 = 42.25$

विकल्प 3:

$(13)^2 = (12)^2 + (7)^2 \quad \Rightarrow 169 = 144 + 49$

$\Rightarrow 169 \neq 193$

विकल्प 4:

$(2.5)^2 = (1.8)^2 + (1.5)^2 \Rightarrow 6.25 = 3.24 + 2.25$

$\Rightarrow 6.25 \neq 5.49$

सही उत्तर विकल्प 2 अर्थात 2.5 सेमी, 6.5 सेमी, 6 सेमी है।

230. Two line segments AB and CD intersect each other at O. If ∠OAC=40°, ∠OCA=60°, ∠ODB=50° and ∠OBD=x, then what is the value of x?

दो रेखाखण्ड AB तथा CD परस्पर बिन्दु O पर प्रतिच्छेद करते हैं। यदि ∠OAC = 40°, ∠OCA = 60°, ∠ODB = 50° तथा ∠OBD = x है, तो x का मान क्या होगा ?

(1) 50°
(2) 60°
(3) 70°
(4) 80°

ANS : (1)

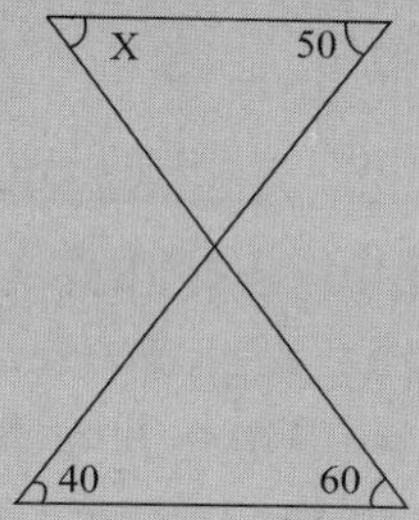

∠OAC = 40°, ∠OCA = 60°, ∠ODB = 50° तथा ∠OBD = x

Here , AOC and BOD are two triangles.

In triangle AOC,

∠OAC+∠OCA+∠AOC = 180°

40°+60°+∠AOC = 180°

∠AOC = 180°-100°

∠AOC = 80°

As we know that ,

∠AOC = ∠BOD (vertically opposite angles)

∠BOD = 80°

In triangle BOD ,

∠BOD + ∠ODB + ∠OBD = 180° (sum of all angles of triangle is 180°)

80°+50°+x = 180°

x = 180°-130°

x= 50°

So, option (1) is correct answer.

231. In △ABC and △PQR, ∠A=∠P, AB=PR and AC=PQ. If QR = 3x-5 and BC = x+7, then the value of x is:

△ABC तथा △PQR में, ∠A = ∠P, AB = PR तथा AC = PQ है। यदि QR = 3x-5 तथा BC = x+7 है, तो x का मान होगा :

(1) $\frac{1}{2}$
(2) 1
(3) 3
(4) 6

ANS : (4)

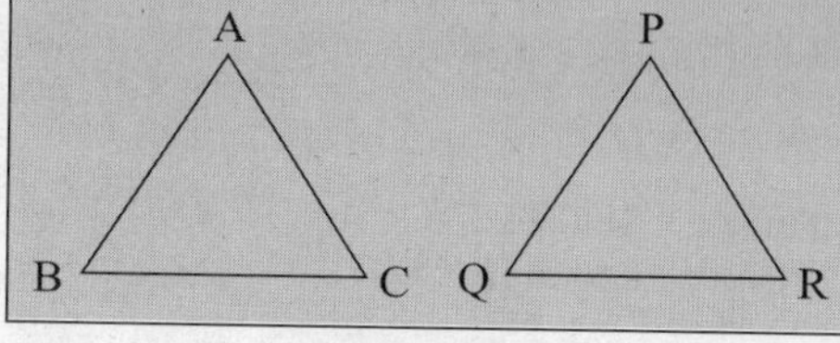

Here, In △ABC and △PQR,

∠A= ∠P [Given]

AB = PR [Given]

AC = PQ. [Given]

So, △ABC ≅ △PQR [By SAS congruency]

BC = QR [By CPCT]

It is given that , QR = 3x - 5 and BC = x +7

BC = QR

x+7 = 3x–5 ⇒ 7+5 = 3x-x

⇒ 12 = 2x ⇒ 6 =x

So, option (4) is correct answer.

232. In △ABC, BA=BC. If AE and CF are bisectors of ∠A and ∠C respectively, then which of the following is true?

△ABC में, BA = BC है। यदि AE तथा CF क्रमशः ∠A तथा ∠C के समद्विभाजक हैं, तो निम्न में से क्या सत्य है ?

(1) △AFC≅ △CAE
(2) △AFC ≅ △AEC
(3) △AFC ≅ △CEA
(4) △AFC ≅ △ACE

ANS : (3)

In △ABC, BA=BC,

If AE and CF are bisectors of ∠A and ∠C.

Congruent triangles are named by listing their vertices in corresponding orders (सर्वांगसम त्रिभुजों के शीर्षों को संगत क्रम में सूचीबद्ध करके उनका नामकरण किया जाता है।).

Here , BA =BC ; it means A is corresponding to C

Similarly , E and F are the other en points of two altitudes , then they ar corresponding to each other.

Thus, △AFC ≅ △CEA

So, option (3) is correct answer.

233. If F, E and V are respectively the number of faces, edges and vertices of a hexagonal prism, then which of the following statements is true?

यदि F, E और V क्रमशः एक षड्भुज आधार वाले प्रिज्म के क्रमशः फलकों, किनारों और शीर्षों की संख्याएँ हैं, तो निम्न कथनों में से कौन-सा कथन सत्य है ?

(1) 4V + 2E - 3F = 36
(2) 3F + 4V - 2E = 36
(3) 4V + 2E - 3F = 38
(4) 3F + 4V - 2E = 40

ANS : (2)

F + V – E for a hexagonal prism is equal to 2.

F + V – E = 2

Here , E is subtracted from the sum of V and F ,

So there is a possibility of option (2) and (4) ,

Let us check,

Number of faces in a hexagonal prism = 8

Number of vertices in a hexagonal prism = 12

Number of edges in a hexagonal prism = 18

Taking option (2), 3F + 4V - 2E = 36

Put the value of F , V and E

3(8) +4(12) -2(18) = 36 ⇒ 24+48-36 = 36

⇒ 36 = 36

Taking option (4) , 3F+4V-2E = 40

3(8)+4(12)-2(18) = 40 ⇒ 24+48-36 = 40

⇒ 36 ≠ 40

So, option (2) is correct answer.

234. Two sides (other than the hypotenuse) of a right angled triangle are 16 cm and 30 cm. Then, length of the smallest altitude of the triangle is :

किसी समकोण त्रिभुज की दो भुजाएँ (कर्ण के अतिरिक्त) 16 cm और 30 cm हैं। तब इस त्रिभुज के न्यूनतम शीर्षलंब की लंबाई है:

(1) 16 cm

(2) $16\frac{1}{3}$ cm

(3) $14\frac{1}{3}$ cm

(4) $14\frac{2}{17}$ cm

ANS : (1)

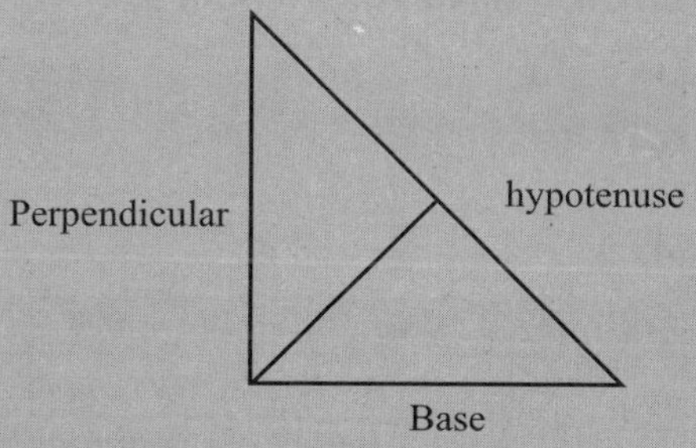

In a right-angled triangle,

Perpendicular (P) = 30cm, Base = 16cm

Using Pythagoras theorem,

$H^2 = P^2 + B^2 \Rightarrow H^2 = (30)^2+(16)^2$

$H^2 = 900+256 = 1156 \Rightarrow H = \sqrt{1156} = 34cm$

Now, the smallest altitude formed on the hypotenuse.

All the sides of triangle are a = 16cm, b = 34cm and c = 30cm

Semi perimeter (s)= $\frac{a+b+c}{2}$

$= \frac{16+34+30}{2} = \frac{80}{2} = 40cm$

Using herons formula ,

Area of triangle (A) = $\sqrt{s(s-a)(s-b)(s-c)}$

$= \sqrt{40(40-16)(40-34)(40-30)}$

$= \sqrt{40\times24\times6\times10}$

$= \sqrt{57600} = 240cm^2$

Also, Area of triangle = $\frac{1}{2}\times base\times height$

$240 = \frac{1}{2}\times30\times height = \frac{240}{15} = height$

=16cm = height

Thus, the length of smallest altitude of triangle (इस त्रिभुज के न्यूनतम शीर्षलंब की लंबाई) = 16cm

So, option (1) is correct answer.

235. The ratio of the base radius and height of a cylinder is 5: 2. If its radius is 35 cm, then its total surface area (in cm^2) is: (Use $\pi = \frac{22}{7}$)?

एक बेलन के आधार की त्रिज्या और ऊंचाई में अनुपात 5 : 2 है। यदि इसकी त्रिज्या 35 cm है, तो इसका कुल पृष्ठीय क्षेत्रफल (cm^2 में) होगा :

($\pi = \frac{22}{7}$ लीजिए)

(1) 3080

(2) 4312

(3) 5390

(4) 10780

ANS : (4)

The ratio of the base radius and height of a cylinder is 5: 2 (एक बेलन के आधार की त्रिज्या और ऊंचाई में अनुपात 5 : 2 है।)

Radius = 35 cm

$\frac{Radius}{Height} = \frac{5}{2} \Rightarrow \frac{35}{Height} = \frac{5}{2}$

=Height = 14 cm

Total surface area of cylinder (बेलन के कुल पृष्ठीय क्षेत्रफल) = $2\pi r(h+r)$

$= 2\times\frac{22}{7}\times35\times(14+35) = 220\times49 = 10780cm^2$

So, option (4) is correct answer.

MATHS

236. Oil of a certain company is available in tins of two shapes - square base of side 16 cm with height 12 cm and circular base of radius 10 cm with height 10 cm. Which tin has more oil and how much more (in cm²) ? (Use π = 3.14)

(1) Circular base tin, 68
(2) Circular base tin, 92
(3) Square base tin, 58
(4) Square base tin, 86

किसी कम्पनी का तेल दो आकार के डिब्बों में उपलब्ध है - वर्गाकार आधार, जिसकी भुजा 16 cm तथा ऊंचाई 12 cm है और वृत्ताकार आधार, जिसकी त्रिज्या 10 cm तथा ऊंचाई 10 cm है। किस डिब्बे में अधिक तेल है और कितना अधिक है (cm^3 में)? (π = 3. 14 लीजिए)

(1) वृत्ताकार आधार डिब्बा, 68
(2) वृत्ताकार आधार डिब्बा, 92
(3) वर्गाकार आधार डिब्बा, 58
(4) वर्गाकार आधार डिब्बा, 86

ANS : (1)

Oil of a certain company is available in tins of two shapes (किसी कम्पनी का तेल दो आकार के डिब्बों में उपलब्ध है)

Case I :

square base of side = 16 cm, height (ऊंचाई) =12 cm

Volume of cuboidal container = $l \times b \times h$

$= 16 \times 16 \times 12 = 3072\ cm^3$.

Case II :

circular base of radius (त्रिज्या) = 10cm,

height (ऊंचाई) = 10cm.

Volume of cylindrical container = $\pi r^2 h$

$= 3.14 \times (10)^2 \times (10) = 3140\ cm^3$.

Cylindrical tin has more oil than cuboidal tin by = 3140–3072 = $68 cm^3$.

So, option (1) is correct answer.

237. Value of (Mean + Median - Mode) of the data 8, 3, 6, 2, 7, 5, 3, 8, 3 is:

आंकड़ों 8, 3, 6, 2, 7, 5, 3, 8, 3 के लिए (माध्य + माध्यक - बहुलक) का मान होगा :

(1) 2
(2) 3
(3) 7
(4) 9

ANS : (3)

Mean (माध्य) = $\frac{\text{sum of all observations}}{\text{total no.of observations}}$

$= = \frac{8+3+6+2+7+5+3+8+3}{9} = \frac{45}{9} = 5$

Arrange in ascending order,

2, 3, 3, 3, 5, 6, 7, 8, 8

Here , no. of observations = 9 (odd)

Median (माध्यक) = $\left(\frac{n+1}{2}\right)^{th}$ term

$= \left(\frac{9+1}{2}\right)^{th}$ term $= \left(\frac{10}{2}\right)^{th}$ term

$= 5^{th}$ term = 5

And, Mode (बहुलक) = 3 (most occurring number) सबसे अधिक होने वाली संख्या।

Now, (Mean + Median - Mode)

= माध्य + माध्यक - बहुलक

= 5 + 5 - 3 = 7

So, option (3) is correct answer.

238. A student obtained a total of 630 marks in 5 subjects in an examination. Marks obtained in Hindi, English, Mathematics, Science and Social Science when shown in a pie chart by making central angles 65°, 53°, 85°, 81° and 76° respectively. How many more marks were obtained by the student in Mathematics than in Hindi?

एक विद्यार्थी ने किसी परीक्षा में 5 विषयों में कुल 630 अंक प्राप्त किए। जब हिन्दी, अंग्रेजी, गणित, विज्ञान तथा सामाजिक विज्ञान में प्राप्त अंकों को पाई चार्ट पर दिखाया जाए, तो केन्द्र पर क्रमशः 65°, 53°, 85°, 81° तथा 76° के कोण बनते हैं। उस विद्यार्थी ने गणित में हिन्दी से कितने अंक अधिक प्राप्त किए ?

(1) 20
(2) 28
(3) 35
(4) 56

ANS : (3)

Total marks obtained by the student = 630 marks

Marks obtained in mathematics

$$= \frac{angle\ formed}{360^\circ} \times total\ marks$$

$$= \frac{85^\circ}{360^\circ} \times 630^\circ = 148.75 \text{ marks}$$

Marks obtained in hindi

$$= \frac{angle\ formed}{360^\circ} \times total\ marks$$

$$= \frac{65^\circ}{360^\circ} \times 630^\circ = 113.75 \text{ marks}$$

Student got more marks in mathematics than hindi by = 148.75-113.75 = 35 .

So, option (3) is correct answer.

239. Factors of $(25x^2 - 4y^2 + 28yz - 49z^2)$ are

व्यंजक $(25x^2 - 4y^2 + 28yz - 49z^2)$ के गुणनखंड है :

(1) $(5x + 2y - 7z)(5x - 2y - 7z)$
(2) $(5x + 2y - 7z)(5x - 2y + 7z)$
(3) $(5x - 2y - 7z)(5x + 2y + 7z)$
(4) $(5x - 2y + 7z)(5x + 2y - 7z)$

ANS : (4)

$25x^2-4y^2+28yz-49z^2$

$25x^2-(4y^2-28yz+49z^2)$

$25x^2-\{(2y)^2-2\times2\times7yz+(7z)^2\}$

$25x^2-(2y-7z)^2$

$(5x)^2-(2y-7z)^2$

$(5x-2y+7z)(5x+2y-7z)$

240. If $\frac{3x-4}{3} + \frac{2x+1}{2} = x + \frac{7}{6}$ then the value of $\frac{5x-1}{4}$ is :

यदि $\frac{3x-4}{3} + \frac{2x+1}{2} = x + \frac{7}{6}$ है, तो $\frac{5x-1}{4}$ का मान है :

(1) $\frac{9}{4}$
(2) $-\frac{1}{4}$
(3) $-\frac{9}{4}$
(4) $\frac{9}{4}$

ANS : (1)

$$\frac{3x-4}{3} + \frac{2x+1}{2} = x + \frac{7}{6}$$

$$= \frac{2(3x-4)+3(2x-1)}{2} = x + \frac{7}{6}$$

$$= \frac{6x-8+6x+3}{6} = x + \frac{7}{6}$$

$$= \frac{12x-5}{6} = x + \frac{7}{6} \quad = \frac{12x-5-6x}{6} = \frac{7}{6}$$

MATHS

MATHS

$6x-5=7 \Rightarrow 6x=12 \Rightarrow x=2$

$=\frac{5x-1}{4}=\frac{5\times2-1}{4}=\frac{9}{4}$

241. The LCM and HCF of two numbers are 1485 and 33, respectively. If one of the numbers is divided by 31, the quotient is 9 and the remainder is 18. What is the other number?

दो संख्याओं का LCM (ल.स.) और HCF (म.स.) क्रमश: 1485 और 33 है। यदि उनमे से एक संख्या को 31 से भाग दिया जाए, तो भागफल 9 और शेषफल 18 है। दूसरी संख्या क्या है?

(1) 165
(2) 198
(3) 231
(4) 264

ANS : (1)

ल.स = 1485, म.स = 33

ल.स × म.स = पहली संख्या × दूसरी संख्या

भाज्य = (भाजक × भागफल) + शेषफल

= (31×9) +18 = 279+18 = 297 पहली संख्या

सूत्र में रखने पर :

1485×33= 297× दूसरी संख्या

$\frac{1485\times33}{297}=\frac{1485}{9}=165$

242. The radius and height of the cylinder are 7cm and 12cm, respectively. Another cylinder is formed by interchanging its radius and height. The ratio of the volumes of the two cylinders is-

किसी बेलन की त्रिज्या और ऊँचाई क्रमश: 7 cm और 12 cm है। त्रिज्या और ऊँचाई को परस्पर बदलते हुए, एक अन्य बेलन बनाया जाता है। इन दोनों बेलनों के आयतनों का अनुपात है:

(1) 7 : 12
(2) 12 : 7
(3) 1 : 2
(4) 1 : 1

ANS : (1)

पहले बेलन (cylinder) का माप ऊँचाई (height) = 12 cm, त्रिज्या (radius) = 7 cm

बेलन का आयतन (volume of cylinder) = $\pi r^2 h$

$=\frac{22}{7}\times7\times7\times12=22\times7\times12=1848\text{ cm}^3$

सवाल के अनुसार दूसरे बेलन की त्रिज्या व ऊँचाई की माप आपस मे बदल दो।

दूसरे बेलन की माप

ऊँचाई = 7cm, त्रिज्या = 12cm

आयतन = $\pi r^2 h=\frac{22}{7}\times12\times12\times7=22\times144$

$=3168\text{ cm}^2$

दोनों बेलन के आयतन का अनुपात =1848:3168

=7:12

243. If m= (3x + 4y) (2x + 3y) and n = (x - y) (3x + 5y), then the coefficient of xy in (m - n) is-

यदि m = (3x + 4y) (2x + 3y) है, तथा n = (x - y) (3x + 5y) है, तो (m - n) में xy का गुणांक है -

(1) 15
(2) 12
(3) 17
(4) 19

ANS : (1)

$m = (3x + 4y)(2x + 3y),\ n = (x-y)(3x + 5y)$

xy का गुणांक – $(m-n)$ में

$m=(3x+4y)(2x+3y) \Rightarrow 6x^2+9xy+8xy+12y^2$

$6x^2+9xy+8xy+12y^2 \Rightarrow 6x^2+17xy+12y^2$

$n=(x-y)(3x+5y) \Rightarrow 3x^2+5xy-3xy-5y^2$

$n=3x^2+2xy-5y^2$

$(m-n)=(6x^2+17xy+12y^2)-(3x^2+2xy-5y^2)$

$m-n=3x^2+15xy+7y^2$

xy का गुणांक = 15

244. The sides of a triangular field are 32m, 60m and 68m. The area of this field is equal to the area of a rectangular field whose sides are in the ratio 15: 4. What is the longer side of the rectangular field?

किसी त्रिभुजाकार खेत की भुजाएँ 32m, 60m और 68m है। इस खेत का क्षेत्रफल उस आयताकार खेत के क्षेत्रफल के बराबर है, जिसकी भुजाएँ 15:4 के अनुपात में हैं। इस आयताकार खेत की बड़ी भुजा की लंबाई क्या है?

()1 45m
(2) 60m
(3) 75m
(4) 90m

ANS : (2)

एक त्रिभुजाकार खेत (triangular field) की भुजाएँ 32 मीटर, 60 मीटर, 68 मीटर है।

इस खेत का क्षेत्रफल एक आयातकार खेत के क्षेत्रफल के बराबर है जिसकी भुजाओं का अनुपात 15:4 है।

सूत्र : त्रिभुज का क्षेत्रफल जब तीन भुजाएँ दी गई हों:

$\sqrt{s(s-a)(s-b)(s-c)}$

जहाँ s परिमाप है, $s=(a+b+c)/2$

$\therefore s=(32+30+68)/2=80$

त्रिभुज का क्षेत्रफल (area of triangle) जब तीन भुजाएँ दी गई हों, $\sqrt{s(s-a)(s-b)(s-c)}$

$-\sqrt{80(80\ 32)(80\ 30)(80\ 68)}$

$=\sqrt{921600} = 960$ मीटर

माना आयत की भुजाएँ $15x$ और $4x$ है।

$\therefore$ आयत का क्षेत्रफल (area of rectangle) $=15x\times4x= 60x^2$

इस मैदान का क्षेत्रफल एक आयताकार खेत के क्षेत्रफल के बराबर हैं।

$\therefore 60x^2=960 \quad \Rightarrow \quad x=4$

$\therefore$ आयत की भुजाएँ $15x$ और $4x = 15\times4,\ 4\times4$ हैं।

आयत की भुजाएँ 60 मीटर और 16 मीटर हैं।

$\therefore$ आयत की लंबी भुजा 60 मीटर हैं।

245. If $a = 2^4 \times 3 \times 5^3$, $b = 2^3 \times 3^2 \times 5$ and $c = 2^5 \times 3^2 \times 5^2$, then $\frac{\text{LCM of a,b and c}}{\text{HCF of a,b and c}}$ is equal to

यदि $a = 2^4 \times 3 \times 5^3$, $b = 2^3 \times 3^2 \times 5$ तथा $c = 2^5 \times 3^2 \times 5^2$ है, तो $\frac{\text{a,b और c का LCM}}{\text{a,b और c का HCF}}$ बराबर है -

(1) 150
(2) 240
(3) 300
(4) 600

ANS : (3)

$a = 2^4\times3\times5^3,\quad b = 2^3\times3^2\times5,\quad c = 2^5\times3^2\times5^2$

जब संख्याओं को अभाज्य गुणनखंड के रूप में दिया जाता है, तो लघुत्तम समापवर्त्य उच्चतम घात अभाज्य गुणनखंडों का गुणन होता है। (When numbers are given as prime factors, the least common multiple is the product of highest degree prime factors.)

महत्तम समापवर्तक सभी दी गई संख्याओं में उपस्थित सबसे कम घात वाले अभयनिष्ट अभाज्य गुणनखंडों का गुणन है (Greatest common factor is the product of the least prime factors present in all the given numbers).

लघुत्तम समापवर्त्य LCM / महत्तम समापवर्त्य HCF =

$\frac{2^5\times3^2\times5^3}{2^3\times3\times5} = 2^2\times3\times5^2 = 300$

246. If 16393 - k is a perfect square, then the least value of k lies between-

यदि 16393 - k एक पूर्ण वर्ग है, तो k का न्यूनतम मान निम्न के बीच होगा :

(1) 1 और 5
(2) 5 और 10
(3) 10 और 15
(4) 15 और 20

MATHS

MATHS

ANS : (2)

16393 – k = एक पूर्ण वर्ग है।

दीर्घ विभाजन विधि द्वारा किसी संख्या का वर्गमूल

	128
1	16393
-1	-1
22	063
+2	-44
248	1993
+8	-1984
256	-9

दीर्घ विभाजन विधि द्वारा, शेषफल (k) = 9

अब, 16393 – k = 16393 – 9 = 16384

हम जानते है कि, 16384, 128 का पूर्ण वर्गमूल है।

अतः k का मान = 9 ,

∴ k का न्यूनतम मान 5 और 10 के बीच है।

247. If 0.124 + 0.214 + 1.24 - 2.41 = k + 0.128, then what should be added in k so that it becomes 1.2?

यदि 0.124 + 0.214 + 1.24 - 2.41 = k + 0.128 है, तो k में क्या जोड़ा जाए कि इसका मान 1.2 हो जाए ?

(1) 1.16
(2) 2.16
(3) 2.24
(4) 2.44

ANS : (2)

0.124 + 0.214 + 1.24 - 2.41 = k + 0.128

-0.832 = k + 0.128

K = -0.128 - 0.832

K = - 0.96

Let the number added to k be "x" ,

-0.96 + x = 1.2

x = 1.2 + 0.96

x = 2.16

So, option (2) is correct answer.

248. If 190512 = $a^4 \times b^5 \times c^2$ where a, b and c are prime numbers, then what is the value of (12a + 3b - 5c)?

यदि 190512 = $a^2 \times b^5 \times c^2$ है, जहाँ a, b और c अभाज्य संख्याएँ हैं, तो (12a + 3b - 5c) का मान क्या है ?

(1) 0
(2) -3
(3) 2
(4) -2

ANS : (4)

LCM of 190512 = 2×2×2×2×3×3×3×3×3×7×7

LCM of 190512 = $2^4 \times 3^5 \times 7^2$

Here, a = 2 , b = 3 and c = 7

The value of 12a + 3b - 5c = 12(2) + 3(3) -5(7)

= 24 + 9 – 35 = 33 – 35 = -2

So, option (4) is correct answer.

249. If $(4^{-1} + 8^{-1})\,(2/3)^{-1} = (1/2)^{2x-1}$,then what is the value of $(x^2 + x – 2)$?

यदि If $(4^{-1} + 8^{-1})\,(2/3)^{-1} = (1/2)^{2x-1}$ है, तो $(x^2 + x – 2)$ का मान क्या है?

(1) 7/4
(2) 3/2
(3) 0
(4) 2

ANS : (1)

$$(4^{-1}+8^{-1})\div\left(\frac{2}{3}\right)^{-1}=\left(\frac{1}{2}\right)^{-2x-1}$$

$$=\left(\frac{1}{4}+\frac{1}{8}\right)\div\left(\frac{3}{2}\right)=\left(\frac{1}{2}\right)^{2x-1}$$

$$\left(\frac{8+4}{32}\right)\times\left(\frac{2}{3}\right)=\left(\frac{1}{2}\right)^{2x-1}=\left(\frac{12}{32}\right)\times\left(\frac{2}{3}\right)=\left(\frac{1}{2}\right)^{2x-1}$$

$$\frac{1}{4}=\left(\frac{1}{2}\right)^{2x-1}\qquad=\left(\frac{1}{2}\right)^{2}=\left(\frac{1}{2}\right)^{2x-1}$$

On comparing both sides,

$2x-1=2 \quad \Rightarrow 2x=2+1=3 \quad \Rightarrow x=\frac{3}{2}$

The value of $x^2+x-2=\left(\frac{3}{2}\right)^2+\frac{3}{2}-2$

$==\frac{9}{4}+\frac{3}{2}-2 \qquad ==\frac{9+6-8}{4}=\frac{7}{4}$

So, option (1) is correct answer.

250. Which of the following is true?

(1) If a is a positive integer, then √a is a rational number

(2) The square root of a prime number is not a rational number

(3) There is no perfect cube which ends in 4

(4) $P\sqrt{X^q}=x^{p/q}$

निम्न में से कौनसा कथन सत्य है ?

(1) यदि एक धनात्मक पूर्णांक है, तो √a एक परिमेय संख्या हैं।

(2) किसी अभाज्य संख्या का वर्गमूल एक परिमेय संख्या नहीं होता है।

(3) ऐसी कोई घन संख्या नहीं है जिसका इकाई का अंक 4 है।

(4) $P\sqrt{X^q}=x^{p/q}$

ANS : (2)

The square root of any prime number must be an irrational number (but not a rational number).

किसी भी अभाज्य संख्या का वर्गमूल एक अपरिमेय संख्या होनी चाहिए (लेकिन परिमेय संख्या नहीं)।

So, option (2) is correct answer.

251. If x is the smallest number which is to be subtracted from 7751 to make it a perfect square, then the value of (3x - 5) is

यदि x वह न्यूनतम संख्या है जिसे 7751 में से घटाने पर बह पूर्ण वर्ग बन जाता है, तो (3x - 5) का मान है

(1) 7

(2) 10

(3) 13

(4) 16

Ans (4)

$\sqrt{7751}\approx 88.04$

The floor value of 88.04 is 88, so the largest integer whose square is less than 7751 is 88.

$88^2=7744$

$X=7751-7744=7$

Now, $3x-5=3(7)-5=21-5=16$

252. In the expression *(5x - 3y) (6x + 5y) - (3x + 7y) (4x - 5y)*, what is the coefficient of xy?

व्यंजक *(5x - 3y) (6x + 5y) - (3x + 7y) (4x - 5y)* में *xy* का गुणांक क्या है?

(1) - 6

(2) 9

(3) -11

(4) 13

Ans (1)

$= (5x - 3y)(6x + 5y) - (3x + 7y)(4x - 5y)$

$= 30x^2+25xy-18xy-15y^2-(12x^2-15xy+28xy-35y^2)$

$= 30x^2+25xy-18xy-15y^2-12x^2+15xy-28xy+35y^2$

$= 30x^2+7xy-15y^2-12x^2-13xy+35y^2$

$= 18x^2-6xy+20y^2$

Here, the coefficient of xy (xy का गुणांक) = - 6

253. One of the factors of $81x^2 - 126xy + 49y^2 - (5x + 3y)^2$ is

$81x^2 - 126xy + 49y^2 - (5x + 3y)^2$ **के गुणनखंडों में से एक गुणनखंड है**

(1) 7x + 2y

(2) 2x + 5y

(3) 7x - 2y

(4) 5x - 7y

Ans (3)

MATHS

$= 81x^2 - 126xy + 49y^2 - (5x + 3y)^2$

$= 81x^2 - 126xy + 49y^2 - (25x^2+30xy+9y^2)$

$= 81x^2 - 126xy + 49y^2 - 25x^2-30xy-9y^2$

$= 56x^2 - 156xy + 40y^2$

$= 4\ (14x^2 - 39xy + 10y^2)$

$= 4\ (14x^2 - 35xy - 4xy + 10y^2)$

$= 4\ [7x\ (2x-5y) - 2y\ (2x-5y)]$

$= 4\ (2x-5y)(7x-2y)$

So, $7x-2y$ is one of the factor (गुणनखंड).

254. If $\dfrac{(7x-1)}{4}-\dfrac{1}{7}\left(2x-\dfrac{1-x}{2}\right)=4$ then what is the value of $\dfrac{(5x-3)}{(5x-1)}$?

यादि $\dfrac{(7x-1)}{4}-\dfrac{1}{7}\left(2x-\dfrac{1-x}{2}\right)=4$ है, तो $\dfrac{(5x-3)}{(5x-1)}$ का मान क्या है?

(1) 1

(2) $\dfrac{3}{2}$

(3) $\dfrac{7}{5}$

(4) $\dfrac{11}{8}$

Ans (2)

$$\frac{(7x-1)}{4}-\frac{1}{7}\left(2x-\frac{1-x}{2}\right)=4$$

$$\frac{(7x-1)}{4}-\frac{1}{7}\left(\frac{4x-1+x}{2}\right)=4$$

$$\frac{(7x-1)}{4}-\frac{4x-1+x}{2}=4$$

$$\frac{7x-1}{4}-\frac{5x-1}{14}=4$$

$$\frac{7(7x-1)-2(5x-1)}{28}=4$$

$$\frac{49x-7-10x+2}{28}=4$$

$$\frac{39x-5}{28}=4$$

$39x-5=112$

$39x=117$

$x=3$

Now, $\dfrac{(5x-3)}{(3x-1)}=\dfrac{5(3)-3}{3(3)-1}=\dfrac{15-3}{9-1}=\dfrac{12}{8}=\dfrac{3}{2}$

255. A person sold two articles A and B for 348 each. He earned a profit of 20% on A and suffered a loss of 13% on B. His profit (in) in the entire transaction is

एक व्यक्ति ने दो वस्तुओं A और B में से प्रत्येक को 348 पर बेचा। वस्तु A पर उसे 20% लाभ तथा वस्तु B पर 13% हानि हुई। पूरे लेनदेन में उसे कितना लाभ (₹ में) प्राप्त हुआ?

(1) 6

(2) 7

(3) 9

(4) 12

Ans (1)

S.P. of article A = Rs. 348

Profit % = 20%

Profit = S.P. – C.P. = 348 – CP

Profit % $=\dfrac{\text{Profit}}{\text{CP}}\times 100\%$

$20 = \dfrac{348-CP}{CP}\times 100$

20CP = 34800 – 100CP

120CP = 34800

CP = Rs. 290

Now, S.P. of article B = Rs. 348

Loss % = 13%

Loss = C.P. – S.P. = CP - 348

$$\text{Loss \%} = \frac{\text{Loss}}{\text{CP}} \times 100\%$$

$$13 = \frac{CP - 348}{CP} \times 100$$

13CP = 100CP – 34800

87CP = 34800

CP = Rs. 400

Here, Total selling price = 348 + 348 = Rs. 696

Total cost price = 290 + 400 = Rs. 690

Total selling price > Total cost price

Profit = S.P. – C.P. = 696 – 690 = Rs. 6

256. 'Mathematics Laboratories' are an important part of the process of mathematics teaching and learning because:

(1) They provide opportunities to learners for experimentation and exploration in mathematics.

(2) They help to improve score of schools during annual inspection.

(3) They help schools to attract more students for admission.

(4) They help teachers by providing free time to complete administrative work.

'गणित प्रयोगशाला' गणित के शिक्षण और अधिगम की प्रक्रिया का एक महत्वपूर्ण भाग है, क्योंकि:

(1) वे अधिगमकर्ताओं को गणित में प्रयोग और अन्वेषण के अवसर उपलब्ध कराती है।

(2) वार्षिक निरीक्षण के समय वे विद्यालयों के प्राप्तांको को सुधारने में सहायता करती है।

(3) वे प्रवेश के लिए अधिक छात्रों को आकर्षित कर विद्यालयों की सहायता करती है।

(4) प्रशासनिक कार्यों पूर्ण करने के लिए वे शिक्षक को खाली समय देती हैं।

Ans : (1)

गणित प्रयोगशाला का महत्व :-

- गणित प्रयोगशाला का मुख्य उद्देश्य छात्रों को व्यवहारिक शिक्षण [practical learning] के अवसर प्रदान करना है।
- यह छात्रों को गणित कौशल और समस्या समाधान तकनीकों [problem solving techniques] में निपुणता [efficiency] प्राप्त करने के अवसर प्रदान करता है।
- 'गणित प्रयोगशाला' [Mathematics Laboratory] उस स्थान को संदर्भित करती है जहां छात्र प्रयोग कर सकते हैं और पैटर्न और विचारों का पता लगा सकते हैं।
- वे अधिगमकर्ता को गणित में प्रयोग और अन्वेषण [exploration] के अवसर उपलब्ध करती है।

257. Which among the following is most appropriate regarding the use of questioning as a pedagogical tool in the mathematics classroom:

(1) Questioning needs to be minimised as it will create fear of mathematics among the students

(2) Use it whenever required since it will help children to express their views and thoughts and will help to improve critical thinking

(3) Use it as an assessment strategy to assess gifted students

(4) Minimise it since it will create discipline related issues in the classroom

निम्नलिखित में से कौन-सा गणित की कक्षा में, प्रश्न पूछना एक शिक्षाशास्त्रीय साधन के रूप में उपयोग के विषय में अतिउपयुक्त है?

(1) प्रश्नों को यथासंभव कम रखना चाहिए क्योंकि यह छात्रों को गणित के लिए भय उत्पन्न कर सकते हैं।

(2) जब आवश्यक हो तब इसका उपयोग किया जाना चाहिए क्योंकि यह छात्रों के विचारों को अभिव्यक्त करने में और विवेचनात्मक चिंतन को सुधारने में सहायता करता है।

(3) इसका उपयोग प्रतिभाशाली छात्रों के लिए आकलन रणनीतियों को निर्धारित करने के लिए करना चाहिए।

(4) इसका उपयोग कम से कम करना चाहिए, क्योंकि इससे कक्षा में अनुशासन से संबंधित समस्याएँ उत्पन्न हो सकती है।

Ans : (2)

प्रश्न पूछने से लाभ:-

- प्रश्न पूछने से छात्र कक्षा में सक्रिय [active] रहते हैं।
- छात्रों में नवीन ज्ञान की जिज्ञासा [curiosity] उत्पन्न होती है।
- शिक्षार्थियों में सृजनात्मक शक्ति [creative ability] का विकास होता है।
- शिक्षक प्रश्नों के माध्यम से छात्र के पूर्वज्ञान [previous knowledge] का पता लगाकार आगे आने वाले ज्ञान से उसका संबंध जोड़ते हैं।
- बालक ने पढ़े हुए पाठ से कितना ज्ञान अर्जित किया है, इस हेतु प्रश्नों की आवश्यकता पड़ती है।

[अर्थात् जब आवश्यक हो तब प्रश्नों का उपयोग किया जाना चाहिए क्योंकि छात्र के विचारों को अभिव्यक्त [expressed] करने में और विवेचनात्मक चिंतन [critical thinking] सुधारने में मदद करता है।]

258. A teacher gives 1-cm grid papers to the students in her class. The task is to decide:

(a) how many rectangles can be made having an area of 48cm2

(b) how many rectangles can be made having a perimeter of 24cm

Which of the following statement is most desirable for the given activity from a reflective teachers' perspective:

(1) To develop a deeper understanding of the relationship between perimeter and area

(2) The activity is based on Inductive method of teaching

(3) It is a good activity to compare rectangles and circles

(4) The activity would be better if the teacher had posed the open-ended question to be solved using the formula rather than using a paper

एक शिक्षिका ने अपनी कक्षा में छात्रों को 1-1 cm का ग्रिड (जाली) पेपर दिया। कार्य यह निश्चित करने के लिए है कि :

(1) 48 cm2 क्षेत्रफल वाले कितने आयत बनाए जा सकते है?

(2) 24 cm परिमाप वाले कितने आयत बनाए जा सकते हैं?

एक मनन करने वाले शिक्षक के दृष्टिकोण से निम्नलिखित में से कौन-सा कथन अत्यंत उपयुक्त है?

(1) परिमाप और क्षेत्रफल के संबंध की गहरी समझ को विकसित करना।

(2) यह क्रिया-कलाप शिक्षण की आगमनात्मक विधि पर आधारित है।

(3) आयतों और वृत्तों की तुलना के लिए यह एक उत्तम क्रियाकलाप है।

(4) यह क्रियाकलाप अधिक उत्तम होता यदि शिक्षिका ने मुक्त उत्तर वाले वे प्रश्न पूछे होते जो कि ग्रिड पेपर की बजाय सूत्रों द्वारा हल किये जा सकते हैं।

Ans : (1)

क्षेत्रफल [Area] से तात्पर्य किसी आकृति या वस्तु या सतह द्वारा घेरे गए स्थान से है।

परिमाप [Perimeter] से तात्पर्य किसी आकृति [shape], वस्तु या सतह की रुपरेखा [outline of an object or surface] या सीमा की लंबाई के माप से है।

[अर्थात शिक्षिका ग्रिड पेपर के माध्यम से परिमाप और क्षेत्रफल के संबंध की गहरी समझ विकसित कर सकती है।]

259. Which of the following statement / statements envision the growth of a mathematics teacher at middle school level?

(a) Knowledge of mathematics and content specific pedagogy

(b) Ability to recall any given formula

(c) Reflecting on the teaching-learning process and student learning

(d) Successfully preparing students for Math Olympiads

Choose the correct option.

(1) (c) and (d)
(2) (b) and (d)
(3) (a) and (c)
(4) only (b)

मिडिल विद्यालय के स्तर पर निम्न में से कौन-सा / से कथन गणित के शिक्षक का विकास दिखाता है?

a. गणित और विषय-वस्तु विशिष्ट शिक्षा शास्त्र का ज्ञान

b. किसी भी दिए गए सूत्र को स्मरण करने की क्षमता

c. शिक्षण-अधिगम प्रक्रिया और छात्र के अधिगम पर मनन करना

d. छात्रों को गणित ओलंपियाड में सफल होने के लिए तैयार करना

सही विकल्प चुनें-

(1) (c) और (d)
(2) (b) और (d)
(3) (a) और (c)
(4) केवल (b)

Ans : (3)

- गणित के शिक्षक को गणित और विषयवस्तु विशिष्ट शिक्षा शास्त्र का ज्ञान होना चाहिए।
- शिक्षण अधिगम प्रक्रिया को छात्रों के मानसिक स्तर के अनुरुप होना चाहिए
- शिक्षण-अधिगम प्रक्रिया और छात्र के अधिगम पर मनन करना चाहिए।
- छात्रों को गणित ओलंपियाड में सफल होने के लिए तैयार करना चाहिए।

[गणित के सूत्रों को याद करना, गणित शिक्षक का विकास नहीं दर्शाता है।]

260. Ms. Reena has developed a tool to record the behaviours of her students such as participation in class activities, completion of assignment, problem solving skills, regularity etc. The tool will give her information in the form of absence or presence of those behaviours during the observation. The tool Ms Reena has developed is an example of_____

(1) Anecdotal Record
(2) Cumulative Record
(3) Check list
(4) Rating Scale

सुश्री रीना ने एक उपकरण को विकसित किया है जो कि उसके छात्रों के व्यवहार जैसे कि कक्षा के क्रियाकलापों में भाग लेना, दिए गए कार्य को पूर्ण करना, समस्या सुलझाने का कौशल, नियमितता इत्यादि का रिकॉर्ड (अभिलेख) रखेगा। यह उपकरण अवलोकन की अवधि में उसे उनके व्यवहार में अनुपस्थिति या उपस्थिति के रूप में जानकारी देगा। सुश्री रीना द्वारा विकसित किया गया उपकरण ________ का उदाहरण है

(1) उपसंख्यानात्मक अभिलेख
(2) संचित अभिलेख
(3) जाँच सूची (चैक लिस्ट)
(4) मूल्यनिर्धारण पैमाना (रेटिंग स्केल)

Ans : (3)

Check list (जाँच सूची): एक मूल्यांकन उपकरण है। जो कौशल, व्यवहार या दृष्टिकोण के लिए विशिष्ट मानदंडों को सूचीबध्द करता है

[चेकलिस्ट Checklist] का प्रयोग किसी प्रक्रिया या [Project] के लिए एक निर्धारित तिथि या अवधि के लिए सभी कार्यों और गतिविधियों को सूचीबद्ध करने के लिए किया जाता है।

[अर्थात शिक्षिका द्वारा विकसित किया गया उपकरण Checklist है।]

261. Which among the following is NOT a desirable quality of an effective mathematics teachers?

(1) Must create a stimulating atmosphere conducive to learning
(2) Must possess the desire, passion and patience to facilitate the learning among children

MATHS

(3) Willing to learn new methods and strategies for introducing concepts to students
(4) Help students in securing full marks in examinations and tests

निम्नलिखित में से कौन-सा गुण गणित के एक प्रभावकारी अध्यापक होने के लिए वांछनीय नहीं है?

(1) आवश्यक रूप से एक अनुकूल वातावरण की रचना करना जो की अधिगम में सहायता करे
(2) छात्रों के अधिगम में सहायता करने के लिए अध्यापक में इच्छा, उत्साह और सहनशक्ति का होना आवश्यक है
(3) छात्रों को अवधारणाओं का परिचय कराने के लिए नई विधियों और रणनीतियों को सीखने के लिए इच्छुक हैं
(4) छात्रों को परीक्षाओं और टेस्टों में पूर्ण अंक प्राप्त करने में सहायक है

Ans : (4)

गणित के प्रभावकारी [effective] अध्यापक के गुण:-

शिक्षक को गणितीय वातावरण छात्रों के अनुकूल [favourable] बनाना चाहिए जिससे छात्र सहज रूप से गणित सीख सके।

छात्रों के अधिगम में सहायता करने के लिए अध्यापक में इच्छा, उत्साह और सहनशक्ति [endurance] होना आवश्यक है क्योंकि शिक्षक की धारणा छात्रों के अधिगम को प्रभावित करती है।

छात्रों को अवधारणाओं का परिचय [Introduction to Concepts] कराने के लिए नई विधियों और रणनीतियों [methods and strategies] का प्रयोग करना चाहिए।

शिक्षण कार्य करते समय छात्र के मानसिक स्तर, रूचि और व्यक्तिगत भिन्नता का ध्यान रखना चाहिए।

[छात्रों को परीक्षाओं और टेस्टरों में पूर्ण अंक प्राप्त करने में सहायक है:- यह गणित शिक्षक का प्रभावकारी गुण नहीं है।]

262. A middle school mathematics teacher wanted to check the readiness of learners for introducing the topic of Algebraic Equations. She gave following questions to assess their concepts. Which of these problems would be least relevant for the given purpose?

(1) If you want to distribute 100 candies equally among 15 students, after keeping 5 for yourself, how many candies will finally be left?
(2) There are 6 candies and 8 chocolates in a bag. If you pick one sweet randomly, what is the chance that it will be a Candy?
(3) Plot the following on a (x-y) graph : (4,3), (0, 2), (6, 10)
(4) In a sale, the price of an electric fan decreases by 10 %, if the decreased price is Rs 1200, what was the original price of the fan?

'बीजीय समीकरण' की प्रस्तावना हेतु माध्यमिक स्कूल का गणित शिक्षक अधिगमकर्ताओं की तत्परता स्तर जाँचना चाहता है, अवधारणाओं की जांच हेतु वह निम्नलिखित प्रश्न देता है। इस उद्देश्य के लिए इनमें से सबसे कम प्रासंगिक समस्या होगी

(1) 100 कैंडी में से 5 अपने लिए रखने के पश्चात शेष को 15 विद्यार्थियों में बराबर-बराबर बांटने पर अंत में कितनी कैंडी बचेंगी
(2) एक बैग में 6 कैंडी और 8 चॉकलेट है यदि आप यादृच्छिक एक मिठाई निकालते हैं तो वह कैंडी होगी इसकी क्या संभावना है।
(3) (4,3), (0,2), (6,10) को (x-y) ग्राफ पर प्रदर्शित कीजिए
(4) एक सेल में बिजली के पंखे का मूल्य 10% कम हो जाता है यदि पंखे का घटा हुआ मूल्य 1200 रु. हो तो, पंखे का वास्तविक मूल्य क्या था?

Ans : (2)

बीजीय व्यंजक में स्थिरांक चर और अचर अंकगणितीय संक्रियाएं (जोड़, घटाव, गुणा और भाग) शामिल होता है। [Algebraic expressions involve constant variables and constant arithmetic operations (addition, subtraction, multiplication and division).]

एक बैग में 6 कैंडी और 8 चॉकलेट है यदि आप यादृच्छिक [random] एक मिठाई निकालते हैं तो वह कैंडी होगा इसकी क्या संभावना है। यह एक 'प्रायिकता [probability] का प्रश्न है।

अतः शिक्षक 'बीजीय समीकरण [algebraic equation] को इसके माध्यम से नहीं पढ़ा सकता है।

[उपर्युक्त अन्य तीनों प्रश्नों के माध्यम से ' बीजीय समीकरण के अवधारणा की जांच की जा सकती है।]

263. A mathematics teacher encourages her students to use Heron's formula to find out the area of land in their houses, gardens, terrace etc. The teacher is enabling her students to_______

(1) Understand the formula
(2) Apply the formula in real world situation
(3) Analyse the formula
(4) Verify the formula

एक गणित शिक्षिका अपने छात्रों को हीरो के सूत्र द्वारा उनके घरों, बगीचों और छतों का क्षेत्रफल ज्ञात करने के लिए प्रोत्साहित करती है। वह शिक्षिका अपने छात्रों को______ में सक्षम बना रही है।

(1) सूत्र की समझ
(2) वास्तविक जीवन में सूत्र के अनुप्रयोग
(3) सूत्र के विश्लेषण
(4) सूत्र के मुल्यांकन सत्यापन

Ans : (2)

- गणित की शिक्षिका विधालमी शिक्षण को बालक के व्यवहारिक जीवन से जोड़कर सिखा रही है।
- अर्थात् इस प्रकार जब छात्र कक्षा में सीखे गये ज्ञान का अपने दैनिक जीवन में प्रयोग करते हैं तो उनका ज्ञान स्थायी हो जाता है।
- इस तरह छात्र कठिन प्रत्ययों को आसानी से सीख सकते हैं।

[अतः गणित की शिक्षिका अपने छात्रों को हीरो के सूत्र [Hero's Formula] द्वारा उनके घरों, बगीचों और छात्रों का क्षेत्रफल [area] ज्ञात करने के लिए कहती है. इसका तात्पर्य है शिक्षिका छात्रों को अपने वास्तविक जीवन में सूत्र का प्रयोग करने में सक्षम [capable] बना रही है।]

264. According to Dienes, while teaching mathematics, a teacher should emphasize on

(1) Rote learning of concepts and formulae
(2) Construction of mathematical concepts followed by abstraction
(3) Abstraction followed by construction of concept
(4) Solving real world problems

डीन्स के अनुसार, गणित पढ़ाते समय शिक्षक को इस पर महत्व देना चाहिए:

(1) अवधारणाओं और सूत्रों का रटांत अधिगम
(2) गणितीय अवधारणाओं की संरचना करने के बाद उनका अमूर्तीकरण करना
(3) अमूर्तीकरण के बाद अवधारणाओं की संरचना करना
(4) वास्तविक जीवन पर आधारित प्रश्नों को हल करना

Ans : (2)

डीन्स [Dienes] वे जोड़-तोड़ वाली वस्तुएं हैं, जिसे बच्चों को विभिन्न गणितीय अवधारणाओं [mathematical concepts] को सीखने में मदद करने के लिए डिजाइन किया गया है।

डीन्स (Dienes] का उपयोग :

- Division
- Multiplication
- Addition
- Subtraction
- Decimal Concepts
- Fractions
- Place Value Understanding
- Spatial understanding के लिए किया जाता है।

अतः डीन्स के अनुसार, गणित पढ़ाते समय, एक शिक्षक को गणितीय अवधारणाओं की संरचना [structure] करने के बाद उनका अमूर्तीकरण [abstraction] करने पर महत्व देना चाहिए।

MATHS

265. Due to Covid-19 pandemic, different institutions have shifted from offline mode examination to online mode of examination, open book examination through online mode hence has become more popular. Open book, examination focuses on

(a) assessing the higher-order thinking skills of learners
(b) asking direct questions
(c) compelling students to think convergently
(d) reading examination anxiety of learners

Which one of the following options is correct:

(1) a and b
(2) c and d
(3) a, c and d
(4) a and d

कोविड-19 महामारी के कारण, विभिन्न संस्थान परीक्षा के ऑफलाइन मोड से ऑनलाइन मोड में परिवर्तित हो गए जिसमे ऑनलाइन खुली किताब परीक्षा बहुत लोकप्रिय रही। खुली किताब परीक्षा का केंद्र है:

(a) विद्यार्थियों के उच्च क्रम चिन्तन कौशल का आंकलन करना
(b) प्रत्यक्ष प्रश्न पूछना
(c) विद्यार्थियों को अभिसरण रूप से सोचने पर मजबूर करना
(d) विद्यार्थियों की परीक्षा की चिंता को दूर करना

निम्नलिखित में से कौन-सा विकल्प सही है?

(1) a और b
(2) c और d
(3) a, c और d
(4) a और d

Ans : (4)

खुली किताब परीक्षा (open book examination) का केंद्र –

- खुली पुस्तक परीक्षा के माध्यम से परीक्षा में प्रश्नों के उत्तर देने के लिए आम तौर मुद्दों पर चिंतन करने की क्षमता और उनके आलोचनात्मक विश्लेषण [critical analysis] की आवश्यकता होती है।
- जिससे छात्रों में आलोचनात्मक तथा विश्लेषणात्मक शक्ति [critical and analytical ability] का विकास होता है।
- इसका मुख्य उद्देश्य विद्यार्थियों के उच्च क्रम चिंतन कौशल का आंकलन [assessment of higher order thinking skills] करना।
- विद्यार्थियों की परीक्षा की चिंता को मुक्त [free] करना।
- विद्यार्थियों को अपसरण [divergent] रूप से सोचने के लिए प्रेरित करना।

266. Which of the following (s) is /are true about axioms in mathematics.

a. axioms are prepositions which require proofs.
b. axioms can be used to prove other mathematical problems.

(1) Only a
(2) Only b
(3) Both a and b are correct
(4) Both a and b are incorrect

गणित के स्वयंसिद्ध (Axioms) के विषय में निम्नलिखित में से कौन-सा/से सही है/हैं?

a. स्वयंसिद्ध साध्य हैं जिनके लिए उपपत्ति आवश्यक है।
b. स्वयंसिद्ध का उपयोग अन्य गणितीय प्रमेयों को सिद्ध करने के लिए किया जा सकता है।

(1) केवल a
(2) केवल b
(3) a और b दोनों सही हैं
(4) a और b दोनों गलत हैं

Ans : (2)

स्वयंसिद्ध (Axoims]:- ऐसे कथन है जिसे बिना प्रमाण के सत्य माना जाता है। (Axioms) स्वयं को स्व-प्रमाणित रुप में प्रस्तुत करते हैं जिस पर आप कोई तर्क या अनुमान आधारित कर सकते हैं।

ये सार्वभौमिक [universal] रूप से स्वीकृत [accepted] और सामान्य सत्य है।

[अर्थात् स्वयंसिध्द [Axioms] का प्रयोग अन्य गणितीय प्रमेयों को सिद्ध करने के लिए किया जाता है।

267. Recently a competency-based assessment (SAFAL) has been introduced to provide diagnostic data and developmental feedback to schools and teacher to improve teaching and learning.

SAFAL stands for-

(1) Summative Assessment for Analysing Learning
(2) Summative and Formative Assessment for Learning
(3) Structural Analysis for Advanced Learning
(4) Structured Assessment for Analysing Learning

हाल ही में, शिक्षण और अधिगम में सुधार के लिए प्रत्येक स्कूल को नैदानिक सूचना (आंकड़ा) एवं विकासात्मक प्रतिपुष्टि प्रदान करने के लिए एक (योग्यता) दक्षता-आधारित मूल्यांकन (सफल, SAFAL) की शुरुआत की गई है। SAFAL का अर्थ है –

(1) सम्मेटिव एसेस्मेंट फॉर एनालाइज़िंग लर्निंग
(2) सम्मेटिव एंड फॉर्मेटिव एसेस्मेंट फॉर लर्निंग
(3) स्ट्रक्चरल एनेलिसिस फॉर एडवांस्ड लर्निंग
(4) स्ट्रक्चर्ड एसेस्मेंट फॉर एनालाइज़िंग लर्निंग

Ans : (4)

SAFAL का full form [Structured Assessment for Analysing Learning] सफल एक मुल्यांकन कार्यक्रम [evaluation program] है जो कक्षा 3,5 और 8 के छात्रों के लिए बनाया गया है।

सफल परीक्षा का मुख्य उद्देश्य छात्रों की जानकारी को याद रखने के बजाय अवधारणाओं के मौलिक ज्ञान का आकलन [Assessment of fundamental knowledge of concepts] करना है।

[अर्थात् सफल [SAFAL] का अर्थ है:- 'संरचित मूल्यांकन सीखने का विश्लेषण।]

268. Assessment in Mathematics should focus on

(a) Memorizing formal algorithms for solving problems.
(b) Skills including mathematical communication, reasoning and problem solving.
(c) Computational skills using only paper and pencil tasks.
(d) Exploring the child's understanding of mathematics.

Choose the correct option

(1) (b) and (d)
(2) (b) and (c)
(3) (a) and (d)
(4) (a) and (c)

गणित में मूल्यांकन का केंद्र होना चाहिए

a) प्रश्न हल करने के लिए औपचारिक कलन विधि का स्मरण करना।
b) कौशल जैसे कि गणितीय संचारण, विवेचन और समस्या समाधान को विकसित करना ।
c) केवल पेपर और पेंसिल कार्यों से अभिकलन कौशल विकसित करना।
d) बच्चे की गणित की समस्या का अन्वेषण करना।

सही विकल्प का चुनाव कीजिए

(1) (b) और (d)
(2) (b) और (c)
(3) (a) और (d)
(4) (a) और (c)

Ans : (1)

• मूल्यांकन छात्रों को गणित सीखने के नए प्रकार को समझने में महत्वपूर्ण भूमिका निभा सकता है।
• मूल्यांकन छात्रों को बताता है कि उन्हें क्या सीखना चाहिए।
• मूल्यांकन के द्वारा ही छात्रों को अपनी शैक्षिक प्रगति का ज्ञान होता है।

- मूल्यांकन सीखने और सुधार का अवसर प्रदान करता है।
- मूल्यांकन का उद्देश्य- छात्रों में कौशल जैसे कि गणितीय संचारण [mathematical transmission], विवेचन [interpretation] और समस्या समाधान [problem solving] को विकसित करना।
- बच्चे की गणित की समस्या का अन्वेषण [exploration] जिसके अनुसार छात्र को शिक्षा प्रदान की जा सके
- बालक का मूल्यांकन सतत एवं व्यापक [continuous and comprehensive] रूप से करना चाहिए

269. Children come to school with varied experiences.

A teacher should:

(1) try to make linkages between children's experiential informal knowledge of mathematics and school mathematics.

(2) not worry about it as children's experience are not related to mathematics.

(3) ignore them as mathematics out of school is very different to that done in the school.

(4) concentrate children's attention to the textbooks only.

बच्चे विद्यालय में विभिन्न अनुभवों के साथ आते हैं। एक शिक्षक को-

(1) बच्चों के गणित के अनुभववादी अनौपचारिक ज्ञान और विद्यालय के गणित को जोड़ने का प्रयास करें

(2) इसके बारे में चिंतित नही होना चाहिए क्योंकि बच्चों के अनुभव गणित से सबंधित नहीं हैं।

(3) इनकी उपेक्षा करनी चाहिए क्योंकि विद्यालय के बाहर का गणित, विद्यालय में करवाए गए गणित से बहुत अलग होता है।

(4) बच्चों का ध्यान केवल पाठ्यपुस्तकों पर एकाग्रित करना चाहिए।

Ans : (1)

रचनावाद [constructivism] के अनुसार बालक ज्ञान के सक्रिय निर्माता [active creators of knowledge] होते हैं। अर्थात बालक जब विद्यालय आते हैं तो अपने आस-पास के अनुभव लेकर आते हैं। बालक के विभिन्न अनुभवों को कक्षा में स्थान देना चाहिए। शिक्षण अधिगम प्रक्रिया में बालक के अनुभव अत्यंत महत्वपूर्ण होते हैं, इसके द्वारा शिक्षक को बालक के सीखने तथा सोचने समझने की प्रक्रिया के बारे में पता चलता है। अर्थात् शिक्षक को बच्चे के गणित के अनुभववादी अनौपचारिक [informal] ज्ञान और विद्यालय के गणित को जोड़ने का प्रयास करना चाहिए।

270. Ms. Mumtaz uses the technique of observation during group work activities to provide support and feedback to her students in improving their mathematical abilities. The strategy used by Ms. Mumtaz is an example of

(1) Criterion-referenced assessment.

(2) Formative assessment.

(3) Norm-referenced assessment.

(4) Summative assessment

सुश्री मुमताज़ सामूहिक क्रियाकलापों के दौरान अवलोकन की तकनीक का उपयोग अपने छात्रों के गणित कौशल को सुधारने और उनको अवलंब तथा प्रतिपुष्टि उपलब्ध कराने के लिए करती है। मुमताज़ द्वारा प्रयुक्त योजना उदाहरण है-

(1) मानदंड संदर्भित आकलन

(2) रचनात्मक मूल्यांकन

(3) मानक संदर्भित आकलन

(4) योगात्मक मूल्यांकन

Ans : (2)

रचनात्मक मूल्यांकन [Formative Assessment] :- रचनात्मक मूल्यांकन सीखने की प्रक्रिया के दौरान सतत और व्यापक रूप से किया जाता है। यह छात्रों की समझ का मूल्यांकन करने और इनके अनुसार शिक्षण को अनुकूलित करने की प्रक्रिया का हिस्सा है। रचनात्मक आकलन के अंतर्गत बालक के समस्त पहलुओं को रखा जाता है। अर्थात् शिक्षिका द्वारा प्रयुक्त योजना रचनात्मक मूल्यांकन का उदाहरण है।

271. $\sqrt[3]{9\times1029}\div\sqrt{12\times147}$ **is equal to:**

$\sqrt[3]{9\times1029}\div\sqrt{12\times147}$ **बराबर है:**

(1) 3
(2) 2
(3) 1/3
(4) ½

ANS : (4)

$\sqrt[3]{9\times1029} \div \sqrt{12\times147}$

$= \sqrt[3]{9261} \div \sqrt{1764}$

$= 21\div42 = 1/2$

So, option (4) is correct answer.

272. A sum of 16,000 amounts to x in 2 1/3 years at 15% p.a., interest compounded yearly. What is the value of x?

₹16,000 की एक धनराशि 2 1/3 क्या है? वर्ष में 15% वार्षिक दर से ₹x हो जाती है, जबकि ब्याज वार्षिक संयोजित है। x का मान

(1) 21,160
(2) 21,488
(3) 22,218
(4) 22,360

Ans (3)

For 2 years,

$A = P\left(1+\frac{R}{100}\right)^T$

$A = 16000\left(1+\frac{15}{100}\right)^2$

$= 16000\left(1+\frac{3}{20}\right)^2$

$= 16000\times\frac{23}{20}\times\frac{23}{20} = Rs.21160$

Now, For 1/3 year,

$S.I. = \frac{P\times R\times T}{100} = \frac{21160\times15\times1}{3\times100} = Rs.1058$

A = P + S.I. = 21160 + 1058 = Rs. 22218

So, x = Amount = Rs. 22218

273. The difference of two complementary angles is 40°. If smaller of these angles is y, then the value of (2y+15°) is

दो पूरक कोणों का अंतर 40° है। यदि इनमें से छोटा कोण ५ है, तो (2y +15°) का मान है

(1) 45°
(2) 50°
(3) 55°
(4) 65°

Ans (4)

Let the big complementary angle (बड़ा पूरक कोण) be 'x'

The smaller complementary angle (छोटा पूरक कोण) is 'y'.

$x - y = 40°$ ...(I)

$x + y = 90°$ ...(II) [Sum of complementary angles 90]

Solving eqn (I) and (II) by using elimination method, we get

$$\begin{array}{l} x - y = 40° \\ \underline{x + y = 90°} \\ 2x = 130 \Rightarrow x = 65° \end{array}$$

Put the value of 'x' in eqn (I)

$65 - y = 40 \Rightarrow y = 65 - 40 = 25°$

Now, $(2y + 15)° = 2(25) + 15 = 50 + 15 = 65°$

274. S is a point on side QR of a triangle PQR such that PS⊥QR and PS is the bisector of ∠QPR.

Then, which of the following statements is true?

(1) ΔPQS ≅ ΔPSR, by RHS
(2) ΔPQS ≅ ΔPRS, by ASA
(3) ΔPQS ≅ ΔPSR, by ASA
(4) ΔPQS ≅ ΔAPRS, by RHS

MATHS

किसी त्रिभुज PQR की भुजा QR पर S एक बिंदु इस प्रकार स्थित है कि PS⊥QR है तथा PS, ∠QPR का समद्विभाजक है। तब, निम्न में से कौन-सा कथन सत्य है?

(1) ΔPQS ≅ ΔPSR, RHS द्वारा
(2) ΔPOS ≅ ΔPRS, ASA द्वारा
(3) ΔPQS ≅ ΔPSR, ASA द्वारा
(4) ΔPQS ≅ ΔAPRS, RHS द्वारा

Ans (2)

किसी त्रिभुज PQR की भुजा QR पर S एक बिंदु इस प्रकार स्थित है कि PS⊥QR है तथा PS, ∠QPR का समद्विभाजक [bisector] है।

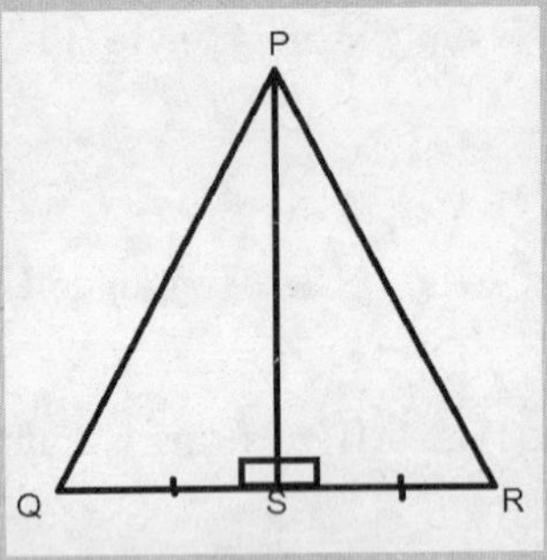

ΔPQS और ΔPRS में,

∠PSQ = ∠PSR [प्रत्येक 90°]

PS = PS [उभयनिष्ठ]

∠QPS = ∠RPS [PS, ∠QPR को समद्विभाजित करता है]

अतः, ΔPQS ≅ ΔPRS, ASA द्वारा

275. Which of the following can be the length of the third side of a triangle whose two sides are of lengths 19 cm and 15 cm?

निम्न में से कौन-सी उस त्रिभुज की तीसरी भुजा की लंबाई हो सकती है, जिसकी दो भुजाओं की लंबाइयाँ 19 cm और 15 cm है?

(1) 3 cm
(2) 4 cm
(3) 33 cm
(4) 34 cm

Ans (3)

त्रिभुज असमानता प्रमेय [Triangle inequality theorem] बताता है कि त्रिभुज की किसी भी दो भुजाओं की लंबाई का योग तीसरी भुजा की लंबाई से अधिक होना चाहिए।

a = 19 cm और b = 15 cm

1. $19 + 15 > c \Rightarrow c < 34$

2. $19 + c > 15 \Rightarrow c > -4$ (जो हमेशा सकारात्मक लंबाई के लिए सत्य है)

3. $15 + c > 19 \Rightarrow c > 4$

इसलिए, तीसरी भुजा c की लंबाई को संतुष्ट करना चाहिए:

$4 < c < 34$

इसलिए, तीसरी भुजा की लंबाई [length of third side] = c = 33 cm

276. The area of a triangle of sides 24 cm, 45 cm and 51 cm is equal to the area of a rectangle of length 45 cm. Then, the perimeter of the rectangle is

भुजाओं 24 cm, 45 cm और 51 cm वाले एक त्रिभुज का क्षेत्रफल, 45 cm लंबाई वाले एक आयत के क्षेत्रफल के बराबर है। तब, उस आयत का परिमाप है

(1) 55 cm
(2) 57 cm
(3) 110 cm
(4) 114 cm

Ans (4)

त्रिभुज की भुजा [Sides of triangle] a= 24 cm , b = 45 cm और c = 51 cm

अर्ध परिमाप [Semi perimeter] (s)

$$= \frac{a+b+c}{2} = \frac{24 \times 45 \times 51}{2} = \frac{120}{2} = 60cm$$

त्रिभुज का क्षेत्रफल [Area of triangle] =

$$\sqrt{s(s-a)(s-b)(s-c)}$$

$= \sqrt{60(60-24)(60-45)(60-51)}$

$= \sqrt{60 \times 36 \times 15 \times 9}$

$= 6 \times 3 \times \sqrt{9000} = 18 \times 30 = 540\ cm^2$

त्रिभुज का क्षेत्रफल = आयत का क्षेत्रफल [Area of rectangle]

$540 = l \times b$

$540 = 45 \times b$

$12\ cm = b$

अब, आयत का परिमाप [Perimeter of rectangle]

$= 2 \times (l+b) = 2 \times (45 + 12) = 2 \times 57 = 114\ cm$

277. One common factor of $x^2 + 2x - 15$, $x^2 - 8x + 15$ and $x^2 + 7x - 30$ is:

$x^2 + 2x - 15$, $x^2 - 8x + 15$ और $x^2 + 7x - 30$ का एक सार्व गुणनखंड है:

(1) $x+3$
(2) $x-3$
(3) $x+5$
(4) $x-5$

ANS : (2)

$- x^2 + 2x - 15$

$= x^2 + 5x - 3x - 15$

$= x(x+5) - 3(x+5)$

$= (x+5)(x-3)$

And, $x2 - 8x + 15$

$= x^2 - 5x - 3x + 15$

$= x(x-5) - 3(x-5) = (x-5)(x-3)$

Also, $x^2 + 7x - 30$

$= x^2 + 10x - 3x - 30$

$= x(x+10) - 3(x+10) = (x+10)(x-3)$

The common factor in three of the equations is $(x-3)$.

So, the option (2) is correct answer.

278. The solution of the equation $\frac{(x+1)-(2x+4)}{3-5X} = \frac{1}{23}$ is also the solution of the equation:

समीकरण $\frac{(x+1)-(2x+4)}{3-5X} = \frac{1}{23}$ का हल निम्न समीकरण का भी हल है:

(1) 3(5x-7)-2(11-9x) =13
(2) 3(7x-5)-2(9x-11) =13
(3) 3(5x-7)-2(9x-11)-13
(4) 3(7-5x)-2(9x-11)-13

ANS : (3)

The solution of the equation,

$\frac{(x+1)-(2x+4)}{3-5X} = \frac{1}{23}$

$= \frac{-x-3}{3-5X} = \frac{1}{23} \quad \Rightarrow 23(-x-3) = 3-5x$

$-23x-69 = 3-5x \quad \Rightarrow -23x + 5x = 3+69$

$\Rightarrow -18x = 72$

$x = -4$

Taking option (1) , $3(5x-7)-2(11-9x) = 13$

$15x-21-22+18x = 13 \Rightarrow 33x-43 = 13 \Rightarrow 33x = 13+43$

$33x = 56 \quad \Rightarrow \quad x = \frac{56}{33}$

Taking option (2), $3(7x-5)-2(9x-11) = 13$

$21x-15 - 18x+22 = 13 \quad \Rightarrow \quad 3x+7 = 13$

$\Rightarrow \quad 3x = 6 \quad \Rightarrow \quad x = 2$

Taking option (3) , $3(5x-7)-2(9x-11)-13$

$15x - 21-18x + 22 = 13 \quad \Rightarrow -3x+1 = 13$

$\Rightarrow \quad -3x = 12 \quad \Rightarrow x = -4$

So, option (3) is correct answer.

279. If 2x-3y=9 and xy = -3, then what is the value of $\frac{4x}{y} + \frac{9y}{x}$?

यदि 2x3y-9 और xy = - 3 है, तो $\frac{4x}{y} + \frac{9y}{x}$ का

MATHS

क्या मान है?

(1) -15
(2) 15
(3) -25
(4) 39

ANS : (1)

$2x - 3y = 9$

Squaring both sides ,

$(2x-3y)^2 = (9)^2$ [using $(a-b)^2 = a^2-2ab+b^2$]

$4x^2-2(2x)(3y)+9y^2=81 \Rightarrow 4x^2-12xy+9y^2=81$

Put the value $xy = -3$

$4x^2-12(-3)+9y^2=81 \quad \Rightarrow 4x^2+36+9y^2=81$

$4x^2+9y^2=81-36 \quad \Rightarrow 4x^2+9y^2=45$….(1)

Now, $\frac{4x}{y}+\frac{9y}{x}=\frac{4x^2+9y^2}{xy}$

$=\frac{45}{-3}=-15$ [using equation (1)]

So, option (1) is correct answer.

280. If the coefficients of x^2y^2, x^2 and y^2 in the expression:

$3x^2(3y^2+2)-x(x-2xy^2)+y(2x^2y-2y)$ are a, b and c respectively, then what is the value of (a-2b+c)?

यदि व्यंजक $3x^2(3y^2+2)-x(x-2xy^2)+y(2x^2y-2y)$ में x^2y^2, x^2 और y^2 के गुणांक क्रमश: a, b और c हैं, तो (a-2b+c) का क्या मान है?

(1) 0
(2) -1
(3) 1
(4) 2

ANS : (3)

$3x^2(3y^2+2) - x(x-2xy^2) + y(2x^2y-2y)$

$= 9x^2y^2 + 6x^2 - x^2 + 2x^2y^2 + 2x^2y^2 - 2y^2$

$= 13x^2y^2 + 5x^2 - 2y^2$

a,b and c are the coefficients of x^2y^2, x^2 and y^2

Thus, a = 13, b=5 and c = -2

The value of $a - 2b + c = 13 - 2(5) + (-2)$

$\Rightarrow \quad 13 - 10 - 2 = 1$

So, option (3) is correct answer.

281. What is the difference between the compound interest received when a sum of ₹12,000 is invested at 20% p.a. for $1\frac{1}{2}$ years, if the interest is compounded half yearly and if the interest is compounded yearly?

₹ 12,000 की एक धनराशि को 20% वार्षिक दर पर $1\frac{1}{2}$ वर्ष के लिए निवेश करने पर प्राप्त चक्रवृद्धि ब्याज में क्या अंतर है, जब ब्याज अर्धवार्षिक संयोजित होता है और जब ब्याज वार्षिक संयोजित होता है?

(1) 128
(2) 132
(3) 135
(4) 140

ANS : (2)

P = ₹12,000 , R = 20% p.a. T = $1\frac{1}{2}$ years

Compounded half yearly (अर्धवार्षिक संयोजित),

P = ₹ 12,000 , R = $\frac{20}{1}$%=10% ,

T= $\frac{3}{2}\times 2$= 3years

Amount (A) = $P\left(1+\frac{R}{100}\right)^T$

$= 12000\times\left(1+\frac{10}{100}\right)^3$

$= 12000\times\frac{11}{10}\times\frac{11}{10}\times\frac{11}{10}$

= ₹ 15972

Compound interest (चक्रवृद्धि ब्याज) (C.I.)

= Amount – Principle

= 15972 – 12000 = ₹3972

Compounded annually (वार्षिक संयोजित),

P = ₹ 12,000, R = 20% p.a.

$T = 1\frac{1}{2}$ years $= \frac{3}{2}$ years

For 1 year,

$$\text{Amount (A)} = P\left(1+\frac{R}{100}\right)^T$$

$$= 12000\left(1+\frac{20}{100}\right)^1$$

$$= 12000\times\frac{6}{5} = ₹14400$$

For $\frac{1}{2}$ year,

$$\text{Simple interest (S.I,)} = \frac{P\times R\times T}{100}$$

$$= \frac{14400\times 20\times 1}{2\times 100} = ₹1440$$

Amount = P + S.I.

= 14400 + 1440 = ₹ 15840

Compound interest (चक्रवृद्धि ब्याज) (C.I.) = A – P

=15840 – 12000 = ₹3840

Difference between the C.I. of both cases when compounded half yearly and compounded annually = 3972–3840 = 132

So, option (2) is correct answer.

282. In which of the following cases, is the construction of a quadrilateral ABCD not possible?

निम्न में से किस स्थिति में, चतुर्भुज ABCD की रचना संभव नहीं है?

(1) AB = 5.5 cm, BC=4 cm, ∠A=60°, ∠B=105°and ∠C =105°

(2) AB = 3.5 cm, BC = 6.5 cm, ∠A=100, ∠C=110° and ∠D=75°

(3) AB = 5 cm, BC = 7.5 cm, ∠A = 80°, ∠B = 140° and ∠C = 145°

(4) AB=6 cm, BC=5 cm, ∠A=55°, ∠B=110°and ∠D=90°

ANS : (3)

Sum of all angles of quadrilateral is 360°.(चतुर्भुज के सभी कोणों का योग 360° होता है।)

In option (3), it is given that

∠A = 80°, ∠B = 140° , ∠C = 145° , ∠D = ?

∠A + ∠B + ∠C + ∠D = 360°

80° + 140° + 145° + ∠D = 360°

∠D = 360° – 365° = -5° which is not possible .

Thus , ABCD quadrilateral does not form in this case.

So, option (3) is correct answer.

283. In ABC, BC=4 cm, AC = 5 cm and ∠B=90°. In DEF, ∠D=90°, FE = 5 cm and ED = 4 cm. Which of the following is correct?

त्रिभुज ABC, BC=4 cm, AC=5 cm और ∠ B=90° है। DEF में ∠D=90°, FE=5 cm और ED = 4 cm है। निम्न में से कौनसा सही है ?

(1) $\Delta ABC \cong \Delta DEF$

(2) $\Delta BAC \cong \Delta DFE$

(3) $\Delta ACB \cong \Delta DFE$

(4) $\Delta CBA \cong \Delta FED$

ANS : (2)

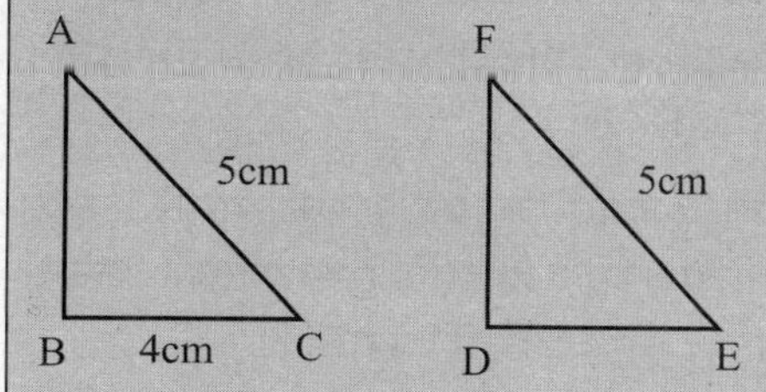

In this figure, ∠B = ∠ D = 90

BC = DE = 4cm , AC = FE = 5cm

Thus, $\Delta BAC \cong \Delta DFE$

So, option (2) is correct answer.

MATHS

284. The sum of all interior angles of a regular polygon is 1080°. What is the measure of its each exterior angle?

किसी सम बहुभुज के सभी अंतः कोणों का योग 1080° है। इस बहुभुज के प्रत्येक बाह्य कोण की माप क्या है?

(1) 36°
(2) 45°
(3) 30°
(4) 40°

ANS : (2)

The sum of all interior angles of a regular polygon is 1080°(सम बहुभुज के सभी अंतः कोणों का योग 1080 है।).

Each exterior angle = $\frac{Interior\ angle}{no.of\ sides}$

$(2n-4) \times 90° = 1080° \Rightarrow 2n - 4 = 12 \Rightarrow n=8$

Thus, Each interior angle = $\frac{1080}{8} = 135°$

Interior angle + exterior angle = 180°

135° + exterior angle = 180°

Exterior angle = 180° - 135° = 45°.

So, option (2) is correct answer.

285. The sum of the number of faces, edges and vertices of a right prism having each of the bases of a polygon of 8-sides is:

किसी लंब प्रिज्म का प्रत्येक आधार एक 8 भुजा वाला बहुभुज है। इसके सभी फलकों किनारों तथा शीर्षों की संख्याओं का योग है

(1) 44
(2) 46
(3) 48
(4) 50

ANS : (4)

A polygon having 8 sides is called octagon (8 भुजाओं वाले बहुभुज को अष्टभुज कहते हैं).

Number of faces in octagonal prism (अष्टकोणीय प्रिज्म में फलकों की संख्या) = 10

Number of edges in octagonal prism (अष्टकोणीय प्रिज्म में किनारों की संख्या) = 24

Number of vertices in octagonal prism (अष्टकोणीय प्रिज्म में शीर्षों की संख्या) = 16

Sum of all faces , edges and vertices =10+24+16 = 50

So, option (4) is correct answer.

286. In quadrilateral ABCD, ∠C = 72° and ∠D = 80°. The bisectors of ∠A and ∠B meet at a point O. what is the measure of ∠AOB?

चतुर्भुज ABCD में, ∠C = 72° और ∠D = 80° है। ∠A और ∠B के समद्विभाजक बिन्दु o पर मिलते है। <AOB की माप क्या है।

(1) 70°
(2) 74°
(3) 76°
(4) 78°

ANS : (3)

ABCD is a quadrilateral,

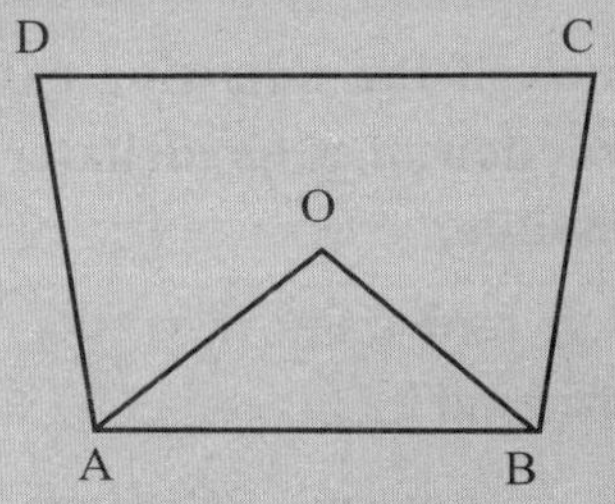

∠C = 72°, ∠D = 80°

∠A + ∠D = 180° [adjacent angles are supplementary]

∠A+80 = 180°

∠A = 100°

Similarly, ∠B+∠C = 180° [adjacent angles

are supplementary]

$\angle B + 72 = 180°$

$\angle B = 108°$

OA and OB are the bisectors (समद्विभाजक बिन्दु) of $\angle A$ and $\angle B$,

$\angle OAB = \angle OAD = \frac{100}{2} = 50°$

Also, $\angle OBA = \angle OBC = \frac{108}{2} = 54°$

In triangle OAB, sum of all angles of quadrilateral is 180°,

$\angle OAB + \angle OBA + \angle AOB = 180°$

$50 + 54 + \angle AOB = 180°$

$\angle AOB = 180 - 104 = 76°$

So, option (3) is the correct answer.

287. The area of a circle is 616 cm² and its circumference is equal to the perimeter of a rectangle whose sides are in the ratio 5:6 what is the area (in cm²) of the rectangle? (use $\pi = 22/7$)

किसी वृत का क्षेत्रफल 616 cm² है और इसकी परिधि एक आयत के परिमाप के बराबर है, जिसकी भुजाओ में अनुपात 5:6 है? आयात का क्षेत्रफल (cm² में) क्या है?($\pi = 22/7$ उपयोग कीजिए)

(1) 432
(2) 440
(3) 420
(4) 480

ANS : (4)

Area of a circle = 616cm2

$616 = \pi r2 \Rightarrow 616 = \frac{22}{7} \times r^2$

$\Rightarrow \frac{616 \times 7}{22} = r^2 \Rightarrow \sqrt{196} = r$

14 cm = r

Ratio of sides of rectangle = 5:6

Let the length be 5x and the breadth be 6x

Circumference of circle = perimeter of rectangle

$2\pi r = 2 \times (l+b) \quad \Rightarrow 2 \times \frac{22}{7} \times 14 = 2 \times (5x+6x)$

$\Rightarrow \quad 44 = 11x$

$x = 4$

Thus, the length of rectangle = $5x = 5 \times 4$ = 20cm

the breadth of rectangle = $6x = 6 \times 4$ = 24cm

Area of rectangle (आयत का क्षेत्रफल) = $l \times b$ = $20 \times 24 = 480 cm^2$.

So, option (4) is the correct answer.

288. The curved surface area of a right circular cylinder of base radius 3 cm is 94.2 cm². The volume of the cylinder is: (Take π =3.14)

आधार त्रिज्या 3 cm वाले किसी लंब वृत्तीय बेलन का वक्र पृष्ठीय क्षेत्रफल 94.2cm2 है। बेलन का आयतन है।(लीजिए π =3.14):

(1) 141.30 cm³
(2) 127.17 cm³
(3) 113.04 cm³
(4) 169.56 cm³

ANS : (1)

Radius of a right circular cylinder = 3 cm

Curved surface area of a right circular cylinder (बेलन का वक्र पृष्ठीय क्षेत्रफल)= 94.2 cm².

Curved surface area of a right circular cylinder = $2\pi rh$

$94.2 = 2 \times 3.14 \times 3 \times h$

$\frac{94.2}{2 \times 3.14 \times 3} = h \quad \Rightarrow \quad 5cm = h$

Volume of a right circular cylinder (बेलन का आयतन) = $\pi r^2 h$

= 3.14 X 3 X 3 X 5 =141.3 cm³.

So, option (1) is the correct answer.

289. The area of three adjacent faces of a cuboid are 120 cm², 96 cm² and 80 cm². What is the volume of the cuboid?

किसी घनाभ के तीन आसन्न फलकों के क्षेत्रफल 120 cm², 96 cm² तथा 80 cm² हैं। इस घनाभ का आयतन हैं:

(1) 480 cm^3
(2) 600 cm^3
(3) 720 cm^3
(4) 960 cm^3

ANS : (4)

Area of Ist face of cuboid =

$lb = 120\ cm^2$.......(1)

Area of IInd face of cuboid =

$bh = 96\ cm^2$.......(2)

Area of IIIrd face of cuboid =

$hl = 80\ cm^2$......(3)

Multiplying equation (1), (2) and (3), we get

$lb \times bh \times hl = 120 \times 96 \times 80$

$l^2 b^2 h^2 = 921600 \Rightarrow lbh = \sqrt{921600}$

$\Rightarrow lbh = 960$

Volume of cuboid (घनाभ का आयतन) = lbh = 960 cm^3.

So, option (4) is correct answer.

290. What is the mean of the median, mode, and range of the following data? 5, 2, 8, 6, 12, 10, 17, 15, 23, 9, 17, 13 ?

निम्न आकड़ों के माध्यक, बहुलक और परिसर का माध्य क्या है?

5, 2, 8, 6, 12, 10, 17, 15, 23, 9, 17, 13?

(1) 16
(2) 49/3
(3) 17
(4) 52/3

ANS : (2)

Here, the no. of observations = 12 (even)

Arrange the data in ascending order,

2, 5, 6, 8, 9, 10, 12, 13, 15, 17, 17, 23

$$\text{Median (माध्यक)} = \frac{\left(\frac{n}{2}\right)^{th} term + \left(\frac{n}{2}+1\right)^{th} term}{2}$$

$$= \frac{\left(\frac{12}{2}\right)^{th} term + \left(\frac{12}{2}+1\right)^{th} term}{2}$$

$$= \frac{6^{th}\ term + 7^{th}\ term}{2} = \frac{10+12}{2} = 11$$

Mode (बहुलक) = 17 (the most occurring number)

Range (परिसर) = highest value – lowest value

$= 23 - 2 = 21$

Now, the mean of median, mode and range is

$$\text{Mean (माध्य)} = \frac{sum\ of\ all\ observations}{total\ no.of\ obsrvations}$$

$$= \frac{median+mode+range}{3}$$

$$= = \frac{11+17+21}{2} = \frac{49}{3}$$

So, option (2) is correct answer.

291. Numbers 16, 17, 18…,55 are written on separate slips (one number on one slip), kept in a bag and mixed well. One slip is chosen from the bag without looking into the bag. what is the probability that the number on the chosen slip is a prime number between 19 and 53 ?

प्रथक – प्रथक पर्चियों पर संखयाएँ 16, 17, 18, …, 55 लिखी हुई है (एक पर्ची पर एक संख्या)| उन्हे एक थेले में रखकर अच्छी प्रकार से मिला दिया जाता है| थेले के अंदर से बिना देखे एक पर्ची निकाली जाती है| इस पर्ची पर एक 19 और 53 के बीच मे अभाज्य संख्या होने की क्या प्रायिकता है ?

(1) 3/20

(2) 1/5
(3) 7/40
(4) ¼

ANS : (3)

prime number between 19 and 53 = 23 , 29 , 31 , 37 , 41 , 43 , 47

Probability of getting a prime number on slip (पर्ची पर एक अभाज्य संख्या प्राप्त करने की प्रायिकता)

$= \frac{No.of\ prime\ numbers}{total\ numbers} = \frac{7}{40}$

So, option (3) is correct answer.

292. In $\triangle ABC$ and $\triangle ADB$, $\angle C=\angle D=90°$ and BC=AD. Then, $\triangle ABD \cong \triangle BAC$ by the congruence rule:

$\triangle ABC$ और $\triangle ADB$ मे, $\angle C=\angle D=90°$ है तथा BC=AD है। तब, निम्नलिखित सर्वांगसमता नियम से $\triangle ABD \cong \triangle BAC$ है :

(1) SAS
(2) RHS
(3) SSS
(4) ASA

ANS : (2)

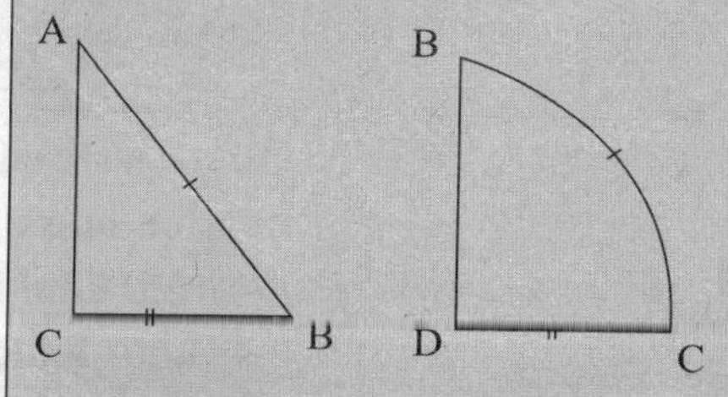

$\triangle ABC$ और $\triangle ADB$ में।

$\angle C = \angle D = 90°$, BC = AD और $\triangle ABD \cong \triangle BAC$

RHS नियम: यदि दो समकोण त्रिभुजों में कर्ण और त्रिभुज की एक भुजा दूसरे त्रिभुज की संगत भुजा और कर्ण के बराबर हो, तो त्रिभुज RHS नियम के अनुसार सर्वांगसम होते है। (If in two right angled triangles the hypotenuse and a side of a triangle are equal to the corresponding side and hypotenuse of the other triangle, then the triangles are congruent according to RHS rule.)

$\triangle ABC$ और $\triangle ADB$ में, BC = AD (दिया गया है)

$\angle C = \angle D = 90°$(दिया गया है)

AB (दोनों त्रिभुजों का कर्ण) उभयनिष्ठ है

अत: $\triangle ABC$ और $\triangle ADB$ RHS नियम के अनुसार सर्वांगसम (Congruent) है।

293. What is the mean of the mode, median and range of the following data? 18, 11, 20, 25, 17, 9, 14, 11, 13, 21, 16, 10

निम्न आंकड़ों के बहुलक, माध्यक और परिसर का माध्य क्या है?

18, 11, 20, 25, 17, 9, 14, 11, 13, 21, 16, 10

(1) 13.5
(2) 14
(3) 15.5
(4) 16

ANS : (2)

आरोही क्रम (ascending order):

9,10, 11, 11, 13, 14, 16, 17, 18, 20, 21, 25,

परिसर (range) = 25 - 9 = 16

बहुलक 11 है क्योंकि यह अधिकतम बार दोहराया गया है।

माध्यिका (median)

$$= \frac{\left(\frac{n}{2}\right)^{th} and \left(\frac{n}{2}+1\right)^{th}}{2} = \frac{\left(\frac{12}{2}\right)^{th} and \left(\frac{12}{2}+1\right)^{th}}{2}$$

$$= \frac{6^{th}\ and 7^{th}}{2} = \frac{14+16}{2} = \frac{30}{2} = 15$$

माध्य (mean) $== \frac{16+11+15}{3}$

$\therefore$ माध्य = 42/3 = 14

294. If 54°, x°, 80° and 116° are angles of a quadrilateral, then the value of 3x – 140 is

यदि 54°, x°, 80° और 116° एक चतुर्भुज के कोण है, तो 3x – 140 का मान है:

MATHS

(1) 170
(2) 190
(3) 132
(4) 110

ANS : (2)

चतुर्भुज में सभी कोणों का योग होता हैं।

$\angle A+\angle B+\angle C+\angle D= 360°$

$\Longrightarrow 54°+x+80°+116°=360°$

$250°+x= 360° \quad \Longrightarrow x=360°-250° =110°$

$3x-140° \Longrightarrow 3\times110°-140°$

$\Longrightarrow 330°-140°=190°$

295. $\frac{2}{5}\times\left(\frac{-3}{7}\right)+\frac{1}{7}-\left(\frac{-3}{7}\times\frac{4}{5}\right)$ **is equal to -**

$\frac{2}{5}\times\left(\frac{-3}{7}\right)+\frac{1}{7}-\left(\frac{-3}{7}\times\frac{4}{5}\right)$ बराबर है -

(1) $\frac{2}{5}+\frac{1}{7}$

(2) $\frac{4}{7}-\frac{1}{5}$

(3) $\frac{4}{5}-\frac{16}{35}$

(4) $\frac{2}{7}-\frac{1}{35}$

ANS : (4)

BODMAS नियम का प्रयोग करे

$\left(\frac{2}{5}\right)\times\left(-\frac{3}{7}\right)+\left(\frac{1}{7}\right)-\left(\left(-\frac{3}{7}\right)\times\left(\frac{4}{5}\right)\right)=\left(-\frac{6}{35}\right)+\left(\frac{1}{7}\right)-\left(-\frac{12}{35}\right)$

$\left(\frac{6}{35}\right)+\left(\frac{1}{7}\right)=\left(\frac{5+1}{35}\right)+\left(\frac{1}{7}\right)=\left(\frac{1}{7}\right)+\left(\frac{1}{35}\right)+\left(\frac{1}{7}\right)=\left(\frac{2}{7}\right)+\left(\frac{1}{35}\right)$

296. The expression *(3x+5y) × (5x–7y) - (3x-5y) × (5x–7y)* Is equal to:

व्यंजक (3x+5y) × (5x–7y) - (3x-5y) × (5x–7y) बराबर है :

(1) $10(x^2 + y^2)$
(2) $10y(5x + 7y)$
(3) $10x(x + 5y)$
(4) $10y(5x - 7y)$

ANS : (4)

$(3x+5y)\times(5x-7y)-(3x-5y)\times(5x-7y)$

$(5x-7y)\,[(3x+5y)-(3x-5y)]$

$=10y\,(5x-7y)$

297. Numbers 5, 6, 7, ……, 182, 183 and 184 are written on the cards, one number on one card and put in a bag. A card is drawn at random from the bag. What is the probability that the number of the card drawn is divisible by 2, 3 and 5?

कार्डों पर संख्याओं 5,6,7…….182,183 और 184 को लिखा जाता है, एक कार्ड पर एक संख्या लिखी जाती है तथा इन्हें एक थेले में रख दिया जाता है। इस थेले में से एक कार्ड यादृच्छिक रूप से निकाला जाता है। इसकी क्या प्रायिकता है कि निकाले गए कार्ड पर संख्या 2, 3 और 5 से विभाज्य है?

(1) $\frac{1}{30}$

(2) $\frac{1}{36}$

(3) $\frac{1}{24}$

(4) $\frac{1}{45}$

ANS : (1)

2, 3 और 5 से विभाज्य (divisible) होने वाली संख्या 30 से विभाज्य होनी चाहिए।

सूत्र: प्रायिकता (probability) $= \frac{\text{अनुकूल परिणाम (favourable outcomes)}}{\text{कुल परिणाम (total outcomes)}}$

30 से विभाज्य संख्याएँ 30, 60……, 150, 180 है।

कुल संख्या 30 से विभाज्य 6 है।

प्रायिकता (probability) $= \frac{6}{180} = \frac{1}{30}$

298. Which one of the following statements is not true?

(1) Every natural number is an integer
(2) Every real number is a rational number
(3) Every natural number is a whole number
(4) Every whole number is a rational number

निम्न में से कौन सा कथन सत्य नहीं है ?

(1) प्रत्येक प्राकृत संख्या एक पूर्णांक है।
(2) प्रत्येक वास्तविक संख्या एक परिमेय संख्या है।
(3) प्रत्येक प्राकृत संख्या एक पूर्ण संख्या है।
(4) प्रत्येक पूर्ण संख्या एक परिमेय संख्या है।

ANS : (2)

Real numbers contain all the rational numbers and irrational numbers (वास्तविक संख्याओं में सभी परिमेय संख्याएँ और अपरिमेय संख्याएँ होती हैं।).

Thus, Every real number is not a rational number (प्रत्येक वास्तविक संख्या एक परिमेय संख्या नहीं है।)

So, option (2) is the correct answer.

299. Which of the following numbers is not divisible by 11 ?

निम्न में से कौन सी संख्या 11 से विभाज्य नहीं है?

(1) 101013
(2) 11011011
(3) 2222222
(4) 7310589

ANS : (3)

Divisibility by 11: The difference of the sum of digits at odd places and the sum of digits at even places should be 0 or 11 (विषम स्थानों के अंकों के योग और सम स्थानों के अंकों के योग का अंतर 0 या 11 होना चाहिए).

Taking option (1), 101013

(sum of number at odd places) – (sum of number at even places)

= (3+0+0) – (1+1+1) = 3–3 = 0

So, the number is divisible by 11.

Taking option (2), 11011011

(sum of number at odd places) – (sum of number at even places)

= (1+0+1+1) – (1+1+0+1) = 3 – 3 = 0

So, the number is divisible by 11.

Taking option (3), 2222222

(sum of number at odd places) – (sum of number at even places)

= (2+2+2+2) – (2+2+2) = 8 – 6 = 2

So, the number is not divisible by 11.

Taking option (4), 7310589

(sum of number at odd places) – (sum of number at even places)

= (9+5+1+7) – (8+0+3) = 22 – 11 = 11

So, the number is divisible by 11.

So, option (3) is correct answer.

300. The value of $[(-1)^0+(-2)^1+(-3)^2+(-4)^3] \times (1)^{-3}$ is:

$[(-1)^0+(-2)^1+(-3)^2+(-4)^3] \times$ (1)-3 का मान है:

(1) 52
(2) -56
(3) -57
(4) 168

ANS : (2)

$[(-1)^0+(-2)^1+(-3)^2+(-4)^3] \times (1)^{-3}$

$= [1 - 2 + 9 - 64] \times 1 = -56$

So, option (2) is correct answer.

301. $1-\cfrac{1}{1-\cfrac{1}{2-\cfrac{1}{3}}}$ **is equal to:**

(1) $-\frac{3}{2}$

MATHS

MATHS

(2) $-\frac{1}{3}$

(3) $\frac{1}{2}$

(4) 5

ANS : (1)

$=1-\frac{1}{1-\frac{1}{\frac{5}{3}}} \quad =1-\frac{1}{1-\frac{1}{3}}$

$=1-\frac{5}{2}=\frac{2-5}{2}=1-\frac{-3}{2}$

So, option (1) is correct answer.

302. The value of $\frac{0.081\times2.5\times3.25}{0.0625\times7.29}$ is:

$\frac{0.081\times2.5\times3.25}{0.0625\times7.29}$ **का मान है:**

(1) 1
(2) 1.2
(3) 2.1
(4) 10

ANS : (2)

$\sqrt{\frac{0.081\times2.5\times3.25}{0.0625\times7.29}}=\sqrt{\frac{81\times25\times325\times1000000}{625\times729\times1000000}}$

$=\frac{9\times5\times18}{25\times27}=\frac{6}{5}=1.2$

So, option (2) is correct answer.

303. If $x+\frac{1}{x}=4$, then the value of $x^4+\frac{1}{x^4}$ is :

यदि $x+\frac{1}{x}=4$ है, तो $x^4+\frac{1}{x^4}$ का मान होगा:

(1) 194
(2) 198
(3) 322
(4) 326

ANS : (1)

$x+\frac{1}{x}=4$

Squaring both sides,

$\left(x+\frac{1}{x}\right)^2=(4)^2$ [using,$(a+b)^2=a^2+(b)^2+2ab$]

$x^2+\left(\frac{1}{x}\right)^2+2(x)\left(\frac{1}{x}\right)=16$

$x^2+\frac{1}{x^2}+2=16 \qquad x^2+\frac{1}{x^2}=16-2$

$x^2+\frac{1}{x^2}=14$

Again, squaring both sides, we get

$\left(x^2+\frac{1}{x^2}\right)^2=(14)^2$ [using,$(a+b)^2=a^2+(b)^2+2ab$]

$(x^2)^2+\left(\frac{1}{x^2}\right)^2+2\times x^2\times\frac{1}{x^2}=196$

$x^4+\frac{1}{x^4}+2=196 \quad \Rightarrow x^4+\frac{1}{x^4}=196-2$

$x^4+\frac{1}{x^4}=194$

So, option (1) is correct answer.

304. One-sixth of a number is 8 less than half of 28. What is one-fourth of that number?

एक संख्या का ⅙ का भाग 28 के आधे से 8 कम है उस संख्या का एक चौथाई भाग क्या होगा ?

(1) 9
(2) 15
(3) 27
(4) 36

ANS : (1)

Let the number be 'x',

$\frac{x}{6}=\frac{28}{2}-8 \quad \Rightarrow \frac{x}{6}=14-8 \quad \Rightarrow \frac{x}{6}=6 \quad \Rightarrow x=36$

Thus , one fourth of a number $= \frac{x}{4} = \frac{36}{4} = 9$

So, option (1) is correct answer.

305. If two-third of a number is 84, then what is 45% of the number?

यदि किसी संख्या का दो तिहाई 84 है, तो उस संख्या का 45% क्या होगा ?

(1) 25.2
(2) 56.7
(3) 61.5
(4) 65.7

ANS : (2)

$\frac{2}{3} \times x = 84 \quad \Rightarrow x = \frac{84 \times 3}{2} \quad \Rightarrow x = 126$

Now, 45% of $x = \frac{45}{100} \times 126 = 56.7$

So, option (2) is correct answer.

306. Which of the following is Not a characteristic of 'Guided-practice methods' in teaching mathematics?

(1) Modelled instruction
(2) Group work
(3) Individual work with teacher as guide
(4) Independent practice at home

निम्नलिखित में से कौनसी गणित पढ़ाने में 'निर्देशित-अभ्यास' विधियों की विशेषता नहीं है?

(1) आदर्श अनुदेश
(2) सामूहिक कार्य
(3) मार्गदर्शक के रूप में शिक्षक के साथ व्यक्तिगत कार्य।
(4) घर पर स्वतंत्र अभ्यास करना।

Ans : (4)

निर्देशित अभ्यास [guided practice]:- निर्देशित अभ्यास में छात्र समूहों में या फिर teacher के निर्देशन में अभ्यास करते हैं।

निर्देशित अभ्यास विधियों की विशेषता

आदर्श अनुदेश [model instructions]

सामूहिक कार्य [teamwork]

मार्गदर्शक [guide] के रूप में शिक्षक के साथ व्यक्तिगत कार्य।

[घर पर स्वतंत्र अभ्यास करना निर्देशित अभ्यास विधि की विशेषता नहीं है।]

307. Mathematics is a way of thinking, since

a. it provides opportunity to the students to engage in proofs and examining patterns.

b. students reproduce formulae and symbols during problem solving.

c. students use appropriate strategies for solving new and different problems.

(1) a and b
(2) b and c
(3) a and c
(4) Only b

गणित चिंतन का एक तरीका है, क्योंकि -

(a) यह विद्यार्थियों को उपपत्ति में व्यस्त (संलग्न) और नमूनों को परखने के अवसर उपलब्ध कराता है।

(b) समस्या समाधान करते हुए छात्र सूत्रों और संकेतों को दोहराते हैं।

(c) विद्यार्थी नए और विभिन्न प्रश्नों को हल करने के लिए उपयुक्त नीति का उपयोग करते हैं।

(1) (a) और (b)
(2) (b) और (c)
(3) (a) और (c)
(4) केवल (b)

Ans : (3)

- गणित शिक्षण का मुख्य उद्देश्य छात्रों की सोच का गणितीयकरण [mathematization] करना।

[अर्थात् छात्रों में गणितीय रूप से सोचने समझने की क्षमता का विकास करना]

- गणित चिंतन का एक तरीका है। क्योंकि यह छात्रों को नमूनों को परखने के अवसर उपलब्ध कराता है।
- विद्यार्थी नए और विभिन्न प्रश्न हल करने के लिए उपयुक्त नीति का उपयोग करते हैं।

MATHS

308. A famous mathematician, 'George Polya' has given the four-step process for problem-solving. Which one of the following is not a step of Polya's problem solving?

(1) Understanding the problem
(2) Revise a plan
(3) Carry out a plan
(4) Look back

एक मशहूर गणितज्ञ जॉर्ज पौलया ने समस्या-सामाधान हेतु चार चरणों की एक प्रक्रिया दी है। निम्नलिखित में से कौन-सा चरण पौलया के समस्या-समाधान के चरणों में से नहीं है?

(1) समस्या को समझना
(2) योजना को सुधारना
(3) योजना का क्रियान्वयन
(4) पुन: जाँचना (सत्यापन करना)

Ans : (2)

जार्ज पोल्या ने समस्या समाधान की चार चरणीय विधि [four step method] तैयार की।

जिसका क्रम इस प्रकार है:-

1. समस्या को समझे [understand the problem] ।
2. एक योजना तैयार करें [plan] ।
3. योजना को क्रियान्वित [implemented] करें।
4. पुन: जांच [recheck] करें।

[योजना को सुधारना जार्ज पोल्या के चार चरणीय प्रक्रिया के अंतर्गत नहीं आता है।]

309. While teaching data handling to class VIII students a teacher has used the activity: 'Survey of socio-economic status of the families of a nearby village.' The purpose of this activity is-

(a) to connect the classroom experience with the real world outside the classroom.
(b) to observe different shapes in the surroundings.
(c) to provide opportunity to students to collect information from the field.

(1) Only (c)
(2) (a) and (c)
(3) (b) and (c)
(4) (a) and (b)

कक्षा 8 के छात्रों को आंकड़ों का प्रबंधन पढ़ाने के लिए अध्यापक ने पास के गाँव के परिवारों की सामाजार्थिक स्थिति पर सर्वेक्षण के क्रियाकलाप का उपयोग किया। इस क्रियाकलाप का प्रयोजन है -

a. कक्षा के अनुभवों का कक्षा से बाहर की असली दुनिया से संबंध स्थापित करना
b. परिसर में विभिन्न आकृतियों का अवलोकन करना
c. छात्रों को अवसर देना कि वे क्षेत्र से प्रत्यक्ष जानकारी एकत्रित कर सकें।

(1) केवल (c)
(2) a और c
(3) b और c
(4) a, b और c

Ans : (2)

अध्यापक द्वारा किये गये क्रियाकलाप का प्रयोजन [purpose of activity]:-

छात्र के कक्षायी ज्ञान को उनके वास्तविक जीवन से जोड़कर सिखाना, जिससे छात्र अत्यधिक प्रभावशाली ढंग से सीख सकें।

कक्षा के अनुभवों को कक्षा के बाहर की असली दुनिया से संबंध स्थापित करना। छात्रों को अवसर देना कि वे क्षेत्र से प्रत्यक्ष जानकारी [direct information] एकत्रित कर सकें। [इस प्रकार की क्रियाविधि [Methodology] से सक्रिय रूप से खोजबीन के माध्यम से सीखते हैं, जिससे उनका ज्ञान अत्यधिक स्थायी हो जाता है।]

310. Studies on 'Mathematics Anxiety' among students have revealed that Mathematics Anxiety is also prevalent among students who are high achievers in mathematics. The Mathematics Anxiety goes unnoticed among such students because

(1) These students perform well at tests hence teachers and parents only look at their performance and not emotional factors.
(2) High achievers overcome Mathematics Anxiety on their own without letting anyone know.
(3) Mathematics Anxiety among high achievers subsides over the period of time by solving more complex problems.
(4) Mathematics Anxiety is irrelevant for high achievers in mathematics.

विद्यार्थियों में 'गणित की चिंता' पर अध्ययन यह दर्शाता है कि गणित की चिंता' गणित में उच्च उपलब्धि वाले विद्यार्थियों में भी पाई जाती है।

ऐसे विद्यार्थियों में गणित की चिंता को नज़र अंदाज़ कर दिया जाता है, क्योंकि-

(1) ये विद्यार्थी परीक्षा में अच्छा प्रदर्शन करते हैं अत: अध्यापक और माता-पिता संवेगात्मक कारकों को न देखते हुए केवल उनका प्रदर्शन ही देखते हैं।
(2) इससे पहले कि कोई उनके बारे में जाने, उच्च प्रदर्शन करने वाले विद्यार्थी गणित की चिंता से स्वयं उभर जाते हैं।
(3) एक समय तक ज़्यादा जटिल समस्याओं को हल करते-करते गणित की चिंता' उच्च उपलब्धि वाले बच्चों में कम हो जाती है।
(4) गणित में उच्च उपलब्धि वाले छात्रों के लिए 'गणित की चिंता' असंगत है।

Ans : (1)

विद्यार्थियों में गणित के प्रति चिंता तथा भय पाया जाता है। यह भय प्रत्येक विद्यार्थी में पाया जा सकता है। गणित की चिंता गणित में उच्च उपलब्धि वाले विद्यार्थियों में भी पाई जाती है।

किंतु ऐसे विद्यार्थी परीक्षा में अच्छा प्रदर्शन करते हैं अतः अध्यापक और माता-पिता संवेगात्मक कारकों [emotional factors] को न देखते हुए केवल उनका प्रदर्शन [performance] ही देखते हैं। अतः ऐसे शिक्षार्थियों की गणितीय चिंता पर किसी का ध्यान नहीं जाता है।

311. A teacher asked the students to find out the different ways by which Ramanujan number can be expressed as the sum of two cube numbers. This task reflects the teachers' effort to :

(1) relate real - life experiences with mathematical concepts
(2) introduce the concept of cubes and the cube roots
(3) teach about Ramanujan
(4) foster creative thinking among students

एक शिक्षक ने विद्यार्थियों से रामानुजन संख्या को दो घन संख्याओं के योग के रूप में व्यक्त करने के लिए विभिन्न तरीकों को ज्ञात करने के लिए कहा। यह कार्य शिक्षक के प्रयास को दर्शाता है –

(1) वास्तविक जीवन के अनुभव को गणितीय अवधारणाओं से जोड़ना
(2) घन और घनमूल को अवधारणा का परिचय देना
(3) रामानुजन के बारे में पढ़ाना
(4) विद्यार्थियों में सृजनात्मक चिंतन को बढ़ाना

Ans : (4)

रामानुजन संख्या [Ramanujan number]:- '1729' को ' रामानुजन संख्या कहा जाता है। क्योंकि यह एक सबसे छोटी संख्या है, जिसे दो संख्याओं के घनों के योग [sum of cubes] द्वारा दो अलग तरीकों से दर्शाया जा सकता है।

[इस प्रकार के प्रश्नों के माध्यम से बच्चों में सृजनात्मक चिंतन [creative thinking] को बढ़ाया जा सकता है।]

312. Which of the following is / are the attributes of mathematically gifted students?

(a) Able to spot the patterns and make connections between mathematical concepts
(b) Shows ability to analyse, reason and make generalisations.
(c) Solve all textbook exercises using formal algorithms
(d) Enjoys solving mathematical problems and puzzles.

MATHS

MATHS

(1) (a), (b) and (c)
(2) (b), (c) and (d)
(3) only (d)
(4) (a), (b) and (d)

निम्नलिखित में से कौन-सा/से गणितीय रूप से प्रतिभाशाली विद्यार्थियों का गुण है/हैं?

(a). पैटर्न का पता लगाने और गणितीय अवधारणाओं के बीच संबंध बनाने में सक्षम।
(b). विश्लेषण करने, तर्क करने और सामान्यीकरण करने कि क्षमता दिखाते हैं।
(c). औपचारिक कलन विधियों का उपयोग करते हुए पुस्तक में दिए गए सभी अभ्यासकार्य को हल करते हैं।
(d). गणितीय समस्याओं और पहेलियों को सुलझाने में आनंदित होते हैं।

(1) (a), (b) और (c)
(2) (b), (c) और (d)
(3) केवल (d)
(4) (a), (b) और (d)

Ans : (4)

प्रतिभाशाली विद्यार्थी [gifted student] उन विद्यार्थियों को कहा जाता है, जो अपनी उम्र के अधिकांश छात्रों की तुलना में अधिक तेजी से और स्वतंत्र रूप से सीखते हैं।

पैटर्न का पता लगाने और गणितीय अवधारणाओं [mathematical concepts] के बीच संबंध बनाने में सक्षम होते हैं।

ऐसे शिक्षार्थी में गणितीय अवधारणाओं का विश्लेषण [Analysis] करने तर्क करने [logic] और सामान्यीकरण [generalization] करने की क्षमता होती है।

गणितीय समस्याओं और पहेलियों [puzzles] को सुलझाने में आनंदित होते हैं।

313. Which among the following is / are features of Summative Assessment

(a) Evaluates the student's learning at the end of an instructional unit.
(b) Students receive a grade in terms of percentage or any other form to indicate their level of performance.
(c) Can be used during the learning process in order to modify teaching and learning activities

Choose the correct option.

(1) (a) and (b)
(2) (a) and (c)
(3) (b) and (c)
(4) (a), (b) and (c)

योगात्मक (संकलनात्मक) मूल्यांकन के लिए निम्न में से कौन-सा/से लक्षण है /हैं?

(a). एक निर्देशात्मक इकाई के अंत में छात्रों के अधिगम का मूल्यांकन करना
(b). छात्रों को उनके प्रदर्शन के स्तर को दर्शाने के लिए प्रतिशत या किसी अन्य रूप में ग्रेड देना।
(c). शिक्षण और अधिगम की गतिविधियों को सुधारने के लिए अधिगम कि प्रक्रिया के दौरान उपयोग किया जा सकता है।

(1) (a) और (b)
(2) (a) और (c)
(3) (b) और (c)
(4) (a), (b) और (c)

Ans : (1)

योगात्मक मुल्यांकन [Summative Assessment]:- योगात्मक आंकलन अंतिम पर आधारित होता है। योगात्मक मूल्यांकन का उपयोग शैक्षिक संगठनों [educational organizations] द्वारा निर्धारित शिक्षण खंडो [teaching sections] के अंत में किया जाता है।

योगात्मक आंकलन के लक्षण [characteristics]:-

एक निर्देशात्मक इकाई के अंत में छात्रों के अधिगम का मूल्यांकन करना।

छात्रों को उनके प्रदर्शन के स्तर को दर्शाने के लिए प्रतिशत या किसी अन्य रूप में ग्रेड देना।

[योगात्मक मूल्यांकन छात्रों को Categorise करता है।]

314. After the completion of unit on algebra, a teacher decides to develop a rubric for assessing the learners on problem solving and reasoning skills. Which of the following rubric statements are most appropriate to be included in the rubric?

(a) Understands the problem before solving it.

(b) Checks the answers from answer key and develops strategies accordingly.

(c) Constructs logical progression of mathematical statements.

(d) Explains ideas only in writing using words, pictures and numbers.

Choose the correct options:

(1) Only (d)

(2) (b) and (c)

(3) (a) and (c)

(4) (b) and (d)

बीजगणित पर एक इकाई के पूरा होने के बाद एक शिक्षिका समस्या समाधान और विवेचन (तर्कणा) कौशल पर विद्यार्थियों का आकलन करने के लिए एक रूब्रिक विकसित करने का निर्णय लेती हैं। निम्नलिखित में से कौन-सा रूब्रिक कथन, रूब्रिक में सम्मिलित करने के लिए सर्वाधिक उपयुक्त हैं -

(a) समस्या को सुलझाने से पहले समझना।

(b) उत्तर सूची में से उत्तरों को जाँचना और उसके अनुसार रणनीति विकसित करना।

(c) गणीतीय कथनों को तार्किक प्रगति में निर्मित करना।

(d) शब्दों, तस्वीरों और अंकों के प्रयोग से विचारों को केवल लिखकर समझाना

(1) केवलd

(2) b और c

(3) a और c

(4) b और d

Ans : (3)

रुब्रिक्स [Rubrics]

रुब्रिक्स एक मूल्यांकन उपकरण [Assessment Tool] है। जिसका उपयोग छात्रों के काम का मूल्यांकन करने और ग्रेडिंग करने के लिए किया जाता है।

रुब्रिक्स का उपयोग एक scoring tool के रूप में किया जाता है

रुब्रिक्स में सम्मिलित होने वाले रुब्रिक कथन

- समस्या को सुलझाने से पहले समस्या को समझना।
- गणितीय कथनो को तार्किक प्रगति [logical progression] में निर्मित [built up] करना।

315. Which among the following is/are features of an effective classroom discussion?

(a). It provides an opportunity for students to clarify their misconceptions.

(b). It provides an opportunity for gifted students to show their talents.

(c). It develops students' mathematical thinking and imbibe in them a fear free attitude towards mathematics.

(1) a and b

(2) b and c

(3) a and c

(4) Only c

निम्न में से कौन-सा/से कक्षा में एक प्रभावशाली परिचर्चा का/ के लक्षण है/ हैं?

(a). यह छात्रों को अपनी भ्रांतियों को स्पष्ट करने का अवसर देता है।

(b). यह प्रतिभाशाली छात्रों को उनकी योग्यता दर्शाने का अवसर देता है।

(c). यह छात्रों के गणितीय चिंतन को विकसित करता है और उनमें गणित के प्रति भयमुक्त मनोवृत्ति को आत्मसात करता है।

(1) a और b

(2) b और c

(3) a और c

(4) केवल c

MATHS

MATHS

Ans : (3)

- गणितीय परिचर्चा के माध्यम से छात्र समूहों में विचार-विमर्श में करते है।, जिससे वे सबसे जुड़ते हैं तथा छात्रों को अपनी भ्रांतियों को स्पष्ट करने का अवसर मिलता है।
- इससे छात्रों में गणितीय चिंतन तर्क शक्ति का विकास होता है।
- छात्र गणितीय भय और चिंता से मुक्त होते हैं।

316. Which of the following cannot be considered as one of the reasons of mathematics anxiety in students?

(1) Low achievement in mathematics examination
(2) Teaching -- learning experiences in classroom
(3) Abstract nature of mathematics
(4) Gender differences

निम्नलिखित में से कौन-सा छात्रों में गणित की चिंता के कारणों में से एक कारण नहीं माना जा सकता है?

(1) गणित की परीक्षा में निम्न--स्तरीय उपलब्धि
(2) कक्षा में शिक्षण-अधिगम के अनुभव
(3) गणित की अमूर्त प्रकृति
(4) लैंगिक (जेंडर) अंतर

Ans : (4)

छात्रों में गणितीय चिंता तथा गणित के प्रति भय की आशंका [doubt] होती है।

गणित के प्रति चिंता के कारण:

- गणित की अमूर्त प्रकृति [abstract nature] I
- गणित की परीक्षा में छात्रों की निम्न स्तरीय उपलब्धि [low level achievement] I
- कक्षा में छात्रों के शिक्षण अधिगम के अनुभव [experience] I
- गणित पढ़ाने के प्रति शिक्षकों का रवैया [attitude of teachers] I
- गणित का असीमित क्षेत्र भण्डार [unlimited field storage] I

[लैंगिक अंतर, गणित की चिंता का कारण नहीं माना जाता है।]

317. While making a lesson plan on introducing Data handling, a middle school mathematics teacher thought of formulating a four-step process for Data handling.

The four steps are given in random order.

(a) Collecting the data
(b) Interpreting the results
(c) Formulating the questions
(d) Analysing the data

Which of the following represents the correct order of process?

(1) (a), (c), (d), (b)
(2) (c), (d), (a), (b)
(3) (c), (a), (d), (b)
(4) (a), (d), (b), (c)

एक प्राथमिक विद्यालय में गणित के अध्यापक ने आंकड़ों के प्रबंधन पर पाठ योजना बनाते हुए आंकड़ों के प्रबंधन के लिए चार-पद की प्रक्रिया को सूत्रित करने का सोचा। यह चार पद यादृच्छिक क्रम में दिए गए हैं।

(a) आंकड़ों को एकत्रित करना
(b) आंकड़ों की व्याख्या करना / आंकड़ों का प्रतिपादन
(c) प्रश्नों को सूत्रबद्ध करना
(d) आंकड़ों का विश्लेषण

निम्न में से कौन-सा विकल्प इस प्रक्रिया के सही क्रम को प्रदर्शित करता है?

(1) (a), (c), (d), (b)
(2) (c), (d), (a), (b)
(3) (c), (a), (d), (b)
(4) (a), (d), (b), (c)

Ans : (3)

गणित की प्रकृति 'श्रेणीबद्ध' [graded] है। अत गणित को सदैव क्रम [sequence] में पढ़ाया जाना चाहिए।

सर्वप्रथम पाठ् योजना बनाते समय उससे संबंधित
1. प्रश्नों को सूत्रबद्ध [Formulated] करना।
2. Deta को Collect करना।
3. Collect किये हुए Deta का Analysis करना।
4 अंत मे Deta का प्रतिपादन [demonstration] करना / व्याख्या [Explanation] करना / परिणाम [Result] प्राप्त करना।

318. After teaching the topic "Congruence of 2D figures", a middle school teacher starts a discussion with the students to assess their understanding of the topic. During the discussion, one of the students said, 'Two regions having same area are also congruent'.

Which of the following statements is correct with respect to student's response?

(1) Student's generalization is correct.
(2) Student's generalization is correct for quadrilaterals.
(3) Such responses need to be ignored by the teacher.
(4) Student's misconception needs to be addressed by the teacher.

"द्वि-आयामी (2-डी) आकृतियों की सर्वांगसमता" विषय के शिक्षण के बाद मिडिल स्कूल अध्यापक विषय के बारे में छात्रों की समझ का आकलन करने के लिए उनके साथ चर्चा शुरू करते हैं। चर्चा के दौरान, एक छात्र कहता है, "दो समान क्षेत्रफल वाले क्षेत्र भी सर्वांगसम होते हैं।"

छात्र के जवाब को ध्यान में रखते हुए निम्नलिखित में से कौन-सा कथन सही है?

(1) छात्र का सामान्यीकरण सही है।
(2) छात्र का सामान्यीकरण चतुर्भुज के लिए सही है।
(3) ऐसे उत्तर की अध्यापक को अनदेखी करनी चाहिए।
(4) छात्र की भ्रांति को अध्यापक द्वारा संबोधित किया जाना चाहिए।

Ans : (4)

सर्वांगसमता (Congruence) :- ज्यामिति [geometry] में सर्वांगसम एक ऐसा आकार होता है, जिसका आकार और माप बिल्कुल समान होता है। [अर्थात जब एक आकृति दूसरी आकृति को पूरी तरह से ढक ले तो उस आकृति को सर्वांगसम [congruent] कहा जाता है।]

उपर्युक्त प्रश्न में `सर्वांगसम' के रुप में छात्र द्वारा दिया गया उत्तर गलत है। अतः शिक्षक को चाहिए कि वह छात्र की भ्रान्ति [misconception] को दूर करे और उसे उचित तरीके से पुनः बताये।

319. A teacher folds a square sheet of paper into half and punches a hole in the folded sheet of paper. She then unfolds the paper. Which of the following topics she can teach with this activity?

(1) Symmetry and volume
(2) Volume and fraction
(3) Symmetry and fraction
(4) Surface area of a square

शिक्षिका एक वर्गाकार कागज़ के टुकड़े को आधा मोड़ती है और उस मुड़े हुए कागज़ में एक छेद करती है। फिर वह कागज़ को खोल देती है। निम्नलिखित में से कौन-सा विषय वह इस गतिविधि के माध्यम से पढ़ा सकती है?

(1) सममिति और आयतन
(2) आयतन और भिन्न
(3) सममिति और भिन्न
(4) वर्ग का पृष्ठीय क्षेत्रफल

Ans : (3)

भिन्न [Fraction] को सदैव क्रियाविधि [Activity] के माध्यम से पढ़ाया जाना चाहिए। जिससे छात्रों को आसानी से समझ आ जाय |

'कागज के टुकड़ों को काटकर भिन्न पढ़ाना' भिन्न सिखाने की सर्वोत्तम विधि है।'

[अतः शिक्षिका इस गतिविधि के माध्यम से Fraction पढ़ा सकती है।]

MATHS

320. Which of the following is the BEST example of precise mathematical statement?

(1) Altitude is the perpendicular line only from the topmost point of a triangle to its base.
(2) The LCM of two numbers can be calculated by multiplying the numbers.
(3) Similar triangles can be formed if two angles are known.
(4) A square is symmetrical, but a pentagon is not.

निम्नलिखित में से कौन-सा परिशुद्ध गणितीय कथन का सबसे उपयुक्त उदाहरण है ?

(1) ऊंचाई, किसी त्रिभुज के केवल शीर्षतम बिंदु से उसके आधार तक की लंबवत रेखा है।
(2) दो संख्याओं के लघुतम समापवर्त्य की गणना संख्याओं को गुणा करके की जा सकती है।
(3) यदि दो कोण ज्ञात हों तो समरूप त्रिभुज बनाए जा सकते हैं।
(4) एक वर्ग सममितीय होता है लेकिन एक पंचभुज सममितीय नहीं होता है।

Ans : (3)

समरूप त्रिभुज [similar triangle] - यदि दो त्रिभुजों की संगत भुजाएं समान अनुपात में हो तो ऐसे त्रिभुज को 'समरूप त्रिभुज' कहा जाता है। इसके अतिरिक्त यदि एक त्रिभुज का एक कोण दूसरे त्रिभुज के एक कोण [angle] के बराबर हो तथा इन दोनों कोणों को बनाने वाली भुजाएं [sides] समानुपाती [proportionate] हो, तो त्रिभुज समरूप [similar tringle] होते हैं।

[अतः यदि दो कोण ज्ञात हों तो 'समरूप त्रिभुज' बनाए जा सकते हैं। यह परिशुध्द [precise] गणितीय कथन का सबसे उपयुक्त उदाहरण है।]

321. If $(2x-3)(x+4)+2(x-3)(x-1) = 4x^2+2x-11$, then what will be the value of $(2x+3)$?

यदि $(2x-3)(x+4)+2(x-3)(x-1) = 4x^2+2x-11$ है, तो $(2x+3)$ का मान क्या होगा ?

(1) 1
(2) 3
(3) 5
(4) 7

ANS : (3)

$(2x-3)(x+4)+2(x-3)(x-1) = 4x^2+2x-11$

$= 2x^2+8x-3x-12+2(x^2-3x-x+3) = 4x^2+2x-11$

$2x^2+5x-12+2x^2-6x-2x+6 = 4x^2+2x-11$

$4x^2-3x-6-4x^2-2x+11 = 0$

$-5x+5 = 0 \quad \Rightarrow -5x = -5 \quad \Rightarrow x = 1$

Thus, $(2x+3) = 2\times1+3 = 2+3 = 5$

So, option (3) is the correct answer.

322. A shopkeeper sold toffees at the rate of 10 toffees for ₹6 and gained 20%. How many toffees would he have got for ₹4?

एक दुकानदार ने ₹6 में 10 टॉफियों की दर से टॉफियां बेची और उसे 20% लाभ हुआ। उसे ₹4 में कितनी टॉफियां मिली होंगी ?

(1) 6
(2) 7
(3) 8
(4) 9

ANS : (3)

Selling price of 10 toffees = ₹ 6

Selling price of 1 toffee = ₹ $\frac{6}{10}$ ₹ 0.6

Profit % = 20%

Selling price = $\frac{100+profit\%}{100}\times cost\ price$

$= 0.6 = \frac{100+20}{100}\times cost\ price$

$\frac{0.6\times100}{120} = cost\ price \quad \Rightarrow$ ₹ 0.5 = cost price

Number of toffees in ₹4 = $\frac{4}{0.5}$ =8 toffees

So, option (3) is correct answer.

323. Which of the following pairs of figures have exactly two lines of symmetry?

(1) Rectangle and square
(2) Rhombus and kite

(3) Rectangle and rhombus
(4) Rhombus and square

निम्नलिखित में से किस आकृतियों के युग्म में ठीक दो सममित रेखाएँ होती हैं ?

(1) आयत और वर्ग
(2) समचतुर्भुज और पतंग
(3) आयत और समचतुर्भुज
(4) समचतुर्भुज और वर्ग

ANS : (3)

Lines of symmetry in rectangle (आयत में सममित रेखाएँ) = 2

Lines of symmetry in square (वर्ग में सममित रेखाएँ) = 4

Lines of symmetry in rhombus (समचतुर्भुज में सममित रेखाएँ) = 2

Lines of symmetry in kite (पतंग में सममित रेखाएँ) = 1

Thus, rectangle and rhombus have exactly two lines of symmetry.

आयत और समचतुर्भुज के युग्म में ठीक दो सममित रेखाएँ होती हैं।

So, option (3) is correct answer.

324. ΔABC is an isosceles triangle in which BA=BC and $\angle$ABC= 40°, Side AC is extended to a point D. Measure of $\angle$BCD is:

ΔABC एक समद्विबाहु त्रिभुज है, जिसमें BA = BC तथा $\angle$ABC = 40° है। भुजा AC को एक बिन्दु D तक बढ़ाया गया है। $\angle$BCD की माप होगी:

(1) 80°
(2) 100°
(3) 110°
(4) 140°

ANS : (3)

ΔABC is an isosceles triangle in which BA=BC and $\angle$ABC= 40°

ΔABC एक समद्विबाहु त्रिभुज है, जिसमें BA = BC तथा $\angle$ABC 40° है।

If BA = BC

Then $\angle$ BAC = $\angle$ BCA ....(1)

(base angles are equal)

As we know that, sum of all angles of triangle is 180°.

$\angle ABC + \angle BAC + \angle BCA = 180°$

$40° + \angle BCA + \angle BCA = 180°$

[by using equation (1)]

$2\angle BCA = 180° - 40° \Rightarrow 2\angle BCA = 140°$

$\Rightarrow \angle BCA = 70°$

Now, $\angle BCA + \angle BCD = 180°$

[Linear pair (रैखिक जोड़ी)]

$70° + \angle BCD = 180° \Rightarrow \angle BCD = 180 - 70$

$\Rightarrow \angle BCD = 110°$

So, option (3) is correct answer.

325. In a ΔABC, BD and CD are respectively the angle bisectors of $\angle$B and $\angle$C. If $\angle$BAC =110°, then what is the measure of $\angle$D of ΔBDC?

ΔABC में, BD तथा CD, क्रमश: $\angle$B तथा $\angle$C के समद्विभाजक हैं। यदि $\angle$BAC = 110° है, तो ΔBDC के कोण $\angle$D की माप क्या होगी ?

(1) 55°
(2) 70°
(3) 110°
(4) 145°

ANS : (4)

BD and CD are the angle bisectors of $\angle$B and $\angle$C (BD तथा CD, क्रमश: $\angle$B तथा $\angle$C के समद्विभाजक हैं), $\angle$BAC = 110°

Sum of all angles of triangle is 180,

$\angle BAC + \angle ABC + \angle ACB = 180$

$\Rightarrow 110 + \angle ABC + \angle ACB = 180$

MATHS

$\angle ABC + \angle ACB = 180 - 110$

$\Rightarrow \angle ABC + \angle ACB = 70$

Divide the equation by 2, we get

$\frac{\angle ABC + \angle ACB}{2} = \frac{70}{2} \Rightarrow \frac{\angle ABC}{2} + \frac{\angle ACB}{2} = 35$

$\angle DBC + \angle DCB = 35$ ....(1)

Now , In triangle BDC , sum of all angles of triangle is 180.

$\angle BDC + \angle DBC + \angle DCB = 180$

$\angle BDC + 35 = 180$ [using (1)]

$\angle BDC = 180 - 35 \Rightarrow \angle BDC = 145$

So, option (4) is correct answer.

326. The ratio of the supplementary and the complementary angles of an angle is 3:1. What is the supplementary angle of the given angle?

किसी कोण के सम्पूरक तथा पूरक कोणों में अनुपात 3:1 है उस दिए हुए कोण का सम्पूरक कोण क्या होगा ?

(1) 45°
(2) 60°
(3) 120°
(4) 135°

ANS : (4)

Ratio of the supplementary and the complementary angles of an angle is 3:1 (किसी कोण के सम्पूरक तथा पूरक कोणों में अनुपात 3:1 है).

Let the angle = x

Supplementary angle (सम्पूरक कोण) = $180° - x$

Complementary angle (पूरक कोण) = $90° - x$

$\frac{180° - x}{90° - x} = \frac{3}{1} \Rightarrow 180° - x = 3(90° - x)$

$\Rightarrow 180° - x = 270° - 3x$

$-x + 3x = 270° - 180° \Rightarrow 2x = 90°$

$\Rightarrow x = 45°$

Thus, the supplementary angle = 3×45 = 135°.

So, option (4) is correct answer.

327. In ΔABC, ∠BAC=90° and ∠ABC = 62°. If D is a point on BC such that AD l BC, then ∠CAD is:

ΔABC में,∠BAC = 90° तथा ∠ABC = 62° है। यदि D, BC पर एक ऐसा बिन्दु है कि AD l BC है तो ∠CAD की माप होगी

(1) 28°
(2) 31°
(3) 38°
(4) 62°

ANS : (4)

In ΔABC, ∠BAC=90° and ∠ABC=62°.

D is a point on BC such that AD | BC

As we know that , sum of all angles of triangle is 180°,

$\angle ABC + \angle BAC + \angle ACB = 180°$

$\Rightarrow 62° + 90° + \angle ACB = 180°$

$\angle ACB = 180° - 152° \Rightarrow \angle ACB = 28°$

Now , in triangle ADC , sum of all angles of triangle is 180,

$\angle CAD + \angle ADC + \angle ACD = 180°$

$\Rightarrow \angle CAD + 90 + 28 = 180°$

$\angle CAD = 180° - 118° \Rightarrow \angle CAD = 62°$

So, option (4) is correct answer.

328. What is the area (in cm²) of a rhombus whose perimeter is 60 cm and one diagonal is 24 cm ?

परिमाप 60 cm तथा एक विकर्ण 24 cm वाले एक समचतुर्भुज का क्षेत्रफल (cm² में) क्या होगा ?

(1) 108
(2) 216
(3) 360

(4) 432

ANS : (2)

Perimeter of rhombus = 4 x side

$60 = 4 \times side \Rightarrow \frac{60}{4} = side \Rightarrow 15\ cm = side$

Rhombus is divided into two equal triangles whose sides are

a = 15cm , b = 15 cm , c = 24 cm

We will find area by using herons formula,

Semi perimeter (s)

$= \frac{a+b+c}{2} = \frac{15+15+24}{3} = \frac{54}{2} = 27cm$

Area of rhombus = 2 × area of triangle

$= 2\times\sqrt{s(s-a)(s-b)(s-c)}$

$= 2\times\sqrt{27(27-15)(27-15)(27-24)}$

$= 2\times\sqrt{27\times12\times12\times3} = 2\times12\times\sqrt{27\times3}$

$= 24\times\sqrt{81} = 24\times9 = 216cm^2$.

So, option (2) is correct answer.

329. The floor of a rectangular room has perimeter 105 m. If the cost of painting four walls at the rate of ₹25 per m² is ₹21000, then what is the height of the room (in m)?

एक आयताकार कमरे के फर्श का परिमाप 105 m है। यदि ₹ 25 प्रति m² की दर से इसकी चारों दीवारों को पेन्ट करने का खर्च ₹21000 है, तो उस कमरे की ऊँचाई (m में) क्या होगी ?

(1) 7
(2) 7.5
(3) 8
(4) 8.25

ANS : (3)

The perimeter of The floor of a rectangular room = 105 m

$2\times(l+b) = 105$

(l + b) = 52.5 m.........(1)

Total cost of painting four walls of room = ₹ 21000

Cost of 1 m² of painting = ₹ 25

Area of four walls of room = $\frac{Total\ cost}{cost\ of\ 1m^2}$

$= \frac{21000}{25} = 840m^2$

$= 840\ m^2$

Area of four walls of cuboidal room

$= 2\times h\times(l+b)$

$840 = 2\times h\times52.5$ [using (1)]

$840 = 105\times h \Rightarrow \frac{840}{105} = h \Rightarrow 8\ cm = h$

Thus, the height of room = h = 8 cm

So, option (3) is correct answer.

330. A cylindrical can with base radius 10 cm has milk up to a height of 77 cm. Up to what height (in cm) will the milk reach when it is poured in a cuboidal can with square base of side 22 cm ? (use $\pi = \frac{22}{7}$)

10 cm आधार त्रिज्या वाले एक बेलनाकार बर्तन में 77 cm ऊँचाई तक दूध है जब इस दूध को एक घनाभाकार बर्तन, जिसका आधार 22 cm भुजा का एक वर्ग है, में डाल दिया जाता है, तो इस बर्तन में दूध किस ऊँचाई 22 (cm में) तक आएगा ? (π= $\frac{22}{7}$ लीजिए)

(1) 16
(2) 50
(3) 70
(4) 110

ANS : (2)

Radius of cylindrical can (बेलनाकार बर्तन की त्रिज्या) = r = 10 cm

Height of cylindrical can (बेलनाकार बर्तन की ऊँचाई) = 77 cm

MATHS

MATHS

Volume of cylindrical can (बेलनाकार बर्तन की आयतन) = $\pi r^2 h$

$= \frac{22}{7} \times 10 \times 10 \times 77$

$= 24200\ cm^2$

Now, it is poured in a cuboidal can with square base of side 22 cm.

Length = breadth = 22cm

Volume of cuboidal tank = volume of cylindrical can

$L \times b \times h = 24200 \quad = 22 \times 22 \times h = 24200$

$484 \times h = 24200 \quad = h = \frac{24200}{484} \quad = h = 50\ cm$

So, option (2) is correct answer.

331. If mean of 14, 13, 18, 16, k, (k+3) is 13, then what will be the mean of k, 8, 9, 11, 5, 10, 6?

यदि 14, 13, 18, 16, k, (k+ 3) का माध्य 13 है, तो K, 8, 9, 11, 5, 10, 6 का माध्य क्या होगा ?

(1) 7
(2) 8
(3) 9
(4) 11

ANS : (2)

Mean of 14, 13, 18, 16, k, (k+3) = 13

Mean (माध्य) = $\frac{\textit{sum of all observations}}{\textit{total number of observations}}$

$= \frac{14+13+18+16+k+(k+3)}{6} = 13 \times 6 = 64+2k$

$= 78 - 64 = 2k$

$= 14 = 2k$

$= 7 = k$

Now, K, 8, 9, 11, 5, 10, 6

Mean (माध्य) = $\frac{\textit{sum of all observations}}{\textit{total number of observations}}$

$= \frac{K+8+9+11+5+10+6}{7}$

$= \frac{7+8+9+11+5+10+6}{7} = \frac{56}{7} = 8$

So, option (2) is the correct answer.

332. A bag contains 150 marbles of white, black and green colours. A marble is drawn from the bag at random. If the probability of drawing a white marble is 7/10 and that of a black marble is 3/25 then how many green marbles are there in the bag?

एक थैले में सफेद, काले तथा हरे रंग के 150 कंचे हैं। थैले में से एक कंचा यादृच्छिक रूप से निकाला गया। यदि सफेद कंचा आने की प्रायिकता 7/10 है और काला कंचा आने की प्रायिकता 3/25 है, तो थैले में हरे रंग के कितने कंचे हैं ?

(1) 9
(2) 15
(3) 20
(4) 27

ANS : (4)

Total number of marbles in a bag = 150

The probability of drawing a white marble (सफेद कंचा आने की प्रायिकता) = $\frac{7}{10}$

The probability of drawing a black marble (काला कंचा आने की प्रायिकता) = $\frac{3}{25}$

Let the number of green marble (हरे कंचा) = x

Sum of the probabilities of all event = 1

$= \frac{7}{10} + \frac{3}{25} + \frac{x}{150} = 1$

$= \frac{175+30}{250} + \frac{x}{150} = 1$

$= \quad \frac{205}{250} + \frac{x}{150} = 1$

$= \quad \frac{x}{150} = 1 - \frac{205}{250}$

$= \frac{x}{150} = \frac{250-205}{250} = \frac{45}{250}$

$= \frac{x}{150} = \frac{9}{50}$

$= x = \frac{9\times150}{50}$

$= x = 27$

Thus, the number of green marbles (हरे रंग के कंचे) = 27

So, option (4) is correct answer.

333. If 4/3 of the difference of 2(¼) and 1(⅔) is added to ½ of the difference of 2(⅓) and 1(2/7) then result is:

यदि 2(¼) और 1(⅔) के अंतर के 4/3 को 2(⅓) और 1(2/7) के अंतर के 1/2 में जोड़ा जाए, तो परिणाम प्राप्त होता है :

(1) 63/82
(2) 82/63
(3) 63/82
(4) 82/63

ANS : (2)

$= \frac{4}{3}\times\left(2\frac{1}{4}-1\frac{2}{3}\right)+\frac{1}{2}\times\left(2\frac{1}{3}-1\frac{2}{7}\right)$

$= \frac{4}{3}\times\left(\frac{9}{4}-\frac{5}{3}\right)+\frac{1}{2}\times\left(\frac{7}{3}-\frac{9}{7}\right)$

$= \frac{4}{3}\times\left(\frac{27-20}{12}\right)+\frac{1}{2}\times\left(\frac{49-27}{21}\right)$

$= \frac{4}{3}\times\left(\frac{7}{12}\right)+\frac{1}{2}\times\left(\frac{22}{21}\right)$

$= \frac{7}{9}+\frac{11}{21}$

$= \frac{147+99}{189} = \frac{82}{63}$

Option (2) is correct answer.

334. The curved surface area of a right circular cylinder is one-third of its total surface area. If base radius of the cylinder is 8 cm, then volume of the cylinder (in cm³) is:

किसी लंब वृत्तीय बेलन का वक्र पृष्ठीय क्षेत्रफल उसके कुल पृष्ठीय क्षेत्रफल का एक तिहाई है। यदि इस बेलन की आधार त्रिज्या 8 cm है, तो बेलन का आयतन (cm³ में) है :

(1) 256π
(2) 128π
(3) 288π
(4) 144π

ANS : (1)

Radius of cylinder (बेलन की आधार त्रिज्या)=8cm

Curved surface area of cylinder = $\frac{1}{3}$ ×Total surface area of cylinder

लंब वृत्तीय बेलन का वक्र पृष्ठीय क्षेत्रफल = $\frac{1}{3}$ × लंब वृत्तीय बेलन का कुल पृष्ठीय क्षेत्रफल

$2\pi rh = \frac{1}{3}\, 2\pi r\,(h+r) \quad \Rightarrow \frac{3\times 2\pi rh}{2\pi r} = h+r$

$\Rightarrow 3h = h+8cm \quad \Rightarrow h = 4cm$

volume of cylinder (बेलन का आयतन) = $\pi r^2 h$

$= \pi\times 8cm\times 8cm\times 4cm = 256\pi$

Option (1) is correct answer.

335. When we subtract one from the four digit least number, we get:

(1) The three digit least number.
(2) The three digit greatest number.
(3) The four digit greatest number,
(4) A three digit number with unit digit 1.

जब चार अंकों की न्यूनतम संख्या में से एक को घटाते हैं तब हम प्राप्त करते हैं

(1) तीन अंकों की न्यूनतम संख्या
(2) तीन अंकों की अधिकतम संख्या
(3) चार अंकों की अधिकतम संख्या
(4) तीन अंकों की एक संख्या जिसका इकाई का अंक 1 है

ANS : (2)

Four digit least number (चार अंकों की न्यूनतम संख्या) = 1000

1000-1 = 999, which is largest 3-digit number (तीन अंकों की अधिकतम संख्या हैं)

So , option (2) is correct answer.

336. While teaching Class VI students, teacher explains that:

8+7=A Whole Number

8x7= A Whole Number

7/8= Is not a Whole Number

Which property he/she explaining this way ?

(1) Additive inverse property
(2) Multiplicative inverse property
(3) Closure property
(4) Associative property

कक्षा VI के विद्यार्थियों को पढ़ाते समय, शिक्षक स्पष्ट करते हैं कि

8+7 = एक पूर्ण संख्या है

8 x 7 = एक पूर्ण संख्या है

7/8 = एक पूर्ण संख्या नहीं है

वह इस प्रकार कौन सा गुण स्पष्ट कर रहे हैं?

(1) योज्य प्रतिलोम गुण
(2) गुणात्मक प्रतिलोम गुण
(3) संवरक गुण
(4) साहचर्य गुण

ANS : (3)

When we add or multiply two whole numbers , then we get a whole number. This is called closure property (जब हम दो पूर्ण संख्याओं को जोड़ते या गुणा करते हैं, तो हमें एक पूर्ण संख्या प्राप्त होती है। इसे क्लोजर प्रॉपर्टी कहा जाता है।) .

So, option (3) is correct answer.

337. The least number which can be written in the form of n (n+1)(n+3), where n is a natural number, is:

वह न्यूनतम संख्या, जिसे n(n+1) (n+3) के रूप में लिखा जा सकता है, जहाँ n एक प्राकृत संख्या है, निम्न हैं:

(1) 6
(2) 8
(3) 7
(4) 3

ANS : (2)

Least natural number (सबसे कम प्राकृतिक संख्या) is 1

n (n+1)(n+3), n is natural number (प्राकृतिक संख्या)

If n = 1,

1(1+1)(1+3) = 8

Option (2) is the correct answer.

338. If we multiply a fraction by itself and divide the product so obtained by its reciprocal, then the fraction so obtained is $18\frac{26}{27}$ The original fraction is

यदि हम किसी भिन्न को स्वयं उसी से गुणा करें तथा इस प्रकार प्राप्त गुणनफल को उसके व्युत्क्रम से भाग दें, तो प्राप्त भिन्न $18\frac{26}{27}$ है। मूल भिन्न है:

(1) 2(2/3)
(2) 8/27
(3) 1(1/3)
(4) 2(5/7)

ANS : (1)

Let the numerator (अंश) be ‘x’

And the denominator (हर) be’y’

Fraction (भिन्न) = $\frac{x}{y}$

$$\frac{\frac{x}{y}\times\frac{x}{y}}{\frac{y}{x}}=18\frac{26}{27} \quad =\frac{x}{y}\times\frac{x}{y}\times\frac{x}{y}=\frac{512}{27}$$

$$=\frac{x^3}{y^3}=\frac{512}{27}=\frac{x}{y}=\sqrt[3]{\frac{512}{27}}=\frac{8}{3}=\frac{x}{y}=2\frac{2}{3}$$

Option (1) is the correct answer.

339. For the data: 5, 7,11, 3, 2, 5, 23, 16, 14 and 8; Range - (Mode + Median) is equal to-

आंकड़ों – 5, 7,11, 3, 2, 5, 23, 16, 14 और 8 के लिए परिसर - (बहुलक + माध्यक) बराबर है

(1) 7
(2) 8.5
(3) 9
(4) 9.5

ANS : (2)

संख्याओं को आरोही क्रम में लगाने पर

2, 3, 5, 5, 7, 8, 11, 14, 16, 23

बहुलक (Mode) = 5 (सबसे अधिक बार repeat)

परिसर (range) = सबसे बड़ी संख्या - सबसे छोटी संख्या = 23 – 2 = 21

Median $=\frac{7+8}{2}=\frac{15}{2}=7.5$

Now, range – (mode + median)

$= 21 – (5 + 7.5) \quad = 21 – 12.5 = 8.5$

340. Aman spends 80% of his salary and Vibha spends 75% of his salary, but their savings are equal. What will the income of Vibha, if sum of their incomes is ₹ 81000?

अमन अपने वेतन का 80% खर्च करता है और विभा अपने वेतन का 75% खर्च करती है, लेकिन उनकी बचत बराबर हैं। विभा की आय क्या होगी, यदि उनकी आयों का योग ₹81000 है?

(1) ₹64800
(2) ₹45000
(3) ₹36000
(4) ₹32800

ANS : (3)

अमन व्यय (spend) करता है = अपने वेतन (salary) का 80%

अमन बचाता (save) हैं = (100 – 80) = उसके वेतन का 20%

विभा व्यय (spend) करती हैं = अपने वेतन का 75%

विभा बचत (saving) करती हैं = (100 – 75) = उसके वेतन का 25%

दोनों की कुल आय (total salary) = 81000 रुपये

मान लीजिये, अमन की आय (salary) = x

विभा की आय (salary) = $(81000 - x)$

प्रश्न के अनुसार उनकी बचत बराबर हैं।

इसलिए, $x\times\left(\frac{20}{100}\right)=(81000-x)\times\left(\frac{25}{100}\right)$

$$\frac{x}{5}=(81000-x)\times\left(\frac{1}{4}\right)$$

$\frac{x}{5}=\frac{(81000-x)}{4} \quad = x\times4=5\times(81000-x)$

$=4x =(5\times81000)-5x$

$x=\frac{5\times81000}{9} \quad = x = 45000$

∴ विभा की आय (salary) = (81000 - 45000) = 36000 रुपये

341. In a trapezium ABCD, AB || CD, the bisectors of ∠D and ∠C meet at E such that ∠EDC = 30° and ∠ECD = 25°. Then, ∠A and ∠B are equal to respectively

ABCD एक समलम्ब है, जिसमे AB || CD और ∠D और ∠C के समद्विभाजक E पर इस प्रकार मिलते है कि ∠EDC = 30° और ∠ECD = 25° है। तब, ∠A और ∠B क्रमश: हैं:

MATHS

(1) 50° and 60°
(2) 60° and 50°
(3) 120° and 130°
(4) 130° and 120°

ANS : (3)

समांतर भुजाओं और गैर-समानांतर भुजाओं में से एक के बीच बने समलंब के आसन्न कोणों के दो जोड़े 180 डिग्री तक जोड़ते है (Two pairs of adjacent angles of a trapezium formed between the parallel sides and one of the non-parallel sides add up to 180 degrees.)

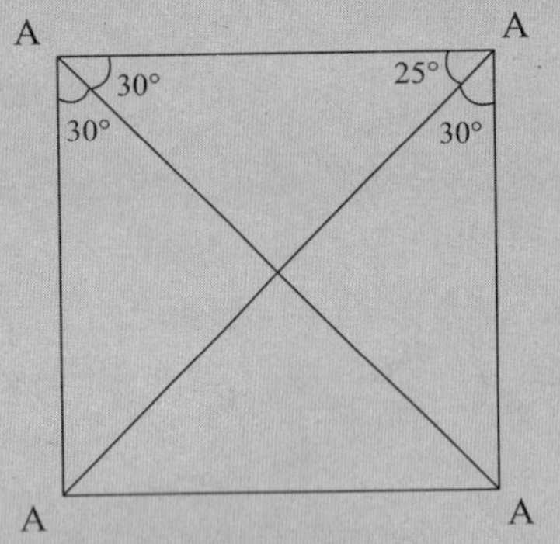

$\angle A+\angle D=180° \Rightarrow \angle A+60°=180°$

$\Rightarrow \angle A=120°$

इसी प्रकार

$\angle B+\angle C=180° \Rightarrow \angle B+50°=180°$

$\Rightarrow \angle B=130°$

342. If $x+y=2$ and x y $=\frac{3}{4}$, then the value of x^3y+xy^3 is-

यदि $x+y=2$ और x y $=\frac{3}{4}$ है, तो x^3y+xy^3 का मान है -

(1) $\frac{5}{8}$

(2) $\frac{5}{4}$

(3) $\frac{3}{4}$

(4) $\frac{15}{8}$

ANS : (4)

[सूत्र : $a^2+b^2=(a+b)^2-2ab$]

$x^3y+xy^3=xy(x^2+y^2)=xy\{(x+y)^2-2xy\}$

$\frac{3}{4}\times\{(2)^2-2\times\frac{3}{2}\}=\frac{3}{4}\times\left(4\times\frac{3}{2}\right)=\frac{3}{4}\times\frac{5}{2}=\frac{15}{8}$

$\therefore x^3y+xy^3$ का मान $\frac{15}{8}$ है।

343. If P= $3x^2-7x+8$, Q = x^2+8x-3 and R= $-5x^2-3x+2$, then (Q-R) – P is equal to –

यदि P= $3x^2-7x+8$, Q= x^2+8x-3 और R= $-5x^2-3x+2$ है, तो (Q - R) – P बराबर है

(1) $3x^2-18x+7$
(2) $3x^2+18x-13$
(3) $6x^2+18x-13$
(4) $6x^2-18x-7$

ANS : (2)

(Q - R) – P

$=\{(x^2+8x-3)-(-5x^2-3x+2)\}-(3x^2-7x+8)$

$=(x^2+8x-3+5x^2+3x-2)-(3x^2-7x+8)$

$=x^2+8x-3+5x^2+3x-2-3x^2+7x-8$

$=3x^2+18x-13$

(Q - R) – P का मान $3x^2+18x-13$ के बराबर है।

344. The volume of a right circular cylinder is 38500 cm3 and the circumference of it base is 110 cm. What is its curved surface area (in cm²)? (Take $\pi=\frac{22}{7}$)

किसी लम्ब वृत्तीय बेलन का आयतन 38500 cm3 है तथा उसके आधार कि परिधि 110 cm है I इस बेलन का वक्र पृष्ठीय क्षेत्रफल (cm² में) क्या है ?

($\pi=\frac{22}{7}$ लीजिये)

(1) 2200
(2) 3300
(3) 4400
(4) 5500

ANS : (3)

[सूत्र : एक लम्ब वृत्तीय बेलन का आयतन = $\pi r^2 h$
एक लम्ब वृत्तीय बेलन का वक्र पृष्ठीय क्षेत्रफल = $2\pi rh$]
लम्ब वृत्तीय बेलन के आधार की परिधि (circumference of its base) = 110 cm
इसलिए, $2\pi r = 110$ $\quad 2\times\frac{22}{7}\times r = 110$
$r = 110\times\frac{7}{22}\times\frac{1}{2} = \frac{35}{2}$ cm
लम्ब वृत्तीय बेलन की त्रिज्या = $\frac{35}{2}$ cm
अब, $\pi r^2 h = 38500$
$\frac{22}{7}\times(\frac{35}{2})^2\times h = 38500$
$h = 38500\times\frac{7}{22}\times\frac{4}{1225}$
cm
लम्ब वृत्तीय बेलन की ऊँचाई (height) =40 cm
बेलन का वक्र पृष्ठीय क्षेत्रफल (curved surface area)
$= 2\times\pi\times\frac{35}{2}\times 40 \quad = 2\times\frac{22}{7}\times\frac{35}{2}\times 40$
$= 4400\ cm^2$
∴ लम्ब वृत्तीय बेलन का वक्र पृष्ठीय क्षेत्रफल (curved surface area) 4400 cm^2 है।

345. If $\frac{3}{4}$ of the difference of $2\frac{1}{4}$ and $1\frac{2}{3}$ is subtracted from $\frac{2}{3}$ of $3\frac{1}{4}$, the result is

यदि $2\frac{1}{4}$ और $1\frac{2}{3}$ के अंतर के $\frac{3}{4}$ को $3\frac{1}{4}$ में से घटाया जाता है, तो परिणाम है:

(1) $-\frac{48}{83}$

(2) $\frac{48}{83}$

(3) $-\frac{83}{48}$

(4) $\frac{83}{48}$

ANS : (4)

$\left(\frac{2}{3} of 3\frac{1}{4}\right)-\left(\frac{3}{4}\times\left(2\frac{1}{4}-1\frac{2}{3}\right)\right)$

$\left(\frac{2}{3}\times\frac{13}{4}\right)-\left(\frac{3}{4}\times\left(\frac{9}{4}-\frac{5}{3}\right)\right)$

$=\left(\frac{13}{6}\right)-\left(\frac{3}{4}\times\frac{7}{12}\right) = = \frac{13}{6}-\frac{7}{16}=\frac{83}{48}$

346. $\sqrt{0.004096}$ is equal to-

$\sqrt{0.004096}$ बराबर है

(1) 0.016
(2) 0.064
(3) 0.64
(4) 0.16

ANS : (2)

$4096 = 2^{12}$
$=\sqrt{4096} = 2^6 = 64 \quad = \therefore \sqrt{a^m} = a^{\frac{m}{2}}$
$\therefore \sqrt{0.004096} = \sqrt{0.000001}\times\sqrt{4096}$
$0.001\times 64 = 0.064$

347. The measure of an angle is twice the measure of its supplementary angle. Then, its measure is-

किसी कोण की माप उसके संपूरक कोण की माप की दुगुनी है। तब, उसकी माप है:

(1) 120°
(2) 60°
(3) 100°
(4) 90°

ANS : (1)

संपूरक कोणों का योग (sum of supplementary angles) = 180°

MATHS

माना अभीष्ट कोण x है।

इसका संपूरक कोण (supplementary angle) = $180° - x$

प्रश्न के अनुसार, $x = 2(180° - x) \quad = 360° - 2x$

$x = 360° - 2x \quad = 3x = 360° \quad = x = 120°$

348. If in two triangles ABC and DEF, AB = 4.5cm, AC = 4cm, ∠A = 55, DE = 4cm, FD = 4.5cm and ∠D = 55°, then which of the following is true?

यदि दो त्रिभुज ABC और DEF में, AB = 4.5cm, AC = 4cm, ∠A = 55, DE = 4cm, FD = 4.5cm और ∠D = 55°है, तो निम्नलिखित में से कौन सत्य है ?

(1) $\Delta ABC \cong \Delta DEF$
(2) $\Delta BAC \cong \Delta EDF$
(3) $\Delta ABC \cong \Delta FDE$
(4) $\Delta BAC \cong \Delta FDE$

ANS : (4)

ΔABC में $AB = 4.5$ cm, $AC = 4$cm, $\angle A = 55°$

ΔDEF में $DE = 4$ cm, $FD = 4.5$ cm, $\angle D = 55°$

SAS नियम कहता हैं कि यदि एक त्रिभुज की दो भुजाएँ और सम्मिलित कोण दो भुजाओं के बराबर हों और दूसरे त्रिभुज का कोण सम्मिलित हों , तो त्रिभुज सर्वांगसम होते हैं। (SAS rule states that if two sides and included angle of a triangle are equal to two sides and included angle of another triangle, then the triangles are congruent.)

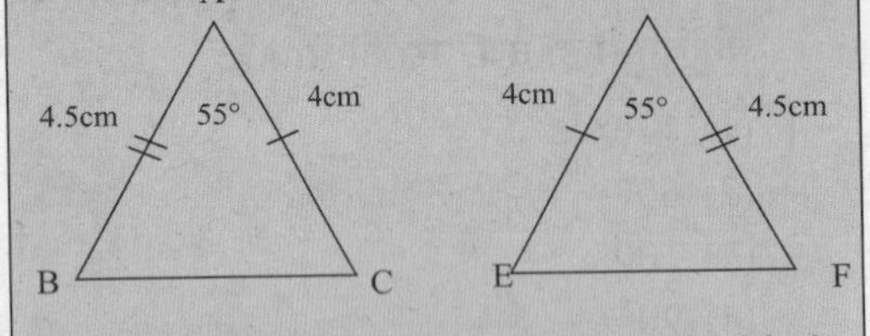

त्रिभुज नियम द्वारा सर्वांगसम (congruent) होते है।
$\Delta BAC \cong \Delta FDE$

349. The inner and outer radii of a circular track are 21m and 28m respectively. The cost of levelling the track at ₹5 per m^2 is: (Use $\pi = \frac{22}{7}$)

किसी वृत्ताकार पथ की आंतरिक और बाहरी त्रिज्याएं क्रमश: 21m और 28m हैं। 5 प्रति m^2 की दर से इस पथ को समतल कराने की लागत है: (Use $\pi = \frac{22}{7}$)

(1) ₹1078
(2) ₹2156
(3) ₹4312
(4) ₹5390

ANS : (4)

पथ का क्षेत्रफल (area of track) = $\pi(R2^2 - R1^2)$

कुल लागत (total cost) = कुल क्षेत्रफल × लागत प्रति इकाई क्षेत्रफल

क्षेत्रफल (area) = $\frac{22}{7} \times (28^2 - 21^2) = 1078 \text{ m}^2$

लागत (cost) = $1078 \times 5 = 5390$ रूपये

350. If $x + y = 1$ and $x^2 + y^2 = 41$, then what is the value of $\frac{1}{x} + \frac{1}{y}$?

यदि $x + y = 1$ तथा $x^2 + y^2 = 41$ है, तो $\frac{1}{x} + \frac{1}{y}$ का मान क्या होगा?

(1) $-\frac{1}{10}$

(2) $\frac{1}{10}$

(3) $-\frac{1}{20}$

(4) $\frac{1}{20}$

ANS : (3)

$(x + y)^2 = x^2 + 2xy + y^2$

$(x + y)^2 = x^2 + 2xy + y^2$

$1^2 = 41 + 2xy \quad = \quad xy = -20$

$\therefore \frac{1}{x}+\frac{1}{y}=\frac{x+y}{xy}=\frac{1}{-20}$

351. A teacher asks the students to draw some circles and measure its radius and diameter. Then she asks them to find the relationship between radius and diameter of the circle in each case and conclude their findings. This method is an example of:

(1) Analytical approach
(2) Axiomatic approach
(3) Deductive approach
(4) Inductive approach

एक अध्यापिका छात्रों को कुछ वृत्त खींचने तथा उनकी त्रिज्या और व्यास मापने के लिए कहती हैं। इसके पश्चात वह छात्रों को प्रत्येक वृत्त की त्रिज्या और व्यास के बीच के संबंध को ज्ञात करने तथा उनके परिणामों का निष्कर्ष निकालने के लिए कहती हैं।

यह विधि उदाहरण है:

(1) विश्लेषणात्मक उपागम का
(2) स्वयंसिद्ध उपागम का
(3) निगमनात्मक उपागम का
(4) आगमनात्मक उपागम का

Ans : (4)

आगमनात्मक उपागम [Inductive Approach] में छात्रों को सर्वप्रथम उदहारण दिया जाता है तत्पश्चात नियम बताए जाते हैं।

छोटी कक्षाओं में आगमनात्मक विधि द्वारा पढ़ाना अत्यधिक प्रभावशाली माना जाता है।

उपर्युक्त प्रश्न में अध्यापिका छात्रों को सर्वप्रथम वृत्त खींचने तथा त्रिज्या व व्यास मापने को कहती है उसके बाद त्रिज्या [Radius] और व्यास [Diameter] के बीच संबंध स्थापित करती है- **अर्थात् शिक्षिका यहां आगमनात्मक उपागम [Example to Rule]** का प्रयोग कर रही है।

352. Four of your students made the following statements, after studying the concept of probability. Though no statement is fully correct, who is showing the MOST conceptual clarity?

(1) I don't know if it will rain tomorrow or not. So the probability of raining is 0.
(2) I am sure my favourite team will win tomorrow's match. So probability is not relevant here.
(3) Since petrol prices have been increasing for the last one year, probability of them increasing further is 100%.
(4) I don't know what scores I will get in the exam tomorrow. So probability of my passing the exam is 50%.

आपके चार छात्रों ने प्रायिकता की अवधारणा का अध्ययन करने के बाद निम्नलिखित कथन बनाए। हालांकि कोई भी कथन पूरी तरह से सही नहीं है, लेकिन सबसे अधिक वैचारिक (संकल्पनात्मक) स्पष्टता कौन दिखा रहा है?

(1) मुझे नहीं पता कि कल बारिश होगी या नहीं। अतः वर्षा की प्रायिकता 0 है।
(2) मुझे यकीन है कि मेरी मनपसंद टीम कल का मैच जीतेगी। अतः यहाँ प्रायिकता प्रासंगिक नहीं है।
(3) क्योंकि पेट्रोल की कीमतें पिछले एक साल से बढ़ रही हैं, इसलिए इनके और बढ़ने की प्रायिकता 100% है।
(4) मुझे नहीं पता कि कल परीक्षा में मुझे कितने अंक मिलेंगे। इसलिए मेरी परीक्षा पास करने की प्रायिकता 50% है।

Ans : (3)

प्रायिकता [Probability] का अर्थ होता है आसार या सम्भावना | "किसी घटना के होने या न होने की संभावना को ही प्रायिकता कहते हैं।"

"पेट्रोल की कीमत पिछले 1 साल से बढ़ रही है, इसलिए इसके और बढ़ने की संभावना (प्रायिकता) 100% है।" **यह प्रश्न सर्वाधिक वैचारिक स्पष्टता [conceptual clarity] दिखा रहा है।**

MATHS

MATHS

353. Which of the following devices can be made by students to find heights and distances of distant buildings or poles by applying trigonometric ratios?

(1) Protractor
(2) Clinometer
(3) Thermometer
(4) Set square

निम्नलिखित यंत्रों में से कौन-सा यंत्र छात्रों द्वारा बनाया जा सकता है जो कि त्रिकोणमितीय अनुपातों की सहायता से किसी दूर स्थित सतंभ या इमारत की ऊँचाई और दूरी ज्ञात करने में मदद करता है?

(1) चाँदा (प्रोटैक्टर)
(2) क्लीनोमीटर
(3) थर्मामीटर
(4) सेट-स्क्वेयर

Ans : (2)

क्लाइनोमीटर [Clinometer] एक त्रिकोणमितीय अनुपातों [trigonometric ratios] की सहायता से माप करने वाला एक उपकरण है। इसका उपयोग समकोण त्रिभुज में ऊंचाई के कोण या जमीन को मापने के लिए किया जाता है।

क्लाइनोमीटर की सहायता से उन चीजों / वस्तुओं की ऊंचाई को आसानी से मापा जा सकता है। जिनके शीर्ष तक हम संभवतः नहीं पहुंच सकते हैं।

जैसे- इमारत, पेड़ आदि।

[**अतः** दूर स्थित स्तंभ या इमारत की ऊंचाई ज्ञान करने के लिए क्लाइनोमीटर की सहायता ली जाती है।]

354. Which of the following is considered to be the most effective ways to enhance student's interest in mathematics beyond school hours?

(1) Forming mathematics clubs which involves various activities related to mathematics learning for students
(2) Telling students to participate in various competitive exams
(3) Giving a lot of homework involving mathematics questions
(4) Providing the students with a lot of teaching learning materials like textbooks, sample papers etc.

निम्नलिखित में से कौन-सा विद्यालयी समय के बाद भी विद्यार्थियों की गणित के प्रति रुचि बढ़ाने का सबसे उपयुक्त तरीका है?

(1) गणित क्लबों का गठन करना जिसमें विद्यार्थियों के लिए गणित अधिगम से संबंधित विभिन्न गतिविधियाँ सम्मिलित हों।
(2) छात्रों को प्रतियोगी परीक्षाओं में शामिल होने के लिए कहना।
(3) प्रचुर मात्रा में गृहकार्य देकर गणित के प्रश्नों को हल करवाना।
(4) छात्रों को पाठ्यपुस्तक, सेम्पल पेपर (प्रश्न-पत्र का नमूना) इत्यादि सामग्रियाँ मुहैया करवाना।

Ans : (1)

बच्चों में गणित के प्रति रुचि बढाने के लिए गणित को -

बच्चों के व्यवहारिक जीवन [practical/real life] से जोड़कर पढ़ाया जाना चाहिए।

गणित गतिविधियों [activities] के माध्यम से सिखाना चाहिए।

प्रत्येक बच्चे की कक्षा में सहभागिता [participation] होनी चाहिए।

अनौपचारिक गणित को भी कक्षा में वैकल्पिक तरीके से प्रयोग करना चाहिए।

शिक्षक को प्रत्येक बच्चे की अधिगमशैली [learning style] को ध्यान में रखकर शिक्षण कार्य करना चाहिए।

[अत: गणित क्लबों का गठन करना जिसमे विद्यार्थियों के लिए गणित अधिगम से संबंधित विभिन्न गतिविधियां सम्मिलित हों।]

गणित के प्रति रुचि बढ़ाने का सर्वाधिक उपयुक्त तरीका है।

355. Which of the following is indicative of mathematics classroom based on Social Constructivist framework?

(1) A teacher demonstrating the use of dienes block.

(2) Students responding to a quiz by raising hands.
(3) Students working independently with Geoboards.
(4) Students working in collaboration on a project.

निम्नलिखित में से क्या सामाजिक रचनात्मक रूपरेखा पर आधारित गणित कक्षा को निर्दिष्ट करता है?

(1) अध्यापक डीन्स ब्लाक का उपयोग प्रदर्शित कर रहा है।
(2) विद्यार्थी एक प्रश्नोत्तरी के लिए हाथ उठाकर उत्तर दे रहे हैं।
(3) विद्यार्थी जियोबोर्ड पर स्वतंत्र रूप से कार्य कर रहे हैं।
(4) विद्यार्थी परियोजना पर मिलजुल कर कार्य कर रहे हैं।

Ans : (4)

रचनात्मक [creative]:- रचनात्मक कक्षा उस कक्षा को कहा जाता है | जहां विद्यार्थी सक्रिय [active] रुप से अधिगम करते हैं। [अर्थात विद्यार्थी को शिक्षण का केंद्र बिंदु मानकर शिक्षा प्रदान की जाती है।]

सामाजिक रचनात्मक:- सामाजिक रचनात्मक में छात्र समूहों में कार्य करते हैं, जिससे छात्रों में सामाजिक [social], सामूहिक भावना [collective/team work] का विकास होता है। [अर्थात् सामाजिक रचनावाद व्यक्तिगत अधिगम की बजाय सामाजिक परिवेश को श्रेष्ठ मानता है।]

[अतः जिस कक्षा में छात्र `परियोजना पर मिल जुलकर' कार्य कर रहे हैं; वह कक्षा सामाजिक रचनात्मक रुपरेखा पर आधारित गणित कक्षा कहलाएगी।

356. For assessing the performance of students in mathematics over a period of time, Mr. Raju has collected exemplary works of his class VIII students which includes assignments, project reports, homework, models, unit tests and class tests etc. The assessment strategy used by Mr. Raju is a

(1) Cumulative reward
(2) Anecdotal reward
(3) Portfolio
(4) Rubrics

एक समय अवधि के लिए गणित में छात्रों के प्रदर्शन का मूल्यांकन करने के लिए, श्रीमान राजू ने कक्षा 8 के अपने छात्रों के दृष्टांत कार्यों को एकत्रित किया जिसमें प्रदत्त कार्य, परियोजना रिपोर्ट, गृह कार्य, मॉडल (प्रतिमान), इकाई और कक्षा परीक्षाएँ इत्यादि सम्मलित हैं। श्रीमान राजू द्वारा प्रयुक्त नीति है:

(1) संचित अभिलेख
(2) उपाख्यानात्मक अभिलेख
(3) पोर्टफोलियो (फाइल)
(4) सरनामा (रुब्रिक)

Ans : (3)

पोर्टफोलियों [Portfolio]:-

पोर्टफोलियो एक तरह की File होती है। जिसमें बालक के सभी शैक्षणिक [curricular] एवं सह-शैक्षणिक [co-curricular] पहलुओं को रखा जाता है।

जिसके माध्यम से शिक्षक को छात्र के बारे में जानकारी प्राप्त करने तथा मूल्यांकन [evaluation] करने में आसानी होती है।

पोर्टफोलियो द्वारा बालक के 'क्रमिक विकास' [gradual development] का पता लगाया जा सकता है।

[अर्थात् उपर्युक्त प्रश्न में श्रीमान् राजू कक्षा 6 के छात्रों के सभी Achievement का रिर्कार्ड रखने के लिए पोर्टफोलियो नीति का प्रयोग कर रहे हैं।]

357. A middle school mathematics teacher uses paper folding and dissection activities with her students for explorations in symmetries and geometric shapes. The students are able to observe geometrical properties of different shapes, verify properties without formal proofs, make connections between various shapes. According to Van-Hieles theory of development in geometry, the students are reasoning at the level of:

(1) Establishing Relationships
(2) Recognition
(3) Analysis
(4) Axiomatics

मिडिल स्कूल में गणित की एक अध्यापिका अपने छात्रों के साथ कागज़ मोड़ने और विच्छेदन-गतिविधियों का उपयोग सममितियों और ज्यामितीय आकृतियों के अन्वेषण के लिए करती है। छात्र विभिन्न आकृतियों के ज्यामितीय गुणों का अवलोकन कर पा रहे हैं, बिना औपचारिक प्रमाणों के गुणों को सत्यापित कर पा रहे हैं, विभिन्न आकृतियों के बीच संबंध स्थापित कर पा रहे हैं। वैन हेले की ज्यामिति में विकास के सिद्धांत के अनुसार, छात्र ______ के स्तर पर विवेचन कर रहे है:

(1) संबंधों को सिद्ध करने / स्थापित करने
(2) पहचानने / अभिज्ञान
(3) विश्लेषण
(4) स्वयंसिद्ध

Ans : (1)

वैन हैले के ज्यामीतीय चिंतन के स्तरों [levels of geometric thinking] का सही अनुक्रम -

(1.) दृश्यिकरण [Visualisation]

(2). विश्लेषण [Analysis]

(3.) संबंध बनाना [Relationship]

(4.) निगमनात्मक [Deduction]

(5.) स्वयंसिध्द [Rigor]

[उपर्युक्त प्रश्न में छात्र बिना औपचारिक प्रमाणों के गुणों को सत्यापित कर पा रहे हैं। [अर्थात् देखकर तथा विश्लेषण] के आधार पर तथा विभिन्न आकृतियों के बीच संबंध स्थापित कर पा रहे हैं।

वैन हैले के ज्यामीतीय चिंतन के अनुसार छात्र तीसरे चरण/Stage `संबंधों को सिद्ध करने' के स्तर पर हैं।

358. Which of the following statement is NOT true for the given mathematical concept?

(1) The concept of a rectangle includes both spatial and length relationships.
(2) "Chance" is a relationship between the frequency of an event happening compared with all possible outcomes.
(3) The concept of a "negative integer" is based only on the "magnitude" of the number.
(4) The concept of multiplication includes the concept of area of rectangle.

निम्नलिखित में कौन सा कथन दिए गए गतिणीय संकल्पना के संदर्भ में सही नहीं है?

(1) आयत की संकल्पना (दिक्-स्थान) स्थानिक और लंबाई दोनों के संबंधों को सम्मिलित करती है।
(2) संभावना घटित होती घटनाओं और सभी संभावित परिणामों की तुलना के बीच का संबंध है।
(3) ऋणात्मक पूर्णांक' की संकल्पना केवल संख्या के परिमाण' पर आधारित है।
(4) गुणन की संकल्पना, आयत के क्षेत्रफल की संकल्पना को सम्मिलित करती है।

Ans : (3)

आयत में लंबाई और चौड़ाई होती है। अतः आयत की संकल्पना दिक् स्थान (स्थानिक/ Spatial) और लंबाई दोनों के संबंधों में सम्मिलित करती है।

संभावना घटित होती घटनाओं और सभी संभावित परिणामों की तुलना के बीच संबंध है।

आयत का क्षे० = लं० × चौ० [अतः गुणन की संकल्पना [concept of multiplication], आयत के क्षेत्रफल की संकल्पना को सम्मिलित करती है।]

यह कथन गणितीय संकल्पना के संदर्भ में सही है।

[ऋणात्मक पूर्णांक [negative integer] की संकल्पना केवल संख्या के परिणाम पर आधारित है यह कथन गलत है।]

359. If the objective of teaching mathematics is related to developing creative thinking among students, which of the following method/ strategy is appropriate:

(1) Use of formal algorithms.
(2) Use of multiple closed-ended problems.
(3) Use of lecture method.
(4) Use of multiple solution task.

यदि गणित पढ़ाने का उद्देश्य विद्यार्थियों में रचनात्मक सोच विकसित करना है, तो निम्नलिखित में से कौन-सी विधि रणनीति सर्वाधिक उपयुक्त होगी?

(1) औपचारिक कलनविधि का उपयोग
(2) एकाधिक बंद सिरे वाली समस्याओं का उपयोग
(3) व्याख्यान विधि का प्रयोग
(4) एकाधिक समाधान वाले कार्यों का उपयोग

Ans : (4)

- गणित पढ़ाने का मुख्य उद्देश्य छात्रों में सोचने-समझने तथा तर्क शक्ति [reasoning ability] का विकास करना।
- छात्रों में रचनात्मक सोच [creative thinking] विकसित करना।
- छात्रों में रचनात्मक सोच विकसित करने के लिए Open ended questions पूछने चाहिए।
- जिससे छात्र विभिन्न दिशाओं में सोचते हैं और उनके विचारों में रचनात्मक आती है।
- open ended questions पूछने से छात्रों के उत्तर अलग- अलग होते हैं।
- जिसके आधार पर छात्र की तर्क- शक्ति का पता लगाया जा सकता है।

360. Mathematics Anxiety is commonly seen among students of middle school. Which of the following strategies are effective in dealing with Mathematics Anxiety in learners?

a) Have a positive attitude while communicating with students
b) To give collaborative tasks and promote group practice problems
c) To ask the parents of these children to provide them home tuition
d) Such students should be singled out and made to sit on the front of bench in a math classroom

(1) (a) and (d)
(2) (a), (b) and (d)
(3) only (d)
(4) (a) and (b)

माध्यमिक स्कूल के विद्यार्थियों में 'गणित की चिंता' सामान्य रूप से देखने को मिलती है। निम्नलिखित में से कौन-सी रणनीति / रणनीतियाँ अधिगमकर्ताओं में गणित की चिंता से निपटने हेतु प्रभावी हैं?

(a) विद्यार्थियों से बातचीत करते समय सकारात्मक दृष्टिकोण रखना।
(b) इकट्ठे (सहयोगी) कार्य करने को देना तथा समूह सहभागिता को बढ़ावा देना।
(c) ऐसे बच्चों के माता-पिता को घर पर ट्यूशन लगवाने के लिए कहना।
(d) ऐसे बच्चों को अलग करना और गणित की कक्षा में आगे की बेंच पर बैठाना।

सही विकल्प चुनें:

(1) (a) और (d)
(2) (a), (c) और (d)
(3) केवल (d)
(4) (a) और (b)

Ans : (4)

छात्रों में 'गणित चिंता' [Math Anxiety] स्वाभाविक [Natural] रूप से देखने को मिलती है।

अधिगमकर्ताओं [learners] में 'गणित- चिंता' से निपटने हेतु शिक्षक को निम्नलिखित रणनीतियां अपनानी चाहिए -

- गणित को छात्र के दैनिक जीवन से जोड़कर सिखाना चाहिए।
- विद्यार्थियों से बातचीत करते समय या गणित पढ़ाते समय शिक्षक को सकारात्मक दृष्टिकोण [Positive Approach] रखना चाहिए।
- छात्रों में 'समूह में काम करने' तथा समूह सहभागिता को बढ़ावा देना चाहिए।
- छात्रों में 'व्यवहारिक जीवन में गणित के महत्व' पर बल देना चाहिए।
- शिक्षक को ऐसा दृष्टिकोण रखना चाहिए कि प्रत्येक छात्र गणित सीख सकता है। [अर्थात शिक्षक को पूर्वाग्रही [prejudiced] नहीं होना चाहिए।]

MATHS

361. Which one of the following statements is NOT true about the five steps of Mathematization?

(1) Identifying the real problem in the context.
(2) Memorising an algorithm.
(3) Solving meaningful mathematical problems.
(4) Making sense of mathematical solutions in real life.

निम्नलिखित में से कौन-सा कथन गणितीयकरण के पाँच चरणों के बारे में सत्य नहीं है।

(1) संदर्भ में वास्तविक समस्या की पहचान करना
(2) कलनविधि को स्मरण करना
(3) अर्थपूर्ण गणितीय समस्या को हल करना
(4) वास्तविक जीवन में गणितीय समाधानों की समझ बनाना

Ans : (2)

कलन विधि (Algorithm) :- कलन विधि एक प्रक्रिया है, जिसमें समस्या को solve करने के लिए हुए चरण-दर-चरण प्रक्रिया को follow करना पड़ता है।

अतः गणितीयकरण [mathematization] के पांच चरण -

- संदर्भ में समस्या की पहचान करना।
- अर्थपूर्ण [meaningful] गणितीय समस्या को हल करना।
- वास्तविक जीवन में गणितीय समाधानों की समझ बनाना।

[अतः कलन विधि का 'स्मरण करना, गणितीकरण के चरणों में नहीं आता है।]

362. Mathematical concepts form a complex web of connections in which new concepts and previously learnt concepts are interconnected.

Which of the following statements most appropriately describes this?

(1) Fraction must be taught before whole numbers
(2) Multiplication and division must precede addition and subtraction
(3) Number concepts and patterns are building blocks to algebraic thinking
(4) Proportional Reasoning does not involve algebraic thinking

गणितीय अवधारणाएँ एक जटिल संबंधों का जाल बनाती हैं जिसमें नई अवधारणाएँ और पूर्व में सीखी गई अवधारणाएँ परस्पर जुड़ी होती हैं।

निम्न में से कौन-सा कथन इसे अत्यंत उपयुक्तता से वर्णित करता है?

(1) भिन्न को पूर्ण संख्या से पहले पढ़ाया जाना चाहिए।
(2) गुणन और विभाजन को योग और व्यवकलन से पहले कराया जाना चाहिए।
(3) संख्या अवधारणाएँ और पैटर्न बीजीय चिंतन के लिए मूलभूत अंग हैं।
(4) समानुपातिक तर्कणा में बीजीय चिंतन आवेष्टित नहीं है।

Ans : (3)

गणित प्रकृति में आगमनात्मक (Inductive) तथा निगमनात्मक [Deductive] हैं।

गणितीय अवधारणाएँ प्रकृति में घटित होती हैं। [Mathematical concepts occur in nature.]

जो निचली कक्षाओं में सीखे गये ज्ञान को नयी कक्षाओं सीधे ज्ञान से जोड़ती हैं।

[अतः गणित को सदैव sequence में सिखाया जाता है।।

गणित की प्रकृति तार्किक [logical] है।

[अतः उपर्युक्त प्रश्न में गणितीय अवधारणाएं [mathematical concepts] परस्पर एक जटिल संबंधो का जाल बनाती है. जिसमें नई अवधारणाएं और पूर्व में सीखी गई अवधारणाएं परस्पर जुड़ी होती हैं से तात्पर्य है कि गणित श्रेणीबद्ध [graded] हैं। अर्थात संख्या अवधारणाएं और पैटर्न बीजिय चिंतन [algebraic thinking] के लिए मूलभूत अंग हैं।

अर्थात् बीजगणित [algebra] का ज्ञान कराने से पहले बालक को 'संख्या तथा पैटर्न' का ज्ञान होना चाहिए।

363. A student has simplified the expression

(3x + 2x + 5 + 6) as 16x.

Which is the MOST appropriate next step for the teacher to remediate the misconception?

(1) Explain the meaning of variable and how it differs from a constant.

(2) Revise the rule that only "like terms" can be added.

(3) Put different values of x in both the expressions and show that they are not equal.

(4) There is no issue in the student's understanding.

एक छात्र ने व्यंजक (3x + 2x + 5 + 6) को 16x के रूप में सरलीकृत किया है।
एक अध्यापक के लिए इस भ्रान्ति को दूर करने के लिए सबसे उपयुक्त अगला कदम कौन सा है?

(1) चर का अर्थ समझाएँ और यह भी कि यह एक स्थिरांक से कैसे भिन्न होता है।

(2) केवल "समान पद" जोड़े जा सकते हैं इस नियम को फिर से सिखाएं।

(3) दोनों व्यंजकों में x के भिन्न-भिन्न मान रखें और दिखाएँ कि वे समान नहीं हैं।

(4) छात्र की समझ में कोई समस्या नहीं है।

Ans : (1)

बीजगणितीय व्यंजक [algebraic expression] में दो राशियां होती हैं

चर राशि [variable amount] - A to Z

अचर राशि [constant amount] - 1,2, 3,.....

उपर्युक्त प्रश्न में छात्र ने चर तथा अचर राशियों को एक साथ जोड़ दिया है।

अतः शिक्षक को चाहिए कि वह छात्रों को चर तथा अचर राशियों के अर्थ समझाएं तथा यह भी बताए कि चर राशियां सदैव चर के साथ तथा अचर राशियां सदैव अचर के साथ जोड़ी जाती हैं।

[छात्रों को चर का अर्थ समझाएं और यह भी बताए कि यह एक स्थिरांक से कैसे भिन्न होता है। छात्र की भ्रांति [misconception] दूर करने का यह सबसे उपयुक्त कदम है।]

364. Ms. Susan brought a chess board to her class. Which of the following is LEAST suited to be taught using a chess board?

(1) Fractions

(2) Area

(3) Congruence

(4) Percentage

सुश्री सुज़न अपनी कक्षा में एक शतरंज लाई। निम्नलिखित में से कौन-सा शतरंज का उपयोग करके पढ़ाए जाने के लिए सबसे कम उपयुक्त है?

(1) भिन्न

(2) क्षेत्रफल

(3) सर्वांगसमता

(4) प्रतिशतता

Ans : (4)

छात्रों को Chess (शतरंज) की सहायता से पढ़ाया जा सकता है।

भिन्न [Fraction]

क्षेत्रफल [Area]

सर्वांगसमता [Congruence] : सर्वांगसमता से तात्पर्य ऐसी आकृति से होता है जो रंगरुप, आकृति, बनावट आदि के आधार पर समान हो।

[प्रतिशतता [Percentage] को शतरंज (Chess) की सहायता से नहीं पढ़ाया जा सकता है।]

365. Which of the following concepts can be taught using a Geoboard?

(1) Tessellation and Area

(2) Volume and Area

(3) Area and Perimeter

(4) Tessellation and Symmetry

जियोबोर्ड के उपयोग से निम्नलिखित में से कौन-सी अवधारणाएँ सिखाई जा सकती हैं?

(1) टेसिलेशन (चौपड़) और क्षेत्रफल

(2) आयतन और क्षेत्रफल

(3) क्षेत्रफल और परिमाप

(4) टेसिलेशन (चौपड़) और सममिति

Ans : (3)

जियोबोर्ड [Geoboard]:- जियो-बोर्ड एक गणितीय जोड़तोड़ उपकरण [tool] है। जिसका उपयोग समतल ज्यामिति [plane geometry] में बुनियादी (Basic) अवधारणाओं जैसे कि क्षेत्रफल [area], परिमाप [perimeter] त्रिभुज और अन्य बहुभुजों की विशेषताओं को प्रस्तुत करने के लिए किया जाता है। इसमें एक भौतिक बोर्ड होता है, जिसमें कीलों को समान दूरी पर रखा जाता है। तथा रबर बैंड की सहायता से छात्रों से आकृति बनाने के लिए कहा जाता है।

[दृष्टिबाधित [visually impaired] छात्रों के लिए उपयोगी होता है।]

366. The ratio of exterior angle and interior angle of a regular polygon is 1:(4)T h e number of sides of the polygon is

किसी सम बहुभुज के वाह्य कोण और अंतः कोण का अनुपात 1:4 है। उस बहुभुज में कितनी भुजाएँ हैं?

(1) 6
(2) 8
(3) 9
(4) 10

ANS : (4)

मान लीजिये एक संबहुभुज (polygon) के बाह्य कोण (exterior angle) और अंतः कोण (interior angle) का अनुपात $1x : 4x$ है।

अतः कोण + बाह्य कोण = 180

$x+4x=180° \implies x=36°$

$\therefore$ बाह्य कोण (exterior angle) = 36°

n = 360° / बाह्य कोण

जहाँ n भुजाओं (sides) की संख्या है।

n = 360° / 36° = 10

367. Natural numbers 1 to 25 are written on different slips (one number on one slip), kept in a box and mixed well. Raj picks up one slip from the box without looking into it. What is the probability that this slip bears a composite number?

विभिन्न पर्चियों पर 1 से 25 तक प्राकृत संख्याएं लिखी हुई हैं (एक पर्ची पर एक संख्या), इन्हें एक बक्से में डालकर अच्छी प्रकार से मिला दिया जाता है। राज बक्से के अंदर से बिना देखे एक पर्ची निकालता है। इस पर्ची पर एक भाज्य संख्या आने की प्रायिकता क्या होगी?

(1) 16/25
(2) 3/5
(3) 12/25
(4) 14/25

ANS : (2)

प्रायिकता (probability) = संभावित परिणामों की संख्या / परिणामों की कुल संख्या

1 से 25 तक की भाज्य संख्याएँ है : {4, 6, 8, 9, 10, 12, 14, 15, 16, 18, 20, 21, 22, 24, 25} = 15

पर्चियों की कुल संख्या (total no. of slips) = 25

एक भाज्य संख्या प्राप्त करने की प्रायिकता (probability of getting slip bears a composite number) = 15/25 = 3/5

368. A square and a semi-circle with a closed base are formed using pieces of wire of length 144cm each. The ratio of the area of the square to that of the semi-circle is ($\pi = \frac{22}{7}$)

तार के दो टुकड़े हैं और प्रत्येक की लंबाई 144 cm है। तार के एक टुकड़े से एक वर्ग तथा दूसरे टुकड़े से एक बंद आधार का अर्धवृत्त बनाया जाता है। वर्ग के क्षेत्रफल और अर्धवृत्त के क्षेत्रफल का अनुपात क्या होगा? ($\pi = \frac{22}{7}$)

(1) π : 4
(2) 4 : π
(3) 81 : 77
(4) 77 : 81

ANS : (3)

बंद अर्धवृत्त की परिधिन (circumference of semi-circle) = $\pi r + 2r$, अर्धवृत्त का क्षेत्रफल (area of semi-circle) = $\frac{\pi r^2}{2}$

वर्ग का परिमाप (perimeter of square) = 144 cm

$4a = 144 \implies a = 36$

इसलिए वर्ग का क्षेत्रफल (area of square) = $a^2 = 36^2 = 1296\ cm^2$

अब, अर्धवृत्त कि परिधि (circumference of semi-circle) = 144 cm

$\pi r + 2r = 144 \implies r(\frac{22}{7} + 2) = 144 \implies r = 144 \times \frac{7}{36}$ = 28cm

इसलिए अर्धवृत्त का क्षेत्रफल (area of semi-circle) = $\frac{1}{2} \times \frac{22}{7} \times 28 \times 28 = 1232\ cm^2$

इसलिए अनुपात (ratio) = $\frac{1296}{1232} = \frac{81}{77} = 81:77$

369. If 3m - $\frac{1}{3m} = 3$, where m ≠ 0, then the value of $m^2 + \frac{1}{81m^2}$ is

यदि 3m - $\frac{1}{3m} = 3$ है, जहाँ m ≠ 0 है I तो $m^2 + \frac{1}{81m^2}$ का मान क्या होगा ?

(1) $2\frac{1}{9}$

(2) $1\frac{2}{9}$

(3) 2

(4) 4

ANS : (2)

दोनों पक्षों का वर्ग (squaring both sides) करने पर हमे प्राप्त होता है:

$9m^2 + \frac{1}{9m^2} - 2 \times 3m \times \frac{1}{3m} = 9$

$= 9m^2 + \frac{1}{9m^2} - 2 = 9$

$= 9m^2 + \frac{1}{9m^2} = 11$

दोनों पक्षों में $\frac{1}{9}$ से गुना करने पर हमे प्राप्त होता है:

$\frac{1}{9} \times \left(9m^2 + \frac{1}{9m^2}\right) = \frac{1}{9} \times 11$

हमे प्राप्त होता है :

$m^2 + \frac{1}{81m^2} = \frac{11}{9} \quad = m^2 + \frac{1}{81m^2} = 1\frac{2}{9}$

अतः सही उत्तर $m^2 + \frac{1}{81m^2} = 1\frac{2}{9}$ है।

370. Area of a square is 30 times that of a triangle of sides 20 cm, 48 cm and 52 cm. What is the perimeter of the square?

किसी वर्ग का क्षेत्रफल भुजाओ 20cm, 48cm और 52cm वाले एक त्रिभुज के क्षेत्रफल का 30 गुना है। वर्ग का परिमाप क्या है ?

(1) 520 cm

(2) 480 cm

(3) 640 cm

(4) 560 cm

ANS : (2)

वर्ग का परिमाप (perimeter of the square) = ??

वर्ग का क्षेत्रफल, त्रिभुज के क्षेत्रफल का 30 गुना है।

त्रिभुज की तीन भुजा (sides of triangle) = 20cm, 48cm, 52cm

त्रिभुज का क्षेत्रफल = $\sqrt{S(S-a)(S-b)(S-C)}$,

S = semi-perimeter of triangle

$S = \frac{a+b+c}{2} \implies \frac{20+48+52}{2} = \frac{120}{2} = 60$

$= \sqrt{60(60-20)(60-48)(60-52)}$

$= \sqrt{60 \times 40 \times 12 \times 8}$

$= \sqrt{230400} = 480\,cm^2$

वर्ग का क्षेत्रफल (Area of a square) = 30 × त्रिभुजा का क्षेत्रफल (Area of a triangle)

Side × side = 30×480

MATHS

side of square = $\sqrt{14400}$

=120 cm

perimeter of square = 4×120 = 480 cm

371. The angles of a triangle are in the ratio 3 : 2 : (4) The difference of the largest and the smallest angles of the triangle is

किसी त्रिभुज के कोणो का अनुपात 3 :2 : 4 है। सबसे बड़े और सबसे छोटे कोणो का अन्तर है

(1) 60°
(2) 40°
(3) 30°
(4) 20°

ANS : (2)

एक त्रिभुज के कोणों (angles of a triangle) का अनुपात 3:2:4 होता है।

त्रिभुज के आंतरिक कोणों का योग 180° होता है। (The sum of the interior angles of a triangle is 180°.)

त्रिभुज के कोण $3x$, $2x$ और $4x$ है।

$3x+2x+4x = 180° \Rightarrow 9x = 180°$

$\Rightarrow x = 20°$

$3x = 2×20 = 60°$, $2x = 2×20 = 40°$,

$4x = 2×20 = 80°$

सबसे बड़े और सबसे छोटे कोणों का अंतर (difference of the largest and the smallest angles)

= 80°- 40° = 40°

372. The distance of the Earth and Moon is 384,000,000 m. If it is expressed in standard form i.e.p×10ⁿ, then the value of p and n are respectively -

पृथ्वी और चन्द्रमा के बीच की दुरी 384,000,000 m है। यदि इसे मानक रूप, अर्थात $p×10^n$ के रूप व्यक्त किया जाए, तो p और n के मान क्रमश:

(1) 3.84 और 8 है।
(2) 0.384 और 9 है।
(3) 38.4 और 7 है।
(4) 384 और 6 है।

ANS : (1)

= 3.84×100000000 = $(3.84×10^8)$ meter

p =3.84, $n = 8$

373. x and y are two supplementary angles such that $x > y$. If difference of these angles is 40°, then what is the value of $3x - 4y$?

x और y दो सम्पूरक कोण इस प्रकार है कि $x > y$ है। यदि इन कोणों का अंतर 40°है, तो $3x - 4y$ का क्या मान है ?

(1) 50°
(2) 70°
(3) 100°
(4) 140°

ANS : (1)

सम्पूरक कोण (supplementary angle)

जब दो कोणों का योग 180° हो।

$x+y = 180°$ .... 1 Equation

$x-y = 40°$ .... 2 Equation

$x = 40°+y$

Put value x in equation 1

$40° + y + y = 180° \Rightarrow 2y = 180° - 40°$

$\Rightarrow y = 70°$

$x = 40°+y \Rightarrow x = 40°+70° \Rightarrow x = 110°$

Now, $3x - 4y = 3 × 110 - 4 × 70 = 330 - 280 = 50°$

374. If $7(7x - 5) = 8(4x + 2)$, then the value of $\frac{3x+1}{2}$ is -

यदि $7(7x - 5) = 8(4x + 2)$ है, तो $\frac{3x+1}{2}$ का मान है -

(1) 3.5
(2) 6.5

(3) 5
(4) 8

ANS : (3)

$7(7x-5) = 8(4x+2) \Rightarrow 49x - 35 = 32x + 16$

$49x - 32x = 16 + 35 \Rightarrow 17x = 51 \Rightarrow x = 3$

अब, $\frac{3x+1}{2} = \frac{3\times3+1}{2} = 5$

375. A rectangle ABCD of area 210cm² has 15 cm as its length. If the area of the rectangle ABCD is increased to $2\frac{1}{3}$ times of the original area by increasing its length only, then what will be the perimeter of the rectangle so obtained?

210 cm² क्षेत्रफल वाले एक आयत ABCD की लम्बाई 150 cm है। यदि आयत ABCD का क्षेत्रफल केवल उसकी लम्बाई बढ़ाकर मूल क्षेत्रफल का $2\frac{1}{3}$ गुना कर दिया जाए, तो इस प्रकार प्राप्त आयत का परिमाप क्या होगी?

(1) 58 cm
(2) 35 cm
(3) 49 cm
(4) 98 cm

ANS : (4)

आयत का क्षेत्रफल (area of rectangle) = $l\times b$
आयत का परिमाप (perimeter of rectangle) = $2(l+b)$

मान लीजिये, आयत की चौड़ाई = b

इसलिए 15×b = 210 $\Rightarrow$ b = 210/15 = 14

∴ आयत की चौड़ाई (breadth of rectangle) = 14 cm

प्रश्न के अनुसार, आयत ABCD का क्षेत्रफल केवल उसकी लंबाई बढ़ाकर मूल क्षेत्रफल का $2\frac{1}{3}$ गुना कर दिया जाता है।

∴ लंबाई बढ़ाने क बाद आयत का क्षेत्रफल

$\left(210\times2\frac{1}{3}\right) = 210\times\frac{7}{3} = 490\,cm^2$

मान लीजिये, बढे हुए आयत की लंबाई x है।

इसलिए $(15+x)\times14 = 490 \Rightarrow 210+14x = 490$

$14x = 490 - 210 = 280 \Rightarrow x = \frac{280}{14} = 20$

∴ बढे हुए आयत की लंबाई = 20 cm

∴ आयत की लंबाई (length of rectangle)
= 20 + 15 = 35 cm हो जाती है।

∴ आयत का परिमाप (perimeter ofrectangle)
= 2 (35 + 14) = 2 × 49 = 98 cm

376. The total cost of tiling the floor of a rectangular room at ₹125 per m² is ₹4If the length of the floor is 8m, then its breadth is

एक आयताकार कमरे के फर्श पर ₹125 प्रति m² की दर से टाइल लगवाने की लागत ₹4000 है। यदि फर्श की लंबाई 8m है, तो इसकी चौड़ाई है-

(1) 6m
(2) 8m
(3) 4m
(4) 9m

ANS : (3)

आयत का क्षेत्रफल (area of rectangle) = लंबाई×चौड़ाई

कुल लागत (total cost) = क्षेत्रफल × लागत प्रति इकाई क्षेत्रफल

4000 = (8 × चौड़ाई) ×125

➡ चौड़ाई = 4000 / (125 × 8) = 4m

377. A number is selected at random from the numbers 1, 2, 3, 4,…….. 50. The probability that it is a prime number is-

संख्याओं 1,2,3,4……..50 में से एक संख्या को यादृच्छिक रूप से चुना जाता है। इसके एक अभाज्य संख्या होने की प्रायिकता है:

(1) 0.1
(2) 0.2
(3) 0.3
(4) 0.7

MATHS

MATHS

ANS : (3)

एक अभाज्य संख्या एक ऐसी संख्या है जिसके दो गुणनखंड (1 और स्वयं संख्या) होते हैं। (A prime number is a number that has exactly two factors (1 and the number itself).)

प्रायिकता (probability) =

$\frac{\text{अनुकूल परिणामो की संख्या (number of favourable outcomes}}{\text{कुल परिणाम (total outcomes)}}$

1 से 50 तक की अभाज्य संख्याएँ 2, 3, 5, 7, 11, 13, 17, 19, 23, 29, 31, 37, 41, 43, 47 हैं।

1 से 50 तक की कुल अभाज्य संख्याएँ 15 हैं।

प्रायिकता(probability) = 15/50 = 3/10 = 0.3

378. If the sum of 1.5×10^6 and 3.4×10^7 is expressed in standard form as $p\times10^n$, then value of (2p + n) is

यदि 1.5×10^6 और 3.7×10^7 के योग को $p\times10^n$ के मानक रूप में व्यक्त किया जाता है, तो (2p + n) का मान क्या होगा ?

(1) 7.1
(2) 10.55
(3) 13.1
(4) 14.1

ANS : (4)

$(1.5 \times 10^6) + (3.4 \times 10^7)$

$\Rightarrow [1.5 + 3.4 \times 10]\times10^6$

$[1.5 + 34]\times10^6 \quad \Rightarrow 35.5 \times 10^6$

$\Rightarrow 3.55 \times 10^7$

इसकी $P \times 10^n$ से तुलना करने पर हमे प्राप्त होता है।

$p = 3.55$ और $n = 7$

इसलिए, $(2p+n) = (2 \times 3.55 + 7)$

$7.1 + 7 = 14.1$

379. If the weight of 12 sheets of thick paper is 40 grams, then how many sheets of the same paper would weigh $3\frac{1}{2}$ kilograms?

यदि 12 मोटे कागज की शीटों का भार 40 ग्राम है तो उसी कागज की कितनी शीटों का भार $3\frac{1}{2}$ किलोग्राम होगा ?

(1) 750
(2) 1050
(3) 1350
(4) 950

ANS : (2)

1 शीट का भार होगा (weight of 1 sheet) = 40/12 ग्राम

हमारे पास $3\frac{1}{2}$ किलोग्राम होगा।

भिन्न के रूप में, यह $\frac{7}{2}$ किलोग्राम होगा।

$\frac{7}{2}$ किलोग्राम = ग्राम $\frac{7}{2}\times1000 = 3500$ ग्राम

$$3500\times\frac{12}{40} = 1050$$

3,500 ग्राम भार की 1050 शीट होंगी।

380. In Δ ABC, AB = BC. Points D and E are on the side AC such that AD = EC. Which of the following is correct?

Δ ABC में, AB = BC है। भुजा AC पर बिंदु D और E इस प्रकार है कि AD = EC है। निम्न में से कौन - सा सही है ?

(1) $\Delta ABE \cong \Delta BCD$
(2) $\Delta ABE \cong \Delta CBD$
(3) $\Delta ABE \cong \Delta BDC$
(4) $\Delta ABE \cong \Delta DBC$

ANS : (2)

ΔABC पर AB = BC है

बिंदु D और E भुजा AC पर इस प्रकार है कि AD = EC है

SAS (भुजा - कोण - भुजा) सर्वांगसमता नियम (congruency rule) : दो त्रिभुज सर्वांगसम कहलाते है, यदि कोई दो भुजाएँ और एक त्रिभुज की भुजाओं के बीच का कोण संगत दो भुजाओं और दूसरे त्रिभुज की

भुजाओं के बीच के कोण के बराबर होता है। (Two triangles are said to be congruent if any two sides and the angle between the sides of one triangle is equal to the corresponding two sides and the angle between the sides of the other triangle.)

प्रश्न के अनुसार आरेख बनाते है,

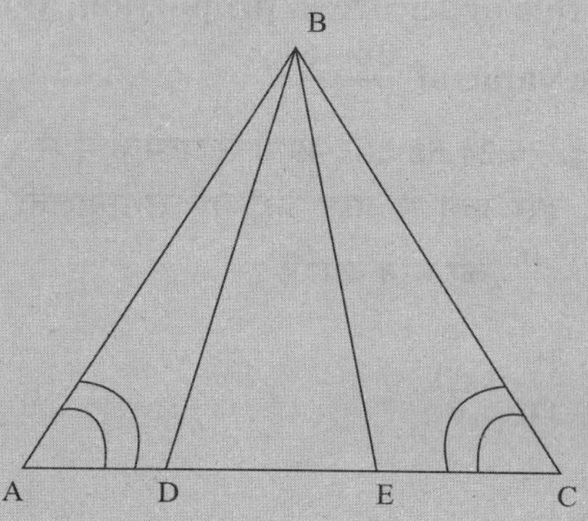

ABC में, AB = DC

इसलिए ∠BAC = ∠BCA

∠BAE = ∠BCD

साथ ही बिंदु D और E भुजा AC पर इस प्रकार है कि AD = EC है

दोनों पक्षों में DE जोड़ने पर (adding DE to both sides)

तब, AE = DC

ΔABE और ΔCBD के लिए

AB = DC, AE = DC, ∠BAE = ∠BCD

ΔABE ≅ ΔCBD [S – A - S नियम]

अतः विकल्प 2 सही उत्तर है।

381. The successor of 10999999 is :

10999999 का परवर्ती है:

(1) 10999991
(2) 1099900
(3) 11000000
(4) 10909909

ANS : (3)

The successor of 10999999 (10999999 का परवर्ती है) = 10999999 +1 = 11000000

Option (3) is correct answer.

382. If $5^{x-3} \times 7^{y-2} = 6125$, then what is the value of $(x + y)$?

यदि $5^{x-3} \times 7^{y-2} = 6125$ है, तो $(x + y)$ का मान क्या है ?

(1) 6
(2) 8
(3) 10
(4) 11

ANS : (3)

5x-3 × 7y-2 = 6125

प्रश्न के अनुसार , $5^{x-3} \times 7^{y-2} = 6125$

6125 के गुणनखंड = 5×5×5×7×7

इसलिए, $6125 = 5^3 \times 7^2$

अब, $5^{x-3} \times 7^{y-2} = 5372$ ....(1)

समीकरण को 1 संतुष्ट करने पर,

$x - 3 = 3$ $x = 3 + 3 = 6$

और, $y - 2 = 2$ $y = 2 + 2 = 4$

इसलिए, $(x + y) = 6 + 4 = 10$ $(x + y)$ का मान 10 है।

383. If $4003250 = 4 \times 10^x + 3 \times 10^y + 2 \times 10^z + 5 \times 10^w$ then $x + y + z + w$ is equal to

यदि $4003250 = 4\times10^x + 3 \times 10^y + 2 \times 10^z + 5 \times 10^w$ है, तो $x + y + z + w$ बराबर है

(1) 16
(2) 14
(3) 12
(4) 10

ANS : (3)

$4003250 = 4 \times 10^x + 3 \times 10^y + 2 \times 10^z + 5 \times 10^w$

MATHS

4003250 = 40 लाख 3 हज़ार 2 सौ पचास

इसलिए, 40 लाख = 4×10^6, 3 हज़ार = 3×10^3

2 सौ = 2×10^2

पचास = 5×10^1

4003250 = $4 \times 10^6 + 3 \times 10^3 + 2 \times 10^2 + 5 \times 10^1$

तुलना करने पर $x = 6$, y = 3, z = 2, w = 1

$\therefore x + y + z + w = 12$

384. The number of composite numbers between 101 and 120 is -

101 और 120 के बीच कितनी भाज्य संख्या है ?

(1) 13
(2) 14
(3) 15
(4) 16

ANS : (2)

अभाज्य संख्या जिनके दो से अधिक गुणनखंड (factor) होते है, वो भाज्य संख्या होती है। (Prime numbers which have more than two factors are composite numbers.)

101 वे 120 के बीच भाज्य संख्या

102, 104, 105, 106, 108, 110, 111, 112, 114, 115, 116, 118, 119

14 भाज्य संख्या है।

385. If 504 = $2^p \times 3^q \times 7^r$, then what is the value of (2p + q - r)?

यदि 504 = $2^p \times 3^q \times 7^r$ है, तो (2p + q - r) का मान है ?

(1) 5
(2) 6
(3) 7
(4) 8

ANS : (3)

504 के गुणनखंड (factor)

504 = 2×2×2×3×3×7 दिया गया है

$504 = 2^p \times 3^q \times 7^r$

p = 3, q = 2, r = 1

तो (2p + q - r) p, q, r का मान रखने पर

[(2×3)+2-1] ⇒ 6+2-1 ⇒ 8-1=7

386. If x is subtracted from each of 26, 24, 56 and 49, then the numbers, so obtained in this order are in proportion. What is the value of $\frac{2x-6}{2}$?

यदि 26,24,56 और 49 में से प्रत्येक में से x घटाने पर, इस क्रम में प्राप्त संख्याएँ समानुपाती है, तो $\frac{2x-6}{2}$ का मान क्या है ?

(1) 10
(2) 11
(3) 12
(4) 15

ANS : (2)

योगानुपात = a : b :: c : d एक समानुपात (proportion) है , तो योगानुपात है

(a+b) : b :: (c+d) : d

अन्तरानुपात = यदि a : b :: c : d एक समानुपात (proportion) है , तो अन्तरानुपात है,

(a+b) : b :: (c+d) : d

प्रश्नानुसार

$$\frac{26-x}{24-x} = \frac{56-x}{49-x}$$

योगानुपात या अन्तरानुपात का उपयोग करने पर

$$\frac{26-x+24-x}{24-x-24+x} = \frac{56-x+49-x}{56-x+49+x}$$

$$\frac{50-2x}{2} = \frac{105-2x}{7}$$

$7 \times (50- 2x) = 2 \times (105 - 2x)$

$\Rightarrow 350 - 14x = 210 - 4x \quad \Rightarrow \quad 10x = 140$

$x = 14$

$\frac{2x-6}{2} = \frac{[(2\times14)-6]}{2} = 11$

387. If one of the angles of a triangle is 100°, then the angle between the bisectors of the remaining angles of the triangle is

यदि किसी त्रिभुज का एक कोण 100° का है, तो त्रिभुज के शेष कोणों के समद्विभाजकों के बीच का कोण है:

(1) 40°
(2) 50°
(3) 130°
(4) 140°

ANS : (4)

त्रिभुज के कोणों में से एक कोण = 100

ज्ञात करना है : ∠BOC

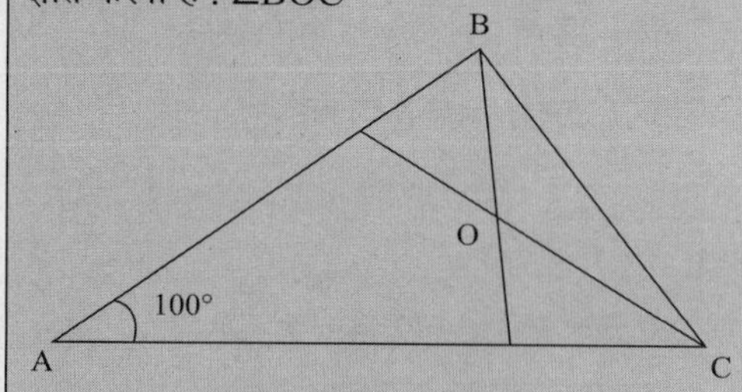

एक ΔABC पर विचार कीजिए, जैसे की ∠BAC = 100° है और ∠B और ∠C के समद्विभाजक O पर मिलते है।

ज्ञात करना है : ∠BOC

अब, ΔABC में

∠BAC + ∠ABC + ∠ACB = 180

= (कोण योग गुणधर्म)

∠ABC + ∠ACB = 80

$\Rightarrow \frac{1}{2}$ (∠ABC + ∠ACB) = 40°

∠OBC + ∠OCB = 40° (OB और OC ABC एवं ACB को समद्विभाजित करते है)

अब, ΔOBC में

∠OBC + ∠OCB + ∠BOC = 180°

⟹ 40 + ∠BOC = 180°

⟹ ∠BOC =140°

388. If $x + y = 3$ and $x^2 + y^2 = 29$, then what is the value of $\frac{1}{x} + \frac{1}{y}$?

यदि $x + y = 3$ और $x^2 + y^2 = 29$ है, तो $\frac{1}{x} + \frac{1}{y}$ का क्या मान है ?

(1) $\frac{3}{29}$
(2) $-\frac{3}{10}$
(3) $-\frac{1}{5}$
(4) $\frac{3}{10}$

ANS : (2)

$(x+y)^2 = x^2+y^2+2xy$

बीजीय सर्वसमिकाओं (Algebraic identity) का उपयोग करने पर,

$(x+y)^2 = x^2+y^2+2xy$

दिए गए मानो को उपरोक्त समीकरण में रखने पर

$3^2 = 29 + 2xy \quad \Rightarrow \quad 9 = 29 + 2xy$

$\Rightarrow 2xy = 9 - 29 \quad \Rightarrow \quad 2xy = -29 + 9$

$xy = -\frac{20}{2} \quad \Rightarrow \quad xy = -10$

अब $\frac{1}{x} + \frac{1}{y} = \frac{x+y}{xy} \quad \Rightarrow \quad \frac{1}{x} + \frac{1}{y} = \frac{3}{-10} = -\frac{3}{10}$

$\frac{1}{x} + \frac{1}{y}$ का मान $= -\frac{3}{10}$

389. The number of faces, vertices and edges of a polyhedron A are x, 10 and 15, respectively and the number of faces, vertices and edges of polyhedron B are 12, y and 30, respectively. What is the value of $(x + y)$?

MATHS

बहुफलक A के फलकों, शीर्षों तथा किनारों की संख्याएँ क्रमश: x, 10 और 15 हैं। बहुफलक B के फलकों, शीर्षों तथा किनारों की संख्याएँ क्रमश: 12, y और 30 है। $(x + y)$ का क्या मान है ?

(1) 24
(2) 25
(3) 27
(4) 29

ANS : (3)

बहुफलक A के फलकों की संख्या (Number of faces of polyhedron A) = x

बहुफलक A के शीर्षों की संख्या (Number of vertices of polyhedron A) =10

बहुफलक A के किनारों की संख्या (Number of edges of polyhedron A)=15

बहुफलक B के फलकों की संख्या (Number of faces of polyhedron B) = 12

बहुफलक B के शीर्षों की संख्या (Number of vertices of polyhedron B)= y

बहुफलक B के किनारों की संख्या (Number of edges of polyhedron B) =30

$F + V = E + 2 \quad \Rightarrow \quad F + V - E = 2$

जहाँ, F = एक बहुफलक के फलकों की संख्या है,

V = एक बहुफलक के शीर्षों की संख्या है,

E = बहुफलक के किनारों की संख्या है

बहुफलक A के लिए प्रश्न के अनुसार,

$x + 10 - 15 = 2 \quad \Rightarrow x = 2 - 10 + 15 = 7$

बहुफलक B के लिए,

$12 + y - 30 = 2 \quad \Rightarrow y = 2 - 12 + 30 = 20$

इसलिए, (x+y) = 7 + 20 = 27

390. Let x be the median of the data below: 13, 14, 15, 11,9,9,8, 7, 16, 15, 5, 6, 16, 25, 16, 23, 28, 17

If 6 is replaced by 19 and 13 by 31 in the above data, then the median of the resulting data is y. What is the value of $(3x - y)$?

मान लीजिए कि निम्न आंकड़ों का माध्यक x है: 13,14,15,11,9,9,8,7,16,15,5,6,16,25,16.23.28.17

यदि इन आंकड़ों में 6 को 19 तथा 13 को 31 से विस्थापित कर दिया जाए, तो इस प्रकार प्राप्त आंकड़ों का माध्यक y है। $(3x - y)$ का क्या मान है?

(1) 26
(2) 27
(3) 28
(4) 29

ANS : (3)

यदि n विषम (odd) है तो माध्यिका = $\left(\frac{n+1}{2}\right)^{th}$ term

यदि n सम (even) है तो माध्यिका =

$$\frac{\left(\frac{n}{2}\right)^{th} term + \left(\frac{n}{2}+1\right)^{th} term}{2}$$

आंकड़ों को आरोही क्रम (ascending order) में व्यवस्थित कीजिए तब

5, 6, 7, 8, 9, 9, 11, 13, 14, 15, 15, 16, 16, 16, 17, 23, 25, 28

कुल संख्या (n) = 18

तो, माध्यिका (median) = $\frac{\left(\frac{n}{2}\right)^{th} term + \left(\frac{n}{2}+1\right)^{th} term}{2}$

$$= \frac{\left(\frac{18}{2}\right)^{th} term + \left(\frac{18}{2}+1\right)^{th} term}{2}$$

$$\frac{14+15}{2} = \frac{29}{2} = 14.5 \Longrightarrow \text{तो } x = 14.5$$

यदि दिए गए आंकड़ों में 6 को 19 से और 13 को 31 से विस्थापित किया जाता है , तब

13, 14, 15, 11, 9, 9, 8, 7, 16, 15, 5, 19, 16, 25, 16, 23, 28, 17

पुनः हम आंकड़ों को आरोही क्रम (ascending order) में व्यवस्थित करेंगे, तब

5, 7, 8, 9, 9, 11, 14, 15, 15, 16, 16, 16, 17, 19, 23, 25, 28, 31

माध्यिका (median) = $\frac{9^{th}\ term + 10^{th}\ term}{2}$

$\frac{15+16}{2} = \frac{31}{2} = 15.5 \Rightarrow y = 15.5$

तो, (3x - y) का मान = [(3×14.5) -15.5] = 43.5 – 15.5 = 28

391. The least number which must be added to 5774 to make it a perfect square is :

5774 में जोड़ी जाने वाली वह न्यूनतम संख्या, जिससे यह एक पूर्ण वर्ग बन जाए, निम्नलिखित है:

(1) 1
(2) 2
(3) 5
(4) 7

ANS : (2)

By using long division method ,

```
        | 75
     7  | 5774
        | -49
   145  | 874
        | -725
        | 149
```

Quotient = 75

$(76)^2 - (75)^2 = 5776 - 5774 = 2$

5774 + 2 = 5776

$\sqrt{5776} = 76$

Thus, if we add 2 in 5774, then it becomes a perfect square (यदि हम 5774 में 2 जोड़ते हैं, तो यह एक पूर्ण वर्ग बन जाता है).

So, option (2) is correct answer.

392. A four-digit number 15y3 is a multiple of 3 The sum of all the possible values of y is:

चार अंकों वाली एक संख्या 15y3, संख्या 3 का एक गुणज है। y के सभी संभव मानों का योग है :

(1) 3
(2) 9
(3) 12
(4) 18

ANS : (4)

Divisibility test of 3 : If the sum of digits of a number is a multiple of 3, the number will be completely divisible by 3 (यदि किसी संख्या के अंकों का योग 3 का गुणज है तो वह संख्या 3 से पूर्णतः विभाज्य होगी।).

$1 + 5 + y + 3 = 9 \Rightarrow 9 + y = 9 \Rightarrow y = 0$

Also,

$1 + 5 + y + 3 = 12 \Rightarrow 9 + y = 12 \Rightarrow y = 3$

And, $1 + 5 + y + 3 = 15 \Rightarrow 9 + y = 15 \Rightarrow y = 6$

and $1 + 5 + y + 3 = 18 \Rightarrow 9 + y = 18 \Rightarrow y = 9$

Also, $1 + 5 + y + 3 = 21 \Rightarrow 9 + y = 21$

y = 12 (which is not possibl because this is a two digit number but we know that tha 'y' is a single digit)

Thus, the possible values of y = 0, 3, 6, 9

Sum of all the possible values of y (y के सभी संभव मानों का योग)= 0+3+6+9 = 18

So, option (4) is correct answer.

393. The value of 3.5 × 2.4 × 4.8 is:

3.5 × 24 × 4.8 का मान है :

(1) $\frac{1004}{25}$

(2) $\frac{1008}{25}$

(3) $\frac{5002}{5}$

(4) $\frac{5004}{25}$

ANS : (2)

$3.5 \times 2.4 \times 4.8$

$= \frac{35 \times 24 \times 48}{10 \times 10 \times 10}$

$= \frac{40320}{1000} = \frac{1008}{25}$

So, option (2) is correct answer.

394. Additive inverse of $2^{-3} \times (-7)^{-3}$ is:

$2^{-3} \times (-7)^{-3}$ का योज्य प्रतिलोम है :

(1) – 2744

(2) 2744

(3) $\frac{1}{2744}$

(4) $-\frac{1}{2744}$

ANS : (3)

$2^{-3} \times (-7)^{-3}$

$= \frac{1}{2^3 \times (-7)^3} = \frac{1}{8 \times (-343)} = \frac{1}{2744}$

Thus, the additive inverse (योज्य प्रतिलोम) of

$-\frac{1}{2744} = \frac{1}{2744}$

So, option (3) is correct answer.

395. If x and y are respectively the HCF and LCM of 135, 108 and 198, then the value of $\frac{x}{y}$ is

यदि x और y क्रमश: 135, 108 और 198 के HCF और LCM हैं, तो $\frac{x}{y}$ का मान हैं :

(1) 660

(2) 330

(3) $\frac{1}{330}$

(4) $\frac{1}{660}$

ANS : (4)

HCF of 135 , 108 and 198 = $x = 3 \times 3 = 9$

LCM of 135 , 108 and 198 = $y = 3 \times 3 \times 3 \times 2 \times 11 \times 5 \times 2 = 5940$

Now , The value of $\frac{x}{y} = \frac{9}{5940} = \frac{1}{660}$

So, option (4) is correct answer.

396. If a student finds difficulty in applying geometrical theorems to solve a given problem in geometry, then which is the most appropriate strategy that the teacher should adopt?

(1) Punish the student so that he/she does not repeat the mistake.

(2) Ask the student to rote memorise the theorem.

(3) Use multisensory models and teaching aids to help student understand various theorems and their applications.

(4) Tell the student to copy the steps of solved problems from the black board and apply the method for similar problems.

यदि किसी विद्यार्थी को ज्यामिति के परिमेयों पर आधारित प्रश्न हल करने में कठिनाई होती है, तो निम्नलिखित में से किस विधि को शिक्षक को अपनाना चाहिए?

(1) विद्यार्थी को दण्डित करना ताकि वह गलती न दोहराए।

(2) विद्यार्थी को प्रमेय रटने के लिए कहना

(3) बहुसंवेदी मॉडल और शिक्षण सामग्री के उपयोग से विभिन्न ज्यामितीय, प्रमेयों को समझने में और उनके अनुप्रयोग में विद्यार्थी की सहायता करना

(4) विद्यार्थी को हल की गई समस्याओं के चरणों को श्यामपट्ट से देखकर लिखने के लिए और इस प्रणाली का अनुप्रयोग समान प्रकार की समस्याओं में करने के लिए कहें।

Ans : (3)

यदि किसी छात्र को ज्यामिति [geometry] के प्रमेयों [theorems] के आधार प्रश्न हल करने में कठिनाई होती है तो शिक्षक को चाहिए कि वह छात्रों को ज्यामिति

के बहुसंवेदी मॉडल [multisensory model] जैसे:- [जियोबोर्ड, जियोजेब्रा, टेनग्राम] आदि की सहायता से समझाए |

विभिन्न शिक्षण अधिगम सामग्री [TLM] का प्रयोग करना चाहिए। प्रमेयों को समझने तथा उनके प्रयोग में शिक्षार्थियों की सहायता करनी चाहिए |

[छात्रों को प्रमेयों को रटने तथा विधियों का अनुकरण करने के लिए नहीं कहना चाहिए |]

397. According to the National Curriculum Framework 2005, the goal of mathematics teaching in school curriculum is that children learn "Important Mathematics". Important Mathematics implies:

(1) Important formulae in mathematics must be focused upon
(2) Algorithms in mathematics form an important part hence should be included as a part of important mathematics
(3) Mathematics must include such meaningful problems, which teacher and students consider worth solving and as part of their daily lives
(4) Those concepts and topics should be considered important in mathematics that turn out employable adults for social and economic development

राष्ट्रीय पाठ्यचर्या रूपरेखा 2005 के अनुसार, स्कूली पाठ्यचर्या में गणित शिक्षण का उद्देश्य है कि बच्चे 'महत्वपूर्ण गणित' सीखें। 'महत्वपूर्ण गणित' का निहितार्थ है :

(1) गणित में महत्वपूर्ण सूत्रों पर बल देना चाहिए।
(2) कलन-विधियाँ गणित का एक महत्वपूर्ण हिस्सा हैं। अत: इन्हें 'महत्वपूर्ण गणित' के हिस्से के रूप में सम्मिलित किया जाना चाहिए।
(3) गणित में ऐसी अर्थपूर्ण समस्याओं को सम्मिलित करना चाहिए जिन्हें शिक्षक और विद्यार्थी हल करने लायक और उनके दैनिक जीवन का हिस्सा समझें
(4) उन संकल्पनाओं और विषयों को गणित में महत्वपूर्ण समझना चाहिए जोकि सामाजिक और आर्थिक विकास के लिए रोज़गार योग्य वयस्कों का निर्माण करें।

Ans : (3)

राष्ट्रीय पाठ्यचर्या रुपरेखा 2005 [NCF-2005] के अनुसार गणित शिक्षण का मुख्य उद्देश्य -

गणित पाठ्यक्रम गतिविधि केंद्रित होना चाहिए।

बच्चों की सोचने और तर्क करने की क्षमता [ability to think and reasoning], अमूर्त कल्पना करने की क्षमता [ability to imagine abstractly] का विकास करना चाहिए।

बच्चों में गणितीयकरण [mathematization] करना। (अर्थात् बहुत सारी गणित जानने के बजाय यह जानना कि गणितीय प्रश्नों को किया कैसे जाए।)

गणित को बालक के दैनिक जीवन जोड़ना चाहिए।

अर्थात् गणित में ऐसी अर्थपूर्ण समस्याओं को सम्मिलित करना चाहिए जिन्हें शिक्षक और शिक्षार्थी हल कर सकें और उनके दैनिक जीवन का हिस्सा समझें 'यह NCF 2005 का महत्वपूर्ण उद्देश्य है। "

398. Which of the following is most appropriate for an axiom?

(1) These are statements about algebraic identities
(2) These are mathematical truths which cannot be proved or disproved
(3) Axioms are propositions similar to theorem
(4) Axioms are only definitions

अभिगृहीत (Axiom) के लिए निम्नलिखित में से कौन-सा सर्वाधिक उचित है?

(1) अभिगृहीत कथन बीजीय सर्वासमिकाओं से संबंधित कथन होते हैं
(2) अभिगृहीत गणित के ऐसे तथ्य होते हैं जिन्हें सिद्ध या असिद्ध नहीं किया जा सकता है
(3) अभिगृहीत साध्य हैं जो प्रमेय के समान होते हैं
(4) अभिगृहीत केवल परिभाषाएँ होती हैं

MATHS

MATHS

Ans : (2)

अभिगृहीत (Axiom): गणित के ऐसे तथ्य जिसे बिना किसी प्रमाण (Proof) के सत्य मान लिया जाता है। 'अभिगृहीत' कहलाते हैं।

[अर्थात् अभिगृहीत स्वयं को स्व प्रमाणित रूप में प्रस्तुत करते हैं।

ये सार्वभौमिक [universal] रुप से स्वीकृत और सामान्य सत्य हैं।

[इन्हें सत्य साबित करने के लिए प्रमाण की आवश्यकता नहीं होती है।]

[अतः गणित के ऐसे तथ्य जिन्हें सिद्ध या असिद्ध नहीं किया या सकता है 'अभिगृहीत' कहलाते हैं।]

399. Mr. Paramjit is teaching Geometry to his students at upper primary level. Which of the following methods is used most commonly in mathematics classrooms for geometrical proofs.

(1) Deductive method
(2) Inductive method
(3) Proof by contradiction
(4) Proof by counter example

श्रीमान परमजीत उच्च माध्यमिक स्तर के अपने विद्यार्थियों को ज्यामिति पढ़ा रहे हैं। ज्यामिति उपपत्ति के लिए निम्न में से कौन-सी विधि गणित की उच्च प्राथमिक कक्षाओं में सामान्यतः उपयोग की जाती है?

(1) निगमनिक विधि
(2) आगमनिक विधि
(3) विरोध से उपपत्ति
(4) प्रत्युदाहरण से उपपत्ति

Ans : (1)

गाणित की प्रकृति आगमनात्मक [inductive] तथा निगमनात्मक [deductive] दोनों है। छोटी कक्षाओं में गणित पढ़ाने के लिए शिक्षक आगमन विधि का प्रयोग कर सकते हैं। [जैसे:- Area पढ़ाने के लिए 'बालक को पत्ती [Leaves] आदि द्वारा पढ़ाया जाता है।

किन्तु उच्च प्राथमिक कक्षाओं में गणित (ज्यामिति / geometry) पढ़ाने के लिए शिक्षक निगमन विधि का प्रयोग करते हैं। [अर्थात् छात्रों को सर्वप्रथम Formula (नियम) बताए जाते हैं। तत्पश्चात् उस पर आधारित Questions कराए जाते हैं।

400. Which of the following statements is indicative of 'Mathematisation of the child's thought process'?

(1) Procedure and Drill of problems with mathematics implies mathematisation of child's thought process.
(2) Mathematics Education should focus on knowing how to mathematize rather than on knowing a lot of mathematics.
(3) Studying mathematics upto class XII would lead to mathematisation of child's mind.
(4) Participating in Olympiads would lead to mathematisation of child's mind.

निम्नलिखित कथनों में से कौन-सा बच्चे की विचार प्रक्रिया का गणितीयकरण' का संकेत देता है?

(1) गणित की समस्याओं के अभ्यास और ड्रिल में बच्चे की विचार प्रक्रिया का गणितीयकरण समाविष्ट है।
(2) गणित की शिक्षा बहुत सारी गणित जानने के बजाय यह जानने पर केन्द्रित होनी चाहिए कि गणितीयकरण कैसे किया जाए।
(3) कक्षा 12 तक गणित को पढ़ना, बच्चे के मस्तिष्क का गणितीयकरण कर देगा।
(4) ओलंपियाड में भाग लेना बच्चे के मस्तिष्क का गणितीयकरण कर देगा।

Ans : (2)

बच्चे की विचार प्रक्रिया के गणितीयकरण [mathematization] से तात्पर्य - गणित में विकसित की गई अवधारणाओं प्रक्रियाओं और ज्ञान को अपने व्यवहारिक जीवन [Real life] से Connect कर पाना।

बच्चों में सोचने समझने तथा तर्क करने की शक्ति का विकास करना।

[अत: गणित की शिक्षा बहुत सारी गणित जानने की बजाय यह जानने पर केंद्रित होनी चाहिए कि गणितीयकरण कैसे किया जाय।

401. Which of the following is NOT an advantage of 'Analytical rubrics'?

(1) It gives diagnostic information to teacher
(2) It gives formative feedback to students
(3) It is good tool for summative assessment
(4) It is easier to link to instructions than to holistic rubrics.

निम्नलिखित में से कौन-सा विश्लेषणात्मक रूब्रिक का लाभ नहीं है?

(1) यह शिक्षक को नैदानिक जानकारी देता है।
(2) यह छात्रों को रचनात्मक प्रतिपुष्टि देता है।
(3) यह योगात्मक मूल्यांकन के लिए अच्छा साधन है।
(4) समग्र रूब्रिक की तुलना में निर्देश से जुड़ना आसान है।

Ans : (3)

रुब्रिक्स - रुब्रिक्स मूल्यांकन [evaluation] करने का एक उपकरण [tool] है। इसके अंतर्गत बालक के अधिगम संबंधी लिखित या मौखिक सभी प्रकार के Achievement को रखा जाता है।

यह शिक्षक को नैदानिक [diagnostic] जानकारी देता है।

छात्रों को रचनात्मक प्रतिपुष्टि [constructive feedback] देता है।

समग्र रुब्रिक की तुलना में निर्देश से जुड़ना आसान है।

यह योगात्मक मूल्यांकन के लिए अच्छा साधन है। [यह कथन गलत है] क्योंकि रुब्रिक्स को रचनात्मक आकलन के अंतर्गत रखा जाता है।

402. Which of the following statements is correct regarding children coming to school as first-generation learners from background of daily wagers?

(1) They need not learn higher mathematics as they may never need it
(2) They may not be able to learn middle school math as they don't have the skills for it
(3) The only way to teach them mathematics is drill them into learning /memorizing multiplication tables and formulae
(4) They may have rich understanding and mathematical skills of computation and conversion from their lived experiences

गणित के संदर्भ में श्रमिक वर्ग के पहली पीढ़ी के शिक्षार्थियों के लिए निम्नलिखित में से कौन-सा कथन सही है?

(1) उन्हें उच्च स्तर के गणित सीखने की आवश्यकता नहीं क्योंकि उन्हें उसकी कभी ज़रूरत नहीं पड़ेगी
(2) वे मिडिल स्कूली गणित सीखने में सक्षम नहीं होंगे क्योंकि उनके पास इसके लिए कौशल नहीं है
(3) उन्हें गणित पढ़ाने का एक मात्र तरीका सूत्र और पहाड़े रटवाना है
(4) उनके पास अपने जीवनानुभवों और परिस्थितियों से मिले अनुभव की वजह से गणित की स्वाभाविक समझ, इकाइयों के रूपांतरण का कौशल और गणना कौशल हो सकता है

Ans : (4)

श्रमिक वर्ग के पहली पीढी के शिक्षार्थी से तात्पर्य - ऐसे शिक्षार्थी से है जो अपने परिवार में पहली बार विद्यालय जाते हैं। ऐसे शिक्षार्थी अपने जीवनानुभव [life experience] और परिस्थतियों [circumstances] से मिले अनुभव की वजह से गणित में स्वाभाविक समझ विकसित कर सकते हैं।

ऐसे बच्चों को गणित पढ़ाने के लिए उनके दैनिक जीवन से जोड़कर सिखाना चाहिए।

अनौपचारिक तरीकों को कक्षा में वैकल्पिक विधि [alternative method] के रूप मे प्रयोग करना चाहिए।

403. Which of the following objects can be most useful for introducing geometrical ideas to elementary school children?

(1) Tangram
(2) Rubrics cube
(3) Dienes blocks
(4) Hanoi Towers model

निम्नलिखित वस्तुओं में से कौन-सी वस्तु प्रारंभिक विद्यालय के विद्यार्थियों को ज्यामितीय विचारों का परिचय देने में शिक्षकों के लिए सर्वाधिक उपयोगी हो सकती है?

(1) टैनग्राम

(2) रूब्रिक्स क्यूब
(3) डीन्स ब्लॉक
(4) हनोई टावर के मॉडल

Ans : (1)

टैनग्राम [Tangram] :- टैनग्राम एक पहेली वाला खेल होता है, जिसमें सात प्रकार की आकृतियों वाले बोर्ड होते हैं। [दो छोटे त्रिभुज, एक मध्यम त्रिभुज और एक दो बडे त्रिभुज, एक वर्ग तथा एक समांतर त्रिभुज होता है।]

बच्चों को उन आकृतियों को जोड़कर नई आकृति बनाने के लिए कहा जाता है।

उससे बच्चों में समस्या - समाधान [problem solving] तथा तर्कशक्ति [reasoning ability] का विकास होता है।

[अत: प्राथमिक कक्षाओं में विद्यार्थियों को ज्यामीतीय [geometry] विचारों का परिचय देने के लिए टैनग्राम सर्वाधिक उपयोगी है।]

404. Which of the following is NOT true for assessment?

(1) Assessment focuses on developing critical thinking and problem-solving skills among students
(2) Assessment helps students engage in the learning process
(3) Assessment provides feedback to teacher to improve their pedagogy
(4) Assessment is just a reflection of student's marks in the report card

निम्नलिखित में से कौन-सा आकलन के संदर्भ में सही नहीं है?

(1) आकलन छात्रों में आलोचनात्मक चिंतन और समस्या समाधान के कौशल के विकास पर बल देता है।
(2) आकलन छात्रों को अधिगम प्रक्रिया में संलग्न रखता है।
(4) आकलन शिक्षकों को उनके शिक्षण में सुधार के लिए प्रतिपुष्टि प्रदान करता है।
(4) आकलन सिर्फ प्रगति-पत्र में छात्रों के अंकों का एक प्रतिबिंब मात्र है।

Ans : (4)

आकलन [Assessment]

- किसी व्यक्ति के बारे में एकत्रित की गयी जानकारी को 'आकलन' कहते हैं।
- आकलन के माध्यम से शिक्षक को बालक की आधिगम संबंधी कमियों, अच्छाइयों के बारे में पता चलता है।
- आकलन छात्रों में आलोचनात्मक चिंतन (Critical thinking) और समस्या समाधान के कौशल के विकास पर बल देता है।
- आकलन छात्रों को अधिगम प्रक्रिया में संग्लन रखता है।
- आकलन शिक्षक एवं शिक्षार्थी दोनों को शिक्षण अधिगम से सुधार के लिए प्रतिपुष्टि प्रदान करता है।

"आकलन का उद्देश्य छात्रों को उत्तीर्ण या अनुत्तीर्ण करना नहीं है।"

[अत: आकलन सिर्फ प्रगति पत्र में छात्रों के अंको का एक प्रगति मात्र है, यह कथन गलत है।]

405. A mathematics teacher records classroom observation either during or after the lesson by writing short notes in a brief narrative style. It is an example of maintaining:

(1) Rubrics
(2) Anecdotal Records
(3) Checklist
(4) Portfolio

एक गणित के अध्यापक संक्षिप्त वर्णनात्मक शैली में लघु टिप्पणी लिखकर, कक्षा के अवलोकन का अभिलेखन पाठ के दौरान या बाद में करते हैं। को संयोजित करने का एक उदाहरण है:

(1) रूबरिक
(2) उपाख्यानात्मक अभिलेखों
(3) जाँच-सूची
(4) पोर्टफोलियो

Ans : (2)

उपाख्यानात्मक अभिलेख [Anecdotal-record]

:- मुल्यांकन [evaluation] करने का एक उपकरण [tool] है।

[उपाख्यानात्मक अभिलेख [anecdotal record] के अंतर्गत किसी विशेष व्यवहार की अनौपचारिक रिपोर्ट के आधार पर 'डेटा' का संग्रह किया जाता है।]

[यह रिपोर्ट अवलोकन के माध्यम से दर्ज की जाती है।]

अतः संक्षिप्त वर्णनात्मक शैली में टिप्पणी लिखकर कक्षा के अवलोकन का अभिलेखन पाठ के दौरान या बाद में करना उपाख्यानात्मक अभिलेख संयोजित [organized] करने का एक उदाहरण है।

406. Which of the following methods / approaches is NOT regarding mathematics teaching?

(1) Analysis-Synthesis
(2) Rote Memorization
(3) Problem solving
(4) Deductive-Inductive

निम्नलिखित में से कौन-सी विधि / उपागम गणित शिक्षण के संबंध में नहीं है?

(1) विश्लेषण – संश्लेषण
(2) रटकर याद करना (रटांत)
(3) समस्या समाधान
(4) निगमनात्मक-आगमनात्मक

Ans : (2)

गणित की प्रकृति तार्किक [logical] है।

गणित की प्रकृति आगमनात्मक [inductive] तथा निगमनात्मक [deductive] है।

गणित की प्रकृति श्रेणीबद्ध [graded] है।

विश्लेषण विधि [analysis method]

संश्लेषण विधि [synthesis method]

समस्या समाधान विधि [problem solving method] आदि गणित शिक्षण के संबंध में सही है।

[किंतु गणित रटकर याद [Rote memorization] गणित के संबंध में सही नहीं है।]

407. Which of the following is the best description of ideas of value based mathematics education?

(1) Mathematics education cannot be value free
(2) Mathematics education is the most valuable
(3) Value based mathematics education acknowledges and incorporates social, cultural and political values in teaching learning processes
(4) In mathematics examination, asking a value based question in the end develops moral values in students

निम्नलिखित में से कौन-सा कथन मूल्य आधारित गणित शिक्षा का सबसे अच्छा वर्णन है?

(1) गणित की शिक्षा मूल्य मुक्त नहीं हो सकती।
(2) गणित शिक्षा सबसे मूल्यवान है।
(3) मूल्य आधारित गणित शिक्षा सामाजिक, सांस्कृतिक और राजनैतिक नैतिकताओं मूल्यों को स्वीकारते हुए शिक्षण-अधिगम प्रक्रिया में इन मूल्यों का समावेश करती है।
(4) गणित के प्रश्न-पत्र में अंत में एक मूल्य आधारित प्रश्न पूछे जाने से छात्रों में नैतिक मूल्यों का विकास होता है।

Ans : (3)

मूल्य आधारित गणित शिक्षा [value-based mathematics education] -

गणित सीखने से तार्किक [logical] और विवेकपूर्ण [Discriminative] सोच विकसित होती है। गणित से समस्याओं को देखने, साक्ष्यों का मूल्याकन [evaluation of evidence] करने और ठोस निर्णय लेने [making sound decisions] में मदद मिलती है।

मूल्य आधारित शिक्षा [value-based education] से तात्पर्य नैतिक चरित्र [moral character] का विकास छात्रों में नवीन व मजबूत [new and strong] करना होता है।

मूल्य आधारित शिक्षा से छात्रों को सकरात्मक सार्वभौमिक मूल्यों [positive universal values] का अनुभव करने और उन्हें जीना सीखने में Help मिलती है।

मूल्य आधारित शिक्षा सामाजिक [social], सांस्कृतिक

MATHS

[cultural] तथा राजनैतिक मूल्यों [political values] को समाहित [contain] करती है।

[अतः मूल्य आधारित शिक्षा सामाजिक, सांस्कृतिक और राजनैतिक नैतिकताओं मूल्यों को स्वीकारते हुए शिक्षण - अधिगम प्रक्रिया में इन मूल्यों का समावेश करती है।]

[Therefore, value based education accepts social, cultural and political moral values and incorporates these values in the teaching-learning process.]

408. According to National Curriculum Framework (2005), which of the following is LEAST effective to enhance mathematics learning in the classroom?

(a) Connecting concepts to real-life situations

(b) Giving frequent tests

(c) Using mathematical games and puzzles

(d) Creating competition amongst learners

Choose the correct option.

(1) (a) and (c)

(2) (b) and (d)

(3) (a), (c) and (d)

(4) Only (c)

राष्ट्रीय पाठ्यचर्या रूपरेखा 2005 के अनुसार, कक्षा में गणित-अधिगम की वृद्धि के लिए निम्नलिखित में से कौन-सा सबसे कम प्रभावी है?

(a) अवधारणाओं को वास्तविक-जीवन की परिस्थितियों से जोड़ना

(b) निरंतर परीक्षाएँ देना

(c) गणितीय खेल और पहेलियों का उपयोग करना

(d) अधिगमकर्ताओं में प्रतिस्पर्धा का सृजन करना।

सही विकल्प का चुनाव कीजिए।

(1) (a) और (c)

(2) (b) और (d)

(3) (a), (c) और (d)

(4) केवल (c)

Ans : (2)

NCF 2005 के कक्षा में गणित अधिगम की वृद्धि के लिए

गणितीय अवधारणाओं को बालक की वास्तविक जीवन [Real life] की परिस्थितियों से Connect करना चाहिए।

कक्षायी ज्ञान को बाहरी गतिविधियों से जोड़ना चाहिए।

गणितीय खेल और पहेलियों [puzzles] का प्रयोग करना चाहिए।

बालक के पूर्व ज्ञान [previous knowledge] के आधार पर नए ज्ञान को जोड़ना चाहिए।

बालक का उसके स्वयं के साथ मूल्यांकन [evaluation] करना चाहिए।

(अर्थात यह देखना चाहिए कि बालक ज्ञान में पहले से कितनी वृद्धि [growth] हुई है।)

[निरंतर परीक्षाएं देना तथा अधिगमकर्ताओं [learners] में प्रतिस्पर्धा [Competition] का सृजन करना [create] गणित शिक्षण में कम प्रभावी है।]

409. In order to incorporate Jean Piaget's framework in teaching of mathematics, a teacher must

(1) initiate group discussions in the class.

(2) focus only on age-specific problem-solving task.

(3) schedule visits to the Community.

(4) give enough manipulatives to work with in order to teach a concept.

गणित के शिक्षण में जीन पियाजे के ढाँचे को शामिल करने के लिए शिक्षक को सम्मिलित करना चाहिए-

(1) कक्षा में समूहों में विचार विमर्श करना

(2) केवल आयु-विशेष समस्या समाधान कार्य

(3) समुदायों में योजनाबद्ध भ्रमण

(4) एक अवधारणा को पढ़ाने के लिए पर्याप्त मात्रा में हस्त कौशल सामग्री से कार्य करना।

Ans : (4)

जीन पियाजे एक रचनावादी मनोवैज्ञानिक

[constructivist psychologist] है।

रचनावाद बालकेंद्रित [Child centred] शिक्षा पर अधिक बल देता है।

रचनावाद 'करके सीखने' पर बल देता है। [Constructivism emphasizes on 'learning by doing'.]

[अर्थात् जहां बालक अपने अनुभवों के आधार पर स्वयं समस्या का समाधान करता है।]

[अतः गणित के शिक्षण में जीन पियाजे के ढांचे [structure] को शामिल करने के लिए शिक्षक को 'एक अवधारणा को पढ़ाने के लिए पर्याप्त मात्रा में हस्तकौशल सामग्री [handicraft material] से कार्य करना चाहिए।]

410. Which of the following tasks is least likely to develop critical thinking in mathematics among students?

(1) Evaluate 72 × 63 in three different ways and compare the results.

(2) Formulate any two situations to represent the equation 7x + 3 = 24.

(3) A student calculated the volume of a right circular cylinder of radius 3.5cm and height 10cm as 38.5cm. Where did she go wrong?

(4) Calculate the volume of a right circular cylinder of radius 3.5cm and height 10cm.

निम्नलिखित में से कौन-से कार्य से छात्रों में गणित में आलोचनात्मक चिंतन को विकसित करने की न्यूनतम संभावना है?

(1) 72 × 63 को तीन विभिन्न तरीकों से हल करो और परिणामों की तुलना करो।

(2) समीकरण $7x + 3 = 24$ को प्रदर्शित करने वाली दो स्थितियों को सूत्रबद्ध करो।

(3) एक छात्रा ने त्रिज्या 3.5 cm और ऊंचाई 10 cm वाले एक लंबवृत्तीय बेलन का आयतन 38.5 cm^3 ज्ञात किया। उसने कहाँ पर गलती की?

(4) त्रिज्या 3.5 cm और ऊँचाई 10 cm वाले एक लंबवृत्तीय बेलन का आयतन ज्ञात करो।

Ans : (4)

छात्रों में 'आलोचनात्मक चिंतन' [Critical thinking] विकसित करने का तात्पर्य है कि छात्र विभिन्न दिशाओं में सोच सके। इसके लिए छात्रों को ऐसे प्रश्न देने चाहिए जिनके उत्तर एक से अधिक हो इससे छात्र विभिन्न दिशाओं में सोचेंगे।

[त्रिज्या [radius] 3.5 CM और ऊंचाई [height] 10CM वाले एक लंबवतीय बेलन [vertical cylinder] का आयतन [volume] ज्ञात करो यह एक 'अभिसारी चिंतन' [Convergent Thinking] वाला प्रश्न है। अर्थात इस प्रश्न में प्रत्येक छात्र बंधे बंधाये उत्तर देंगे। यह छात्रों के सोचने की क्षमता को सीमित करता है, अतः ऐसे प्रश्नों से छात्रों में 'आलोचनात्मक चिंतन' विकसित नहीं किया जा सकता |

411. If $p = \frac{1}{2}x^2y$ and $q=3xy-5x^3y^4$, then $pq + 2x^3y^2$ is equal to:

यदि $p = \frac{1}{2}x^2y$ है तथा $q=3xy-5x^3y^4$, है, तो $pq+2x^3y^2$ बराबर है

(1) $\frac{5}{2}x^5y^5 - \frac{3}{2}x^3y^2$

(2) $\frac{3}{2}x^3y^2 - \frac{5}{2}x^5y^5$

(3) $\frac{7}{2}x^3y^2 - \frac{5}{2}x^5y^5$

(4) $\frac{5}{2}x^5y^5 - \frac{7}{2}x^3y^2$

ANS : (3)

$pq + 2x^3y^2$

Put the values of p and q, we get

$$= \left[\left(\frac{1}{2}x^2y\right) \times (3xy - 5x^3y^4)\right] + 2x^3y^2$$

$$= \left(\frac{3}{2}x^3y^2 - \frac{5}{2}x^5y^5\right) + 2x^3y^2$$

$$= \frac{3}{2}x^3y^2 + 2x^3y^2 \frac{5}{2}x^5y^5$$

$$= \frac{3+4}{2}x^3y^2 - \frac{5}{2}x^5y^5$$

$$= \frac{7}{2}x^3y^2 - \frac{5}{2}x^5y^5$$

So, option (3) is correct answer.

MATHS

412. $(x+2z)^2 - 16x^2$ is equal to :

$(x+2z)^2 - 16x^2$ बराबर है :

(1) (5x+2z) (5x-2z)
(2) (5x+2z) (2z-3x)
(3) (3x+2z) (2z-5x)
(4) (3x+2z) (2z-3x)

ANS : (2)

$(x+2z)^2 - 16x^2$

$= (x+2z)^2 - (4x)^2$ [using $a^2-b^2 = (a+b)(a-b)$]

$= [(x+2z)+4x][(x+2z)-4x]$

$= [x+2z+4x][x+2z-4x]$

$= (5x+2z)(2z-3x)$

So, option (2) is correct answer.

413. The solution of the equation $x+7-\frac{16x}{3}=12-\frac{7x}{2}$ is also the solution of the equation:

समीकरण $x+7-\frac{16x}{3}=12-\frac{7x}{2}$ का हल निम्नलिखित समीकरण का भी हल है:

(1) $2x-10=5$
(2) $5x+4 = -26$
(3) $3x-7 = 25$
(4) $2x+15 = 4$

ANS : (2)

$x+7-\frac{16x}{3}=12-\frac{7x}{2}$

$= x-\frac{16x}{3}+\frac{7x}{2}=12-7$

$= \frac{6x-32x+21x}{6}=5 \quad = \frac{-5x}{6}=5$

$\Rightarrow x = -6$

Thus , the solution of this given equation is $x = -6$.

Taking option (1) , $2x-10=5$

$2x = 5+10 \quad x=\frac{15}{2}$

Taking option (2) , $5x+4 = -26$

$5x = -26 - 4 \quad x=\frac{-30}{5}=-6$

Taking option (3), $3x-7=25$

$3x = 25+7 \quad x=\frac{32}{3}$

Taking option (4), $2x+15=4$

$2x = 4-15 \quad x=\frac{-11}{3}$

Thus , The solution of the equation $x+7-\frac{16x}{3}=12-\frac{7x}{2}$ is also the solution of the equation $5x + 4 = -26$ (समीकरण $x+7-\frac{16x}{3}=12-\frac{7x}{2}$ का हल $5x + 4 = -26$ समीकरण का भी हल है).

So, option (2) is correct answer.

414. A shopkeeper purchased two tables for a total of ₹ 9000 and marked the price of each table at ₹ 5 If he sold each table at a discount of 2%, then his gain or loss in the whole transaction is :

किसी दुकानदार ने दो मेज़ कुल ₹9000 में खरीदीं तथा इनमें से प्रत्येक मेज का मूल्य ₹5000 अंकित किया। यदि वह प्रत्येक मेज को 2% की छूट देकर बेचता है, तो संपूर्ण सौदे में उसका लाभ या हानि है :

(1) हानि ₹400
(2) लाभ ₹400
(3) हानि ₹800
(4) लाभ ₹800

ANS : (4)

Total cost price of two tables (दो मेज़ का कुल मूल्य) = ₹9000

Cost price of 1 table = ₹4500

Marked price of 1 table = ₹5000

Discount % = 2%

$\text{Discount \%} = \frac{Discount}{Marked\ price}\times 100$

$$2 = \frac{Discount}{5000} \times 100$$

$$2 = \frac{Discount}{50}$$

2 × 50 = discount ⇒ ₹100 = discount (छूट)

He gave the discount on 1 table = ₹100

Selling price of 1 table = Marked price – discount = 5000 – 100 = ₹ 4900

Total selling price of two tables (दो मेजों का कुल विक्रय मूल्य) = 4900 + 4900 = ₹ 9800

Here , S.P. > C.P. , then he must have profit

Profit (लाभ) = total S.P. – total C.P.

= 9800 – 9000 = ₹ 800

So, option (4) is the correct answer.

415. If $5x^m + 2x^2 + 3x$ is a binomial, then possible value (s) of m can be :

यदि $5x^m + 2x^2 + 3x$ एक द्विपद है, तो m का/ के संभव मान हो सकता (ते) है/हैं :

(1) केवल 3
(2) केवल 2
(3) केवल 1
(4) (1) और (2) दोनों

ANS : (4)

If $5x^m + 2x^2 + 3x$ is a binomial, then the possible values of 'm' can be 1 and 2 because the powers of the variables are 1 and 2 in this given binomial term (यदि $5x^m + 2x^2 + 3x$ एक द्विपद है, तो 'm' के संभावित मान 1 और 2 हो सकते हैं क्योंकि दिए गए द्विपद पद में चर की घात 1 और 2 हैं)।

So that $5x^m$ can be added to the other terms, their variable should be same (ताकि अन्य पदों में $5x^m$ जोड़ा जा सके, उनका चर समान होना चाहिए).

So, option (4) is the correct answer.

416. If PQRS is a rhombus in which ∠PSR = 70°, then 2∠PQR +3 ∠SPR is equal to :

PQRS एक समचतुर्भुज है, जिसमें ∠PSR = 70° है। तब, 2∠PQR + 3∠SPR बराबर है

(1) 325°
(2) 305°
(3) 320°
(4) 315°

ANS : (2)

PQRS is a rhombus (समचतुर्भुज),

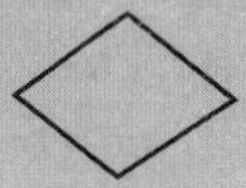

∠PSR = 70°

∠PQR = ∠PSR [opposite angles of rhombus are equal]

∠PQR = 70°

As we know that , Adjacent angles of rhombus are supplementary,

∠PQR + ∠QPS = 180° ⇒ 70° + ∠QPS = 180°

⇒ ∠QPS = 180° - 70

∠QPS = 110°

Diagonals of rhombus bisect each other at right angle (i.e., ∠POQ = ∠QOR = ∠ROS = ∠SOP = 90°

$$\angle SPR = \frac{\angle QPS}{2} = \frac{110}{2} = 55^\circ$$

Now , 2∠PQR + 3∠SPR = 2(70) + 3(55) = 140 + 165 = 305°

So, option (2) is correct answer.

417. Which of the following figures has linear symmetry but no rotational symmetry?

(1) Circle
(2) Rhombus
(3) Rectangle
(4) Kite

निम्नलिखित में से किस आकृति में रैखिक सममिति है परंतु कोई घूर्णन सममिति नहीं है ?

(1) वृत्त
(2) समचतुर्भुज

MATHS

MATHS

(3) आयत
(4) पतंग

ANS : (4)

Kite has 1 linear symmetry but no rotational symmetry (पतंग में 1 रेखीय समरूपता है लेकिन कोई घूर्णी समरूपता नहीं है) .

So, option (4) is correct answer.

418. The two interior opposite angles corresponding to an exterior angle 140° of a triangle are 60° and x. Then, value of $3x+20°$ is:

किसी त्रिभुज के एक बहिष्कोण 140° के संगत दो अभिमुख अंतः कोण 60° और x हैं। तब, $3x + 20°$ का मान है:

(1) 200°
(2) 230°
(3) 240°
(4) 260°

ANS : (4)

Using Exterior angle property ,

(sum of two interior angles is equal to one exterior angle)

$60° + x = 140°$

$x = 140° - 60°$

$x = 80°$

Now, $3x + 20 = 3(80°) + 20°$

$= 240° + 20° = 260°$

So, option (4) is correct answer.

419. Two corresponding angles formed by the intersection of two parallel lines by a transversal are x and 70°. Then, the value of $4x$ - 30° is:

दो समांतर रेखाओं को एक तिर्यक रेखा द्वारा प्रतिच्छेद करने से बने दो संगत कोण x और 70° हैं। तब, $4x$ - 30° का मान है :

(1) 440°
(2) 410°
(3) 280°
(4) 250°

ANS : (4)

Two corresponding angles formed by the intersection of two parallel lines by a transversal are always equal (एक तिर्यक रेखा द्वारा दो समांतर रेखाओं के प्रतिच्छेदन से बने दो संगत कोण हमेशा बराबर होते हैं).

It means , $x = 70°$

Now , $4x - 30° = 4(70) - 30$

$= 280° - 30° = 250°$

So, option (4) is correct answer.

420. Points P and S lie on the same side of line segment QR such that PQ=SR and PR=SQ. Then, which of the following is true?

बिंदु P और S रेखाखंड QR के एक ही ओर इस प्रकार स्थित हैं कि PQ = SR और PR = SQ है। तब, निम्नलिखित में से कौन-सा सत्य है ?

(1) $\triangle PQR \cong \triangle SQR$
(2) $\triangle PQR \cong \triangle SRQ$
(3) $\triangle PQR \cong \triangle RQS$
(4) $\triangle PQR \cong \triangle QRS$

ANS : (2)

P and S lie on the same side of line segment QR, PQ = SR and PR = SQ

According to this , point P is corresponding to S , R is corresponding to Q.

So, $\triangle PQR \cong \triangle SRQ$

Option (2) is correct answer.

421. The cost of fencing a circular field at the rate of ₹5 per meter is ₹ 440. Then, the area of the field (in m²) is Use $\pi = \frac{22}{7}$

किसी वृत्ताकार खेत पर ₹5 प्रति मीटर की दर से

बाड़ लगाने की लागत ₹440 है। तब उस खेत का क्षेत्रफल : (m^2 में) है ($\pi = \frac{22}{7}$ लीजिए)

(1) 308
(2) 616
(3) 924
(4) 1232

ANS : (2)

Total cost of fencing of circular field (वृत्ताकार क्षेत्र की बाड़ लगाने की कुल लागत) = ₹ 440

Cost of I m of fencing of circular field = ₹5

Circumference of circular field (वृत्ताकार क्षेत्र की परिधि) = $\frac{\text{Total cost of fencing}}{\text{Cost of I m of fencing}}$

$$= \frac{440}{5} = 88m$$

Circumference of circular field = $2\pi r$

$$88 = 2 \times \frac{22}{7} \times r$$

$$\frac{88 \times 7}{2 \times 22} \times r$$

$$14\ m = r$$

Area of circular field (खेत का क्षेत्रफल) = πr^2

$$= \frac{22}{7} \times 14 \times 14 = 616\text{m}^2$$

So, option (2) is correct answer.

422. The area of a square is equal to the area of a rectangle of length 18 cm. If the length of the diagonal of the square is 12 cm, then the perimeter of the rectangle is :

किसी वर्ग का क्षेत्रफल 18 cm लंबाई वाले एक आयत के क्षेत्रफल के बराबर है। यदि इस वर्ग के विकर्ण की लंबाई 12 cm है, तो आयत का परिमाप है :

(1) 88 cm
(2) 66 cm
(3) 44 cm
(4) 22 cm

ANS : (3)

Length of rectangle (आयत की लंबाई) = 18 cm

Diagonal of square (वर्ग का विकर्ण) = 12 cm

Area of square = Area of rectangle

$$\frac{1}{2} \times (diagonal)^2 = l \times b$$

$$\frac{1}{2} \times (12)^2 = 18 \times b$$

$$= \frac{144}{2} = 18 \times b$$

$$= \frac{72}{18} = b \qquad \Rightarrow 4\text{ cm} = \text{b}$$

Now, Perimeter of the rectangle (आयत का परिमाप) = 2 × (l+b)

= 2 × (18+4)

= 2 × 22 = 44cm

So, option (3) is correct answer.

423. If the surface area of a cube is 1176 , then the volume of the cube is :

यदि किसी घन का पृष्ठीय क्षेत्रफल 1176 है, तो उस घन का आयतन है

(1) 2744 m^3
(2) 2644 m^3
(3) 2474 m^3
(4) 2464 m^3

ANS : (1)

Surface area of a cube (घन का पृष्ठीय क्षेत्रफल) = 1176 m^3

Surface area of cube = 6 × $(side)^2$

$$1176 = 6 \times (side)^2$$

$$\Rightarrow \frac{1176}{6} = (side)^2 = \sqrt{196} = side$$

$\Rightarrow 14m = side$

Now, Volume of cube (घन का आयतन) = $(side)^3 = (14)^3 = 2744\ m^3$

SO, option (1) is correct answer.

MATHS

424. A box contains some slips on which numbers 15, 16, 17, ..., 49, 50, 51 are written (one number on one slip). A slip is taken out from the box at random. What is the probability that the selected slip bears a number divisible by 2 or 3 ?

किसी डिब्बे में कुछ पर्चियाँ रखी हुई हैं, जिन पर संख्याएँ 15, 16, 17......., 49, 50, 51 लिखी हुई हैं। (एक पर्ची पर एक संख्या) इस डिब्बे में से एक पर्ची यादृच्छिक रूप से निकाली जाती है। चुनी हुई पर्ची पर 2 या 3 से विभाज्य संख्या अंकित होने की प्रायिकता क्या है ?

(1) $\frac{24}{36}$

(2) $\frac{25}{36}$

(3) $\frac{24}{37}$

(4) $\frac{25}{37}$

ANS : (4)

Numbers divisible by 2 or 3 = 15, 16, 18, 20, 21, 22, 24, 26, 27, 28, 30, 32, 33, 34, 36, 38, 39, 40, 42, 44, 45, 46, 48, 50, 51

Total number of slips in box = 37

Probability of getting a slip bears a number divisible by 2 or 3 (एक पर्ची मिलने की प्रायिकता 2 या 3 से विभाज्य संख्या होती है)

$= \dfrac{\textit{number divisible by 2 or 3}}{\textit{total number of slips}} = \dfrac{25}{37}$

So, option (4) is correct answer.

425. The mean of the range and the median of the observations 13, 21, 17, 12, 15, 19, 19, 12, 20, 25 and 17 is :

प्रेक्षणों 13, 21, 17, 12, 15, 19, 19, 12, 20, 25 और 17 के परिसर और माध्यक का माध्य है

(1) 15

(2) 16

(3) 15.5

(4) 16.5

ANS : (1)

Arrange the given numbers in ascending order,

12, 12, 13, 15, 17, 17, 19, 19, 20, 21, 25

Number of terms (n) = 11 (odd)

Median (माध्यक) $= \left(\frac{n+1}{2}\right)^{th}$ *term*

$= \left(\frac{11+1}{2}\right)^{th}$ *term* $= = \left(\frac{12}{2}\right)^{th}$ *term* $= 6^{th}$ *term*

Range (परिसर) = Highest value – Lowest value

= 25 – 12 = 13

Mean (माध्य)

$= \dfrac{Median + Range}{2} = \dfrac{17+13}{2} = \dfrac{30}{2} = 15$

So, option (1) is correct answer.

426. If $\left(\frac{3}{5}\right)^{3p-2} = \left(\frac{9}{25}\right)^{8} \times \left(\frac{3}{5}\right)^{-3}$ then the value of 2p+1 is:

यदि $\left(\frac{3}{5}\right)^{3p-2} = \left(\frac{9}{25}\right)^{8} \times \left(\frac{3}{5}\right)^{-3}$ है, तो 2p+1 का मान है

(1) 10

(2) 11

(3) 14

(4) 15

ANS : (2)

$\left(\frac{3}{5}\right)^{3p-2} = \left(\frac{9}{25}\right)^{8} \times \left(\frac{3}{5}\right)^{-3}$

$\left(\frac{3}{5}\right)^{3p-2} = \left[\left(\frac{3}{5}\right)^{2}\right]^{8} \times \left(\frac{5}{3}\right)^{3}$

$\left(\frac{3}{5}\right)^{3p-2} = \left(\frac{3}{5}\right)^{16} \times \left(\frac{5}{3}\right)^{3}$

$\left(\frac{3}{5}\right)^{3p-2} = \frac{3^{16}\times 5^3}{5^{16}\times 3^3} = \left(\frac{3}{5}\right)^{3p-2} = \frac{3^{16-3}}{5^{16-3}}$

$\left(\frac{3}{5}\right)^{3p-2} = \frac{3^{13}}{5^{13}} = \left(\frac{3}{5}\right)^{3p-2} = \left(\frac{3}{5}\right)^{13}$

On comparing both sides,

3p – 2 = 13 ⇒ 3p = 13 + 2 ⇒ 3p = 15

⇒ p = 5

Now, 2p + 1 = 2(5) + 1= 10 + 1 = 11

So, option (2) is correct answer.

427. Four different bells ring at intervals of 6 seconds, 8 seconds, 12 seconds and 18 seconds, respectively. If these bells ring together at 9:00 am, then at what time will they ring together again?

चार भिन्न-भिन्न घंटियाँ क्रमशः 6 सेकण्ड 8 सेकण्ड 12 सेकण्ड और 18 सेकण्ड के अंतरालों पर बजती हैं। यदि ये घंटियाँ एक साथ 9:00 am पर बजती हैं, तो वे पुनः एक साथ किस समय पर बजेंगी ?

(1) 9:00:48 am
(2) 9:01:12 am
(3) 9:01:24 am
(4) 9:02:06 am

ANS : (2)

Four different bells ring at intervals of 6 seconds, 8 seconds, 12 seconds and 18 seconds, respectively (चार भिन्न भिन्न घंटियों क्रमशः 6 सेकण्ड 8 सेकण्ड 12 सेकण्ड और 18 सेकण्ड के अंतरालों पर बजती हैं।).

2	6, 8, 12, 18
2	3, 4, 6, 9
2	3, 2, 3, 9
3	3, 1, 3, 9
3	1, 1, 1, 3
	1, 1, 1, 1

LCM of 6, 8, 12 and 18 = 2×2×2×3×3= 72

The minimum time at which all four bells ring = 72seconds = 1 minute 12 seconds

If these bells ring together at 9:00 am, then at 9:01:12 am they will ring together again.

यदि ये घंटियाँ सुबह 9:00 बजे एक साथ बजती हैं, तो 9:01:12 बजे फिर से एक साथ बजेंगी।

So, option (2) is correct answer.

428. The value of $4\frac{2}{7}+3\frac{11}{13}+\frac{5}{9}$ is:

$4\frac{2}{7}+3\frac{11}{13}+\frac{5}{9}$ **का मान है**

(1) $8\frac{463}{819}$

(2) $7\frac{563}{819}$

(3) $7\frac{463}{819}$

(4) $8\frac{563}{819}$

ANS : (4)

$4\frac{2}{7}+3\frac{11}{13}+\frac{5}{9} = = \frac{30}{7}+\frac{50}{13}+\frac{5}{9}$

$= \frac{390+350}{91}+\frac{5}{9} = \frac{740}{91}+\frac{5}{9}$

$= \frac{6660+455}{819} = \frac{7115}{9} = 8\frac{563}{819}$

So, option (4) is correct answer.

429. If

BA
× 6
A 7 8

where A and B are digits, then:

(1) A=8, B=4
(2) A=3, B=6
(3) A=3, B=7

MATHS

MATHS

(4) A=8, B=6

यदि

BA

× 6

A78

है, जहाँ A और B अंक हैं, तो

(1) A=8, B=4

(2) A=3, B=6

(3) A=3, B=7

(4) A=8, B=6

ANS : (2)

63
× 6
378

Thus, the value of A =3 and B = 6

So, option (2) is correct answer.

430. Which digit will come at the ones place in the expression (21467+31250+14205+60596) ?

व्यंजक (21467+31250 + 14205+ 60596) में इकाई का अंक क्या होगा ?

(1) 4

(2) 8

(3) 2

(4) 6

ANS : (2)

(21467+31250+14205+60596)

Sum of the digits at unit place = 7+0+5+6=18

Thus, the digit at ones place (इकाई का अंक) = 8

So, option (2) is correct answer.

431. If 0.25 (4y-3)=0.05(10y - 9), then the value (7y-5) is:

यदि 0.25 (4y - 3) = 0.05 (10y - 9) है, तो (75) का मान हैं

(1) 1.2

(2) -1.2

(3) 0.8

(4) -0.8

ANS : (4)

0.25 (4y - 3) = 0.05 (10y - 9)

$\Rightarrow y - 0.75 = 0.5y - 0.45$

$\Rightarrow y - 0.5y = 0.75 - 0.45$

$\Rightarrow 0.5y = 0.30$

$\Rightarrow y = 0.6$

Now, $7y - 5 = 7(0.6) - 5$

$= 4.2 - 5 = -0.8$

So, option (4) is correct answer.

432. $\frac{2x^2 - xy - 3y^2 + yz + zx}{x^2 - y^2}$ **is equal to :**

$\frac{2x^2 - xy - 3y^2 + yz + zx}{x^2 - y^2}$ **बराबर है**

(1) (x-y)(2x-3y+2)

(2) $\frac{2x - 3y + z}{x - y}$

(3) $\frac{2x + 3y - z}{x + y}$

(4) (x)(2x+3y-z)

ANS : (2)

$$\frac{2x^2 - xy - 3y^2 + yz + zx}{x^2 - y^2}$$

$$\frac{2x^2 + 2xy - 3xy - 3y^2 + z(x+y)}{(x-y)(x+y)}$$

$$\frac{2x(x+y) - 3y(x+y) + z(x+y)}{(x-y)(x+y)}$$

$$\frac{(x+y)(2x-3y+z)}{(x-y)(x+y)} = \frac{(2x-3y+z)}{(x-y)}$$

So, option (2) is correct answer.

433. The simple interest on a certain sum for $2\frac{1}{2}$ years at 12% per annum is ₹600 less than the simple interest on the same sum for $4\frac{1}{2}$ years at 8% per annum. Then, the sum is:

किसी धनराशि पर 12% वार्षिक की दर से $2\frac{1}{2}$ वर्ष का साधारण ब्याज उसी धनराशि पर 8% वार्षिक की दर से $4\frac{1}{2}$ वर्ष के साधारण ब्याज से ₹600 कम है। वह धनराशि है

(1) 20,000
(2) 16,000
(3) 10,000
(4) 8,000

ANS : (3)

Case I :

Rate (R) = 12% , Time (T) = $2\frac{1}{2}$ *years*

$= \frac{5}{2}$ *years*

Simple interest (S.I.) = t

$$= = \frac{P\times12\times5}{2\times100} = \frac{P\times3}{10} = \frac{3P}{10}$$

Case II:

Rate (R) = 8% , Time (T) = $4\frac{1}{2}$ *years*

$= \frac{9}{2}$ *years*

Simple interest (S.I.) = $\frac{P\times R\times T}{100}$

$$= \frac{P\times8\times9}{2\times100} = \frac{P\times9}{25} = \frac{9P}{2}$$

S.I. of case I = S.I. of case II – 600

$$\Rightarrow \frac{3P}{10} - \frac{9P}{25} - 600$$

$$\Rightarrow \frac{75P-90P}{250} = -600 \quad \Rightarrow \frac{75P-90P}{250} = -600$$

$$\Rightarrow \frac{-15P}{250} = -600 \Rightarrow \frac{3P}{50} = 600$$

$$P = \frac{600\times50}{3} = 10000$$

So, option (3) is correct answer.

434. If $x^2+y^2 = 106$ and x-y, then the value of $\frac{1}{x}-\frac{1}{y}$ is:

यदि $x^2+y^2 = 106$ हैं तथा x-y, हैं, तो $\frac{1}{x}-\frac{1}{y}$, का मान है

(1) $\frac{16}{45}$

(2) $-\frac{16}{45}$

(3) $\frac{4}{45}$

(4) $-\frac{4}{45}$

ANS : (4)

It is given that, $x - y = 4$

Squaring both sides, $(x-y)^2 = (4)^2$

$x^2 + y^2 - 2xy = 16 \Rightarrow 106 - 2xy = 16$

$\Rightarrow 2xy = 106 - 16$

$2xy = 90 \quad xy = 45$

Now, $\frac{1}{x} - \frac{1}{y} = \frac{y-x}{xy} = \frac{-(x-y)}{xy} = \frac{-4}{45}$

435. The value of the expression $\frac{1}{4}+\frac{\left(\frac{1}{5}+\frac{1}{7}\right)\times50}{1-\frac{2}{7}}$ is equal to :

व्यंजक $\frac{1}{4}+\frac{\left(\frac{1}{5}+\frac{1}{7}\right)\times50}{1-\frac{2}{7}}$ मान बराबर है :

(1) $\frac{63}{4}$

(2) $\frac{97}{4}$

(3) $\frac{15}{7}$

(4) $\frac{85}{7}$

ANS : (2)

MATHS

$\frac{1}{4}+\frac{\left(\frac{1}{5}+\frac{1}{7}\right)\times 50}{1-\frac{2}{7}}$

$=\frac{1}{4}+\frac{\left(\frac{12}{35}\right)\times 50}{\left(\frac{5}{7}\right)}$

$=\frac{1}{4}+24=\frac{97}{4}$

Option (2) is correct answer.

436. The value of the algebraic expression $(a^2 - b^2 a)^2 + 2a^3 b^2$ is:

बिजिय व्यंजक $(a^2 - b^2 a)^2 + 2a^3 b^2$ का मान है

(1) $a^4 b^2 + a^3 b$
(2) $a^2b^2 + a^3b^2$
(3) $a^2 + b^4$
(4) $a^4 + b^4a^2$

ANS : (4)

$(a^2 - b^2a)^2 + 2a^3 b^2$

$=a^4+b^4a^2 - 2a^3b^2 + 2a^3b^2 = a^4 + b^4a^2$

[using, $(a-b)^2 = a^2 + b^2 +2ab$]

437. The value of the algebraic expression $(4mn + 3n)^2 - (4mn-3n)^2$ is:

बिजिय व्यंजक $(4mn + 3n)^2 - (4mn-3n)^2$ का मान है :

(1) $54\ m^3n$
(2) $92\ m^2n^2$
(3) $16\ m^2n$
(4) $48\ mn^2$

ANS : (4)

$= (4mn+3n)^2 - (4mn-3n)^2$ [using $a^2-b^2=(a-b)(a+b)$]

$= [4mn+3n - (4mn-3n)]\ [4mn+3n + 4mn-3n]$

$= [4mn+3n - 4mn+3n]\ [4mn+3n + 4mn-3n]$

$= 6n \times 8mn$

$= 48mn^2$

Option (4) is correct answer.

438. A mixture of three elements A, B and C has A, B and C in the ratio 5:6:9, respectively. Then, the percentage of element B in the given mixture is :

अवयवों A, B और C के एक मिश्रण में A, B और C क्रमश: 5: 6:9 के अनुपात में हैं। तब इस मिश्रण में अवयव B का प्रतिशत है :

(1) 40
(2) 30
(3) 55
(4) 11

ANS : (2)

A:B:C = 5:6:9

Total part 5+6+9 =20

Percentage of element B = (इस मिश्रण में अवयव B का प्रतिशत) $=\frac{6}{20}\times 100\% = 30$

Option (2) is correct answer.

439. Anil, Bhavna and Charu divided a total of 900 stamps among themselves in the ratio 6:5:4, respectively. Then, the differences between the number of stamps of Anil and Bhavna is:

अनिल, भावना और चारु ने कुल 900 टिकटों को आपस में क्रमश: 6:5:4 के अनुपात में बाँट लिया। अनिल और भावना को प्राप्त होने वाले टिकटों की संख्याओं का अंतर है :

(1) 55
(2) 60
(3) 45
(4) 38

ANS : (2)

Anil : Bhavna : Charu = A:B:C = 6:5:4

Total part = 6+5+4 = 15

Total no. of stamps = 900

No. of stamp anil have $= \frac{6}{15} \times 900 = 360$

No. of stamp Bhavna have $= \frac{5}{15} \times 900 = 300$

Difference (अनिल और भावना को प्राप्त होने वाले टिकटों की संख्याओं का अंतर) = 360-300 = 60

Option (2) is correct answer.

440. The coefficient of x^2 in the product of $(2x^2-5x+4)$ and (x^2+7x-8) is:

$(2x^2 - 5x + 4)$ और $(x^2 + 7x - 8)$ के गुणनफल में x^2 का गुणांक है:

(1) 68

(2) -47

(3) -68

(4) 47

ANS : (2)

$(2x^2 - 5x + 4)(x^2 + 7x - 8)$

$= 2x^4 - 14x^3 - 16x^2 - 5x^3 - 35x^2 + 40x + 4x^2 + 28x - 32$

$= 2x^4 - 19x^3 - 47x^2 + 68x - 32$

So, Coefficient of x^2 (x^2 का गुणांक) = -47

Option (2) is correct answer.

441. Which of the following is NOT true about a mathematical theorem?

(1) They are generalized statements of truth about certain mathematical facts.

(2) They can be proved mathematically.

(3) There is only one way to prove any theorem.

(4) Unproved theorems are called conjectures.

निम्नलिखित में से कौन-सा गणितीय प्रमेय के संदर्भ में सही नहीं है?

(1) ये कुछ निश्चित गणितीय तथ्यों के बारे में सत्यता के सामान्यीकृत कथन हैं।

(2) इन्हें गणितीय रूप से सिद्ध किया जा सकता है।

(3) किसी भी प्रमेय को सिद्ध करने का एकमात्र तरीका होता है।

(4) अप्रामाणित प्रमेयों को कन्जेक्चर कहते हैं।

Ans : (3)

प्रमेय [Theorem]:- ऐसे सिद्धांत जिसे ज्ञात [known] और सिद्ध [proven] तथ्यों के आधार पर सत्य साबित [proved] किया जा सकता है 'प्रमेय' कहलाते हैं।

सभी प्रमेयों में एक गणितीय नियम और कम से कम एक प्रमाण होता है।

ये कुछ निश्चित गणितीय तथ्यों के बारे में सत्यता के सामान्यीकृत [generalized] कथन है। इन्हें गणितीय रुप से सिद्ध किया जा सकता है।

कंजेक्चर [conjecture] - ऐसे सिद्धांत जो जांचने पर सत्य या वास्तविक लगता हो किंतु जिसकी सत्यता पूर्ण रुप से सिद्ध न की जा सकी हैं।

अप्रमाणित प्रमेय कंजेक्चर कहलाते हैं। [Unproven theorems are called conjectures.]

किसी भी प्रमेयों को सिद्ध करने के अनेक तरीके होते हैं।

[अत: प्रमेय को सिद्ध करने का एकमात्र तरीका होता है, यह कथन गलत है]

442. According to contemporary view about students' errors in mathematics, which of the following is no longer valid

(1) They talk about students' low IQ.

(2) They are a part of learning.

(3) They are rich source of information for improving mathematics teaching.

(4) They can guide the teacher in planning her class lessons.

समकालीन दृष्टिकोण के अनुसार निम्नलिखित में से कौन-सा कथन विद्यार्थियों द्वारा गणित में की गई त्रुटियों के बारे में अब मान्य नहीं हैं?

(1) त्रुटियाँ हमें छात्रों की बुद्धि-लब्धि (IQ) के बारे में बताती हैं।

(2) ये अधिगम का हिस्सा हैं

(3) ये जानकारी प्राप्त करने का मूल्यवान स्रोत हैं जिससे गणित शिक्षण को बेहतर बनाया जा सकता है।

(4) ये अध्यापिका का उसकी कक्षाओं के आयोजन में मार्गदर्शन कर सकती हैं।

Ans : (1)

त्रुटियां [errors] अधिगम में स्वाभाविक [natural] होती हैं।

त्रुटियां अधिगम की संकेतक [demonstrative] हैं [अर्थात् यदि कोई बालक गलती कर रहा है इसका तात्पर्य है कि बालक सीख रहा है।]

त्रुटियों के माध्यम से छात्रों के सीखने के तरीके के बारे में पता चलता है।

त्रुटियां जानकारी प्राप्त करने का मूल्यवान स्रोत [source] हैं जिससे गणित शिक्षण को बेहतर बनाया जा सकता है।

त्रुटियां अध्यापिका को उसकी कक्षाओं के आयोजन में मार्गदर्शन [Guidance] कर सकती हैं।

[त्रुटियां हमें छात्रों की बुद्धि लब्धि (IQ) के बारे में बताती है।] यह कथन गलत है।

443. According to National Curriculum Framework (2005), which of the following are considered to make mathematics learning more joyful and interesting?

(1) Using textbooks full of colours and pictures.
(2) Using mnemonic techniques to help students memorize formulae.
(3) Including puzzles, stories and mathematical tricks in everyday lessons.
(4) Using computer-based resources extensively for teaching.

राष्ट्रीय पाठ्यचर्या रूपरेखा (2005) के अनुसार, निम्नलिखित में से किसे गणित शिक्षण को आनंदमयी और रुचिकर बनाने के लिए माना जाता है?

(1) रंगों और चित्रों से भरी पाठ्यपुस्तक का उपयोग करना।
(2) स्मृति-सहायक तकनीकों का उपयोग करके गणित के सूत्रों को रटवाकर याद कराना।
(3) दैनिक पाठ में पहेलियों, कहानियों और गणितीय युक्तियों को सम्मिलित करना।
(4) शिक्षण के लिए कम्प्यूटर पर आधारित साधनों का उपयोग करना।

Ans : (3)

राष्ट्रीय पाठ्यचर्या रुपरेखा [NCF 2005] के अनुसार गणित शिक्षण को रुचिपूर्ण [interesting] और आनंदमयी बनाने के लिए :

- दैनिक पाठ में छात्रों को गणित पढ़ाते समय, कहानियों पहेलियों और गणितीय युक्तियों [mathematical tips] को सम्मिलित [include] करना चाहिए।
- कक्षायी ज्ञान को बाहरी गतिविधियों [outside/ real life activities] से जोड़ना चाहिए।
- छात्रों को गणित उनके व्यवहारिक [practical] जीवन से जोड़कर सिखाना चाहिए।
- प्रत्येक छात्र के मस्तिष्क को व्यस्त रखने के लिए गणित शिक्षा क्या कर सकती है और उसकी आंतरिक शक्ति को किस प्रकार मजबूत कर सकती है। इस पर ध्यान केंद्रित करना चाहिए।
- विद्यालयी शिक्षा को रटंत प्रणाली [rote system] से मुक्त करना चाहिए।

[अतः दैनिक पाठ में पहेलियों, कहानियों और गणितीय युक्तियों को सम्मिलित करना, इस प्रकार की गतिविधि गणित शिक्षण को रुचिकर और प्रभावी बनाने के लिए श्रेष्ठ है।]

444. To find the value of exponential number operation like ax X ay etc, the teacher first writes all the formulae on the black board and then instructs the students to solve many examples based on the formulae. This is an example of -

(1) Inductive method of teaching
(2) Deductive method of teaching
(3) Scientific method of teaching
(4) Child centered method of teaching

घातांकीय संख्याओं का गुणन; जैसे: a^x x a^y करने हेतु, शिक्षक सबसे पहले श्यामपट्ट पर सभी सूत्रों को लिखकर छात्रों को सूत्रों पर आधारित अनेक उदाहरण हल करने के लिए कहता है। इस पद्धति को क्या कहा जा सकता है?

(1) आगमनात्मक विधि
(2) निगमनात्मक विधि
(3) वैज्ञानिक विधि

(4) छात्र केन्द्रित विधि

Ans : (2)

निगमनात्मक विधि [Deductive method] : गणित की प्रकृति 'निगमनात्मक विधि' होती हैं। अर्थात् छात्रों को सर्वप्रथम Formula (नियम) बताये जाते है तत्पश्चात् उस पर आधारित प्रश्न Solve करने के लिए दिया जाता है।

[यह विधि उच्च प्राथमिक कक्षाओं [upper primary classes] में अधिक प्रभावी मानी जाती है।]

[उपर्युक्त प्रश्न में शिक्षक घातांकीय संख्या [exponential number] की गुणन करने के लिए सर्वप्रथम छात्रों को सूत्र लिखवाकर उस पर आधारित उदाहरण solve करने लिए कहता है; शिक्षक यहां निगमनात्मक विधि [Deductive] लागू कर रहे हैं।]

445. In Mathematics GeoGebra is:

(1) An interactive software for teaching geometry, algebra, statistics and calculus
(2) software for geo-board related activities
(3) A software that helps to arrange large amount of data in spreadsheets and is used extensively by researchers
(4) It is a static software used by teachers for demonstrating various formal proofs in geometry and algebra.

गणित में जियोजेब्रा है:

(1) ज्यामिति, बीजगणित, सांख्यिकी और कलन (केलकुलस) के शिक्षण के लिए एक अन्योन्यक्रिया (इन्टरैक्टिव) पर आधारित सॉफ्टवेयर है।
(2) जियोबोर्ड संबंधित गतिविधियाँ करने के लिए एक सॉफ़्टवेयर है।
(3) एक सॉफ्टवेयर जो कि स्प्रेडशीट में बहुत बड़ी मात्रा में आंकड़ों को व्यवस्थित करने में सहायता करता है और इसका विस्तृत रूप से उपयोग शोधकर्ताओं द्वारा किया जाता है।
(4) यह एक स्थिर सॉफ्टवेयर है जो कि ज्यामित और बीजगणित में विभिन्न औपचारिक उपपत्तियों को प्रदर्शित करने के लिए शिक्षकों द्वारा उपयोग किया जाता है।

Ans : (1)

जियोजेब्रा [GeoGebra] :- जियोजेब्रा एक गतिशील गणित सॉफ्टवेयर है।

यह ज्यामिति [geometry], बीजगणित [algebra], स्प्रेडशीट, ग्राफिंग, सांख्यिकी और कलन को एक इंजन में एक साथ लाता है। जियोजेब्रा बीजगणितीय समस्याओं को हल करने में सहजता और प्रवाह बनाने में मदद करेगा, जैसे कि बीजगणितीय अभिव्यक्तियों [expressions] को सरल बनाना था रैखिक समीकरणों [linear equations] को हल करना।

[अतः जियोजेब्रा, ज्यामिति बीजगणित [geometry algebra], सांख्यिकी और कलन [statistics and calculus] शिक्षण के लिए एक अन्योन्यक्रिया (interaction) पर आधारित सॉफ्टवेयर है।]

446. Which of the following is the LEAST effective way of developing algebraic thinking among learners?

(1) Exploring numerical situations, rather than just computing
(2) Encouraging students to make their own generalisations
(3) Solving linear equations in one variable and two variables
(4) Asking the students to decide whether the following conjecture, "If we multiply any whole number by 2, the answer will be an even number" is true or false?

निम्नलिखित में से कौन-सा छात्रों में बीजिय चिंतन को विकसित करने का न्यूनतम प्रभावी तरीका है?

(1) संख्यात्मक परिस्थितियों का अन्वेषण करना बजाय सिर्फ अभिकलन के।
(2) छात्रों को उनके स्वयं के सामान्यीकरण बनाने के लिए प्रोत्साहित करना।
(3) एक चर और द्वि चर वाले रैखिक समीकरणों को हल करना।
(4) छात्रों को यह तय करने को कहना कि निम्नलिखित कन्जेक्चर "अगर हम किसी भी पूर्ण संख्या को 2 से गुणा करें तो उत्तर सम संख्या होगी।" सही है या गलत?

Ans : (3)

MATHS

- बीजिय चिंतन [algebraic thinking] को विकसित करने के छात्रों को संख्यात्मक परिस्थितियों [numerical situations] का अन्वेषण [खोजबीन] करने के लिए कहना चाहिए।
- छात्रों को उनके स्वयं के सामान्यीकरण [generalization] बनाने के लिए कहना चाहिए।
- छात्रों के पूर्व ज्ञान को नये ज्ञान से जोड़कर सिखाया जाना चाहिए।
- शिक्षण अधिगम प्रक्रिया में शिक्षार्थी को सक्रिय रखना चाहिए।
- अर्थात् छात्रों को यह तय करने को कहना कि निम्नलिखित कंजेक्चर "अगर हम किसी भी पूर्ण संख्या को 2 से गुणा करें वो उत्तर सम संख्या होगी।" सही है या गलत ? ऐसे प्रश्नों से छात्र अपने विचारों को Express करेंगे।
- बच्चों को क्रियाशील रखने के ऐसे प्रश्न अत्यधिक महत्वपूर्ण है।

[एक चर [a variable] और द्विचर वाले रैखिक समीकरणों [linear equations in two variables] को हल करना। बीजिय चिंतन [algebraic thinking] को विकसित करने का न्यूनतम प्रभावी तरीका है।]

447. A middle school mathematics teacher poses the following situations to her students:

(a) I doubt that it will rain today.

(b) There is a 50-50 chance of India winning the toss in today's match.

(c) Chances are high that the prices of petrol will go down.

This type of discussion will be helpful to:

(1) Introduce the concept of estimation.
(2) Introduce the concept of probability.
(3) Introduce the concept of Data handling.
(4) Enhance creative thinking in students.

एक मिडिल स्कूल की गणित की अध्यापिका अपने छात्रों के समक्ष निम्नलिखित परिस्थितियाँ रखती है:

(a) मुझे संशय है कि आज बरसात होगी।

(b) आज के मैच में भारत के टॉस जीतने की आधी-आधी (50-50) संभावना है।

(c) इसकी संभावना अधिक है कि पैट्रोल की कीमत कम होगी।

इस तरह की चर्चा सहायक होगी:

(1) अनुमान की संकल्पना को प्रस्तुत करने में
(2) प्रायिकता की संकल्पना को प्रस्तुत करने में।
(3) आंकड़ों के प्रबंधन की संकल्पना को प्रस्तुत करने में।
(4) छात्रों में रचनात्मक चिंतन को बढ़ाने में

Ans : (2)

प्रायिकता (Probability) :- किसी घटना के घटित होने की संभावना को प्रायिकता कहते हैं। प्रायिकता गणित की एक शाखा है। इसका इस्तेमाल सांख्यिकी [statistics], विज्ञान जैसे कई क्षेत्रों में किया जाता है।

ऐसी कई जीवन की स्थितियां हैं जिनमें हमें किसी घटना के परिणाम की भविष्यवाणी [Prediction] करनी पड सकती है।

हम किसी घटना के परिणामों के बारे में निश्चित या अनिश्चित [definite or uncertain] हो सकते हैं।

ऐसे मामलों में, हम कह सकते हैं कि इस घटना के घटित होने या न होने की संभावना है।

[अतः उपर्युक्त प्रश्न में शिक्षिका परिस्थितियों को छात्रों के समक्ष प्रस्तुत करके प्रायिकता की संकल्पना को प्रस्तुत करने में मदद कर रही है ।]

448. Which of the following is NOT a characteristic of mathematic lesson planning?

(1) It makes teaching systematic and well organised.
(2) It helps students to develop the habit of undertaking immediate corrective measures.
(3) It helps teacher in developing insights about learning needs and abilities of children.
(4) It helps teachers to learn to foresee and tackle learning difficulties of children.

निम्नलिखित में से कौन-सी गणित पाठ योजना की विशेषता नहीं है?

(1) यह शिक्षण को व्यवस्थित और सुव्यवस्थित बनाता है।

(2) यह छात्रों को तत्काल सुधारात्मक उपाय करने की आदत विकसित करने में मदद करता है।

(3) यह शिक्षकों को बच्चों की सीखने की ज़रूरतों और क्षमताओं के बारे में अंतर्दृष्टि विकसित करने में मदद करता है।

(4) यह शिक्षकों को बच्चों की सीखने की कठिनाइयों का पूर्वाभास करने और उनसे निपटने में मदद करता है।

Ans : (2)

गणित पाठ योजना की विशेषता :-

गणित पाठ योजना शिक्षण को व्यवस्थित और सुव्यवस्थित [orderly and organized] बनाता है।

यह शिक्षकों को बच्चों की सीखने की जरुरतों और क्षमताओं के बारे में अंतर्दृष्टि [insight] विकसित करने में मदद करता है।

यह शिक्षकों को बच्चों के बारे में जानकारी प्राप्त करने में मदद करता है, जिससे शिक्षक छात्रों के अनुकूल शिक्षण प्रक्रिया को बना सके।

यह शिक्षकों को बच्चों की सीखने की कठिनाइयों का पूर्वाभास [premonition] करने और उनसे निपटने में मदद करता है।

[अतः यह छात्रों को तत्काल सुधारात्मक उपाय [corrective measures] करने की आदत विकसित करने में मतत करता है। यह गणित पाठ्योजना की विशेषता नहीं है।]

449. Which among the following is / are the features of an effective mathematics teacher?

a. Should be competent and confident in the subject matter

b. Should be able to provide procedural knowledge to the students so that they can solve the problems

c. Should be able to create a stimulating classroom environment conducive to learning

d. Continues to investigate new mathematical knowledge and effective teaching strategies

(1) a and d

(2) a, b and c

(3) b, c and d

(4) a, c and d

निम्नलिखित में से कौन-सा / से गणित के अध्यापक के प्रभावशाली लक्षण है हैं।

a विषय वस्तु में सक्षम और आत्मविश्वासी होना।

b छात्रों को कार्यविधिक ज्ञान देने में योग्य है, जिससे कि वे प्रश्नों को हल कर सकें।

c कक्षा में उद्दीपन वातावरण को स्थापित करता है जो कि अधिगम के लिए अनुकूल है।

d नए गणितीय ज्ञान और प्रभावकारी अध्ययन योजनाओं का लगातार अनुसंधान करता है।

(1) a और d

(2) a, b और c

(3) b, c और d

(4) a, c और d

Ans : (4)

गणित के अध्यापक के प्रभावशाली लक्षण:-

- शिक्षक को अपने विषय की पूरी समझ होनी चाहिए।
- विषयवस्तु में सक्षम तथा आत्मविश्वासी (Confident) होना चाहिए।
- कक्षा में उद्दीपन [stimulating] वातावरण स्थापित करना चाहिए, जिससे प्रत्येक बालक प्रतिक्रिगा (Response) दे सके।
- शिक्षण कार्य छात्रों के अनुकूल [Friendly] करना चाहिए।
- शिक्षण करते समय बालक के मानसिक स्तर [mental level], रुचि [interest], तथा वैयक्तिक भिन्नता [individual difference] का ध्यान रखना चाहिए।
- नए गणितीय ज्ञान [mathematical knowledge] और प्रभावकारी गणितीय योजनाओं [effective mathematical schemes] का लगातार अनुसंधान [research] करने वाला होना चाहिए।

[छात्रों को कार्यविधिक ज्ञान [procedural knowledge] देना, जिससे वे प्रश्नों को हल कर सके गणित अध्यापक का प्रभावशाली लक्षण [dominant traits] नहीं है।]

450. Which of the following measures of central tendency is affected by the extremely large and extremely small values in the data?

(1) Mean
(2) Harmonic Mean
(3) Median
(4) Mode

निम्नलिखित में से केन्द्रीय प्रवृत्ति का कौन-सा माप, आँकड़ों में अतिदीर्घ एवं अतिलघु मानों से प्रभावित होता है?

(1) माध्य
(2) हरात्मक माध्य
(3) माध्यिका
(4) बहुलक

Ans : (1)

माध्य [Mean]:- संख्याओं के संग्रह [collection of numbers] में औसत [average] या सबसे सामान्य मान है।

गणित में माध्य किसी डेटा / सेट का औसत होता है, जिसे सभी संख्याओं को एक साथ जोड़कर और फिर संख्याओं की संख्या से विभाजित किया जाता है।

माध्य [Mean]:- $\frac{\text{कुल पदों का योग}}{\text{कुल पदों की संख्या}}$

[अतः माध्य' केंद्रीय प्रवृत्ति का ऐसा माप है जो आंकडो में अतिदीर्घ एवं अतिलघु मानों [very long and very short values] से प्रभावित होता है।]

451. Which one of the following practices is NOT suitable for teaching Mathematics at upper primary level?

(1) Using mathematical laboratories
(2) Using Mathematical games and puzzles
(3) Using open ended question
(4) Using only formal algorithms

निम्नलिखित में से कौन-सी विधि उच्च प्राथमिक स्तर पर गणित शिक्षक के लिए उपयुक्त नहीं है?

(1) गणितीय प्रयोगशालाओं का उपयोग
(2) गणितीय खेलों और पहेलियों का उपयोग
(3) अंत मुक्त (विवृतांत) प्रश्नों का उपयोग
(4) औपचारिक कलन विधि का उपयोग

Ans : (4)

गणितीय प्रयोगशाला का प्रयोग गणित शिक्षण के लिए उपयुक्त है, [जिससे छात्र प्रयोगशाला में `स्वयं करके' सीख सकें इससे छात्रों का ज्ञान शीघ्र एवं प्रभावी होता है।]

गणितीय खेलों एवं पहेलियों में बालक की रुचि अधिक होती है अतः इसके माध्यम से छात्रों का Interest कक्षा में बना रहता है; तथा छात्र गणित को 'बिना भार' [without burden] के आसानी से सीखते हैं।

मुक्त अंतवाले प्रश्न [open ended question] गणित शिक्षण के लिए अत्याधिक महत्वपूर्ण होते हैं; इससे छात्रों में तर्क शक्ति [reasoning ability], कल्पना शक्ति [power of imagination] आदि का विकास होता है।

[औपचारिक कलन विधि [formal algorithm] का उपयोग उच्च प्राथमिक स्तर पर गणित शिक्षण के लिए उपयुक्त नहीं है।]

452. Read the following and choose the correct option.

Assertion (A): Various studies in India show that there is a high failure rate of students in mathematics.

Reason (R): As girls do not have mathematical abilities therefore maximum girls fail in mathematics.

(1) Both (A) and (R) are correct but (R) is not the correct reason for (A).
(2) Both (A) and (R) are correct but (R) is the correct reason for (A).
(3) Both (A) and (R) are incorrect.
(4) (A) is correct but (R) is incorrect.

निम्नलिखित को पढ़िए और सही विकल्प को चुनिए।

अभिकथन (A) : भारत में किए गए विविध अध्ययन दर्शाते हैं कि विद्यार्थियों की गणित में असफलता की ऊँची दर है।

कारण (R) : क्योंकि लड़कियों में गणितीय क्षमता नहीं होती है इसलिए गणित में अधिकतम लड़कियाँ असफल होती हैं।

(1) दोनों (A) और (R) सही हैं परन्तु (R), (A) का सही कारण नहीं है।
(2) दोनों (A) और (R) सही हैं और (R), (A) का सही कारण है।
(3) दोनों (A) और (R) गलत हैं।
(4) (A) सही हैं, परन्तु (R) गलत है।

Ans : (4)

भारत में किए गए विविध अध्ययन दर्शाते हैं कि विद्यार्थियों की गणित में असफलता की ऊंची दर है। [अतः छात्रों में गणित के प्रति भय रहता है।]

किंतु लड़कियों में गणितीय क्षमता नहीं होती है इसलिए लड़कियां असफल होती है यह एक सामाजिक लैंगिक रुणिबध्द धारणा [social gender stereotypes] है। [अतः यह कथन गलत है।]

[इस प्रकार कथन सही तथा कारण गलत है।]

453. A middle school Mathematics teacher uses following strategies in her geometry classes.

(i) Using a set of wedges of about 15° to measure variety of angles.

(ii) Overlapping cut outs of various angles to find out angles with equal measures.

(iii) Measuring a straight-line segment using pencils of different lengths.

The pedagogy used by the teacher focuses on

(1) Teaching angle sum property of polygons.
(2) Non-Numerical Comparison of angle sizes
(3) Introducing the concept of line and line segments
(4) Using measurement activities with non-standard units to introduce standard units of measurement later

एक मिडल विद्यालय की गणित की शिक्षिका ने अपनी ज्यामिति कक्षा में निम्न नीतियों का उपयोग किया:

(i) विविध कोणों को मापने के लिए वेज (पच्चड़ों) के समूहों का उपयोग जोकि लगभग 15° के हैं।

(ii) विभिन्न कोणों के कटे हुए टुकड़ों को अतिछादित कर समान माप वाले कोणों को ज्ञात करना।

(iii) एक सीधे रेखाखंड को मापने के लिए अलग अलग लंबाई वाली पेंसिलों का उपयोग करना।

शिक्षिका द्वारा प्रयुक्त शैक्षिक विधि का केंद्र है-

(1) बहुभुजों के कोणों के योग के गुण को पढ़ाना
(2) कोणों के मापों की अ-संख्यात्मक तुलना
(3) रेखाएं और रेखाखंण्डों की अवधारणा का परिचय
(4) अमानक इकाईयों से मापन के क्रियाकलाप करना और उसके बाद मानक इकाईयों से परिचित कराना।

Ans : (4)

गणित शिक्षिका ज्यामितीय अवधारणाएं [geometrical concepts] सिखाने के लिए सर्वप्रथम अमानक इकाइयों [non-standard units] का प्रयोग करना चाहिए तत्पश्चात् मानक इकाईयों [standard units] से परिचित करवाना चाहिए।

[अमानक इकाई से तात्पर्य बालक को अपने दैनिक क्रियाकलाप के द्वारा माप से परिचित करवाना।]

[जैसे: क्षेत्रफल [area] की अवधारणा पढ़ाते समय विभिन्न प्रकार की आकृतियों से तुलना करवाना]

उपर्युक्त प्रश्न में शिक्षिका कोण पढ़ाने के लिए विविध प्रकार के कागज के टुकड़ो का प्रयोग कर रही है तथा माप पढ़ाने के लिए पेंसिल का प्रयोग कर रही है।

अतः इसका तात्पर्य है कि शिक्षिका बच्चों को सर्वप्रथम अमानक इकाइयों का प्रयोग करना सिखाती है तत्पश्चात् मानक इकाइयों से परिचित करवाती है।

454. After the class on 'Ratio and Proportion', Mr Alok, a middle school mathematics teacher, thought of conducting a diagnostic test to assess the student's ability to identify situations of non-proportional thinking. Which of the following questions are most relevant to be included in this test?

(1) Sita and Soha are planting corns in the same farm. Sita plants 4 rows and Soha plants 6 rows. If Sita's corn is ready in 8 weeks, how many weeks it will take for Soha's corn to be ready?

(2) A school orders 3 cartons of milk for every 8 students. If there are 624 students in the school, how many cartons of milk should be ordered?

(3) In a school the ratio of students to teachers is 16:1. If there are 1248 students in a school, find the number of teachers

(4) $4\frac{4}{6}=\frac{x}{15}$ Find x.

'अनुपात और समानुपात' की कक्षा के बाद माध्यमिक विद्यालय के गणित के अध्यापक श्रीमान आलोक ने सोचा कि छात्रों की असमानुपाती सोचने की स्थिति को पहचानने की क्षमता का मूल्यांकन करने के लिए एक निदान परीक्षा का संचालन करना चाहिए। इस प्रकार की परीक्षा में सम्मिलित होने के लिए निम्न में से कौन-सा प्रश्न अत्यंत प्रासांगिक है।

(1) सीता और सोहा एक ही फार्म में मक्का बो रही हैं। सीता ने 4 पंक्तियां और सोहा ने 6 पंक्तियां लगाई। यदि सीता का मक्का 8 सप्ताह में तैयार हो जाता है, तो सोहा का मक्का तैयार होने में कितना समय लगेगा?

(2) एक विद्यालय प्रति 8 छात्रों के लिए दूध के 3 डिब्बों का ऑर्डर करता है। यदि विद्यालय में 624 छात्र हैं, तो कुल कितने डिब्बों का ऑर्डर करना होगा?

(3) एक विद्यालय में छात्रों का अध्यापकों से अनुपात 16:1 है। यदि विद्यालय में 1248 छात्र हैं, तो अध्यापकों की संख्या ज्ञात कीजिए

(4) $4\frac{4}{6}=\frac{x}{15}$ है, तो x ज्ञात कीजिए।

Ans : (1)

अनुपात [Ratio] : दो राशियों की भागफल द्वारा तुलना को अनुपात कहते हैं। दो अनुपातों की समानता को समानुपात [Proportion] कहते हैं।

अनुपात को $x : y$ या XIY जैसे विभिन्न रूपों में लिखा जा सकता है।

'समानुपात एक समीकरण [equation] है जो यह बताता है कि दिए गए दो अनुपात एक-दूसरे के समान हैं।

[अतः अनुपात [ratio] तथा समानुपात [proportion] की परिकल्पना का मूल्यांकन [evaluation of hypothesis] करने के लिए प्रश्न सं० अत्यंत प्रासंगिक [Relevant] है।]

455. Community Mathematics is related to ________:

(1) Arithmetic
(2) Relations and Functions
(3) Integral Calculus
(4) Differential Calculus

समुदायिक गणित _______ से संबंधित है।

(1) अंकगणित
(2) संबंधों एवं फलन (फंक्शन)
(3) समाकलन गणित से (इंटीग्रल कैलकुलस)
(4) अवकल गणित (डिफ्रेंशियल कैलकुलस)

Ans : (1)

सामुदायिकगणित [Community Mathematics]:- सामुदायिक गणित से तात्पर्य गणित शिक्षण के ऐसे तरीके से है; जिसका मकसद छात्रों को दैनिक जीवन में गणित का इस्तेमाल करना सिखाना। गणित शिक्षण का सामुदायिक उद्देश्य व्यावहारिक [practical] होता है। अंकगणित [arithmetic] का उपयोग व्यक्ति अपने दैनिक जीवन या व्यवहारिक जीवन में औपचारिक [formal] / अनौपचारिक [informal] तरीके से करता है। अतः 'अंकगणित, सामुदायिक गणित से संबंधित है।

456. The difference between the measures of two complementary angles is 12°. If the smaller angle is x, then the value of 2x-5° is:

पूरक कोणों की मापों का अंतर 12° है। यदि इनमें छोटा कोणx है, तो $2x - 5°$ का मान है :

(1) 79°
(2) 76°
(3) 75°
(4) 73°

ANS : (4)

= Let the smaller angle be 'x'

larger angle will be '$(90° - x)$' [because the sum of two complementary angles is 90]

$90° - x - x = 12$

$x = 39°$

Now, $(2x - 5)° = 2(39) - 5 = 73$

Option (4) is the correct answer.

457. Which of the following has more than one lines of symmetry?

(1) A rhombus
(2) A line segment
(3) A parallelogram
(4) An angle

निम्न में से किसकी एक से अधिक सममित रेखाएँ हैं ?

(1) एक समचतुर्भुज
(2) एक रेखाखंड
(3) एक समांतर चतुर्भुज
(4) एक कोण

ANS . (1)

A rhombus has more than one line of symmetry.

एक समचतुर्भुज की एक से अधिक सममित रेखाएँ हैं।

Option (1) is correct answer.

458. The area of a rhombus with diagonals of lengths 7.5 cm and 12 cm is:

विकर्णों की लंबाइयों 7.5 cm और 12 cm वाले एक समचतुर्भुज का क्षेत्रफल है :

(1) 45 cm^2
(2) 36 cm^2
(3) 54 cm^2
(4) 90 cm^2

ANS : (1)

Area of rhombus (समचतुर्भुज का क्षेत्रफल)

$$= \frac{1}{2} \times d_1 \times d_2$$

$$= \frac{1}{2} \times 7.5cm \times 12cm = 45cm^2$$

Option (1) is correct answer.

459. A picture is painted on a cardboard 8 cm long and 5 cm wide such that there is a margin of 1.5 cm along each of its sides. Then, the total area of the margin is :

8 cm लंबे और 5 cm चौड़े एक कार्डबोर्ड पर एक चित्र इस प्रकार पेंट किया जाता है कि इसकी प्रत्येक भुजा के अनुदिश एक 1.5 cm का हाशिया रहे। तब इस हाशिये का कुल क्षेत्रफल है :

(1) 20 cm^2
(2) 30 cm^2
(3) 15 cm^2
(4) 25 cm^2

ANS : (2)

Cardboard:-

Length of cardboard = 8cm, Breadth of cardboard = 5cm

Area of cardboard (कार्डबोर्ड का क्षेत्रफल) = length × breadth

$= 8 \times 5 = 40cm^2$

picture:-

Length of picture = 8 - (1.5+1.5) = 5cm

Breadth of picture= 5 - (1.5+1.5) = 2cm

Area of picture (चित्र का क्षेत्रफल) = length × breadth

$= 5 \times 2 = 10cm^2$

MATHS

Area of margin (हाशिये का कुल क्षेत्रफल) = Area of cardboard - Area of picture

$= 40 - 10cm^2 = 30cm^2$

Option (2) is the correct answer.

460. The least interior angle possible for a regular polygon is:

किसी सम बहुभुज का न्यूनतम संभव अंत: कोण है :

(1) 30°
(2) 45°
(3) 60°
(4) 70°

ANS : (3)

Smallest regular polygon (सम बहुभुज) is equilateral triangle

Let the angles of equilateral triangle be x

$x + x + x = 360°$ (sum of all angles of triangle is 180°)

$x = 60°$

Option (3) is correct answer.

461. Numbers 7, 8, 9,..., 51 are written on slips (one number on one slips) and are put in a box. A slip is then taken out from this box, without looking into it. The probability of getting a slip bearing a multiple of 7 is:

पर्चियों पर संख्याएँ 7, 8, 9, ...,51 लिखी जाती हैं (एक पर्ची पर एक संख्या) तथा फिर इन्हे एक डिब्बे में रख दिया जाता है। इस डिब्बे में से एक पर्ची, बिना इसके अंदर देखे, निकाली जाती है। इस पर्ची पर 7 का एक गुणज प्राप्त होने की प्रायिकता है।

(1) $\frac{7}{44}$

(2) $\frac{3}{22}$

(3) $\frac{2}{15}$

(4) $\frac{7}{45}$

ANS : (4)

Multiple of 7 = 7, 14, 21, 28, 35, 42, 49

Probability of getting a slip bearing a multiple of 7 (7 का एक गुणज प्राप्त होने की प्रायिकता) $= \frac{7}{45}$

Option (4) is correct answer.

462. Value of $(-3)^3 \times (0.3)^{-2} \times 0.01$ lies:

(1) between -2.5 and -2.25
(2) between 3 and 3.5
(3) between -3.5 and -2.5
(4) between 2.5 and 3.5

$(-3)^3 \times (0.3)^{-2} \times 0.01$ का मान स्थित है :

(1) -2.5 और 2.25 के बीच में
(2) 3 और 3.5 के बीच में
(3) -35 और 2.5 के बीच में
(4) 2.5 और 3.5 के बीच में

ANS : (3)

(-3)3 × (0.3)-2 × 0.01

$= \frac{(-3)^3 \times 0.01}{(0.3)^2} = \frac{-27 \times 0.01}{0.09}$

= -3 which lies between -3.5 and -2.5.

So, option (3) is correct answer.

463. If A and B are digits such that

$$\begin{array}{r} 3\,A \\ +B\,7 \\ \hline 6\,2 \end{array}$$

, then the value of twice of AB is:

यदि A और B अंक इस प्रकार हैं कि:

$$\begin{array}{r} 3\,A \\ +B\,7 \\ \hline 6\,2 \end{array}$$

है, तो AB के दुगुने का मान है:

(1) 52
(2) 102
(3) 104
(4) 54

ANS : (3)

```
  3 A          3 5
+ B 7        + 2 7
  6 2          6 2
```

Here, A = 5 and B = 2

AB = 52

$2 \times AB = 2 \times 52 = 104$

So, option (3) is correct answer.

464. Sum of all the factors of 6 (except itself) is equal to 6. Which of the following numbers depicts the same type of property?

6 के सभी गुणनखंडों (स्वयं को छोड़ कर) का योग 6 के बराबर है। निम्न में से कौन-सी संख्या इसी प्रकार के गुण को प्रदर्शित करती है?

(1) 27
(2) 36
(3) 32
(4) 28

ANS : (4)

A positive integer that is equal to the sum of its proper divisors is called Perfect numbers (एक सकारात्मक पूर्णांक जो इसके उचित विभाजकों के योग के बराबर होता है, पूर्ण संख्या कहलाती है).

Sum of factors of 6 = 1+2+3 = 6

Similarly,

Sum of factors of 28 = 1+2+4+7+14 = 28

So, option (4) is the correct answer.

465. A square number is divisible by 6. Then, which of the following statements need not always be true about that square number.

(1) It is divisible by 36
(2) Its square root is divisible by 6
(3) Its square root is divisible by 3
(4) It is divisible by 24

एक वर्ग संख्या 6 से विभाज्य है। तब, निम्न में से किस कथन का उस वर्ग संख्या के बारे में सदैव सत्य होना आवश्यक नहीं है?

(1) वह संख्या 36 से विभाज्य है।
(2) इसका वर्गमूल 6 से विभाज्य है।
(3) इसका वर्गमूल 3 से विभाज्य है।
(4) वह संख्या 24 से विभाज्य है।

ANS : (4)

If a square no. is divisible by 6. (यदि कोई वर्ग नं. 6 से विभाज्य है।) Then,

it is also divisible by its factor 2 and 3 (यह इसके कारक 2 और 3 से भी विभाज्य है)

it is also divisible by its square (i.e., 36) [यह अपने वर्ग से भी विभाज्य है, 36].

According to this, option (4) is the correct answer.

466. Which of the following numbers is divisible by 3 and 4 both?

(1) 1716
(2) 1816
(3) 1713
(4) 1178

निम्नलिखित में से कौन सी संख्या 3 और 4 दोनों से विभाज्य है ?

(1) 1716
(2) 1816
(3) 1713
(4) 1178

ANS : (1)

Divisibility test of 3 : A number is completely divisible by 3 if the sum of its digits is divisible by 3. (एक संख्या 3 से पूर्णतः विभाज्य होती है यदि उसके अंकों का योग 3 से विभाज्य हो।)

Divisibility test of 4 : If the last two digits of a number are divisible by 4, the number is divisible by 4. If the last two digits of a number are 0's, the number is divisible by 4 because 4 divides 100. (यदि किसी संख्या के

MATHS

अंतिम दो अंक 4 से विभाज्य हैं, तो वह संख्या 4 से विभाज्य होगी। यदि किसी संख्या के अंतिम दो अंक 0 हैं, तो वह संख्या 4 से विभाज्य होगी क्योंकि 4, 100 को विभाजित करता है।)

Taking option (1) 1716

1+7+1+6 = 15 which is divisible by 3

The last two digits (i.e., 16) is divisible by 4, so 1716 is also divisible by 4.

So, option (1) is the correct answer.

467. After joining as a chemist in a firecracker production company, Meenu was told that to make a specific type of gun powder; Carbon, Sulphur and Potassium Nitrate must to be mixed in the ratio 3:2:(1) If 1.2 kg of gun powder is to be made, then how much Sulphur she should add?

एक पटाखे बनाने वाली कंपनी में कैमिस्ट के पद पर नियुक्त होने के बाद, मीनू को बताया गया कि एक विशिष्ट प्रकार का बारूद बनाने के लिए कार्बन, सल्फर और पोटेशियम नाइट्रेट को 3:2:1 में मिलाया जाना चाहिए। यदि 1.2 kg बारूद बनाया जाना है, तो उसके लिए उसे कितना सल्फर लेना चाहिए ?

(1) 200 g
(2) 300 g
(3) 400 g
(4) 600 g

ANS : (3)

A specific type of gun powder contains Carbon, Sulphur and Potassium Nitrate must to be mixed in the ratio 3:2:1 (एक विशिष्ट प्रकार के गन पाउडर में कार्बन, सल्फर और पोटेशियम नाइट्रेट को 3:2:1 के अनुपात में मिलाया जाना चाहिए।).

Total part = 3+2+1 = 6

Weight of gun powder (बारूद का वजन) = 1.2 kg

Weight of Sulphur should be added

$= \frac{2}{6} \times 1.2 = 0.4 kg = 400 g$

So, option (3) is the correct answer.

468. When Babu purchased a new Nissan Micra in 2020, its price was 5,00,Every year, its price will decrease 4% from that year's price. What will be its price (in *) in the year 2022?

जब बाबू ने 2020 में नई निस्सान माइक्रा खरीदी थी, तब उसका मूल्य ₹5,00,000 था। प्रत्येक वर्ष, उसके मूल्य में उस वर्ष के मूल्य की 4% कमी होती जाती है। वर्ष 2022 में उसका मूल्य (₹ में) क्या होगा ?

(1) 4,80,000
(2) 4,60,800
(3) 4,60,000
(4) 5,60,800

ANS : (2)

Price of nissan micra in 2020 = ₹ 5,000,00

Every year, its price will decrease 4% from that year's price (प्रत्येक वर्ष, उसके मूल्य में उस वर्ष के मूल्य की 4% कमी होती जाती है).

Price of nissan micra in 2021

$= ₹\ 5,000,00 - 4\%\ \text{of}\ 5,000,00$

$= 5,000,00 - \frac{4}{100}\ 5,000,00$

$= 5,000,00 - 20,000$

$= ₹\ 4,80,000$

Price of nissan micra in 2022

$= ₹\ 4,80,000 - \frac{4}{100} \times 4,80,000$

$= 4,80,000 - 19,200$

$= ₹\ 4,60,800$

So, option (2) is the correct answer.

469. A ten-liter mixture consists of acid and water only. The acid is 60% in that mixture. If we want to make the percentage of water 25% in the

mixture, then how much more acid has to be added to it?

एक दस लीटर के मिश्रण में केवल अम्ल और पानी ही है। इस मिश्रण में 60% अम्ल है। यदि हम इस मिश्रण में 25% पानी चाहते हैं, तो इसमें कितना अम्ल और मिलाना पड़ेगा ?

(1) 3 L
(2) 4 L
(3) 6 L
(4) 7 L

ANS : (3)

A 10 L of mixture contains acid and water.

Percentage of acid = 60%

Percentage of water = 40%

Amount of acid = $\frac{60}{100}\times 10 = 6L$

Let the 'x' amount of acid added to the mixture to make the percentage of water 25% in the mixture (मिश्रण में पानी का प्रतिशत 25% करने के लिए मिश्रण में एसिड की 'x' मात्रा मिला दें).

$$\frac{6+x}{10+x}\times 100 = 75$$

$$(6 + x) \times 100 = 75 \times (10 + x)$$

$$600 + 100x = 750 + 75x$$

$$100x - 75x = 750 - 600$$

$$25x = 150$$

$$x = 6L$$

So, option (3) is the correct answer.

470. If, $x+\frac{y}{2}=\frac{1}{4}, y+\frac{z}{2}=\frac{1}{2}$ and $z+\frac{x}{2}=\frac{1}{4}$, then the value of $x+y+z$ is:

यदि, $x+\frac{y}{2}=\frac{1}{4}, y+\frac{z}{2}=\frac{1}{2}$ एवं $z+\frac{x}{2}=\frac{1}{4}$, है, तो $x+y+z$ का मान है:

(1) $\frac{1}{4}$

(2) $\frac{1}{3}$

(3) $\frac{1}{2}$

(4) 1

ANS : (3)

$x+\frac{y}{2}=\frac{1}{4}$ ....eqn (1)

$y+\frac{z}{2}=\frac{1}{4}$ ....eqn (2)

$z+\frac{x}{2}=\frac{1}{4}$ ....eqn (3)

Taking $eq^n(1)$,

$$x+\frac{y}{2}=\frac{1}{4}$$

$$x=\frac{1}{4}-\frac{y}{2}$$

$x=\frac{2-4y}{8}$ .... eqn (A)

Put the value of $eq^n(3)$,

$$z+\frac{x}{2}=\frac{1}{4}$$

$$z+\frac{\frac{2-4y}{8}}{2}=\frac{1}{4}$$

$$z+\frac{2-4y}{16}=\frac{1}{4}$$

$$\frac{16+2-4y}{16}=\frac{1}{4}$$

$16z+2-4y = 4$

$16z-4y = 4-2$

$8z - 2y = 1$ .... eqn (4)

Now, taking eqn (2),

$$y+\frac{z}{2}=\frac{1}{4}$$

$$\frac{2y-z}{2}=\frac{1}{4}$$

$8y+4z = 2$

$2z + 4y = 1$ .... eqn(5)

Solving eq^n (4) and eq^n (5) by using elimination method,

Multiply eq^n (5) by 4, we get

$$8z - 2y = 1$$
$$8z + 16y = 4$$
$$-\quad -\quad -$$
$$-18y = -3$$

MATHS

$y = \frac{1}{6}$

Put the value of y in eqn(5)

$$2z + 4y = 1$$

$$2Z + 4\left(\frac{1}{6}\right) = 1$$

$$2Z = 1 - \frac{2}{3} = \frac{1}{3}$$

$$Z = \frac{1}{6}$$

Now, put the value of y in eqn (A), we get

$$x = \frac{2-4y}{8}$$

$$x = \frac{2-4\left(\frac{1}{6}\right)}{8} = \frac{2\frac{2}{3}}{8} = \frac{4}{24}$$

$$x = \frac{1}{6}$$

Thus, $x + y + z = \frac{1}{6} + \frac{1}{6} + \frac{1}{6} = \frac{3}{6}$

$$x + y + z = \frac{1}{2}$$

So, option (3) is the correct answer.

471. If a and b are positive integers (a and b $\neq 0$) such that $a^b = 4913$, then $(a+b)^{a-b-14}$ is equal to:

यदि a और b ऐसे धनात्मक पूर्णांक हैं (a और b $\neq 0$) कि $a^b = 4913$ है, तब $(a + b)^{a-b-14}$ का मान बराबर है:

(1) 0
(2) 1
(3) 13
(4) 23

ANS : (2)

$a^b = 4913$

$a^b = (17)^3$

On comparing both sides, a = 17, b = 3

$(a + b)^{a-b-14} = (17 + 3)^{17-3-14}$

$= (20)^0 = 1$

So, option (2) is the correct answer.

472. The measures of four angles of a quadrilateral are in the ratio of 1:2:3:4 What is the measure of the smallest angle?

(1) 18°
(2) 20°
(3) 36°
(4) 72°

किसी चतुर्भुज के चारों कोणों की मापों का अनुपात 1:2:3:4 है। न्यूनतम कोण की माप क्या है?

(1) 18°
(2) 20°
(3) 36°
(4) 72°

ANS : (3)

Four angles of a quadrilateral are in the ratio of 1:2:3:4 (किसी चतुर्भुज के चारों कोणों का अनुपात 1:2:3:4).

Let the Ist angle = x

The IInd angle = $2x$

The IIIrd angle = x

The IVth angle = $4x$

Sum of all angles of quadrilateral is 360°

(चतुर्भुज के सभी कोणों का योग 360° होता है।).

$$x + 2x + 3x + 4x = 360°$$

$$10x = 360°$$

$$x = 36°$$

The measure of the smallest angle (न्यूनतम कोण की माप) = x = 36°

SO, option (3) is the correct answer.

473. If a polyhedron has 6 faces and 12 edges, then number of its vertices is:

यदि किसी बहुफलकी के 6 फलक और 12 किनारे हैं, तो इसके शीर्षों की संख्या है :

(1) 4

(2) 8
(3) 14
(4) 18

ANS : (2)

Number of faces (फलक की संख्या) = 6

Number of edges (किनारे की संख्या) = 12

Number of vertices (शीर्षों की संख्या) = ?

By using Euler's formula of polyhedron.

$$V + F - E = 2$$
$$V + 6 - 12 = 2$$
$$V - 6 = 2$$
$$V = 8$$

So, option (2) is the correct answer.

474. In a rectangle ABCD, AC=(2x+3) cm and BD=(3x-5)cm. Then, value of (2x+9) is:

किसी आयत ABCD में, AC = (2x + 3) cm और BD = (3x-5) cm है। तब (2x + 9) का मान है :

(1) 8
(2) 16
(3) 25
(4) 27

ANS : (3)

ABCD is a rectangle,

AC and BD are the diagonals of rectangle

As we know that, diagonals of rectangle are equal (आयत के विकर्ण बराबर होते हैं).

$$AC = BD$$
$$(2x + 3) = (3x - 5)$$
$$3x - 2x = 5 + 3$$
$$x = 8$$

Now, $(2x + 9) = 2(8) + 9$

$= 16 + 9 = 25$

So, option (3) is the correct answer.

475. Bisectors of angles B and C of a triangle ABC intersect at a point O. If ∠BOC=105°, then ∠BAC is equal to:

किसी त्रिभुज ABC के कोणों B और C के समद्विभाजक बिंदु पर प्रतिच्छेद करते हैं। यदि ∠BOC= 105° हैं, तो ∠BAC बराबर है:

(1) 15°
(2) 30°
(3) 45°
(4) 50°

ANS : (2)

In triangle ABC, OB and OC are the bisectors of ∠B and ∠C intersect at O.

$$\angle BOC = 105°$$

In triangle BOC, sum of all angles of triangle is 180°.

$$\angle BOC + \frac{\angle B}{2} + \frac{\angle C}{2} = 180°$$
$$105 + \frac{\angle B}{2} + \frac{\angle C}{2} = 180°$$
$$\frac{\angle B + \angle C}{2} = 180° - 105$$
$$\angle B + \angle C = 2 \times 75° = 105 \quad \ldots\ldots\ldots\ldots (1)$$

Now, In triangle ABC, sum of all angles of triangle is 180°.

$$\angle A + \angle B + \angle C = 180°$$
$$\angle A + 150° = 180°$$
$$\angle A = 180° - 150°$$
$$\angle A = 30°$$

So, option (2) is the correct answer.

476. If x and y are respectively the supplement and complement of an angle 60°, then value of (x+y) is equal to:

यदि x और y क्रमश: कोण 60° के संपूरक और पूरक हैं, तो (x + y) का मान बराबर है:

(1) 120°
(2) 135°
(3) 145°
(4) 150°

MATHS

MATHS

ANS : (4)

x = supplement of 60° = 180 – 60 = 120°

y = complement of 60° = 90 – 60 = 30° .

x + y = 120 + 30 = 150°

So, option (4) is correct answer.

477. Area of a rhombus, whose diagonals are of lengths 12 cm and 25 cm, is:

लंबाइयों 12 cm और 25 cm के विकर्णों वाले एक समचतुर्भुज का क्षेत्रफल है :

(1) 150 cm²
(2) 100 cm²
(3) 300 cm²
(4) 75 cm²

ANS : (1)

Length of diagonal 1 = 12 cm

Length of diagonal 2 = 25 cm

Area of rhombus (समचतुर्भुज का क्षेत्रफल)

$$= \frac{1}{2} \times d_1 \times d_2$$

$$= \frac{1}{2} \times 12 \times 25$$

= 150 cm²

So, option (1) is the correct answer.

478. MORE is a trapezium in which as MO|| RE, MO =24 units and RE = 18 units. If area of the trapezium is 336 square units, then the distance between MO and RE is:

MORE एक समलंब है, जिसमें MO || RE है, MO = 24 इकाई है तथा RE = 18 इकाई है। यदि इस समलंब का क्षेत्रफल 336 वर्ग इकाई है, तो MO और RE के बीच की दूरी है:

(1) 12 इकाई
(2) 14 इकाई
(3) 16 इकाई
(4) 18 इकाई

ANS : (3)

MORE is a trapezium in which as MO|| RE (MORE एक समलंब है, जिसमें MO || RE है).

MO = 24 units and RE = 18 units

Area of trapezium (समलंब का क्षेत्रफल) = $\frac{1}{2} \times$ *(sum of parallel sides) × distance between parallel sides*

$336 \frac{1}{2} \times$(MO+RE) × distance between MO and RE

$336 \frac{1}{2} \times (24+18) \times$ distance between MO and RE

$336 \frac{1}{2} \times 42$ = distance between MO and RE

$\frac{336}{21}$ = distance between MO and RE

16 units = distance between MO and RE

So, option (3) is the correct answer.

479. A gift box of cuboidal shape has to be covered by paper which costs 0.50 per square centimeter. If the box has dimensions 8 cm × 3 cm × 5 cm, then the cost of the paper will be:

घनाभ के आकार के एक उपहार बक्स को एक कागज से ढका जाता है, जिसकी लागत ₹0.50 प्रति वर्ग सेंटीमीटर हैं। यदि इस बक्स की विमाएँ 8 cm × 3 cm × 5 cm हैं, तो कागज की लागत होगी:

(1) 158.00
(2) 79.00
(3) 790.00
(4) 316.00

ANS : (2)

Length of box = 8 cm

Breadth of box = 3 cm

Height of box = 5 cm

Total Surface area of box = 2 × ($lb+bh+hl$)

= 2 × (83 + 3 × 5 + 5 × 8)

= 2 × (24 + 15 + 40)

= 2 × 79 =158 cm²

Cost of 1 cm^2 gift paper = ₹0.50

Cost of 158 cm^2 gift paper = ₹0.50×158

= ₹ 79

So, option (2) is the correct answer.

480. The median of the observations 11, 12, 14, 18, x+2, 22, 22, 25 and 61, arranged in ascending order, is 21. Then, value of 3x+7 is:

आरोही क्रम में व्यवस्थित प्रेक्षणों 11, 12, 14, 18 x + 2, 22, 22, 25 और 61 का माध्यक 21 है तब, 3x +7 का मान है

(1) 50
(2) 57
(3) 64
(4) 67

ANS : (3)

11, 12, 14, 18, x+2, 22, 22, 25 and 61

The median of the observations = 21

Here, n (no. of observations) = 9 (odd)

$$\text{Median} = \left(\frac{n+1}{2}\right)^{th} \text{term}$$

$$21 = \left(\frac{9+1}{2}\right)^{th} \text{term}$$

$$21 = \left(\frac{10}{2}\right)^{th} \text{term} = 5^{th} \text{term}$$

$$21 = x + 2$$

$$21 - 2 = x$$

$$19 = x$$

Now, $3x + 7 = 3(19) + 7 = 57+7 = 64$

So, option (3) is the correct answer.

481. From a circular sheet of diameter 16 cm, a circle of radius 6 cm is removed. Then, the area (in cm²) of the remaining sheet is (use $\pi = \frac{22}{7}$)

16 cm व्यास वाली एक वृत्ताकार शीट से 6 cm त्रिज्या का एक वृत्त काट लिया जाता है। तब, शेष शीट का क्षेत्रफल (cm² में) है ($\pi = \frac{22}{7}$ का उपयोग कीजिए)

(1) 176
(2) 88
(3) 66
(4) 44

Ans (2)

वृत्ताकार शीट की त्रिज्या [Radius of circular sheet] (R) = 8 सेमी

(r) 6 सेमी त्रिज्या वाला एक वृत्त हटाया [removed] जाता है।

शेष शीट का क्षेत्रफल [Area of remaining sheet] = $\pi R^2 - \pi r^2$

$= \pi(R^2 - r^2) = \frac{22}{7} \times [(8)^2 - (6)^2] = \frac{22}{7} \times (64-36) = \frac{22}{7} \times 28 = 88 \text{ cm}^2$

482. A metallic solid cuboidal box of dimensions 200 cm × 50 cm × 100 cm is melted and recast into a solid cube. The difference between the surface areas of the two solids is

धातु के एक ठोस घनाभाकार बॉक्स, जिसकी विमाएँ 200 cm × 50 cm × 100 cm हैं, को पिघलाकर एक ठोस घन के रूप ढाला गया है। दोनों ठोसों के पृष्ठीय क्षेत्रफलों का अंतर है

(1) 25000 cm²
(2) 20000 cm²
(3) 15000 cm²
(4) 10000 cm²

Ans (4)

घनाकार बॉक्स का आयाम [Dimensions of cuboidal box] = 200 cm × 50 cm × 100 cm

घनाभ बॉक्स का आयतन [Volume of cuboidal box] = l × b × h = 200 cm × 50 cm × 100 cm = 1000000 cm^3

MATHS

घन बॉक्स का आयतन [Volume of cubical box]
= घनाभ बॉक्स का आयतन

घन बॉक्स का आयतन = (भुजा)^3

1000000 = (भुजा)^3

100 cm = भुजा

अंतर [Difference] = घनाभ का कुल पृष्ठीय क्षेत्रफल – घन का कुल पृष्ठीय क्षेत्रफल

= 2 x (lb + bh + hl) - 6 (भुजा)^2

$= 2 \times (200 \times 50 + 50 \times 100 + 100 \times 200) - 6 \times (100)^2$

$= 2 \times (10000 + 5000 + 20000) - 60000$

$= 2 \times (35000) - 60000$

$= 70000 - 60000 = 10000$ cm^2

483. The mean of observations (arranged in ascending order) 42, 48, $x + 15$, $x + 17$, $x + 20$, 58 and 60 is 53. The median of the data is

आरोही क्रम में व्यवस्थित प्रेक्षणों 42, 48, $x + 15$ $x + 17$ $x + 20$ 58 और 60 का माध्य 53 है। इन आँकड़ों का माध्यक है

(1) 53
(2) 54
(3) 55
(4) 56

Ans (2)

$$\text{Mean (माध्य)} = \frac{\text{Sum of all observations}}{\text{Total number of observations}}$$

$$53 = \frac{42+48+x+15+x+17+x+20+58+60}{7}$$

$53 \times 7 = 260 + 3x$

$371 - 260 = 3x$

$111 = 3x$

$37 = x$

n = 7 (odd)

$$\text{Median (माध्यक)} = \left(\frac{n+1}{2}\right)^{th} term$$

$$= \left(\frac{7+1}{2}\right)^{th} term = 4^{th} \text{ term} = x+17 = 37+17 = 54$$

484. The time spent by a student during a day in different activities is represented by sectors of central angles in a pie chart as given below:

School-90°

Homework-60°

Play-60°

Sleep-120°

Others-30°

What is the difference between the time spent by the student in the activities 'sleep' and 'school?

(1) $1\frac{1}{2}$ hours
(2) 2 hours
(3) 3 hours
(4) 4 hours

किसी दिन एक विद्यार्थी द्वारा विभिन्न क्रियाकलापों में व्यतीत किए गए समय को एक पाई चार्ट में नीचे दिए केंद्रीय कोणों के त्रिज्यखंडों द्वारा निरूपित किया

गृहकार्य-60

खेल-60°

नींद-120°

अन्य-30°

'नींद' और 'स्कूल' क्रियाकलापों में विद्यार्थी द्वारा व्यतीत किए गए समय का अंतर क्या है?

(1) $1\frac{1}{2}$ घंटे
(2) 2 घंटे

(3) 3 घंटे
(4) 4 घंटे

Ans (2)

छात्र द्वारा सोने में बिताया गया समय [Time spent by the student in sleep] $= \frac{120^\circ}{360^\circ} \times 24 = 8$ घंटे

छात्र द्वारा स्कूल में बिताया गया समय [Time spent by the student in school] $= \frac{90^\circ}{360^\circ} \times 24 = 6$ घंटे

अंतर[Difference] = 8 – 6 = 2 घंटे

485. If $(x+5) + 7y$ is written as $5 + (x + 7y)$, then which of the following property/ properties of addition is/are being used?

(1) Commutative
(2) Distributive
(3) Associative and distributive both
(4) Commutative and associative both

यदि $(x + 5) + 7y$ को $5 + (x + 7y)$ की तरह लिखा जाए तो निम्नलिखित में से योग के कौन-से गुण/ गुणों का उपयोग किया गया है?

(1) क्रमविनिमेय
(2) बंटन
(3) साहचर्य और बंटन दोनों
(4) क्रमविनिमेय और साहचर्य दोनों

Ans (4)

यहाँ प्रयुक्त गुणधर्म क्रमविनिमेय तथा साहचर्य [commutative and associative] दोनों है।

क्रमविनिमेय गुणधर्म [Commutative property] :- $a + b = b + a$

साहचर्य गुणधर्म [Associative property] :- $(a + b) + c = a + (b + c)$

486. Numbers 3, 4, 5,..., 47 are written on separate slips (one number on one slip) and are kept in a box. A slip is drawn from the box, without looking into it. What is the probability of getting a number divisible by 6?

पृथक-पृथक पर्चियों पर संख्याएँ 3, 4,5,……..,47 लिखी जाती हैं तथा इन्हें एक डिब्बे में रख दिया जाता है। (एक पर्ची पर एक संख्या) इस डिब्बे में से, बिना इसके अंदर देखे, एक पर्ची निकाली जाती है। 6 से विभाज्य एक संख्या प्राप्त होने की प्रायिकता क्या है?

(1) $\frac{7}{44}$

(2) $\frac{7}{45}$

(3) $\frac{8}{45}$

(4) $\frac{9}{44}$

ANS : (2)

Numbers 3, 4, 5,..., 47 are written on separate slips (one number on one slip) [पृथक-पृथक पर्चियों पर संख्याएँ 3, 4,5,…….47 लिखी जाती हैं तथा इन्हें एक डिब्बे में रख दिया जाता है].

Numbers which are divisible by 6

= 6,12,18,24,30,36,42

probability of getting a number divisible by 6 (6 से विभाज्य एक संख्या प्राप्त होने की प्रायिकता)

$= \frac{\textit{Numbers which are divisible by 6}}{\textit{Total numbers}}$

$= \frac{7}{45}$

So, option (2) is correct answer.

487. A road roller takes 750 complete revolutions to move once over to level a road. The diameter of the road roller is 84 cm and its length is 1 m. Then, the area of the road, that is being levelled, is: (Use $\pi = \frac{22}{7}$)

एक रोड-रोलर किसी सड़क को एक बार पूर्ण रूप से समतल करने में 750 चक्कर लगाता है। इस रोड रोलर का व्यास 84 cm है तथा इसकी लंबाई 1 m है।

MATHS

तब, समतल की जा रही इस सड़क का क्षेत्रफल है :

($\pi = \frac{22}{7}$ का उपयोग कीजिए)

(1) 1765 m^2

(2) 1624 m^2

(3) 1890 m^2

(4) 1980 m^2

ANS : (4)

Curved surface area of roller = 2πrh

$= 2\times\frac{22}{7}\times\frac{42}{100}m\times1m = 2.64m^2$

Area of the road being levelled (समतल की जा रही इस सड़क का क्षेत्रफल)

$= 2.64m^2 \times 750 = 1980m^2$

Option (4) is the correct answer.

488. Which of the following is a false statement for an ungrouped data?

(1) The mode is always one of the observations in a data

(2) The mean is a always one of the observations in a data

(3) The median may be one of the observations in a data

(4) For a given data, there may be more than one mode

निम्न से कौन, अवर्गीकृत आँकड़ों के लिए एक असत्य कथन है ?

(1) बहुलक सदैव इन आँकड़ों का एक प्रेक्षण होता है।

(2) माध्य सदैव इन आँकड़ों का एक प्रेक्षण होता है।

(3) माध्यक इन आँकड़ों का एक प्रेक्षण हो सकता है।

(4) दिए हुए आँकड़ों के लिए, एक से अधिक बहुलक हो सकते हैं।

ANS : (2)

The mean is always one of the observations in a data: This is false.

The mean (average) is calculated by summing all the observations and dividing by the number of observations. It does not have to be equal to any specific observation in the dataset.

489. Which of the following statements is incorrect?

(1) We can have a polyhedron with 8 faces, 6 vertices and 12 edges

(2) We can have a polyhedron with 5 faces, 6 vertices and 9 edges

(3) We can have a polyhedron with 20 faces, 12 vertices and 30 edges

(4) We can have a polyhedron with 10 faces, 15 vertices and 20 edges

निम्न में से कौन-सा कथन गलत है ?

(1) हम 8 फलकों, 6 शीर्षों और 12 किनारों वाला एक बहुफलकी प्राप्त कर सकते हैं।

(2) हम 5 फलकों, 6 शीर्षों और 9 किनारों वाला एक बहुफलकी प्राप्त कर सकते हैं।

(3) हम 20 फलकों, 12 शीर्षों और 30 किनारों वाला एक बहुफलकी प्राप्त कर सकते हैं।

(4) हम 10 फलकों, 15 शीर्षों और 20 किनारों वाला एक बहुफलकी प्राप्त कर सकते हैं।

ANS : (4)

= By using Euler's polyhedron formula,

$$V + F - E = 2$$

Option (4) does not satisfy this equation

$$10 + 15 - 20 = 5 \neq 2$$

option (4) is correct answer.

490. Which of the following is most appropriate for the "Hierarchical Nature" of Mathematics.

(1) Mathematics is considered as one of the most difficult subjects at middle school level

(2) Concepts in mathematics follow a linear pattern

(3) Division cannot be introduced if the subtraction and multiplication operations are not strengthened

(4) Fractions can be introduced before introducing whole numbers

गणित की पदानुक्रमिक प्रकृति के लिए निम्नलिखित में से कौन-सा अति उपयुक्त है?

(1) मिडिल स्कूल स्तर पर गणित को सबसे कठिन विषयों में से एक माना जाता है।

(2) गणित में संकल्पनाएँ एक रैखिक पैटर्न का पालन करती है।

(3) अगर व्यवकलन और गुणन की संक्रियाओं को दृढ़ नहीं किया जाएगा तो भाग का परिचय नहीं कराया जा सकता।

(4) पूर्णांक को प्रस्तुत करने से पहले भिन्न को प्रस्तुत कर सकते हैं।

Ans : (3)

- गणित की प्रकृति पदानुक्रमित / श्रेणीबद्ध [hierarchical] है। [अर्थात् गणित की समस्त अवधारणाएं आपस में सम्बद्ध [affiliated] है।
- गणित को सदैव एक क्रम में सीखा जाता है।
- जैसे: जोड़, घटाव, गुणा, भाग।

[इस प्रकार, अगर व्यवकलन और गुणन की संक्रिया [operation of subtraction and multiplication] को सुदृढ नहीं किया जाएगा तो भाग का परिचय नहीं कराया जा सकता।]

491. The domain of learning that deals with attitudes and values is known as:

(1) Knowledge domain

(2) Cognitive domain

(3) Affective domain

(4) Psychomotor domain

अधिगम का वह क्षेत्र जो कि व्यवहार एवं मूल्यों के साथ संबंधित है उसे ________ के रूप में जाना जाता है।

(1) ज्ञान क्षेत्र

(2) संज्ञानात्मक क्षेत्र

(3) भावात्मक क्षेत्र

(4) मनो-गत्यात्मक क्षेत्र

ANS : (3)

अधिगम [learning] के भावात्मक क्षेत्र [affective domain] का अर्थ छात्र के जीवन में भावात्मक पहलुओं [affective aspects] जैसे : भावनाओ [emotion] अभिवृति [attitude] रूचि [interest] संवेदना [sympathy] तथा मूल्यों [values] से संबंधित उद्देश्यों के शामिल करने से है।

492. Which of the following statements is NOT correct with respect to Rubrics as a tool of assessment?

(1) Rubrics has a fixed scale.

(2) Rubrics has a list of characteristics describing performance for each point on the scale.

(3) Rubrics consist of a clear performance target for students.

(4) Rubrics make evaluation more subjective.

निम्नलिखित में से कौन सा कथन आकलन के एक साधन के रूप में रूब्रिक के लिए सत्य नहीं है?

(1) रूब्रिक का एक निश्चित पैमाना होता है।

(2) रूब्रिक के पैमाने पर प्रत्येक बिन्दू पर प्रदर्शन का वर्णन करने वाली विशेषताओं की सूची होती है।

(3) रूब्रिक में विद्यार्थियों के लिए एक स्पष्ट प्रदर्शन लक्ष्य होता है।

(4) रूब्रिक मूल्यांकन को अधिक व्यक्तिपरक बनाता है।

ANS : (4)

रुब्रिक्स [rubrics] एक scoring tool है। यह मूल्यांकन [Evaluation] या सीखने के परिणाम से सम्बंधित लिखित या मौखिक किसी भी तरह के छात्रों [students] के काम के सभी पहलुओं [holistic aspects] को रुब्रिक्स indicate करता है। यह स्पष्ट और वस्तुनिष्ठ [objective] तरीके से मानदंड को indicate करता है।

[अतः मूल्यांकन को व्यक्तिपरक [Subjective] बनाता है, रुब्रिक्स के संबंध में यह कथन असत्य है।]

493. Which of the following does not imply the meaning of assessment?

(1) It is evaluation.

(2) It helps to label the students.

(3) It helps to diagnose individual differences.

MATHS

(4) It is a procedure to gather information about student's performance.

निम्नलिखित में से क्या आकलन के अर्थ को नहीं समझाता ?

(1) यह मूल्यांकन है।
(2) यह विद्यार्थियों को नामांकित करने में सहायता करता है।
(3) यह व्यक्तिगत भिन्नताओं का निदान करने में सहायता करता है।
(4) यह विद्यार्थी के प्रदर्शन पर जानकारी एकत्रित करने का एक तरीका है।

ANS : (2)

आकलन [assessment] : किसी के बारे में जानकारी [information] इकट्ठा [collect] करने की प्रक्रिया को 'आकलन [assessment]' कहते है। आकलन के माध्यम से शिक्षण अधिगम प्रक्रिया [teaching learning process] में क्या हो रहा है इसका पता लगाया जाता है।

- अधिगम में हो रहे विकास और सुधार से संबंधित है।
- आकलन के माध्यम से यह पता लगाया जा सकता है कि छात्र के सीखने में कहां कमी रह गयी है।
- यह विद्यार्थी के प्रदर्शन करने [Performance] पर जानकारी [information] इकटठा करने का एक तरीका है।

[आंकलन का उद्देश्य छात्रों को सीखने नामांकित [categorize] / labeling करना नहीं होता है।]

494. A mathematics teacher posed the following problems to her students :

A. Simrat pays ₹ 60,000 as rent for three months. How much will she have to pay for a whole year if the rent per month remains same ?

B. Cost of three dozen bananas is ₹45. Calculate the number of bananas that can be purchased for ₹ 12.50.

C. Joey and Jenny are going to school. Joey started walking before Jenny. When Joey was at the third block, Jenny was at the first block. If both are walking with the same speed, then where would Jenny be if Joey is at the ninth block?

Which of the following is correct with respect to the above three questions?

(1) Only A is based on unitary method.
(2) B and C are daily life problems based on unitary method.
(3) A and C are daily life problems based on unitary method.
(4) A and B are daily life problems based on unitary method.

गणित की एक शिक्षिका अपने विद्यार्थियों के समक्ष निम्नलिखित समस्याएँ रखती है :

A. सिमरत तीन महीने के किराये के रूप में ₹ 60,000 देती है । यदि हर महीने का किराया समान रहे तो पूरे वर्ष के लिए उसे कितना किराया देना होगा ?

B. तीन दर्जन केलों की कीमत ₹45 है। परिकलन कीजिए कि ₹ 12-50 में कितने केले खरीदे जा सकते हैं ।

C. जोई और जैनी स्कूल जा रहे हैं। जोई, जैनी से पहले चलना शुरू करता है । जब जोई तीसरे ब्लॉक पर था, तब जैनी पहले ब्लॉक पर थी । यदि दोनों की चलने की गति बराबर है, तो जब जोई नौवें ब्लॉक पर होगा तब जैनी कहाँ होगी ? उपर्युक्त तीन प्रश्नों के संदर्भ में निम्नलिखित में से कौन-सा सही है ?

(1) केवल A एकात्मक विधि पर आधारित है ।
(2) B और C एकात्मक विधि पर आधारित दैनिक जीवन की समस्याएँ हैं ।
(3) A और C एकात्मक विधि पर आधारित दैनिक जीवन की समस्याएँ हैं ।
(4) A और B एकात्मक विधि पर आधारित दैनिक जीवन की समस्याएँ हैं ।

ANS : (4)

एकात्मक विधि [Unitary method]:- किसी समस्या को [solve] करने की एक विधि है जिसमें शुरु

में एक इकाई का मान ज्ञात किया जाता है, और फिर एकल इकाई मान को गुणा [multiplication] करके आवश्यक मान ज्ञात किया जाता है।

[अर्थात् उपर्युक्त समस्याएं एकात्मक विधि [unitary method] पर आधारित दैनिक जीवन की समस्याएं है।]

495. Which of the following is NOT an indicator of creativity in Mathematics?

(1) Students use convergent thinking in different contexts.
(2) Students are able to think flexibly.
(3) Students use multiple and alternate problem-solving strategies.
(4) Students can pose questions.

निम्नलिखित में से क्या गणित में रचनात्मकता का संकेतक नहीं है?

(1) विद्यार्थी विभिन्न संदर्भों में अभिसारी चिंतन का उपयोग करते हैं।
(2) विद्यार्थी लचीली सोच में सक्षम हैं।
(3) विद्यार्थी विविध और वैकल्पिक समस्या समाधान की कार्यनीतियों का उपयोग करते हैं।
(4) विद्यार्थी प्रश्न प्रस्तुत कर सकते हैं।

ANS : (1)

गणितीय रचनात्मकता के संकेतक विद्यार्थी लचीली सोच [flexible thinking] में सक्षम हो। अर्थात् किसी समस्या का तथ्यों साथ तर्कसंगत और तार्किक रूप से रचनात्मक समाधान [creative solution] निकाल सकें। छात्र विभिन वैकल्पिक समस्या समाधान [alternate problem solving] की कार्य नीतियाँ [strategies] उपयोग कर सकें। अर्थात् problem solving में अलग-अलग तरीकों का प्रयोग कर सकें ।

विद्यार्थी विभिन्न संदर्भों में अपसारी चिंतन [Divergent thinking] कर सकें क्योंकि अपसारी चिंतन बालक को multiple perspective से सोचने को प्रोत्साहित करती है जिससे छात्रों में रचनात्मकता [creativity] का विकास होता है।

496. National Education Policy (NEP) 2020 recommends that Sports Integrated Pedagogy needs to be used in classroom teaching. Which among the following are correct in the context of using sports integrated pedagogy in mathematics classroom?

(a) Teaching-learning process shall become joyful.
(b) It is not possible to use sports for teaching mathematics.
(c) It will be time consuming and hence needs to be avoided.
(d) Apart from popular sports, there are many indigenous sports which can be used in teaching mathematics.

Choose the correct option:

(1) (a) and (c)
(2) (b) and (c)
(3) (a) and (d)
(4) (b), (c) and (d)

राष्ट्रीय शिक्षा नीति, 2020 सिफारिश करती है कि खेल एकीकृत शिक्षाशास्त्र को कक्षा में उपयोग करने की आवश्यकता है। खेल एकीकृत शिक्षाशास्त्र के संदर्भ में गणित की कक्षा के लिए निम्नलिखित में से कौन सा कथन सही है ?

(a) शिक्षण-अधिगम प्रक्रिया आनन्ददायक हो जाएगी।
(b) खेल का उपयोग गणित पढ़ाने में सम्भव नहीं है।
(c) इसमें बहुत समय खर्च हो जाएगा तो इसे टालना चाहिए।
(d) प्रसिद्ध खेलों के अलावा कई स्वदेशी खेल हैं जिनका उपयोग गणित पढ़ाने में किया जा सकता है।

सही विकल्प चुनें :

(1) (a) और (c)
(2) (b) और (c)
(3) (a) और (d)
(4) (b), (c) और (d)

ANS : (3)

MATHS

MATHS

राष्ट्रीय शिक्षा नीति - 2020 [NEP-2020] के अनुसार खेल एकीकृत शिक्षाशास्त्र [sports integrated pedagogy] का तात्पर्य छात्रों को खेल के माध्यम से औपचारिक शिक्षा [formal education] प्रदान करना।

छात्रों की रुचि खेलने में अधिक होती है, अतः वह खेल - खेल के माध्यम से कठिन अवधारणा [concept] को भी आसानी से सीख सकते हैं।

शिक्षण अधिगम प्रक्रिया [teaching learning process] आनंददायक [enjoy full] हो जाएगी जिससे छात्रों का interest कक्षा में बना रहेगा।

छात्रों को स्वदेशी खेलों, अर्थात उनके daily life के खेलों से जोड़कर किसी भी नए Concept को सिखाने में आसानी होगी।

497. A teacher in her class discusses various examples from daily life situations like a railway line crossing several other lines, a road crossing two or more roads, alphabets like 'H', 'Z', etc.

Which of the following concept(s) can be introduced through these examples?

A. Line segment

B. Transversal

C. Parallel lines

D. Right angles

Choose the correct option:

(1) B and C
(2) Only A
(3) A and D
(4) Only B

एक शिक्षिका अपनी कक्षा में दैनिक जीवन की परिस्थितियों में से विभिन्न उदाहरणों की चर्चा करती है, जैसे कई अन्य पटरियों को पार करती हुए एक रेल पटरी, दो अथवा अधिक सड़कों को पार करती हुई एक सड़क, अंग्रेजी वर्णमाला जैसे 'H', 'Z', इत्यादि। निम्नलिखित में से किस/किन अवधारणा/अवधारणाओं का परिचय इन उदाहरणों द्वारा दिया जा सकता है ?

A. रेखाखंड

B. तिर्यक छेदी रेखा

C. समांतर रेखाएँ

D. समकोण

सही विकल्प का चयन कीजिए:

(1) B और C
(2) केवल A
(3) A और D
(4) केवल B

ANS : (1)

समान्तर रेखाओं [parallel lines] की प्रत्येक बिंदु पर दूरी समान equal होती है, अतः यह रेखाएं एक-दूसरे से कभी नहीं मिलती।

तिर्यक छेदी रेखा [Transversal] : दो समांतर अथवा असमांतर रेखाओं को जब कोई तीसरी रेखा प्रतिच्छेदित करती है, या काटती है। तो उसे 'तिर्यक छेदी रेखा [Transversal]' कहते हैं।

जैसे : H में की side दो रेखाएं [parallel lines] है तथा बीच की रेखा Transversal।

अतः शिक्षिका द्वारा प्रयुक्त उदा० के माध्यम से समांतर रेखा, तथा तिर्यक रेखा की अवधारणा [concept] का परिचय दिया जा सकता है।

498. Which of the following is not true about nature of mathematics?

(1) Mathematics at school level requires special aptitude in learners.
(2) Primary concepts in mathematics are abstract in nature.
(3) Mathematics is based on deductive reasoning.
(4) Mathematics is much more abstract and hierarchic than most of the other subjects which children learn at the same age.

गणित की प्रकृति के बारे में निम्नलिखित में से क्या सही नहीं है ?

(1) स्कूली स्तर पर गणित में शिक्षार्थियों में विशिष्ट अभिवृत्ति आवश्यक होती है।
(2) गणित में प्राथमिक अवधारणाएँ प्रकृति में अमूर्त होती हैं।
(3) गणित निगमनात्मक विवेचन पर आधारित है।
(4) गणित उन अधिकांश विषयों की तुलना में बहुत अधिक अमूर्त और पदानुक्रमित है जो बच्चे उसी उम्र में सीखते हैं।

ANS : (1)

- गणित की प्रकृति [Nature of mathematics] अमूर्त [abstract] है। अर्थात् गणित की प्राथमिक अवधारणाएं [primary concept] प्रकृति में अमूर्त [abstract] होती हैं।
- गणित निगमनात्मक विवेचन [deductive reasoning] पर आधारित हैं, क्योंकि गणित में सर्वप्रधम नियम [formula] बताए जाते हैं तत्पश्चात् उस पर आधारित question दिये जाते हैं। Deductive reasoning में नियम पर आधारित उदा० दिए जाते हैं।
- गणित पदानुक्रमत / श्रेणीबद्ध hierarchical] है, क्योंकि यह छात्रों के एक कक्षा में सिखाए गये व्यवहारिक और वैचारिक ज्ञान को दूसरी कक्षा के ज्ञान से जोड़ती है।

[स्कूली स्तर पर [school level] पर गणित में शिक्षार्थियों की विशिष्ट अभिवृत्ति [special aptitude] आवश्यक होती है। यह कथन गणित की प्रकृति के संबंध में सत्य नहीं है।]

499. Which of the following statements are appropriate regarding "Argumentation" in a mathematics classroom?

A. It can be understood as a line of reasoning that intends to show or explain why a mathematical result is true.

B. It is always helpful in mathematics in the same manner as in other empirical disciplines.

C. It can also be a part of the heuristic approach in mathematics education.

D. It is less useful for elementary grade students as its assessment will be difficult.

Choose the correct option:

(1) A and C
(2) B and C
(3) A and B
(4) A and D

गणित की कक्षा में "तर्क-वितर्क" के संबंध में निम्नलिखित में से कौन-से कथन उपयुक्त हैं ?

A. इसे तर्क की एक पंक्ति के रूप में समझा जा सकता है जो यह दिखाने या समझाने का इरादा रखता है कि गणितीय परिणाम सत्य क्यों है।

B. यह अन्य अनुभवजन्य विषयों की तरह ही हमेशा गणित में मददगार होता है।

C. यह गणित शिक्षा में स्वतः शोध दृष्टिकोण का भी एक हिस्सा हो सकता है।

D. प्रारंभिक कक्षा के विद्यार्थियों के लिए यह कम उपयोगी है क्योंकि इसका मूल्यांकन कठिन होगा।

सही विकल्प का चयन कीजिए:

(1) A और C
(2) B और C
(3) A और B
(4) A और D

ANS : (1)

NCF 2005 के अनुसार बच्चों में तार्किक और रचनात्मक [logical and creative] ढंग से समस्या समाधान क्षमता का विकास करना [Problem-solving] गणित शिक्षण का मुख्य उद्देश्य है।

- अतः जब छात्र गणित की कक्षा में तर्क-वितर्क [discussion] करेंगे तो उनमें तार्किक क्षमता [logical ability] का विकास होगा।
- यह अन्य अनुभवजन्य [experience] विषय की तरह सदैव गणित में helpful नहीं होता है

MATHS

MATHS

- तर्क-वितर्क [discussion] के माध्यम से छात्र स्वयं नयी-2 अवधारणाओं [concepts] की खोज करते हैं।
- यह विधि सभी कक्षाओं के लिए helpful होती है।
- तर्क-वितर्क के माध्यम से छात्र स्वयं का मूल्यांकन करते हैं।

500. A conjecture in mathematics is :

(1) not important at all as it does not help in developing mathematical understanding.

(2) a proposition or conclusion that has been proved.

(3) important for students of secondary level only.

(4) a proposition or conclusion that is assumed to be true on a tentative basis without proof.

गणित में एक कन्जेक्चर :

(1) बिल्कुल भी महत्त्वपूर्ण नहीं है क्योंकि यह गणितीय समझ विकसित करने में मदद नहीं करता है।

(2) एक प्रतिज्ञप्ति या निष्कर्ष है जो सिद्ध हो चुका हो।

(3) केवल माध्यमिक स्तर के विद्यार्थियों के लिए महत्त्वपूर्ण है।

(4) एक प्रतिज्ञप्ति या निष्कर्ष है जो बिना प्रमाण के एक अस्थायी आधार पर सत्य माना जाता है।

ANS : (4)

Conjecture का अर्थ प्रमाण के लिए पर्याप्त साक्ष्य के बिना अपने अनुमान के आधार पर किसी नतीजे [Result] पर पहुंचना या निष्कर्ष निकालना है। अर्थात् ऐसे साबित कथन जिनकी सत्यता पूर्ण रुप से न की जा सके।

अर्थात् ये ऐसे निष्कर्ष / सत्य मान proves अस्थायी आधार [tentative base] हैं जो बिना प्रमाण किसी Conclusion तक जाते हैं।

501. Which of the following statements is not correct with regard to a mathematics textbook ?

(1) Examples in a mathematics textbook should be related to daily life of the students.

(2) A mathematics textbook should have solved examples only.

(3) A textbook of mathematics should not be very thick or heavy.

(4) A mathematics textbook should have varied exercises to give practice to students.

निम्नलिखित में से कौन-सा कथन गणित की पाठ्य-पुस्तक के संबंध में सही नहीं है ?

(1) गणित की पाठ्य-पुस्तक के उदाहरण विद्यार्थियों के दैनिक जीवन से सम्बन्धित होने चाहिए।

(2) एक गणित की पाठ्य-पुस्तक में केवल हल किए हुए उदाहरण होने चाहिए।

(3) गणित की पाठ्य-पुस्तक बहुत मोटी या भारी नहीं होनी चाहिए।

(4) विद्यार्थियों को अभ्यास देने के लिए गणित की पाठ्य-पुस्तक में विभिन्न प्रश्नावलियाँ होनी चाहिए।

ANS : (2)

एक गणित की पाठ्यपुस्तक की विशेषता

गणित की पाठ्यपुस्तक [Mathematical textbook] के उदाहरण [example] छात्र के दैनिक जीवन से संबंधित [Related] होने चाहिए।

गणित की पाठ्यपुस्तक छात्रों के मानसिक स्तर [mental ability] के अनुरूप हो।

गणित की पाठ्यपुस्तक में हल किए हुए उदाहरण [solved examples] के साथ- साथ छात्रों को देने के लिए प्रश्नावलियाँ अभ्यास [Practices Exercise] शामिल होनी चाहिए।

[अतः एक गणित की पाठ्य-पुस्तक में केवल हल किए हुए उदाहरण [solved examples] होने चाहिए, यह गणितीय पाठ्यपुस्तक विशेषता नहीं है।]

502. Which of the following is true for Continuous and Comprehensive Evaluation (CCE) ?

(1) In CCE, assessment process includes assessment of previous knowledge, understanding level and learning process.

(2) For CCE, teachers feel that each one of them has to give some home assignment every day to assess children's learning.
(3) CCE is all about converting marks into grades.
(4) In CCE, there is more testing and less teaching.

निरंतर और व्यापक मूल्यांकन (CCE) के लिए निम्नलिखित में से क्या सही है ?

(1) निरंतर और व्यापक मूल्यांकन में, आकलन प्रक्रिया में पूर्व ज्ञान, समझने के स्तर और अधिगम प्रक्रिया का आकलन सम्मिलित होना चाहिए।
(2) निरंतर और व्यापक मूल्यांकन के लिए, शिक्षक महसूस करते हैं कि उनमें से हर एक को बच्चों के अधिगम का आकलन करने के लिए प्रतिदिन कुछ गृह-कार्य देना चाहिए।
(3) निरंतर और व्यापक मूल्यांकन केवल अंकों को ग्रेड में परिवर्तित करने के बारे में है।
(4) निरंतर और व्यापक मूल्यांकन में, जाँच/परीक्षण अधिक है और शिक्षण कम है।

ANS : (1)

राष्ट्रीय शिक्षा नीति, 2020 [National education policy, 2020] के अनुसार :

निरंतर और व्यापक मूल्यांकन [Continuous & Comprehensive Evaluation] से तात्पर्य छात्रों के शैक्षिक एवं सह-शैक्षिक [curricular and co-curricular] आकलन में non-educational दोनों पहलुओं [aspects] को शामिल करना है।

यह शिक्षा की संपूर्ण अवधि कक्षा शिक्षण अधिगम [Holistic Period] CCE के साथ-साथ नियमित और इसका निरंतर प्रयोग किया जाता है।

छात्रों की कमियों का पता लगाकर उनमें सीखने संबंधी सुधार करने पर बल देता है।

[अतः निरंतर और व्यापक मूल्यांकन में, आकलन प्रक्रिया में पूर्व ज्ञान [previous knowledge], समझने के स्तर [understanding level] और अधिगम प्रक्रिया का आकलन [assessment of learning process] सम्मिलित होना चाहिए।]

503. Which of the following is/are essential features of a concept map in mathematics?

A. It represents a conceptual analysis of a concept using contributory sub-concepts.
B. They are directional, with arrows showing which concepts are prerequisite for which others.
C. They cannot be used for diagnostic purposes to identify difficulties in learning a particular concept.
D. They cannot be used frequently as they are very time consuming.

Choose the correct option:

(1) B and D
(2) Only C
(3) C and D
(4) A and B

निम्नलिखित में से कौन-सी गणित में एक अवधारणा मानचित्र की आवश्यक विशेषताएँ है/हैं ?

A. यह अंशदायी उप- अवधारणाओं का उपयोग करके एक अवधारणा के वैचारिक विश्लेषण को निरूपित करता है।
B. ये संकेत चिह्नों के साथ दिशात्मक हैं और दर्शाते हैं कि कौन-सी अवधारणाएँ किसके लिए पूर्व-अपेक्षित हैं।
C. एक विशिष्ट अवधारणा के सीखने में रह गई कमी को पहचानने के लिए इनका उपयोग नैदानिक प्रयोजनों के लिए नहीं किया जा सकता।
D. इन्हें बारंबार उपयोग नहीं किया जा सकता क्योंकि यह बहुत समय व्यय करते हैं।

सही विकल्प का चयन कीजिए :

(1) B और D
(2) केवल C
(3) C और D
(4) A और B

ANS : (4)

अवधारणा मानचित्र [Concept Mapping] एक सामान्य गणितीय विचार [Generalized Mathematical idea] है। जिसके द्वारा छात्रों को अपने विचारों को व्यवस्थित करने [organized] में मदद मिलती है।

यह अंशदायी उप- अवधारणाओं [Contributory sub-concepts] का उपयोग करके एक अवधारणा के वैचारिक विश्लेषण [conceptual analysis] को निरूपित करता है ।

यह संकेत चिह्नों [signals signs] के साथ दिशात्मक [directional] हैं और दर्शाते हैं कि कौन-सी अवधारणाएँ किसके लिए पूर्व-अपेक्षित [pre-requisite] हैं ।

504. Which among the following is the most appropriate way to teach mathematics?

(1) Find the gaps in learning and address them only

(2) Find the low performers and make them sit in the front row of the class

(3) Teach every student with the same approach

(4) Motivate the learners to develop their existing capabilities

निम्नलिखित में से कौन-सा गणित शिक्षण का सर्वाधिक उपयुक्त तरीका है ?

(1) अधिगम में रह गई कमियों को ज्ञात कर केवल उन्हें ही संबोधित करना

(2) अल्प प्रदर्शन करने वालों की पहचान कर उन्हें कक्षा की अग्रिम पंक्ति में बैठाना

(3) एक जैसे उपागम द्वारा प्रत्येक विद्यार्थी को पढ़ाना

(4) अधिगमकर्ताओं को उनकी विद्यमान क्षमताओं को विकसित करने के लिए प्रोत्साहित करना

ANS : (4)

गणित शिक्षण का उपयुक्त तरीका [most appropriate way of teaching mathematics]

- गणित को सदैव छात्रों के दैनिक जीवन [daily life] से जोड़कर सिखाया जाना चाहिए।
- 'मानक विधि, अर्थात शिक्षक [teaching methods] का प्रयोग नहीं करना चाहिए।
- गणित सीखने के शुरुआती चरणों में छात्रों को मूर्त वस्तुओं [tangible goods] द्वारा गणित सिखाना चाहिए।
- गणितीय खेलों का उपयोग छात्रों में गणित के प्रति रुचि [interest] बढ़ाने के लिए किया जा सकता है।
- गणित से संबंधित कहानियों का समावेश छात्रों को अवधारणाओं [concepts] को समझने में मदद कर सकता है।
- गणितीय पहेलियाँ [puzzles] और चुनौतियाँ [challenges] छात्रों की समस्याओं को हल करने की क्षमता को विकसित करती हैं।
- छात्रों को 'खोजबीन के द्वारा Mathematical Concepts का प्रयोग करना चाहिए।
- गणितीय अवधारणाओं से जुड़ने का अवसर प्रदान करना चाहिए।

[अर्थात् अधिगमकर्ताओं को उनकी विद्यमान क्षमताओं [existing capabilities] को विकसित करने के लिए प्रोत्साहित करना चाहिए।]

505. A class VI mathematics teacher posed the following problem to her students:

"In a morning walk, three persons started together. Their steps measure 70 cm, 85 cm and 95 cm respectively. What is the minimum distance each should walk so that all can cover the same distance in complete steps?"

Which of the following concepts would be required to solve the given problem ?

(1) Concept of HCF

(2) Concept of LCM

(3) Concept of division

(4) Concept of proportion

कक्षा VI की एक गणित की शिक्षिका ने अपने विद्यार्थियों के समक्ष निम्नलिखित प्रश्न रखा।

" प्रातः कालीन सैर में तीन व्यक्ति एक साथ चलना प्रारंभ करते हैं । उनके कदमों की लंबाई क्रमशः 70

से. मी., 85 से.मी. और 95 से.मी. हैं। इनमें से प्रत्येक न्यूनतम कितनी दूरी चले कि वे वही दूरी पूरे-पूरे कदमों में तय कर सके ?"

निम्नलिखित में कौन-सी अवधारणाएँ दिए गए प्रश्न को हल करने के लिए आवश्यक होंगी ?

(1) महत्तम समापवर्तक (म.स.) की अवधारणा
(2) लघुत्तम समापवर्तक (ल.स.) की अवधारणा
(3) विभाजन की अवधारणा
(4) समानुपात की अवधारणा

ANS : (2)

लघुतम समापवर्तक की अवधारणा [Concept of Least Common Multiple or LCM]

वह छोटी से छोटी संख्या जिसमें दी हुई सभी संख्याओं का पूरा-पूरा भाग [Division] हो जाए 'लघुतम समापवर्य' [LCM] कहलाती है। अर्थात् किसी संख्या समूह की वह सबसे छोटी संख्या जो सभी संख्याओं का गुणज [multiple] हो।

[अतः इन को हल करने में LCM की अवधारणा उपयुक्त होगी।]

506. Which of the following is the most appropriate way to introduce experimental probability to 8th graders?

(1) Tossing a fair coin several times and noting down the outcomes
(2) Solving statistics-based problems
(3) Giving examples of many outcome-based events like tossing a coin, drawing cards, etc.
(4) Defining experimental probability on board and giving examples

निम्नलिखित में से कौन-सा 8वीं कक्षा के विद्यार्थियों को प्रायोगिक प्रायिकता से परिचित कराने का सबसे उपयुक्त तरीका है?

(1) एक निष्पक्ष सिक्के को कई बार उछालना और परिणामों को नोट करना/लिखना
(2) सांख्यिकी-आधारित समस्याएँ हल करना
(3) कई परिणाम-आधारित घटनाओं जैसे सिक्का उछालना, ताश निकालना आदि का उदाहरण देना
(4) बोर्ड पर प्रायोगिक प्रायिकता को परिभाषित करना और उदाहरण देना

Ans (1)

8वीं कक्षा के विद्यार्थियों को प्रायोगिक प्रायिकता [experimental probability] से परिचित कराने का सबसे उपयुक्त तरीका एक निष्पक्ष सिक्के को कई बार उछालना और परिणामों [outcomes] को नोट करना/लिखना है।

यह व्यावहारिक गतिविधि [hands-on activity] विद्यार्थियों को वास्तविक जीवन के परिणामों [real-life outcomes] का अवलोकन करके और प्रयोग के आधार पर संभाव्यता की गणना कैसे की जाती है, यह समझकर प्रायोगिक संभाव्यता की अवधारणा से सीधे जुड़ने की अनुमति देती है।

507. Which of the following represent the most appropriate reasons of assessment at upper primary stage?

(A) To identify individual and specific needs of the learner
(B) To find out to what extent the aims and objectives of mathematics curricula have been achieved
(C) To find out whether students have learned a standard procedure to solve a problem
(D) To select students for competitive exams in mathematics

Choose the correct option.

निम्नलिखित में से कौन-से उच्च प्राथमिक स्तर पर आकलन के सबसे उपयुक्त कारणों को दर्शाते हैं?

(A) विद्यार्थी की व्यक्तिगत और विशिष्ट आवश्यकताओं को पहचानना
(B) यह ज्ञात करना कि गणित पाठ्यचर्या के लक्ष्यों और उद्देश्यों को किस हद तक प्राप्त किया गया है
(C) यह ज्ञात करना कि क्या विद्यार्थियों ने किसी समस्या को हल करने के लिए एक मानक प्रक्रिया सीख ली है

(D) गणित में प्रतियोगात्मक परीक्षाओं के लिए विद्यार्थियों का चयन करना

सही विकल्प का चयन कीजिए।

(1) केवल (A) और (C)

(2) (A), (C) और (D)

(3) (A) और (B)

(4) (B) और (D)

Ans (3)

उच्च प्राथमिक स्तर [upper primary stage] पर आकलन के लिए सबसे उपयुक्त कारण विद्यार्थी की व्यक्तिगत और विशिष्ट आवश्यकताओं की पहचान करना और यह पता लगाना होगा कि गणित पाठ्यक्रम के लक्ष्य और उद्देश्य [aims and objectives] किस हद तक प्राप्त किए गए हैं।

508. Which of the following is considered as a characteristic of an effective mathematics classroom?

(1) Provide opportunities to the students to solve similar problems as that solved by the teacher

(2) Sensitize the students that mathematics is an abstract subject with the help of different examples

(3) Encourage individual problem-solving task rather than group work

(4) Provide opportunities to the students to solve problems in multiple ways

निम्नलिखित में से किसे एक प्रभावी गणित की कक्षा की एक विशेषता के रूप में माना जाता है?

(1) जिस प्रकार की समस्याएँ शिक्षक ने हल की हैं, विद्यार्थियों को समान प्रकार की समस्याएँ हल करने के अवसर प्रदान करना

(2) विभिन्न उदाहरणों की सहायता से विद्यार्थियों को इसके प्रति संवेदनशील बनाना कि गणित एक अमूर्त विषय है

(3) सामूहिक कार्य की अपेक्षा एकल समस्या समाधान के कार्य को प्रोत्साहित करना

(4) समस्याओं को बहुत सारे तरीकों से हल करने के अवसर विद्यार्थियों को प्रदान करना

Ans (4)

विद्यार्थियों को समस्याओं को अलग-अलग दृष्टिकोण से देखने और समाधान तक पहुँचने के लिए विभिन्न तरीकों की खोज करने के लिए प्रोत्साहित करना गणित में गहरी समझ [fosters deeper understanding], रचनात्मकता [creativity] और आलोचनात्मक सोच [critical thinking] को बढ़ावा देता है। यह दृष्टिकोण विद्यार्थियों को न केवल प्रक्रियाओं को याद रखने में मदद करता है, बल्कि अंतर्निहित अवधारणाओं को वास्तव में समझने में भी मदद करता है।

509. Which of the following should be followed while using 'questioning' as a tool of assessment in a classroom?

(1) Asking questions only from the low achievers

(2) Asking questions for assessing errors and misconceptions

(3) Asking too many questions without pause

(4) Asking a question and answering it yourself

एक कक्षा में 'प्रश्न पूछने' को आकलन के एक साधन के रूप में उपयोग करते समय निम्नलिखित में से किसका अनुपालन करना चाहिए?

(1) केवल कम उपलब्धि प्राप्त करने वालों से प्रश्न पूछना

(2) त्रुटियों और भ्रांतियों के आकलन के लिए प्रश्न पूछना

(3) बिना समय दिए बहुत सारे प्रश्न पूछना

(4) एक प्रश्न पूछना और स्वयं उसका उत्तर देना

Ans (2)

विद्यार्थियों की त्रुटियों और भ्रांतियों [errors and misconceptions] को पहचानने और उनका समाधान करने में मदद करने वाले प्रश्न पूछकर, शिक्षक अधिक लक्षित सहायता प्रदान कर सकते हैं और छात्रों को उनकी समझ को बेहतर बनाने में मदद कर सकते हैं। यह दृष्टिकोण सुनिश्चित करता है कि प्रश्न पूछने की प्रक्रिया रचनात्मक [constructive] और सभी विद्यार्थियों के लिए फायदेमंद हो।